Zukunft und Forschung
Band 3

Herausgegeben von
R. Popp, Salzburg, Österreich

Wissenschaftliche Schriftenreihe „Zukunft und Forschung" des Zentrums für Zukunftsstudien Salzburg.

Reinhold Popp • Axel Zweck (Hrsg.)

Zukunftsforschung im Praxistest

Unter Mitarbeit von Doris Urbanek

Herausgeber
Reinhold Popp
Salzburg, Österreich

Axel Zweck
Aachen, Deutschland

ISBN 978-3-531-19836-1   ISBN 978-3-531-19837-8 (eBook)
DOI 10.1007/978-3-531-19837-8

Die Deutsche Nationalbibliothek verzeichnet diese Publikation in der Deutschen Nationalbibliografie; detaillierte bibliografische Daten sind im Internet über http://dnb.d-nb.de abrufbar.

Springer VS
© Springer Fachmedien Wiesbaden 2013
Das Werk einschließlich aller seiner Teile ist urheberrechtlich geschützt. Jede Verwertung, die nicht ausdrücklich vom Urheberrechtsgesetz zugelassen ist, bedarf der vorherigen Zustimmung des Verlags. Das gilt insbesondere für Vervielfältigungen, Bearbeitungen, Übersetzungen, Mikroverfilmungen und die Einspeicherung und Verarbeitung in elektronischen Systemen.

Die Wiedergabe von Gebrauchsnamen, Handelsnamen, Warenbezeichnungen usw. in diesem Werk berechtigt auch ohne besondere Kennzeichnung nicht zu der Annahme, dass solche Namen im Sinne der Warenzeichen- und Markenschutz-Gesetzgebung als frei zu betrachten wären und daher von jedermann benutzt werden dürften.

Lektorat: korrifee – Uta Scholl

Gedruckt auf säurefreiem und chlorfrei gebleichtem Papier

Springer VS ist eine Marke von Springer DE. Springer DE ist Teil der Fachverlagsgruppe Springer Science+Business Media
www.springer-vs.de

Inhaltsverzeichnis

Reinhold Popp und Doris Urbanek
Zukunftsforschung im Praxistest. Einleitende Anmerkungen zur
Schriftenreihe des ZfZ „Zukunft und Forschung".. 9

Abstracts zu den Beiträgen... 11

I Zukunftsforschung in Unternehmen: Erfolgsfaktoren, Chancen und Risiken

Christian Neuhaus
Wozu Zukunftsforschung? Auf dem Weg zu einem Management von
Zukunftsungewissheit in Organisationen... 23

Ulf Pillkahn
Pictures of the Future. Zukunftsbetrachtungen im Unternehmensumfeld............ 41

*Cornelia Daheim, Andreas Neef, Beate Schulz-Montag und
Karlheinz Steinmüller*
Foresight in Unternehmen. Auf dem Weg zur strategischen Kernaufgabe........... 81

II Praxisorientiertes Zukunftswissen: Themen, Trends, Szenarios

Reinhold Popp, Hans Scharfetter und Gerhard Schmidt
Forschung als Wegweiser in die Zukunft. Das Zentrum für
Zukunftsstudien der FH Salzburg als Think Tank der Sozialpartner.................. 105

Axel Zweck
Zukunftsthemen erschließen am Beispiel des Vereins Deutscher Ingenieure... 121

Kerstin Cuhls, Ewa Dönitz, Elna Schirrmeister und Lothar Behlau
Fraunhofer-Zukunftsforschung für die Fraunhofer-Gesellschaft........................ 143

Jan Oliver Schwarz
Langfristige Trend- und Zukunftsforschung bei der Allianz 171

Anja Song und Wolfgang Hormuth
Die BASF Future Business GmbH. Vom Trendscouting zum Aufbau
neuer Geschäftsfelder 181

Matthias Grüne
Technologiefrühaufklärung im Verteidigungsbereich 195

Heiko von der Gracht, Bernhard Albert und Thomas Krupp
Zukunftsforschung im Mittelstand. Erfahrungen der
Zukunfts-Werkstatt 2020 der Stückgutkooperation System Alliance 231

III Zukunftsforschung und Mobilität

Volker Grienitz, André-Marcel Schmidt und Sebastian Ley
Wie aus einer Zukunftsstudie ein einzigartiges Kompetenzzentrum in der
Automobilzulieferindustrie wurde 251

Josef Köster und Christina Hohlweg
Empirisches Customer Foresight als Spezialdisziplin der
Zukunftsforschung. Plädoyer und Praxis am Beispiel der BMW Group 289

Tom Reinhold und Georg Kasperkovitz
Eisenbahn in Deutschland 2025 – Zukunftsperspektiven für Mobilität
und Logistik 299

Wolfgang Jonas und Stephan Rammler
„Das Rad neu erfinden". Forschung zu zukunftsfähiger Mobilität am
Institut für Transportation Design Braunschweig 321

IV Zukunftsforschung und Nachhaltigkeit

Rolf Kreibich
Zukunftsforschung für Gesellschaft und Wirtschaft 353

K. Christoph Keller
Nachhaltige Innovationen gestalten 385

Robert Gaßner
Zukunft als gesellschaftliche Gestaltungsaufgabe. Die Arbeit mit
normativen Szenarios 409

Bjørn Ludwig
Zukunftsinstitute als Moderatoren des gesellschaftlichen Wandels 417

AutorInnenporträts 425

Zukunftsforschung im Praxistest.
Einleitende Anmerkungen zur Schriftenreihe des ZfZ „Zukunft und Forschung"

Reinhold Popp und Doris Urbanek

Langsam aber sicher entwickelt sich auch im deutschsprachigen Raum eine lebendige Szene für grundlagenorientierte und praxisbezogene Zukunftsforschung.
Die vom Zentrum für Zukunftsstudien der FH Salzburg gegründete und koordinierte Springer-Schriftenreihe *Zukunft & Forschung* dient der Dokumentation der unterschiedlichen Ansätze und Ausprägungsformen dieses relativ jungen Forschungsgebiets. In Band 1 „Zukunftsforschung und Zukunftsgestaltung" präsentierten sechzig Autorinnen und Autoren den Status-quo der Zukunftsforschung im deutschsprachigen Raum. In Band 2 „Zukunft & Wissenschaft. Zukunftsforschung auf dem Prüfstand" wird der aktuelle Stand des wissenschaftstheoretischen und forschungsmethodischen Diskurses in der Zukunftsforschung kritisch analysiert. Naturgemäß dominieren in diesem theorieorientierten Band Autorinnen und Autoren aus universitären und außeruniversitären Forschungsinstituten.
Der nun vorliegende Band 3 „Zukunftsforschung im Praxistest" macht sich auf die Suche nach der *Praxis* der Zukunftsforschung in Konzernen wie BASF, Deutsche Bahn, Allianz Versicherung, BMW oder Siemens, aber auch in mittelständischen Unternehmen, bei zwei Fraunhofer-Instituten, beim Institut für Zukunftsstudien und Technologiebewertung (IZT), bei Z_punkt The Foresight Company, beim Verein Deutscher Ingenieure (VDI) oder beim Zentrum für Zukunftsstudien, dem Think Tank der Salzburger Sozialpartner. In 18 Beiträgen wird nachvollziehbar dargestellt, wie sich Unternehmen, Organisationen und Institutionen mit dem Wissen von heute auf die Welt von übermorgen vorbereiten. Somit gewährt dieser Band detaillierte Einblicke in die Unternehmenspraxis der Zukunftsforschung.
Bei der Herausgabe des vorliegenden Sammelbandes wurde das *Zentrum für Zukunftsstudien der FH Salzburg* (Univ.-Prof. Dr. Reinhold Popp und Dr. Doris Urbanek) von der *VDI Technologiezentrum GmbH (Zukünftige Technologien Consulting) – Düsseldorf* (Hon.-Prof. DDr. Axel Zweck) unterstützt.

Salzburg, Januar 2013

Abstracts zu den Beiträgen

Wozu Zukunftsforschung? Auf dem Weg zu einem Management von Zukunftsungewissheit in Organisationen

Christian Neuhaus

Organisationen machen sich laufend Bilder von der Zukunft. Zukunftsforschung, die professionelle und wissenschaftliche Anfertigung von Zukunftsbildern, muss, um in Organisationen Wirkung zu entfalten, deren relevante Steuerungsprozesse erreichen. Zukunftsforschung in und für Organisationen kann aber auch zur Reflexion und Steuerung von Zukunftsbild-Prozessen beitragen. Dann wird das jeweils aktuelle Maß an Zukunftsgewissheit oder -ungewissheit in der Organisation zum Steuerungsgegenstand.

Solche Reflexion und Steuerung der Zukunftsbilder in der Organisation wird in dem Beitrag „Wozu Zukunftsforschung?" thematisiert. Dessen Leitfragen lauten: Wie viel Gewissheit braucht die Organisation, und wie viel Gewissheit kann sie sich leisten? Wie viel Ungewissheit braucht die Organisation, und wie viel Ungewissheit kann sie sich leisten? Drei Steuerungsprinzipien helfen dann: (1) Reflexion der Zukunftskonstruktion; (2) Balancieren und oszillieren; (3) Im Regelfalle Ungewissheit einbringen.

Pictures of the Future. Zukunftsbetrachtungen im Unternehmensumfeld

Ulf Pillkahn

Die Interessengruppen, die sich intensiv mit *Zukünften* auseinandersetzen, können in drei Gruppen eingeteilt werden. Die *WissenschaftlerInnen* haben den schwersten Stand. Da Zukunft nur gedacht und daher nicht wissenschaftlich überprüft werden kann, begnügen sich ForscherInnen oft mit Befragungen von *PraktikerInnen*, um dann (fälschlicherweise) eine Allgemeingültigkeit der Ergebnisse zu postulieren. PraktikerInnen richten sich nach unternehmerischen Planungsleitlinien. Um Unternehmen weiterzuentwickeln und auf die Zukunft vorbereiten, sind praktikable Ansätze gefragt. In Ermangelung dieser werden häufig eigene Ansätze entwickelt, die vor der Herausforderung stehen, interne Akzeptanz zu erlangen. Die dritte Gruppe umfasst die *TrendforscherInnen*, welche die Zukunftsunsicherheit in der Regel geschickt medial besetzen und Einfachheit suggerieren. In diesem unüberschaubaren Feld der Meinungen und Methoden haben PraktikerInnen die Initiative übernommen und Instrumente geschaffen, die im Unternehmensumfeld Orientierungswissen generieren und damit die strategische Planung und Innovationen unterstützen. Mit *Pictures of the Future* wird in dem Beitrag der Siemens-Ansatz vorgestellt.

Foresight in Unternehmen. Auf dem Weg zur strategischen Kernaufgabe

Cornelia Daheim, Andreas Neef, Beate Schulz-Montag und Karlheinz Steinmüller

Corporate Foresight befasst sich mit mittel- bis längerfristigen Herausforderungen, mit denen sich Unternehmen konfrontiert sehen, unterstützt die Strategiebildung und trägt zur Lern- und Innovationsfähigkeit des Unternehmens bei. In dem Artikel werden Einsatzfelder, Organisationsformen und Akzeptanzfragen von Corporate Foresight dargestellt. Der Schwerpunkt liegt auf Fallstricken und Spannungsfeldern, die sich in der praktischen Arbeit ergeben, etwa durch Legitimierungsfragen, Vertraulichkeit, zeitliche und budgetäre Restriktionen. Zugleich werden spezifische methodische Probleme von Szenariostudien, insbesondere bei der Verbindung von quantitativen und qualitativen Elementen, erörtert. Zentrale Erfolgsfaktoren für Corporate Foresight sind Kompetenz in thematischer wie methodischer Hinsicht, eine enge Kooperation mit dem Auftraggeber, ein hohes Maß an Kreativität, die die Balance zwischen stringenter Analyse und visionären Gedanken hält, eine angepasste und effiziente Kommunikation der Ergebnisse in das Unternehmen hinein und Kontinuität im Sinne der Etablierung einer Foresight-Kultur im Unternehmen.

Forschung als Wegweiser in die Zukunft. Das Zentrum für Zukunftsstudien als Think Tank der Sozialpartner

Reinhold Popp, Hans Scharfetter und Gerhard Schmidt

Das Zentrum für Zukunftsstudien (ZfZ) ist derzeit das einzige in eine Hochschule integrierte Institut für Zukunftsforschung in Österreich. Das ZfZ wurde 2005 auf Initiative der beiden Sozialpartner Arbeiterkammer Salzburg (AK) und Wirtschaftskammer Salzburg (WK) als erstes Forschungszentrum der Fachhochschule Salzburg gegründet. Die Forschungstätigkeit des ZfZ konzentriert sich vor allem auf drei Schwerpunkte: erstens Methodologie und Methodik zukunftsorientierter Forschung, zweitens sozialpartnerschaftlich relevante und zukunftsbezogene Grundlagenforschung zum Themenbereich „Zukunft : Lebensqualität. Im Spannungsfeld zwischen Beruf & Freizeit" und drittens angewandte Zukunftsforschung zu sozialpartnerschaftlich relevanten Themen mit Bezug zum Bundesland Salzburg.

Die stärkere Integration der Zukunftsforschung in Hochschulen oder Universitäten ist eine unverzichtbare Voraussetzung für die im deutschsprachigen Raum bisher vernachlässigte wissenschaftliche Fundierung dieser Forschungsrichtung. Diese Herausforderung nimmt das Zentrum für Zukunftsstudien mit seiner Einbindung in den hochschulischen Kontext der FH Salzburg engagiert an. Dabei stellt die praxisorientierte Bedarfslage der Sozialpartner AK Salzburg und WK Salzburg ein wirkungsvolles Gegengewicht zur Gefahr des Rückzugs in den universitären Elfenbeinturm dar.

Zukunftsthemen erschließen am Beispiel des Vereins Deutscher Ingenieure

Axel Zweck

Wie gehen Unternehmen und Organisationen in der Praxis mit Zukunftswissen um? Die Vielfalt der Wege, mit denen sich Organisationen der Frage ihrer und der generellen Zukunft stellen, ist groß. In erster Annäherung lassen sich, wenn auch weniger theoriegeleitet als praktischer Erwägung folgend, drei grundsätzliche Strategien unterscheiden: interne Prozesse, Vernetzung mit PartnerInnen und externe Unterstützung. Der Beitrag beleuchtet die Vor- und Nachteile der einzelnen Strategien und erläutert, wie sie sich sinnvoll ergänzen können. Am Beispiel des Vereins Deutscher Ingenieure (VDI) befasst sich der Artikel mit der Frage des Zusammentragens von zukunftsrelevantem Wissen in einem systematischen Prozess.

Fraunhofer-Zukunftsforschung für die Fraunhofer-Gesellschaft

Kerstin Cuhls, Ewa Dönitz, Elna Schirrmeister und Lothar Behlau

Seit einigen Jahren wird Zukunftsforschung im breiteren Sinne in der Fraunhofer-Gesellschaft eingesetzt. Dabei werden mannigfache Ziele verfolgt und unterschiedliche methodische Ansätze in regelmäßigen Abständen verwendet. Der Beitrag stellt drei unterschiedliche Ansätze vor, wie Zukunftsforschung übergreifend für die gesamte Fraunhofer-Gesellschaft genutzt wird: Der erste Ansatz sind die „Zukunftsperspektiven", die regelmäßig zur Identifizierung von solchen

Themen durchgeführt wurden, in denen institutsübergreifende Forschung notwendig ist und mit denen sich Fraunhofer international in der Forschung positionieren kann. Der zweite Ansatz der „Märkte von übermorgen" beschreibt Herausforderungen der Zukunft und steckt einen Rahmen für Beiträge, die Fraunhofer-Institute übergreifend zur Lösung bereitstellen können. Der dritte Ansatz skizziert zukünftige Umfeld-Szenarien und den Umgang mit internen Szenarien sowie mit Orientierungs-Szenarien bei der Weiterentwicklung der strategisch-organisatorischen Aufstellung der Fraunhofer-Gesellschaft.

Langfristige Trend- und Zukunftsforschung bei der Allianz

Jan Oliver Schwarz

Die Zukunft ist für die Versicherungsindustrie in mehrfacher Hinsicht von Bedeutung, nicht nur als Teil der Produkte, sondern auch in der langfristigen Ausrichtung eines Versicherungsunternehmens. In dem Artikel wird nicht nur auf diese verschiedenen Bedeutungen von Zukunft eingegangen, sondern auch beschrieben, wie in der Allianz eine langfristige Trend- und Zukunftsforschung etabliert worden ist. Der Beitrag zeigt, wie Trend- und Zukunftsforschung in der Allianz-Organisation verankert und betrieben wird. Wichtig ist dabei die Reflexion des eigenen Ansatzes auf der Basis existierender Literatur zur Trend- und Zukunftsforschung und Strategischen Frühaufklärung.

Die BASF Future Business GmbH. Vom Trendscouting zum Aufbau neuer Geschäftsfelder

Anja Song und Wolfgang Hormuth

Innovationen, getrieben durch Chemie, werden einen wichtigen Beitrag leisten müssen, um die Herausforderungen von morgen zu lösen. Die BASF Future Business GmbH (BFB), ein Tochterunternehmen des weltweit führenden Chemieunternehmens BASF, hat den Aufbau neuer Geschäftsfelder durch die Erschließung neuer Märkte mit neuen, innovativen Technologien zum Ziel. Sie konzentriert sich dabei auf Märkte, die außerhalb des Kerngeschäftes der BASF liegen und sich durch überdurchschnittliches Wachstum über einen langen Zeithorizont hinweg auszeichnen. Dabei nutzt die BFB einen ganzheitlichen Ansatz von der Ideenfindung bis zur Produkteinführung. Dieser Prozess beginnt mit dem Aufspüren und Bewerten von Trends und Marktentwicklungen und umfasst die dezidierte Projektarbeit zur Entwicklung neuer Produkte und Systemlösungen sowie die Markteinführung durch Launch-Aktivitäten, verbunden mit dem Aufbau der erforderlichen Geschäftsmodelle.

Technologiefrühaufklärung im Verteidigungsbereich

Matthias Grüne

Technologiefrühaufklärung im Verteidigungsbereich ist für eine zukunftsfähige und vorsorgende staatliche Planung dauerhaft erforderlich und erweist sich auch in der Praxis als nützlich. Dabei hat sich der Ansatz bewährt, in einem Vorausschauteam Sach-, Prozess- und Methodenkompetenz zu vereinen. Ferner dienen die Beschränkungen auf die rein naturwissenschaftlich-technische Perspektive und auf ein lineares Innovationsmodell der Praxistauglichkeit dieses Ansatzes. Der Artikel beschreibt die grundsätzlichen Randbedingungen, Eckpunkte und Besonderheiten von Technologiefrühaufklärung im Verteidigungsbereich. Sodann werden die Einsichten und methodischen Herangehensweisen, wie sie im Fraunhofer INT in fast 40 Jahren entwickelt wurden, ausgeführt. Dabei wird auch auf grundsätzliche Schwierigkeiten in Verbindung mit Prognosen eingegangen. Beispielhaft werden schließlich das „Disruptive Technology Assessment Game" der NATO und die „Wehrtechnische Vorausschau" des INT erläutert.

Zukunftsforschung im Mittelstand. Erfahrungen der Zukunfts-Werkstatt 2020 der Stückgutkooperation System Alliance

Heiko von der Gracht, Bernhard Albert und Thomas Krupp

Global agierende und kapitalmarktorientierte Unternehmen nutzen die Zukunftsforschung bereits seit Jahrzehnten. Für mittelständische Transport- und Logistikunternehmen ist sie meist noch ein Buch mit sieben Siegeln. Nicht so für die zehn Gesellschafter und vier Systempartner der mittelständischen Stückgutkooperation System Alliance. Sie haben sich, durch das Autorenteam wissenschaftlich begleitet, in den Jahren 2010/2011 intensiv mit Zukunftsfragen auseinandergesetzt – und tun dies weiterhin. Nur wenn Zukunftsannahmen sauber formuliert, ExpertInnen richtig befragt und Daten wissenschaftlich ausgewertet werden, kann von einer gültigen Zukunftsbasis gesprochen werden. Hier setzt die Zukunfts-Werkstatt 2020 Maßstäbe: acht Foresight-Workshops mit 77 LogistikkennerInnen aller Hierarchiestufen, eine Online-Befragung von 256 LogistikerInnen, 19 Top-Executive-Interviews und Analysen von 22 Zukunftsstudien zeichnen ein ganzheitliches Bild der Zukunft des Logistik-Mittelstands.

Wie aus einer Zukunftsstudie ein einzigartiges Kompetenzzentrum für die Automobilzulieferindustrie wurde

Volker Grienitz, André-Marcel Schmidt und Sebastian Ley

Der Beitrag beschreibt den Weg, wie aus einer Idee eine einzigartige Kooperation zwischen Hochschulen, Unternehmen und Politik in der Automobilzulieferbranche geworden ist: das Automotive Center Südwestfalen (ACS). Die Basis für diese sogenannte Public Private Partnership (PPP) legte die branchenspezifische „Zukunftsstudie zur Wettbewerbsfähigkeit der Automobilzulieferindustrie in Südwestfalen 2015". Der vorliegende Beitrag beschreibt die Erstellung der Zukunftsstudie anhand von Beispielen und stellt die notwendigen Rahmenbedingungen, die Organisation und die Durchführung im Detail dar. Das in der Studie vorgeschlagene Konzept eines automobilen Kompetenzzentrums wurde mit dem ACS im Jahr 2012 realisiert.

Empirisches Customer Foresight als Spezialdisziplin der Zukunftsforschung. Plädoyer und Praxis am Beispiel der BMW Group

Josef Köster und Christina Hohlweg

Customer Foresight kann als eine Subdisziplin der Zukunftsforschung betrachtet werden. Sie beschäftigt sich mit den Prozessen rund um menschliches Verhalten und den ihm zugrunde liegenden Einstellungsmustern. Ihre Entsprechung in der „Gegenwartsforschung" ist die Kundenforschung. Customer Foresight und klassische Kundenforschung stehen in einem engen Zusammenhang, da keine Zukunftsforschung ohne die Analyse von Gegenwartsdaten erbracht werden kann. Bestmögliche Aussagen über zukünftige KundInnen basieren auf dem Entdecken von Zusammenhängen im Ist und der Wirkungsprüfung veränderter Bedingungen auf mögliche Zukünfte. Auf diesem Grundsatz beruht der Methodenbaukasten, der im Praxisteil des Artikels vorgestellt wird: Zusammenhänge im Ist können z. B. mittels Zeitreihen- und Vertiefungsanalysen aufgedeckt werden, wohingegen die Prüfung der Wirkung veränderter Bedingungen auf KundInnenpräferenzen mittels validierter Trendscoutings und virtueller Methoden erfolgen kann. Das Ziel ist hierbei immer, Zukunftsperspektiven für die Nachfrageseite des Marktes zu beschreiben.

Eisenbahn in Deutschland 2025 – Zukunftsperspektiven für Mobilität und Logistik

Tom Reinhold und Georg Kasperkovitz

In welcher Form die Eisenbahn in Deutschland ihre Erfolgsgeschichte künftig fortschreiben kann, hängt im Wesentlichen von drei Faktoren ab: von der gesamtwirtschaftlichen Entwicklung, gesellschaftlichen Veränderungen und dem Handeln des Staates. Die Deutsche Bahn und McKinsey gehen davon aus, dass es im Personenverkehr bis zum Jahr 2025 ein moderates Wachstum von ca. vier bis neun Prozent mehr Personenkilometer als 2009 geben wird; der Güterverkehr wächst deutlich stärker mit Steigerungen der Verkehrsleistung um 30 bis über 60 Prozent. Die Marktanteile der Schiene werden vor allem durch externe Faktoren wie Kostensteigerungen für Energie oder öffentliche Mittel zur Finanzierung der Verkehrsinfrastruktur beeinflusst. Bei der physischen Infrastruktur (Schiene und Fahrzeuge) sind nur graduelle Neuerungen zu erwarten. Beim Kundenangebot zeichnen sich hingegen systematische Innovationen ab. Dazu gehören beispielsweise die engere Verzahnung der Verkehrsträger in integrierten Mobilitätsketten bei gleichzeitiger Verbesserung der Verbindungen zwischen den Verkehrsmitteln sowie die Vereinfachung des Zugangs zum System Bahn.

„Das Rad neu erfinden". Forschung zu zukunftsfähiger Mobilität am Institut für Transportation Design Braunschweig

Wolfgang Jonas und Stephan Rammler

Der Beitrag stellt die Entwicklung, das Selbstverständnis und die Ziele, die Arbeitsweisen und die Zukunftsperspektiven des 2007 gegründeten Instituts für Transportation Design an der Hochschule für Bildende Künste in Braunschweig dar. Arbeitsschwerpunkte sind die Mobilitäts- und Zukunftsforschung, Verkehrs-, Energie- und Innovationspolitik sowie Fragen kultureller Transformation und zukunftsfähiger Umwelt- und Gesellschaftspolitik. Charakteristische Alleinstellungsmerkmale sind die interdisziplinäre Zusammensetzung des Teams aus DesignerInnen, DesignwissenschaftlerInnen, SoziologInnen, IngenieurInnen und – je nach Thematik – weiteren Fachleuten sowie die nutzer- und zukunftsorientierte methodische Ausrichtung der Projekte. Designdenken als transdisziplinäre projektive Kompetenz ermöglicht die problemorientierte Integration der Einzeldisziplinen sowie die Ausrichtung auf die starke gemeinsame Vision einer postfossilen Gesellschaft. Die designerischen Prozesse und Methoden des ITD werden umfassend dargestellt und anhand eines Projektbeispiels illustriert. Überlegungen zur Zukunftsentwicklung des Instituts schließen den Beitrag ab.

Zukunftsforschung für Gesellschaft und Wirtschaft

Rolf Kreibich

Der Beitrag hebt die Verantwortung der Wissenschaft und in besonderer Weise der Zukunftswissenschaft für langfristiges Denken, nachhaltige Entwicklung und zukunftsfähiges Handeln in der Praxis hervor. Die Zukunftsforschung ist in der Lage, solides Zukunfts- und Orientierungswissen zu erarbeiten, das für alle gesellschaftlichen Bereiche von hohem Nutzen sein kann. Wie wir aus der Quantenphysik, der Selbstorganisationstheorie, der Evolutions- und Chaostheorie wissen, kann auch die Zukunftsforschung die Zukunft nicht vorhersagen. Man kann allerdings solides wissenschaftliches Zukunftswissen erarbeiten und nutzen, um (wahrscheinliche, mögliche, wünschbare) Zukünfte besser zu erfassen, und in einem partizipativ-demokratischen Prozess darauf hinarbeiten, dass die besten zukunftsfähigen Zukünfte realisiert werden. Gemäß dieser Erkenntnis muss das 21. Jahrhundert das der nachhaltigen Entwicklung werden. Nur durch konsequente Verfolgung der Leitziele, Strategien und Maßnahmen der Nachhaltigkeit wird die bis zum Jahr 2050 auf neun bis zehn Milliarden Menschen anwachsende Weltbevölkerung zukunftsfähig bleiben.

Nachhaltige Innovationen gestalten

K. Christoph Keller

Ausgehend von den Gegebenheiten bei der Entwicklung und Konstruktion von Produkten des Maschinenbaus zeigt dieser Beitrag einen Weg, die Integration und Vereinbarkeit der drei Nachhaltigkeitsziele („People, Profit, and Planet") bereits in der Frühphase des Innovationsprozesses herzustellen. Hierfür wurde ein systemischer Ex-ante-Ansatz, der fester Bestandteil eines Produktentstehungsprozesses wurde, entwickelt. Anders als viele andere Foresight-Prozesse setzt die vorgestellte Vorgehensweise nicht primär am Unternehmensumfeld oder an zwangsläufig abstrakten „Trends" an, sondern nimmt die konkrete Innovationsidee als Ausgangspunkt und gestaltet diese. Damit leistet die geschilderte Vorgehensweise einen Beitrag zur Überwindung der Relevanzhürde, an der Foresight-Aktivitäten in vielen Unternehmen straucheln. Der Beitrag resümiert die Erfahrungen aus zehn Jahren Zukunftsforschung für Innovationen in einem internationalen Maschinenbauunternehmen. Der Ansatz wird in Beziehung zu den theoretischen Grundlagen aus Zukunfts- und Innovationsforschung gesetzt, und wesentliche Aspekte der konkreten Vorgehensweisen und Methoden werden vorgestellt. Ein abschließendes Fallbeispiel demonstriert den bedeutenden ökonomischen Wert des gewählten Ansatzes für Unternehmen.

Zukunft als gesellschaftliche Gestaltungsaufgabe. Die Arbeit mit normativen Szenarios

Robert Gaßner

Zukunft ist nur in sehr begrenztem Ausmaß vorhersehbar. Die beste Möglichkeit, Zukunft vorherzuwissen, ist demnach, sie selbst (mit) zu gestalten. Der auch im wissenschaftlichen Rahmen nur sehr begrenzt möglichen Zukunftsprognostik wird die *Zukunftsgestaltung* als ein zentrales Element der Befassung mit Zukunftsfragen gegenübergestellt. Zuerst wird die Bedeutung einer durch normative Methodik unterstützten systematischen Zielbildung hergeleitet. Danach werden am Beispiel des Berliner Institutes für Zukunftsstudien und Technologiebewertung (IZT) praktische Aspekte einer gestaltungsorientierten, partizipativen Zukunftsforschung vorgestellt. Abschließend wird exemplarisch vertiefend auf die Arbeit mit normativen Szenarios – also mit „Wunschszenarios" – eingegangen, da diese Methodik in nahezu idealtypischer Weise die eingangs geforderte Unterstützung von Zielbildungsprozessen für die Zukunftsgestaltung illustriert. Dazu werden nacheinander zunächst die partizipative Generierung normativer Szenarios und dann die handlungsorientierte gemeinschaftliche Auswertung solcher Szenarios beschrieben. Zuletzt werden nochmals kurz zentrale Vorteile dieser Methodik resümiert und die Ergebnisse einer Evaluation normativer Szenario-Methodik in der Begleitung strategischer Prozesse in der Forschungspolitik zusammengefasst.

Zukunftsinstitute als Moderatoren des gesellschaftlichen Wandels

Bjørn Ludwig

Der gesellschaftliche Wandel ist gekennzeichnet von immer komplexeren Wirkungszusammenhängen; die Ursachen werden für EntscheidungsträgerInnen in Wirtschaft und Politik immer unüberschaubarer. Die rasante Steigerung der Komplexität, Vielfalt und Schnelligkeit von globalen Entwicklungen beeinträchtigt auch die Gestaltungsspielräume der Verantwortlichen. Zukunftsgestaltung und Zukunftsmanagement als zentrale Aufgaben von Regionen erfordern daher das In-den-Blick-Nehmen von bisherigen Entwicklungen ebenso wie das „Andersdenken". Dies macht Einrichtungen notwendig, die sich diesen Herausforderungen stellen. Zukunftsgestaltende Einrichtungen können Wissen bündeln sowie Wissensträger lösungsorientiert zusammen- und an neue Herangehensweisen für komplexe Problemstellungen heranführen. Ihre Kompetenz besteht in dem Vernetzen von ExpertInnen sowie in der systemischen Berücksichtigung aller gesellschaftlichen Handlungsfelder mithilfe von ganzheitlichen Methoden. Der Beitrag gibt einen Überblick über Ursprung, Ziele, Aufgaben, Umfeld, Haltung, Rollen, Finanzierung und Notwendigkeit von Zukunftsinstituten.

Teil I
Zukunftsforschung in Unternehmen:
Erfolgsfaktoren, Chancen und Risiken

Wozu Zukunftsforschung? Auf dem Weg zu einem Management von Zukunftsungewissheit in Organisationen[1]

Christian Neuhaus

Organisationen machen sich laufend Bilder von der Zukunft. Diese Zukunftsbilder handeln von eigenen zukünftigen Handlungen und Projekten (Pläne), von angestrebten zukünftigen Sachverhalten (Ziele) und nicht zuletzt von der zukünftigen näheren und weiteren Umwelt der Organisation (Umwelt-Zukunftsbilder). In diesem Sinne sind Unternehmen, Non-Profit-Organisationen, öffentliche Verwaltungen, Forschungs-, Bildungs- und Gesundheitseinrichtungen und alle anderen Organisationen Zukunftsbilder verwendende und Zukunftsbilder produzierende Systeme. Zukunftsforschung wiederum kann als wissenschaftliche Erzeugung von Zukunftsbildern verstanden werden.

Vor diesem Hintergrund lautet die Leitfrage der folgenden Überlegungen: Welche Funktionen kann Zukunftsforschung in und für Organisationen erfüllen? Das Augenmerk dabei liegt also nicht primär auf *Organisationen der Zukunftsforschung*, sondern auf *Zukunftsforschung für Organisationen* unterschiedlicher Art und Aufgabe, erfolge sie nun in der Organisation oder außerhalb als externe Dienstleistung. Eine Zukunftsforschung für Zukunftsforschungs-Organisationen ist dabei natürlich nicht ausgeschlossen.

Grundidee der hier vorgestellten Konzeption ist es, Zukunftsforschung in und für Organisationen als potenziellen Beitrag zu den Zukunftsbilder verwendenden und erzeugenden Prozessen in der Organisation zu betrachten. Die wichtigsten dieser Prozesse sind mit der Steuerung der Organisation befasst, welche auch als Management bezeichnet wird. Zukunftsforschung, verstanden als professionelle, wissenschaftliche Anfertigung von Zukunftsbildern, muss, um Wirkung in Organisationen zu entfalten, die Zukunftsbilder verwendenden Steuerungsprozesse der Organisation erreichen. Das kann zum einen dergestalt geschehen, dass die von ihr erzeugten Zukunftsbilder dort Eingang und Verwendung finden, etwa als Entscheidungsgrundlagen. Anspruchsvoller, aber auch spezifischer werden die Leistungen einer Zukunftsforschung in und für Organi-

---

[1] Der Beitrag beruht auf Auszügen aus: Neuhaus, C. (2006): Zukunft im Management – Orientierungen für das Management von Ungewissheit in strategischen Prozessen. Heidelberg, S. 479ff.

sationen, wenn diese zu einer bewussten Reflexion und Steuerung der Zukunftsbilder erzeugenden und verwendenden Prozesse in der Organisation beiträgt. Dabei geht es nicht nur um die Inhalte der Zukunftsbilder, sondern zentral auch um die Beobachtung und Gestaltung des jeweils aktuellen Maßes an Zukunftsgewissheit oder -ungewissheit in der Organisation – eine entscheidende Dimension in den strategischen Prozessen.

Deshalb nenne ich die Reflexion und Steuerung der Zukunftsbilder in der Organisation kurz *Management von Ungewissheit*. Zukunftsforschung in und für Organisationen kann einen wichtigen Beitrag dazu leisten. Im Folgenden wird den Grundlagen und Grundzügen eines solchen Managements von Ungewissheit nachgegangen. Dabei ergeben sich auch Hinweise für eine situationsangemessene Ansatz- und Methodenwahl in der Zukunftsforschung in und für Organisationen.

Ausgangsbedingungen

An anderer Stelle habe ich dargelegt, in welchen Formen, auf welche Weise und unter welchen Grundannahmen Zukunft in Organisationen vorkommt und mit welchen Folgen sie als prinzipiell ungewiss oder aber als prinzipiell vorherwissbar gesehen wird (siehe Neuhaus 2006). Die Ausgangsbedingungen und das Handlungsfeld eines (strategischen) Managements, welches sich mit der Handhabung von Zukunft in der Organisation befasst, sind dabei erkennbar geworden. Hier sei dieser theoretische Bezugsrahmen noch einmal knapp umrissen.

Organisationen operieren laufend in einem selbst geschaffenen zeitlichen Bezugsraum von Vergangenheit, Gegenwart und Zukunft. Nicht nur, aber vor allem in strategischen Prozessen spielt der Zukunftsbezug eine zentrale Rolle. Organisationen erschaffen sich selbst die Zukunft – oder genauer: die Bilder der noch nicht existierenden Zukunft, und zwar im Rahmen ihrer Kommunikationen. Zukunftsbilder entstehen, bestehen und vergehen auf allen Ebenen der organisationalen Kommunikation: vor allem in der externen offiziellen, der internen offiziellen und der internen inoffiziellen Kommunikation. Zukunftsbilder existieren zudem auch im Bewusstsein der beteiligten Individuen. Dabei ist zu beachten: Es herrscht kein Zwang zur Konsistenz zwischen diesen Ebenen.

Zukunftsbilder können mehr oder weniger gewiss sein. Die Gewissheit oder Ungewissheit von Zukunftsbildern hängt grundlegend von den betreffenden Zukunftskonzepten ab, von den generellen Grundannahmen über die Vorherwissbarkeit der Zukunft in dem betreffenden Weltausschnitt. Hier können transparente Zukunftskonzepte von opaken Zukunftskonzepten unterschieden werden. In der Zukunftsforschung begegnen uns die verschiedenen Zukunftskonzepte in Gestalt unterschiedlicher Formen der Zukunftsbeschreibung: Während *singuläre Prognosen*, gleich welcher Machart, eher mit der Grundannahme einer prinzipiell transparenten Zukunft verbunden sind, sind multiple Zukunftsszenarien Medien einer Zukunftsbeschreibung, die von einer grundsätzlich opaken Zukunft ausgeht. Die Zukunftskonzepte sind auch mit den organisationalen Selbstbildern verbunden. Werden die Zukunftskonzepte geändert, hat dies Konsequenzen für die organisationale Selbstbeschreibung. Denn Zukunftskonzepte sind auch mit Vorstellungen darüber verknüpft, wie das Entscheiden in der Organisation geschieht und geschehen sollte, die ihrerseits wiederum mit dem Verständnis von Organisationen selbst korrespondieren. Insbesondere ist die Grundannahme einer vorherwissbaren Zukunft zwingende Prämisse der klassischen Konzeption rationalen Entscheidens, die mit einem klassischen, mechanistischen Organisationsverständnis einhergeht. Dieser Zusammenhang zwischen dem rationalen Entscheidungskonzept und der Notwendigkeit eines transparenten Zukunftskonzeptes, der sich im Hinblick auf die klassische Organisations- und Entscheidungslehre zeigen lässt, besteht so auch in der (Selbstbeobachtungs-)Realität der Organisation. Dort korrespondieren Zukunftskonzepte mit den Selbstbildern der Organisation, die sich selbst beobachtet und selbst beschreibt.

Eine funktionale Betrachtung ergibt nun allerdings, dass transparente Zukunftskonzepte und rationalistisch-mechanistische Selbstbilder zwar einerseits gravierende Dysfunktionalitäten aufweisen, die vor allem aus ihrer Realitätsferne rühren. Sie bringen jedoch andererseits auch eine Reihe von funktionalen Folgen mit sich, insbesondere, was ihre das Handeln erleichternden Wirkungen betrifft. Zusätzlich lässt sich zeigen, dass auch die opaken Zukunftskonzepte und nicht klassischen Selbstbilder neben ihren Funktionalitäten, die vor allem Resultat ihrer zumeist größeren Realitätsnähe sind, nicht unerhebliche dysfunktionale Folgen mit sich bringen können. Hervorzuheben ist dabei vor allem die Beeinträchtigung der Fähigkeit zu handeln, insbesondere dann, wenn diese noch an die (klassische) Vorstellung geknüpft ist, man könne nur handeln, wenn die Zukunft gewiss sei.

Das verbreitete Festhalten an der Idee, die Zukunft könne vorhergewusst werden, wird so verständlicher. Dieses Festhalten am transparenten Zukunftskonzept erklärt sich zum einen originär, aus seinen spezifischen Funktionalitäten: Sicherheit, Handlungsfähigkeit, Umweltberuhigung. Diese Haltung wird zum anderen aber auch derivativ plausibel aufgrund der Funktionalitäten rationalistischer Selbstbilder, deren konzeptionelle Voraussetzung sie bildet: Komplexitätsreduktion und Latenzschutz sowie abermals Handlungsfähigkeit und Erfüllung von Umweltanforderungen.

Doch auch dies ändert nichts an den bekannten Dysfunktionalitäten des transparenten Zukunftskonzeptes. Insbesondere ändert sich nichts an der Gefahr, dass Organisationen sich in strategischen Prozessen zu sehr auf die Vorherwissbarkeit der Zukunft und zu sehr auf ihre Zukunftsbilder verlassen und dann in schwere Krisen geraten. An solchen Krisen interessiert uns nicht, dass es anders gekommen ist als erwartet, sondern dass es oft weitgehend unerwartet anders als erwartet kommt.[2] Es droht, kurz gesagt, die Gefahr organisationaler Blindheit.

Daraus folgt, dass es keine einfache, unidirektionale Antwort auf die Frage nach dem richtigen Maß an organisationaler Zukunftsgewissheit oder -ungewissheit gibt. Stattdessen wird ein gravierendes Dilemma deutlich, auf das jede Ambition zur Steuerung der Repräsentation von Zukunft in der Organisation stoßen wird. Die (meistens fiktionale) Zukunftsgewissheit kann zum erfolgreichen Fortbestand der Organisation beitragen, ist jedoch nicht kostenfrei zu haben. Dasselbe gilt für die (meist realitätsnähere) Einsicht in die Unvorherwissbarkeit der Zukunft.

Vor diesem Hintergrund wird auch deutlich, dass die einfache Empfehlung an die organisationale Praxis, die Unvorhersehbarkeit der Zukunft stets zu berücksichtigen und statt einfacher Vorhersagen nur noch *multiple Zukunftsszenarien* mit entsprechender Ungewissheit zu verwenden, der kritischen Revision bedarf. Zumindest als alleinige Steuerungskonzeption greift auch ein solcher Ansatz zu kurz: Entweder würden derartige Bemühungen angesichts des Gewissheitsbedarfes der Organisation schlicht ignoriert. Oder aber, bei entsprechendem Erfolg, würde die daraus resultierende Ungewissheit auch die genannten dysfunktionalen Folgen, insbesondere für die organisationale Handlungsfähigkeit, mit sich bringen. Aber auch eine Leitlinie, generell für Zukunftsgewissheit zu sorgen, zum Beispiel durch konsequente Beschaffung und Verwendung von Prognosen, greift weiterhin zu kurz. Das ist die dilemmatische Ausgangslage für ein Management, das den organisationalen Umgang mit der Zukunft zum Steuerungsanlass und -gegenstand nimmt.

Benötigt wird eine komplexere Steuerungskonzeption, die dem vielschichtigen Gefüge funktionaler und dysfunktionaler Folgen opaker und transparenter Zukunftskonzepte und klassischer und nicht klassischer Selbstbilder besser gerecht wird als das alleinige Insistieren auf der Unvorherwissbarkeit der Zukunft. Eine solche Steuerung nennen wir *Management von Ungewissheit*. Seine Kern- und Leitfragen, auf die stets neu zu antworten sein wird, lauten vielmehr: „Wie viel Gewissheit braucht die Organisation und wie viel Gewissheit kann sie sich leisten? – Wie viel Ungewissheit braucht die Organisation, und wie viel Ungewissheit kann sie sich leisten?"

---

2   Dies kann auch als spezifische Ausprägung jenes allgemeinen (paradoxen) Organisationsproblems verstanden werden, das Steinmann und Schreyögg (2000) wiederholt benennen: Systeme müssen sich bestimmte Sicherheiten schaffen, um handeln zu können, wobei gerade diese Schaffung künstlicher Sicherheiten ihrerseits Unsicherheit schafft: „Selektion kann es nicht ohne Risiko geben" (S. 133).

Grundaufgaben

Was heißt dies nun für das Management der Organisation, die wichtigste Wirkungsebene einer Zukunftsforschung in und für Organisationen. Und welche Folgerungen ergeben sich insbesondere für das Management von und in strategischen Prozessen?
Management wird hier verstanden als die (Funktion der) Steuerung, das heißt Beobachtung und Gestaltung, des organisationalen Geschehens, mit dem Ziel der Erhaltung der Bedingungen der weiteren organisationalen Reproduktion innerhalb einer für diese Fortsetzung kritischen Umwelt.[3] Strategisches Management ist die Steuerung, Beobachtung und Gestaltung der strategischen Prozesse in der Organisation. Gerade in strategischen Prozessen wird der organisationale Umgang mit Zukunft besonders problematisch – zeichnen sie sich doch aus durch große Einsätze, lange Fristen, hohe Umweltabhängigkeit und Neuartigkeit. Es ist daher sinnvoll, auch den organisationalen Umgang mit Zukunft, genauer gesagt, mit den verwendeten Repräsentationen von Zukunft, zum Steuerungs- und Gestaltungsgegenstand zu machen. Zukunftsforschung kann dabei behilflich sein.
Zwei Grundaufgaben eines zukunftsbildbezogenen Managements lassen sich unterscheiden. Ich nenne diese Aufgaben *Management von Ungewissheit* und *Management unter Ungewissheit*.

Management von Zukunftsungewissheit

Das Management von Ungewissheit ist ein Management von Zukunftsbildern und Zukunftskonzepten. Es beobachtet und steuert den Stand, das Werden und Vergehen der organisationalen Zukunftsbilder und Zukunftskonzepte in strategischen Prozessen. Das Management von Ungewissheit beurteilt, ob der aktuelle Stand der Zukunftsbilder und Zukunftskonzepte der Organisation nach Maßgabe ihrer funktionalen und dysfunktionalen Wirkungen interventionsbedürftig und interventionszugänglich ist, und greift dementsprechend in die organisationale Konstruktion von Zukunft ein.
Zusammengefasst lautet die Aufgabe für das Management von Ungewissheit, im Organisationsgeschehen strategischer Prozesse kontinuierlich auf ein situationsangemessenes Verhältnis klassischer und nicht klassischer Konzepte in den organisationalen Zukunftsbildern, Zukunftskonzepten und Selbstbildern hinzuwirken. Übergeordnetes Ziel ist dabei die Erhaltung und Förderung der funktionalen Folgen von transparenten und opaken Zukunftskonzepten und der

---

3 Wir legen damit ein funktionales Managementverständnis zugrunde. Vgl. Steinmann und Schreyögg (2000, S. VII).

mit ihnen korrespondierenden Selbstbilder, unter möglichst weitgehender Neutralisierung bzw. Kompensation ihrer dysfunktionalen Folgen. Knapp gesagt lautet das Ziel, die Handlungsfähigkeit der Organisation zu erhalten und die dabei drohende Blindheit der Organisation zu vermeiden.

Management unter Zukunftsungewissheit

Zu unterscheiden von dem Management *von* Ungewissheit ist ein Management *unter* Ungewissheit, wenn auch beide miteinander verbunden sind. Das Management unter Zukunftsungewissheit steuert das Organisationsgeschehen vor dem Hintergrund der organisationalen Zukunftsbilder und Zukunftskonzepte. Mit anderen Worten: Während das *Management von Zukunftsungewissheit* die organisationalen Zukunftsbilder und Zukunftskonzepte als *Steuerungsgegenstände* versteht, betrachtet das *Management unter Zukunftsungewissheit* die Zukunftsbilder und Zukunftskonzepte als *Steuerungsprämissen*. Management unter Zukunftsungewissheit agiert innerhalb der Bilder, die sich die Organisation von ihrer Zukunft macht; Management von Zukunftsungewissheit arbeitet an diesen Bildern, insbesondere an deren Gewissheit.

Ein Management von Ungewissheit, das sich nicht auf die Beseitigung von Ungewissheit beschränkt, bedarf ohnehin einer tragfähigen Konzeption eines Managements unter Ungewissheit. Wenn Gewissheit eingeschränkt werden soll, vor allem wegen der sonst drohenden dysfunktionalen Konsequenzen, dann bedarf es überzeugender und handhabbarer Antworten auf die Frage, wie denn ein solches „echtes" Management unter Zukunftsungewissheit aussehen könnte: eine Steuerung des (strategischen) Organisationsgeschehens vor dem Hintergrund von ungewissen oder nur begrenzt gewissen Zukunftsbildern – ohne jene Gewissheit, die alles so viel einfacher macht. Ein solches Management unter Ungewissheit zielt dann auf die explizite Berücksichtigung der Unbekanntheit und Unkennbarkeit der Zukunft in der Entscheidungskommunikation der Organisation. Entscheidungsprozesse, Beurteilungen von Optionen und Projekten sowie die Gestaltung von Projekten, Programmen, Routinen und Strukturen tragen dann ausdrücklich der Tatsache Rechnung, dass man im Vorhinein nicht weiß und nicht wissen kann, wie die betreffende Umwelt in der Zukunft sein wird.

Da das Interesse hier den potenziellen Beiträgen und Leistungen einer Zukunftsforschung in und für Organisationen gilt und diese Beiträge als Intervention in die Zukunftsbild-Konstruktion und -Verwendung verstanden werden können, konzentrieren wir uns im Weiteren auf das Management von Ungewissheit.

Steuerungsprinzipien im Management von Ungewissheit

Betrachten wir die hier vorgeschlagene Steuerungskonzeption näher. Unter dem Management von Ungewissheit verstehe ich die beständige Beobachtung und Steuerung der Zukunftsbilder und Zukunftskonzepte der Organisation. Ziel des Managements von Ungewissheit ist es, dass die Organisation sich ihrer Zukunftsbilder in strategischen Prozessen einerseits so weit gewiss ist, dass weiter gehandelt und kommuniziert werden kann, und dass die Organisation ihren Zukunftsbildern andererseits so weit misstraut, dass deren Mangelhaftigkeit frühzeitig festgestellt werden kann. Übermäßige Gewissheit erfordert Ungewissheit, übermäßige Ungewissheit verlangt nach Gewissheit, so lautet verkürzt das Steuerungsprinzip. Eine vollständige Umstellung einer Organisation auf Vorherwissbarkeit und Rationalität wäre weder realisierbar noch wäre sie dem Organisationserfolg dienlich. Und dasselbe gilt für den Versuch einer vollständigen Umstellung auf Unvorhersehbarkeit und einer vollständigen Suspendierung von Rationalität, wie nun deutlich geworden ist.

Die an sich sachlich richtige Kritik an Prognosepraxis und Prognoseglauben greift zu kurz, wenn sie bei dem Hinweis auf die Unvorhersehbarkeit der Zukunft stehen bleibt. Genau genommen ist eine solche Kritik an jener verbreiteten Hoffnung auf verlässliche Prognosen, die vom Wunsch nach rationalem Entscheiden getrieben wird, ihrerseits eine Kritik, die auf Rationalität pocht. Die Forderung, dass man doch die Unvorhersehbarkeit der Zukunft zur Kenntnis nehmen möge, entspricht für sich allein zunächst nur einer weiteren Drehung an der Rationalitätsschraube – potenziell mit denselben paralysierenden Folgen wie die ungebremste Forderung nach rationalen Entscheidungen auf Basis vollständiger Information.

Die hier vorgeschlagene Steuerungskonzeption weist über diesen Punkt hinaus. Die Kritik an der übermäßigen Gewissheit in Organisationen und der Hinweis auf deren Risiken sind nach wie vor zutreffend. Hinzu kommen jedoch die Einsichten, dass

- erstens auch Gewissheit per se nicht nur dysfunktional ist,
- zweitens eine vollständige Beseitigung von Gewissheit, es sei denn aus destruktiven Motiven, nicht angestrebt werden sollte und wohl auch meistens nicht gelingen kann,
- drittens ein Balancieren zwischen Gewissheit und Ungewissheit auf verschiedenen Kommunikationsebenen geschehen kann und
- viertens eine Verminderung von Gewissheit, wenn sie denn gelingen und nicht zu besonders dysfunktionalen Folgen führen soll, der Flankierung durch entsprechende Selbstbilder und durch ein „echtes" Management unter Ungewissheit bedarf.

Deshalb wird hier ein Management von Ungewissheit vorgeschlagen, das nicht auf die Vertreibung von Gewissheit aus der Organisation setzt, wie fiktional diese auch sein mag, sondern auf deren begleitende Kompensation und die Erhaltung eines balancierenden Nebeneinanders von Gewissheit und Ungewissheit, von transparenten und opaken Zukunftskonzepten. Dieser Ansatz eines Managements von Ungewissheit lässt sich nun anhand dreier Steuerungsprinzipien näher darstellen: (1) Reflexion der Zukunftskonstruktion; (2) balancieren und oszillieren; (3) im Regelfalle Ungewissheit einbringen.

Reflexion der Zukunftskonstruktion

Management von Ungewissheit ist in erster Linie Reflexion der organisationalen Zukunftskonstruktion. Es bedeutet die Beobachtung und Steuerung des organisationalen Umgangs mit der Zukunft. Im Management von Ungewissheit beobachtet die Organisation sich selbst beim Beobachten ihrer Zukunft, das heißt: beim Konstruieren ihrer Zukunft. Die Steuerungsaufgabe besteht darin, den laufenden Prozess der Konstruktion von Zukunftsbildern in der Organisation zu verfolgen, dabei insbesondere auch auf den situationsangemessenen Grad an Gewissheit/Ungewissheit bzw. den Stand der betreffenden Zukunftskonzepte zu achten und gegebenenfalls dysfunktionalen Entwicklungen entgegenzuwirken.

Das Management von Ungewissheit kann daher, im Sinne der Kybernetik zweiter Ordnung (von Foerster 1985, 1993), als Beobachtung zweiter Ordnung, als Beobachten des Beobachtens verstanden werden. Und weil die beiden Beobachter in diesem Falle identisch sind – die Organisation –, lässt sich auch von Selbst-Beobachtung zweiter Ordnung sprechen.[4] Soziale Systeme beobachten durch Kommunikation. So erfolgt auch die Selbstbeobachtung der Organisation durch Kommunikation. Auch die Steuerung von Organisationen ist Teil des Organisationsgeschehens, also Aktivität der Organisation selbst, in systemtheoretischer Sicht ebenfalls bestehend aus den Basisereignissen der Organisation: aus Kommunikationen. Damit ist die Kernaktivität eines Managements von Ungewissheit ausgemacht: organisationale Kommunikation über die organisationale Konstruktion der Zukunft. Management von Ungewissheit, solchermaßen verstanden als organisationale Selbstbeobachtung der Konstruktion von Zukunft, kann damit auch als Reflexion verstanden werden, durchaus im üblichen Sinne, aber auch in Anlehnung an den Reflexionsbegriff bei Luhmann (vgl. 1987,

---

4   Nicht der Manager als Individuum beobachtet hier also die Organisation beim Konstruieren ihrer Zukunft – das wäre Fremdbeobachtung und bleibt dem Manager unbenommen, ja mag sogar Voraussetzung eines Managements von Ungewissheit sein –, sondern eben die Organisation selbst beobachtet sich: durch Kommunikation.

S. 617ff). Dort ist Reflexion ein anspruchsvollerer Unterfall von Selbstbeobachtung, in dem ein System sich selbst in Unterscheidung zu seiner Umwelt beobachtet bzw. beschreibt und dabei dessen gewahr ist, dass die zugrunde liegende Unterscheidung durch das System selbst erzeugt wird.

Selbstbeschreibungen in der Form von Abgrenzungen allein seien noch keine Reflexionsformeln, erläutert Luhmann: „Weder Griechen/Barbaren noch corpus Christi/corpus diaboli reichen dazu [zur Reflexion, Anm. d. Verf.] aus. Es musste die Entdeckung hinzukommen, dass die Heiden für sich selbst gar keine Heiden sind" (Luhmann 1987, S. 619). Mit anderen Worten: In der Reflexion beobachtet das System sich selbst und weiß, dass es dabei sich und seine Umwelt selbst konstruiert. Analog kann das Management von Ungewissheit als Reflexion der organisationalen Zukunft verstanden werden. In Anlehnung an Luhmanns Beispiel lässt sich sagen, dass es zu solcher Reflexion nicht hinreicht, Vergangenheit, Gegenwart und Zukunft zu unterscheiden und eventuell noch davon auszugehen, dass die Zukunft anders als die Gegenwart aussieht. Hinzukommen muss die Entdeckung, dass die Unterscheidung von Vergangenheit, Gegenwart und Zukunft im System erzeugt wird und dass die gegenwärtige Zukunft in der Organisation selbst konstruiert wird. Dann hat das Management von Ungewissheit die Aufgabe, dafür zu sorgen, dass in der Organisation nicht in Vergessenheit gerät, dass die die Handlungsfähigkeit sichernde Zukunftsgewissheit eine Konstruktion der Organisation selbst ist.

So verstanden, als Reflexion der organisationalen Zukunftskonstruktion, ähnelt das Management von Ungewissheit der ebenfalls systemtheoretisch inspirierten Konzeption einer „strategischen Kontrolle", die Schreyögg und Steinmann als komplementäre Funktion zur strategischen Planung entwerfen.[5] Organisationen müssten, insbesondere im Zuge der strategischen Planung, Ambiguität und Ungewissheit in Eindeutigkeit und Gewissheit überführen. Diese Komplexitätsreduktion durch Setzung expliziter und impliziter Prämissen, genannt Selektion, greift aus dem Strom des Geschehens heraus – formt und definiert überhaupt (vgl. Weick 1979, 1995) –, was weiter in der Organisation Berücksichtigung findet. Die strategische Kontrolle hat dann die Funktion, das Selektionsrisiko zu kompensieren oder zumindest handhabbar zu machen. Ihr Ausgangspunkt ist die Einsicht, dass die Eindeutigkeit der Situation stets eine Eigenkonstruktion ist, die auch unzutreffend, zumindest fehlleitend sein kann. Man kann nicht wissen, ob wirklich irrelevant ist, was ausgeblendet wurde. Das Grundprinzip lautet dann Reflexion der Selektion, das heißt die kritische und explizite Begleitung der komplexitätsreduzierenden Aktivitäten innerhalb der Organisation. Auch hier also: Selbstbeobachtung zweiter Ordnung.

---

5 Vgl. Schreyögg und Steinmann (1987) oder Steinmann und Schreyögg (2000, S. 243ff).

Ganz ähnlich ist das hier entwickelte Argument für ein Management von Ungewissheit aufgebaut. Zukunftskonzepte und Zukunftsbilder entstehen in besonderem Maße durch realitätsunabhängige Konstruktionsleistungen im System. Denn die Zukunftsbilder erfordern, über die Auswahl und Deutung von Vergangenheit und Gegenwart hinaus, auch noch die nicht validierbare Projektion auf den Zukunftshorizont – wie schlicht diese auch ausfallen mag. Die fiktionale Gewissheit der Zukunft, in Zukunftsbildern und Zukunftskonzepten, erfüllt kritische Funktionen für die Organisation, birgt aber stets zugleich das Risiko dysfunktionaler Folgen. Das Management von Ungewissheit, das auf die Kompensation dieser Risiken durch Reflexion zielt, kann daher auch als spezifische Form strategischer Kontrolle verstanden werden.[6]

Balancieren und oszillieren

Das Management von Ungewissheit ist mit einem komplexen Dilemma konfrontiert. Wichtige Leitideen für den Umgang mit Dilemmata sind Balance und Oszillation. Management von Ungewissheit zielt auf Balance, oder besser: auf den Prozess des Balancierens. Die Idee des Balancierens, der wechselnden Fokussierung und getrennten Bearbeitung inkonsistenter Anforderungen, gehört bereits zum Grundverständnis von Organisationen als funktional differenzierte Sozialsysteme. Und gerade Empfehlungen für den Umgang mit den eigenen Zukunftsbildern bzw. für das zukunftsbezogene Handeln, Kommunizieren und Denken folgen häufig der Figur der Balance.

So empfiehlt Boulding ein „optimum degree of commitment" in Bezug auf die eigenen Zukunftsbilder: „If we are totally uncommited we get nowhere; if we are too committed the future will take us over a cliff" (Boulding 1989, S. 317). Ähnlich warnt Brunsson sowohl vor zu viel Ungewissheit als auch vor zu wenig Ungewissheit: „We should try to strike a balance between two mistakes: one, being excessively prone to perceive uncertainty, and the other not being prone enough" (Brunsson 1985, S. 57f). Van der Heijden verweist, darin nahe bei Brunsson, auf die für tiefgreifende (strategische) Änderungsvorhaben erforderliche hohe Gewissheit von Zukunftsbildern, die jedoch in dilemmatischem Widerspruch stehe zu dem angesichts einer ungewissen Zukunft bestehenden Flexibilitätserfordernis: „Both objectives can not be fully achieved at the same time. Some balance needs to be found, which needs to be reviewed and managed over

---

6   Die beiden Konzeptionen nähern sich noch weiter an, wenn man berücksichtigt, dass die kontrollbedürftigen Prämissensetzungen der strategischen Planung zum überwiegenden Teil *zukunftsbezogen* erfolgen, also Zukunftsbilder im hier entwickelten Sinne erzeugen. Strategische Kontrolle als eine Reflexion und Revision dieser Prämissen bzw. Zukunftsbilder wäre dann umgekehrt eine Form des Managements von Ungewissheit.

time" (Van der Heijden 1994, S. 570f). Weick bringt es im Hinblick auf jegliche orientierende Festlegungen der Organisation auf die knappe wie treffende Formulierung, dass es nötig sei, „[...] to put into the system both respect and suspicion about implanted structures" (Weick 1977, S. 40). Respekt und Misstrauen gegenüber den Zukunftsbildern der Organisation – so ließe sich auch das regulative Prinzip des hier beschriebenen Managements von Ungewissheit umreißen.[7]

Balancieren bedeutet gerade nicht die organisationsweite Etablierung einer einheitlichen Mittelposition, etwa im Sinne von Zukunftsbildern mittlerer Gewissheit/Ungewissheit oder von Zukunftskonzepten mittlerer Transparenz/Opazität. Balancieren meint vielmehr, die Fähigkeit sozialer Systeme zur Bearbeitung inkonsistenter Anforderungen und zur Realisierung inkonsistenter Kommunikationen, die in ihrer Gleichzeitigkeit füreinander unbeobachtbar sind, zu nutzen und zu stärken. Das heißt hier, Zukunftsgewissheit und -ungewissheit, transparente und opake Zukunftskonzepte zugleich in der Organisation zu erhalten bzw. zu fördern. Nicht die Mischform des Kompromisses, sondern der Erhalt widersprüchlicher Optionen – Ambivalenz – schaffe Flexibilität in einer sich ändernden Umwelt, so Weick: „[...] ambivalence is the optimal compromise" (Weick 1979, S. 219). Zukunftsgewissheit und -ungewissheit, transparente und opake Zukunftskonzepte werden hier nicht als disjunkte Alternativen verstanden, zwischen denen die Organisation wählen muss, sondern als Optionen unterschiedlicher Zukunftsauffassungen, zwischen denen die Organisation sich frei bewegen kann. Dies ist der entscheidende Punkt: Die Organisation muss von Gewissheit zu Ungewissheit wechseln können – und zwar schneller, als dies im Wege des Umbaus organisationseinheitlicher Zukunftsbilder und Zukunftskonzepte möglich wäre. Stattdessen muss die Möglichkeit gefördert werden, schnell zwischen verschiedenen, bereits vorhandenen Zukunftsbildern und Zukunftskonzepten wechseln zu können. Balance ist deshalb auch nicht statisch, sondern dynamisch, eben als balancieren, zu verstehen. Die Organisation muss in sich sowohl Gewissheit als auch Ungewissheit, „Respekt und Misstrauen" (Weick) ihren Zukunftsbildern gegenüber bereithalten, um schnell darauf zugreifen zu können. Management von Ungewissheit trägt balancierend Sorge, dass diese Optionen für die Organisation verfügbar sind und bleiben.

Luhmann hebt wiederholt die funktionale Fähigkeit von Organisationen (und anderen sozialen Systemen) hervor, im Strom der Kommunikationen (aus

---

[7] Damit folgt das Management von Ungewissheit einem ähnlichen, balancierenden Prinzip wie jenes „Discrediting", das Weick (1979, S. 215ff) in Bezug auf (nicht temporalisierte) Weltbilder (cause maps) beschreibt: „When things are clear, doubt; when there is doubt, treat things as if they are clear. That's the full and symmetrical meaning of discrediting. [...] By discrediting we do not mean that people treat a retained cause map as wrong and refuse to accept any portion of it. Instead, the nuance we wish to preserve is that there are good reasons to question the accuracy and reliability of enacted environments [...]" (ebd., S. 221).

denen sie bestehen) nacheinander, aber auch gleichzeitig divergierenden Sinn und inkonsistente Weltdeutungen zu behandeln und in ihrer Bedeutung für die weiteren Kommunikationen schnell wechseln zu lassen.[8] Er wählt für ein solches beständiges Umschalten den Begriff des „Oszillierens". Dogmatische Setzungen mit Absolutheitsanspruch würden auch in Organisationen ohnehin nicht mehr restlos anerkannt. Dogmatische Setzungen würden ersetzt durch „[...] ein ständiges Oszillieren zwischen Setzung und Aufhebung, Systemloyalität und Zynismus, konstruktiver und dekonstruktiver Kommunikation [...]. Es käme dann auf die kommunikative Organisation dieses Oszillierens, ja auf eine laufende Parallelführung beider Möglichkeiten der Kommunikation an, auf die Vermeidung hierarchischer Dauerprämiierung des ‚Richtigen' und auf die Steigerung eines gleichzeitigen Vertrauens und Misstrauens in den Text."[9]

Ganz analog, und hier kommen wir zurück auf unseren Schwerpunkt, müsse sich die Organisation dann auch in Bezug auf die Zukunft auf Oszillationen einstellen, „[...] zum Beispiel auf die Oszillation zwischen Wissen und Nichtwissen oder zwischen transparenten und opaken Objekten [...]" (Luhmann 2000, S. 465). Management von Ungewissheit hat die dauerhafte Aufgabe, ein solches Oszillieren der Organisation zwischen Zukunftsgewissheit und -ungewissheit, zwischen transparenten und opaken Zukunftskonzepten zu ermöglichen und zu organisieren. Dieses Oszillieren oder Balancieren ist ein Steuerungsmodus, der auf das Dilemma zwischen Zukunftsgewissheit und -ungewissheit als Steuerungsziele antwortet. Anders gesagt zielt die Steuerungsidee des Balancierens von Gewissheit vs. Ungewissheit und Transparenz vs. Opazität der Zukunft auf die Erhaltung und Steigerung der Möglichkeiten der Organisation, zwischen diesen Formen der Handhabung von Zukunft fallweise zu wechseln. So trägt das Management von Ungewissheit dafür Sorge, dass die Organisation nicht alternativlos auf Gewissheit oder Ungewissheit verwiesen bleibt.[10]

Nun ließe sich einwenden, dass Organisationen dieses Balancieren oft auch autonom, ohne Zutun von Managementbemühungen erreichen. Das aber gilt für alle Operationen des operational geschlossenen Systems Organisation – jeden-

---

8   Die Möglichkeit der Organisation zur parallelen, gleichzeitigen und damit unbeobachtbaren Verarbeitung unterschiedlichen Sinns markiert zugleich eine immense Steigerung der Kapazität zur Komplexitätsverarbeitung gegenüber dem individuellen Bewusstsein und damit einen der wichtigsten Unterschiede zwischen Organisation und Individuum. Dieser Unterschied entzieht sich leicht der Anschauung.

9   Luhmann (2000, S. 431). Die Idee des Oszillierens als Mittel der Paradoxievermeidung findet sich auch bei Ortmann (2004, S. 96, 110, 191) wieder.

10 Wenn man so will, ist Management von Ungewissheit eine ambige Antwort auf das Problem der Ambiguität, es handhabt die Mehrdeutigkeit der Zukunft auf mehrdeutige Weise. Es entspricht damit den „Konturen einer neuen Steuerungslogik", die Schreyögg (2000a, S. 25) skizziert: „Ambiguitätsmanagement muss seine Prinzipien auch auf sich selbst anwenden: Eindeutigkeit, auch im Gegensatz, ist nicht mehr möglich."

falls, solange es weitergeht. Doch folgt aus der Autonomie der Organisation andererseits auch nicht, dass ihr die Fortsetzung ihrer selbst auch immer weiter gelingen wird. Krisen lassen sich gerade als Folgen von nachhaltigen Störungen dieses Balancierens verstehen. Organisationen können unbeabsichtigt enden, nicht zuletzt auch wegen eines unkompensierten, übermäßigen Vertrauens oder Misstrauens in die Vorherwissbarkeit der Zukunft. Jede Organisation läuft Gefahr, zu sehr oder zu wenig darauf zu vertrauen, dass die Zukunft auch so wird, wie die Zukunftsbilder sie beschreiben. Management von Ungewissheit hat dann die permanente Aufgabe, solche Störungen zu vermeiden, schneller zu beheben und ihre Folgen zu lindern.

Im Regelfalle Ungewissheit einbringen

Wir sprechen vereinfachend von Management von Ungewissheit. Denn das soziale System Organisation drängt im Regelfalle auch ohne Management auf unmittelbare Fortsetzung seiner Operationen und damit auf Gewissheit, so dass es meistens eher auf die Erhöhung von Ungewissheit ankommt. In aller Regel sind in Organisationen, nicht zuletzt wegen der Handlungserfordernisse, die sich aus der Notwendigkeit der Leistungserstellung ergeben, starke Kräfte am Werk, die auf kohärente Weltbilder mit hinreichender Gewissheit hinwirken. In Organisationen herrscht im Normalfall ein hohes Maß an Zukunftsgewissheit. Ausnahmen sind Krisensituationen, in denen Unvorhergesehenes geschieht – und als solches registriert wird –, sowie manche (strategische) Innovationssituationen, in denen Unvorhergesehenes erwartet wird. „Im Alltagsbetrieb" dagegen operieren Organisationen normalerweise im Rahmen von sehr gewissen Zukunftsbildern. Es kann nicht ständig alles in Frage gestellt werden. Und selbst im Zusammenhang mit größeren strategischen Änderungs-, Investitions- oder Innovationsvorhaben werden die Zukunftsbilder zumindest im Rahmen der offiziellen externen und internen Kommunikation vielfach weitgehend frei von Zweifeln und mit hoher Gewissheit vorgetragen.

In diesem Sinne weist Brunsson darauf hin, dass Ungewissheit in Organisationen, trotz aller Diskussionen und Klagen über zunehmende Unsicherheit, ein eher seltenes Phänomen ist (vgl. Brunsson 1985, S. 39ff). In Organisationen herrsche, bar aller belastbaren Grundlagen, vielfach ausgesprochene Gewissheit vor. Dem Wissen über die Zukunft werde eher unangemessen stark vertraut („Overconfidence"). „Beliefs in organizations are often much stronger than seems justified [...]" (ebd.). Wegen ihrer handlungshemmenden Wirkungen werde versucht, Ungewissheit so weit wie möglich zu vermeiden. Auch das weit verbreitete Phänomen des „Group Think" (Janis) könne als Prozess der Reduktion von Zukunftsbild-Ungewissheit verstanden werden, so Brunsson (1985, S. 57f). Ganz Ähnliches berichten Donaldson und Lorsch in ihrer Studie zu den Entscheidungsprozessen in Unternehmensleitungen (vgl. Donaldson und Lorsch 1983, S. 128 ff). Gerade dort, wo belastbare, wissenschaftlich abgesicherte Informationen nicht verfügbar seien, würden die Zukunftsbilder („beliefs about the future") eine hohe Gewissheit aufweisen („wir wussten, dass das Marktsegment wachsen würde ..."). Damit würden Sicherheit, Orientierung und schließlich Handlungsfähigkeit gewährleistet. Ortmann beschreibt analoge Fiktionen im Handeln von Managern: „Manager handeln, als ob sie wissen könnten, wie sie Überbietungen erzielen könnten [...], obwohl sie es nicht wissen können" (Ortmann 2004, S. 223).

Das heißt im vorliegenden Kontext: Die Organisation macht sich im alltäglichen Regelfalle von selbst sicher, und zwar desto mehr, je länger dieser Sicherheit widersprechende Erfahrungen ausbleiben. Management von Ungewissheit ist daher in vielen Fällen gleichbedeutend mit der kontrollierten Wiedereinführung von Ungewissheit in die Organisation.[11] Kurz gesagt: Sicher ist die Organisation meist von selbst, unsicher muss sie gemacht werden. Daher die vereinfachende Bezeichnung – ohne den wichtigen Nebenfall auszublenden, dass es bei einem Überschuss an Ungewissheit auch auf den Eintrag von Gewissheit ankommt. Diese Bedarfslage laufend zu beurteilen, ist eine der Aufgaben des Managements von Ungewissheit.

Grenzen

Solche ambitionierten Zielvorgaben verlangen nach einigen einschränkenden Anmerkungen. Mit diesen soll jedoch weder die Idee der Steuerbarkeit zur Gänze aufgegeben werden noch soll übersehen werden, dass sich reales Steuerungshandeln nicht permanent der eigenen Grenzen bewusst sein kann.

Trotzdem machen die vorstehenden Ausführungen auch ein differenzierteres und bescheideneres Management-Verständnis erforderlich. Wie die neuere Organisationsforschung weiß und die Praxis wissen kann, sind Organisationen nur in Grenzen steuerbar und gestaltbar. Darauf verweist schon das hier zugrun-

---

11 Diese „Injektion" von Ungewissheit entspricht dann auch, neben dem Management unter Ungewissheit, der „Kompensationsfunktion" des Managements, die Steinmann und Schreyögg (2000, S. 130ff) als einen Eckpfeiler eines systemtheoretisch fundierten Managementverständnisses beschreiben. Management müsse unter anderem auch nach Ausgleich der unvermeidlichen Selektionsrisiken streben, die das System bei der Reduktion von Umwelt-Komplexität und Unsicherheit eingeht. Weick (1979, S. 261) argumentiert ähnlich, wenn er für dafür plädiert, dass man in Organisationen jegliche Gelegenheit zur Selbstkomplizierung bewusst nutzen solle, weil die Organisation von sich aus ständig nach Vereinfachung strebe: „Whatever additional ways we can find to complicate observers should also be adopted because the primary thrust of organizations is toward simplification, homogeneity, and crude registering of consequential events."

de gelegte systemtheoretisch fundierte Organisationsverständnis[12]: die operationale Geschlossenheit des aus Kommunikation bestehenden Sozialsystems Organisation, seine selbstreferentielle Historizität, die es zur nicht-trivialen Maschine macht, die lose Koppelung zwischen Organisation und Individuen sowie zwischen Entscheidungsprämissen und Entscheidungen – auf all diese Merkmale sind soziale Systeme existentiell angewiesen. Genau diese Merkmale sind es jedoch auch, die jeder Steuerungs- und Gestaltungsintention den direkten Durchgriff verwehren.[13] Die Autonomie des Systems und die losen Koppelungen machen die Wirkungen jeder Intervention oder Reform im Vorhinein schwer absehbar, im Nachhinein schwer zurechenbar. Zweifellos gibt es Möglichkeiten, die Kommunikation der Organisation seitens der Individuen und insbesondere seitens der mit dem Management betrauten Individuen zu beeinflussen – nur eben nicht streng determinierend, sondern mit begrenzt absehbaren Effekten.

Das hier vorgeschlagene Management von Ungewissheit als besondere Form strategischen Managements trägt diesem Ansatz Rechnung, denn es ist als Gestaltung von besonderen Entscheidungsprämissen – Zukunftskonzepten und Zukunftsbildern – konzipiert. Management von Ungewissheit gestaltet nicht die strategischen Prozesse selbst, sondern zielt auf den Rahmen, in dem die strategischen Prozesse ablaufen.[14] Aber auch dann kommt noch erschwerend hinzu, dass die als Entscheidungsprämissen fungierenden Zukunftsbilder und Zukunftskonzepte gleichzeitig auf unterschiedlichen Ebenen der organisationalen Kommunikation (extern offiziell, intern offiziell, intern inoffiziell) und des Weiteren im Bewusstsein der beteiligten Individuen existieren und von dort aus ihre Wirkungen entfalten. Die Einflussmöglichkeiten auf diesen zudem lose gekoppelten Ebenen sind in unterschiedlichem Maße gegeben, in keinem Falle sind sie jedoch vollkommen und direkt.

Die praktischen Konsequenzen hieraus sind immens. Zum einen stellt sich im konkreten Fall für ein Management von Ungewissheit – und für die dabei

---

12 „Unternehmenssteuerung ist eine ausgesprochen störungsanfällige Funktion – und als solche muss sie konzeptualisiert werden. Die Systemtheorie bietet die beste Grundlage, ein solches komplexeres Verständnis der Unternehmenssteuerungsaufgabe zu entwickeln", so Steinmann und Schreyögg (2000, S. 128).

13 Das Konzept der losen Koppelung, aber eben: Koppelung, überzeugt dort mehr. Steuerung wird unter solchen Bedingungen nur dann unmöglich, wenn Steuerung (klassisch) als vollkommene Kontrolle verstanden wird.

14 Strategische Prozesse schließen ein, was Luhmann (2000, S. 330ff) als „strukturellen Wandel" bezeichnet: den (beobachteten) Wandel der Entscheidungsprämissen der Organisation, zu denen Programme (Strategien), Festlegungen von Kommunikationswegen und Personaleinsatz zählen. *Zukunftskonzepte und Zukunftsbilder sind dann Entscheidungsprämissen für Entscheidungen über Entscheidungsprämissen. Das Bild der Umwelt-Zukunft liefert den Rahmen für Strategieentwürfe bzw. Programme, die ihrerseits einen Rahmen für das weitere Operieren der Organisation liefern (wie lose gekoppelt auch immer).*

helfende Zukunftsforschung – die Frage, inwieweit es überhaupt gelingt, die maßgeblichen, relevanten Kommunikationen in der Organisation zu erreichen. Zukunft und deren Ungewissheit werden in vielen Kommunikationen der Organisation verhandelt. Nur Teile davon jedoch leiten das maßgebliche, nachfolgende Entscheiden und Handeln. Was in Strategie-Abteilungen entwickelt wird, muss noch lange nicht die Kommunikationen, geschweige denn das Handeln der relevanten Akteure instruieren. Damit ist auch eine weitere Hürde benannt: Wie das Planen ist auch das Management von Ungewissheit mit dem organisationalen Handeln nur lose gekoppelt. Selbst wenn es dem Management von Ungewissheit gelingt, die Zukunftsbilder beim relevanten Personal und in den relevanten Kommunikationen zu erreichen, bleibt immer noch zu einem gewissen Grade offen, ob dann auch entsprechend gehandelt wird. Dieses Problem jedoch teilt das Management von Ungewissheit mit allen anderen Strategie- und Planungsaktivitäten (vgl. Mintzberg 1994, 1999).

Der hier herausgearbeitete dilemmatische Charakter der Doppelaufgabe, zukunftsbezogene Handlungsfähigkeit zu erhalten und zugleich die damit verbundene Gefahr der Umweltblindheit auszugleichen, verbindet sich mit der Teilautonomie der Organisation zu einem beachtlichen Steuerungshemmnis. Denn jedes Bemühen, bestimmte Elemente des Steuerungsfeldes wegen ihrer *dysfunktionalen* Folgen zu verändern, muss auch mit dem Widerstand der Organisation rechnen, dem es um den Erhalt der direkten und indirekten *funktionalen* Folgen geht. So kollidiert beispielsweise das Vorhaben, Zukunftsungewissheit in die Organisation zu tragen, häufig mit dem Interesse der Organisation am Erhalt der entlastenden rationalistischen Selbstbeschreibung.

Management von Ungewissheit kann, soweit es sich auf die Steuerung der organisationalen Zukunftskonzepte erstreckt, auch als ein Management von Organisationskultur verstanden werden.[15] Deshalb liefert die Diskussion zu den Möglichkeiten und Grenzen der Gestaltung von Organisationskulturen auch Anhaltspunkte zur Gestaltbarkeit der organisationalen Zukunftskonzepte. Schreyögg fasst dazu gravierende Argumente für die Zähigkeit und begrenzte Gestaltbarkeit von Organisationskulturen zusammen (vgl. Schreyögg 1991). Jedoch, bei allen Schwierigkeiten, die sich dem Management von Organisationskulturen entgegenstellen, brauche und dürfe die Gestaltungsintention nicht aufgegeben werden. Organisationskulturen seien „in der Essenz Normen und handlungsleitende Muster" und als solche der Reflexion und einem willentlichen Wandel zugänglich, wie unbestimmbar die Interventionsfolgen im Einzelnen auch sein mögen. Beobachtung und Be-

---

15 Das Zukunftskonzept, als Grundannahme über die Vorherwissbarkeit der Zukunft, zählt zu den grundlegenden Orientierungsmustern der Organisation. Im Drei-Ebenen-Modell der Organisationskultur bei Schein etwa wären die Zukunftskonzepte auf der tiefsten Ebene der Basic Assumptions anzusiedeln. Vgl. Schein (1992).

schreibung einerseits und Anstöße zu einer „Kurskorrektur" andererseits seien die Optionen, die bei aller Zähigkeit der Organisationskultur zur Verfügung ständen. Ein solches nicht klassisches Management-Verständnis, das sich der Grenze von Steuerbarkeit und Gestaltbarkeit des Organisationsgeschehens bewusst ist, ohne in Fatalismus zu verfallen, wird hier vorgeschlagen. Die Zukunftsbilder und Zukunftskonzepte der Organisation entstehen und bestehen durch Kommunikation. Auch wenn wir davon ausgehen, dass die Kommunikation gegenüber ihren TeilnehmerInnen operational geschlossen bleibt[16], so kann doch kein Zweifel daran bestehen, dass sie beeinflusst werden kann.

Zukunftsforschung, verstanden als professionelle, wissenschaftliche Anfertigung von Zukunftsbildern, kann dabei in zweifacher Weise helfen: Erstens kann sie ihre Zukunftsbilder für die Verwendung in den strategischen Prozessen der betreffenden Organisation bereitstellen – wobei auch diese Verwendung keine Selbstverständlichkeit ist. Zweitens kann sie als Grundlage sowie als Werkzeug-Lieferant einer bewussten Reflexion und Steuerung des organisationalen Umganges mit Zukunft und Zukunftsungewissheit dienen. Für diese letztere Idee eines Managements von Zukunftsungewissheit sollten hier einige wenige Anregungen vermittelt werden.

Literatur

Boulding, K. E. (1989). Commentary to Coates' and Jarrat's „What Futurists Believe". In J. F. Coates, & J. Jarrat (Eds.), *What Futurists Believe*. Mt. Airy, Maryland, 317f.
Brunsson, N. (1985). *The Irrational Organization: Irrationality as a Basis for Organizational Action and Change*. Chichester.
Donaldson, G., & Lorsch, J. W. (1983). *Decision Making at the Top: The Shaping of Strategic Direction*. Zusammenfassend: 6ff. New York.
Foerster, H. von (1985). *Sicht und Einsicht. Versuche zu einer operativen Erkenntnistheorie*. Braunschweig.
Foerster, H. von (1993). *Wissen und Gewissen; Versuch einer Brücke*. Frankfurt a. M.
Heijden, K. van der (1994). Probabilistic Planning and Scenario Planning. In G. Wright, & P. Ayton, Peter (Hrsg.), *Subjective Probability*. New York, 549–572.
Luhmann, N. (1987). *Soziale Systeme – Grundriss einer allgemeinen Theorie*. Zuerst 1984. Frankfurt a. M.
Luhmann, N. (1995). Wie ist Bewußtsein an der Kommunikation beteiligt? In ders., *Soziologische Aufklärung 6*. Opladen, 37–54.
Luhmann, N. (2000). *Organisation und Entscheidung*. Opladen.
Mintzberg, H. (1994). *The Rise and Fall of Strategic Planning*. New York.

---

16 Nur die Kommunikation kann kommunizieren, so Luhmann (1995, S. 37).

Mintzberg, H. (1999). *Strategy Safari: Eine Reise durch die Wildnis des strategischen Managements*. Wien.

Neuhaus, C. (2006). *Zukunft im Management – Orientierungen für das Management von Ungewissheit in strategischen Prozessen*. Heidelberg.

Ortmann, G. (2004). *Als Ob. Fiktionen und Organisationen*. Wiesbaden.

Schein, E. H. (1992). *Organizational Culture and Leadership*. San Francisco.

Schreyögg, G. (1991). Kann und darf man Organisationskulturen ändern? In E. Dülfer (Hrsg.), *Organisationskultur. Phänomen, Philosophie, Technologie*. 2. Aufl. Stuttgart. 201–214.

Schreyögg, G. (2000a). Funktionswandel im Management: Problemaufriss und Thesen. In ders. (Hrsg.), *Funktionswandel im Management: Wege jenseits der Ordnung*. Berlin. 15–30.

Schreyögg, G. (2000b). *Funktionswandel im Management: Wege jenseits der Ordnung*. Berlin.

Schreyögg, G., & Steinmann, H. (1987). Strategic Control: A New Perspective. *Academy of Management Review* 12, 91–103.

Steinmann, H., & Schreyögg, G. (2000). *Management. Grundlagen der Unternehmensführung*. 5. Aufl. Wiesbaden.

Weick, K. E. (1977). Organization design: Organizations as Self-Designing Systems. *Organizational Dynamics*, autumn, 31–46.

Weick, K. E. (1979). *The Social Psychology of Organizing*. 2nd Edition. Reading, Mass.

Weick, K. E. (1995). *Sensemaking in organizations*. Thousand Oaks/London.

Pictures of the Future. Zukunftsbetrachtungen im Unternehmensumfeld

Ulf Pillkahn

1 Einführung

Man kann sich der Zukunft auf verschiedene Art und Weise nähern. Irgendwo in dem Spannungsfeld zwischen Hoffen und Bangen, zwischen Abwarten und überstürztem Reagieren lassen sich unsere Ambitionen bezüglich der Zukunft verorten. So oder so, die Uhr tickt, und was gestern noch Zukunft war, ist heute schon Gegenwart, und morgen wird es schon Geschichte sein. Das Einzige, was wir tun können, ist, uns gut auf die Zukunft vorzubereiten und dadurch einen Vorteil im Verlauf der Zeit zu erlangen. In dem Beitrag möchte ich zum einen auf die zahlreichen Hürden im Umgang mit der Zukunft eingehen und werde Grundprinzipien vorstellen, die eine gewisse Systematik bei der Erkundung der Zukunft erlauben, zum anderen möchte ich vor allem die Bedeutung der eigenen Denkfähigkeit bei der Erarbeitung von Zukunfts- und Orientierungswissen hervorheben.

Als Ausgangspunkt für die Überlegungen bezüglich der Zukunft dient das Schachspiel: Die Geschichte des Schachspiels geht bis in das 3. Jahrhundert zurück. Die Regeln haben sich seitdem kaum geändert. Das legendäre Turnier in London im Jahre 1851 gilt als die Geburt des modernen Schachspiels. Trotz der langen Geschichte und der weitgehend unveränderten Regelungen hat das Spiel kaum an Reiz eingebüßt. Im Gegenteil: permanent werden neue Kombinationen, trickreiche Spielzüge vorgestellt und Strategien entwickelt, um den Gegner noch wirkungsvoller zu bekämpfen. Überraschung ist ein wesentliches Element des Spiels.

Im Gegensatz zum Schach verfügen die Wirtschaft, die Unternehmenspolitik und der Handel nicht über solch ein verbindliches Regelsystem oder Spielregeln, an die sich alle Akteure und Beteiligte zu halten haben. Die Rahmenbedingungen ändern sich permanent. Täglich gibt es neue Geschäftsmodelle, oder sie werden neu interpretiert, neue Firmen werden gegründet, und innovative Lösungen verschärfen den Wettbewerb. Die Erneuerungsdynamik im Markt ist in der Regel wesentlich höher als innerhalb von Unternehmen. Obwohl diese permanenten Veränderungen allgemein akzeptiert sind, wird die Strategieentwicklung häufig mit der Metapher des Schachspiels belegt, was die Annahme einer rational-logischen Planung beinhaltet. Unternehmen sind jedoch Veränderungen ausgesetzt und müssen einerseits darauf reagieren, andererseits haben sie die Möglichkeit der aktiven Gestaltung. Eine möglichst genaue Vorstellung von der Zukunft ist in jedem Fall unverzichtbar.

Foresight fasst die Bemühungen hinsichtlich des Verständnisses für die Zukunft und der aktiven Vorausschau zusammen und steht insofern als Oberbegriff sowohl für die Methodik als auch für den Prozess. Die Möglichkeiten zur Vorausschau sind vielfältig und zeichnen sich durch einen unterschiedlichen Grad an Systematik aus. Unter der Annahme, eine Firma könnte blitzschnell auf alle Veränderungen im Unternehmensumfeld reagieren und Systeme, Strategien, Produktportfolios sowie Prozesse und Kompetenzen usw. extrem zügig anpassen, wäre eine systematische Vorausschau nicht notwendig. Die Realität zeigt jedoch, dass Unternehmen einer Trägheit unterliegen, die schon dann beginnt, wenn es darum geht, Veränderungen überhaupt wahrzunehmen (man denke an das Beispiel des Froschs im Wasserglas), und erst recht vorliegt, wenn es gilt, die richtigen Maßnahmen einzuleiten. Man nimmt sich erst Zeit für die Zukunft, wenn das Tagesgeschäft erledigt ist. Aber das Tagesgeschäft mahnt zur Dringlichkeit, wobei das Wichtige – also die Zukunftsbetrachtungen – in den Hintergrund rückt. Damit verbunden ist die Aufgabe des Gestaltungsanspruches zugunsten eines reinen Beobachtungsverhaltens – wenn überhaupt – und eventuell der damit einhergehenden Reaktion. Diese Trägheit und die damit verbundene „Zukunftsblindheit" können durch systematische, in die Strategieentwicklung eingebundene Aktivitäten zu einem großen Teil überwunden werden.

Zurück zum Schachspiel: Die Regel besagt, dass der Spieler mit den weißen Figuren immer den ersten Zug ausführt. Insofern hat dieser Spieler immer den Vorteil, einen Schritt voraus zu sein. Die Analyse unzähliger Partien ergab, dass dieser „intrinsische" Vorteil der manifestierten Vorausschau zu einer um 40 Prozent höheren Wahrscheinlichkeit eines Sieges der weißen Figuren führt.[1] Diesen einen – möglicherweise entscheidenden – Schritt voraus zu sein, garantiert zwar nicht den Sieg, stellt aber einen nicht zu unterschätzenden Vorteil dar. Der Trick besteht darin, diesen Vorteil bis zum Ende des Spiels zu erhalten. In den Unternehmenskontext übertragen bedeutet das, kontinuierlich einen Schritt voraus zu sein, es gibt kein Spielende. „Foresight is a never ending story" (Pillkahn 2007).

Foresight und jede Beschäftigung mit der Zukunft ist insofern auf Kontinuität ausgerichtet und erhöht die Erfolgschancen im Wettbewerb, ohne je eine Garantie sein zu können. Andererseits: eine fehlende Vorausschau begünstigt das Scheitern.

---

1   Die Untersuchung ist dem Buch von Bob Rice (2008): Three moves ahead: What Chess can teach you about Business, zu finden.

These 1: Der hoffnungsvoll-magische Blick in die Zukunft ist einerseits durch Nicht-Wissen, fehlende Vorstellungskraft und fehlende Kenntnis über Zusammenhänge begrenzt. Andererseits bietet Foresight durch die Auseinandersetzung mit aktuellen und zukünftigen Entwicklungen die Möglichkeit des frühzeitigen Eingreifens und des Gestaltens. In einer komplex-chaotischen Welt schafft man so Orientierung und sorgt für das „Einen-Schritt-voraus-sein-Gefühl".

2 Die Zukunft ist eine Illusion

Sich mit der Zukunft zu beschäftigen, ist eine der spannendsten Aufgaben überhaupt. Warum? Nun, wir leben im Heute; mit den Erfahrungen von gestern bereiten wir uns auf morgen vor. Das Morgen – als Zukunft wird gemeinhin alles bezeichnet, was noch nicht eingetreten ist – stellt sich dann recht verschwommen dar. Das Besondere daran ist: Die Zukunft ist virtuell, sie existiert nicht, sie ist lediglich gedanklich fassbar und damit eine Illusion. Vorausschau ist insofern ein Gedankenexperiment und damit besonders anfällig für Fehleinschätzungen und Übertreibungen. Man kann sie sich ausmalen und muss doch akzeptieren, dass sich alles Zukünftige nur in Form von Annahmen, Hypothesen und Visionen darstellt.

Erkenntnis 1: Zukunftsbezogen kann es keine Fakten geben. Jegliches Zukunftswissen liegt in Form von Annahmen und Hypothesen vor.

Ausgehend von Erkenntnis 1 lässt sich die Vielfalt in der angestrebten Deutungshoheit und der Meinungsbildung über die Zukunft erklären. Prinzipiell kann jeder irgendwas von und über die Zukunft behaupten („Die Renten sind sicher!"). Trotz bestehender Zweifel kann niemand ernsthaft etwas dagegen vorbringen. Dafür zwar auch nicht, aber wenn man es oft genug behauptet, tritt ein interessanter Effekt auf: Je häufiger etwas behauptet wird, desto eher wird es von der Mehrheit als Tatsache akzeptiert, auch wenn es falsch ist. Aussagen zum Restrisiko von Atomkraftwerken gehören genauso hierher (welches jetzt nach Fukushima plötzlich neu „bewertet" wird) wie die Aussage, dass die Renten sicher seien, oder auch viele der konstruierten „Megatrends". Auch wenn Wellness zum Megatrend erklärt wird, darf nicht vergessen werden, dass es seit jeher ein Bedürfnis der Menschheit war, das Leben lebenswerter zu gestalten.

Erkenntnis 2: Da Zukunft ungewiss ist, ist es im Wesentlichen eine Frage der Vorstellungskraft und des Glaubens, wie man die Zukunft sieht. Damit spielt die Kommunikation in der Meinungsbildung eine nicht unwesentliche Rolle. Geschickte Darstellung kann fehlendes Wissen durchaus ersetzen.

Die Behauptung ist mit dem Zeitpunkt des Eintrittes oftmals schon in Vergessenheit geraten. Lediglich zur Erheiterung werden müde Vorträge mit Zitaten über Fehleinschätzungen von vermeintlichen ExpertInnen über zukünftige Entwicklungen angereichert. Erinnert sei an die Erwartung von Arthur D. Little, dass 50 Computern den weltweiten Bedarf decken würden, den Ausspruch von Bill Gates, mehr als 680 Kilobyte Speicher brauche kein Mensch, oder die Einschätzung von Ron Sommer – ehemaliger Chef der Telekom – dass das Internet eine Spielerei von Computerfreaks sei (vgl. hierzu Pillkahn 2011, S. 167). Retrospektiv lassen sich solche und ähnliche Statements und Aussagen belächeln, aber für Selbstgefälligkeiten besteht kein Grund. Zukünftige Generationen werden sicher über unsere Naivität bezüglich Nuklearenergie, Elektroautos und unter anderem über einfältige Unternehmensstrategien schmunzeln. Wohl wissend, dass unsere Kenntnisse über die Zukunft nicht exakt und vollständig sein können, müssen wir doch – um überhaupt handlungsfähig bleiben zu können – von einer bestimmten Vorstellung ausgehen, welche einerseits plausibel erscheint und andererseits zu unserem Weltbild passt.

Als Zukunftsgral könnte man ein vollständiges, von Zweifeln befreites Bild von der Zukunft bezeichnen (siehe Abb. 1). Diesem nie erreichbaren Zustand kann man sich durch die Sammlung vieler Indizien und Informationen sukzessive nähern. Zum einen gibt es einen Bereich, der durch valide Fakten, gesicherte Erkenntnisse und Gewissheiten gekennzeichnet ist. Naturkonstanten werden beispielsweise auch in Zukunft ihre Gültigkeit behalten, Jahreszeiten, Tagesabläufe, biologische und evolutionäre Prinzipien behalten ihre Relevanz, ebenso wie Zeitsysteme und Pfadabhängigkeiten. Dieser Anteil der Informationen (in Abb. 1 der Teil rechts unten) gilt zwar als gesichert und belastbar, erscheint uns jedoch in unserem auf Veränderung geeichten Aufmerksamkeitsspektrum als banal.

Zum anderen gibt es eine Fülle von Signalen, die sich als mögliche Veränderungen darstellen lassen, die jedoch als hypothetisch einzustufen sind und auf Annahmen und Vermutungen beruhen. Dieser Bereich ist insofern gefährlich – und es ist ihm mit Skepsis zu begegnen –, als im Prinzip jeder auf der Grundlage einiger Indizien irgendetwas bezüglich der weiteren Entwicklung behaupten kann (linker oberer Bereich in Abb. 1).

Ein dritter Bereich gilt als nicht „wissbar" und damit nicht versteh- und darstellbar. Wir müssen einfach akzeptieren, dass es Dinge in der Zukunft gibt und immer geben wird, die wir beim besten Willen und mit der besten Technologie nicht wissen können. Die Zukunft wird – ähnlich der Gegenwart – durch viele Überraschungen und Zufälle gekennzeichnet sein (mittlerer Bereich in Abb. 1). Eine Annäherung an das (nie erreichbare) Ideal erfolgt über die Kombination aller erfassbaren Informationen aus den drei Bereichen. Ähnlich einem Puzzle werden diese zusammengefügt und ergeben in der Gesamtheit eine bestmögliche Annäherung (ohne dass wir jedoch das Optimum kennen).

Abbildung 1: Die Zukunft als Illusion.

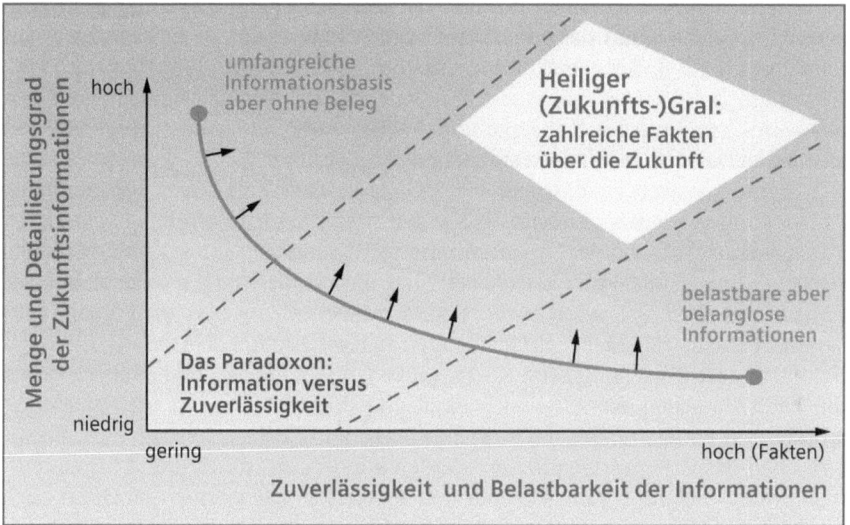

2.1 Zugänge zur Zukunft

Wer sich nicht mit der Zukunft beschäftigt, dem fehlt die Orientierung für die Gestaltung. Unternehmerisches Denken und Handeln ist zwingend zukunftsgerichtet, und die vielfach abstrakt gehandelte Zukunft manifestiert sich in simplen Fragen[2], wie beispielsweise:

- „Was soll ich tun?" (um weiterhin erfolgreich zu sein);
- „Wie soll ich entscheiden?" (um für Probleme die beste Lösung zu finden);
- „Wo soll ich investieren?" (um weiterhin wettbewerbsfähig zu sein).

Der Frage nach der Zukunft kann man ursächlich eine rein praktisch induzierte Bedeutung beimessen. Erfolg in der Vergangenheit verleitet zur Beharrung und ist insofern kein guter Indikator bei Entscheidungen, welche ja immer einen mehr oder weniger stark ausgeprägten Zukunftsbezug haben. Das Risiko der falschen Entscheidung respektive der falschen Investition schlägt sich in gesteigertem Interesse im Hinblick auf die Zukunft wider.

---

2   Das bezieht sich auf sowohl auf die individuelle Orientierung als auch auf die Ausrichtung von Unternehmen. Jeder kennt die Situation, wenn er sich denkt: *Hätte ich gewusst, dass XY, dann hätte ich anders entschieden/gehandelt.*

Praxisgetriebene Zukunftsbetrachtungen
Nicht von ungefähr kommen die meisten Impulse und Ansätze der systematischen Vorausschau aus der unternehmerischen Praxis (vgl. u. a. Schwartz 1991; Fahey et al. 1998; Schoemaker and Gunther 2002; Orrell 2007; Pillkahn 2007; Loveridge 2009; und insbesondere Ringland 2002).[3] Aus der Notwendigkeit heraus wurden und werden Konzepte und Ansätze vorgeschlagen, ausprobiert, verworfen, verfeinert, und einige bewähren sich in der Praxis.

Bemerkenswert ist, dass sich hier im Bereich der Vorausschau ein ähnlicher Entwicklungsverlauf abzeichnet, wie er aus angrenzenden Forschungsfeldern der Betriebswirtschaft und der Organisationsentwicklung bekannt ist: ManagerInnen, AnwenderInnen und PraktikerInnen fragen im Zweifel immer seltener bei den zuständigen Wissenschaften nach, sondern tendieren entweder zur Eigeninitiative oder lassen sich gegebenenfalls beraten (Kieser 2008, S. 99). Am Beispiel der Erfolgsfaktorenforschung zeigt Kieser (2008), wie schwierig und unüberwindbar die Kluft zwischen Wissenschaftlichkeit und Praxistauglichkeit inzwischen geworden ist: In der Erfolgsfaktorenforschung wird versucht, Faktoren, die als Ursachen des Erfolges identifiziert werden können, zu isolieren und für zukünftige Erfolge zu empfehlen. Obwohl nun schon seit Jahrzehnten fieberhaft nach „kritischen Erfolgsfaktoren" geforscht wird, kann von einem „kumulativen Erkenntnisgewinn" – so Kieser – nicht die Rede sein. Im Gegenteil, die Welt stellt sich unklarer und widersprüchlicher dar, und nicht einmal ein Grundzusammenhang zwischen strategischer Planung und Leistungsfähigkeit von Unternehmen lässt sich feststellen. Interessanterweise – und auch hier lassen sich Parallelen insofern ziehen, als die Wissenschaft betreibt, was zwar wissenschaftlich anerkannt, aber praktisch irrelevant und unbrauchbar ist – wird einer Kritik an der Erfolgsfaktorenforschung mit dem Argument begegnet, dass eine Schärfung des Instrumentariums notwendig sei (Kieser 2008).

Wie nachfolgend dargestellt wird, ist die Situation in der „Erforschung" der Zukunft ähnlich gelagert, mit dem Unterschied, dass hier auf „vorwissenschaftlichem" Niveau agiert wird (vgl. auch Rescher 1998, S. 11f; und Schüll 2006, S. 25f). Fortschritte sind kaum erkennbar.

„Die Zukunft" als unordentliche Wissenschaft
Betrachtet man die „Szene" in Deutschland, so fallen zwei Sachverhalte auf: Sie ist zum einen sehr übersichtlich und zum anderen dennoch recht vielfältig. Tabelle 1 zeigt einen Auszug von Angeboten der Wissenschaft in Deutschland, die sich mit dem Thema Zukunft beschäftigen. Es ist zu erkennen, dass es im Zugang zu Zukunftsbetrachtungen jede Menge an Kombinationen von Wissen-

---

3   Inzwischen hat sich auch Corporate Foresight als Begriff für unternehmerische Vorausschau durchgesetzt (Rohrbeck 2010).

schaftsdisziplinen gibt, etwa des Wissensmanagements, der Erziehungswissenschaft, der Soziologie und der Betriebswirtschaft, durch das dort angesiedelte Innovationsmanagement (und sicher noch weitere).

Tabelle 1: „Anbindung" von Zukunftsbetrachtungen zu Wissenschaftsdisziplinen, Auszug.

Wissenschaftliche Einrichtung	Zuordnung und Wissenschaftsdisziplin
EBS Business School	Zukunftsforschung und Wissensmanagement
Universität Hannover	Soziologie und Philosophie
FHS Salzburg	eigenständiges „Zentrum für Zukunftsstudien"
HH Leipzig	Strategieplanung (Graduate School of Management)
TU Berlin	Innovations- und Technologiemanagement
FU Berlin / TU Berlin / Hochschule Magdeburg-Stendal	Masterstudiengang „Zukunftsforschung (Erziehungswissenschaft)

Es gibt keine eigenständige „Zukunftswissenschaft". Vielmehr verfolgt jede Fakultät und jede Wissenschaftsdisziplin ihre ganz eigene Zukunft, und das mit den jeweiligen Eigenheiten, den akzeptierten Methoden, den traditionellen Perspektiven und dem vorherrschenden Verständnis. Der zukunftsorientierte und wissbegierige Anwender beobachtet die Entwicklungen skeptisch bis desillusioniert. Was passiert hier eigentlich?

Die Verwissenschaftlichung von Befunden
Die Sozial- und Wirtschaftswissenschaften zählen – anders als etwa die Mathematik – nicht zu den exakten Wissenschaften. Ergebnisse und Meinungen sind eher verhandelbar als präzise und stehen damit im Gegensatz zur Klarheit, die durch Zahlen und Logik vermittelt wird. Die Verherrlichung der Zahlen als kompromisslose Kommunikationsverdichter treibt indes seltsame Blüten. In Form von Quantifizierung und Empirisierung wurden sie beliebte Begleiter der Wissenschaft. Sie ermöglichen es, dass noch so vage, banale oder nebulöse Aussagen wissenschaftlich erscheinen. Hauptsache n (die Stichprobengröße) ist möglichst großzahlig, α (das Signifikanzniveau) ist möglichst klein (1 %) und das Konfidenzintervall ([q-k; q+k]) passt irgendwie dazu – dann klappt es auch mit der Hypothese H_1. Der eigentlich angestrebte Erkenntnisgewinn kann so leicht schon mal zur Randerscheinung werden.

Mathematische Prognoseverfahren sind weit verbreitet und erfreuen sich größter Beliebtheit, weil die Ergebnisse so schön überzeugend exakt dargestellt werden, und einfach auch deshalb, weil es kaum etwas anderes gibt. Die meisten dieser Verfahren basieren auf der Zeitstabilitätshypothese als Grundannahme. Das bedeutet, alle möglichen Einflussfaktoren – neben dem betrachteten Phänomen – werden als nicht veränderlich angesehen und können vernachlässigt werden (oder ist hier die Illusion des Determinismus am Werk?). Das wäre in etwa so, als wenn das Leben unter Laborbedingungen stattfinden würde und sich immer nur eine Variable änderte und die anderen konstant blieben. Die auf diese Art und Weise praktizierte Realitätsferne wird kaum thematisiert; wer stellt schon gerne Fragen bei prognostizierten Werten mit zwei Stellen nach dem Komma?

Ein anderes beliebtes Werkzeug aus der Zukunfts-Toolbox sind Delphi-Studien. Im Wesentlichen werden ExpertInnen befragt und deren Meinungen zu Aussagen verdichtet. Nur um das zu verdeutlichen: Es sind die ganz persönlichen – also subjektiven – Meinungen der teilnehmenden ExpertInnen, um die es hier geht. Was unterscheidet das Vorgehen also von einem Stammtisch? Es ist die mehrstufige Nachbereitung der Meinungen, die am Stammtisch sicher weniger systematisch und quantitativ erfolgt. Hier geht es nicht um Präferenzen beim Einkaufsverhalten oder bei den Lesegewohnheiten – hier geht es um die Zukunft! Ist es nicht der Anspruch der Wissenschaft, Erkenntnisse zu validieren und eben nicht zu subjektivieren und an persönliche Vorstellungen zu knüpfen? Hier entstehen gefährliche Zirkelschlüsse, da die ExpertInnenmeinungen – durch die Verwissenschaftlichung dann in einer neuen Qualität vorliegend – als Behauptung: „So wird die Zukunft", dargestellt wird. Gern wird hier auch mit Wahrscheinlichkeiten operiert („Wie wahrscheinlich ist der Zusammenbruch des Euro-Währungsraumes?", könnte solch eine Frage sein). Die offensichtlich bayessche Wahrscheinlichkeit als Ausdruck der persönlichen Überzeugung kann dann einer relativen Häufigkeit zugeordnet und so statistisch verwissenschaftlicht werden. Geht man davon aus, dass die Quantifizierung von Bauchgefühl zwar gängig, jedoch weniger als akademisch zu bewerten ist, so ist das Vorgehen dann doch eher in die Nähe des Stammtisches zu rücken denn als wissenschaftliches Vorgehen zu bezeichnen. Die Tendenz der akademischen Aufblähung von Banalitäten scheint indes kein rein akademisches Problem zu sein, sondern im Sinne des Zeitgeistes eine akzeptierte Begleiterscheinung mit Ausrichtung auf Marketing und (Selbst-)Vermarktung.

Ohne Grundlagen wird eine Wissenschaft zur Zustandsbeschreibung
Einen weitgehend unbeachteten Versuch unternahm Rescher (1998), den Gegenstandsbereich einer möglichen Zukunftsforschung zu erfassen und abzugrenzen. Seitdem hat sich wenig getan.[4] Die Bemühungen um die Grundlagen zur Erforschung der Zukunft und rein originär-konzeptionelle Beiträge in diese Richtung sind zu vernachlässigen. Im Unternehmensumfeld beispielsweise begnügt man sich im Wesentlichen damit, zu beobachten, was die Praktiker tun, um daraus

---

4   Erwähnenswert sind die jedoch die Ausführungen von Jischa (1993) und Orrell (2007).

Erkenntnisse hinsichtlich des möglichen Unternehmenserfolges abzuleiten.[5] Der wissenschaftliche Aspekt der Bemühungen reduziert sich häufig auf Instrumente wie Fragebogen und Interviews und deren Auswertung. Man könnte es einen Zirkelschluss nennen, dass vorwiegend PraktikerInnen aus der Industrie befragt werden und die Ansichten dann „verwissenschaftlicht" werden. Stellvertretend seien hier die Untersuchungen von Müller und Müller-Stevens (2009) und Rohrbeck (2010) genannt. Es wird allzu oft lediglich ein Best-Practice-Ansatz gesucht. PraktikerInnen erfahren dann von den Ergebnissen großangelegter Studien, wie zum Beispiel andere Unternehmen „Zukunftsforschung"[6] betreiben. Schulterzuckend stehen sich Akademie und Industrie gegenüber. Theorielos ist die Wissenschaft zu vergleichenden Befunden der Anwendungsseite verdammt. Der Erkenntnisgewinn ist marginal und die Interpretation oft fehlerhaft, da aus der Anwendung häufig eine Allgemeingültigkeit abgeleitet wird.

„Streng genommen bedeutet Zukunftsforschung die Erlangung von Wissen über die Zukunft unter wissenschaftlichen Bedingungen" (Pillkahn 2007, S. 32). Die Kernfrage ist doch, inwieweit tatsächlich Wissen über die Zukunft erlangt wird, wenn das Vorgehen und die Methodik zwar als wissenschaftlich einzustufen sind, die Daten jedoch in der Regel persönliche Meinungen darstellen – die naturgemäß einer gewissen Beliebigkeit unterliegen. Oder, schärfer formuliert: Hilft eine präzise statistische Analyse dabei, von Geschwurbel zu Wissen zu gelangen? Viel zu oft wird so getan, als ob das ginge. Aber ist die Quantifizierung von Bauchgefühl – so wie es bei der Delphi-Methode[7] praktiziert wird – tatsächlich Wissenschaft im Sinne der Erlangung von Zukunftswissen? Ähnliches gilt für Literatur- oder Patentanalysen, die fälschlicherweise gerne als Methoden der Zukunftsforschung dargestellt werden. Die Zukunft hat immer einen Neuigkeitsaspekt (vgl. Abb. 3). „Neu" ist jedoch subjektiv kein konstantes Merkmal. Es bezieht sich immer auf die Differenz zu schon Bekanntem. Damit entzieht es sich als Objekt der Untersuchung und ist unfalsifizierbar.

Was fehlt, ist eine Theorie der Zukunft. Das Problem ist, dass sich eine solche Theorie nicht mit dem dominierenden wissenschaftstheoretischen Verständ-

---

5 Alle 4 bis 6 Wochen werde ich z. B. wegen der Teilnahme an Befragungen angefragt, in der Regel mit dem Ziel, herauszubekommen, wie erfolgreiche Unternehmen mit dem Thema Zukunft umgehen.
6 In der Industrie wird statt von „Zukunftsforschung" bevorzugt von Corporate Foresight gesprochen, vor allem um den Forschungsaspekt und -anspruch zu vermeiden.
7 „Der Befragungsmodus der Delphi-Methode erlaubt angesichts dieser Situation ein gewissermaßen intersubjektives Ausmitteln der mehr oder minder spontan und intuitiv zustande gekommenen individuellen Auffassungen" (Pillkahn 2007, S. 200). Die Methode beruht auf der Annahme, dass eine Prognose besser (wie auch immer das hier zu verstehen ist) wird, wenn mehrere Meinungen auf einen kleinsten gemeinsamen Nenner gebracht werden. Das ist jedoch insofern ein Trugschluss, als man so zu einer Meinung über die *Gegenwart* kommt, nicht jedoch zu Erkenntnissen über die Zukunft.

nis nach Popper vereinbaren lässt. Eine Theorie der Zukunft wird insofern immer an den Kriterien der – durch die Wissenschaftstheorie – geforderten Zeitlosigkeit, Allgemeingültigkeit und Überprüfbarkeit scheitern.[8]

Warum vielversprechende Ansätze – z. B. von Rescher (1998) – nicht weiterverfolgt werden, dafür aber die Empirisierung vorangetrieben wird, bleibt ein Rätsel. Kieser sieht darin den Versuch einer Rechtfertigung gegenüber den exakten Wissenschaften (Kieser 2008, S. 99). Da die Angebote der Wissenschaft zur Erforschung der Zukunft wenig hilfreich sind und die Nachfrage nach Orientierung ungebrochen ist, wird die Lücke immer öfter durch die sogenannten Trend- und Zukunftsforscher gefüllt.

Trend- und Zukunftsforschung als Pseudowissenschaften
Jeder kann irgendetwas erzählen, insbesondere wenn es um die Zukunft geht, beweisen lässt sich kaum etwas („Die Renten sind sicher!"). Das Feld der „Wissenden" wird immer unübersichtlicher: Utopisten, Endzeitpropheten, Trendforscher, Gurus, Zukunftsforscher tummeln sich im Feld derer, die erklären, wie und was sein wird.[9] Auch wenn ihre Thesen Zweifel hervorrufen, ist es doch äußerst schwierig, sie zu widerlegen. Daneben tritt hier wieder der oben erwähnte Effekt auf den Plan: Behauptungen, die häufig genug wiederholt werden, werden irgendwann von der Mehrheit als Tatsache akzeptiert. Da Zukunft ungewiss ist, ist es im Wesentlichen eine Frage der Vorstellungskraft und des Glaubens, wie man die Zukunft sieht. Damit spielt die Kommunikation in der Meinungsbildung eine nicht unwesentliche Rolle. Geschickte Darstellung kann fehlendes Wissen durchaus ersetzen. Die Art des Vortrages bestimmt die Akzeptanz. Es wird deutlich, dass die wissenschaftliche Lücke in der Zukunftsforschung durch Rhetorik und differenziert-glaubwürdige Kommunikation ausgeglichen werden kann. Zukunft wird zum Event, zum Entertainment-Höhepunkt stilisiert.

Erkenntnis 3: Die wissenschaftliche Fundierung für Zukunftsbetrachtungen bewegt sich auf embryonalem Niveau. Es gibt weder eine schlüssige Theorie noch einen eigenen Wissenschaftszweig. Eine Ausdifferenzierung lässt sich bei den Fakultäten erkennen. Das wissenschaftlich-theoretische Vakuum wird zunehmend rhetorisch-medial durch sogenannte „Zukunftsforscher" besetzt.

---

8   Eine Sonderrolle spielt hier die Volkswirtschaftslehre. Wirtschaftssysteme werden modelliert, und unter Missachtung der Zeitstabilitätsannahme wird die Zukunft berechnet. Solange sich nichts ändert, sind die Ergebnisse akzeptabel (Pillkahn 2007; Orrell 2007).
9   Eine kritische Auseinandersetzung mit den „Boulevardforschern" findet sich bei Rust (2008) und soll hier nicht nachgezeichnet werden.

2.2 Homo futurus

Schon immer beschäftigt sich der Mensch mit der Zukunft, mehr oder weniger erfolgreich und mehr oder weniger systematisch. Als soziale Wesen suchen wir nach Erklärungen, Projektionen und einer gemeinsamen Sicht der Dinge. Der Homo sapiens gilt zu Recht als das intelligenteste Lebewesen der Welt, aber die Einschätzung der Zukunft gehört gewiss nicht zu den Stärken des Menschen. Auf der Suche nach Orientierung bedient sich der Mensch verschiedener Herangehensweisen, generell werden die Vorstellungen über die Zukunft durch Ängste und Hoffnungen geprägt. Das Einfachste ist es, Ungewissheiten und Entwicklungen einfach auszublenden und zu hoffen, dass schon nichts weiter passieren wird. Neben dem Sich-Durchwursteln kann man sich aber auch der Illusion hingeben, dass eine immer noch umfangreichere Analyse und noch mehr Informationen die Ungewissheit verringern könnten (Paralyse durch Analyse). Diese Einstellungen stellen zwei Extreme dar, zeigen aber, wie komplex und herausfordernd sich Foresight gestaltet: Begrenzte kognitive Fähigkeiten und begrenzte Kapazitäten in der Informationsaufnahme und der Verarbeitung zwingen uns dazu, mit unvollständigen Informationen und Annahmen über Randbedingungen Entscheidungen bezüglich der Zukunft zu treffen. Wir können lediglich Ausschnitte der komplexen Welt erfassen. Die Erfahrung zeigt jedoch, dass wir als Menschen dabei unsere Fähigkeiten überschätzen und die Ungewissheit im Hinblick auf Veränderungen unterschätzen. So ist beispielsweise bekannt, dass einige Jahre nach der Eheschließung bereits 50 Prozent der Ehen wieder geschieden sind bzw. die Paare in Trennung begriffen sind. Dieser Zustand ist zwar allen bekannt, aber natürlich geht jedes Paar davon aus, selber nicht davon betroffen zu sein. Dieses Verhalten ist durchaus menschlich und ein allgemeines Phänomen. Auch dass wir unsere Aufmerksamkeit gerne auf dramatische Veränderungen richten, langsame, stetige Veränderungen dagegen nicht wahrgenommen werden, ist eine menschliche Schwäche (die mediale Kommunikation beruht auf Ereignissen und weniger auf Zuständen). Veränderungen, die nicht auf Linearität basieren, die zu groß oder zu klein für unseren Beobachtungshorizont sind, stellen große Hürden dar und bleiben häufig unbemerkt (Jischa 1993). Menschen neigen dazu, sich vorzugsweise den Dingen zuzuwenden, deren Reaktionen und Konsequenzen unmittelbar erkennbar sind. Es geht um direkte Interaktion. Raucher lieben den sofortigen Genuss der Zigarette und nehmen die langfristigen Folgen in Kauf bzw. leugnen die langfristigen gesundheitlichen Folgen des Rauchens. Albert Einstein formulierte dieses Phänomen treffend so: „Holzhacken ist deshalb so beliebt, weil man bei dieser Tätigkeit den Erfolg sofort sieht."

Ein ebenfalls weit verbreitetes Phänomen ist die Vereinfachungs-Falle: Der Komplexität der realen Welt begegnen wir durch eine radikale Vereinfachung. Das ist einerseits notwendig, um der Informationsflut Herr zu werden, andererseits werden wichtige Informationen vernachlässigt oder gehen in der Verallgemeinerung unter (Luhmann 2000). Wir sind eben Menschen und weit entfernt von einer neutral-rationalen Beurteilung und dem kühlen Abwägen von Situationen (Beinhocker 2007). Unsere Vorstellungskraft, die im Wesentlichen auf unseren Erfahrungen beruht, begrenzt uns im Nachdenken über die Zukunft: Nur weil wir uns nicht vorstellen können, dass sich etwas verändert, heißt das noch nicht, dass sich nichts ändert.

Man kann nun die Tendenz beobachten, dass Komplexitäten dieser Dimension bewusst (oder unbewusst?) vom Großteil der Trend- und Zukunftsforscher ausgeblendet werden. Stattdessen wird bevorzugt auf einer hübsch übersichtlichen Metaebene operiert. Alles erscheint klar, gegliedert, vollständig und abgegrenzt. Veränderungen werden hier bevorzugt linear dargestellt. Das Allzweck-Instrument der Futuristen heißt Trend (oder wahlweise auch Megatrend). Das Schöne an Trends ist, dass sie so einfach, so erklärend und komplexitätsreduzierend wirken. Man kann leicht der Illusion verfallen, dass man die Welt erklären kann, wenn man die Trends verstanden hat. Sie vermitteln das Gefühl, alles im Griff zu haben. Deshalb sind sie so populär. Reden Sie mit jemandem über die Zukunft, kommt fast reflexartig der Trend ins Gespräch. Eine unüberschaubare, komplexe Welt wird auf eine Handvoll überschau- und vor allem steuerbarer Trends reduziert.

Aber was genau ist ein Trend? Ein Trend ist ein Modell, das in der Vergangenheit gemachte Beobachtungen – unter der Annahme, der zugrunde liegende Wirkmechanismus bleibe intakt – durch Extrapolationen in die Zukunft überträgt. Man muss sich darüber im Klaren sein, dass aus der sich verändernden Welt Entwicklungsphänomene herausgegriffen und separat betrachtet werden. Insofern verschleiern Trends auf geschickte Weise Nichtwissen.

Nur allzu gerne erliegen wir dem süßen Zauber des Einfachen und der Vorstellung, „alles wird noch toller, noch bunter und die Zukunft ist rosig". Aber ist es nicht naiv, die Zukunft ausschließlich linearen Veränderungen unterliegend, schön abgegrenzt und möglichst wenig irritierend darzustellen? Keine Frage, Trends sind geeignete Instrumente der Zukunftsbetrachtung. Die Welt verändert sich jedoch unterschiedlich schnell und die Auswirkungen der Veränderungen stellen sich unterschiedlich dar. Eine angestrebte umfassende Betrachtung erfordert wesentlich mehr als die Betrachtung von Trends. Die Anstrengungen der Zukunftsforschung sollten weit über die Erstellung der omnipräsenten Trends hinausgehen. Haben wir als Individuen schon ausreichend Probleme mit der Zukunft, so ist es für Organisationen – als eine Gruppe von Individuen – noch viel schwieriger, die Zukunft zu erkennen und sich darauf einzustellen.

2.3 Im Unternehmen gelten andere Gesetze

Da Unternehmen kein gemeinschaftliches „Gewissen" besitzen, ist die organisatorische Zukunftsorientierung um ein Vielfaches schwieriger, als dies für Individuen der Fall ist. Neben den eigentlichen Zukunftsfragen sind die Mechanismen der Meinungsbildung in der Organisation von zentraler Bedeutung.

Warum interessieren sich Unternehmen für die Zukunft (oder besser: sollten sich für die Zukunft interessieren)? Es geht um Orientierung und Positionierung im Branchenfeld, um die Anpassung an Veränderungen und den Erhalt der Wettbewerbsfähigkeit. Vorausschau (Foresight) unterliegt aber einer gefährlichen Beliebigkeit. Menschen und Organisationen sind wahre Meister darin, sich selbst etwas vorzumachen, zum Beispiel die eigenen Fähigkeiten zu überschätzen und die Veränderung zu unterschätzen.

Wie schon zuvor gezeigt, sind die Möglichkeiten, Situationen falsch einzuschätzen und damit falsche Entscheidungen zu treffen, sehr vielfältig. Für Unternehmen kann man weitere Dilemmata im Umgang mit der Zukunft wie folgt verdichten (diese Auflistung stellt einen Auszug dar):

- Methodische Dilemmata: Welche Instrumente und Methoden sind anerkannt?
- Organisatorische Dilemmata: Wie wird festgelegt, was relevant ist?
- Die Schwierigkeit im Umgang mit Wissen: Was ist wirklich wahr?
- Der „Knowing-doing-Gap": Warum ist die Umsetzung so schwer?
- Informations-Pathologien: Wie werden Informationen in der Organisation verteilt und bewertet?
- Die Schwierigkeiten mit dem Neuen: Wie kommt das Neue ins Unternehmen? Gibt es Wege, damit sich Neues im Unternehmen durchsetzen kann und die Organisation nicht in der „Comfort Zone" verharrt?

Insofern ist es nicht verwunderlich, dass die Bearbeitung von Zukunftsthemen weniger kontinuierlich betrieben wird und sehr stark von der aktuellen Situation abhängt. Ein Zusammenhang zwischen Unternehmenserfolg und dem Interesse gegenüber der Zukunft ist zu beobachten: Ist ein Unternehmen recht erfolgreich, so fußt die Motivation für die Zukunft auf der Frage nach der bestmöglichen Investition, um den Erfolg langfristig fortzuführen oder noch weiter auszubauen (rechte Seite in Abb. 2). Anders ist die Situation in Krisensituationen (linke Seite in Abb. 2). Das Unternehmen kämpft ums Überleben, und alles dreht sich um die Frage, wie die Existenz kurzfristig gesichert werden kann. Die spannendste Situation liegt jedoch vor, wenn sich Unternehmen in der „Komfortzone" wähnen (mittlerer Abschnitt in Abb. 2). Das ist meistens dann der Fall, wenn das Unternehmen in der Vergangenheit recht erfolgreich war und davon ausgeht, dass es schon „irgendwie" so oder so ähnlich weitergehen wird. Die Umwelt und die Märkte werden als stabil eingeschätzt, größere Veränderungen werden bewusst ignoriert oder unbewusst vernachlässigt.

Abbildung 2: Motivation für Foresightbemühungen und Unternehmenserfolg (Pillkahn 2007, S. 164).

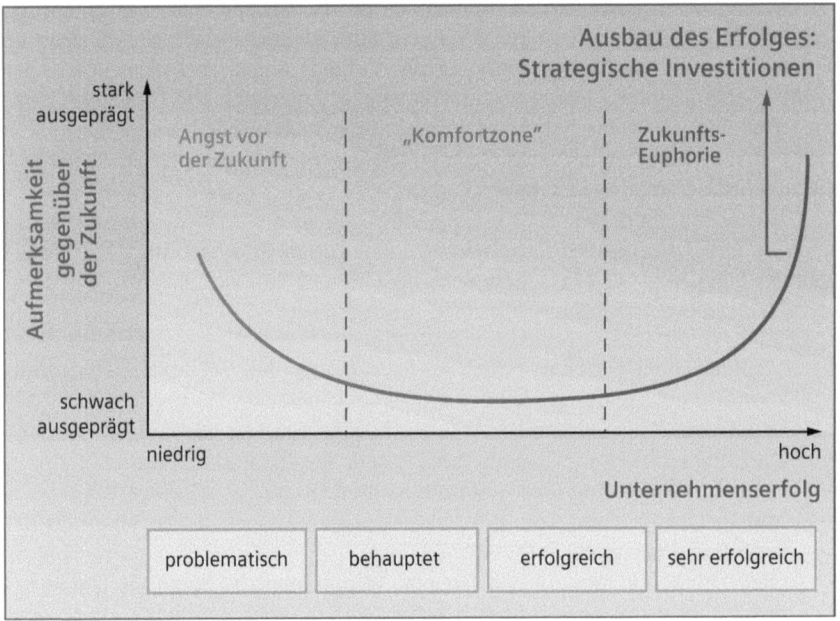

Das ist der Bereich der größten Zukunftsblindheit. Jüngste Beispiele zeigen, dass weder die Unternehmensgröße noch die Industriebranche davor schützen, die Zukunft zu verschlafen: Die Akteure am US-Immobilienmarkt nahmen wohl an, dass die Preise für Immobilien ewig steigen würden. Autohersteller kämpfen gerade mit dem Dilemma, dass sie einerseits die Verbrennungsmotoren lieben, andererseits die Zukunft anderen Technologien gehört. Es könnte sein, das einige der Autohersteller gerade von der „Komfortzone" in die Zone der Existenzsicherung (Abb. 2) rutschen. Die IP-Revolution wurde von vielen Telekommunikationsunternehmen und Ausrüstungs-Herstellern unterschätzt bzw. ganz verschlafen. Mitte der neunziger Jahre brachte Nokia das erste Smartphone auf den Markt. Dass Nokia heute in dem Segment nicht mehr als ernsthafte Konkurrenz wahrgenommen wird, liegt sicher nur zu einem Teil daran, dass die Rolle der Software unterschätzt wurde. Mit Apple hat ein Computerbauer überraschend das Segment besetzt, Nokia befindet sich in der schwersten Unternehmenskrise seit ihrem Bestehen. Die Liste ließe sich beliebig fortsetzen. Der Punkt ist, Unternehmen müssen sich ständig an neue Gegebenheiten anpassen. „Erfolg in der Vergangenheit ist kein besserer Indikator für Erfolg in Gegenwart und Zukunft als der bloße Zufall" (Pontzen 2009, S. 59). Davon auszugehen, dass es irgendwie schon weitergehen wird, kann die Existenz gefährden. Insofern sollten kontinuierliche Foresight-Aktivitäten zum Pflichtprogramm eines jeden Unternehmens gehören und in die Strategieentwicklung eingebettet sein. Das ist nun zwar notwendig, jedoch nicht hinreichend, um die Zukunftsblindheit erfolgreich auszuschließen.

Die Zukunftsblindheit hat im betriebswirtschaftlichen Kontext noch weitere Facetten. Offenbar herrscht im Management (aber nicht nur dort) eine asymmetrische Verzerrung der Wahrnehmung bezüglich der eigenen Leistungsfähigkeit. Erfolge werden den eigenen, brillanten und einzigartigen Fähigkeiten zugeschrieben, Misserfolge jedoch sind meistens das Ergebnis von unvorhersehbaren Störereignissen, oder es lag an Ereignissen außerhalb der möglichen Einflussnahme, oder es war reiner Zufall. Diese weit verbreitete Selbsttäuschung (gab es schon mal einen Manager, der zugegeben hat, dass Geschäftserfolg auf Zufall zurückzuführen war?) steigert noch die weiter oben angeführte Überschätzung und führt unweigerlich zu Fehleinschätzungen und falschen Schlussfolgerungen in Bezug auf zukünftige Entwicklungen. Die Finanz- und Wirtschaftskrise lässt sich zu einem großen Teil auf solche Fehleinschätzungen zurückführen.[10]

In großen Organisationen gleichen sich diese individuellen „Wahrnehmungs- und Interpretationsschwächen" nur zum Teil aus. Im Hinblick auf die Zukunft und die Vorbereitung der Organisation auf die Zukunft erschweren sowohl die interne Kommunikation und Abstimmung (Informations-Pathologien) als auch unterschiedliche persönliche Ziele das Finden der für die Organisation besten Lösung – die guten Nachrichten werden nach ganz oben weitergereicht, die schlechten bleiben auf dem Weg nach oben „stecken". Unternehmen sind permanent der Realität ausgesetzt, müssen sich täglich im Wettbewerb bewähren. Rudzinski wirft die Frage auf: „Wie bewerten Manager was relevant ist und reduzieren Umweltkomplexität so, dass es noch einen Facettenreichtum der Realität widerspiegelt, und bleiben dabei dem Anspruch gerecht, offen zu bleiben für neue, relevante, vorher noch nicht in Betracht gezogene Umweltaspekte?" (Rudzinski 2009, S. 91). Wie kann man die Komplexität auf ein handhabbares Maß reduzieren, ohne dabei Bedeutsames herauszufiltern? Die als „Halo- und Horn-Effekte" bekannten Phänomene führen ebenfalls zu Fehleinschätzungen in Organisationen. Sie beschreiben sinngemäß, dass Menschen dazu neigen, bestimmte Kompetenzen nicht neutral zu

---

10 Die Kausa Funke – ehemaliger Vorstand der HRE – zeigt einmal mehr, wie sich Manager für die Erfolge zuständig sehen und die Schuld an Fehlern woanders suchen.

bewerten (Rosenzweig 2007). Die Wahrnehmungen im Management werden vom Umfeld der Führungsebene „gemanagt". Es filtert alle Informationen heraus, die nicht in das mentale Führungsmodell passen (Scharmer 2009, S. 43).

Des Weiteren beschreibt der sogenannte „Knowing-doing-Gap" das Phänomen, dass Wissen allein für Veränderungen in Organisationen nicht ausreicht. Nur Entscheidungen führen zu einer möglichen Umsetzung. Der Fehler im System liegt darin, dass jedes Mitglied der Organisation zwar an seinem individuellen Ziel arbeiten und dabei auch erfolgreich sein kann. Trotzdem kann eine Organisation in dem Bewusstsein, es besser gewusst, aber nicht besser gemacht zu haben, scheitern. So ist es auch nicht verwunderlich, dass beispielsweise GM – als größter Automobilhersteller der Welt – massive Probleme hat und kurz vor dem Aus steht (Knowing-doing-Gap). Die Einsicht, dass die aktuelle Modellpalette nicht zukunftsfähig ist, war wohl da, hat aber nicht zu den notwendigen Veränderungen geführt. In Verbindung mit der allgemein schwierigen Wirtschaftslage bedeutet das – falls die US-Regierung nicht noch einspringt – das Ende. Das Beispiel illustriert auch anschaulich, dass Größe allein kein Garant für das Überleben ist und dass Trends die Zukunft nur sehr vereinfacht erfassen und sich Kunden, überraschenderweise, nicht an die vorgegebenen Trends (hier der stabile Nachfragetrend nach schweren, spritschluckenden SUVs) halten und ihre Meinung spontan ändern können.[11]

Zukunft ist in der Regel mit der Erwartung von etwas Neuem und Überraschendem verbunden. Das kann sich als fatal herausstellen, wenn die Bemühungen um Zukunftswissen auf „coole Visionen" und „spektakulär Neues" reduziert werden und Zukunft so eingeschätzt wird. Zukunft sollte in ihrer ganzen Breite erfahren werden und kann auch nur so verstanden werden (vgl. Abb. 4).

2.4 „Ich mache mir die Welt, wie sie mir gefällt ... "

Pippi Langstrumpf hat sich die Welt auf ihre Art und Weise erklärt. In der Villa Kunterbunt kann sie alles tun und lassen, was sie will. Was im Kinderbuch geht, scheitert in der Realität an den Abhängigkeiten und Verpflichtungen. Unternehmen leben nicht im luftleeren Raum, und eine Anpassung an veränderte Gegebenheiten ist notwendig und überlebenswichtig. Umso erstaunlicher ist, dass häufig ein Pippi-Langstrumpf-Vorgehen zu beobachten ist.

---

11 Beispielsweise glauben die Akteure der Finanzwelt an monokausale Ursache-Wirkungs-Prinzipien und mithin an die Beherrschbarkeit der Finanzkrise und sind verwundert, wenn mit der Leitzinssenkung nicht der erhoffte Erfolg eintritt. Es ist jedoch auch Irrsinn zu glauben, dass die reale Welt einfach in Formeln und Gleichungen gepackt und die Zukunft berechnet werden kann. Niemand sollte die Formelwerke der modernen Ökonomie für eine exakte Wissenschaft halten, nur weil es in dieser Disziplin einen Nobelpreis gibt.

Ich wurde einmal gefragt, ob ich bei einem Projekt unterstützend beraten könnte, es ging um die Zukunft der Energie. Die Erwartung an das Ergebnis der Untersuchung war, der Nuklearenergie eine „strahlende" Zukunft zu bescheinigen. Das ist Pippi-Langstrumpf-Denken und hat mit seriöser Foresight-Praxis nichts zu tun. Natürlich lehnte ich ab, wohlwissend, dass solche Praktiken weit verbreitet sind.

Ein ähnlich wundersames Phänomen ist es, zukünftige Entwicklungen mit Wahrscheinlichkeiten belegen zu wollen. Das ist schierer Unsinn. Die Angabe von Wahrscheinlichkeiten erfolgt stets in einem Bezug, zum Beispiel in einer Verteilungsfunktion.[12] Die Zukunft entwickelt sich jedoch nicht anhand von Verteilungsfunktionen oder festen Mustern, sondern ist die Summe zahlreicher Einflussfaktoren. Die Wahrscheinlichkeit, mit der der Eintritt bestimmter Ereignisse versehen wird, lässt sich in der Regel als persönliche Einschätzung bewerten und hat mit statistisch ermittelten Wahrscheinlichkeiten nichts zu tun.

Ein weiterer Klassiker in der Reihe der Pippi-Langstrumpf-Taktiken ist die Verwendung von „Most-likely-Szenarien". Der Ansatz geht davon aus, dass man einen wahrscheinlichsten Eintritt festlegen kann – was jedoch schlichtweg eine Anmaßung ist. Damit wird sogar der eigentliche Sinn von Szenarien – da man den Eintritt nicht genau einschätzen kann, wird mit Alternativen operiert – ad absurdum geführt.

Zu Beginn des Abschnitts wurde herausgestellt, dass sich die Welt komplex, unübersichtlich und chaotisch darstellt. Man kann nun davon ausgehen, dass sich die Zukunft nicht plötzlich klar, gut sortiert und übersichtlich gestalten wird, was jedoch viele Zukunftsbilder zu vermitteln versuchen. Ein fehlendes Rahmenwerk und das fehlende, akzeptierte Standardvorgehen lassen den Organisationen erheblichen Gestaltungsfreiraum, und so ist die Bedeutung von Zukunftsbildern nicht in allen Organisationen gleich ausgeprägt. Einzig eine Systematik, die sich an unbedingter Neutralität orientiert, kann helfen, die vielen aufgezeigten Hürden bei der Zukunftsbetrachtung zu verkleinern.

3 Systematische Zukunftsbetrachtung

Als Zwischenfazit kann man festhalten: Die Welt stellt sich unübersichtlich, widersprüchlich, chaotisch und komplex dar. Viele Einflüsse prägen die Veränderung, und die Interpretationen durch TrendforscherInnen oder die Wissenschaft sind von einer solchen Beliebigkeit geprägt, dass sie kaum eine ernsthafte Unterstützung für Unternehmen bedeuten können. Andererseits brauchen Unter-

---

12   Ein Beispiel hierfür sind die Wahrscheinlichkeiten beim Wetterbericht (Regenwahrscheinlichkeit).

nehmen Orientierung, der Unternehmenserfolg hängt unmittelbar mit der Planbarkeit zusammen. Aus Mangel an geeigneter Unterstützung entwickeln und etablieren Unternehmen eigene Konzepte und eigene Herangehensweisen an Zukunft. Siemens gilt mit seinen Foresight-Aktivitäten als einer der Vorreiter in dieser Entwicklung. Nachfolgend werden einige ausgewählte Ansätze aus dem Siemens-Foresight-Programm vorgestellt.

Es gibt eine Menge Instrumente und Methoden, die den „Blick in die Zukunft" unterstützen. Schwierigkeiten ergeben sich vor allem in der Anwendung. Dieser Abschnitt soll eine Übersicht geben über wichtige (nützliche) Instrumente und deren Vor- und Nachteile. Eine Systematik in der Zukunftsbetrachtung ergibt sich durch:

- *Kontinuität:* unabhängig vom Unternehmenserfolg und der vermeintlichen Entwicklung sollten die Anstrengungen zur Umweltbeobachtung und Zukunftsbetrachtung gleichbleibend hoch sein.
- *Neutralität:* systematisch bedeutet hier, zunächst die Informationen zu sammeln und zu ordnen und die Bewertung am Ende durchzuführen.
- *Denken in Alternativen:* wie schon gezeigt wurde, ist das Denken in Alternativen für ein Zukunftsverständnis hilfreicher als die Verwendung von (unzuverlässigen) Prognosen.

Bevor wir uns jedoch den Werkzeugen und Instrumenten zur Analyse zukünftiger Entwicklungen zuwenden, erscheint es sinnvoll, sich einige grundsätzliche Dinge vor Augen zu führen.

3.1 Wie verändert sich die Welt?

Bevor man darüber nachdenkt, wie die Zukunft aussieht, sind einige generelle Überlegungen über die Veränderungen in der Welt angebracht. Das Schema in Abbildung 3 zeigt drei Bereiche, die in der Summe das Abbild der Welt (100 Prozent) ergeben.

Danach wird es immer einen Bereich geben, der sich nicht oder nur sehr gering verändert und insofern als nicht veränderlich gilt (beispielsweise die Gravitation, andere Naturkonstanten und biologische Vorgänge).

Ein zweiter Bereich symbolisiert die Veränderung. Das heißt, Bestehendes erfährt eine qualitative oder quantitative Änderung (Demographie und Märkte seien hier als Beispiele genannt). Hier kommen sowohl stetig-graduelle als auch sprunghafte Veränderungen in Betracht.

Der spannendste Bereich ist die Neuerung (das Neue). Er umfasst alles, was wir momentan (heute) noch nicht kennen (plakativ formuliert gab es zu Zeiten der Geburt Jesus Christus kein Internet – nicht einmal die Vorstellung davon) und uns auch nur vage vorstellen können. „Neu bezieht sich immer auf einen Wissensstand und ist insofern subjektiv" (Pillkahn 2011, S. 70). Die wahrgenommene Ähnlichkeit und die Abweichung von Bekanntem sind für die Bezeichnung „neu" maßgebend. Je weiter man sich nun in die Zukunft „hineindenkt", desto größer wird der Anteil an Neuem sein. Während man nun das „Veränderliche" und das „Nichtveränderliche" analytisch erfassen und dokumentieren kann, ergibt sich für das „Neue" eine methodische Leermenge (durch das Fragezeichen in Abb. 3 angedeutet). Das mag auch der Grund dafür sein, dass viele „Zukunftsstudien" im Wesentlichen eine erweiterte „Gegenwartsstudie" sind (Rescher 1998, S. 98; Loveridge 2009).

Abbildung 3: Wie verändert sich die Welt?

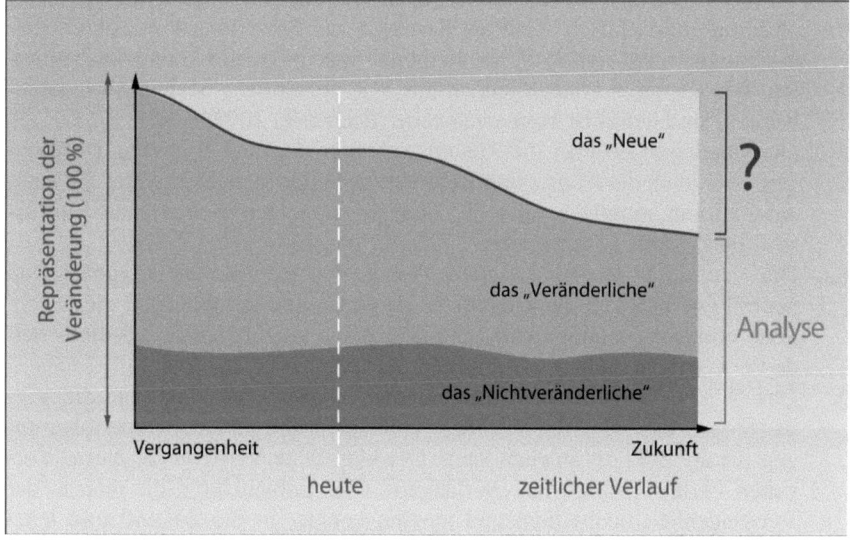

Als Knackpunkt im gesamten Foresight-Konzept bleibt die Frage, wie man sich dem Neuen, heute noch Unbekannten, nähert. Hier ist die Wissenschaft ohne Antwort, und der bisherige wissenschaftliche Erkenntnisprozess schließt das Neue sogar aus jeglichen Betrachtungen aus. Die Trend- und Zukunftsforschung hingegen tummelt sich im als veränderlich bezeichneten Bereich und vergewaltigt jede Art von Veränderung zu einem Trend.

3.2 Propositionen und Randbedingungen

Neben den vielen – zuvor dargelegten – Schwierigkeiten, Problemen und Dilemmata im Umgang mit der Zukunft darf nicht vergessen werden, dass es eine Reihe von Informationen, Aspekten, Bedingungen und „Regeln" gibt, die es erlauben, Wissen über die Zukunft zusammenzustellen:

1. Unser gesamtes Wissen erwächst aus Erfahrungen in der Vergangenheit, unser Handeln ist jedoch zukunftsorientiert.
2. Die Zukunft ist grundsätzlich nicht exakt vorhersehbar, man kann sie jedoch „vorausdenken" und sich so darauf vorbereiten.
3. Entgegen der weit verbreiteten Meinung sind Wahrscheinlichkeitsangaben über den Eintritt zukünftiger Ereignisse irrsinnig und irreführend (sie sollten wohl das Bauchgefühl ausdrücken, täuschen jedoch Exaktheit vor).[13]
4. „Richtig" und „falsch" sind als Kriterien zur Bewertung von Zukunftsbetrachtungen ungeeignet, da sie vermuten lassen, jemand könne das beurteilen. Die Kriterien können jedoch nur eine persönliche Meinung wiedergeben und sind lediglich Momentanwerte (Rudzinski 2009, S. 90).
5. Die Überlegungen über die Zukunft spiegeln stark die Wünsche, Hoffnungen, aber auch die Ängste und Befürchtungen der Menschen wider. Es muss das Ziel sein, möglichst rational – ohne persönliche und emotionale Einflüsse – die Zukunft zu betrachten.
6. Die Neutralität ist damit oberstes Gebot. Die Maxime lautet, zunächst so neutral wie möglich die Zukunft zu erkunden und anschließend die Ergebnisse politisch, kommunikativ und strategisch aufzubereiten, jedenfalls beide Perspektiven nicht zu vermischen.
7. Das übliche Vorgehen und die implizite Annahme ist, dass man die Vergangenheit bzw. das Beobachtbare untersucht und daraus Schlussfolgerungen für die Zukunft ableiten kann. Der klassische Vertreter für dieses Vorgehen ist der Trend. Man „verlängert" eine Entwicklung, die man in der Vergangenheit beobachten und messen konnte, in die Zukunft und leitet entsprechende Optionen ab. Trends sind jedoch die falschen Freunde in der Zukunftsanalyse. Sie verleiten dazu, die Welt zu vereinfachen und so wichtige Entwicklungen zu verpassen (vgl. Abb. 5).

---

13 Hier sei an die aktuelle Diskussion zum Restrisiko von Kernkraftwerken erinnert. Vor der Katastrophe von Fukushima galt das Risiko (bezeichnet als Restrisiko) als durchaus vertret- und zumutbar, da die Eintrittswahrscheinlichkeit vermeintlich gering sei. Mit der Kernschmelze in Fukushima tritt eine Neubewertung ein, und die Frage bleibt, worauf sich Wahrscheinlichkeitsangaben für zukünftige Ereignisse eigentlich beziehen? In den meisten Fällen sind es wohl einfach Einschätzungen.

8. Je instabiler das Industrieumfeld ist und je mehr die Zukunft durch Unsicherheit geprägt ist, desto weniger hilfreich für die Orientierung sind Prognosen im Sinne der Volkswirtschaftslehre. Die verwendeten Modelle gehen von Stabilität aus.
9. Entwicklungen gehen immer von Bestehendem aus, es liegt so in der Regel – bis auf wenige Ausnahmen – eine Pfadabhängigkeit vor (in Abb. 3 das „Veränderliche").
10. Ausgehend von Abbildung 3 erscheint es angebracht, die drei dargestellten Bereiche auf verschiedene Art und Weise zu untersuchen und zu betrachten. Für ein Zukunftsbild zu einer bestimmten Zeit $_{t+1}$ kann man ableiten: Zukunftsbild $_{t+1}$ = Nichtveränderliches $_t$ + Veränderliches $_{t+1}$ + Neues $_{t+1}$.

Zukunftselemente zur Strukturierung von Veränderung
Die Erfahrung hat gezeigt, dass es für Zukunftsbetrachtungen sinnvoll ist, vorliegende Informationen entsprechend ihrer Validität zu bewerten. Relativ wenig liegt als absolut gesichertes Wissen vor. Der überwiegende Teil ist eine Mischung aus Überzeugung, Glaube und Meinungen. Die Achse Wissensspektrum in Abbildung 4 bildet diesen Gedankengang ab.

Abbildung 4: Strukturierung der Veränderung mittels sogenannter Zukunftselemente.

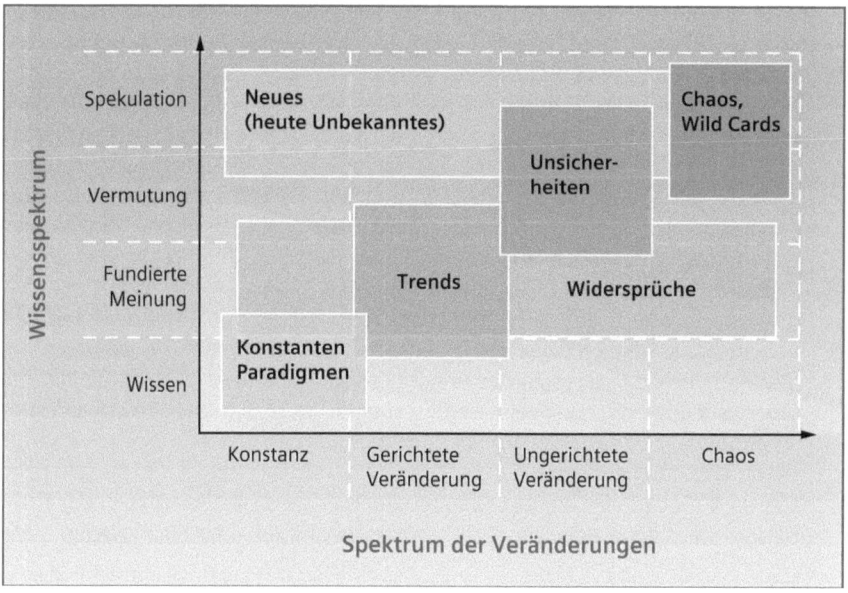

Es ist zu erkennen, dass das Spektrum von Wissen bis Spekulation reicht. Grundlage für diese Darstellung des Wissens ist das Liniengleichnis von Kant (vgl. Pillkahn 2007, S. 120).

Mit der anderen Dimension – Spektrum der Veränderung, von Konstanz bis Chaos – eröffnet sich ein Raum, in dem man verschiedene Kategorien von Zukunftselementen definieren kann (vgl. dazu auch Pillkahn 2007, S. 122f):

- *Konstanten/Paradigmen:* eine Veränderung ist kaum erkennbar, und dieses Element zeichnet sich dadurch aus, dass die Informationen als gesichertes Wissen vorliegen. Beispiele hierfür sind Naturkonstanten, natürliche Zyklen, gesicherte Überzeugungen.
- *Trends:* der Klassiker unter den Zukunftselementen (Abb. 3), da sich Veränderungen damit anschaulich und nachvollziehbar darstellen lassen. Neben den linearen gibt es weitere Ausbreitungsformen (vgl. Pillkahn 2007, S. 135). Trends sind so populär, da wir Menschen es bevorzugen, wenn unsere Welt einigermaßen sicher und vorhersehbar ist.
  Ein Trend besteht in der Regel aus einem Diagnose-Teil und einem Hypothese-Teil. In der Vergangenheit können Datenpunkte beobachtet werden. Diese stehen in einem Zusammenhang zueinander und entwickeln sich getrieben durch zugrunde liegende Wirkmechanismen. Trends basieren auf der Annahme, dass sich die beobachtete Tendenz in Zukunft fortsetzen wird. Durch die Darstellung wird klar, dass der Verlauf nur eine Hypothese sein kann, auch wenn Trends häufig als zweifelsfreie, unumstößliche Veränderungstendenzen beschrieben werden.
- *Widersprüche:* Die Welt ist voller Widersprüche, es gibt sie über alle Formen der Veränderung hinweg und es wird sie auch in Zukunft geben. Es ist eine Illusion, dass es plötzlich keine Situationen mehr geben soll, in denen viele Argumente dafür und viele Argumente dagegen sprechen. Politische Diskussionen (etwa der aktuelle Atomausstieg) sind typische Situationen mit immanenten Widersprüchen, die in der Regel auf fundierten Meinungen fußen.
- *Unsicherheiten:* Situationen, die durch das Fehlen von Informationen gekennzeichnet sind, werden als Unsicherheiten bezeichnet. Sie betreffen im Wesentlichen den Bereich der ungerichteten Veränderungen, da es hier zu Überraschungen (z. B. Technologiesprüngen) kommen kann. Wettbewerbssituationen, Märkte und Wirtschaftssysteme zeichnen sich typischerweise durch Unsicherheiten aus.
- *Chaos/Wild Cards:* Überraschungen wie Tsunamis, Aschewolken oder Erdbeben, die schwer oder gar nicht vorhersehbar sind, aber eine enorme Ver-

änderungsdynamik mit sich bringen, werden als Wild Cards[14] bezeichnet (Steinmüller und Steinmüller 2004). Taleb nennt sie auch „schwarze Schwäne" (Taleb 2008).
- *Neues:* Die Faszination des Neuen besteht darin, dass es unbekannt ist.[15] Man kann davon ausgehen, dass es in der Zukunft Dinge geben wird, die wir uns heute noch nicht einmal vorstellen können. Nur durch Spekulation und Kreativität kann man sich dem Unbekannten nähern.

Abbildung 5: Anatomie eines Trends.

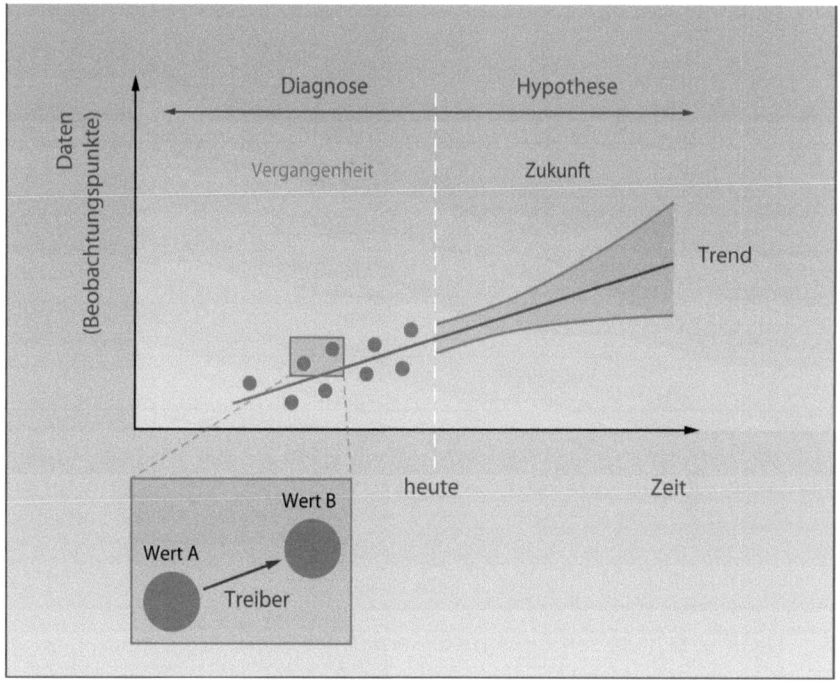

Erkenntnis 4: Alle Informationen und insbesondere zukunftsbezogene Aussagen liegen in unterschiedlicher Qualität vor. Es ist ein Irrtum zu glauben, dass Spekulationen und Behauptungen durch schieres Wiederholen zu Tatsachen werden, geschweige denn eintreten werden.

---

14 Oder als blinder Fleck in der Zukunftserwartung (Steinmüller und Steinmüller 2004).
15 „Wir können prinzipiell nicht wissen, was wir künftig wissen werden, denn sonst wüssten wir es schon", formuliert Popper (Popper 1969).

3.3 Methoden und Instrumente

Zur Klassifizierung der Methoden bieten sich verschiedene Ansätze an. Zum einen kann man zwischen quantitativen und qualitativen Methoden unterscheiden, zum anderen kann man aber auch den Untersuchungsgegenstand als Kriterium verwenden (Umweltanalyse, Industrieanalyse, Unternehmensanalyse etc.). In Tabelle 2 sind wichtige Grundprinzipien zur Erkundung der Zukunft aufgeführt. Die wohl am weitesten verbreiteten Prinzipien antizipieren auf der Grundlage von Veränderungsmustern in der Vergangenheit die Entwicklung der Zukunft. Das eigentlich Spannende – das Neue – lässt sich jedoch nur durch Fantasie, Kreativität oder Gestaltung erfahren.

Tabelle 2: Grundprinzipien der Zukunftserfahrung

Grundprinzip	Orientierung	Zeitlicher Bezug	Beispiel
Kausale Logik	vergangenheitsbezogen	kurz- bis mittelfristig	Wenn-dann-Beziehung
Zeitreihen	vergangenheitsbezogen	kurz- bis mittelfristig	Trends
Gesetze und Theorien	allgemein gültig	kurz-, mittel- und langfristig	Gravitation
Fantasie und Kreativität	zukunftsorientiert	mittel- bis langfristig	technische Neuerungen
Proaktive Gestaltung	zukunftsorientiert	kurz- bis mittelfristig	Gesetzgebung

Jede Methode hat Vor- und Nachteile. Es gibt nicht die eine Methode, die auf alle Fragestellungen Antworten liefert. Als Foresight-Experte kennt man den Methoden-Baukasten im Überblick und kann sich – entsprechend der vorliegenden Problematik – für das entsprechende Instrumentarium entscheiden.

4 Die Erarbeitung von Zukunftsbildern in der Praxis

Was hat sich in der Praxis bewährt? Wie zuvor schon dargestellt, ist die Welt viel zu komplex, zu umfassend und vielfältig und verändert sich zu schnell, als dass man als Mensch die Zusammenhänge erfassen könnte und sie zu möglichen Zukunftsbildern „verarbeiten" könnte. Im Gegensatz zur Zukunftsbetrachtung „aus dem Bauch heraus" hat sich die nachfolgend dargestellte, zweigeteilte Vorgehensweise bewährt.

Erstens erfolgt eine kontinuierliche Beobachtung der Umwelt mittels Trend-Monitoring (Themenbeispiele s. Tabelle 3). Die Welt stellt sich unübersichtlich und komplex dar. Durch die Beschreibung mittels sogenannter Zukunftselemente (vgl. Abb. 6) wird eine umfassende, unfokussierte Analyse der Umwelt sichergestellt und verhindert, dass nur vordergründige Hype-Themen betrachtet werden (Details in Abschn. 4.1). Damit ist die Grundlage für den „Blick" in die Zukunft geschaffen.

Abbildung 6: Die Logik der Entwicklung des Szenariorahmens: von der chaotischen Welt zu alternativen Szenarien.

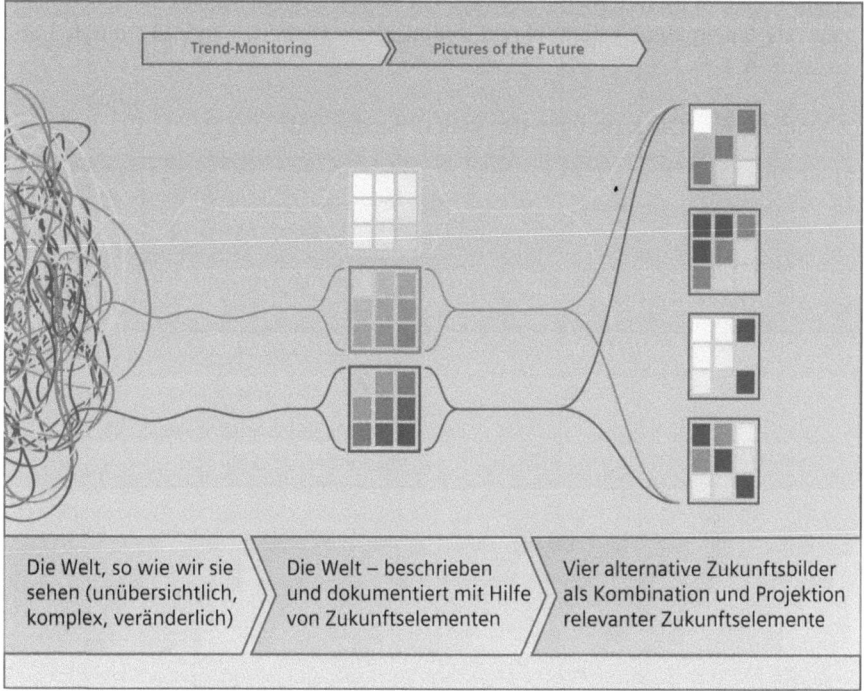

Zweitens werden im Rahmen von Foresight-Projekten dedizierte Zukunftsbilder generiert. Die Projekte zeichnen sich durch eine konkrete Zielfrage und einen klaren Fokus aus. Es werden die für das Thema relevanten Zukunftselemente ausgewählt und durch Projektion in den Zielzeitraum übertragen. Aus der Kombination dieser Zukunftselemente entstehen alternative Zukunftsbilder (Details in Abschn. 4.2).

4.1 Kontinuierliche Beobachtung und Erfassung des Unternehmensumfeldes

Ausgehend von der Unternehmensorganisation zählt alles außerhalb dieser Organisation zur Unternehmensumwelt (Abb. 7). Um eine praktikable Strukturierung zu erreichen, empfiehlt es sich, die Unternehmensumwelt entsprechend der Abbildung 7 in Macro-Umwelt und Micro-Umwelt zu unterteilen. Im Micro-Bereich kann man davon ausgehen, dass man beispielsweise mit KundInnen oder PartnerInnen in Kontakt steht und diese in gewisser Weise beeinflussen kann. Anders sieht es im Macro-Bereich aus. Die Wirtschaft oder die Gesellschaft kann man als Unternehmen nicht direkt beeinflussen (lediglich indirekt durch Lobbying o. Ä.).

Abbildung 7: Die Einteilung der Welt (Pillkahn 2007, S. 85).

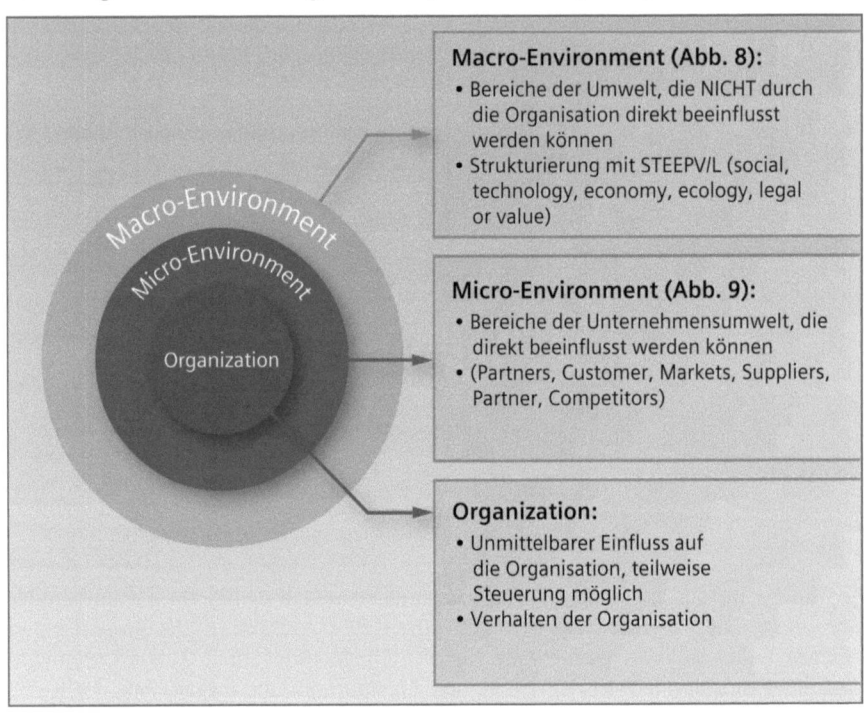

Die Macro-Umwelt ist thematisch in mehrere Sektoren gegliedert (Abb. 8), ebenso die Micro-Umwelt (Abb. 9). Die Einteilung ist zum einen für eine vollständige Darstellung hilfreich – jeder Sektor sollte durch mehrere Zukunftselemente charakterisiert sein. Zum anderen bleibt die Übersichtlichkeit selbst bei einer hohen Anzahl an Zukunftselementen erhalten. Die Zukunftselemente selbst sind entsprechend dem Schema thematisch eindeutig zuordenbar. Darüber hinaus wird jedes Element einer Kategorie (vgl. Abb.4) zugeteilt. Jedes Zukunftselement ist im Detail ausgearbeitet. Sowohl Treiber und Hintergründe als auch mögliche zukünftige Entwicklungen und Auswirkungen werden dokumentiert.

Tabelle 3: Ausgewählte Beispiele aus dem Trendmonitoring

Nr.	Sektor	Kategorie	Titel
1	Gesellschaft	Trend	Der Einfluss der Frauen nimmt zu
2	Wirtschaft	Widerspruch	
3	Wirtschaft	Unsicherheit	Verfügbarkeit von Rohstoffen
...	...	...	...
225	Wettbewerb	Unsicherheit	Neue, kleine, aggressive Wettbewerber starten mit neuen Geschäftsmodellen

Abbildung 8: Das Macro-Environment.

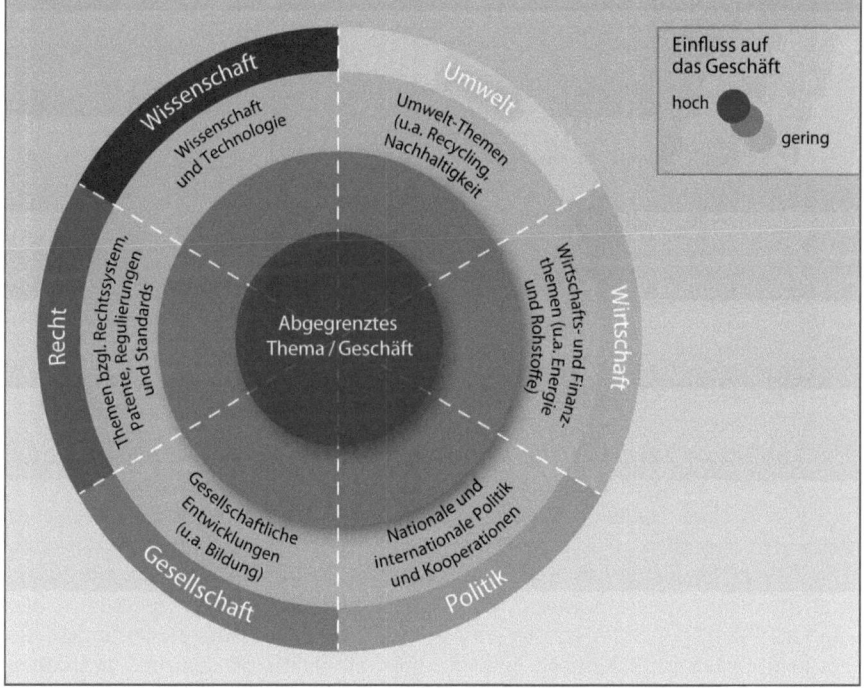

Abbildung 8 zeigt einen Überblick über das Macro-Environment mit den Bereichen Gesellschaft, Recht, Politik, Wirtschaft, Wissenschaft und Umwelt. Betrachtungen bezüglich Märkten, Wettbewerb, Partner, Kunden, Technologien und Anwendungen sind zum Micro-Environment zusammengestellt.

Abbildung 9: Das Micro-Environment.

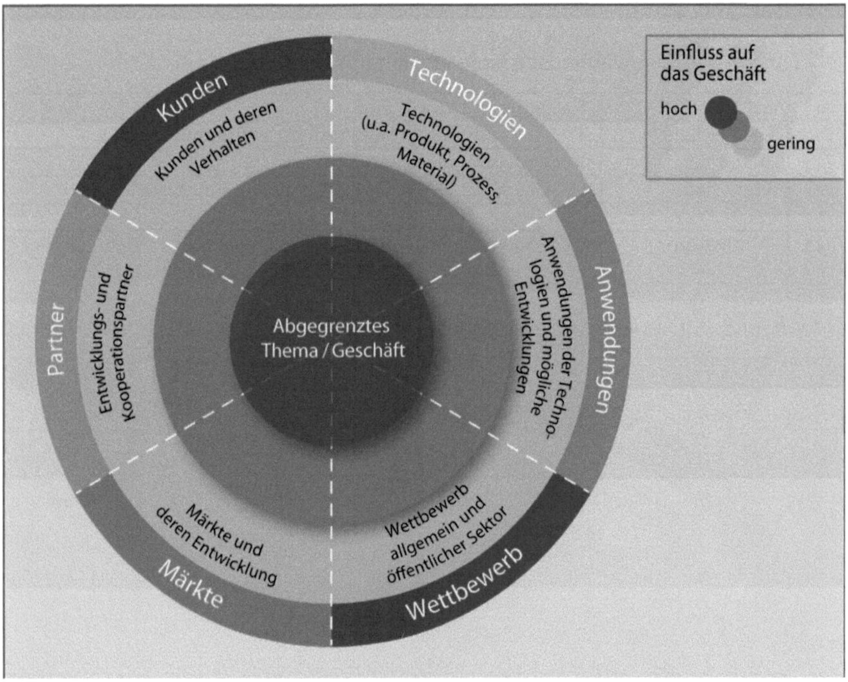

4.2 Erarbeitung von alternativen Szenarien

Um konsistente Zukunftsbilder zu erhalten, müssen die Zukunftselemente, die bis jetzt als Einzelbausteine vorliegen, in die richtige Kombination gebracht werden. Richtig bedeutet hierbei, dass sich die Szenarien untereinander sehr heterogen verhalten, sich jedoch durch eine innere Homogenität auszeichnen. Die Zukunftselemente haben unterschiedlichen Einfluss auf das Gesamtbild. Es gibt Elemente, die ein Szenario sehr stark prägen, und andere wiederum haben nur einen geringen Einfluss. Zunächst gilt es, diejenigen Elemente zu finden, die am kritischsten sind. Kritisch bedeutet hier, sie sind sehr unsicher und haben einen hohen Gestaltungsanteil am Gesamtbild, also einen hohen Einfluss. Über eine sogenannte Wilson-Matrix werden diese Elemente identifiziert. Sie geben den Szenarien die Richtung und legen im Szenario-Rahmen die Dimensionen fest. Der Szenario-Rahmen ist gewissermaßen das Gerüst zum Konstruieren der Szenarios (Pillkahn 2007, S. 210f). Ist der Rahmen erstellt, werden alle Zukunftselemente in das entsprechende Szenario eingefügt, wobei es sein kann, dass sich ein Element in der Ausprägung geringfügig ändert. Das Szenario selbst ist eine Beschreibung aller enthaltenen Zukunftselemente, die recht unterschiedlich ausfallen kann. Auf diese Art und Weise werden vier verschiedene Entwicklungspfade, die durch den Szenario-Rahmen entstehen, nachgezeichnet. Es erge-

Abbildung 10: Die Generierung der Zukunftsbilder in einem 5-stufigen Ablauf.

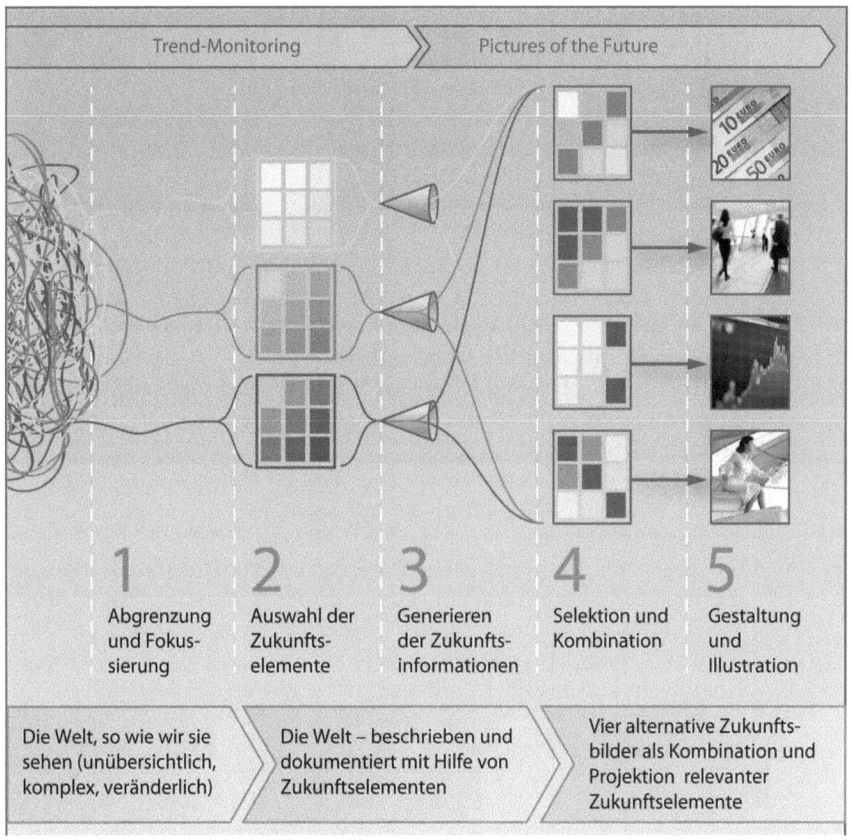

ben sich demzufolge vier Alternativen, die insbesondere in unsicheren Situationen zur besseren Durchdringung der Situation führen und damit zu besseren Entscheidungen befähigen. Eine Anzahl von vier Szenarien hat sich in der Praxis als ein guter Kompromiss zwischen Aufwand und Nutzen bewährt.[16] Abbildung 10 zeigt den prinzipiellen Ablauf.

Der typische Ablauf eines Foresight-Projektes könnte so aussehen:

1. Abgrenzung und Fokussierung
   - Definition des Fokus, des Projektionszeitraums und auch der betrachteten Region,
   - Festlegung der Projektstruktur, der Verantwortlichkeiten und des Arbeitsmodus,
   - erwartete Ergebnisse skizzieren (Format, nicht Inhalt).
   - Auswahl der Zukunftselemente
   - Sammeln von Informationen – Desktop Research,
   - gezielte Recherche (ExpertInnen-Interviews, Auftragsrecherche),
   - Verarbeiten und Verstehen der Informationen.
2. Generierung der Zukunftsinformationen
   - Aus den Einzelinformationen wird ein Gesamtbild (der aktuellen Situation) zusammengestellt,
   - Vorselektierung, Kombination und Strukturierung der Informationen (ein bewährtes Modell ist in Abb. 4 zu sehen; die „Change-Matrix" unterscheidet Zukunftselemente hinsichtlich der Veränderungsdynamik und des vorhandenen Wissens darüber),
   - kritisches Hinterfragen des eigenen Wissensstandes und entsprechende Einordnung (es gibt relativ wenig „gesichertes Wissen", aber viele Meinungen und Vermutungen),
   - Explizieren von Widersprüchen: Die Welt ist voller Widersprüche, die sich nicht durch bloßes Ignorieren auflösen.
3. Selektion und Kombination
   - Projektion für die Zukunftselemente unter Berücksichtigung der Charakteristik (die Projektion von Trends erfolgt anders als beispielsweise von Widersprüchen oder als die Überlegungen im Hinblick auf Neuheiten im Projektionszeitraum),
   - Kombination der Zukunftselemente zu plausiblen, alternativen Zukunftsbildern,
   - Entwicklung von Szenarien.

---

16 Eine Begründung findet sich in Pillkahn (2007, S. 205).

4. Gestaltung und Illustration
- Kommunikation der Zukunftsbilder,
- Ableitung von Handlungsbedarf und Sensibilisierung der Organisation,
- Festlegung einer „robusten Strategie",
- Anpassung der Strategie und Planung,

Ableitung von Impulsen für Innovationen.

Anschließend an die Umsetzung erfolgt die Ausarbeitung von Detailplänen und Maßnahmen, die Abbildung der Veränderungen in Projekten, Initiativen, Investitionen etc. sowie die Zuteilung von Ressourcen und Verantwortlichkeiten in Bezug auf die Umsetzung.

4.3 Pictures of the Future

Die Bildung eines einheitlichen Verständnisses bezüglich zukünftiger Entwicklungen ist der größte Nutzen aus der ganzen Übung. Die ProjektteilnehmerInnen werden angehalten, sich Gedanken über die Zukunft zu machen, und entwerfen eine gemeinsame Sprache und Vorstellung. Dieses gemeinsame Verständnis vermittelt das Gefühl des Vorausdenkens und des Vorbereitetseins.

In dem Zusammenhang ist die Kommunikation der Ergebnisse – sowohl innerhalb der Organisation als auch nach außen – von großer Bedeutung. Intern schaffen sie Orientierung und weisen die Richtung in die Zukunft. Im Dialog mit KundInnen dienen Zukunftsbetrachtungen im Allgemeinen und Szenarien im Speziellen dazu, mit diesen Ideen über die Zukunft auszutauschen und ihnen so zu vermitteln, dass sie als ernsthafte PartnerInnen wahrgenommen zu werden. Die Erfahrung zeigt, dass Zukunftsbetrachtungen, als Marketinginstrument eingesetzt, großes Interesse bei den KundInnen erzeugen und die Diskussion die Grundlage für die gemeinsame Gestaltung sein kann.

Zukunftsbilder dienen weiterhin als Quelle für Neuerungen in den Bereichen Produkte, Prozesse und Lösungen. Dadurch, dass die Szenarien auch zukünftige KundInnen und deren Verhalten betrachten, liefern sie zahlreiche Impulse für technische Neuerungen und Innovationen. Mit der Frage: „Was motiviert AnwenderInnen, NutzerInnen und KundInnen, ihr Verhalten zu ändern?", ergeben sich weitere Möglichkeiten, die weit über reine Kundenbefragungen hinausgehen.

Aus Sicht der Strategieentwicklung liefert Foresight einen wesentlichen und wichtigen Beitrag dazu, die Unternehmensstrategie so robust wie möglich zu machen. Robust bedeutet in diesem Zusammenhang, auf Entwicklungen, die nicht beeinflussbar sind, flexibel reagieren zu können und ansonsten die Gestaltungsspielräume optimal zur Verbesserung der Wettbewerbsposition zu nutzen.

Wenn man über die Zukunft nachdenkt, kommt man unweigerlich an einen Punkt, an dem man mit absolut Neuem konfrontiert wird. Es ist also so neu, dass es heute noch nicht existiert, weder real noch als Konzept. Versetzt man sich zurück ins Jahr 1990, so sind Navigationsgeräte, digitale Fotografie, soziale Netzwerke wie Facebook oder Internetbuchläden wie Amazon etwas bis dahin völlig Unbekanntes. Über eine Neuheit zu diskutieren, die noch nicht existiert, aber über die man nachdenken kann, will und muss, ist schon eine begriffliche Herausforderung. Jede Neuerung geht, für eine begriffliche Bestimmung in der Kommunikation, mit einer Benennung des Neuen einher. Das kann schwierig sein, man stelle sich nur vor, einem Vierjährigen ein Navigationsgerät erklären zu müssen.

Bilder, also die grafisch-visuelle Aufbereitung, helfen bei der Herausforderung, Neues zu beschreiben, ohne es benennen zu müssen, und Gedanken zu visualisieren, die man eventuell nicht ausdrücken kann. Bilder dienen dem internen und externen Kommunikationsprozess. Es reicht ja nicht, wenn einige wenige eine Vorstellung von der Zukunft haben. Die Zukunft ist eine Illusion, man muss an sie glauben und sie gemeinsam gestalten.

Abbildung 11: Beispiel für eine Visualisierung: Zukunft der Bildung (2007).

Wie in Abbildung 11 dargestellt, liefert die grafische Darstellung der Zukunftsbilder wichtige Denkanstöße für die Gestaltung und Strategieentwicklung sowie Impulse für Innovationen.

These 2: Bilder helfen, eine abstrakte Zukunft in konkreteren und vor allem vorstellbaren Zukunftsbildern auszudrücken. Damit sind sie der Ausgangspunkt für Diskussionen und können das Momentum für Veränderung und Tipping Points erzeugen.

5 Das moderne Management ist ohne Corporate Foresight undenkbar

Die Unternehmensführung, im Sinne von Leitung, Gestaltung, Planung, Steuerung und Kontrolle von Unternehmensvorgängen, wird im Sprachgebrauch als Management bezeichnet. Frederick Taylor prägte 1911 den Begriff des „Scientific Management" und gilt als Begründer der Arbeitsteilung (Taylor 1911). Durch die Anwendung seiner Methoden konnten erhebliche Produktionsverbesserungen und Effizienzfortschritte erreicht werden. Das eigentlich Revolutionäre seines Vorschlages bestand jedoch darin, Planung und Kontrolle einerseits und die tatsächliche Arbeitsausführung andererseits zu separieren. Mit diesem bis heute noch aktuellen Prinzip bekam die Rolle des Managers einen neuen Stellenwert. An der Teilung von Denken und Handeln hat sich seit hundert Jahren kaum etwas geändert. Mit der Etablierung als eine eigenständige Disziplin werden Optimierungen angestrebt. Das strategische Management orientiert sich an besserer Planung, das operative Management an effizienterer Produktion und Abwicklung. Neu ist die Unternehmenskommunikation, die sich damit beschäftigt, wie die separaten Unternehmensteile erfolgreich kommunizieren können.

Zur wissenschaftlichen Disziplin entwickelte sich das Feld der strategischen Planung bzw. des strategischen Managements ab etwa Ende der 1960er Jahre. Wichtige Beiträge kamen von Edith Penrose (1995), Alfred Chandler (1962), Igor Ansoff (1965) und Kenneth Andrews (1971). Während Penrose die Bedeutung der Ressourcen hervorhebt, diskutiert Chandler den Zusammenhang zwischen Strategie und Struktur („structure follows strategy"). Ansoff fokussiert auf die Analyse und entwickelt mit dem SWOT-Ansatz (Ermittlung von Strengths/Weaknesses und Opportunities/Threats und deren schematische Darstellung) ein bis heute weit verbreitetes Instrument. Andrews unterstreicht, dass prinzipiell jedes Unternehmen einer Strategie folgt, entweder explizit durch das Management formuliert oder implizit durch zweckgerichtetes Handeln hervorgebracht. Beherrschte in den 1980er Jahren die Market-based View von Porter die Diskussion, so entwickelte sich die Resource-based View Anfang der 1990er Jahre als Gegenpol. Mit der Knowledge-based View und der Capability-based View kamen neue Ansichten und Perspektiven hinzu, und es entstanden weitere Managementansätze. Der kurze Abriss zeigt, wie differenziert das Feld inzwischen ist. Für jede Handlung und Gestaltung lässt sich heute eine theoretische Grundlage finden, und das Management erfährt eine nie da gewesene Beliebigkeit (vgl. Müller-Stewens und Lechner 2005, S. 13).

Unabhängig von der jeweiligen Managementtheorie bleibt ein grundlegendes Problem von Unternehmen bestehen: die Zukunft ist nicht vorhersehbar, und Unternehmen haben als Teil der Gesellschaft nur begrenzt Einfluss auf Bereiche außerhalb der Unternehmensgrenzen (vgl. Pillkahn 2007, S. 52f). Daraus lässt sich schlussfolgern, dass der Gestaltungsanspruch des Managements begrenzt ist. Es lassen sich zwei Extrempositionen annehmen:

- Annahme der totalen Kontrolle und der synoptischen Totalplanung (losgelöst vom Ist-Zustand),
- Fremdsteuerung und reagieren („durchwursteln" – vgl. Müller-Stewens und Lechner 2005, S. 20).

These 3: Das moderne Management basiert auf der taylorschen Teilung von Denken (Management) und Handeln (MitarbeiterInnen). Der Gestaltungsanspruch bewegt sich im Spannungsfeld zwischen totaler Steuerung (inklusive Planung) und Fremdsteuerung und wird durch Unprognostizierbarkeit, Unüberschaubarkeit, Widersprüchlichkeit, Mehrdeutigkeit, Subjektivität und organisatorische Belange geprägt.

Das Thema der steigenden Komplexität und Dynamik in der Unternehmensumwelt und ihrer Auswirkungen auf die Unternehmen in Form sich ändernder Anforderungen an das Management genießt eine steigende Aufmerksamkeit in der Forschungsgemeinschaft. Stacey (1996), Schreyögg (1999), Axelrod & Cohen (2000), Pfläging (2006) und Jischa (2008) seien hier stellvertretend erwähnt. Im Allgemeinen orientieren sich Unternehmen daran, die Planbarkeit zu gewährleisten und sowohl Risiko als auch Unsicherheit zu begrenzen bzw. möglichst zu vermeiden.

5.1 Der ambivalente Einfluss von Unsicherheit

Trotz der Tatsache, dass wir Unsicherheit im Allgemeinen mit einer Situation verbinden, die es zu vermeiden gilt, darf nicht vergessen werden, dass technischer Fortschritt nur durch Unsicherheit ermöglicht wird. „Die Unsicherheit ist zugleich ein Problem, wie auch Grundbedingung des Entscheidens" (Rudzinski 2009, S. 90). Unsicherheit ist für Erneuerung notwendig, durch sie entstehen

Zweifel, die zu Untersuchungen und möglichen Innovationen oder Neuerungen führen. Veränderungen im Geschäftsumfeld bringen SiegerInnen und VerliererInnen. Adaption ist das Schlüsselwort.

Wie vorstehende Ausführungen zeigen, ist Unsicherheit per se nicht als Bedrohung einzustufen und damit im Sinne der Organisation negativ. Die Darstellung von Unsicherheit erfordert eine erweiterte und differenziertere Betrachtung. Die Bedeutung von Unsicherheit wandelt sich durch das neue Beobachtungskonzept: sie ist Quelle und Chance für Innovationen einerseits und Störfaktor bei der Umsetzung und Einführung von Innovationen andererseits.

Für alle Routineaufgaben stellen Unsicherheiten jeder Art ein unkalkulierbares Risiko dar. Durch den nicht ermittelbaren Einfluss auf die vorgegebenen Pläne, Abläufe und Projekte ergibt sich die negative Einschätzung. Es ist das Ziel, betriebliche Abläufe möglichst eindeutig zu gestalten und die Freiheitsgrade zu minimieren sowie die mögliche Einflussnahme auf den Prozess zu reduzieren. Aus der Perspektive der strategischen PlanerInnen wäre die vollständige Kontrolle (die nur theoretisch möglich ist) wünschenswert und entsprechend Weber auch am effizientesten: Die bürokratische Form der Organisation gewährleistet durch die Kontrolle und Steuerung der MitarbeiterInnen die höchste Form der Effizienz (Weber 1947, S. 332). Hofstede verwendet das Bild einer „gut geölten Maschine" zur Verdeutlichung der angestrebten Vermeidung von Unsicherheit (Hofstede 1980, S. 51) Die Anstrengung der Unternehmen ist darauf ausgerichtet, Ungewissheit, Unsicherheit und Risiko im Unternehmen zu minimieren oder ganz auszuschalten. Unter dem Schlagwort „Managing Uncertainty" werden die Bemühungen aus der Management-Perspektive dargestellt (vgl. Katzan 1992; Courtney 1999). Die dahinterstehende Ansicht ist, dass man mit den richtigen Werkzeugen prinzipiell in der Lage ist, Unsicherheit in den Griff zu bekommen und so weit zu beherrschen, dass kein negativer Einfluss auf das Geschäft zu befürchten ist. Wördenweber und Wickord (2004) folgen dieser Risikoperspektive (Kapitel 4 „Risiko beherrschen", S. 53f) ebenso wie Ertl (2006). Andererseits sind Unsicherheit und Zweifel die Quellen für Innovationen. Ohne Neugier und Forschergeist gäbe es keine Erneuerung und keine Innovationen. „Without uncertainty, there is no reason to investigate" (van Asselt 2000, S. 28). Peat argumentiert, dass Unsicherheit eine Grundvoraussetzung von Erneuerung ist (Peat 2002, S. 143). Die Akzeptanz von Unsicherheit ist die Essenz des Lebens auf der Erde, und die Stabilität erwächst aus dem Chaos:

> „Many systems in nature and human society have evolved through processes of self-organization. They were not put together in a mechanical way, by bringing various parts together and arranging them according to some hierarchical scheme and overarching law. Rather they emerged through the interlocking of feedback loops and out of flows to and from the external environment. In this sense, the stabilities of our lives,

of our organizations and our social structures, do not arise out of fundamental certainties but from out of the womb of chance, chaos, and openness" (Peat 2002, S. 138).

These 4: Unsicherheit ist ein wichtiger Bestandteil von wirtschaftlichen Entwicklungen. Sie kann zur Bedrohung werden, wenn die Vorbereitung darauf ungenügend war, sie zu spät festgestellt wurde und die Reaktion darauf zu spät erfolgte. Corporate Foresight versucht nicht, Unsicherheit zu vermeiden (was sowieso nicht möglich ist), sondern bietet die Möglichkeit des differenzierten Umgangs mit Unsicherheit. Jede Bedrohung ist so auch Chance.

5.2 Ohne Anschlussfähigkeit passiert nichts

Herrlich unverbindlich sind die Zukunftsbilder, anstrengend und problembeladen ist die Gegenwart. Sorgt man dafür, dass der Zeithorizont der Zukunftsbilder immer sehr weit in die Zukunft reicht, braucht man nicht befürchten, irgendetwas verändern zu müssen. „Es ist leichter die Zukunft als die Gegenwart zu konstruieren" (Brunsson 2007, S. 48). In den meisten Fällen wird jedoch das Ziel sein, die Zukunftsbilder als Impulse zur proaktiven Veränderung einzusetzen. Dazu muss jedoch gewährleistet sein, dass in der Organisation die Ergebnisse auf Interesse stoßen und jene Aufmerksamkeit erfahren, die für die Weiterentwicklung, die Interpretation, die Ableitung von Geschäftsideen und die Generierung von Innovationsimpulsen nötig ist.

6 Selber denken macht schlau

Unsere Erfolge und unser angesammeltes Wissen verleihen uns das Gefühl, es geschafft zu haben, es verstanden zu haben, fertig zu sein. Das ist fatal. Zukunft ist immer offen, eine nie endende Angelegenheit. Stillstand bedeutet Rückschritt, und insofern müssen wir immer offen für und neugierig auf die Zukunft sein, denn es wird etwas geben, was wir heute noch nicht wissen können. Zu Beginn wurde das Schachspiel als Beispiel für fest geregelte Systeme im Vergleich zur realen Welt mit den nur zum geringen Teil geregelten Teilbereichen und den zum überwiegenden Teil chaotisch verlaufenden Ereignissen angeführt. Die Ausführungen in den folgenden Abschnitten haben gezeigt, dass die Welt viel zu bunt ist, als dass sie in einem einfachen Regel-Modell abgebildet werden könnte.

Neutralität in der Bewertung, Kontinuität in der Analyse und vor allem Professionalität im Umgang mit dem Methodenbaukasten sind wichtige Erfolgskriterien, die man lernen und weiterentwickeln kann. Damit leistet man einen wichtigen Beitrag zur Vorbereitung des Unternehmens auf die Zukunft. Um jedoch nicht zwischen Unterhaltung, Sensationspresse, Beliebigkeit und unerfüllbaren Erwartungen zerrieben zu werden, und als Antwort auf das Trendgeschwurbel der „Zukunftsforscher", sollte die Wissenschaft viel stärker Position beziehen, sich viel stärker in die Auseinandersetzung einmischen und jenen das Feld nicht kampflos überlassen. Denn, das wissenschaftliche Vakuum ausnutzend, wird vor allem medial ein hoher Aufwand betrieben. Die Meinungshoheit wird gegenwärtig durch omnipräsente „Trendgurus" und „Zukunftsforscher" hergestellt und geprägt.

Erkenntnis 5: Die Beschäftigung mit der Zukunft hat eine Zukunft. So oder so. Nur WissenschaftlerInnen und AnwenderInnen gemeinsam können die Erkundung der Zukunft methodisch vorantreiben.

Literatur

Andrews, K. (1971). *The Concept of Corporate Strategy*. Dow Jones-Irwin.
Ansoff, I. H. (1965). *Corporate strategy: An Analytic Approach to Business Policy for Growth and Expansion*. New York: McGraw-Hill.
Asselt, M.B.A. van (2000). *Perspectives on Uncertainty and Risk. The PRIMA Approach to Decision Support*. Boston/Dordrecht/London: Kluwer/Springer.
Axelrod, R., & Cohen, M. D. (2000). *Harnessing Complexity. Organizational Implications of a Scientific Frontier*. New York: Basic Books 2000.
Beinhocker, E. D. (2007). *Die Entstehung des Wohlstands. Wie Evolution die Wirtschaft antreibt*. Landsberg am Lech: mi-Fachverlag.
Brunsson, N. M. (2007). Mechanismen der Hoffnung. *Revue für postheroisches Management* Heft 1, März, 44–53.
Chandler, A. D. (1962). *Strategy and Structure*. Boston: MIT Press.
Courtney, H. (1999). *Harvard Business Review on Managing Uncertainty*. New York: McGraw-Hill Professional.
Ertl, M. (2006). Das Innovationsmanagement der BMW Group. Strategie, Ziele und Prozesse. In K. Engel, & Nippa, M. (Hrsg.), *Innovationsmanagement. Von der Idee zum erfolgreichen Produkt*. Heidelberg: Physica.
Fahey, L., Robert, M., & Randall, M. (1998). *Learning from the Future. Competitive Foresight Scenarios*. New York: John Wiley & Sons.
Hofstede, G. (1980). Motivation, Leadership and Organization: Do American Theories Apply Abroad? *Organizational Dynamics*, Summer, 42–63.
Jischa, M. F. (1993). *Herausforderung Zukunft. Technischer Fortschritt und ökologische Perspektiven*. Heidelberg: Spektrum Akademischer Verlag.
Jischa, M. F. (2008). Management trotz Nichtwissen. Steuerung und Eigendynamik von kom-plexen Systemen. In A. von Gleich, & S. Gößling-Reisemann (Hrsg.), *Industrial Ecology. Erfolgreiche Wege zu nachhaltigen industriellen Systemen*. Wiesbaden: Vieweg+Teubner.

Katzan, H. (1992). *Managing Uncertainty. A pragmatic approach.* London: Chapman & Hall.
Kieser, A. (2008). Wissenschaftler, Unternehmensberater und Praktiker – ein glückliches Dreiecksverhältnis? *Revue für postheroisches Management*, Heft 2, März, 98–109.
Lindkvist, M. (2010). *Trendspotting.* Midas Management Verlag.
Loveridge, D. (2009). *Foresight. The Art and Science of Anticipating the Future.* London: Routledge.
Luhmann, N. (2000). *Organisation und Entscheidung.* Wiesbaden: Westdeutscher Verlag.
Müller, A. W., & Müller-Stewens, G. (2009). *Strategic Foresight. Trend- und Zukunftsforschung in Unternehmen – Instrumente, Prozesse, Fallstudien.* Stuttgart: Schäffer-Poeschel.
Müller-Stewens, G., & Lechner, C. (2005). *Strategisches Management. Wie strategische Initiativen zum Wandel führen.* Stuttgart: Schäffer-Pöschel.
Orrell, D. (2007). *The Future of Everything. The Science of Prediction.* New York: Thunder's Mouth Press.
Peat, F. D. (2002). *From Certainty to Uncertainty. The Story of Science and Ideas in the Twenti-eth Century.* Washington, DC: Joseph Henry Press.
Penrose, E. (1995). *The Theory of the Growth of the Firm.* 3rd Ed. Oxford: Oxford University Press.
Pfläging, N. (2006). *Führen mit flexiblen Zielen. Beyond Budgeting in der Praxis.* Frankfurt a. M.: Campus.
Pillkahn, U. (2007). *Trends und Szenarien als Werkzeuge zur Strategieentwicklung.* Erlangen: Publicis.
Pillkahn, U. (2011). *Innovationen zwischen Zufall und Planung.* Dissertation 2011.
Pillkahn, U. (2012). *Die Weisheit der Roulettekugel.* Erlangen: Publicis.
Pontzen, H. (2009). Zufall im Banking. *Revue für postheroisches Management*, Heft 4, März, 58–63.
Popper, K. R. (1969). *Das Elend des Historizismus.* Tübingen: Mohr-Siebeck.
Rescher, N. (1998). *Predicting the Future.* An Introduction to the Theory of Forecasting. New York: State University of New York Press.
Ringland, G. (2002). *Scenarios in Business.* Chichester: John Wiley & Sons.
Rohrbeck, R. (2010). *Corporate Foresight. Towards a Maturity Model for the Future Orientation of a Firm.* Heidelberg: Physica.
Rosenzweig, P. (2007). *The Halo Effect ... and the Eight Other Business Delusions that Deceive Managers.* New York: Free Press.
Rudzinski, C. (2009). Informationsmärkte: Der Unterschied, der einen Unterschied macht. *Revue für postheroisches Management*, Heft 4, März, 90–95.
Rust, H. (2008). *Zukunftsillusionen: Kritik der Trendforscher.* Wiesbaden: VS Verlag.
Scharmer, C. O. (2009). Organisationales Handeln. *Revue für postheroisches Management*, Heft 4, März, 34–49.
Schoemaker, P.J.H., & Gunther, R. E. (2002). *Profiting from Uncertainty: Strategies for Succeeding No Matter What the Future Brings.* New York et al.: The Free Press.
Schreyögg, G. (1999). Strategisches Management – Entwicklungstendenzen und Zukunftsperspektiven. *Die Unternehmung*, Vol. 53(6), 387–407.

Schüll, E. (2006). *Zur Wissenschaftlichkeit von Zukunftsforschung*. Tönning/Lübeck/Marburg: Der Andere Verlag.

Schwartz, P. (1991). *The Art of Long View*. New York: Broadway Business.

Stacey, R. D. (1996). *Complexity and Creativity in Organizations*. San Francisco: Berret-Koehler.

Steinmüller, K., & Steinmüller, A. (2004). *Wild Cards. Wenn das Unwahrscheinliche eintritt*. Hamburg: Murrmann.

Taleb, N. N. (2008). *Der Schwarze Schwan. Die Macht höchst unwahrscheinlicher Ereignisse*. München: Hanser.

Taylor, F. W. (1911). *The Principles of Scientific Management*. New York: Harper & Row.

Weber, M. (1947). *The Theory of Social and Economic Organization*. Glencoe, IL: Free Press.

Wördenweber, B., & Wickord, W. (2004). *Technologie- und Innovationsmanagement in Unternehmen*. 2. Aufl. Heidelberg/Berlin: Springer.

Foresight in Unternehmen. Auf dem Weg zur strategischen Kernaufgabe

Cornelia Daheim, Andreas Neef, Beate Schulz-Montag und Karlheinz Steinmüller

Ein gestiegenes Interesse an Corporate Foresight

In einem Zeitalter des permanenten, oft disruptiven Wandels, einer hohen Volatilität der Märkte, wachsender globaler Verflechtungen und beschleunigter Innovationsprozesse haben für Unternehmen Fragen der mittel- und langfristigen Orientierung noch an Bedeutung gewonnen. Daher verwundert es nicht, dass etwa seit dem Jahr 2000 Foresight in und für Unternehmen verstärkt Aufmerksamkeit auf sich gezogen hat. Studien, erste Fachbücher, Dissertationen und Sammelbände (Burmeister et al. 2004; Burmeister und Neef 2005; Diessl 2006; Köpernik 2009; Müller und Müller-Stewens 2009; Rohrbeck 2011; Wehrlin 2011a) belegen, dass es sich bei Corporate Foresight, so die Kurzbezeichnung, um alles andere als um eine der üblichen Modeerscheinungen im Management handelt.[1] Tatsächlich etabliert sich hier allmählich eine neue Herangehensweise an Fragen der strategischen Orientierung, an mittel- und längerfristige Innovationen und an die Nachhaltigkeit von Managemententscheidungen. Corporate Foresight bewegt sich dabei im Spannungsfeld zwischen der notwendigen, aber oft defizitären unternehmerischen Langfristorientierung und der Dominanz akuter Herausforderungen, die sich im häufig beklagten „Denken in Quartalsberichten" niederschlägt.

Corporate Foresight[2] befasst sich mit mittel- bis längerfristigen Herausforderungen, mit denen sich Unternehmen konfrontiert sehen, gleich, ob es sich um die strategische Positionierung, Erfolg versprechende Innovationen, das künftige Produktportfolio, die Absicherung gegenüber Risiken aller Art, die Personalent-

---

1 Die Terminologie ist uneinheitlich. Zukunftsorientierung (Tiberius 2011) kann als der kleinste gemeinsame Nenner angesehen werden. Strategische Frühaufklärung (Heintzeler 2008) und strategische Vorausschau (Mietzner 2009) sind enger gefasst als Corporate Foresight, denn in ihnen tritt der Entscheidungs- und Handlungsaspekt zurück. Strategic Foresight (Müller und Müller-Stewens 2009; Götz und Weßner 2009) fokussiert allein das Element der Strategiebildung, Future Management (Wehrlin 2011b) und Zukunftsmanagement (Fink und Siebe 2006) sind weiter gefasst, zugleich aber doppeldeutig („das künftige Management"), und legen vom Wortsinne her nahe, dass Zukunft ein Managementgegenstand sein könne wie etwa Personalentwicklung oder Innovationen.

2 Allgemein kann Foresight wie folgt verstanden werden: „Foresight can be defined as a systematic, participatory, future intelligence gathering and medium-to-long-term vision-building process aimed at present-day decisions and mobilizing joint actions" (HLEG 2002, S. 14).

wicklung oder Corporate Social Responsibility handelt. Zentrale Aufgaben von Corporate Foresight bestehen darin,

- strategische Entscheidungen vorzubereiten,
- die Wettbewerbsfähigkeit des Unternehmens langfristig zu sichern sowie
- die Lern- und Innovationsfähigkeit des Unternehmens dauerhaft zu stärken.

Sinnvoll erscheint es, über die reine Prozess- und Managementebene hinauszugehen und den Fähigkeitsaspekt hervorzuheben. So definiert beispielsweise Rohrbeck Corporate Foresight als „[...] an ability that includes any structural or cultural element that enables the company to detect discontinuous change early, interpret the consequences for the company, and formulate effective responses to ensure the long-term survival and success of the company" (Rohrbeck 2011, S. 11).

Eine grundsätzliche Schwierigkeit bei einer Bewertung des „State of the Art" von Corporate Foresight ergibt sich daraus, dass sie sich in der Regel hinter verschlossenen Unternehmenstüren abspielt und, selbst wenn externe BeraterInnen im Spiel sind, Prozesse und Resultate der Vertraulichkeit unterliegen. Nur wenige Multi-Client-Studien sind der Öffentlichkeit zugänglich. Einen gewissen Einblick geben Umfragen und Fallstudien, die in den letzten Jahren unter Managern durchgeführt wurden (Burmeister et al. 2002; Becker 2003; Neef und Daheim 2005; Schwarz 2006; van der Duin 2006; Müller und Müller-Stewens 2009; Burmeister und Schulz-Montag 2009; Rohrbeck 2011). Gute Vergleichsstudien darüber, inwieweit die Herangehensweisen im Corporate Foresight von den unterschiedlichen nationalen Zukunftsforschungstraditionen und den unterschiedlichen Managementkulturen etwa in Frankreich, den USA und Deutschland abhängen, fehlen noch völlig.[3]

Einsatzfelder, Organisationsformen und Akzeptanz

Im Herbst 2011 führten die Z_punkt GmbH und das Management Forum Starnberg eine Umfrage zum gegenwärtigen Zustand von Corporate Foresight unter einschlägigen ManagerInnen aus 110 Unternehmen durch (Z_punkt GmbH 2010b). Selbstverständlich ist diese Umfrage nicht repräsentativ für die gesamte Wirtschaft; sie vermittelt jedoch einen Einblick in Veränderungen bei Unternehmen, die bereits auf die eine oder andere Weise mit Foresight befasst sind. Fast 75 Prozent der befragten Unternehmen haben demnach ihre Foresight-

---

3   Erste Hinweise gibt ein Themenheft der Zeitschrift Technological Forecasting and Social Change (Vol. 77, No. 9, November 2010).

Aktivitäten in den vergangenen drei Jahren verstärkt. Auch bejahen immerhin 73 Prozent der Befragten die Aussage, dass die unternehmensinterne Akzeptanz für Foresight in diesem Zeitraum deutlich zugenommen hat. Eine bessere Einbindung in interne Prozesse (43 %) und sichtbare Erfolge von Foresight (25 %) mögen dazu beigetragen haben, dass die Bedeutung von Foresight in Unternehmen gestiegen ist. Die personellen und finanziellen Ressourcen hinken diesem an sich positiven Befund allerdings hinterher: Lediglich 16,2 Prozent der UmfrageteilnehmerInnen begründen die gestiegene Bedeutung von Corporate Foresight mit einer besseren personellen Ausstattung, und nur 2,9 Prozent bringen dies mit steigenden Budgets in Zusammenhang (vgl. Abb. 1).

Abbildung 1: Gründe für den Bedeutungszuwachs von Foresight in Unternehmen.

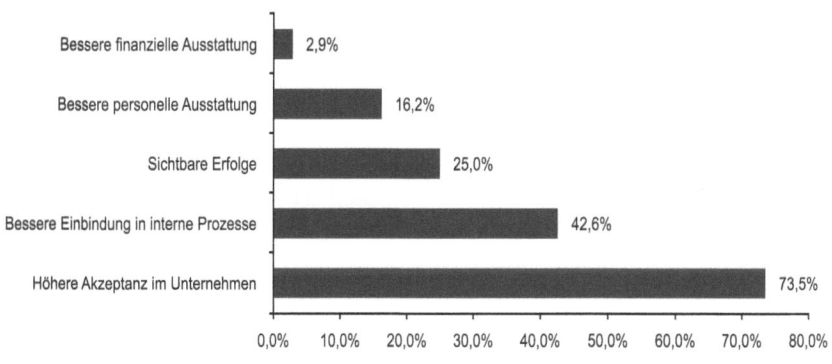

Trotz der gewachsenen Bedeutung hat Corporate Foresight also offenbar bis auf den heutigen Tag in den meisten Unternehmen, selbst in den meisten Großunternehmen, keinen festen Platz gefunden. Oft werden Zukunftsstudien in Unternehmen von Teams durchgeführt, die ad hoc zusammengestellt und nach Auslaufen des Projekts wieder aufgelöst werden. Nach Becker (2003) und Burmeister et al. (2004, S. 74f) sind hauptsächlich drei Organisationsformen zu unterscheiden.

Der Think Tank: eine separate, für Corporate Foresight zuständige Abteilung, die eigenständig Zukunftsstudien durchführt und gegebenenfalls sogar Umsetzungsprozesse begleitet. Ein paradigmatisches Beispiel ist die Abteilung „Forschung Technik und Gesellschaft" bei Daimler, die seit inzwischen fast drei Jahrzehnten Zukunftsstudien durchführt – in der Regel, aber nicht ausschließlich, für interne Auftraggeber.

Das Observatorium: Ein meist recht kleines Team, das ausgewählte Themenfelder kontinuierlich beobachtet und über neue Entwicklungen berichtet, das gut international vernetzt ist und in der Regel einen festen Auftraggeber im Unternehmen hat.

Die Poststelle: Eine Sammelstelle für Informationen mit Zukunftsrelevanz, die aber häufig genug nur aus einer Person oder einem minimalen Team besteht.

Als vierte Organisationsform haben Daheim und Uerz (2008, S. 324) noch *das Outsourcing* hinzugefügt: Die Foresight-Aufgaben werden zu großen Teilen an externe Berater delegiert, intern verbleibt vor allem die Steuerungskompetenz.

Es scheint naheliegend anzunehmen, dass die vollständigste Form, der Think Tank, auch die leistungsfähigste sei. Dagegen spricht der empirische Befund: Wenn denn der unternehmensinterne Think Tank aus Sicht des Managements tatsächlich so überlegen wäre, sollten sich – selbst unter Berücksichtigung aller organisationalen und unternehmenskulturellen Hindernisse – weitaus mehr Unternehmen eine solche Einrichtung leisten. Eine Verankerung von Corporate Foresight im Unternehmen bedeutet eben nicht automatisch, dass Corporate Foresight in einer Fachabteilung institutionalisiert werden müsste.

Schaut man sich dagegen die Hauptziele und Einsatzfelder von Corporate Foresight in Unternehmen an (vgl. Abb. 2), wird schnell klar, dass Foresight in zentralen Bereichen der Unternehmenssteuerung inzwischen eine nicht mehr wegzudenkende Rolle spielt.

Wichtigstes Ziel von Foresight-Arbeit in Unternehmen ist es, Trends, Umbrüche, Risiken und vor allem auch Chancen frühzeitig zu erkennen und sich auf die sich verändernden Märkte mit neuen Produkten und Geschäftsmodellen einzustellen. Für 81,5 Prozent der TeilnehmerInnen an der oben genannten Umfrage (Z_punkt GmbH 2010b) steht die Früherkennung von Trends und Umbrüchen als Ziel an erster Stelle. 56,5 Prozent zielen mit ihrer Foresight-Arbeit insbesondere auf die Identifikation von zukünftigen Technologie- und Innovationsfeldern. 53,3 Prozent legen den Schwerpunkt bei der Anpassung auf sich verändernde Märkte. Personalentwicklung (7,6 %) sowie die Absicherung von Investitionsentscheidungen (6,5 %) und Fusionsvorhaben (2,2 %) spielen bei der Foresight-Arbeit dagegen noch eine untergeordnete Rolle.

Abbildung 2: Zentrale Gründe für Aktivitäten im Bereich Trendforschung/ Corporate Foresight.

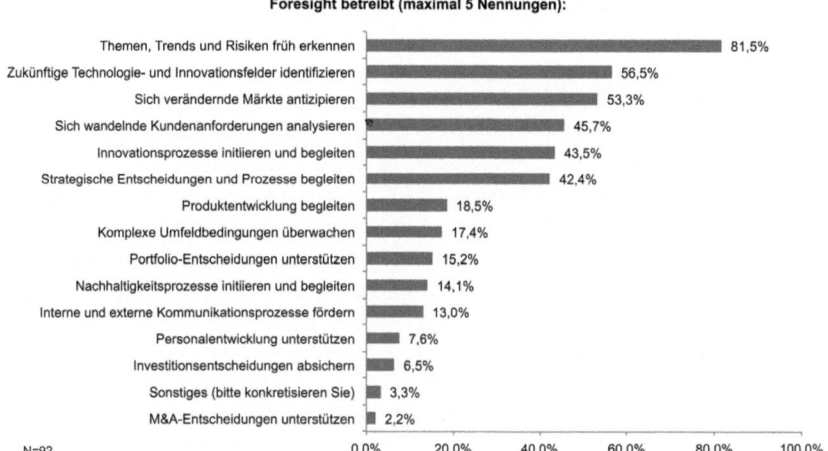

Abbildung 3: Einsatzbereiche von Foresight in Unternehmen.

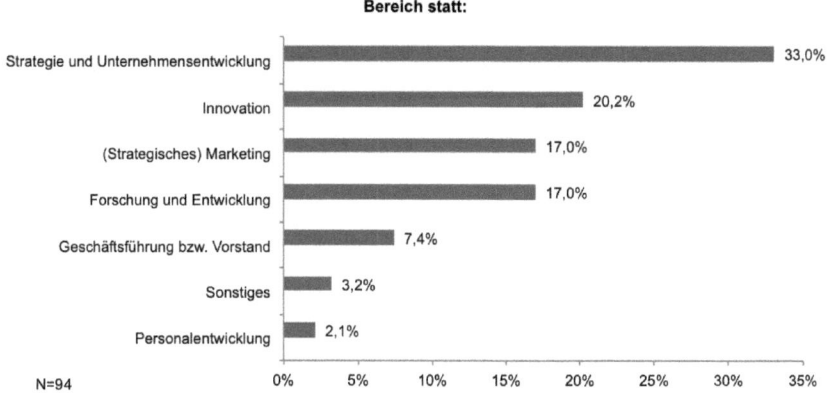

Zieht man weiterhin in Betracht, dass immerhin bei einem Drittel der befragten Unternehmen die Foresight-Arbeit im Bereich „Strategie und Unternehmensentwicklung" stattfindet (vgl. Abb. 3), so lässt sich mit Recht behaupten, dass Corporate Foresight inzwischen den Rang einer strategischen Kernaufgabe in Unternehmen einnimmt. Die immer schneller ablaufenden und oft mit disruptiven Wirkungen einhergehenden Veränderungsprozesse im Unternehmensumfeld der letzten Jahre haben dazu sicherlich nicht unerheblich beigetragen.

Der spezifische Ansatz: „Prospective"

Corporate Foresight verdankt seine Existenzberechtigung den Defiziten traditioneller Managementinstrumente und Managementphilosophien. Gerade bei langfristigen Fragestellungen sowie hoher Volatilität und Dynamik versagen in der Regel die üblichen betriebswirtschaftlichen Instrumente, die sich im Wesentlichen auf Gegenwartsanalysen (wie etwa bei einer „Balanced Scorecard") oder eine mehr oder weniger lineare Fortschreibung der Gegenwart (wie etwa bei den meisten Marktprognosen) stützen (vgl. Broetzmann und Goetz 2010, und Wildemann 2011, S. 107).

Allerdings ist nicht alles, was unter der Flagge Corporate Foresight segelt, wirklich so neu. Unternehmen haben schon immer versucht, künftige Marktentwicklungen oder Veränderungen in ihrem Umfeld abzuschätzen und zu bewerten. Nicht allein viele Fälle von eklatanten Fehlprognosen zeugen von den Grenzen der herkömmlichen, extrapolativen Methoden; sie scheinen generell den neuen Herausforderungen nicht angemessen zu sein. Was unterscheidet nun Corporate Foresight von anderen Ansätzen des strategischen Managements? Es sind dies die Charakteristika, die Zukunftsforschung im Allgemeinen auszeichnen (vgl. Berger 1959; Steinmüller 2005, S. 84):

Der *mittel- bis langfristige Zeitrahmen* – mit einem Zeithorizont, der über die üblichen Planungshorizonte hinausgeht, so dass erhebliche Ungewissheiten im Unternehmensumfeld betrachtet werden müssen, zugleich aber ebenso relevante Spielräume für grundsätzliche Entscheidungen existieren. Beispiel Innovationen: Zumeist befindet sich die nächste Generation der Produkte bereits in der konkreten (Produktions-)Planung; erst bei der übernächsten sind tief greifende Entscheidungen etwa darüber, ob überhaupt auf eine bestimmte Innovationsrichtung gesetzt werden soll, über die technische Gestaltung, Markteinführung etc. möglich oder gefordert.

Ein *breiter, interdisziplinärer, mehr oder weniger ganzheitlicher Ansatz*, der das gesamte Spektrum gesellschaftlicher, politischer, technologischer, wirtschaftlicher und ökologischer Faktoren mit ihren Trends und ihren Unwägbarkeiten einbezieht[4] und als Kontext und Rahmung für eine klare thematische Fokussierung dient.

---

4   Dies drückt sich beispielsweise im STEEP-Ansatz aus, der Society, Technology, Economy, Environment, Politics in die Analyse mit einbezieht.

Eine in die *Tiefe gehende, wissenschaftliche Analyse*, die auf einer Kombination erprobter Methoden beruht, auf den jeweils aktuellen Erkenntnissen aufbaut, aber stets auch die Grenzen des Wissens thematisiert und Perspektiven unterschiedlicher Disziplinen zusammenführt. Corporate Foresight ist insofern vom Ansatz her stets inter- bzw. transdisziplinär.

Nach Berger (1959) bedeutet „Prospective" gleichfalls, dass Zukunftsforscher bereit sind, Risiken einzugehen: Sie stellen bestehende Denkmuster in Frage und scheuen nicht vor dem Konflikt mit einer von kurzfristigen Dringlichkeiten bestimmten Handlungsweise zurück.

Wie oben dargelegt, ist das Aufgabenspektrum von Corporate Foresight weit gefächert; es berührt sämtliche Managementbereiche von der Personalplanung über das Neugeschäft und die Markterschließung bis hin zur langfristigen strategischen Positionierung. Neben der Nutzung von Foresight-typischen Methoden wie Szenarien und Delphi-Umfragen[5] bedient sich Corporate Foresight dabei aus vorhandenen Werkzeugkästen etwa des strategischen Managements, oft sind vor allem die Kombination der Instrumente und die Perspektive neu. Hinzu kommen Konzepte und Instrumente, die veränderten Unternehmensstrukturen und mehr noch einer veränderten Interaktion von Unternehmen und Umfeld angemessen sind, insbesondere Open Innovation (siehe unten). Corporate Foresight nutzt ein breites Spektrum von Methoden für die Identifikation, Analyse und Bewertung von relevanten Entwicklungen in Märkten und Geschäftsumfeldern: etwa Medien- und Publikationsanalysen oder Trendanalysen. Dabei kommen auch Konzepte wie Wild Cards oder Weak Signals zum Tragen, die dazu gedacht sind, gerade entstehende und noch unerkannte Phänomene („Emerging Issues") zu erfassen und eine möglichst große Vielfalt von künftigen Potenzialitäten abzudecken. In vielen Corporate-Foresight-Projekten bildet die Konstruktion von Szenarien das zentrale Element, oft in Kombination mit Delphi-Befragungen oder einem Roadmapping. In der Regel beschreiben die Szenarien mögliche alternative Entwicklungen im Unternehmensumfeld, wobei qualitative Unterschiede im Vordergrund stehen und nicht einfach die unter ÖkonomInnen beliebte, quantitative Trias von Best Case, Middle Case, Worst Case. Kombiniert mit einer Analyse der eigenen, alternativen Handlungsoptionen dienen die Szenarien als Grundlage für strategische Entscheidungen.

Ein weiteres wichtiges Einsatzfeld von Corporate Foresight ist die Initiierung und Begleitung von Innovationsprozessen. Dabei wird auf partizipative Methoden bzw. Kreativmethoden, unterschiedliche Formen des Brainstormings, des Visionings und der Ideengenerierung und -bewertung zurückgegriffen; in der

---

5 Zum Methodenrepertoire der Zukunftsforschung in und für Unternehmen siehe etwa Steinmüller (2005); Fink und Siebe (2006); Pillkahn (2007); Simon (2011); Daheim und Hellmann (2011).

Regel stehen nicht die technischen, sondern die sozialen und organisatorischen Aspekte der Innovation, die Anforderungen aus NutzerInnensicht, im Fokus der Betrachtung.

Szenarien, mit Software konstruiert und quantifiziert

Vielfach wird bei der Szenarioentwicklung auf zum Teil sehr umfangreiche Software-Tools zurückgegriffen. Diese Tools unterstützen in der Regel sämtliche Arbeitsschritte eines Szenarioprozesses: sowohl die Umfeldanalyse und die Auswahl der Schlüsselfaktoren (Szenariodimensionen) durch Module für eine Wechselwirkungs- und gelegentlich auch eine Akteursanalyse als auch die eigentliche Konstruktion der (Roh-)Szenarien durch ein Modul für die Konsistenzanalyse. Häufig gestatten weitere Module die Bewertung von Szenarien und Strategien nach einem Kriterienset (etwa für das Erreichen von Unternehmenszielen).[6] Entscheidend ist jedoch nicht allein das einbezogene Methodenrepertoire, sondern auch die NutzerInnen-Freundlichkeit derartiger Software-Tools. Sie müssen mehr oder weniger intuitiv bedienbar sein, eine adäquate Repräsentation von Ideen und Argumenten ermöglichen und Gruppenprozesse unterstützen. Zunehmend sind auch webbasierte Lösungen (Software as a Service) gefragt. Eine gute Software allein garantiert selbstverständlich kein gutes Projektergebnis. Gemäß dem GIGO-Prinzip (Garbage in, Garbage out) gilt immer noch, dass das Ergebnis von der Qualität der Daten und von den zugrunde gelegten Annahmen abhängt.

Eine gute Software kann aber helfen,
- den gesamten Szenarioprozess, Aufgaben, Teilschritte usw. klar zu strukturieren,
- mit einer hohen Anzahl von Faktoren auf eine transparente Weise umzugehen, die einzelnen Schritte und Zwischenergebnisse, auch Annahmen und Argumente, nachvollziehbar zu dokumentieren und komplexe Ergebnisse zu visualisieren,
- die Gruppendynamik und den Kommunikationsprozess effizient zu gestalten und so das Engagement der TeilnehmerInnen für das Projekt zu erhöhen,
- bei neuen Entwicklungen die Szenarien anzupassen bzw. zu aktualisieren und gegebenenfalls neu zu bewerten.

---

6   Z_punkt nutzt für die Szenariokonstruktion Parmenides EIDOS, ein vielseitiges „Denkwerkzeug" für Strategieprozesse, das Module für unterschiedliche Zukunftsforschungs- und Managementmethoden umfasst, die je nach Aufgabe flexibel kombiniert werden können.

In den letzten Jahren konnten wir zudem einen steigenden Bedarf an quantifizierten Szenarien beobachten, an einer Kombination von „Numbers and Narratives". Gemeint sind Szenarien, die sowohl eine qualitative Beschreibung des jeweiligen Zukunftsbilds umfassen als auch quantitative Indikatoren für dieses Zukunftsbild beinhalten. Beispiele für solche quantifizierten Szenarien sind u. a. die UNEP World Water Scenarios oder die Shell- oder IEA-Szenarien sowie die Szenarien der EU-ExpertInnengruppe „Global Europe 2030/2050" – mit jeweils unterschiedlichem Ausmaß des quantitativen Anteils.

Nach unserer Erfahrung werden quantifizierte Szenarien insbesondere dann in Corporate Foresight genutzt, wenn es um strategische Entscheidungen auf höchster Managementebene geht. Verantwortliche im Top-Management sind es zum einen gewöhnt, mit quantitativen Indikatoren zu arbeiten, und sie sind zum anderen eher bereit, Entscheidungen auf Basis konkreter und spezifischer Aussagen zu treffen als auf der Basis von rein qualitativen Zukunftsbildern, die sie als zu schwammige, offene Beschreibungen empfinden. Szenarien sind dann für sie nutzbar, wenn sie eine quantitative Abwägung von Vor- und Nachteilen, Chancen und Risiken gestatten. Quantifizierte Szenarien haben daher einen doppelten Vorzug. Zum einen holen sie Entscheider stärker bei ihren Bedürfnissen ab, indem zukünftige Märkte konkreter eingeschätzt und spezifiziert werden („Wie viel potenziellen Bedarf an Produkt XY würde das Szenario in welchen Regionen bedeuten?"). Zum anderen haben sie eine höhere Chance, zu konkreten Entscheidungen und Maßnahmen, also in die Umsetzung, zu führen. Allerdings ist die Vermittlung von Szenarioinhalten durch konkrete Zahlen mit nicht unerheblichen Risiken verbunden. Sehr häufig richtet sich die Aufmerksamkeit fast ausschließlich auf die angegebenen Kennziffern, wogegen die Komplexität der in den qualitativen Beschreibungen vermittelten Zusammenhänge in den Hintergrund tritt. Wichtige qualitative Faktoren werden daher bisweilen, da nicht quantifiziert, aus der Abwägung ausgeschlossen. Zudem wird gern die Unsicherheit vernachlässigt, mit der die Zahlenwerte behaftet sind (Problem der Scheingenauigkeit).[7] Diesen Gefahren ist recht gut mittels einer entsprechenden Kontextualisierung der quantitativen Seite zu begegnen, und in den meisten Fällen scheinen die Vorteile weit zu überwiegen.

Als wenig fruchtbar bei der Kombination von „Narratives" und „Numbers" haben sich sowohl eine nachträgliche „Quantifizierung" der Szenarien durch ein paar grob geschätzte Zahlenwerte als auch eine nachträgliche „Bebilderung" von quantitativen Projektionen aus Modellrechnungen durch ein wenig Prosa erwiesen. Bei dem von uns favorisierten Ansatz zur Entwicklung quantifizierter Szenarien wird zunächst bestimmt, was die „Zahlenseite" der Szenarien wiedergeben muss.

---

7 Auf die grundsätzliche Bedeutung und die Irreduzibilität der Ungewissheiten für das Management verweist insbesondere Neuhaus (2006, S. 494f).

Startpunkt ist nach wie vor eine differenzierte qualitative (Umfeld-)Analyse. Sobald die relevanten Faktoren identifiziert sind, werden die quantitative und die qualitative Seite parallel und in wechselseitiger Abhängigkeit entwickelt, wobei in der Regel weder jeder Faktor mit einem quantitativen Indikator unterlegt werden noch jede Kennziffer sich unbedingt in der qualitativen Beschreibung wiederfinden muss. Als Effekt zeigt sich zumeist eine Verbesserung der Qualität und Präzision der qualitativen Annahmen und Aussagen wie auch des sich im Modell bzw. in den quantitativen Indikatoren spiegelnden Verständnisses der kausalen Zusammenhänge. Kennzeichnend für diesen Ansatz ist, dass eben nicht „Narratives and Numbers" getrennt voneinander betrachtet, analysiert und extrapoliert werden, sondern unter dem Dach des diskursiven Szenarioprozesses in eine zusammenhängende Logik überführt werden und sich so beide Beschreibungsebenen in miteinander konsistenter und kohärenter Weise ergänzen.[8]

Spezifische methodische Probleme

Corporate Foresight operiert unter den spezifischen Rahmenbedingungen von wirtschaftlichen Akteuren. Was unterscheidet Corporate Foresight von Zukunftsforschung im öffentlichen Auftrag bzw. akademischer Zukunftsforschung, also etwa von regionaler Vorausschau und Technologiefrüherkennung? Abgesehen vom Auftraggeber und vom Gegenstand: Ergeben sich aus den spezifischen Rahmenbedingungen methodische Besonderheiten? Die Frage ist nicht so einfach zu beantworten, wie es scheint, denn Corporate Foresight teilt zuerst einmal die Charakteristika anderer Arten von Auftragsforschung. Dazu zählen ein zumeist recht enger Zeitrahmen, eine klare Orientierung am Interesse des Auftraggebers, die Notwendigkeit einer starken Legitimation des Prozesses, eine umsetzungsgerechte Aufbereitung und Kommunikation der Ergebnisse und – häufig, aber nicht immer – Vertraulichkeit.

Betrachten wir einige der typischen, spezifischen Problemlagen von Corporate Foresight.

Zeit- und Budgetrahmen: Im Vergleich etwa zu Projekten, wie sie die EU fördert, haben Corporate-Foresight-Projekte eine kurze Laufzeit, in der Regel beträgt sie wenige Monate. Dieser Zeitrahmen schränkt – ebenso wie begrenzte Budgets – die Methodenwahl ein. Umfragen etwa, zumal mehrstufige Delphi-Verfahren, erfordern hinreichend Zeit für Rückläufe. Ebenso können sich Feedbackschleifen mit dem Auftraggeber, der oft mit anderen Aufgaben belastet ist, in die Länge ziehen. Derartige Umstände sind beim Projektdesign und beim Pro-

---

[8] In jüngerer Zeit wurden zahlreiche Ansätze zur Kombination qualitativer und quantitativer Aspekte entwickelt, beispielsweise NLIDD (Kemp-Benedict 2006).

jektmanagement zu berücksichtigen. Methodologie heißt eben nicht, die unter idealen Umständen vielversprechendsten Instrumente zu verwenden, sondern unter den gegebenen Bedingungen (Zeitrahmen, Budget, Personal) Methoden einzusetzen, mit deren Einsatz ein Ergebnis erzielt werden kann, das optimal hinsichtlich Relevanz für den Auftraggeber, Legitimation, Detailliertheit und Belastbarkeit ist. Es kommt darauf an, das Spannungsverhältnis zwischen methodischer Stringenz und dem Zwang, schnell Resultate zu liefern, produktiv aufzulösen.

Interessenlage des Auftraggebers: Angesichts der Tatsache, dass nicht aufgedeckte Ziele und Interessen (Hidden Agendas), Zielstellungen, die sich im Verlaufe des Projekts verschieben (Shifting Targets), und unrealistische Erwartungen eher die Regel als die Ausnahme darstellen, besteht für das Foresight-Team die Notwendigkeit, sich ein gutes Verständnis davon zu erarbeiten, was die Interessenlage des Auftraggebers ist. Dies schließt eine Identifikation potenzieller AdressatInnen innerhalb des Unternehmens und ein „Erwartungsmanagement" ein: Was kann mit welchen Methoden in welchen Zeit realistischerweise erreicht werden?

Unternehmensinteressen sind stets Partialinteressen. Anders als bei Zukunftsstudien für politische Auftraggeber spielen daher gesamtgesellschaftliche Belange und Normative, wie etwa die drei Säulen der Nachhaltigkeit, in der Regel eine ein- und untergeordnete Rolle. Da Corporate Foresight jedoch stets das gesamte Unternehmensumfeld in die Analysen einbezieht, werden notwendigerweise derartige gesamtgesellschaftliche Gesichtspunkte berücksichtigt. Sie erhalten eine zusätzliche Relevanz, wenn Fragen der CSR betrachtet werden oder wenn nach nachhaltigen Wachstumsmärkten[9] gesucht wird.

Legitimation des Prozesses: Foresight-Prozesse werden fast immer von einem heterogenen Kreis von Unternehmensangehörigen getragen, die ihre Expertise einbringen und später die Umsetzung begleiten. Ihr Engagement ist ein zentraler Erfolgsfaktor. Inhaltliches Interesse, geweckt durch ungewöhnliche Methoden und spannende Ergebnisse, ist eine Bedingung für dieses Engagement, eine weitere die Unterstützung des Prozesses durch einen hochrangigen „Sponsor" (Vorstandsebene), der den Prozess nicht nur formal bewilligt, sondern auch persönlich in Erscheinung tritt und durch seine Präsenz in den Augen der MitarbeiterInnen diesen Prozess legitimiert und als Gewährsperson für die tatsächliche Implementierung

---

9   Nach unserer Überzeugung wird Nachhaltigkeit immer mehr zu einer strategischen Managementaufgabe, die im wohlverstandenen Eigeninteresse des Unternehmens stets zu berücksichtigen ist. Der Weg führt dabei von einer bloß reaktiven Berücksichtigung von gesetzlichen Auflagen und Risiken in der Unternehmenskommunikation zu einem aktiven Umgang mit Nachhaltigkeitsfragen, der sich endlich in einem unternehmenskulturellen Wertewandel ausdrückt (Z_punkt 2010a).

der Ergebnisse steht. Die Ergebnisse wiederum erhalten ihre Legitimation in den Augen des Managements zum einen durch ihre Relevanz für das Unternehmen. Insbesondere aber, wenn die Ergebnisse einen ungewöhnlichen, überraschenden Charakter haben und nicht auf den ersten Blick plausibel erscheinen, rückt zum anderen die Expertise und der Status derjenigen in den Vordergrund, die an ihrer Erarbeitung beteiligt waren. Auch für Unternehmen trifft zu: der Prophet gilt nichts im eigenen Hause. Externe ExpertInnen, möglichst namhafte, als TeilnehmerInnen von Umfragen oder in Workshops, als InterviewpartnerInnen oder GutachterInnen sind auch aus diesem Grund oft unverzichtbar.

Umsetzungsgerechte Kommunikation: Das Arsenal der Kommunikationsformen enthält vieles und vielerlei – vom internen Implementierungsworkshop bis hin zur (multi)medialen Umsetzung. Sich daraus zu bedienen ist jedoch kein Selbstzweck, sondern dient der sachgemäßen, an die Unternehmenskultur angepassten Einspeisung der Corporate-Foresight-Resultate in die laufenden Entscheidungsprozesse. Oft ist eine äußerste Verdichtung der Resultate erforderlich: eine Verdichtung auf die fast schon sprichwörtlichen drei Powerpoint-Folien für den Vorstand. Man darf das nicht einfach als fürchterliche Vereinfachung abtun. Das Kürzen und Verdichten ist eine eigenständige intellektuelle Leistung, die durchaus im Sinne der Entscheidungsvorbereitung geschieht. Aus Megabytes von Daten und ideenreichen Szenarien wird bisweilen ein einziges Bit: die Entscheidung, ob eine bestimmte Handlungsoption gewählt wird oder nicht. Fällt diese Entscheidung dank des Corporate-Foresight-Prozesses besser abgesichert und fundierter aus, hat also eine höhere Erfolgswahrscheinlichkeit, so hat sich der Aufwand gelohnt.

Vertraulichkeit: Bisweilen wird Geheimhaltung als das herausragende Kennzeichen von Corporate Foresight benannt. Das trifft nur bedingt zu. Zum einen zielen manche Studien auf eine Veröffentlichung, etwa Multi-Client-Studien, deren Ergebnisse im vorwettbewerblichen Bereich angesiedelt sind, oder Studien, die der Unternehmenskommunikation dienen. Zum anderen wird Vertraulichkeit auch von manchen öffentlichen, speziell politischen Auftraggebern gefordert – zumindest bis zum offiziellen Veröffentlichungstermin (Sperrfrist), der viele Monate nach Projektabschluss liegen kann.[10] Die Vertraulichkeit von Auftragsstudien zieht einen entscheidenden Nachteil nach sich, der diese Art von Foresight aus der Sphäre der Wissenschaft ausschließt: Die üblichen Mechanismen der wissenschaftlichen Qualitätssicherung durch Offenlegung der Datenquellen und Methoden, durch Diskussion in der Community, durch Veröffentlichung in Zeitschriften mit Peer Review usw. greifen nicht. Qualitätssicherung ist dennoch möglich: indem externe ExpertInnen als GutachterInnen hinzugezogen werden – die dann allerdings selbst zur Vertraulichkeit verpflichtet sind. Die Sekretierung verhindert darüber hinaus, dass

---

10 Im Zweifelsfall kann der Veröffentlichungstermin so lange hinausgeschoben werden, bis die Ergebnisse „nicht mehr heiß" sind, also ihre politische Brisanz verloren haben.

Dritte auf den Ergebnissen aufbauen können, das heißt, sie steht dem wissenschaftlichen Erkenntniswachstum im Wege.

Fallstricke und Spannungsfelder

Es gibt zahlreiche Schwierigkeiten und Fallstricke, die erfolgreichen Corporate-Foresight-Prozessen entgegenstehen (Öner und Göl 2007). Als Hemmnisse haben sich insbesondere organisatorische und (unternehmens-)politische Barrieren (Stichwort: Silodenken), eine ungenügende Legitimation der Prozesse (s. o.) und als zu hoch wahrgenommene Kosten erwiesen (Daheim und Uerz 2008, S. 327). Der letztgenannte Faktor verweist auf ein strukturelles Problem von Corporate Foresight: Die Corporate-Foresight-Ergebnisse liefern keinen kurzfristigen Return on Investment, sie zahlen sich erst mittel- und längerfristig in Gestalt einer verbesserten Positionierung des Unternehmens – vielleicht sogar in Form einer erhöhten Überlebenschance im Wettbewerb! – aus. Doch entzieht sich beides einer simplen ökonomischen Bewertung. Eine Kosten-Nutzen-Rechnung lässt sich für Corporate Foresight in den seltensten Fällen aufmachen.

Aus organisatorischer Sicht entscheidet die Passfähigkeit von Corporate-Foresight-Prozessen in die Unternehmenskultur über den Erfolg. Typische Fallstricke sind dabei die folgenden.

Playground pitfall: Corporate Foresight wird als eine bloße „Spielwiese" angesehen, die man einmal ausprobiert und dann wieder verlässt. Mangel an Engagement und Kontinuität verhindern es, dass methodisches und inhaltliches Foresight-Wissen im Unternehmen aufgebaut wird. Ein Teufelskreis entsteht: fehlende Erfolge vermindern das Engagement.

Monologue pitfall: Die Ergebnisse eines Foresight-Prozesses dringen kaum über das Team bzw. die mit der Studie befasste Abteilung hinaus; diese unterhält sich sozusagen nur mit sich selbst. Corporate Foresight gerät in den Ruf, eine unnötige Aktivität einer Hand voll Zukunftsfreaks zu sein.

Lone rider pitfall: Eine ungenügende Beteiligung von anderen Unternehmensangehörigen führt zu mangelnder Akzeptanz und/oder Problemen bei der Umsetzung der Ergebnisse. Sie gelten in den anderen Abteilungen als „not invented here".

Häufig besteht in Unternehmen (und nicht nur in Unternehmen) eine tiefe kulturelle Kluft zwischen ExpertInnen, die sich ausschließlich an quantitativen Indikatoren orientieren und auf Forecasting-Instrumente vertrauen, und ExpertInnen, die eher eine qualitative Denkweise gewohnt sind, Zahlen misstrauen und alle Faktoren des Unternehmensumfelds einbeziehen wollen, selbst wenn diese nicht quantifizierbar sind. Der oft Peter Drucker zugeschriebene Leitspruch „If you can't measure it, you can't manage it" hat seine bedingte Gültigkeit nicht verloren[11], aber oft genug macht die Kenngrößenorientierung blind für qualitative Umstände. Nach unserer Erfahrung ist es sinnvoll, oft absolut notwendig, „Numbers" und „Narratives" (wie oben geschildert) zu kombinieren, damit eine qualifizierte Entscheidungsfindung möglich wird. Der Zwang zur Quantifizierung ist daher nicht allein der stark quantitativ orientierten Managementkultur geschuldet, sondern ergibt sich aus dem Problem der Bewertung von Optionen in der Entscheidungsfindung.

Ein weiteres grundsätzliches Spannungsfeld besteht zwischen dem Mangel an methodischen Standards und der Notwendigkeit, projektspezifische methodische Lösungen zu erarbeiten. Dies ist zum Teil auf die – trotz aller Fortschritte – noch geringe Verbreitung von Corporate Foresight zurückzuführen; offensichtlich ist die hochentwickelte und ausdifferenzierte Methodik, die ausgewiesene Corporate-Foresight-ExpertInnen einsetzen, viel zu wenig bekannt – was unter anderem an bislang fehlenden Ausbildungsgängen liegen mag. Nicht zuletzt existiert eine breite Lücke zwischen dem, was in der Foresight Community an methodischen Spezialfragen diskutiert wird, und dem, was auch praktisch genutzt wird. Es verwundert daher nicht, dass allgemein eine Tendenz besteht, bei Prozessen, Methoden und Wegen der Kommunikation und Umsetzung das Rad immer wieder neu zu erfinden.

Erfolgsfaktoren

Corporate Foresight ist mehr als Zukunftsforschung in und für Unternehmen. In einem „Drei-Schichten-Modell" bildet das eigentliche Forschungsprojekt – mit dem Monitoring von Trends, der Analyse von Veränderungstreibern, mit Zukunftsprojektionen in Gestalt von Extrapolationen oder Szenarien – quasi nur die obere Ebene von Corporate Foresight. Die zweite, tiefere Ebene beschreibt die Einbettung des Foresight-Projekts in die Unternehmensprozesse: Wie werden die Ergebnisse in den Unternehmensalltag implementiert? Wie gelingt die Übersetzung von Foresight-Resultaten in Managementhandeln, wie die Umsetzung der Ergebnisse in Strategien oder Innovationen? Als dritte, untere und fundamentale Ebene kann die zukunftsorientierte Veränderung der gesamten Organisation, speziell der Unternehmenskultur, angesehen werden, die sich im englischen Slogan „Futurize your Enterprise!" wiederfindet: Das Unternehmen soll „zukunftsfähig" gemacht werden, indem die Sensibilität der MitarbeiterInnen für Zukunftsentwicklungen, die Flexibilität und Agilität der Organisation erhöht werden.

---

11 In der Praxis heißt dies: „Da muss eine Zahl dran, sonst brauchen wir damit nicht zum Vorstand zu gehen."

Für erfolgreiches Corporate Foresight sind nach Burmeister et al. (2004, S. 53f) und Daheim (2004, S. 120) fünf Faktoren („5 Ks") ausschlaggebend[12]:

- *Kompetenz* in thematischer wie methodischer Hinsicht (mit methodischer Transparenz als zentralem Element) und eine entsprechend hohe inhaltliche Qualität der Ergebnisse,
- *enge Kooperation mit dem Auftraggeber,* Unterstützung durch das Top-Management und durch ein gut im Unternehmen verankertes Team, Feedbackschleifen, die ein gemeinsames Lernen ermöglichen und die es garantieren, dass Ergebnisse mit tatsächlicher strategischer Relevanz produziert werden,
- *Kreativität,* die eine Balance zwischen stringenter Analyse und visionären Gedanken hält, dem Experiment genügend Platz einräumt und inspirierende, überraschende Ergebnisse liefert, nicht nur „Business-as-usual"-Szenarien,
- *eine angepasste und effiziente Kommunikation* der Ergebnisse in das Unternehmen hinein, nicht bloßes Produzieren von Reports, die dann womöglich als „Shelfware" verstauben,
- *Kontinuität* im Sinne der Etablierung einer Foresight-Kultur im Unternehmen, die es dem Unternehmen ermöglicht, neue Verfahren zu erproben, Ergebnisse regelmäßig zu überprüfen und sich organisatorisch an sich verändernde Anforderungen anzupassen.

Wir schätzen, dass etwa die Hälfte der Arbeit in einem Foresight-Prozess in die Kommunikation investiert werden muss, mit dem Ziel, allen Beteiligten ein Gefühl der Verantwortung für den Prozess und seine Ergebnisse zu vermitteln und Konsens und Commitment zu erreichen.

Open Foresight als nächste Stufe von Corporate Foresight?

Open Foresight kann als eine Reaktion auf einige der aktuellen Herausforderungen für Corporate Foresight begriffen werden (Daheim und Uerz 2008; Burmeister und Schulz-Montag 2009). Es beruht auf der Annahme, dass Unternehmen künftige Kontextbedingungen und Märkte (mit)gestalten können, indem sie durch einen offenen Dialog die dynamischen Wechselwirkungen zwischen den sozialen, technologischen, politischen und ökonomischen Kräften antizipieren. Hintergrund dafür ist die Beobachtung, dass in der „vernetzten Gesellschaft", der

---

12 Vgl. auch Daheim und Uerz (2008, S. 328), die folgende Erfolgsfaktoren nennen: 1. Quality of results, 2. Strategic relevance, 3. Participation, 4. Communication, 5. Culture, 6. Commitment. Öner und Göl (2007, S. 463) fügen noch die Faktoren Content, Competence, Change, Courage, Curiosity und Connectedness hinzu. Die bisweilen barock anmutenden Bezeichnungs- und Auflistungsweisen im Corporate Foresight sollen hier nicht kommentiert werden.

„network society" (Castells 1996), die ehemals getrennten Lebenssphären – Technologie, Politik, Kultur, Wirtschaft – immer enger miteinander zusammenwachsen, zueinander „offen" sind, so dass es immer weniger autonome Zonen gibt, wie van der Duin (2006) diagnostiziert. Erfolgreiche Corporate-Foresight-Projekte berücksichtigen diesen Umstand, sie öffnen sich sowohl hinsichtlich ihrer inhaltlichen, thematischen Perspektiven als auch hinsichtlich der Interaktion mit Anspruchsgruppen. Damit verbindet sich Open Foresight mit dem Konzept der offenen Innovation (Open Innovation), das bereits 1988 durch von Hippel im Zusammenhang mit dem „Lead User"-Ansatz eingeführt wurde. Open Innovation erfordert die Integration der Nutzer in den Innovationsprozess, wodurch Produkte und Dienstleistungen besser an die tatsächlichen Nutzerbedürfnisse angepasst werden, so dass Fehlinnovationen ausgeschlossen und Entwicklungskosten reduziert werden können.[13]

Aber Open Foresight sollte mehr beinhalten als lediglich geöffnete Innovationsprozesse. Dieser neu entstehende Typ von Corporate Foresight ist durch mehr Transparenz, Kontextorientierung und Partizipation gekennzeichnet. Selbstverständlich muss auch Open Foresight auf methodischer und thematischer Expertise aufbauen, doch liegt der Fokus auf dem Kommunikations- und Diskussionsprozess, in dessen Rahmen Entscheidungen über künftige Strategien und Innovationen gefällt werden. Open Foresight ist darauf ausgerichtet, mit dem Entscheidungsprozess zu verschmelzen – und nicht, wie im herkömmlichen Corporate-Foresight-Ansatz, lediglich Grundlagen, Inputs für diesen zu schaffen. Dabei muss allerdings der Gefahr zu großer „Stromlinienförmigkeit" begegnet werden. Ganz im Sinne Bergers (1959) sind hier Zukunftsforscher in Unternehmen aufgefordert, auch Risiken einzugehen. Sie sollen kreative und disruptive Irritationen (Daheim und Uerz 2008, S. 332) produzieren, die für die künftige Entwicklung eines Unternehmens oft viel bedeutsamer sind als Bestätigungen existierender Managementüberzeugungen durch herkömmliche Trendanalysen.

„Offen" ist Open Foresight in vierfacher Hinsicht: Der Prozess sollte erstens relevante Stakeholder aus dem Unternehmen selbst und aus dessen Umfeld einbeziehen. Er sollte zweitens thematisch offen sein, nicht vorschnell die inhaltliche Perspektive auf die Branchensicht verengen oder die allgegenwärtigen Zukunftsklischees recyceln. Oft beginnen die Probleme mit der Terminologie, den unternehmensinternen Begrifflichkeiten, hinter denen sich bisweilen Tabus, „No-go-Areas", verbergen. Er sollte drittens als ein offener Prozess organisiert sein, der nicht dann endet, wenn das spezifische Projektziel formal erreicht ist. Und er sollte viertens offen sein für disruptive Trends und Faktoren, das Unternehmen für Disruptionen sensibilisieren.

---

13 Neuere Ansätze, beispielsweise Kunden- und Bürgerlaborkonzepte, werden u. a. im Rahmen des EU-Projekts INFU – Innovation Futures – diskutiert. Siehe www.innovation-futures.org.

Nach unserer Überzeugung wird es für Corporate Foresight zunehmend bedeutsam, kein bloßes „Bestätigungswissen" zu produzieren, also Trends und empirische Beobachtungen, Visionen und Szenarien, die zwar in die Zukunft weisen und gegebenenfalls neue Chancen und Herausforderungen aufzeigen, aber im Grunde die im Unternehmen vorherrschenden Meinungen und Gewohnheiten, die existierenden Geschäftsmodelle etc. bestätigen. Zahlreiche Beispiele belegen, dass gerade der Bruch von Regeln Chancen schafft und Unternehmen voranbringen kann (Jánszky und Jenzowsky 2010). Insbesondere kann von Corporate Foresight verlangt werden, die „richtigen", grundsätzlichen, irritierenden Fragen aufzuwerfen. Dieses Infragestellen von dominierenden Glaubenssätzen, Geisteshaltungen und Paradigmen kann als konstruktive Störung, als „Störwissen" wirken, das das System Unternehmen dazu treibt, sich auf die nächste Stufe fortzuentwickeln. Dabei ist oft genug ein Balanceakt gefordert: zwischen einer Überbewertung des Wandels, der Gefahr, auf gerade überschätzte „coole", „schicke", „trendige" Themen (Hypes) hereinzufallen und überall vorschnell Paradigmenwechsel zu sehen, auf der einen Seite und einer Unterbewertung des Potenzials von möglichen Disruptionen auf der anderen.[14]

Jenseits der Trendlogik

Als Open Foresight sollte Corporate Foresight sich daher nicht darauf beschränken, die aktuellen, in Projektaufträgen formulierten Bedürfnisse des Unternehmens zu befriedigen. Corporate Foresight sollte die Phänomene identifizieren, die sich am Rande des Wahrnehmungshorizonts der Firma oder noch jenseits davon abspielen, das heißt die „blinden Flecken" in den üblichen Umfeldanalysen des Managements überwinden – wozu Konzepte wie Wild Cards und Weak Signals einen Beitrag leisten können.[15] Diese Schwerpunktsetzung auf Disruptionen, auf emergente Entwicklungen und auf eine Ausweitung der Wahrnehmungshorizonte bedeutet jedoch keinen Abschied von der Trendanalyse[16] und mindert auch den Wert der trendbezogenen Informationen für die Strategiebildung nicht.

---

14 Als Faustregel gilt: Kurzfristig wird die Dynamik von Entwicklungen überschätzt, mittel- und längerfristig ihr disruptives Potenzial unterschätzt.
15 Zur Methodologie von Wild Cards und Weak Signals siehe Ravetz et al. (2012), Steinmüller und Steinmüller (2004) und Steinmüller (2012).
16 An dieser Stelle muss darauf hingewiesen werden, dass Zukunftsforschung und Trendforschung unterschiedliche Trendbegriffe benutzen. Für den Trendforscher dreht sich alles um das Neue, das eben erst entstehende Phänomen (meist beschränkt auf den Konsumsektor), das in der Regel auf Einzelfallbeobachtungen beruht und meist sehr schnell von der nächsten Welle neuer „Trends" wieder verdrängt wird. Der Zukunftsforscher sucht nach empirisch, statistisch abgesicherten Entwicklungslinien und – ebenfalls – nach neuen Phänomenen, die aber hinsichtlich ihrer Zukunftsrelevanz und Dauerhaftigkeit bewertet werden. Siehe etwa www.trendradar2020.de.

Allerdings hat ein trendbasiertes Denken mittlerweile seine Grenzen erreicht. Den herkömmlichen Trendreports mangelt es zumeist an einer effizienten Verbindung zu Strategieprozessen; oft fehlen ihnen konkrete Implikationen für das Geschäft, die Brücke zwischen der Informationssammlung und der Strategiebildung wird nicht geschlagen. Außerdem machen sich nun die Wirkungen einer Überdosis an Trendinformationen bemerkbar. Trends und Megatrends sind seit den späten 1990er Jahren zu einem Massenprodukt geworden, das mehr oder weniger wohlfeil auf dem Markt für Zukünfte gehandelt wird. Ein Mehrwert ergibt sich nur, wenn Trendanalysen mit der Analyse möglicher Disruptionen und mit einer Analyse der Handlungsspielräume der AkteurInnen verbunden werden. Neef und Glockner (2006) schlagen in dem Zusammenhang den Übergang zu einer „Kontextlogik" vor, die die Sphäre der Trends mit der Sphäre der Strategien verbindet, wobei die *Trendsphäre* sowohl die KundInnen als auch das Unternehmensumfeld, die *Strategiesphäre* sowohl das eigene Unternehmen als auch seine Märkte einbezieht.

Im Rahmen eines kontextorientierten Corporate Foresight gehen Trendanalysen über die Beschreibung offensichtlicher Veränderungen hinaus. Ihre Aufgabe ist es, Muster und Tiefenstrukturen des Wandels, seine Triebkräfte und Hemmnisse zu erkennen und für Strategiebildung bzw. strategische Planung nutzbar zu machen. Die traditionelle Kette „Trend – Trendimpact – Reaktion" wird dabei durch die neue Logik von „Trend – Kontext – Strategie" ersetzt.

Ausblick

Corporate Foresight befindet sich in einer interessanten Entwicklungsphase. Zukunftsforschung in und für Unternehmen hat sich einigermaßen etabliert, und es wird viel experimentiert. Neue Konzepte und Methoden kommen ins Spiel, zunehmend werden quantitative und qualitative Ansätze kombiniert, immer häufiger webbasierte Tools eingesetzt: Werkzeugkästen[17] im Internet, Foresight-Software as a Service, Web-Seismographen, Real Time Delphis, Vorhersagemärkte (Steinmüller 2012). Mit ihrer offenen Struktur verstärken diese Instrumente den Trend zu Open Foresight noch. Welche neuen Chancen für Projektdesign und Partizipation, für Frühwarnung und Früherkennung, für die Szenariokonstruktion und das Monitoring usw. sich daraus ergeben, lässt sich noch nicht übersehen. Möglicherweise führen diese Entwicklungen in ihrer Gesamtheit zu einer neuen Qualität von Corporate Foresight, zu breiterer Beteiligung, höherer Effizienz, schnelleren Ergebnissen. Trotz aller Herausforderungen,

---

17 Ein Beispiel ist die Corporate-Foresight-Toolbox für den Mittelstand, siehe http://www.zukunft-im-mittelstand.de/corporate-foresight.html.

die in methodischer und praktischer Hinsicht existieren, ist Corporate Foresight heute schon eine Erfolgsgeschichte. Corporate Foresight baut auf Beteiligung und Engagement auf, die Prozesse benötigen hinreichend Zeit und Ressourcen. Doch die Einbeziehung von Corporate Foresight ist der wirkungsvollste Weg für ein Unternehmen, im harschen Wettbewerb zu bestehen und in einem chaotischen Umfeld zu wachsen und zu prosperieren.

Literatur

Becker, P. (2003). *Corporate Foresight in Europe: A First Overview*. European Commission Community Research Working Paper. Luxembourg.
Berger, G. (1959). L'Attitude Prospective. In L'Encyclopédie Française, tome XX, Paris 1959. Enthalten in P. Durance (Ed.) (2007). *De la prospective. Textes fondamentaux de la prospective française 1955–1966*. Paris: L'Harmattan, 81–86.
Broetzmann, F., & Goetz, J. (2010). Die Rückkehr der Szenarioplanung. Multiscenario Performance Modelling als neuer Ansatz. In Ernst & Young (Hrsg.), *Performance*, Doppelausgabe 2.2009, 1.2010, 24–33.
Burmeister, K., & Neef, A. (Hrsg.) (2005). *In the long run. Corporate Foresight und Langfristdenken in Unternehmen und Gesellschaft*. München.
Burmeister, K., & Schulz-Montag, B. (2009). Corporate Foresight. Praxis und Perspektiven. In R. Popp, & Schüll, E. (Hrsg.), *Zukunftsforschung und Zukunftsgestaltung. Beiträge aus Wissenschaft und Praxis*. Berlin/Heidelberg: Springer, 277–292.
Burmeister, K., Neef, A., Albert, B., & Glockner, H. (2002). *Zukunftsforschung und Unternehmen. Praxis, Methoden, Perspektiven*. Z_Dossier Nr. 2. Essen.
Burmeister, K., Neef, A., & Beyers, B. (2004). *Corporate Foresight. Unternehmen gestalten Zukunft*. Hamburg.
Castells, M. (1996). *The Rise of the Network Society*. Oxford.
Daheim, C. (2004). Corporate Foresight: Practical Experience and Results from a German Study. *CESES Papers*, 11/2004, 115–124.
Daheim, C., & Hellmann, S. (2011). Mit Methode. *Zukunftsmanager*, 2/2011, 17–19.
Daheim, C., & Uerz, G. (2008). Corporate Foresight in Europe: From Trend Based Logics to Open Foresight. *Technology Analysis & Strategic Management*, Vol. 20, No. 3, May, 321–336.
Diessl, K. (2006). *Der Corporate-Foresight-Prozess: Zukunftsforschung in Unternehmen erfolgreich gestalten*. Saarbrücken.
Duin, Patrick van der (2006). *Qualitative Futures Research for Innovation*. Delft.
Fink, A., & Siebe, A. (2006). *Handbuch Zukunftsmanagement. Werkzeuge der strategischen Planung und Früherkennung*. Frankfurt a. M./New York.
Götz, K., & Weßner, A. (2009). *Strategic Foresight: Zukunftsorientierung im strategischen Management*. Frankfurt a. M./New York: Peter Lang.
Heintzeler, R. (2008). *Strategische Frühaufklärung im Kontext effizienter Entscheidungsprozesse*. München.
Hippel, Eric von (1988). Lead Users. A Source of Novel Product Concepts. *Management Science*, 32, 791–805.

HLEG (High Level Expert Group) (2002). *Thinking, debating and shaping the future: Foresight for Europe*. Final report prepared by a High Level Expert Group for the European Commission. Brussels.
Jánszky, S. G., & Jenzowsky, S. A. (2010). *Rulebreaker. Wie Menschen denken, deren Ideen die Welt verändern*. Wien.
Kemp-Benedict, E. (2006). *Narrative-Led and Indicator-Driven Scenario Development. A Methodology for Constructing Scenarios*. Verfügbar als E-Book unter http://ebookbrowse.com/nlidd-pdf-d82283739. Abgerufen am 12.1.2012.
Köpernik, K. (2009). *Corporate Foresight als Erfolgsfaktor für marktorientierte Unternehmen*. Dissertation, vorgelegt am Fachbereich Erziehungswissenschaften und Psychologie der Freien Universität Berlin. Berlin.
Mietzner, D. (2009*). Strategische Vorausschau und Szenarioanalysen: Methodenevaluation und neue Ansätze*. Wiesbaden.
Müller, A. W., & Müller-Stewens, G. (2009). *Strategic Foresight: Trend- und Zukunftsforschung in Unternehmen – Instrumente, Prozesse, Fallstudien*. Stuttgart.
Neef, A., & Daheim, C. (2005). Corporate Foresight: The European Experience. In C. G. Wagner (Ed.), *Foresight, Innovation, and Strategy. Toward a Wiser Future*. Bethesda, 223–241.
Neef, A., & Glockner, H. (2006). Beobachtungen und Handeln verweben. *GDI Impuls*, Winter 2006, 30–36.
Neuhaus, C. (2006). *Zukunft im Management. Orientierungen für das Management von Ungewissheit in strategischen Prozessen*. Heidelberg.
Öner, M. A., & Göl, S. (2007). Pitfalls in and Success Factors of Corporate Foresight Projects. International Journal of Foresight and Innovation Policy, Vol. 3, No. 4, 447–471.
Pillkahn, U. (2007). *Trends und Szenarien als Werkzeuge zur Strategieentwicklung*. Erlangen.
Ravetz, J., Popper, R., & Miles, I. (2012). *A Practical Guide to Working with Wild Cards & Weak Signals. For Explorers of a Complex & Turbulent World*. University of Manchester (in Vorbereitung).
Rohrbeck, R. (2011). *Corporate Foresight. Towards a Maturity Model for the Future Orientation of a Firm*. Berlin/Heidelberg.
Schwarz, J. O. (2006). *The Future of Futures Studies: A Delphi Study with a German Perspective*. Aachen.
Simon, W. (2011). *Gabals großer Methodenkoffer Zukunft*. Band 2: Konzepte, Methoden, Instrumente. Offenbach.
Steinmüller, A., & Steinmüller, K. (2004). *Wild Cards. Wenn das Unwahrscheinliche eintritt*. Hamburg.
Steinmüller, K. (2005). Methoden der Zukunftsforschung – Langfristorientierung als Ausgangspunkt für das Technologie-Roadmapping. In M. G. Möhrle, & Isenmann, R. (Hrsg.), *Technologie-Roadmapping. Zukunftsstrategien für Technologieunternehmen*. 2., wesentlich erweiterte Auflage. Berlin/Heidelberg, 81–101.
Steinmüller, K. (2008). *Corporate Foresight. Tools, Experiences, and Insights*. Paper presented to the conference „National Foresight Program Poland 2020 and application of the foresight method for Industry", November 7, 2008, Warsaw.

Steinmüller, K. (2012). Wild Cards, Schwache Signale und Web-Seismografen. Vom Umgang der Zukunftsforschung mit dem Unvorhersagbaren. In W. J. Koschnick (Hrsg.), *FOCUS-Jahrbuch 2012. Prognosen, Trend- und Zukunftsforschung.* München, 215–240.

Tiberius, V. (Hrsg.) (2011). *Zukunftsorientierung in der Betriebswirtschaftslehre.* Wiesbaden.

Wehrlin, U. (Hrsg.) (2011a). *Corporate Foresight: Gemeinsam die Zukunft erkennen! Wettbewerbsvorteile durch Bestimmung der strategischen Anpassung.* München.

Wehrlin, U. (Hrsg.) (2011b). *Future Management – Zukunftsmanagement: Gemeinsam die Zukunft erfolgreich gestalten!* Wettbewerbsvorteile durch Qualität der strategischen Anpassung. München.

Wildemann, H. (2011). Lehren aus der Krise – Zukunft besser gestalten. In V. Tiberius (Hrsg.), Zukunftsorientierung in der Betriebswirtschaftslehre. Wiesbaden: Gabler, 105–119.

Z_punkt GmbH (2010a). *Nachhaltigkeit als Wachstumsstrategie.* Unternehmensbroschüre, Köln.

Z_punkt GmbH (2010b). *Umfrage: „Corporate Foresight – Stand der Zukunftsforschung in Unternehmen". Teil 1: Foresight Praxis.* Präsentation für das Trendforum 2010 des Management Forums Starnberg.

Teil II
Praxisorientiertes Zukunftswissen: Themen, Trends, Szenarios

Forschung als Wegweiser in die Zukunft. Das Zentrum für Zukunftsstudien der FH Salzburg als Think Tank der Sozialpartner

Reinhold Popp, Hans Scharfetter und Gerhard Schmidt

Einleitung

Das Zentrum für Zukunftsstudien (ZfZ) ist derzeit das einzige in eine Hochschule integrierte Institut für Zukunftsforschung in Österreich und wurde Anfang 2005 auf Initiative der beiden Sozialpartner Arbeiterkammer Salzburg (AK) und Wirtschaftskammer Salzburg (WK) als erstes Forschungszentrum der Fachhochschule Salzburg (FH) gegründet. Die Arbeiterkammer Salzburg und die Wirtschaftskammer Salzburg sind jeweils zu 50 Prozent Gesellschafter der FH Salzburg GmbH, die als Erhalter der einzigen Fachhochschule des Bundeslandes Salzburg – und somit auch des Zentrums für Zukunftsstudien – fungiert.

Eine derart enge Kooperation von interessenpolitisch sehr unterschiedlich aufgestellten Institutionen ist nur vor dem Hintergrund der spezifisch österreichischen Ausprägungsform der Sozialpartnerschaft erklärbar. Dieses System des konsens- und kompromissorientierten Ausgleichs zwischen den Interessenlagen der Arbeitnehmerseite (Arbeiterkammern und Gewerkschaften) und der Arbeitgeberseite (Wirtschaftskammern), das Österreich in der Nachkriegszeit ein besonders hohes Maß an sozialer Sicherheit beschert hatte, wurde spätestens mit dem Beitritt Österreichs zur EU in der Mitte der 1990er Jahre von der öffentlichen und veröffentlichten Meinung zunehmend als zentrales Moment des typisch österreichischen Strukturkonservativismus empfunden. Im ersten Jahrzehnt unseres 21. Jahrhunderts agierte jedoch die bereits totgesagte Sozialpartnerschaft in einigen wichtigen sozial- und wirtschaftspolitischen Konflikten überraschend erfolgreich. Zum Imagegewinn der Sozialpartnerschaft trug auch die weit verbreitete Enttäuschung über die negativen Folgen der Liberalisierung der Märkte sowohl für viele ArbeitnehmerInnen als auch für eine große Zahl der – in der österreichischen Wirtschaftsstruktur dominanten – kleineren Unternehmen bei. Denn insbesondere von der Sozialpartnerschaft konnten die Betroffenen eine koordinierte und langfristig tragfähige Steuerung der sozial- und wirtschaftspolitischen Entwicklungen erwarten. Wenn es den Interessenvertretern der ArbeitnehmerInnen und ArbeitgeberInnen in den kommenden Jahren gelingt, diesen Weg fortzusetzen, könnte diese auf die Herausforderungen des 21. Jahrhunderts ausgerichtete „Sozialpartnerschaft – NEU" ein vorzeigbares Modell für ganz Europa werden.

Im Bundesland Salzburg hat dieses Modell der Sozialpartnerschaft – über die traditionellen Funktionen des arbeits- und wirtschaftspolitischen Konfliktausgleichs hinaus – zu der, in den meisten Ländern der Welt schwer vorstellbaren, gemeinsamen Trägerschaft bei wichtigen Einrichtungen in den Bereichen Bildung, Forschung und Gesundheit durch AK und WK geführt; unter anderem gehört dazu das Zentrum für Zukunftsstudien.

Das Budget des Zentrums für Zukunftsstudien gliedert sich in eine Basisfinanzierung (etwa zwei Prozent der Studienplatzförderung des Bundes und des Landes Salzburg an die FH Salzburg), in projektbezogene Beiträge der Sozialpartner sowie in Drittmittel (u. a. aus EU-Forschungsprojekten, aus Mitteln der österreichischen Forschungsförderungsgesellschaft u. Ä.).

Das Forschungsprofil des Zentrums für Zukunftsstudien

Das Leistungsspektrum des Zentrums für Zukunftsstudien reicht von der grundlagenorientierten geistes-, sozial- und wirtschaftswissenschaftlichen Zukunftsforschung bis zur wissenschaftlichen Begleitung von zukunftsorientierten Innovationsprojekten in Gesellschaft, Wirtschaft und Politik. Das Team des Zentrums für Zukunftsstudien besteht aus 21 Forscherinnen und Forschern im Ausmaß von 16 Vollzeitäquivalenten (Status im Studienjahr 2012/13). Es ist multidisziplinär zusammengestellt. In diesem Sinne sind die akademischen Abschlüsse und disziplinären Bezüge der wissenschaftlichen MitarbeiterInnen des ZfZ sehr vielfältig und umfassen zum Beispiel Geographie, Kommunikationswissenschaft, Pädagogik, Philosophie, Politikwissenschaft, Psychologie, Soziologie, Sportwissenschaft, Wirtschaftswissenschaft und andere mehr. Innerhalb der FH Salzburg kooperieren vor allem der sozialwissenschaftliche und der wirtschaftswissenschaftliche Fachbereich sehr eng mit dem Zentrum für Zukunftsstudien. Zur Publikation der Forschungsergebnisse betreibt das Zentrum für Zukunftsstudien Schriftenreihen beim Springer-Verlag sowie beim LIT Verlag.

Inhaltlich bezieht sich die Forschungstätigkeit des ZfZ vor allem auf drei Schwerpunkte:

1. Methodologie und Methodik zukunftsorientierter Forschung (bis Dezember 2012),
2. sozialpartnerschaftlich relevante Grundlagenforschung mit Praxisbezug zu besonders zukunftsträchtigen Fragen aus dem weiten Spektrum des Themenbereichs „Zukunft : Lebensqualität. Im Spannungsfeld zwischen Beruf & Freizeit",
3. angewandte Zukunftsforschung zu sozialpartnerschaftlich relevanten Themen mit Bezug zum Bundesland Salzburg.

Im folgenden Teil dieses Beitrags werden die Forschungsansätze und Forschungsaktivitäten des ZfZ im Kontext der oben skizzierten drei Schwerpunkte zusammengefasst. Dabei werden im Hinblick auf den thematischen Fokus des vorliegenden Sammelbandes die in enger Kooperation mit den Salzburger Sozialpartnern realisierten Projekte etwas ausführlicher präsentiert.

Schwerpunkt 1: Methodologie und Methodik zukunftsorientierter Forschung

Im Rahmen dieses bis Dezember 2012 befristeten Schwerpunkts geht es einerseits um die wissenschaftliche Auseinandersetzung mit den erkenntnistheoretischen bzw. methodologischen Grundlagen zukunftsorientierter Forschung, andererseits um die Weiterentwicklung zukunftsorientierter Forschungsmethodik. Diese Aufgabe der wissenschaftlichen Selbstreflexion wurde in der relativ kurzen Geschichte der Zukunftsforschung bisher weitgehend vernachlässigt. Sinnvollerweise wird dieses Forschungssegment jedoch nicht von den anderen Forschungsschwerpunkten abgekoppelt, sondern trägt auch zur Reflexion und Weiterentwicklung des Methodeneinsatzes in den grundlagenorientierten oder praxisbezogenen Projekten des ZfZ bei.

Beim Springer-Verlag (Berlin – Heidelberg) führt das ZfZ die wissenschaftliche Schriftenreihe „Zukunft & Forschung". Diese Reihe dient vor allem der Herausgabe von Werken zur Theorie und Methodik der Zukunftsforschung. In dem 2009 erschienenen ersten Band („Zukunftsforschung und Zukunftsgestaltung") geben sechzig Autorinnen und Autoren einen aktuellen Überblick über Methoden, Themen und Entwicklungen der zukunftsorientierten Forschung im deutschsprachigen Raum. Dieser Sammelband leistete die längst fällige Bestandsaufnahme der Theorie und Praxis der Zukunftsforschung im deutschsprachigen Raum. Der zweite 2012 erschienene Band dieser Schriftenreihe („Zukunft und Wissenschaft. Wege und Irrwege der Zukunftsforschung") nimmt eine kritische Analyse der real existierenden Zukunftsforschung vor und unterbreitet Vorschläge für eine Verbesserung von Qualität und Status dieser jungen Forschungsrichtung. In dem hier vorliegenden dritten Band geht es um Praxisbeispiele von Zukunftsforschung im institutionellen Kontext.

Außerdem bemühen sich einzelne Mitarbeiterinnen und Mitarbeiter des ZfZ um die Vermittlung von Wissen über die Theorie und Methodik der Zukunftsforschung sowohl in Form von universitärer Lehre als auch mittels populärwissenschaftlicher Vorträge. MitarbeiterInnen des Zentrums für Zukunftsstudien beteiligten sich nicht nur sehr intensiv an der Vorbereitung des bisher einzigen Masterstudiengangs für Zukunftsforschung im deutschsprachigen Raum, der vom Institut Futur der Exzellenzuniversität FU Berlin angeboten wird, sondern sind auch in den wissenschaftlichen Beirat und in die Lehre dieses Studiengangs eingebunden.

Schwerpunkt 2: „Zukunft: Lebensqualität" – sozialpartnerschaftlich relevante Grundlagenforschung mit Praxisbezug

Einen weiteren Schwerpunkt der zukunftsorientierten Grundlagenforschung des ZfZ bildet die vorausschauende Analyse von wahrscheinlichen bzw. plausiblen und wünschenswerten Entwicklungen ausgewählter Aspekte des komplexen Themas „Zukunft : Lebensqualität. Im Spannungsfeld zwischen Beruf & Freizeit", zum Beispiel Zukunft der Arbeitswelt, wirtschaftliche Wachstumspotenziale, Perspektiven der Freizeit- und Tourismusentwicklung, Zukunft des Alterns, Perspektiven der Gesundheitsförderung und Bewegungskultur, Zukunft von Bildung und lebenslangem Lernen, Zukunft der politischen Partizipation, Perspektiven der Migration und des interkulturellen Zusammenlebens, Zukunft des Sozialstaats und des sozialen Zusammenhalts etc.

Die Ergebnisse der Analysen und Recherchen werden in den ständig wachsenden „Wissenspool" des Zentrums für Zukunftsstudien integriert und zum Teil auch für Publikationen und Vorträge sowie für die Beantwortung von Anfragen durch die Sozialpartner genutzt. Über die oben genannten Themenbereiche hinaus werden im Wissenspool des ZfZ zukunftsbezogene Wissensbestände zu folgenden Themen gesammelt: Konsum, Wohnen, Mobilität, Familie/Partnerschaft, demografische Entwicklung, Generationenverhältnis, Medien, Lebensstile, gesellschaftliche Konflikte.

In Kooperation mit der Stiftung für Zukunftsfragen (Hamburg) und finanziert durch die AK Salzburg werden in regelmäßigen Abständen Primärerhebungen (mit repräsentativer Aussagekraft für Österreich und Deutschland) durchgeführt. Ein wesentlicher Teil der Fragen dieser Erhebungen bezieht sich auf ausgewählte Aspekte der Zukunftsbilder der ÖsterreicherInnen und der Deutschen. In Kooperation mit dieser Stiftung wird auch jährlich die zukunftsorientierte Tourismusanalyse (Reisetrends, Reiseziele, Reisewünsche ...) für Deutschland und Österreich produziert und publiziert.

Derzeit führt das ZfZ auch die Studie „Zukunft des österreichischen Fachhochschul-Systems" durch. In dieser Studie werden mithilfe von Delphi-Befragungen die Meinungen von ExpertInnen zu den wahrscheinlichen und wünschenswerten Entwicklungspfaden des österreichischen Fachhochschulwesens bis zum Jahr 2030 erhoben. Diese Studie stellt nicht nur der österreichischen Hochschulpolitik, sondern auch den Salzburger Sozialpartnern (in ihrer Funktion als Fachhochschul-Erhalter) wichtiges, planungs- und entscheidungsrelevantes Wissen zur Verfügung.

Das ZfZ beteiligt sich auch an dem im Kontext des 7. EU-Forschungsrahmenprogramms realisierten großen, internationalen Forschungsprojekt INTEGRAL („Future-oriented integrated management of European forest landscapes"), vor allem im Bereich der Methodik der Zukunftsforschung. Einen wesentlichen Bestandteil des Forschungsdesigns bilden die insgesamt zehn dezentralen Szenario-Prozesse, die in den verschiedenen Ländern durchgeführt und vom ZfZ vorbereitet, begleitet und ausgewertet werden.

Mitte 2012 startete ein EU-gefördertes internationales Projekt zum Zukunftsthema Migration (MMWD Making Migration Work for Development). Das ZfZ ist daran mit der Sammlung von Daten für Wanderungsbewegungen im südosteuropäischen Raum, mit demografischen Projektionen, der Erstellung von Zukunftsszenarien und mit der Anwendung dieser Instrumente in den Politikfeldern Migration und Integration in den Arbeitsmarkt auf regionaler Ebene beteiligt.

Seit 2008 veranstaltet das Zentrum für Zukunftsstudien – in Kooperation mit dem Europäischen Forum Alpbach – jährlich Tagungen zu ausgewählten Aspekten des Themas „Zukunft : Lebensqualität", zum Beispiel zu den Themenfeldern Lebensqualität & Arbeit/Wirtschaft, Lebensqualität & Bildung, Lebensqualität & Kultur, Lebensqualität lebenslang. Die Tagungsreihe basiert auf den grundlagenorientierten Forschungsergebnissen des ZfZ und richtet sich sowohl an MitarbeiterInnen und Studierende von Hochschulen als auch an ExpertInnen aus Wirtschaft, Politik und zivilgesellschaftlichen Organisationen. Die Salzburger Sozialpartner AK und WK sind Mitveranstalter dieser Jahrestagungen, und selbstverständlich sind auch die MitarbeiterInnen und Funktionäre bzw. Funktionärinnen dieser Organisationen eine wichtige Zielgruppe. Ein Teil der Ergebnisse der unter dem Titel „Zukunft : Lebensqualität" durchgeführten Forschungsprojekte und Tagungen wird in der im LIT Verlag (Münster/Wien) eingerichteten, gleichnamigen ZfZ-Schriftenreihe publiziert (siehe Literaturüberblick zu diesem Beitrag).

Ab Herbst 2012 beteiligt sich das Zentrum für Zukunftsstudien gemeinsam mit dem Institut Futur der Freien Universität Berlin und weiteren Instituten für zukunftsorientierte Forschung an der Herausgabe der wissenschaftlichen Fachzeitschrift „European Journal of Futures Research" (Springer Verlag).

Durch das österreichweit einzigartige DoktorandInnen-Netzwerk „Zukunft: Bildung: Lebensqualität" ermöglicht das ZfZ die strukturierte Begleitung von fünf bis sechs zukunftsbezogenen Dissertationsprojekten pro Jahr. Dieses Projekt wird in Kooperation mit der Universität Innsbruck durchgeführt und von der AK Salzburg finanziert.

Das ZfZ ist auch ständig bemüht, seine Forschungsergebnisse einer breiten Öffentlichkeit zugänglich zu machen. In diesem Zusammenhang werden die Medien in regelmäßigen Abständen über neueste Forschungsergebnisse informiert. Allein in den Jahren 2009 bis 2012 erschienen in Presse, Rundfunk und

Fernsehen etwa eintausend Meldungen und Interviews aus dem Forschungsspektrum des ZfZ

Schwerpunkt 3: Angewandte Zukunftsforschung zu sozialpartnerschaftlich relevanten Themen mit Bezug zum Bundesland Salzburg

Inhaltlich geht es auch im Rahmen dieses Schwerpunkts um die Erarbeitung und Bereitstellung von wissenschaftlich fundiertem Wissen über wahrscheinliche bzw. plausible „Zukünfte", wobei die Relevanz für die Sozialpartner und der Bezug zum Bundesland Salzburg im Vordergrund stehen. Im Folgenden werden einige Projekte aus diesem Schwerpunkt kurz skizziert.

Salzburg 2025
Auf Empfehlung des Wissenschafts- und Forschungsrats des Landes Salzburg finanziert das Land Salzburg das Forschungsprojekt „Salzburg 2025: Szenarien regionaler Wirtschaftsentwicklung und gesellschaftlicher Rahmenbedingungen" (Laufzeit: Januar 2011 bis Dezember 2013). In diesem Projekt werden – in enger Kooperation mit dem Land Salzburg und mit den Salzburger Sozialpartnern – drei zukunftsbezogene Schwerpunkte gesetzt.

Regionalwirtschaftliche Entwicklung: In diesem Schwerpunkt werden Szenarien regionalwirtschaftlicher Entwicklung erarbeitet. Dabei stehen die Investitionsentscheidungen und Innovationsaktivitäten von Unternehmen und die Verfügbarkeit von qualifizierten Arbeitskräften im Vordergrund. Neben der Fachkräfteversorgung von Salzburger Unternehmen werden auch die Voraussetzungen einer hohen Leistungsmotivation in den Belegschaften – etwa die Bedeutung von Modellen der MitarbeiterInnenbeteiligung – näher untersucht.

Gesellschaftliche Entwicklung: In diesem Bereich werden Szenarien der Entwicklung gesellschaftlicher Rahmenbedingungen, einschließlich möglicher Auswirkungen auf die Entwicklung der regionalen Wirtschaft, ausgearbeitet. Dabei sollen insbesondere auch die nicht privatwirtschaftlich organisierten Vorbedingungen der Innovationsfähigkeit der regionalen Unternehmen thematisiert werden. Ein besonderes Augenmerk wird hier auf präventive Ansätze im Hinblick auf demografisch relevante Zukunftsfragen (z. B. Bildung, Gesundheitsförderung, Public Health, soziale Infrastruktur, interkulturelle Dimension) gerichtet.

Handlungsempfehlungen: Auf Basis dieser beiden Szenarien wird mit dem Forschungsprojekt „Salzburg 2025" das Ziel verfolgt, die sich mittelfristig abzeichnenden Handlungsspielräume der regionalen Akteure (Landespolitik, Sozialpartner, Organisationen der Wirtschaft, betriebliche Akteure/Akteurinnen) im Bundesland Salzburg auszuloten. Die projektbegleitende Kooperation mit diesen

AkteurInnen ist ein wesentlicher Aspekt des zukunftsorientierten Forschungsdesigns.

Zukunftsstrategien für eine alternsgerechte Arbeitswelt
Eines der derzeit wichtigsten Themen der sozialwissenschaftlichen Zukunftsforschung ist die vorausschauende Auseinandersetzung mit dem Thema „Alter(n)" in hochentwickelten Gesellschaften. Das in der öffentlichen und veröffentlichten Meinung – im Gegensatz zur Frage der Pensionen bzw. Renten – viel zu wenig beachtete Zukunftsproblem besteht im längeren produktiven Verbleib der Beschäftigten im Erwerbsleben. Dies betrifft – ähnlich wie bei der Diskussion um die Renten und Pensionen – selbstverständlich auch ökonomische Aspekte, darüber hinaus jedoch auch noch die soziokulturellen Aspekte der Einbindung der älteren Menschen in Wirtschaft und Gesellschaft. Nicht nur aus finanziellen Gründen können es sich hochentwickelte Gesellschaften kaum leisten, auf die Vitalität und Erfahrung der sogenannten Älteren zu verzichten. Im Sinne der Leitlinie für Wachstum und Beschäftigung der Europäischen Kommission (2005) hätte in der Alterskohorte der 55- bis 64-Jährigen bis 2010 eine europaweite Beschäftigungsquote von 50 Prozent erreicht werden sollen. Österreich hat dieses Ziel weit verfehlt.

Der Notwendigkeit der Ausdehnung der individuellen Lebensarbeitszeit steht jedoch einerseits das Scheitern einer wachsenden Zahl von Arbeitnehmerinnen und Arbeitnehmern an den kontinuierlich steigenden, beruflich bedingten Belastungen (beschleunigte und komplexer werdende Arbeitsabläufe, wachsender Zeitdruck, neue Gesundheitsrisiken als Folge veränderter Lebens- und Arbeitsbedingungen, Überforderung durch schrumpfende Halbwertzeit fachlicher Qualifikationen etc.) sowie andererseits die mangelnde Bereitschaft vieler Firmen zur Anstellung älterer ArbeitnehmerInnen gegenüber.

Die Herausforderungen für Gesellschaft, Wirtschaft und Politik bestehen also darin, sowohl die Rahmenbedingungen als auch die individuelle Bereitschaft für den längeren Verbleib älterer Frauen und Männer in der Erwerbsarbeit zu verbessern. Insgesamt geht es jedoch im Sinne eines zukunftsorientierten betrieblichen Generationenmanagements um alle Altersgruppen sowie letztlich auch – weit über das berufliche Leben hinaus – um eine optimierte Lebensplanung im Spannungsfeld zwischen Beruf und Freizeit.

Im Hinblick auf diese Herausforderungen wurde vom Zentrum für Zukunftsstudien bereits 2007 eine Vorstudie im Auftrag der Bundesarbeitskammer durchgeführt. Im August 2008 erhielt das ZfZ von der Österreichischen Forschungsförderungsgesellschaft (FFG) den Zuschlag für ein größeres F&E-Projekt zum Thema „Zukunftsstrategien für eine alternsgerechte Arbeits- und Lebenswelt im Bundesland Salzburg". Dieses Projekt wurde im Zeitraum von 2008 bis 2011 in enger Kooperation mit dem von den beiden Sozialpartnern getragenen Praxispartner „Arbeitsmedizinischer Dienst" durchgeführt und von der AK Salzburg auch finanziell gefördert.

Zukunft: Freizeit: Bewegungskultur
Mit der Ausrichtung der Rad-WM 2006, der Auswahl zum Spielort der Fußball-Europameisterschaft 2008 und der Bewerbung um die Olympischen Winterspiele 2014 wurde deutlich, welch hoher gesamtgesellschaftlicher Stellenwert dem Sport im Bundesland Salzburg beigemessen wird. Parallel zu diesen Anstrengungen im Bereich des Spitzensports streben die Sozialpartner AK Salzburg und WK Salzburg gemeinsam mit den Dachverbänden des Sports (Arbeitsgemeinschaft für Sport und Körperkultur in Österreich – ASKÖ, Allgemeiner Sportverband Österreichs – ASVÖ, Österreichische Sportunion) die Erarbeitung eines modernen Entwicklungskonzepts für den Freizeit- bzw. Breitensport und somit für eine zukunftsfähige Bewegungskultur an.

Im Hinblick auf diese Zielsetzung wurde das Zentrum für Zukunftsstudien von den Sozialpartnern AK Salzburg und WK Salzburg mit der Studie „Zukunft: Freizeit : Sport" beauftragt, die im Zeitraum zwischen November 2006 und September 2007 in Kooperation mit der Deutschen Sporthochschule Köln durchgeführt wurde. Auf der Basis der Ergebnisse einer systematischen Analyse des aktuellen Forschungsstandes und der Auswertung einer repräsentativen Befragung zum aktuellen bzw. zukünftig gewünschten Bewegungsverhalten der Salzburger Bevölkerung sowie einer Befragung lokaler ExpertInnen wurden Zukunftsbilder zur mittelfristigen Entwicklung der Bewegungskultur im Bundesland Salzburg sowie entsprechende Handlungsempfehlungen formuliert. Die Studie wurde im Jänner 2008 der Fachöffentlichkeit und den zuständigen PolitikerInnen und BeamtInnen präsentiert. Aufgrund dieser Präsentation wurde das Zentrum für Zukunftsstudien von Stadt und Land Salzburg eingeladen, an laufenden Prozessen der Sport-Konzeptentwicklung mitzuwirken. Außerdem führte die viel beachtete Studie zu mehreren zukunftsorientierten Aufträgen der begleitenden Innovationsforschung im Themenbereich Bewegung & Gesundheit. Die Projektaufträge kamen von den österreichischen Sportverbänden sowie von der Bundessportorganisation.

Partizipative Zukunftsstudie „Animation zur Partizipation"
Dieses Projekt wurde von der Österreichischen ForschungsförderungsGmbH (FFG) sowie der AK Salzburg finanziert. Stadtteile sind nicht nur Orte zum Wohnen, Schlafen und Einkaufen, sondern immer auch freizeitkulturelle Erlebniswelten. In diesem Sinne wurde – am Beispiel des in einem sehr dynamischen Entwicklungsprozess befindlichen Salzburger Stadtteils Lehen – untersucht, mit welchen Konzepten und Methoden die Bewohnerinnen und Bewohner an der Planung und Entwicklung überschaubarer Raumeinheiten beteiligt werden können.

Die Untersuchung erfolgte in Form von mehreren zukunftsbezogenen Fallstudien mit praxisorientiertem Innovationsanspruch, wie zum Beispiel „Spielraum für Spielräume": In dieser Fallstudie stand die zukünftige Entwicklung öffentlicher Spiel- & Kommunikationsräume im Vordergrund. In diesem Zusammenhang wurde auch das international viel beachtete Großgruppen-Planspiel „Kinderstadt", in dem die komplexen Strukturen und Funktionen einer Stadt spielend entdeckt werden können, entwickelt und wissenschaftlich begleitet. Eine weitere Studie trug den Titel „Erlebnis Lesen": Ausgangspunkt für diese zukunftsorientierte Fallstudie war die damals geplante (und seit 2008 realisierte) Übersiedlung der Salzburger Stadtteilbibliothek in den Stadtteil Lehen. Im Kontext dieser Fallstudien wurde der Weiterentwicklung der Methodik der partizipativen Zukunftsforschung eine zentrale Bedeutung beigemessen.

Arbeitsklimaindex
Im Auftrag der AK Salzburg führt das Zentrum für Zukunftsstudien in regelmäßigen Abständen, auf der Basis von repräsentativen Befragungen, die Analyse des Arbeitsklimas in unterschiedlichen Branchen durch, wie beispielsweise im Einzelhandel, in Kulturbetrieben und im Tourismus. Einmal jährlich wird auch das Arbeitsklima der unselbstständig Beschäftigten im Bundesland Salzburg repräsentativ erhoben. Diese sehr detaillierten Erhebungen ermöglichen auch die Formulierung von zukunftsorientierten Verbesserungsvorschlägen.

Salzburg.Standort.Zukunft. Wirtschaftsleitbild für das Land Salzburg
Das Zentrum für Zukunftsstudien begleitete 2010 und 2011 die Erarbeitung des neuen Wirtschaftsleitbilds des Landes Salzburg („Salzburg.Standort.Zukunft") und engagierte sich dabei – in enger Kooperation mit den Sozialpartnern – vor allem in der Arbeitsgruppe „Zukunft der Arbeitswelt".

Wissensbasierte Unternehmensdienstleistungen: Herausforderungen – Potenziale – Perspektiven
Im Auftrag der WK Salzburg untersuchte das Zentrum für Zukunftsstudien die mittelfristigen Entwicklungsperspektiven von Dienstleistungen in den Bereichen Unternehmensberatung, IT-Consulting, Finanzdienstleistungen, Ingenieurbüros, Kommunikation und Medien. Dabei standen Fragen der zukünftigen Fachkräfteversorgung und der wirtschaftspolitischen Rahmenbedingungen am Standort Salzburg im Vordergrund.

Wachstumspotenziale 2020
2010 wurde vom Zentrum für Zukunftsstudien im Auftrag der Bundeswirtschaftskammer eine umfassende Studie über Potenziale des mittelfristigen Wirt-

schaftswachstums in Österreich erarbeitet. Die Studie wurde bei der österreichweiten Tagung der Sozialpartner im Oktober 2010 in Bad Ischl präsentiert.

Innovation durch Evaluation
Über die in Kooperation mit den Sozialpartnern realisierten Projekte hinaus nimmt das ZfZ gelegentlich auch Evaluationsaufträge von Stadt und Land Salzburg sowie von Social-Profit-Institutionen im Naheverhältnis zu den Sozialpartnern, zum Beispiel von Sportverbänden, Einrichtungen der Gesundheitsförderung oder auch der berufsbezogenen Erwachsenenbildung an. Aktuell ist das ZfZ auch Projektpartner des aus Mitteln des Europäischen Sozialfonds (ESF) und des Bundesministeriums für Unterricht, Kunst und Kultur (BM:UKK) geförderten EU-Projekts „Melete. Neue Zugänge von bildungsfernen Menschen mit Zuwanderungshintergrund zu Basisbildungsangeboten".

In Einzelfällen wurden und werden auch Wertschöpfungsanalysen durchgeführt, etwa für den Ski-Weltcup-Nachtslalom 2010 in Schladming oder für die Salzburger Festspiele 2011.

Forschungsmethodik

Einige zukunftsorientierte Unternehmens- und Politikberater (z. B. Schwarz in: Popp und Schüll 2009, S. 246) sind offensichtlich der Meinung, dass ausgewählte Methoden für den „Toolkoffer der Zukunftsforschung" (ebd.) vereinnahmt werden sollten. Schwarz nennt explizit Szenario-Technik, strategische Frühaufklärung, Delphi-Technik, quantitative Prognosetechniken, Simulation und Gaming, Kreativitäts-Techniken (ebd.).

Aus der wissenschaftlichen Sicht des Zentrums für Zukunftsstudien ist dieser Versuch der exklusiven Aneignung von Methoden und Techniken nicht akzeptabel. Wenn der zukunftsorientierten Forschung kein eigenständiges Methodenrepertoire zugestanden wird, ist dies kein Mangel, sondern eine Chance. Denn die zukunftsorientierte Forschung kann – je nach Forschungsfrage und wissenschaftstheoretischer Orientierung – die ganze Vielfalt der in der Wissenschaftsgeschichte entwickelten und bewährten empirischen und hermeneutischen Forschungsmethoden nutzen, zum Beispiel die Literaturanalyse, bibliometrische Verfahren, Experteninterviews (einschließlich Delphi-Befragung), repräsentative Befragungen, Zeitreihentechnik, Trendextrapolation, historische Analogiebildung, inhaltsanalytische Verfahren, ökonometrische Verfahren, Simulationstechniken, Handlungsforschung. Das mithilfe dieser Methoden generierte wissenschaftliche Wissen lässt sich – gegebenenfalls unterstützt durch Verfahren des Wissensmanagements (z. B. durch die Szenario-Technik) – im Hinblick auf jeweils konkrete, zukunftsorientierte Fragestellungen strukturieren. Dieses vom

Zentrum für Zukunftsstudien vertretene offene und vom Anspruch auf Methodenvielfalt geprägte Verständnis von Zukunftsforschung relativiert zwar den Exklusivitätsanspruch mancher ZukunftsforscherInnen, animiert aber vielleicht mehr Wissenschaftlerinnen und Wissenschaftler, in aller gebotenen Vorsicht auch zukunftsbezogene Forschungsfragen zu stellen. Ausführlicher zur Methodologie und Methodik der Zukunftsforschung siehe Popp („Zukunft & Wissenschaft" 2012).

Bei den grundlagenorientierten Forschungsprojekten des Zentrums für Zukunftsstudien kommt ein jeweils thematisch relevanter Methoden-Mix aus dem reichhaltigen Programm empirisch und hermeneutisch begründeter geistes-, sozial- und wirtschaftswissenschaftlicher Forschung zum Einsatz. Ausgangspunkt sind üblicherweise fundierte Literaturanalysen, um empirisches und theoretisches Überblickswissen zum jeweiligen Forschungsgegenstand zu gewinnen.

Im Falle von partizipativen Forschungsprojekten, bei denen die ForscherInnen die jeweiligen zukunftsorientierten Planungs- und Gestaltungsprozesse nicht nur distanziert durch Befragung oder Beobachtung begleiten, sondern Praxisforschung in enger Verknüpfung mit dem zukunftsorientierten Diskurs zwischen ForscherInnen und PraktikerInnen erfolgt, wird im Zentrum für Zukunftsstudien großer Wert darauf gelegt, die Rolle der ForscherInnen bzw. den Forschungsanteil sehr reflektiert auszugestalten und von der Rolle der PraktikerInnen bzw. dem Praxisanteil abzugrenzen. (Siehe dazu ausführlicher Popp 2009: Partizipative Zukunftsforschung in der Praxisfalle?). Allerdings sind nicht alle Praxisforschungsprojekte des Zentrums für Zukunftsstudien partizipativ angelegt. Dies gilt etwa für die meisten Evaluationsprojekte des ZfZ.

Schlussbemerkung

Die stärkere Integration der Zukunftsforschung in Hochschulen/Universitäten ist eine unverzichtbare Voraussetzung für die im deutschsprachigen Raum bisher vernachlässigte wissenschaftliche Fundierung dieser Forschungsrichtung. Diese Herausforderung nimmt das Zentrum für Zukunftsstudien – mit seiner Einbindung in den hochschulischen Kontext der FH Salzburg – engagiert an. Dabei stellt die praxisorientierte interessenpolitische Bedarfslage der Sozialpartner AK Salzburg und WK Salzburg ein wirkungsvolles Gegengewicht zur Gefahr des Rückzugs in den universitären Elfenbeinturm dar.

Literatur (Stand November 2012)

Die wichtigsten Publikationen des Zentrums für Zukunftsstudien:

Brüll, C., Mokre, M., & Pausch, M. (Eds.) (2009). *Democracy needs Dispute. The Referenda on the European Constitution and the European Public Sphere.* Frankfurt a. M.: Campus.
Gaisbauer, H., & Pausch, M. (2009). The Gap between Elites and Citizens in the European Media Discourse. In C. Brüll, C., Mokre, M. & Pausch, M. (Eds.), *Democracy needs Dispute. The Referenda on the European Constitution and the European Public Sphere.* Frankfurt a. M.: Campus, 44–68.
Gaubinger, B. (2012). Kultur und Ökonomie. In R. Popp, Reinhardt, U., & Zechenter, E. (Hrsg.), *Zukunft.Kultur.Lebensqualität.* Wien/Berlin: LIT.
Gröner, U., & Pausch, M. (2009). The Social Struggle. A French Peculiarity? In C. Brüll, Mokre, M., & Pausch, M. (Eds.), *Democracy needs Dispute. The Referenda on the European Constitution and the European Public Sphere.* Frankfurt a. M.: Campus, 98–119.
Grössenberger, I., & Lindhuber, H. (2012). Arbeitsklimaindex – Kulturbetriebe. Probleme von Beschäftigten in Kulturbetrieben im Bundesland Salzburg. Ergebnisse einer Arbeitsklimaindex-Befragung. In R. Popp, Reinhardt, U., & Zechenter, E. (Hrsg.), *Zukunft.Kultur.Lebensqualität.* Wien/Berlin: LIT, 129–164.
Haderlapp, T., & Popp, R. (Hrsg.) (2008). *Zukunft : Lebensqualität. Ein gutes Leben für heutige und zukünftige Generationen.* Dokumentation der Konferenz vom 4. bis 6. Mai 2008. Werkstattbericht Nr. 10 des Zentrums für Zukunftsstudien Salzburg. Puch: ZfZ.
Hofbauer, R., & Popp, R. (Hrsg.) (2009). *Zukunft : Lebensqualität zwischen Arbeit und Wirtschaft.* Dokumentation der Konferenz vom 11. & 12. Mai 2009, Campus Urstein. Werkstattbericht Nr. 13 des Zentrums für Zukunftsstudien Salzburg. Puch: ZfZ.
Linnenschmidt, K., & Steinbach, D. (2010). Scenario Development as a Strategy to Counteract Ageism in the Working World. In International Sociological Association (Eds.), *Sociological Abstracts from CSA. XVII ISA World Congress of Sociology. Sociology on the Move.* Gothenburg, Sweden 11–17 July 2010. San Diego, 278.
Linnenschmidt, K., Steinbach, D., & Garstenauer, U. (2010). Zukunftsstrategien für eine alternsgerechte Arbeitswelt. In Fachhochschule Burgenland (Hrsg.), *4. Forschungsforum der österreichischen Fachhochschulen. Proceedings.* Eisenstadt: Fachhochschule Burgenland, 476–478.
Maislinger-Parzer, M. (2005). Sinnstiftung von Erlebniswelten. In R. Popp (Hrsg.), *Zukunft:Freizeit:Wissenschaft.* Festschrift zum 65. Geburtstag von Univ.-Prof. Dr. Horst W. Opaschowski. Wien: LIT.
Maislinger-Parzer, M. (2007). *Perspektiven Betrieblicher Gesundheitsförderung im Bundesland Salzburg.* Werkstattbericht Nr. 8 des Zentrums für Zukunftsstudien Salzburg. Puch: ZfZ.
Pausch, M. (2008). Die Eurobarometermacher auf der Zauberinsel. *SWS-Rundschau*, Heft 3/2008, 356–361.

Pausch, M. (2008). *Europas vergessene Öffentlichkeit. Perspektiven einer Demokratisierung der Europäischen Union.* Frankfurt a. M.: Peter Lang.
Pausch, M. (2008). *The Profit of Older People's Participation and the Debate in Austria.* 1st Forum, International Sociological Association, Barcelona. September.
Pausch, M. (2009). Eurobarometer und die Konstruktion eines europäischen Bewusstseins. In M. Weichbold, Bacher, J., & Wolf C. (Hrsg.). Umfrageforschung. Herausforderungen und Grenzen. *Österreichische Zeitschrift für Soziologie*, Sonderheft 9/2009, 539–552.
Pausch, M. (2010). Der Streit ums gute Leben. In R. Rosenstatter, & Porsche, D. (Hrsg.), *Die Kunst zu leben.* Salzburg: Polzer.
Pausch, M. (2010). *Trust in Institutions, Subjective Well-Being and Political Behaviour in Austria, Germany and France.* XVII ISA World Congress of Sociology, Gothenburg.
Pausch, M. (2011). Politische Bildung und Europa. In R. Popp, Pausch, M., & Reinhardt, U., *Zukunft.Bildung.Lebensqualität.* Wien/Münster: LIT, 167–187.
Pausch, M. (2011). The European Union: A Schumpeterian Model of Democracy? *Alternatives, Turkish Journal for International Relations*, Spring 2011, Vol. 10, No. 1.
Pausch, M. (2011). The Qualities of Political Participation. Theoretical Classification and Indicators. *Hamburg Review of Social Sciences*, Vol. 6/Issue 1, August, pp. 19–35.
Pausch, M. (2012). Zukunft und Wissenschaft in Frankreich. In R. Popp, R. (Hrsg.), *Zukunft und Wissenschaft. Wege und Irrwege der Zukunftsforschung.* Berlin/Heidelberg: Springer.
Popp, R. (Hrsg.) (2005): *Zukunft – Freizeit – Wissenschaft.* Festschrift zum 65. Geburtstag von Univ.-Prof. Dr. Horst W. Opaschowski. Wien/Münster: LIT.
Popp, R. (2006). Der Wert der Freizeit. In T. Beyes, Keller, H., Libeskind, D., & Spoun, S. (Hrsg.), *Die Stadt als Perspektive. Zur Konstruktion urbaner Räume.* Universität St. Gallen. Ostfildern: Hatje Cantz.
Popp, R. (2006). Freizeit ist kein Berufsfeld, sondern der Job-Motor im Dienstleistungssektor! In N. Meder, & Sychowski G. von (Hrsg.), *Spektrum Freizeit. Halbjahresschrift Freizeitwissenschaft.* Schwerpunkt: Zukunftskonferenz – Berufsfeld Freizeit, 28. Jg., 23–28.
Popp, R. (2006). Freizeit und Spiel. Am Beispiel der Zukunftsdiskurse „Spiel & Konsum" sowie „Spiel & Politik". *deutsche jugend. Zeitschrift für Jugendarbeit*, Heft 11, Nov.
Popp, R. (2009): Partizipative Zukunftsforschung in der Praxisfalle? Zukünfte wissenschaftlich erforschen – Zukunft partizipativ gestalten. In R. Popp, & Schüll, E. (Hrsg.), *Zukunftsforschung und Zukunftsgestaltung. Beiträge aus Wissenschaft und Praxis.* Berlin/Heidelberg: Springer, 131–143.
Popp, R. (2010). Wohin wird die Reise gehen? Forschung als Wegweiser in die Zukunft. *Gruppe & Spiel. Zeitschrift für kreative Gruppenarbeit.* 1/2010.
Popp, R. (2011). Arbeitnehmer von morgen sind flexibler und tragen mehr Verantwortung. *HR Today. Das Schweizer Human Ressource Management-Journal.* Vereinbarkeit von Beruf und Familie. Ausgabe 1/2, 2011. Zürich.
Popp, R. (2011). Bildung und Lebensqualität im 21. Jahrhundert. In R. Popp, Pausch, M., & Reinhardt, U. (Hrsg.), *Zukunft.Bildung.Lebensqualität.* Wien/Münster: LIT, 7–24.

Popp, R. (2011). *Denken auf Vorrat. Wege und Irrwege in die Zukunft.* Wien/Münster: LIT.
Popp, R. (2011). Denken auf Vorrat. Wege und Irrwege der Zukunftsforschung. In R. Freericks, & Brinkmann, D. (Hrsg.), *Zukunftsfähige Freizeit. Analysen – Perspektiven – Projekte.* Bremen: IFKA.
Popp, R. (2011). Zur Zukunft des Ehrenamts. Bürgerschaftliches Engagement und sozialer Zusammenhalt. In W. Krieger, & Sieberer, B. (Hrsg.), *Für Gottes Lohn?! Ehrenamt und Kirche.* Linz: Wagner.
Popp, R. (2012). Viel Zukunft – wenig Forschung. Zukunftsforschung auf dem Prüfstand. In W. Koschnick (Hrsg.), *FOCUS-Jahrbuch 2012. Prognosen, Trend- und Zukunftsforschung.* München: Focus Magazin Verlag.
Popp, R. (2012). „Wo ‚Forschung' draufsteht, muss auch Forschung drin sein" (Einleitung). In R. Popp (Hrsg.), *Zukunft und Wissenschaft. Wege und Irrwege der Zukunftsforschung.* Berlin/Heidelberg: Springer.
Popp, R. (Hrsg.) (2012). *Zukunft und Wissenschaft. Wege und Irrwege der Zukunftsforschung.* Berlin/Heidelberg: Springer.
Popp, R. (2012): Zukunftsforschung auf dem Prüfstand. In R. Popp (Hrsg.), *Zukunft und Wissenschaft. Wege und Irrwege der Zukunftsforschung.* Berlin/Heidelberg: Springer.
Popp, R., & Krutter, S. (2011). Zukunftsberuf Pflege. Wohin geht die Reise? *WISO*, 1/2011.
Popp, R., & Pausch, M. (2011). Die Entwicklung von „nationalstaatlichen Schrebergärten" hin zu einer „europäischen Parklandschaft" erfordert viel Zeit und Geduld. In R. Reinhardt (Hrsg.), *United Dreams of Europe.* Mit einem Begleitwort des Präsidenten der Europäischen Kommission, José Manuel Barroso. Rottach-Egern: Ch. Goetz.
Popp, R., & Pausch, M. (2011). The development from „national allotments" to a „European parkland" clearly requires much time and patience. In R. Reinhardt (Ed.), *United Dreams of Europe.* With a foreword by the President of the European Commission, José Manuel Barroso. Rottach-Egern: Ch. Goetz.
Popp, R., & Reinhardt, U. (2011). Tourismusanalyse Österreich 2011. In Stiftung für Zukunftsfragen (Hrsg.), *Urlaubslust – Tourismusanalyse 2011.* Rottach-Egern: Ch. Goetz.
Popp, R., & Reinhardt, U. (2012). Zukunft:Kultur. Der Mensch im Mittelpunkt. In R. Popp, Reinhardt, U., & Zechenter, E. (Hrsg.), *Zukunft.Kultur.Lebensqualität.* Berlin/Wien: LIT, 33–48.
Popp, R., & Schüll, E. (Hrsg.) (2009). *Zukunftsforschung und Zukunftsgestaltung. Beiträge aus Wissenschaft und Praxis.* Berlin/Heidelberg: Springer.
Popp, R., & Schwab, M. (2005). Zur Zukunft der Pädagogik der Freizeit. In R. Popp (Hrsg.), *Zukunft – Freizeit – Wissenschaft.* Festschrift zum 65. Geburtstag von Univ.-Prof. Dr. Horst W. Opaschowski. Wien/Münster: LIT.
Popp, R., & Steinbach, D. (Hrsg.) (2008). *Zukunft – Freizeit – Sport. Situation und Perspektiven des Freizeit- und Breitensports in Salzburg.* Werkstattbericht des Zentrums für Zukunftsstudien Salzburg. Puch: ZfZ.
Popp, R., & Thiel, F. (2008). Soziale Infrastruktur 2010. Qualitätsentwicklung und Innovationsforschung am Beispiel des stadtteilorientierten Social Profit-Modellbetriebs

"Spektrum". In B. Zimmer, & Koubek, A. (Hrsg.), *Erstes Forschungsforum der österreichischen Fachhochschulen*. Tagungsband. München: M. Meidenbauer.

Popp, R., & Zellmann, P. (2008). Austria: A realistic Picture of 2030 – and a Touch of "Zukunftsangst". In U. Reinhardt, & Roos, G. (Eds.), *Future Expectations for Europe. Pan-European Futures Studies with Comments by 19 Futurists*. Darmstadt: Primus.

Popp, R., & Zellmann, P. (2009). Österreich 2030. Realismus – und ein wenig Zukunftsangst. In U. Reinhardt, & Roos, G. (Hrsg.), *Wie die Europäer ihre Zukunft sehen. Antworten aus 9 Ländern*. Darmstadt: Primus.

Popp, R., Schuster, T., & Schwab, M. (2007). *Animation zur Partizipation. Methoden und Modelle soziokultureller Arbeit im Stadtteil*. Werkstattbericht des Zentrums für Zukunftsstudien Salzburg. Puch: ZfZ.

Popp, R., Pausch, M., & Hofbauer, R. (2010). *Lebensqualität – Made in Austria. Gesellschaftliche, ökonomische und politische Rahmenbedingungen des Glücks*. Wien/Münster: LIT.

Popp, R., Hofbauer, R., & Pausch, M. (2011). Soziale und ökonomische Bedingungen von Lebensqualität. In E. Bauer, & Tanzer, U. (Hrsg.), *Auf der Suche nach dem Glück. Antworten aus der Wissenschaft*. Darmstadt: Wiss. Buchgesellschaft.

Popp, R., Pausch, M., & Reinhardt, U. (Hrsg.) (2011). *Zukunft.Bildung.Lebensqualität*. Wien/Münster: LIT.

Popp, R. (Hrsg.), Steinbach, D., Linnenschmidt, K., & Schüll, E. (2011). *Zukunftsstrategien für eine altersgerechte Arbeitswelt. Trends, Szenarien und Empfehlungen*. Wien/Münster: LIT.

Popp, R., Hofbauer, R., & Pausch, M. (2012). Lebensqualität & Sozialstaat. In A. Findl-Ludescher, Pale-Langhammer, E., & Panhofer, J. (Hrsg.), *Gutes Leben – für alle?* Berlin/ Wien: LIT (in Vorbereitung).

Popp, R., Reinhardt, U., Zechenter, E. (Hrsg.) (2012): *Zukunft.Kultur.Lebensqualität*. Berlin/Wien: LIT.

Reinhardt, U. (2011). Demografische Entwicklungen und Erlebnisorientierung als Ausgangssituation für die Freizeitwelt von morgen. In R. Freericks, & Brinkmann, D. (Hrsg.), *Zukunftsfähige Freizeit. Analysen – Perspektiven – Projekte*. Bremen: IFKA.

Reinhardt, U. (2011). Zukunft der Bildung: Fakten. Herausforderungen. Gedanken. In R. Popp, Pausch, M., & Reinhardt, U. (Hrsg.), *Zukunft.Bildung.Lebensqualität*. Wien/Münster: LIT, 37–61.

Schüll, E. (2006). *Zur Wissenschaftlichkeit von Zukunftsforschung*. Tönning/Lübeck/Marburg: Der Andere Verlag.

Schüll, E. (2008). *Use and Misuse of Time Series Prediction in the Tourism Industry*. Some Experiences from Austria: INFOS2008 Conference Proceedings. University of Cairo, Faculty of Computers and Information.

Schüll, E. (2009). Zur Forschungslogik explorativer und normativer Zukunftsforschung. In R. Popp, & Schüll, E. (Hrsg.), *Zukunftsforschung und Zukunftsgestaltung. Beiträge aus Wissenschaft und Praxis*. Berlin/Heidelberg: Springer, 223–234.

Schüll, E. (2011). Die Leitbilder der österreichischen Fachhochschulen. In R. Popp, Pausch, M., & Reinhardt, U. (Hrsg.): *Zukunft.Bildung.Lebensqualität*. Wien/Münster: LIT, 269–296.
Schüll, E., & Berner, H. (2012). Zukunftsforschung, Kritischer Rationalismus und das Hempel-Oppenheim-Schema. In R. Popp (Hrsg.), *Zukunft und Wissenschaft. Wege und Irrwege der Zukunftsforschung*. Berlin/Heidelberg: Springer.
Schüll, E., & Steinbach, D. (2010). Strukturanalysen und Szenarien als Methode zur Bearbeitung komplexer sozial-wissenschaftlicher Fragestellungen. In Fachhochschule Burgenland (Hrsg.): *4. Forschungsforum der österreichischen Fachhochschulen. Proceedings*. Eisenstadt: Fachhochschule Burgenland, 422–424.
Steinbach, D. (2009). Bewegung braucht Freiraum. In Salzburger Institut für Raumordnung und Wohnen (Hrsg.), *Stadt gestalten – Menschen bewegen*. Tagungsband zum Symposium FreiRaumSzene 2009. Salzburg.
Steinbach, D. (2009). Sport, Bewegung und Gesellschaft. Anforderungen an die zukünftige Entwicklung und Gestaltung von Sport- und Bewegungsräumen. *Schule & Sportstätte*, Jg. 43, Heft 1, 6–10.
Steinbach, D., & Hartmann, S. (2007). Demografischer Wandel und organisierter Sport – Projektionen der Mitgliederentwicklung des DOSB für den Zeitraum bis 2030. *Sport und Gesellschaft*, Jg. 4, Heft 3, 223–242.
Thiel, F. (2005). Freizeit : Freisetzung : Depression. In R. Popp (Hrsg.), *Zukunft – Freizeit – Wissenschaft*. Festschrift zum 65. Geburtstag von Univ.-Prof. Dr. Horst W. Opaschowski. Wien/Münster: LIT.
Thiel, F. (2007). *Alter(n) im Stadtteil. Animation zur Partizipation*. Werkstattbericht des Zentrums für Zukunftsstudien Salzburg. Puch: ZfZ.
Thiel, F. (2011). Informelles Lernen. Versuch einer Standortbestimmung. In R. Popp, Pausch, M., & Reinhardt, U. (Hrsg.), *Zukunft.Bildung.Lebensqualität*. Wien/Berlin: LIT, 85–116.
Zechenter, E. (2012). „Der WERT in der Kultur" – am Beispiel der Arbeit. In R. Popp, Reinhardt, U., & Zechenter, E. (Hrsg.), *Zukunft.Kultur.Lebensqualität*. Berlin/Wien: LIT.

Zukunftsthemen erschließen am Beispiel des Vereins Deutscher Ingenieure

Axel Zweck

„Zukunftswissen" durch Wissensmanagement und Netzwerkbildung

Selten wird der Begriff „Zukunftswissen" als unproblematisch angesehen. Für den erkenntnistheoretisch geleiteten Zukunftsforscher stellt der Begriff ein „rotes Tuch" im Sinne eines nicht einlösbaren Versprechens dar. Deswegen sei das Offensichtliche gleich vorab geklärt: Es gibt kein gesichertes Wissen um die Zukunft! Die Zukunft ist offen und besteht aus Sicht des Heute aus einer Vielfalt möglicher Zukünfte. Der Begriff des „Zukunftswissens" steht der Einfachheit halber für die Summe aufbereiteter Informationen über mehr oder weniger wahrscheinliche Zukünfte ebenso wie über gewünschte oder unerwünschte Zukünfte. In diesem Sinne wird Zukunftswissen verstanden als Wissen über Tendenzen, Prognosen, Visionen und Möglichkeiten sowie als Wissen zu bereits bestehenden Fakten; Fakten des Heute, deren Kenntnis bei der Auseinandersetzung mit Zukunft von Interesse ist oder sein kann. Hier wird zugleich deutlich: das Ermitteln, Aufbereiten, Systematisieren und Fokussieren von Informationen stellt eine der Kernaufgaben der Auseinandersetzung mit Zukunft dar. Zukunftsforschung ist also eine besondere Form üblichen Wissensmanagements (Bullinger et al. 1998; Zweck und Cebulla 2012). Was ist das Besondere eines mit Zukunft befassten Wissensmanagements? Neben der im üblichen Wissenschaftsmanagement erforderlichen Handhabung von gesichertem Wissen kommt hier der Umgang mit prospektiven Methoden und vor allem mit a priori ungesichertem Wissen über mögliche Perspektiven und Trends hinzu.

Die Auseinandersetzung mit Zukunft hat für eine Organisation oder ein Unternehmen zum Ziel, sich so weit wie möglich auf erwartbare, erwartete, gewünschte oder auch auf den ersten Blick nicht erwartete Entwicklungen vorzubereiten. Diese Vorbereitung erhöht die Planungssicherheit im Umgang mit möglichen Entwicklungen; sie können auf diesem Wege im Rahmen der eigenen Möglichkeiten aktiver (mit)gestaltet werden. Offensichtlich ist: Technische wie gesellschaftliche Entwicklungen sind von Innovationsprozessen begleitet. Innovationen spielen daher für die Auseinandersetzung mit Zukunft eine herausragende Rolle. Nach heutigem sozialwissenschaftlichem Verständnis werden Innovationen als soziale Prozesse betrachtet. Sie werden nicht mehr, wie in der klassischen Vorstellung, als primär durch einsame Akteure initiiert angesehen (Schumpeter 1928), sondern als Ergebnis übergreifender Interaktionen zahlreicher AkteurInnen. Innovationsprozesse in modernen Gesellschaften werden daher von mannigfaltigen Interessen aus Markt, Staat und Gesellschaft beeinflusst. Netzwerke bieten einen Ansatz, diese unterschiedlichen Perspektiven zusammenzuführen, divergierende Interessen zu überwinden und Defizite einzelner AkteurInnen innovationsfördernd auszugleichen (Mensch 1975; Dosi 1988). Neben dem Wissensmanagement spielen für die Auseinandersetzung mit Zukunft also die Netzwerke jener AkteurInnen eine besondere Rolle, wie sie auch für Innovationsprozesse charakteristisch sind.

Die Auseinandersetzung mit Zukunft in Organisationen

Dem Folgenden sei vorangestellt, dass in jeder Organisation mehrere Ebenen der Auseinandersetzung mit Zukunft existieren. Letztlich sind mehr oder weniger alle Hierarchie- und Organisationsebenen zumindest phasenweise mit Fragen der langfristigen Entwicklung und Zukunftssicherung konfrontiert. Offensichtlich ist: Je höher die betrachtete Ebene, umso grundsätzlicher und nachdrücklicher wirken sich Zukunftseinschätzungen und daraus abgeleitete Entscheidungen aus. Das Ziel moderner Organisationsformen ist aber weiter gesteckt. Es soll eine möglichst große Zahl von MitarbeiterInnen dazu motiviert werden, eigenständig zukunftsrelevante Hinweise wahrzunehmen. Im Idealfall sollen die MitarbeiterInnen diesen Hinweisen selbstständig nachgehen und sie so vorantreiben, als seien sie selbst am Markt engagiert (Draeger-Ernst 2003). Solche Hinweise ergeben sich vor allem für die (Weiter-)Entwicklung bestehender Produkte, Verfahren oder Themen von der Mikro- bis zur Makroebene. Derartige Formen eines untergründigen Innovationsmanagements bedeuten heute für jede Organisation einen nicht zu unterschätzenden Fundus. Durch eine flexible Innovationskultur sowie hierarchiedurchlässige Kommunikationsformen wird diese Form des untergründigen Innovationsmanagements positiv stimuliert (Flik 1992).

Die Fragen aber, mit denen sich der dritte Band der wissenschaftlichen Schriftenreihe „Zukunft und Forschung" beschäftigt, lauten: Wie gehen Unternehmen und Organisationen in der Praxis mit Zukunftswissen um? Wie wird es erarbeitet? Wie sind die initiierten Prozesse organisiert? Wie wird Zukunftswissen nutzbar gemacht, und welche Wirkungen entfaltet es? Die Vielfalt der Wege, mit denen sich Organisationen der Frage nach ihrer und nach der generellen Zukunft stellen, ist groß. In erster Annäherung lassen sich, wenn auch weniger theoriegeleitet als praktischen Erwägungen folgend, drei grundsätzliche Strategien unterscheiden (vgl. Abb. 1). Zunächst ist hier der Ansatz der *internen Auseinandersetzung* mit Zukunft zu nennen. Interne Prozesse können von entweder fachbezogenem (Weg Ia) oder grundsätzlich strategischem Charakter sein. Im letzten Fall sind sie dementsprechend fachübergreifend und querschnittsorientiert (Weg

Ib). Die interne Zukunftsbetrachtung ist die naheliegendste Form der Gestaltung eines Zukunftsprozesses. Hier werden ausschließlich interne Kompetenzen und Ressourcen eingesetzt. Dieser Weg bietet auf den ersten Blick den Vorteil einer gewissen Kontrolle für InitiatorInnen, Verantwortliche und EntscheiderInnen. Der offensichtlichste Nachteil ist die Gefahr eines „Schmorens im eigenen Saft".

Der zweite Ansatz sucht diesem Nachteil durch eine *Vernetzung mit PartnerInnen* entgegenzuwirken. Die Vernetzung zielt auf eine stärkere Offenheit von Prozess und beteiligten AkteurInnen. Dieser Ansatz ist organisatorisch und kommunikativ aufwendiger, aber dafür ergebnisoffener. Derartige Vernetzungen entsprechen in vieler Hinsicht den in der Akteur-Netzwerk-Theorie beschriebenen Ursachen für das Entstehen und Durchsetzen von Innovationen (Latour 2001; Callon und Law 1989) sowie einem Verständnis von technischer Entwicklung in modernen Gesellschaften als einer vernetzten Form der Wissensorganisation (Heidenreich 1997).

Der dritte Weg besteht darin, die mit dem ersten Weg verbundenen Nachteile, wie Betriebsblindheit, zu enge Methodenwahl oder mangelnde Offenheit, durch eine *externe Unterstützung* auszugleichen. Die Betonung liegt hier auf „ausgleichen", denn der grundsätzlich ebenso denkbare Ansatz, die Auseinandersetzung mit Zukunft weitgehend oder komplett nach außen zu verlagern, kann allenfalls als ein von einigen BeraterInnen gern gesehenes Modell betrachtet werden. Ein Weg, welchen einzuschlagen sich schon aufgrund der Einsicht erübrigt, dass der Umgang mit Zukunft strategisch entscheidend ist und kaum bequemerweise in externe Hände gelegt werden kann. Darüber hinaus ergibt sich in der Praxis stets die Schwierigkeit der Umsetzung von rein extern formulierten Ergebnissen in interne Arbeits- und Organisationsabläufe.

Die folgende Darstellung des Umgangs mit der Erarbeitung von zukunftsrelevantem Wissen im Verein Deutscher Ingenieure bezieht sich vorrangig auf den Zeitraum von 2003 bis 2008. Dies mag überraschen, da im Allgemeinen gerade den aktuell laufenden Vorausschauprozessen in Unternehmen und Organisationen ein besonderes Interesse zukommt. Dem stehen aber zwei Argumente entgegen. Zum einen gibt es stets eine gewisse Zurückhaltung bezüglich der Darstellung des aktuellsten Prozesses. Dies gilt vor allem für die dort aktuell erarbeiteten Themen, da sie ja für die künftige strategische Ausrichtung und Planung des Unternehmens von besonderer Bedeutung sind. Aus der Perspektive eines gewissen zeitlichen Abstandes ist die Darstellung solcher Prozesse zumindest unproblematischer. Zum anderen fällt der reflektive Blick auf die während des Prozesses aufgetretenen Probleme und Sensibilitäten sowie auf die Wirkungen der Ergebnisse eines Prozesses aus einer zeitlichen Distanz natürlich leichter oder wird gar in vielerlei Hinsicht erst hier möglich.

Abbildung 1: Grundsätzliche Formen der Gestaltung von Zukunftsprozessen in Organisationen. (Die gewählten Bezeichnungen dienen der im weiteren Text dargestellten Zuordnung von VDI-Aktivitäten.)

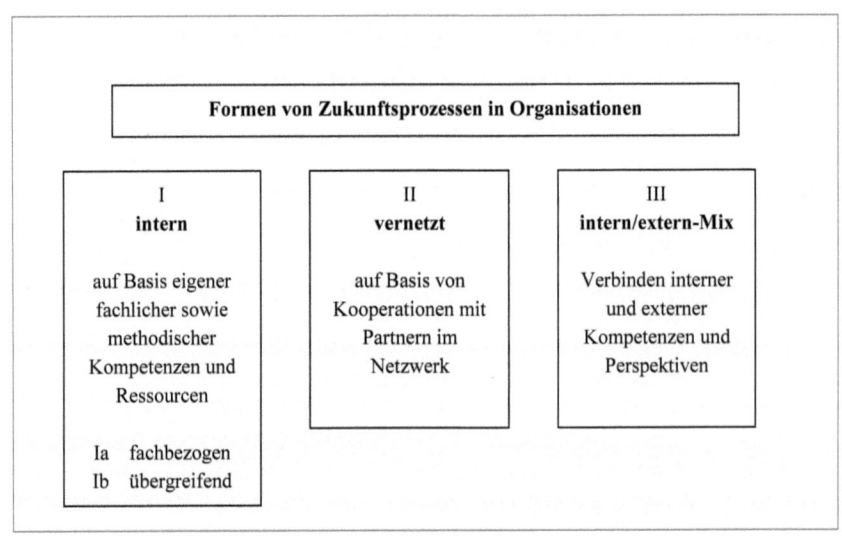

Der interne Weg

Es ist ein Spezifikum des Vereins Deutscher Ingenieure und einiger anderer technisch-wissenschaftlicher Organisationen, dass Fachgremienarbeiten durch Einbeziehen der aus Unternehmen und anderen Einrichtungen stammenden ehrenamtlichen Ingenieure und Ingenieurinnen eine besondere Bedeutung haben (Brennecke 1996). Ein Beispiel für das Ergebnis solcher Aktivitäten innerhalb des VDI ist die Technologie-Roadmap zu Prozess-Sensoren 2005–2015 (Abele et al. 2005). Da sich die im VDI an Richtlinien und Dokumenten arbeitenden Fachgremien großenteils aus ehrenamtlichen Mitgliedern des VDI zusammensetzen, ist hier zugleich ein Beispiel für den fachbereichsbezogenen, internen Weg in der Auseinandersetzung mit Zukunft entsprechend Weg Ia in Abbildung 1 gegeben.

Nahezu jede Organisation besitzt einen Fundus von bisher aus zeitlichen oder ressourcenbezogenen Gründen noch nicht angegangenen und oft nicht einzelnen Fachbereichen zuordenbaren Themen. Sie werden im VDI in einem sogenannten Themenspeicher gesammelt, womit zugleich ein Beispiel für einen internen und fachübergreifenden Weg der Auseinandersetzung mit Zukunft genannt ist, wie er als Weg Ib in Abbildung 1 dargestellt ist. Dieser Fundus wird kontinuierlich ergänzt. Die Inhalte werden vor dem Hintergrund aktueller Entwicklungen neu gewichtet, und es werden Möglichkeiten für deren Realisierung eingeschätzt. Wird in einer Organisation darüber hinaus ein systematischer Prozess zur Identifikation zukunftsrelevanter Themen ins Leben gerufen, so heißt das meist, dass über gewohnte Mechanismen hinaus explizit ein Augenmerk auf Themen gelegt werden soll, die sich nicht ohne Weiteres aus bestehenden Schwerpunkten ableiten lassen. Zusätzliche initiierte Prozesse verstehen sich daher meist als systematische Ergänzung zur Vielfalt der gewohnten und sich auf allen Ebenen abspielenden kreativen Anstöße, inkrementellen Weiterentwicklungen und neuen Schwerpunktsetzungen. Bei aller Ausführlichkeit in der Darstellung (wie auch in der folgenden) dieses strategisch wichtigen, systematisch-zukunftsorientierten Prozesses darf die Wichtigkeit der beschriebenen grundständigen Auseinandersetzung einer Organisation mit Zukunft nicht aus den Augen verloren werden. Jede Darstellung eines systematischen Prozesses im Umgang einer Organisation mit Zukunft hat also lediglich partikulären Charakter. Sie kann der Vielfalt anderer Wege und Initiativen zur internen wie externen Auseinandersetzung mit Zukunft, im Sinne eines Ersatzes, allein nicht gerecht werden oder auch nur diesen Anspruch stellen. Ein explizit und langfristig angelegter Prozess muss sich aber wegen seines systematischen Anspruches durch ein hohes Maß an Transparenz und Nachvollziehbarkeit der Ergebnisse auszeichnen. Er bietet sich daher für eine übersichtliche Gegenüberstellung möglicher Themen- oder Zukunftsoptionen an.

Kritisch angemerkt sei, dass die Stringenz in Bezug auf die Umsetzung der erzielten Ergebnisse solcher Prozesse oft größer scheint, als sie es in der Praxis ist. Dies ist naturgemäß so, da strategische Entscheidungen nicht nur von durch ein systematisches Monitoring geschaffenen Wissensgrundlagen, sondern auch massiv von anderen, strategischen, interessen-, unternehmens- oder ressourcenbezogenen Gesichtspunkten beeinflusst werden. Insofern wäre es irrig, im Sinne einer mechanistischen 1:1-Übertragung wiedererkennbare Ergebnisse als ein Qualitätskriterium für den Erfolg derartiger Prozesse zu interpretieren (Zweck 2005b): Die Ergebnisse eines zukunftsorientierten strategischen Monitorings präjudizieren keine Entscheidungen. Sie bereiten sie vor, und oft schließen sie auch nur bestimmte Optionen aus.

Der Weg über Vernetzung

Das starke Gewicht, das der VDI der Vernetzung beimisst, wird besonders mit Blick auf seine Initiativen deutlich, deren Ziele im Sinne einer langfristigen Zukunftssicherung eindeutig über die betreffende Organisation hinausgreifen. Die gegenwärtig wohl bekannteste Initiative des VDI in dieser Hinsicht trägt den

Titel „Sachen machen". Sie ist ein Beispiel für den Weg II in Abbildung 1. „Sachen machen" wurde als bundesweite Initiative zur Förderung und Stärkung des Technikstandorts Deutschland ins Leben gerufen. Ausgangspunkt der Initiative ist, dass Deutschland in vielen Feldern, wie in den Optischen Technologien, der Mikrosystemtechnik oder den Energietechnologien, eine führende Weltmarktposition innehat, was wesentlich zu seiner Stellung als Exportweltmeister beiträgt. In den vergangenen Jahren hat Deutschland jedoch im internationalen Wettbewerb auf einigen Gebieten an Boden verloren. Übergeordnetes Ziel der Initiative ist es, Deutschland bis 2015 wieder zum weltweit führenden Technikstandort zu machen. Daraus leiten sich drei konkrete Ziele der Initiative ab:

- Begeisterung des Nachwuchses für Innovationen und Technologien und damit Mobilisierung für technische Berufe sowie die gezielte Förderung von Frauen,
- Steigerung der Innovationskraft und Unterstützung der Entwicklung wettbewerbsfähiger Produkte und Technologien durch die Optimierung der Zusammenarbeit von Wirtschaft und Wissenschaft, die Unterstützung von Existenz- und Ausgründungen und den Einsatz neuer Technologien,
- Verbesserung des Images der technisch orientierten Unternehmen, der technischen Hochschulen sowie des gesamten Technikstandorts Deutschland.

Die Initiative wurde im Jahr 2006 mit mehr als 40 Partnern aus Wirtschaft und Wissenschaft, darunter Unternehmen wie Von Ardenne, Bosch Rexroth, Brunel, DaimlerChrysler, EADS, Linde, Porsche, ThyssenKrupp, Trumpf, Bertrandt sowie Forschungseinrichtungen wie die TU Hamburg-Harburg, die Fraunhofer-Gesellschaft und die RWTH Aachen, gestartet. 2008 zählten bereits rund 100 Partner zu dieser Initiative, die gemeinsam Aktivitäten und Produkte erarbeiten, um die gesetzten Ziele zu erreichen. Auch bestehende Aktivitäten der Partner in den Bereichen Nachwuchs, Innovationen und Image werden unter dem Dach der Initiative gebündelt, um Leistungs- und Zukunftsfähigkeit des Standortes in der Gesellschaft zu vermitteln.[1] Durch die enge Kooperation mit Unternehmen in Bezug auf Innovationsfragen in verschiedenen Kontexten schärft der VDI sein Portfolio hinsichtlich wichtiger Zukunftsthemen für seine Mitglieder.

Der Weg über externe Unterstützung

Auch der in Abbildung 1 als Variante III dargestellte Weg einer Auseinandersetzung mit Zukunft auf der Basis einer externen Unterstützung ist im VDI reali-

---

[1] Für weitere Informationen siehe: http://www.sachen-machen.org/

siert. Allerdings wurde im VDI ein Sonderweg eingeschlagen. Dies ist darauf zurückzuführen, dass es innerhalb der VDI-Gruppe eine Beratungseinheit gibt, die das Erarbeiten zukunftsrelevanten strategischen Wissens als Dienstleitung erbringt, jedoch als Teil des VDI GmbH-Konsortiums organisatorisch und hierarchisch vom ehrenamtlich arbeitenden, eigentlichen VDI e. V. klar getrennt ist. Insofern kann diese Beratungseinheit (Zukünftige Technologien Consulting [ZTC] der VDI-Technologiezentrum GmbH) als unabhängiger und im vorgenannten Sinne externer Partner des VDI gesehen werden. ZTC trägt für seine KlientInnen relevante Informationen auf Basis abgestimmter Selektionskriterien zusammen, bewertet diese wiederum auf der Grundlage von mit den KlientInnen eng abgestimmten Kriterien und bereitet das so hervorgebrachte Wissen adressatengerecht auf. Erwähnenswert sind hier die fachliche Tiefe und die systematische Vorgehensweise in Anlehnung an die wissenschaftliche Methodik der Zukunftsforschung (Foresight, z. B. Zweck et al. 2002). Als Ergebnis liegt dem Klienten ein Monitoringbericht mit einer detaillierten Übersicht über Themenfelder vor, die für ihn zukunftsrelevant sind. Darin enthalten sind sämtliche erforderlichen Informationen über den aktuellen Stand, einschließlich verfügbarer bzw. eigener Zukunftseinschätzungen. Nach gemeinsamer Analyse mit dem Klienten entscheidet dieser, welches oder welche dieser Themen strategisch weiterverfolgt werden sollen.[2] ZTC unterstützt hier durch operative Planungen und mit der Durchführung geeigneter strategischer Maßnahmen. Dies umfasst auch das Begleiten der Umsetzung, zum Beispiel durch Implementationsanalysen, innovationsbegleitende Maßnahmen oder, konkreter, durch die Unterstützung bei Patentanmeldungen. Auf diese Weise werden der Klient und der gesamte Prozess von der Zukunftsplanung über die Einführung ermittelter Themen bis zur Umsetzung der Innovationen im Sinne eines Technologiemanagements begleitet (Servatius 1985; Ewald 1989; Zweck 2003). Diese Dienstleistungen werden für Organisationen und Unternehmen sowie im öffentlichen Bereich angeboten.[3]

---

2 Dies ist hier vereinfacht dargestellt. Eigentlich handelt es sich um mehrere Entscheidungen im Verlaufe des Prozesses. Es geht stets um eine Schritt-für-Schritt-Verringerung der möglichen Optionen bei gleichzeitiger Verstärkung der Rerchercheintensität im Hinblick auf die übriggebliebenen Optionen. Ziel ist es, den Aufwand für das Zusammentragen von Informationen auf eine möglichst kleine Anzahl von letztlich relevanten Themen zu konzentrieren.

3 Das Spektrum angebotener Dienstleistungen reicht von der Anfertigung einzelner Potenzialanalysen und Szenarien über das Erstellen von Roadmaps oder Delphi-Befragungen bis hin zu kontinuierlicher Beobachtung in Form von Technologiemonitoring, Technologiefrüherkennung oder Technikfolgenabschätzung. Auch wenn es im Rahmen des vorliegenden Bandes durchaus interessant wäre, auf während dieser Prozesse gemachte Erfahrungen näher einzugehen, kann hier lediglich auf die entsprechende Literatur verwiesen werden (Cleemann und Peiffer 1992; Zweck 2002, 2005a, 2006).

Ein weiterer zentraler Gegenstand dieses Beitrages ist der systematische Prozess des Monitorings zukunftsrelevanter Themen für den und mit dem Verein Deutscher Ingenieure.

Systematische Prozesse zur Identifikation zukunftsrelevanter Themen

Die wissenschaftlich-technische Entwicklung beschleunigt sich rapide. In immer schnellerer Folge entstehen neue Disziplinen und differenziertere Arbeitsfelder. Oft erlangen diese neuen Felder nach kurzer Zeit bereits eine höhere wirtschaftliche Bedeutung als traditionelle Disziplinen. Die sich daraus ableitende und ebenso wachsende wirtschaftliche und gesellschaftliche Dynamik wiederum provoziert bekannte Herausforderungen wie die Globalisierung der Wirtschaft, die wachsende Komplexität technischer Systeme, die Erfordernisse eines nachhaltigen Wirtschaftens oder den demografischen Wandel. Solche Entwicklungen bedeuten auch für den VDI als einen der größten Ingenieurvereine Europas Chance, Herausforderung und Verantwortung zugleich. Um attraktiv für seine Mitglieder zu sein und seine Stellung als Sprecher der Technik auch im Sinne von Zukunftstechnologien auszubauen, greift der VDI sowohl zukunftsweisende Trends in den Ingenieurdisziplinen als auch neue Themen in bereits boomenden Feldern auf. Voraussetzung für strategische Entscheidungen über neue oder zu ergänzende Zukunftsthemen ist eine solide und systematisch aufbereitete Informationsbasis über aktuelle technologische und sozioökonomische Entwicklungen. Daraus abgeleitete Themenfelder wie auch der Abgleich mit vorhandenen Kompetenzen zeigen dem VDI zukunftsrelevante – oder gelegentlich auch nur denkbare – Entwicklungspotenziale auf. Neue Technologien müssen so früh wie möglich in ihrer Bedeutung erkannt und aufgegriffen werden, um einzelnen Unternehmen oder ganzen Branchen Wettbewerbsvorteile zu sichern. Zugleich wird das dem VDI eigene Kompetenzspektrum mit aktuellen Entwicklungen abgeglichen und erweitert. Besonderes Augenmerk liegt auf entstehenden Querschnittstechnologien, die oft nur schwer in bestehende Organisationsstrukturen eingeordnet werden können. Neben diesen eher technisch orientierten Gesichtspunkten (Technology Push) gewinnen sozioökonomische Fragestellungen für den VDI wachsende Bedeutung, da sie Technikentwicklung und Innovationsprozesse immer stärker beeinflussen. Relevant ist hier nicht nur die Betrachtung der Folgen und Auswirkungen vorhandener Technologien, sondern auch die Suche nach geeigneten technischen Lösungen für vorhandene und absehbare gesellschaftliche Herausforderungen (Technology Pull). Dazu bedarf es eines kontinuierlichen Prozesses, der aktiv relevante Entwicklungen identifiziert und insbesondere sicherstellt, dass die identifizierten Themen im VDI weiterverfolgt werden. Im Jahr 2001 wurde daher das sogenannte „Monitoring technisch-wissenschaftlicher und sozioökonomischer Trends" mit dem Ziel initiiert, Themen von hoher strategischer Bedeutung für den VDI und seine Mitglieder zu identifizieren und zu analysieren, um frühzeitig Handlungsoptionen deutlich zu machen.

Herausforderungen beim systematischen Monitoringprozess des VDI

Die Herausforderungen bei der Durchführung eines Monitoringprozesses zur Identifizierung wichtiger Trends liegen im Falle des VDI in seinem breiten Kompetenz- und Tätigkeitsspektrum. Aus den zahlreichen möglichen und grundsätzlich interessanten Themen müssen systematisch jene selektiert werden, die für den VDI, seine Statuten und seine Mitglieder sowie seiner gesellschaftlichen Aufgabe entsprechend besonders relevant sind. Darüber hinaus gilt als wesentliches Kriterium, dass in den aufgegriffenen Themenbereichen ein verstärktes Engagement des VDI im Sinne seiner erklärten Ziele erfolgversprechend sein muss.

Diese Rahmenbedingungen machen deutlich, dass sich ein Monitoring für den VDI inhaltlich keineswegs auf technisch-wissenschaftliche Themen beschränken kann. Um der Vielfalt seiner eigenen und der an den VDI herangetragenen Ansprüche gerecht zu werden, spielen Gesellschaft sowie wirtschafts- und innovationsbezogene Entwicklungen eine zentrale Rolle. Sozioökonomische Trends sind daher ebenfalls von entscheidendem Interesse. Der Sachverhalt der bestehenden und weiter wachsenden Verschränkung technischer und gesellschaftlicher Aspekte bei der Technikentwicklung ist Stand der sozialwissenschaftlichen Technik- und Innovationsforschung und soll daher hier nicht erneut reflektiert werden.[4] Für die praktische Arbeit des VDI wird der steigende Einfluss außertechnischer Faktoren auf die Technikentwicklung beispielsweise durch die Implikationen der Entwicklung zur Dienstleistungsgesellschaft besonders deutlich. Der VDI übernimmt auf diesem Weg zugleich eine besondere Verantwortung für die Technikentwicklung und artikuliert sich entsprechend in der öffentlichen Diskussion. Die im Rahmen des Monitorings identifizierten Themen müssen dabei nicht zwangsläufig Highlights sein, von denen bisher kaum die Rede war oder von denen innerhalb einzelner Arbeitsgruppen des VDI nicht bereits gesprochen worden wäre. Da nicht jedes grundsätzlich als interessant einzustufende Thema zwangsläufig auch für den VDI im Sinne seiner erklärten Ziele von strategischer Bedeutung ist, muss neben einer

---

4   Die aktuelle Technik- und Innovationsforschung macht deutlich, dass Technikentwicklung, isoliert betrachtet, nicht verstanden werden kann. Für den Umsetzungserfolg von Innovationen spielen Faktoren wie Humankapital, Aus- und Weiterbildungssysteme, Infrastruktur, Kredit- und Kapitalmärkte, staatliche Regulierung und Nachfrage wie auch das Marktpotenzial und die Forschungsinfrastruktur eine entscheidende Rolle (Becker und Peters 2000, oder zur Techniksoziologie Rammert 1993).

Bewertung der entsprechenden technisch-wissenschaftlichen und sozioökonomischen Bedeutung auch die spezifische strategische Relevanz für den VDI eingeschätzt werden. Damit sind für die Struktur des Monitoringprozesses folgende Leitfragen wesentlich:

- Welche Themen sind aus *technisch-wissenschaftlicher Sicht* interessant/relevant für den VDI?
- Welche Themen sind aus *sozioökonomischer Sicht* interessant/relevant für den VDI?
- Welche Themen sind aus *strategischer Sicht*, im Sinne seiner erklärten Ziele, interessant/relevant für den VDI?

Ziel des Monitorings von technisch-wissenschaftlichen und sozioökonomischen Trends für den VDI ist es demnach, solche spezifischen Trends/Themenbereiche zu identifizieren und anzustoßen, in denen der Verein verstärkt aktiv werden sollte. Dies bedeutet, dass die Auswahl der in einem Jahr identifizierten zehn technologischen Themen nicht mit jenen Top Ten[5] der Technologien gleichzusetzen ist, wie sie sich aus der Perspektive der Wissenschaft, eines bestimmten Unternehmens oder einer volkswirtschaftlichen Betrachtung für Deutschland ergeben würden. Ein Ranking von Technologien kann immer nur auf eine bestimmte Perspektive und den sich daraus ableitenden Kriterien bezogen sein.

Wie werden technisch-wissenschaftliche und sozioökonomische Trends systematisch ermittelt?

Ein entsprechender Monitoringprozess kann nicht ausschließlich im Vorhinein konzipiert werden. Er muss sukzessive weiterentwickelt und, sofern – wie in diesem Falle – über mehrere Jahre angelegt, bezüglich Effizienz oder Ergebnisform iterativ optimiert werden.

Das hier vorgestellte Monitoring hat die Identifizierung sowohl technisch-wissenschaftlicher als auch sozioökonomischer Trends mit besonderer Relevanz für den VDI zum Ziel. Für die Vorgehensweise des Monitorings bedeutet dies, dass diese beiden (inhaltlichen) Trendrichtungen teilweise getrennt und parallel bearbeitet werden müssen. So kommen neben unterschiedlichen Kriterienrastern auch verschiedene Informationsquellen zum Einsatz, für deren effektive Nutzung und Auswertung jeweils spezielle technologische oder sozioökonomische Kompetenzen und Erfahrungen notwendig sind. Eine Übersicht über den Prozess bietet die Abbildung 2. Der vollständige Monitoringzyklus wird jährlich durchgeführt.

---

5 Sofern dies außer für publizistisch-mediale Zwecke überhaupt sinnvoll ist.

Abbildung 2: Übersicht über die Vorgehensweise bis zum Monitoringbericht (Quelle: Zukünftige Technologien Consulting der VDI Technologiezentrum GmbH).

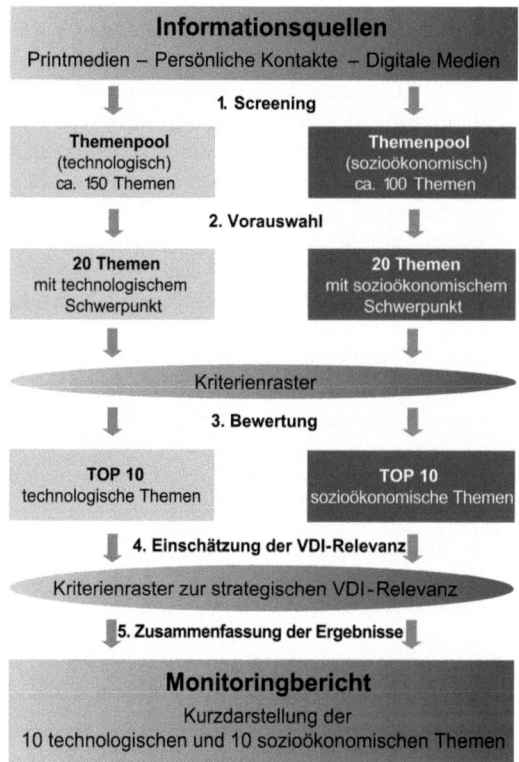

Der Monitoringprozess gliedert sich wie folgt.

Schritt 1 – Screening: Die Identifikation VDI-relevanter Trends beginnt mit einem systematischen Screening von Informationsquellen wie Printmedien und digitale Medien sowie von persönlichen Kontakten (vgl. Tabelle 1), wobei die Relevanz der jeweiligen Quelle für den Identifikations- und Bewertungsprozess unterschiedlich ist. Die hierdurch entstehenden umfangreichen Datenmengen werden durch modernes Wissensmanagement und unter Einsatz selbst entwickelter Softwaretools ausgewertet. ZTC verfügt beispielsweise über einen zentralen Wissenspool, der von allen MitarbeiterInnen täglich gespeist wird. So können die Ergebnisse eines systematischen Quellenscreenings allen MitarbeiterInnen strukturiert und automatisiert zugänglich gemacht werden. Die aus dem Screening hervorgehenden Trends und Themenvorschläge werden zunächst in einem technologischen bzw. einem sozioökonomischen Themenpool gesammelt. Der Einsatz eines Themenpools bietet den Vorteil, dass aus dem breit angelegten Suchfeld eine Vielfalt von potenziell relevanten Themen hervorgehen wird. Andererseits ist eine intensive Prüfung und Darstellung jedes einzelnen Themas zu diesem (frühen) Prozess-Stadium schon aus Ressourcengründen nicht realisierbar. Auch Themen, deren Relevanz auf den ersten Blick unklar erscheint oder zu diesem Zeitpunkt nicht detailliert beurteilt werden kann, werden in den Themenpool aufgenommen. Auf diesem Wege bleiben solche Themen während des Prozesses präsent und können später aufgegriffen werden oder in andere Themenkomplexe einfließen. Der Themenpool erleichtert darüber hinaus die Gliederung und das Clustern der Themen zu handhabbareren Themenkomplexen.

Tabelle 1: Beispiele für verwendete Informationsquellen sowie deren Relevanz für den Such- bzw. Bewertungsprozess

Art der Quelle	Priorität für Identifikation	Priorität für Bewertung
1. Printmedien		
Wissenschaftlich-technische Primär- und Sekundärliteratur	hoch	hoch
Technologiestudien	mittel	hoch
Tagungs- und Kongress-Berichte	mittel	gering
Wissenschaftsmagazine	mittel	gering
Trend- und Newsletter	hoch	gering
Zukunftsstudien	hoch	mittel
2. Digitale Medien		
Newsticker	mittel	gering
Informationsdienste	hoch	mittel
(Meta-)Suchmaschinen	hoch	hoch
Web-Portale	gering	hoch
Fachdatenbanken	gering	hoch
Patentdatenbanken	gering	hoch
3. Persönliche Kontakte		
ExpertInnenbefragung	mittel	hoch
Auswertung von Workshops, Kongressen, Vorträgen	hoch	mittel
Erhebungen in nationalen und internationalen Netzwerken	mittel	hoch
Länderspezifische Erhebungen durch KooperationspartnerInnen	hoch	hoch

(Quelle: Zukünftige Technologien Consulting der VDI-Technologiezentrum GmbH.)

Schritt 2 – Vorauswahl: Im zweiten Arbeitsschritt werden aus beiden Themenpools durch einen zweistufigen Auswahlprozess Themen selektiert. Der erste Schritt beginnt mit einer groben Bewertung der Themen anhand der auch in Schritt 3 verwendeten fünf Kategorien:

- Innovationspotenzial,
- gesellschaftliche Bedeutung,
- ökonomische Bedeutung,
- ökologische Bedeutung sowie
- Relevanz des Themas für den VDI.

Diese Bewertungen erfolgen im Rahmen eines Workshops durch ein VDI-internes Projektteam aus 20 erfahrenen BeraterInnen, die durch ihre tägliche Arbeit Umgang mit aktuellen Zukunftsthemen und -strategien haben. Sie müssen auch über ein ausreichendes Verständnis bezüglich der Ziele des VDI verfügen. Die so geschaffene Einschätzung bildet die Grundlage für eine Vorauswahl von 20 technologischen und 20 sozioökonomischen Themen aus dem Themenpool. Themen, die im Rahmen vertiefter Analysen (siehe unten) in vorhergehenden Monitoringzyklen bearbeitet wurden, werden im Allgemeinen nicht mehr in diese Vorauswahl aufgenommen, es sei denn, aktuelle Entwicklungen oder aktueller Handlungsbedarf lassen eine erneute Aufnahme als erforderlich erscheinen.

Schritt 3 – Bewertung: In diesem Arbeitsschritt werden die in Schritt 2 ausgewählten Themen anhand der oben aufgezählten Kriterien über einen Fragebogen gemäß dem Beispiel von 2007 in Abbildung 3 bewertet. Insgesamt werden in jedem Monitoringzyklus etwa 200 Personen angeschrieben und gebeten, an diesem VDI-internen Prozess teilzunehmen. Der Personenkreis setzt sich zusammen aus den Vorsitzenden der VDI-Bezirksvereine, den Vorsitzenden der Fachgliederungen des VDI, einzelnen weiteren VDI-Mitgliedern, unter anderem einer größeren Anzahl aus dem Bereich der StudentInnen und JungingenieurInnen, einzelnen hauptamtlichen VDI-MitarbeiterInnen sowie ausgewählten externen ExpertInnen, wie ZukunftsforscherInnen, VertreterInnen des BMBF und der EU. Im Durchschnitt haben über die verschiedenen Monitoringzyklen hinweg etwa 150 Personen teilgenommen. Ergebnis dieses Bewertungsprozesses ist ein Ranking der 20 technologischen und 20 sozioökonomischen Themen. Neben dem Gesamtranking werden für die jeweils ersten zehn Themen auch Einzelrankings anhand der Kategorien Innovationspotenzial, gesellschaftliche Bedeutung, ökonomische Bedeutung, ökologische Bedeutung sowie Relevanz des Themas für den VDI durchgeführt.

Abbildung 3: Fragebogen 2007 für das Ranking der vorausgewählten Themen. Die Bewertungen der einzelnen Kriterien erfolgen dabei anhand einer Bewertungsskala von 0 bis 3 (0 bedeutet gar nicht/keine, 3 bedeutet sehr wichtig/sehr hoch).

Bewertungsskala: 0-3 (0 = sehr niedrig, 1 = relativ niedrig; 2 = relativ hoch; 3 = sehr hoch)
Kurzdefinitionen zu den Themen finden Sie in der Anlage

Technisch-wissenschaftliche Themen						Sozioökonomische Themen					
Thema	Innovationspotenzial	gesellschaftliche Bedeutung	ökonomische Bedeutung	ökologische Bedeutung	Relevanz des Themas für den VDI	Thema	Innovationspotenzial	gesellschaftliche Bedeutung	ökonomische Bedeutung	ökologische Bedeutung	Relevanz des Themas für den VDI
Ambient Intelligence						Anpassung an Klimatrends / Extremwetter					
Bionik/Biomimetik						Bedeutungszunahme von Design & Ästhetik					
Brennstoffzelle						Beschleunigung & Flexibilisierung von Zeit					
Intelligente Werkstoffe						BRIC-Staaten					
Logistik & Internet der Dinge						Cyberkriminalität					
Landwirtschaft & Technologie						Demographische Entwicklung					
Medizinverfahrenstechnik						Digitalisierung, Web 2.0 & Virtual Reality					
Mikrosystemtechnik						Globale Epidemien (Pandemien)					
Nanotechnologie für den Umweltschutz						Globale Umweltverschmutzung					
Netzwerktechnologien						Globalisierung / Internationalisierung					
Neurotechnologie						Location Based Services					
RFID						Neue Berufsprofile					
Robotik & Automatisierung						Neue Stadtstrukturen & Wohnen / Megacities					
Satellitentechnologie						Neuer Konsum - ökologisch, nachhaltig & ethisch					
Sicherheitstechnik						Service Based Economy					
Synthetische Biologie						Sicherheit vs. Datenschutz					
Tech. Anwendungen der Kognitionswissenschaften						Wellness / Gesundheit / Ernährung					
Wasserstofftechnologie						Wissens- & Partizipationskluft/Digital Divide					
Weiße Biotechnologie						Zunahme der Bedeutung von Regionen					
Zukunft der Elektronik						Zunehmende Migration / Erhöhte Mobilität					

Weitere Themen, die Ihrer Meinung nach relevant für den VDI sind:

Name: _____ E-Mail: _____

Schritt 4 – Einschätzung der strategischen VDI-Relevanz: Die Schritte 1 bis 3 hatten zum Ziel, für den VDI wichtige technologische und sozioökonomische Themen zu identifizieren. Zwar war schon hier die strategische Relevanz der VDI-Ziele von Bedeutung, sie stand aber eher im Hintergrund. Im Arbeitsschritt 4 erfolgt daher die explizite Einschätzung der strategischen Relevanz der aus dem Bewertungsschritt 3 hervorgegangenen zehn identifizierten Themen mit dem höchsten Ranking. Auf diesem Wege erhält der VDI zugleich die Möglichkeit, unabhängig von seiner internen Priorisierung, eigene Aktivitäten zu interessanten technischen oder gesellschaftlichen Entwicklungen durch eine externe Sicht zu ergänzen. Zu diesem Zweck wurden auf der Basis der aktuellen Schwerpunktsetzungen bezüglich der strategischen Ausrichtung des VDI acht Bewertungskriterien herausgearbeitet, die als Grundlage für ein weiteres Bewertungsraster dienten und sich mit folgenden Gesichtspunkten auseinandersetzten:

- Beitrag zur internationalen Positionierung als Sprecher der Ingenieure/Technik,
- zukünftiges Themenfeld zur Förderung der Wissens- und Meinungsführerschaft,
- Erfordernis der Übernahme von Verantwortung für das Thema,
- Gestaltungsbedarf von Ausbildung und Berufsbildern,
- Thema relevant für Mitglieder und daher wichtig für Mitgliederbindung,
- Attraktivität des Themas für potenzielle neue Mitglieder,
- Wichtigkeit des Thema für VDI-Produkte und Services,
- Beitrag des Themas zur Reputation der Ingenieure/Ingenieurinnen und des VDI.

Die Einschätzung der strategischen VDI-Relevanz erfolgte für jeden der jährlichen Monitoringzyklen durch 20 ExpertInnen, die den Gesichtspunkt eines Vorhandenseins erforderlicher Kenntnisse über den VDI und seine strategischen Ziele mit einer notwendigen Distanz zum und Unabhängigkeit vom VDI verbanden.

Schritt 5 – Zusammenfassung der Ergebnisse/Monitoringbericht: Die Ergebnisse der bisherigen Arbeitsschritte werden in Schritt 5 in einem Monitoringbericht zusammengefasst. Zentraler Bestandteil des Monitoringberichtes sind Kurzdarstellungen der ausgewählten technologischen und sozioökonomischen Themen. Die Kurzdarstellungen folgen dabei einer einheitlichen Struktur, um den LeserInnen eine schnelle Orientierung zu ermöglichen.

Für jedes dargestellte technologische Thema
- wird das Thema definiert,
- wird der Entwicklungsstand beschrieben,
- werden die aktuellen Entwicklungstendenzen aufgezeigt,
- werden Beispiele aktueller Entwicklungen dargestellt,
- wird der Entwicklungsstand des Themas im Rahmen des Innovationszyklus dargestellt.

Die Ergebnisse der Bewertung von Innovationspotenzial, nationalen Kompetenzen, Informationsdefiziten, gesellschaftlicher und ökonomischer sowie ökologischer Bedeutung werden in einer grafischen Darstellung gemäß Abbildung 4 aufbereitet.

Abbildung 4: Einschätzung des Themas Telematik/Telemedizin in den Kategorien Innovationspotenzial, gesellschaftliche Bedeutung, ökonomische Bedeutung, ökologische Bedeutung, nationale Kompetenz und Informationsdefizit. Die Bewertung zu den einzelnen Kriterien erfolgte innerhalb einer Bewertungsskala von 0 bis 3. Eine 0 bedeutet gar nicht/keine, eine 3 bedeutet sehr wichtig/sehr hoch/sehr ausgeprägt. (Auszug aus dem nicht öffentlichen Monitoringbericht 2003 für den VDI.)

Innovationspotenzial:

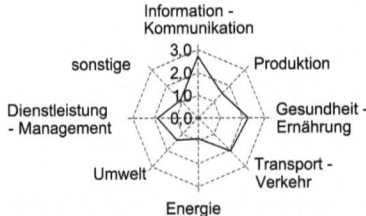

Gesellschaftliche Bedeutung:

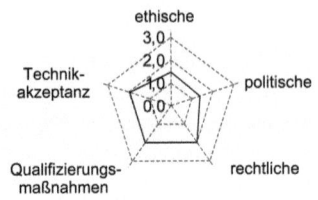

Ökonomische Bedeutung:

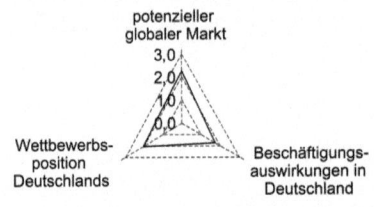

Ökologische Bedeutung:

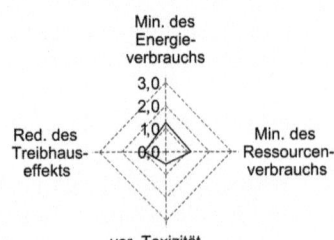

Nationale Kompetenzen:

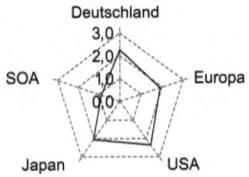

Informationsdefizit:

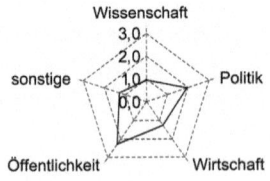

Ein Vergleich verschiedener Darstellungsformen der sozioökonomischen Themen hat gezeigt, dass für die NutzerInnen die beste Vergleichbarkeit mit den technisch-wissenschaftlichen Themen dann erreicht wird, wenn trotz offensichtlicher Andersartigkeit des Betrachtungsgegenstandes die gleiche Darstellungsweise gewählt wird. Dies scheint in diesem Fall auch deshalb unproblematisch, weil die als relevant bewerteten sozioökonomischen Themen meist starke Bezüge zu technisch-wissenschaftlichen Themen zeigten. Dies wird beispielhaft für die aus dem Monitoringzyklus 2006 zur Vertiefung ausgewählten Studien (siehe unten) deutlich, die die Zukunft des Autos (technisch-wissenschaftliches Thema, Kaiser et al. 2008) und die Rohstoffknappheit (sozioökonomisches Thema, Reuscher et al. 2008) zum Gegenstand hatten. Die Aufbereitung zusammengetragener Informationen und die Darstellung der Ergebnisse der Befragungen und Einschätzungen der sozioökonomischen Themen folgen daher der Struktur der technologischen Themen. Ein Fazit – unter Berücksichtigung der im Rahmen der Fragebogenumfrage ermittelten Einzelergebnisse – bietet eine abschließende Einschätzung der Bedeutung des Themas.

Abbildung 5: Übersicht über die dem Monitoringbericht folgenden Arbeitsschritte.

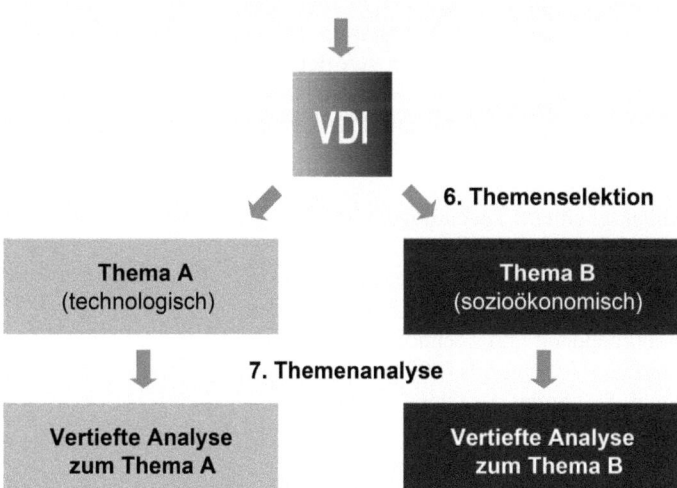

Schritt 6 – Themenselektion: Der Monitoringbericht dient dem wissenschaftlichen Beirat des VDI als Entscheidungsgrundlage zur Auswahl von zwei Themen, die im weiteren Verlauf des Monitoringprozesses vertieft analysiert werden. Eine Übersicht über die dem eigentlichen Monitoringbericht folgenden Schritte bietet Abbildung 5. Die durch den beschriebenen Prozess vorgenommenen Bewertungen verstehen sich als Vorschlag und sind für den Beirat nicht bindend. Allerdings hat der wissenschaftliche Beirat des VDI in den letzten Jahren stets Themen aus dem im Monitoringbericht vorgestellten Themenkatalog aufgegriffen.

Schritt 7 – Themenanalyse: Im letzten Arbeitsschritt werden für die beiden durch den wissenschaftlichen Beirat des VDI ausgewählten Themen weitere Daten und Informationen recherchiert. Auch übergreifende oder nicht beachtete Gesichtspunkte, die in den bisherigen Schritten wegen des beschränkten Zeitbudgets nicht für eine größere Themenzahl betrachtet werden konnten, wie zum Beispiel vorhandene themenspezifische Kompetenzen des VDI oder die Aktivitäten anderer Verbände, werden nun reflektiert. Die Vertiefungsstudien werden in zwei Teilen angefertigt: erstens in einem öffentlichen Statusbericht, der sich mit dem aktuellen Stand bzw. den aktuellen Trends des Themas und seinen verschiedenen Dimensionen befasst und in einigen Fällen veröffentlicht wird (Kaiser et al. 2008; Reuscher et al. 2008). Zweitens werden in Form einer internen Bestandsaufnahme die VDI-Aktivitäten im betreffenden Themenfeld dargestellt und auf mögliche Anknüpfungspunkte und Synergien hin geprüft. Dieser Teil zeigt die bereits vorhandenen Kompetenzen und Aktivitäten auf und leitet daraus Handlungspotenziale für die künftige Verankerung des betreffenden Themas im VDI ab. Diese Bestandsaufnahme richtet sich exklusiv an den wissenschaftlichen Beirat des VDI und wird daher nicht veröffentlicht.

Seit 2003 wurden folgende technisch-wissenschaftlichen Themen vertieft betrachtet:

- Nachhaltigkeit und Technologie (2003),
- Dienstleistung und Technologie (2004),
- Lebensaltersgerechte Produkte (2005),
- Alternative Energiequellen (2006),
- Wasserknappheit und Technologie (2006)[6],
- Zukunft des Automobils (2007),
- Logistik & Internet der Dinge (2008).

---

6   Im 4. Monitoringzyklus wurden vom Beirat zwei technisch-wissenschaftliche Themen zur Vertiefung ausgewählt, die beide auch sozioökonomische Aspekte beinhalteten.

Die vertieft betrachteten sozioökonomischen Themen waren:

- Übernutzung der Natur (2003),
- Übergang Produktions- zur Wissensgesellschaft (2004),
- Zunehmende Mobilität (2005),
- Rohstoffknappheit (2007),
- Neue Berufsprofile (2008).

Die Publikationen der Ergebnisse erfolgten teilweise zu einem späteren Zeitpunkt. Aufgrund des von vielen Seiten bekundeten Interesses an den Ergebnissen wurden diese teilweise aber auch ab der Mitte der Projektlaufzeit durch Publikationen der Öffentlichkeit zugänglich gemacht.[7]

Wirkungen des systematischen Monitoringprozesses des VDI

Offensichtlich ist, dass es sich bei dem hier beschriebenen Monitoring technischwissenschaftlicher und sozioökonomischer Trends für den VDI um eine Form des Wissensmanagements handelt (Bullinger et al. 1998). Themen werden auf Basis festgelegter Selektionskriterien identifiziert und anhand von Bewertungskriterien gewichtet. Ausgewählte Themen werden dann durch Recherche auf den aktuellen Stand der Informationen gebracht, wobei hier das Augenmerk nicht ausschließlich oder vorrangig auf verfügbarem Wissen im Sinne eines „State of the Art", sondern insbesondere auf sich abzeichnenden Entwicklungen, Extrapolationen und Trends liegt.

Die Qualität des Prozesses und der praktischen Durchführung sowie ihre Wirkungen lassen sich aus immanenten Gründen nur schwer erfassen (Zweck 2005b) und sollten auch von einem Mitgestalter/einer Mitgestalterin des Prozesses grundsätzlich zurückhaltend kommentiert werden. Bezogen auf die beschriebenen Ziele des Monitorings lässt sich aber festhalten, dass die Ergebnisse des Prozesses zum einen die Diskussion innerhalb verschiedener Gremien stimuliert haben und in einigen Fällen auch Maßnahmen wie die Einrichtung von Arbeitsgruppen und Initiativen des VDI zur Folge hatten. Die dargestellte Liste vertiefter Themen zeigt außerdem, dass die bearbeiteten Themen meist nicht die bisherigen Arbeitsschwerpunkte des VDI widerspiegeln. Insofern kommt dem Monitoring mit seinen Ergebnissen und Denkanstößen der gewünschte Charakter eines Impulsgebers für Diskussionen zu; gleichzeitig leistet es einen Beitrag in Richtung einer Zukunftssi-

---

7 Grimm et al. (2008) Wasserknappheit und Technologie; Kaiser et al. (2008) Zukunft des Autos; Brand et al. (2009) Internet der Dinge; Reuscher et al. (2008) Innovationen gegen Rohstoffknappheit; Baron et al. (2009) Neue Berufsprofile.

cherung des VDI. So hat die Auseinandersetzung mit dem Thema Rohstoffknappheit im Jahr 2007 und die Publikation der Ergebnisse im folgenden Jahr (Reuscher et al. 2008), neben einer intensiveren internen Auseinandersetzung, auch die Wahl des Themas Ressourceneffizienz für den Deutschen Ingenieurtag des VDI im Jahr 2009 stimuliert (Ploetz et al. 2009).

Literatur

Abele, T., Drathen, H., Kaiser, U., Laube, T., & Westerkamp, D. (2005). *Technologie-Roadmap: Prozess-Sensoren 2005–2015*. NAMUR-Geschäftsstelle (Hrsg.), Leverkusen.
Baron, W., Glauner, Ch., & Zweck, A. (2009). *Neue Berufsprofile. Übersichtsstudie*. VDI Technologiezentrum (Hrsg.), Schriftenreihe Zukünftige Technologien Consulting Nr. 82, Düsseldorf.
Becker, W., & Peters, J. (2000). *Technological Opportunities, Absorptive Capacities and Innovation*. Volkswirtschaftliche Diskussionsreihe Nr. 195, Universität Augsburg.
Brand, L., Hülser, T., Grimm, V., & Zweck, A. (2009). *Internet der Dinge. Übersichtsstudie*. VDI Technologiezentrum (Hrsg.), Schriftenreihe Zukünftige Technologien Consulting Nr. 80, Düsseldorf.
Brennecke, V. (1996). *Normsetzung durch private Verbände. Zur Verschränkung von staatlicher Steuerung und gesellschaftlicher Selbstregulierung im Umweltschutz*. Düsseldorf.
Bullinger, H.-J., Wörner, K., & Prieto, J. (1998). Wissensmanagement – Modelle und Strategien für die Praxis. In H. Bürgel (Hrsg.), *Wissensmanagement*. Berlin/Heidelberg, 21–40.
Callon, M., & Law, M. (1989). On the Construction of Socio-Technical Networks. *Knowledge and Society: Studies in Sociology of Past and Present*, Nr. 8, 57–83.
Cleemann, L., & Peiffer, S. (1992). *Identifikation und Bewertung von Ansätzen Zukünftiger Technologien, Technologiefrühaufklärung*. VDI Technologiezentrum (Hrsg.), Stuttgart, 99–120.
Dosi, G. (1988). The Nature of the Innovative Process. In G. Dosi, Freeman C., Nelson, R., Silverberg, G., & Soete, L. (Eds.), *Technical change and economic theory*. London, 221–238.
Draeger-Ernst, A. (2003). Vitalisierendes Intrapreneurship. Gestaltungskonzept und Fallstudie. In C. Steinle (Hrsg.), *Schriften zum Management*. München/Mering.
Ewald, A. (1989). *Organisation des Strategischen Technologiemanagements*. Berlin.
Flik, H. (1992). Das Amöbenkonzept: Die organisatorische Erschließung unternehmerischer Chancen in der GORE-Kultur. In H.-C. Riekhof (Hrsg.), *Strategien der Personalentwicklung*. 3., erweiterte Auflage. Wiesbaden: Gabler, 245–264.
Grimm, V., Glauner, C., Eickenbusch, H., & Zweck, A. (2008). *Wasserknappheit und Technologie*. VDI Technologiezentrum (Hrsg.), Schriftenreihe Zukünftige Technologien Consulting Nr. 76, Düsseldorf.

Heidenreich, M. (1997). Zwischen Innovation und Institutionalisierung. Die soziale Strukturierung technischen Wissens. In B. Blättel-Mink, & Renn, O. (Hrsg.), *Zwischen Akteur und System. Die Organisierung von Innovation*. Opladen, 177–206.

Kaiser, O., Eickenbusch, H., Grimm, V., & Zweck, A. (2008). *Zukunft des Autos*. VDI Technologiezentrum (Hrsg.), Schriftenreihe Zukünftige Technologien Nr. 75, Düsseldorf.

Latour, B. (2001). *Das Parlament der Dinge. Für eine politische Ökologie*. Frankfurt a. M.

Mensch, G. (1975). *Das technologische Patt. Innovationen überwinden die Depression.* Frankfurt a. M.

Ploetz, C., Reuscher, G., & Zweck, A. (2009). *Mehr Wissen – weniger Ressourcen*. VDI Technologiezentrum (Hrsg.), Schriftenreihe Zukünftige Technologien Consulting Nr. 83, Düsseldorf.

Rammert, W. (1993). *Technik aus soziologischer Perspektive 2. Kultur – Innovation – Virtualität*. Opladen.

Reuscher, G., Plötz, C., Grimm, V., & Zweck, A. (2008). *Innovationen gegen Rohstoffknappheit*. VDI Technologiezentrum (Hrsg.), Schriftenreihe Zukünftige Technologien Nr. 74, Düsseldorf.

Schumpeter, J. (1928). Der Unternehmer. In L. Elster (Hrsg.), *Handwörterbuch der Staatswissenschaften*. Band 8. Jena, 476–486.

Servatius H.-G. (1985). Methodik des strategischen Technologiemanagements. Berlin: Schmitt.

Zweck, A. (2002). Technologiefrüherkennung. Ein Instrument der Innovationsförderung. *Wissenschaftsmanagement. Zeitschrift für Innovation*, Nr. 2, 25–30.

Zweck, A. (2003). Zur Gestaltung technischen Wandels – Integriertes Technologie- und Innovationsmanagement begleitet Innovationen ganzheitlich. *Wissenschaftsmanagement. Zeitschrift für Innovation*, Nr. 2, 25–30.

Zweck, A. (2005a). Technologiemanagement – Technologiefrüherkennung und Technikbewertung. In B. Schäppi, Andreasen, M., Kirchgeorg, M., & Radermacher, F.-J. (Hrsg.), *Handbuch der Produktentwicklung*. München/Wien: Hanser, 169–193.

Zweck, A. (2005b). Qualitätssicherung in der Zukunftsforschung. *Wissenschaftsmanagement. Zeitschrift für Innovation*, Nr. 2, 7–13.

Zweck, A. (2006). Nanotechnologie, Technologiefrüherkennung, Innovationsmanagement und Perspektiven. In J. Gausemeier (Hrsg.), *Vorausschau und Technologieplanung*. Paderborn, 193–220.

Zweck, A., & Cebulla, E. (2012). Wissensmanagement als Beitrag für eine solidere Zukunftsforschung. In: Koschnick, W. J. (Hrsg.) FOCUS-Jahrbuch 2012. Prognosen, Zukunfts- und Trendforschung. München, 435–452.

Zweck, A., Miles, I., Keenan, M., Clar, G., Svanfeldt, C., & Europäische Kommission Generaldirektion Forschung (Hrgs.) (2002). *Praktischer Leitfaden für die regionale Vorausschau in Deutschland*. Luxemburg: Amt für Amtliche Veröffentlichungen der Europäischen Gemeinschaften. ISBN 92-894-4702-8, EUR 20478.

Fraunhofer-Zukunftsforschung für die Fraunhofer-Gesellschaft

Kerstin Cuhls, Ewa Dönitz, Elna Schirrmeister und Lothar Behlau

1 Einleitung

Die Mission der Fraunhofer-Gesellschaft ist es, „international vernetzt anwendungsorientierte Forschung zum unmittelbaren Nutzen für die Wirtschaft und zum Vorteil für die Gesellschaft" zu betreiben. Die Fraunhofer-Gesellschaft ist dezentral organisiert. Die einzelnen Fraunhofer-Institute tragen dabei mit system- und technologieorientierten Innovationen zur Wettbewerbsfähigkeit der jeweiligen Region, Deutschlands oder auch Europas bei. Dabei zielen diese Innovationen auf eine „wirtschaftlich erfolgreiche, sozial gerechte und umweltverträgliche Entwicklung der Gesellschaft" und werden für Auftraggeber aus Industrie und Politik entwickelt. Um dieser Mission gerecht zu werden, findet die strategische Planung von Forschung und Entwicklung weitgehend in den Instituten und den sieben sogenannten „Verbünden" statt, in denen thematisch ähnlich ausgerichtete Institute zusammengefasst sind. Unterstützung finden die Institute über die Zentrale, die diese strategischen Planungsaktivitäten mit einem Prozess zur Identifikation und Weiterentwicklung von breiteren Forschungsthemen (Fraunhofer Zukunftsthemen) komplementiert (s. auch Klingner et al. 2008) und darüber hinaus die Weiterentwicklung der Fraunhofer-Gesellschaft insgesamt gestaltet.

Die Fraunhofer-Gesellschaft ist Deutschlands größte Vertragsforschungseinrichtung der angewandten Forschung. Sie ist, wie schon erwähnt, dezentral organisiert. „Zukunftsforschung" ist daher in unterschiedlichen Formen und mit verschiedenen methodischen Ansätzen sowohl in den einzelnen Instituten als auch in der Zentrale fest verankert. Drei der AutorInnen erarbeiten und testen am Fraunhofer-Institut für System- und Innovationsforschung (ISI) neue Methoden für die Vorausschau. Hierfür legen sie eine breite Definition der Begriffe „Foresight/Vorausschau" bzw. „Zukunftsforschung" zugrunde.

Nachdem sich Foresight international etabliert hatte, wurde auch das Interesse der strategischen Abteilung in der Zentrale der Fraunhofer-Gesellschaft an einem Einsatz von Foresight-Methoden – und damit der Zukunftsforschung – oder der Nutzung externer Vorausschau-Ergebnisse geweckt. So kam es zu ersten Projekten der Fraunhofer-Zentrale, die jeweils zum Ziel hatten, zusätzliche neue Forschungsthemen aufzufinden oder die eigenen Kräfte auf neue Themen hin zu bündeln. Seither wird Zukunftsforschung im breiteren Sinne, mit unterschiedlichen Zielen und methodischen Ansätzen, auch in der Fraunhofer-Gesellschaft in regelmäßigen Abständen eingesetzt.

Der vorliegende Beitrag stellt drei dieser Ansätze dar und erläutert methodisch, wie Zukunftsforschung in der Fraunhofer-Gesellschaft angewandt wird.

Der *erste Ansatz* besteht in den „Zukunftsperspektiven", die regelmäßig zur Identifizierung von Themen durchgeführt wurden, in denen institutsübergreifende Forschung notwendig ist und mit denen sich Fraunhofer auch international in der Forschung positionieren kann.

Der *zweite Ansatz*, betitelt mit „Märkte von Übermorgen", fragt nach den Herausforderungen der Zukunft und erarbeitet einen Rahmen für Beiträge, die Fraunhofer-Institute übergreifend zur Lösung bereitstellen können.

Der *dritte Ansatz* skizziert zukünftige Umfeld-Szenarien und zeigt auf, wie interne Szenarien bei der Weiterentwicklung der strategisch-organisatorischen Aufstellung der Fraunhofer-Gesellschaft genutzt werden können.

2 Zukunftsforschung in der Fraunhofer-Gesellschaft

Unter „Foresight" bzw. im Deutschen der „Vorausschau" verstehen wir die strukturierte Auseinandersetzung mit komplexen Zukünften. Foresight ist ein systematischer Ansatz, der sich aller Methoden der Zukunftsforschung bedient (Cuhls 2008; Technology Futures Analysis Methods Working Group 2004; Martin 1995a, 1995b, Coates et al. 1994; Coates 1985 und andere).

Die Vorausschau ist prospektiv, kann jedoch keine deterministischen Voraussagen treffen, sondern trägt sowohl normative als auch explorative Züge. Daher wurden auch in der Fraunhofer-Gesellschaft gezielt die Begriffe „Vorausschau"/„Foresight" (zur Entstehung des Foresight-Begriffs siehe Martin 2010) im Sinne von „einen offenen Blick in die Zukunft werfen" gewählt. Die Pioniere der amerikanischen Vorausschau sprachen anfangs sogar von einem Vorauswissen, „foreknowledge" (Cuhls 1998). „Vorausschau"/„Foresight" und „Zukunftsforschung" werden inzwischen fast synonym verwendet.

In der Zukunftsforschung geht es auch um die Interaktion der relevanten AkteurInnen. Im Zentrum steht die aktive Vorbereitung auf die auch langfristige Zukunft und die Gestaltung der Zukunft. Dafür werden permanent neue Methoden entwickelt oder bekannte weiterentwickelt. Die OrganisatorInnen der Prozesse versuchen dabei, den systemischen Kontext einzubeziehen. Deshalb ist der Blick in die Zukunft immer breit und umfassend und schließt multiple Perspektiven mit ein (Linstone 1999). Gleichzeitig ist die Zukunftsforschung offen für unterschiedliche Pfade in die Zukunft und das Denken in Alternativen (Abb. 1). Aus diesem Grund wird die im Deutschen etwas ungewohnte Pluralform „Zukünfte" genutzt.

Für Entscheidungen heute muss eine Zukunft ausgewählt werden, auf die man sich vorbereiten bzw. die man möglich machen kann. Diese Option kann auch ein „Business as usual" für die Zukunft sein. Es ist dabei wichtig, sich zu verdeutlichen, welche Zukunft gerade untersucht wird:

- die mögliche Zukunft bzw. mögliche Zukünfte (Was liegt vor uns? Welche Möglichkeiten gibt es?),
- die wahrscheinliche Zukunft (Welche dieser möglichen Zukünfte sind die wahrscheinlichsten?),
- die wünschenswerte Zukunft (Was wollen wir? Wohin wollen wir?) oder
- Visionen.

Abbildung 1: Fragen, die mit Zukunftsforschungs-Aktivitäten angegangen werden.

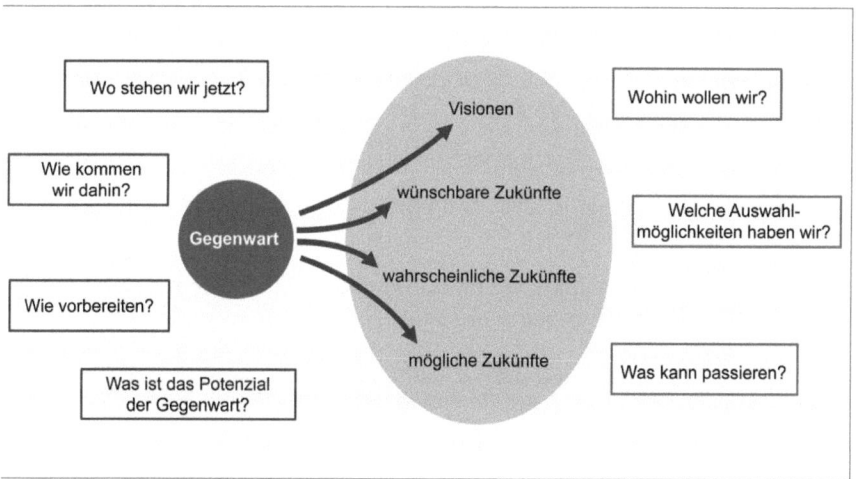

Im Rahmen der Zukunftsforschung gibt es sehr viele unterschiedliche Vorgehensweisen (Georghiou et al. 2008; Harper et al. 2008; Cuhls 2008; Cuhls und Jaspers 2004; oder http://www.foresight-platform.eu/foresight-briefs/). Zukunftsforschung kann auf allen Ebenen ansetzen: international, national, regional, in Unternehmen, Verbänden, in Einzelgruppen oder mit einzelnen Personen. In öffentlichen Institutionen, besonders auch in Ministerien, können in der letzten Zeit viele unterschiedliche Aktivitäten unter Verwendung von Methoden der Zukunftsforschung beobachtet werden (Cuhls 2008; Popper 2009; Blind et al. 1999). Die Aktivitäten haben unterschiedliche, spezifische Ziele. Die meisten zentrieren sich um folgende Intentionen:

- Förderung des langfristigen Denkens in ausgewählten Organisationen,
- sich einen Überblick über zukünftige Entwicklungen verschaffen,
- dabei Transparenz schaffen über neuen Bedarf, Bedürfnisse,
- Beobachtung und Detaillierung der Forschung in ausgewählten technologischen, sozialen und ökologischen Bereichen,
- Entwicklung neuer Auswahlmöglichkeiten und Ideen,
- wünschenswerte und unerwünschte Zukünfte ausloten,
- Prospektion der Wirkungen derzeitiger Forschungs- und Technologiepolitik,
- Prioritätensetzung auf der Grundlage eines Impact- bzw. Chancen-Assessments sowie
- generell kontinuierliche Diskussionsprozesse starten und interdisziplinäre Kooperationen stimulieren.

Entsprechend werden unterschiedliche Erwartungen in diesen Zusammenhängen gehegt, besonders dann, wenn die Vorausschau als strukturierte Auseinandersetzung mit komplexen Zukünften angesehen wird und die Zukunftsforschung sich entsprechend ausrichtet. In den folgenden Abschnitten werden die Erwartungen und Vorgehensweisen der Fraunhofer-Gesellschaft erläutert.

3 Zukunftsforschung für die Einspeisung neuer Inhalte in das Fraunhofer-Portfolio

Abbildung 2: Drei strukturierte Prozesse zur Identifikation von Zukunftsthemen.

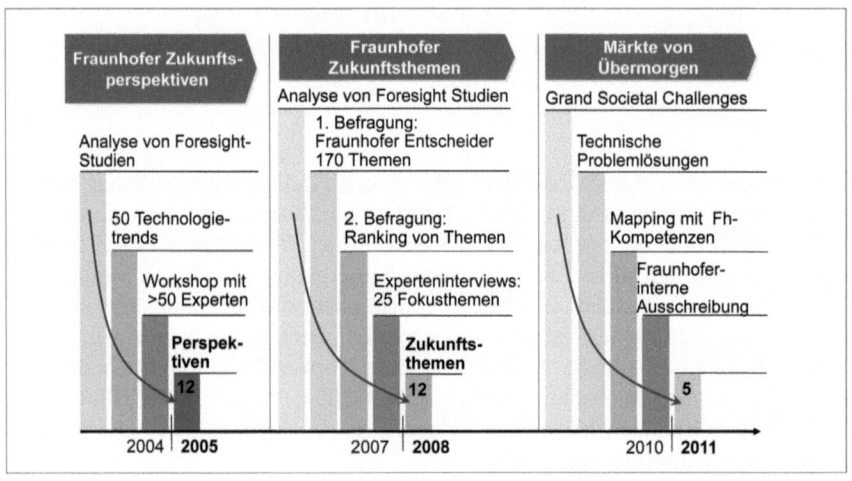

Fraunhofer-Zukunftsforschung für die Fraunhofer-Gesellschaft   147

In der Fraunhofer-Gesellschaft wurden drei unterschiedliche Prozesse der Erarbeitung von Zukunftsthemen zur Ergänzung des Themenportfolios durchgeführt. Die drei Prozesse bauten aufeinander auf, waren lernende Prozesse und bezogen jeweils Mitarbeiter und Mitarbeiterinnen aus der gesamten Fraunhofer-Gesellschaft ein. Abbildung 2 gibt einen Überblick über die im Folgenden näher beschriebenen Prozesse.

3.1 Zukunftsperspektiven: Identifizierung von Fraunhofer-Themen

Der erste übergreifende Prozess, der Methoden der Zukunftsforschung zugrunde legte, waren die „Fraunhofer Innovationsthemen" im Jahre 2005. Dieser Prozess verlief in drei Phasen und war auf der einen Seite als Ergänzung des sich stark organisch aus den Instituten heraus entwickelnden Fraunhofer-Themenportfolios angedacht, auf der anderen Seite diente er der Identifikation von etwa zehn besonders zu verfolgenden, übergreifenden „Fraunhofer Innovationsthemen". Die Phasen waren:

1. Phase: Diverse externe nationale und internationale Foresight-Studien und Strategiepapiere wurden analysiert und in einem sogenannten „Basispapier" mit 1.000 einzelnen Themen in 50 Technologiefeldern zusammengetragen. Die Kapazitäten der WissenschaftlerInnen aus der Fraunhofer-Gesellschaft, die in diesen Feldern arbeiten, wurden analysiert.

2. Phase: Auf der Basis dieser Studien wurden 30 Innovationsthemen in einem breiteren Prozess von Bottom-up-Workshops kleineren Formats bis zu einem Workshop mit mehr als 100 TeilnehmerInnen generiert.

3. Phase: Kleine Gruppen entwarfen Konzepte für die bis dahin ausgewählten 30 Innovationsthemen. Aus diesen 30 Konzepten wurden die zwölf finalen „Fraunhofer Innovationsthemen" bzw. „Zukunftsperspektiven" ausgewählt.

In diesem ersten Prozess wurden einerseits sehr breite Felder, andererseits Fraunhofer-spezifische Themen generiert. Diese sehr unterschiedliche Granularität machte es schwierig, die Perspektiven einheitlich weiterzuverfolgen. Erstmals wurde damit ein sehr breiter Dialog auf der zentralen Ebene der Fraunhofer-Gesellschaft angestoßen; es wurden die folgenden zwölf „Perspektiven für Zukunftsmärkte" kommuniziert:

1. Internet der Dinge. Selbst ist das Paket!
2. Intelligente Produkte und Umgebungen. Allzeit bereite, unsichtbare Helfer
3. Mikroenergietechnik. Power für unterwegs
4. Adaptronik. Strukturen werden aktiv
5. Simulierte Realität: Werkstoffe, Produkte und Prozesse. Die Zukunft im Rechner

6. Mensch-Maschine-Interaktion. Nie mehr Knöpfe drücken
7. Grid Computing. Rechnen Sie doch, wo Sie wollen!
8. Integrierte Leichtbausysteme. Schlankheitskur für Auto und Co.
9. Industrielle weiße Biotechnologie. Die Natur als chemische Fabrik
10. Tailored Light. Licht als Werkzeug
11. Polytronik. Gedruckte Elektronik – leuchtende Tapeten
12. Security. Sicherheit durch Hightech

2008 wurde ein zweiter Prozess gestartet. Dieser sollte durch die Generierung innovativer Themen mit wirtschaftlicher und gesellschaftlicher Relevanz Kooperationen über unterschiedliche Wissensgebiete anstoßen (sogenannte „Fraunhofer Futures"). Wieder wurde der drei Jahre laufende Prozess durch die Zentrale der Fraunhofer-Gesellschaft gesteuert und koordiniert. Die so entstandenen „Fraunhofer Perspektiven für Zukunftsmärkte" sollten in die Forschungsmärkte und in die Öffentlichkeit kommuniziert werden. Intern wurden sie als Schlüsselprojekte für eine limitierte Zeit finanziert, um ihre Entwicklung zu stimulieren.

Zu Beginn des Prozesses wurden Kriterien formuliert, die an die neuen Fraunhofer Zukunftsthemen angelegt werden sollten (Klingner et al. 2008). Im Zentrum des Prozesses standen zwei Befragungen in den Fraunhofer-Instituten und bei externen, aber assoziierten ExpertInnen aus den Kuratorien der Institute. Die zweite Befragung wurde durch Themen aus neuen Vorausschau-Studien angereichert. Die Ergebnisse der Studien wurden interpretiert, diskutiert, von kleinen ExpertInnengruppen („Generalisten") geclustert – und schließlich wurde zu jedem identifizierten Zukunftsthema ein Workshop zur Detaillierung der Themen durchgeführt. In der ersten Befragung wurde eine offene Art der Fragestellung gewählt. Fraunhofer-ExpertInnen aus den Instituten, 80 InstitutsleiterInnen und mehr als 500 Gruppen- oder AbteilungsleiterInnen wurden nach ihren jeweils fünf präferierten Zukunftsthemen gefragt, welche die in Klingner et al. 2008 genannten Kriterien erfüllen sollten. Die Rücklaufquote betrug 60 Prozent, und insgesamt 170 Themen wurden zusammengetragen.

Parallel dazu wurden externe nationale Foresight-Studien und Zukunftsstudien aus Unternehmen analysiert. In der zweiten Umfrage wurden abgeleitete Technologiegebiete mit ihren Themen zur Diskussion gestellt und die Ergebnisse aus den externen Foresight-Studien sichtbar eingefügt. Die Befragung wurde online durchgeführt. Die Rücklaufquote betrug 42 Prozent (436 Antwortende).

Eine Gruppe von drei Generalisten clusterte die quantitativen Ergebnisse der zweiten Befragungsrunde gemeinsam mit spezifischen ExpertInnen der entsprechenden Felder zu 13 Feldern. Diese Cluster wurden mit weiteren Fachleuten diskutiert und zu zwölf Workshop-Themen synthetisiert, für die Fraunhofer-Roadmaps erarbeitet wurden. Auf diese Weise entstanden zwölf Zukunftsthemen für die gesamte Fraunhofer-Gesellschaft, die über eine strategische, zeitlich begrenzte Finanzierung gefördert wurden.

3.2 Märkte von Übermorgen als Herausforderungen für die Zukunft

In der Lund Declaration 2009 wurde die Forderung formuliert, europäische Forschung solle sich auf die großen Herausforderungen (Grand Challenges) unserer Zeit konzentrieren und über die einzeldisziplinären Ansätze hinausgehen. Dies hat die Diskussion zu Herausforderungen und bedarfsorientierten Ansätzen versus Forschungs- und Technologie-Angebot (Science and Technology Push) stark angefacht. Die großen Herausforderungen werden auf allen Ebenen diskutiert, sogar das neue EU-Rahmenprogramm „Horizon 2020" wird stärker Programme hervorheben, die auf „Social Challenges" (European Commission 2011, p. 5ff) basieren und Budgets dafür zur Verfügung stellen.

Entsprechend ihrer oben genannten Mission ist die Fraunhofer-Gesellschaft daher prädestiniert, sich ebenfalls an den großen Herausforderungen zu orientieren. Daher wurde ein neuer Ansatz ins Leben gerufen, die sogenannten „Märkte von Übermorgen". Diese stehen in der direkten Folge der Fraunhofer Zukunftsperspektiven und Zukunftsthemen, sollten aber einen weniger von Technologie getriebenen Ansatz verfolgen. Dieser neue strategische Prozess sollte sich mehr an bedarfs- bzw. nachfragegetriebenen Herausforderungen orientieren, die Prinzipien der Corporate Social Responsibility (CSR, im Sinne einer verantwortlichen Unternehmensführung) verfolgen und gleichzeitig für Fraunhofer neue Forschungsmärkte auffinden.

Für die Fraunhofer-Gesellschaft hatte sich die Frage nach einer stärkeren Ausrichtung auf die Bedarfe der Zukunft schon früher gestellt, denn innerhalb der gesamten Gesellschaft mit ihren 60 Instituten gibt es ein sehr breites Forschungsportfolio mit einer großen Bandbreite an wissenschaftlichen Disziplinen, Anwendungen und verfügbarem Wissen. Deshalb wurde angenommen, dass durch intelligente Kooperation die globalen Herausforderungen adressiert werden können. Durch die Ausrichtung gezielter Kooperationen auf einen Lösungsansatz, der verspricht, frühzeitig anwendbare Ergebnisse zu liefern, sollte für Fraunhofer ein Mehrwert entstehen. Die Frage lautete jedoch: Welche sind die globalen Herausforderungen und Fragen der Zukunft? Worauf sollten sich die gemeinsamen Anstrengungen der Fraunhofer-Gesellschaft richten, um gesellschaftliche Auswirkungen zu induzieren?

In einem mehrstufigen Prozess (siehe Abb. 3) wurden zunächst diejenigen „Global Challenges" identifiziert, auf die sich die interne Kooperationsforschung der Fraunhofer-Institute ausrichten sollte. Es ging dabei um den Entwurf konkreter Problemlösungen. Für diese wurden Geldmittel bereitgestellt, um den WissenschaftlerInnen möglichst viel Freiheit für ihre Ideen zu geben. Die Summe an Geldern, die für die siegreichen Konsortien zur Verfügung stehen sollte, war für Fraunhofer-Verhältnisse sehr hoch. Um diese finanzielle Unterstützung konnten sich je drei oder mehr Fraunhofer-Institute mit ihren konkreten, interdisziplinären Projektideen bewerben. Gleichzeitig wurden so die – manchmal in ihren technischen Ansätzen gefangenen – Fraunhofer-ForscherInnen gezwungen, über ihren Tellerrand hinauszublicken. Ziel war es, Projekte mit einem hohen „Impact" auf die gesellschaftlichen Fragen der Zukunft zu generieren. Die Projekte sollten neue Vertragsforschungsmärkte in einer Drei- bis Sieben-Jahres-Perspektive und reale Märkte in einer Perspektive von fünf bis zehn Jahren eröffnen. Die großen globalen Herausforderungen bildeten also den Rahmen für den zweiten Bottom-up-Teil des Prozesses.

Ausgangspunkt für den Prozess war der „State of the Future"-Bericht des UN-Millennium-Projektes aus dem Jahre 2009 (Glenn et al. 2009). Diese Studie definiert 15 globale Herausforderungen. Jede dieser Herausforderungen wurde vom Fraunhofer-Team sorgfältig diskutiert, denn nicht alle konnten als Basis der Fraunhofer-Forschung dienen. Das Team bestand aus Personen der Fraunhofer-Zentrale und des Fraunhofer-Instituts für System- und Innovationsforschung (ISI) in Karlsruhe. Es wurden nur solche Herausforderungen ausgewählt, für die technische Lösungen sinnvoll erschienen, wie zum Beispiel: Wie kann dem steigenden Energieverbrauch sicher und effizient begegnet werden?, oder: Wie kann allen Menschen sauberes Trinkwasser bereitgestellt werden?

Abbildung 3: Überblick über das Vorgehen bei der Erarbeitung von „Herausforderungen".

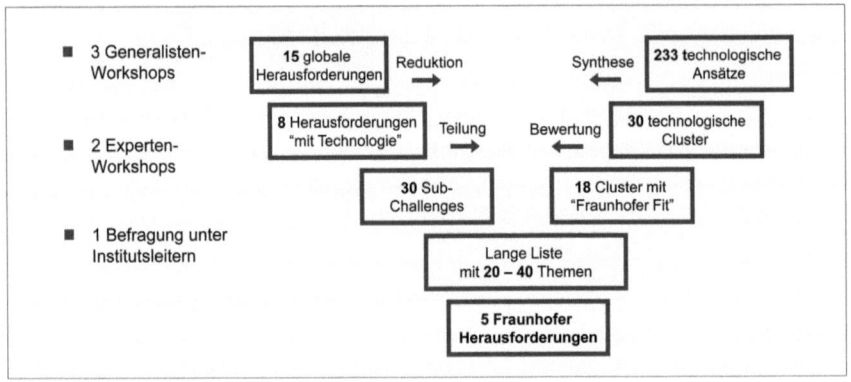

Das Generalisten-Team von Fraunhofer bewertete die in der Studie genannten technischen Lösungsansätze danach, inwieweit sie in das Fraunhofer-Forschungsportfolio passen. Nach einer Reihe von Workshops wurden am Ende der ersten Phase mit dem Generalisten-Team folgende globale Herausforderungen formuliert:

- Verlustarme Erzeugung, Verteilung und Nutzung elektrischer Energie,
- Bezahlbare Gesundheit,
- Produzieren in Kreisläufen,
- Emissionsarme, zuverlässige Mobilität in urbanen Räumen,
- Erkennen und Beherrschen von Katastrophen.

Die Fraunhofer-Herausforderungen dienten als Rahmen für eine interne wettbewerbliche Ausschreibung. Ein Programm wurde definiert, bei dem Institutskonsortien, bestehend aus mindestens vier Instituten, gemeinsame Projekte vorschlagen konnten. Sie mussten dabei ihr Verständnis der Herausforderung erläutern und darlegen, wie ihr Lösungsansatz einen bestimmten Aspekt der Herausforderung adressieren kann. Die antizipierten Auswirkungen des Projektes sollten möglichst quantifiziert werden, inklusive einer Angabe zum Marktpotenzial für Fraunhofer.

Ein Auswahlgremium, bestehend aus Fraunhofer-WissenschaftlerInnen und externen ExpertInnen, evaluierte die Anträge. Die überzeugenden Vorschläge bekamen eine substanzielle Förderung für drei Jahre. Im Bereich „Mobilität und Sicherheit" konnte in der ersten Ausschreibungsrunde kein Projekt ausgewählt werden; diese Herausforderungen wurden daher in einer zweiten Runde von Ausschreibungen noch einmal aufgenommen. Im Folgenden werden die ausgewählten Projekte knapp beschrieben (s. auch http://www.fraunhofer.de/de/fraunhofer-forschungsthemen/uebermorgen-projekte.html).

Bezahlbare Gesundheit

Übermorgen-Projekt „SteriHealth" – Für bessere Hygiene in der Medizin: Im Projekt SteriHealth wird an Lösungen geforscht, um das Infektionsrisiko durch verschmutztes Operationsbesteck zu mindern. Die Wissenschaftler wollen eine Prozesskette erarbeiten, um verpackte Medizinprodukte für Krankenhaus, Arztpraxis und Altenpflege keimfrei zu machen – von der Herstellung über die Verpackung bis zur Anwendung –, preiswert und vor Ort.

Übermorgen-Projekt „SkinHeal" – Heilende Haut in der Petrischale: Die Behandlung chronischer Wunden effektiver zu machen und es dem Patienten zu ermöglichen, selbst zu überprüfen, ob die offene Stelle abheilt oder ob Bakterien hineingelangt sind, ist der Ansatz des Projekts.

Produzieren in Kreisläufen

Übermorgen-Projekt „Molecular Sorting" – Perfekt getrennt – ressourcenschonend produziert: Mit konventionellen Recycling- und Produktionsprozessen lassen sich Primärrohstoffe künftig nicht mehr wirtschaftlich sinnvoll ersetzen. Das Team entwickelt neue Trenn- und Sortiertechniken bis hinab auf die molekulare Ebene.

Verlustarme Erzeugung, Verteilung und Nutzung elektrischer Energie

Übermorgen-Projekt „Die Energiewende als Treiber für die Wirtschaft": Die Umstellung auf eine regenerative Energieversorgung rechnet sich künftig auch wirtschaftlich. Verschiedene Studien zeigen, dass eine Energiewende das Bruttoinlandsprodukt in den kommenden zehn Jahren steigern und neue Arbeitsplätze schaffen kann. Im Projekt sollen Konzepte und Lösungen für eine Wende hin zu regenerativen Energien erarbeitet werden.

Übermorgen-Projekt „Supergrid" – Strom effizient erzeugen, speichern und verteilen: Sonne, Wind, Biomasse, Wasser – Strom kommt künftig aus vielen unterschiedlichen Quellen und aus verschiedenen Ländern. Schon in einigen Jahrzehnten könnte ein Teil der in Europa benötigten elektrischen Energie aus Nordafrika stammen. Doch das erfordert neue Übertragungs- und Speichertechnik. In dem Übermorgen-Projekt „Supergrid" wird an Komponenten und Systemen gearbeitet, um elektrische Energie zuverlässig erzeugen, speichern und verteilen zu können.

Übermorgen-Projekt „Hybride Stadtspeicher": Strom könnte zukünftig nicht nur zentral in Großspeichern, sondern auch dezentral gespeichert werden, bei den VerbraucherInnen zuhause – etwa direkt in Lithium-Batterien –, oder aber indirekt durch intelligente Stromerzeuger und -verbraucher. Regeln soll dies eine Kombination aus Soft- und Hardware, die im Projekt entwickelt wird. Das Konzept der hybriden Stadtspeicher umfasst sowohl die Strom- als auch die Wärmeerzeugung.

Emissionsarme, zuverlässige Mobilität in urbanen Räumen

Übermorgen-Projekt „Gemeinschaftlich-e-Mobilität: Fahrzeuge, Daten und Infrastruktur GeMo": Autos nicht kaufen, sondern teilen – Car-Sharing gibt es in vielen Großstädten. Daraus leitet sich die Idee für das Projekt ab: In der elektromobilen Zukunft nutzen die StädterInnen viele Fahrzeuge und die Infrastruktur gemeinschaftlich.

Erkennen und Beherrschen von Katastrophen

Übermorgen-Projekt „Sensornetzwerk mit mobilen Robotern für das Katastrophenmanagement SENEKA": Ob die Erde bebt oder ein Tsunami übers Land fegt – trotz aller Vorwarnsysteme kommen Naturkatastrophen häufig überraschend. Umso wichtiger ist es für die Rettungsmannschaften, die Situation schnell zu erfassen. Im Übermorgen-Projekt „SENEKA" wird daran geforscht, wie die von den HelferInnen benutzten verschiedenen Roboter und Sensorsysteme situationsabhängig miteinander vernetzt werden können, um im Ernstfall schneller und effizienter nach Opfern und Überlebenden suchen zu können.

Erstmals hat Fraunhofer damit einen transparenten Prozess interner Ausschreibungen durchgeführt, der sich an „Grand Challenges" und damit per se an einer längerfristigen Zukunft orientiert. Es war auch das erste Mal, dass Fraunhofer eine derartige thematische Vorgabe für die internen Ausschreibungen machte. Der Zukunftsprozess erfolgte gleichzeitig Top-down und Bottom-up, es war ein lernender Prozess, um bedarfs- und anwendungsorientiertes Denken über Institute hinweg zu fördern und gleichzeitig zu neuen Forschungsthemen (daher: Märkte von Übermorgen) zu gelangen. Durch den kooperativen und transdisziplinären Problemlösungsansatz wurde zusätzlich das Bewusstsein für Nachhaltigkeitsaspekte bei Fraunhofer gestärkt. Eine breite Kommunikation über das Programm begleitete die Ausschreibungsrunde. Mehr als 230 Fraunhofer-Teams haben sich bisher an den Ausschreibungen beteiligt, 43 Projektanträge wurden intensiv diskutiert. Alle repräsentieren bereits gemeinsame, zukunftsgerichtete und interdisziplinäre Arbeiten jenseits rein technischer Ansätze. Die durch die Ausschreibung geknüpften neuen Verbindungen und gemeinsamen Interessen der sehr unterschiedlichen WissenschaftlerInnen sollen zu neuen Ideen führen – und vielleicht auch zu weiteren Fraunhofer-internen und -externen Projekten.

4 Zukunftsforschung für die strategisch-organisatorische Aufstellung der Fraunhofer-Gesellschaft

Im Rahmen der Zukunftsforschung für die strategisch-organisatorische Aufstellung der Fraunhofer-Gesellschaft wurde die Szenario-Methodik ausgewählt, die sich in der Planungspraxis mehrmals bewährt hat. Szenarien sind ein langjährig erprobtes Instrument für den bewussten Umgang mit Unsicherheiten. Die Vorgehensweise bei der Erstellung von Szenarien war anfangs stark durch die Erfahrungen des Shell-Konzerns geprägt. Bereits in den 1970er Jahren benutzte Shell erfolgreich Szenarien zur Generierung und Evaluierung von Unternehmensstrategien (Schoemaker 1995, S. 25). Das Verfahren basierte auf fünf Hauptschritten:

1. Problemdiskussion,
2. Identifizierung und Auswahl der Einflussfaktoren,
3. Entwicklung von Zukunftsannahmen für ausgewählte Einflussfaktoren und Zusammenstellung der Szenarien,
4. Überprüfung der Konsistenz der Szenarien sowie
5. Entwicklung und Testen von Strategien.

Im Folgenden wird zunächst die Szenarien-Entwicklung am Fraunhofer-Institut für System- und Innovationsforschung (ISI) dargestellt. Das ISI hat den dritten Ansatz für die Zukunftsforschung bei Fraunhofer, einen Szenario-Prozess, methodisch begleitet

4.1 Szenarien-Entwicklung am Fraunhofer ISI

Aufgrund der zunehmenden praktischen Anwendung der Szenario-Methoden für verschiedene Fragestellungen wurden im Laufe der Jahre viele Ansätze zur systematischen Entwicklung von Szenarien erarbeitet, die sich grundsätzlich durch eine jeweils eigene, spezifische Abgrenzung der einzelnen Schritte (Geschka und Reibnitz 1981) bzw. Phasen (Gausemeier et al. 1996; Godet 2000, S. 10-13) sowie durch die Tiefe ihrer Bearbeitung voneinander unterscheiden. Den jeweiligen Schritten werden bestimmte Aufgaben zugeordnet, damit das zu Anfang definierte Problem systematisch bearbeitet werden kann. Einen umfassenden Überblick über die verschiedenen Szenario-Ansätze bieten Kosow und Gaßner (2008, S. 18f), Herzhof (2005, S. 19-29), Postma und Liebl (2005, S. 162-166) sowie Götze (1993, S. 71-141).

Szenario-Projekte am Fraunhofer ISI setzen sehr stark auf einen Workshop-Ansatz und betonen damit den Prozessnutzen. In den Szenario-Projekten werden quantitative und qualitative Faktoren parallel bearbeitet und in Szenarien integriert. Aufbauend auf unterschiedlich umfangreichen Hintergrundrecherchen erfolgt zunächst als wichtiger Teilschritt die Entwicklung der Zukunftsannahmen. Um dem Grundgedanken der Offenheit der Zukunft im Sinne eines „Thinking the Unthinkable" Rechnung zu tragen, wird dabei oftmals ein „Sprung in die Zukunft" in Form eines Workshops gewagt, bei dem es zunächst nur darum geht, eine gedanklich oder argumentativ vorstellbare Welt zu skizzieren (Seidl und Werle 2011, S. 292), für die jedoch noch keine notwendigen Schrittfolgen oder eine Roadmap bekannt sind. Die Entwicklung der Zukunftsannahmen wird mit Kreativitätsmethoden kombiniert, um sicherzustellen, dass die Annahmen nicht nur eine Weiterführung der Entwicklung in der Vergangenheit widerspiegeln. In vielen Projekten werden externe ExpertInnen in den Prozess eingebunden, um eine Ausweitung des Wahrnehmungsbereichs zu unterstützen.

Abbildung 4: Szenarien am Fraunhofer ISI.

Ein wichtiges kreatives Element, das am Fraunhofer ISI bereits in vielen Szenario-Prozessen genutzt wurde, ist die interaktive Visualisierung der Zukunftsannahmen während des Workshops. Die Visualisierung unterstützt nicht nur die Aufnahmebereitschaft und -kapazität einer Gruppe, sondern dient auch einer Fokussierung auf die wesentlichen Informationen.

Wie in der Szenario-Analyse üblich, erfolgt die Entwicklung der Zukunftsannahmen zunächst für einzelne Faktoren, ohne die Wechselwirkungen zwischen den Entwicklungen zu berücksichtigen. Ausgehend von den vorliegenden Zukunftsannahmen für einzelne Einflussfaktoren werden in der nächsten Phase des Szenario-Prozesses die eigentlichen Szenarien generiert. Für diesen Schritt der Szenario-Generierung wurden in der Vergangenheit sehr unterschiedliche Vorgehensweisen entwickelt. Grundsätzlich kann man zwischen der modellgestützten und der intuitiven Szenario-Entwicklung unterscheiden. Die in Europa und im deutschsprachigen Raum weit verbreitete modellgestützte Szenario-Entwicklung nutzt mathematische Algorithmen, um komplexe Zukunftssituationen zu handhaben (Mietzner 2009, S. 117). Der ursprünglich in den USA entwickelte intuitive Ansatz lehnt ein stark standardisiertes Vorgehen und den Einsatz von mathematischen Algorithmen ab.

Am Fraunhofer ISI werden sowohl modellgestützte als auch intuitive Szenarien entwickelt. Unabhängig von der Vorgehensweise wird jedoch in jedem Fall das Ziel verfolgt, mehrere in sich stimmige, konsistente Szenarien zu generieren. Die Ausgestaltung des Szenario-Prozesses erfolgt jeweils abgestimmt auf die Zielsetzung. Inwieweit die Entwicklung von Handlungsoptionen und die Ableitung von strategischen Optionen und Roadmaps Bestandteile des Szenario-Prozesses sind, hängt von der Zielsetzung des Projektes ab. Zusammenfassend lassen sich Szenario-Prozesse des Fraunhofer ISI durch folgende Merkmale charakterisieren (s. auch Abb. 4):

- Nutzung kollektiver Intelligenz und Vermeidung von „Group Thinking",
- Reduzierung der Komplexität für eine kreative Diskussion der Einzelfaktoren,
- „Sprung in die Zukunft" ohne Diskussion der Zwischenschritte,
- systematische Betrachtung alternativer Entwicklungsmöglichkeiten jedes Faktors,
- Unterstützung interdisziplinärer Diskussionsprozesse durch Visualisierung,
- systematische Analyse komplexer Zusammenhänge,
- Diskussion mehrerer konsistenter Szenarien,
- Analyse von Handlungsoptionen für alternative Szenarien.

4.2 Szenarien für die Fraunhofer-Gesellschaft

Die Szenarien für die Fraunhofer-Gesellschaft werden in einem mehrstufigen Prozess entwickelt, der noch nicht vollständig abgeschlossen ist. Während im ersten Schritt unter der Überschrift „In welcher Zukunft forschen wir?" nur das zukünftige Umfeld der Fraunhofer-Gesellschaft analysiert wurde, wurden im Anschluss daran auch interne Entwicklungsmöglichkeiten betrachtet, die direkt von der Fraunhofer-Gesellschaft beeinflusst werden können. Für die Betrachtung längerfristiger struktureller Entwicklungen wurde als Zeithorizont das Jahr 2025 ausgewählt. Sowohl bei den Umfeld-Szenarien als auch bei den internen Szenarien wurde nicht nur Deutschland – als wichtigster Standort der Fraunhofer-Gesellschaft – berücksichtigt, sondern die europäische Forschungslandschaft bzw. eine global agierende Fraunhofer-Gesellschaft als Betrachtungsgegenstand definiert. Wie in Abbildung 5 skizziert, wurden drei unterschiedliche, in sich konsistente Szenarien für die Entwicklungen im Umfeld der Fraunhofer-Gesellschaft erarbeitet. Diese Umfeld-Szenarien waren der Ausgangspunkt für die Entwicklung von sechs internen Szenarien, die als mögliche Reaktionsmuster (je zwei pro Umfeld-Szenario) auf die unterschiedlichen Umfeld-Entwicklungen bezeichnet werden können. Diese internen Szenarien sind nicht normativ geprägt, sondern veranschaulichen die Handlungsspielräume.

Abbildung 5: Umfeld-Szenarien und interne Szenarien.

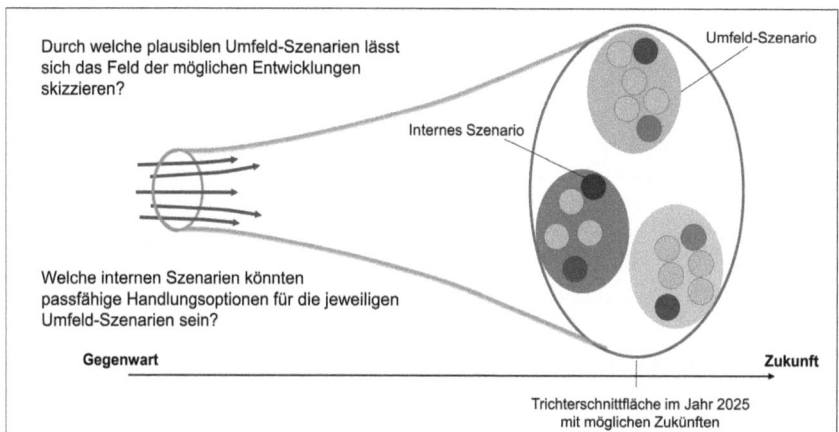

4.3 Umfeld-Szenarien: In welcher Zukunft forschen wir?

Externe Szenarien beschreiben Rahmenbedingungen für die Aktivitäten eines Unternehmens, einer Organisation bzw. ihrer einzelnen Teilbereiche. Hier werden häufig die unterschiedlichen politischen, wirtschaftlichen, technologischen und gesellschaftlichen Aspekte verknüpft. Die Berücksichtigung relevanter Einflussbereiche aus dem Umfeld erfordert die Einbindung verschiedener ExpertInnen, um zum einen das breite thematische Spektrum abzudecken, zum anderen die Wechselwirkungen zwischen den Bereichen zu diskutieren. Nicht selten wird eine größere Anzahl an ExpertInnen benötigt, um fundierte Aussagen über die betrachteten Bereiche zu erhalten.

In dem dargestellten Fallbeispiel wurden Szenarien entwickelt, die das potenzielle Umfeld der Fraunhofer-Gesellschaft im Jahr 2025 beschreiben (Behlau et al. 2010). Dabei wurden verschiedene Aspekte betrachtet, die sowohl innerhalb der europäischen Forschungslandschaft als auch innerhalb des Vertragsforschungsmarkts eine große Rolle spielen (s. Abb. 6), wie etwa Ansprüche der Gesellschaft an die Forschung, Veränderungen spezifischer Forschungseinrichtungen in Europa, Verfügbarkeit von Forschungsnachwuchs, Internationalisierung sowie Kooperationen sowohl innerhalb der Forschungslandschaft als auch mit den Unternehmen.

Um eine intensive Diskussion innerhalb der zwei Schwerpunktthemen zu ermöglichen, wurden in zwei Workshops zunächst Schlüsselfaktoren ausgewählt, die mit Unsicherheit verbunden sind und einen großen Einfluss auf den Betrachtungsgegenstand haben werden. Für diese Schlüsselfaktoren wurden alternative Zukunftsannahmen (siehe „Sprung in die Zukunft" in Abschnitt 4.1) als Basis für die späteren Szenarien entwickelt. Der in beiden Fällen heterogene TeilnehmerInnenkreis wurde für die beiden Workshops vor je einem anderen Hintergrund zusammengestellt. Im ersten Fall wurden ExpertInnen aus der Forschungslandschaft eingeladen, unter anderem VertreterInnen verschiedener europäischer Forschungseinrichtungen, der Hochschullandschaft, von Verbänden und aus der Politik. Im zweiten Fall wurden UnternehmensvertreterInnen eingeladen, die jedoch aus Unternehmen unterschiedlicher Größe sowie aus verschiedenen, für Fraunhofer relevanten Technologiebereichen und Branchen kamen.

Abbildung 6: Schlüsselfaktoren für den europäischen Forschungs- und Innovationsraum.

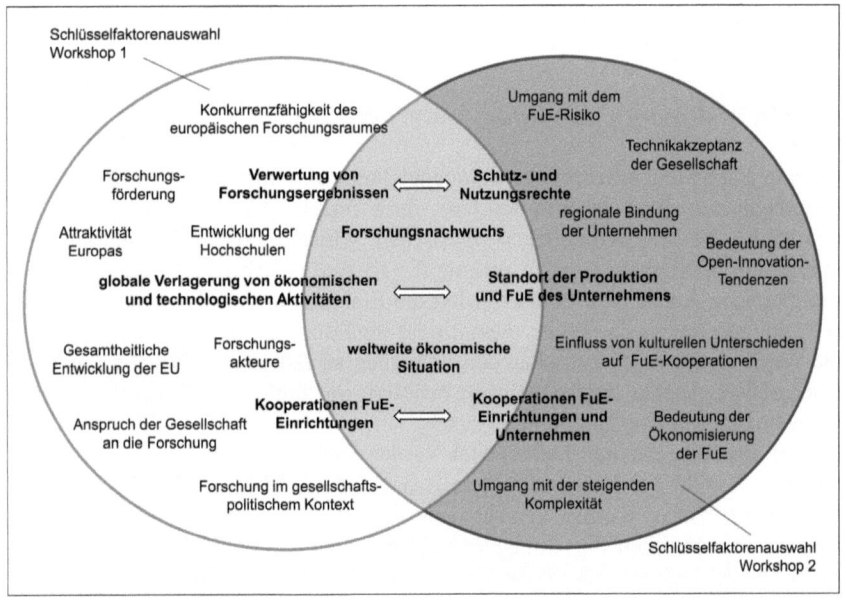

Die Diskussion der identifizierten Schlüsselfaktoren zielte auf zwei Aspekte: Zur Verständigung untereinander wurden sie präzise beschrieben, so dass sie für alle Beteiligten gleichermaßen verständlich waren. Dazu gehörte auch die Beschreibung der Ist-Situation des jeweiligen Faktors. Zusätzlich wurden mögliche zukünftige Entwicklungen des jeweiligen Faktors in Form von Zukunftsannahmen formuliert und begründet. Dabei wurde diskutiert, ob nur eine mögliche Zukunftsannahme getroffen werden sollte oder ob Alternativannahmen denkbar wären. Für alle Schlüsselfaktoren wurden Alternativannahmen erarbeitet. Beispielsweise wurden für der Schlüsselfaktor „Gesamtheitliche Entwicklung der EU", die derzeit noch ausbaufähig ist, zwei mögliche Entwicklungen angenommen (s. Abb. 6 und 7).

Erste Entwicklungsmöglichkeit: Der Integrationsprozess der Europäischen Union stagnierte bereits im Jahr 2010. Während der Wirtschafts- und Finanzkrise suchten die Mitgliedsländer vornehmlich Einzellösungen, anstatt eine gemeinsame europäische Strategie zu verfolgen. Dieser Trend setzt sich fort: Die Mitgliedsländer konzentrieren sich vorwiegend auf die Optimierung ihrer eigenen Volkswirtschaften und beschränken sich allenfalls auf eine gemeinsame Sicherheits- und Außenpolitik. Im Jahr 2025 ist die EU der Institutionen weit von der EU der Bürger entfernt.

Zweite Entwicklungsmöglichkeit: Der Integrationsprozess der Europäischen Union ist weitgehend abgeschlossen. Durch die gemeinsam abgestimmte und stark koordinierte Wirtschaftspolitik, gemeinsame Sicherheitsinteressen und eine einheitliche Position in anderen Bereichen ist Europa nun gegenüber anderen Regionen konkurrenzfähig. Die politische Integration korrespondiert mit der gesellschaftlichen Integration. Durch die Entstehung eines integrierten europäischen Wirtschafts- und Arbeitsraumes fühlt sich die Bevölkerung weitgehend mit Europa verbunden.

Abbildung 7: Abschottung der Mitgliedstaaten vs. Integration der EU.

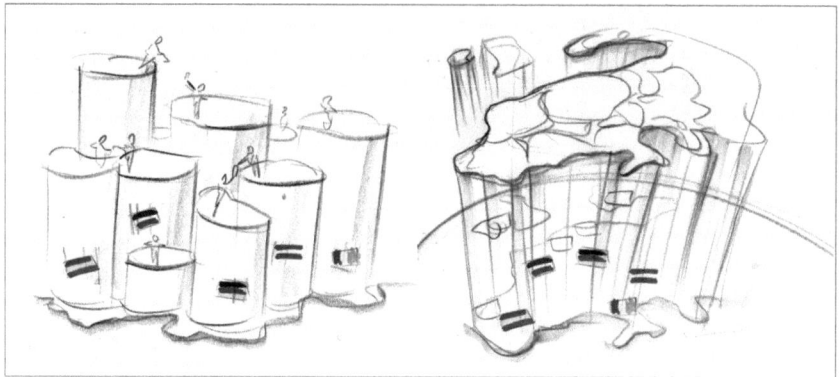

Durch die plausible Kombination der einzelnen Zukunftsannahmen entstanden vier konsistente Szenarien für den europäischen Forschungs- und Innovationsraum 2025, die die Spannweite der möglichen Entwicklungen skizzieren. Die Schlüsselfaktoren aus der Schnittmenge der beiden Bereiche (s. Abb. 5) bildeten hierfür den Ausgangspunkt, da ihre Entwicklungen die Zukunft am stärksten beeinflussen. Für die Entwicklung der Strategieszenarien für die Fraunhofer-Gesellschaft wurden drei Umfeld-Szenarien ausgewählt, die für das Arbeiten und Forschen bei Fraunhofer die größte Bedeutung haben. Es ist anzumerken, dass die dargestellten Szenarien bereits im Frühjahr 2010 entwickelt wurden:

Szenario 1 zeichnet sich durch ein exzellentes Innovationsmanagement und die gezieltes Nutzung von kreativen Freiräumen sowie durch Reformen und Transparenz in der Forschungslandschaft aus.

In *Szenario 2* ist die Bereitschaft zur Zusammenarbeit in der Europäischen Union hingegen kaum vorhanden. Die Unternehmen sind risikoscheu und haben geringe Innovationskraft. Die Forschung in Europa stagniert.

In *Szenario 3* bilden sich in Europa „Hotspots" aus, die Unternehmen anziehen und Forschungszentren darstellen.

Szenario 1: Der europäische Forschungs- und Innovationsraum: Mission erfüllt

2025 ist Europa aus vorangegangenen Krisen gestärkt hervorgegangen, auch aufgrund von Reformen der Finanzmärkte und einer weitgehend abgestimmten Wirtschaftspolitik innerhalb der EU.

Abbildung 8: Szenario 1: Europäischer Forschungs- und Innovationsraum: Mission erfüllt.

- weltweite wirtschaftspolitische Stabilisierung
- erfolgreiche Entwicklung des europäischen Innovationsraumes
- hohe Akzeptanz der Forschung: Technologie-Hype
- stärkere Differenzierung der nationalen FuE-Einrichtungen
- hohe öffentliche Förderung
- steigender Auftragsforschungsmarkt

Es ist ein integrierter europäischer Wirtschafts- und Arbeitsraum entstanden (zu Szenario 1 s. Abb. 8). So hat sich die Gemeinschaft von einer EU der Institutionen zu einer EU der BürgerInnen entwickelt. Europa wird zunehmend attraktiver und in anderen Teilen der Welt als beliebter Lebensmittelpunkt wahrgenommen, vor allem aufgrund seiner Vorreiterrolle bei der nachhaltigen Entwicklung, seiner stabilen politischen Verhältnisse, der Vielfalt von kulturell unterschiedlichen Regionen und eines harmonisierten Arbeitsmarktes. Einzelne Regionen spezialisieren sich und bilden effektive Cluster aus Unternehmen und Forschungseinrichtungen. Der attraktiver gewordene Forschungs- und Lebensraum Europa ist für Global Player wieder eine Option, ihre FuE nach Deutschland bzw. Europa (zurück) zu verlagern.

Die öffentlichen finanziellen Mittel sind aufgrund der hohen Verschuldung weiterhin knapp, aber die verfügbaren Mittel werden effizient in transnationale europäische Multi-Akteur-Strukturen investiert, so dass das Budget für die europäischen FuE-Rahmenprogramme insgesamt gewachsen ist. Die Unternehmen betreiben eine Ökonomisierung mit Augenmaß und lassen es weiterhin zu, dass die FuE-MitarbeiterInnen Freiräume für neue Ideen und Konzepte behalten. Es entstehen neue strategische Partnerschaften, und Netzwerke werden flexibel organisiert. Konsequentes Risikomanagement und das Lernen aus Fehlern werden zu einer bewährten Managementmethode.

Der Anspruch eines attraktiven Europas setzt voraus, dass Forschung innerhalb eines gesellschaftspolitischen Kontexts vorangetrieben wird. So ist im Jahr 2025 die Forschung mit der Gesellschaft stark vernetzt. Die nachhaltige Entwicklung als Triebkraft und Zielsetzung für die zukünftige Forschung wird durch gesellschaftliche Ansprüche vorangetrieben, und es entsteht eine starke Wechselwirkung zwischen der Gesellschaft und interdisziplinären Forschungsteams.

Die Ansprüche an die Forschung hinsichtlich Effizienz und Effektivität sind sehr hoch. Dies spiegelt sich in einer regelmäßigen Evaluierung der Forschungsprojekte und -einrichtungen sowie der gesamten nationalen und europäischen Forschungslandschaft wider. Die Forschungseinrichtungen schärfen aufgrund dieser Anforderungen ihre Profile. Sie ordnen sich wieder stärker strategisch eindeutig ausgewiesenen Bereichen zu, sei es technologisch oder in der Ausrichtung ihrer Forschung, zum Beispiel auf Grundlagen, Anwendung, Politikberatung oder Services. Als Resultat stellt sich eine Neuordnung und stärkere Profilierung der jeweiligen nationalen Forschungslandschaften ein.

Szenario 2: Forschen und Wirtschaften unter hohem Druck

2025 wirkt sich eine dauerhafte weltweite Krise auf die Wirtschaft und auf die öffentlichen Finanzen aus (zu Szenario 2 s. Abb. 9). In Zeiten eines scharfen internationalen Wettbewerbs sind Unternehmen stark den Marktkräften unterworfen und setzen zunehmend auf kurzfristige Erfolge und Renditen. Sie wählen ihre

Standorte ausschließlich aufgrund der Markterfordernisse aus. Durch internationale Fusionen verwischt sich auch ihre originäre Herkunft. Die Möglichkeiten der öffentlichen Hand, attraktive Bedingungen in Form von Steuererleichterungen zur Verfügung zu stellen, sind erschöpft. Weltweit nehmen die Unterschiede in der wirtschaftlichen Stärke zwischen den einzelnen Regionen nehmen zu, was zu zusätzlichen Spannungen zwischen den Regionen führt.

Abbildung 9:   Szenario 2: Forschen und Wirtschaften unter hohem Druck.

- schwere, langanhaltende Krise ohne Aussicht auf Erholung
- Reduktion der nationalen und der EU-Fördermittel
- starke Konkurrenz am Vertragsforschungsmarkt
- Technikakzeptanz der Gesellschaft sinkt
- Stagnation des europäischen Forschungs- und Innovationsraumes

Diese weltweiten Entwicklungen prägen das Bild des zukünftigen Europas, das insgesamt an Attraktivität verliert und gegenüber den neuen Akteuren im globalen Wissenschafts- und Innovationswettbewerb, wie etwa Südkorea, Indien, Taiwan, Indonesien und China, in vielen Bereichen nicht mehr wettbewerbsfähig ist. Die Forschung als bedeutender Standortfaktor für Unternehmen folgt gezwungenermaßen den Märkten, so dass ein Großteil der Forschung deutscher und europäischer Unternehmen außerhalb Europas stattfindet. Der Mangel an qualifizierten ForscherInnen und die zurückgehende Ansiedlung von Unternehmen führen zu einem sich selbst verstärkenden, ungünstigen Kreislauf.

Aus Gründen der Ökonomisierung von Forschung fokussieren Unternehmen ihre Aktivitäten auf die etablierten Geschäftsfelder und kooperieren nur mit den besten bzw. weltweit anerkannten Forschungseinrichtungen. FuE-Ergebnisse werden – wenn benötigt – am Markt eingekauft. Durch dieses Zurückfahren eigener FuE-Aktivitäten wird das Risiko minimiert, und die Komplexität wird reduziert.

Mangelnder politischer Konsens zeichnet das Europa der Institutionen aus. Die Mitgliedstaaten der EU konzentrieren sich vorwiegend auf ihre internen Angelegenheiten und beziehen lediglich in Fragen der Sicherheits- und Außenpolitik gemeinsam Stellung. Der freie Austausch von ArbeitnehmerInnen, StudentInnen und ForscherInnen über Grenzen hinweg wird erschwert.

Bei knappen öffentlichen Mitteln für vorwettbewerbliche Vorlaufforschung und einem starken globalen Wettbewerb werden die Effektivität und Effizienz der Forschung stark hinterfragt. Die Einbeziehung der Gesellschaft in den Dialog über zukünftige Forschungsthemen stagniert, die Unternehmen bestimmen die Forschungsagenda von morgen. Da Unternehmen auf kurzfristige Erfolge und Renditen setzen, unterdrücken sie weitgehend die Aspekte einer nachhaltigen Entwicklung. Die Gesellschaft fordert Technik, die durchschaubar und verständlich ist, und orientiert sich in Richtung einfacherer Produkte und Lebensweisen.

Es gibt nach wie vor eine starke Nationalisierung der Forschung mit nationalen Netzwerken und Förderstrukturen. Der europäische kulturelle Austausch über die Mobilität der ForscherInnen stagniert. Einige wettbewerbsrelevante Treiberthemen wie Sicherheit, Energie und Mobilität werden europäisch stark gefördert, so dass in diesen Bereichen europäische Forschungsnetzwerke aufgebaut werden. Nach Ablauf des Förderzeitraums zerfallen diese Netze wieder, und die AkteurInnen kehren in ihre nationalen Strukturen zurück. Daraus resultiert eine fragmentierte und heterogene Forschungslandschaft.

Szenario 3: Begrenzte Innovationen im Europa der Regionen

Produktions- und Entwicklungsstandorte haben sich infolge der Krisen im Jahr 2010 und in den Folgejahren verlagert. Durch innovative Produkte und Technologien wurden neue Märkte geschaffen. Die Verlagerung von bestehenden und die Schaffung von neuen Märkten haben zu einer Stärkung ausgewählter Standorte geführt und damit zu einer gestiegenen Differenzierung der Regionen. Durch ein erfolgreiches Zusammenwirken von Unternehmen, öffentlichen Institutionen, Forschungseinrichtungen und ausreichend qualifiziertem Personal entstanden Technologieregionen, sogenannte „Hotspots", die aufgrund eines selbstverstärkenden Effekts prosperieren (zu Szenario 3 s. Abb. 10).

2025 herrscht aufgrund der hohen öffentlichen Verschuldung ein starker Druck, die FuE-Haushaltsmittel zu reduzieren. Prosperierende Regionen werden sowohl national als auch auf europäischer Ebene gefördert. Die Unternehmen gehen daher FuE-Kooperationen nur mit den weltbesten Einrichtungen ein, die sich durch eine sehr hohe internationale Wettbewerbsfähigkeit auszeichnen und wegen ihrer hochqualitativen Spitzenforschung und professionelleren Vermarktung über einen ausgezeichneten Ruf verfügen.

164 Kerstin Cuhls, Ewa Dönitz, Elna Schirrmeister und Lothar Behlau

Abbildung 10: Szenario 3: Begrenzte Innovationen im Europa der Regionen.

- labile Weltwirtschaft mit vielen kleinen Krisen
- starker Wandel der deutschen Forschungslandschaft – Neuordnung und Profilschärfung
- Forderung nach effizienter, effektiver Forschung
- europäische Integration stagniert
- prosperierende Regionen (Hotspots)
- öffentliche Förderung stagniert

Aufgrund der positiven Entwicklung von prosperierenden Regionen auf der einen und des zurückgehenden Wohlstands anderer Regionen auf der anderen Seite werden die Kluft und die Spannungen zwischen Gebieten innerhalb Europas größer. Nach einigen schweren Krisen, unter anderem innerhalb der Währungsunion, stagniert die Bereitschaft der Mitgliedstaaten zu einer weiteren Integration und damit zum Verlust der nationalen Souveränität innerhalb eines EU-Staatenverbunds. An dessen Stelle tritt ein prosperierendes „Europa der Regionen". Der Schwerpunkt liegt auf der regionalen Eigenständigkeit.

Die Einstellung der Gesellschaft zur Forschung hat sich gewandelt: Forschung muss jetzt zielorientiert sein. Grundlagenforschungseinrichtungen spielen eine wichtige Rolle für prosperierende Regionen, müssen jedoch ihre Effizienz nachweisen. In Europa hat sich eine differenzierte Forschungslandschaft mit weltweit vernetzter, regionaler Spitzenforschung ausgebildet. Aufgrund des gesellschaftlichen Drucks hinsichtlich einer effizienten Forschungsförderung stärken die Forschungseinrichtungen zunehmend ihre Profile und bilden langfristige Netzwerke. Die Profilstärkung zeigt sich unter anderem in einer wieder stärkeren Trennung von Anwendungs- und Grundlagenforschung. Der europäische Forschungsraum wird dadurch wettbewerbsfähig. Bei steigenden FuE-Aufwendungen in den neu aufkommenden Technologienationen wie China, Brasilien und Indien werden die strukturellen Vorteile eines Europas der Regionen mit seiner Vielfalt von Kulturen, demokratischen Strukturen, großer Sichtbarkeit und flexiblen Netzwerken im Forschungsbereich ausgespielt.

4.4 Interne Szenarien: Welche Handlungsoptionen sind vorstellbar?

Bei der Entwicklung der *Umfeld-Szenarien* wurden zahlreiche externe ExpertInnen eingebunden. Dagegen wurde bei den *internen Szenarien* ein überwiegend interner, sehr stark partizipativ ausgerichteter Prozess gewählt. Dieser war in den übergeordneten Strategieprozess „Fraunhofer 2025" eingebunden, der neben der Szenario-Entwicklung weitere Bausteine beinhaltet und vom Präsidium angestoßen wurde. Für den internen Szenario-Prozess wurden in mehreren Gruppen-Workshops mit über 60 Teilnehmerinnen und Teilnehmern aus 30 Fraunhofer-Instituten und der Zentrale der Fraunhofer-Gesellschaft relevante Entwicklungsalternativen diskutiert. Während mehrere Diskussionsrunden bewusst als ausschließlich interne Veranstaltungen konzipiert waren, um einen möglichst offenen Austausch zu ermöglichen, wurden die Sichtweisen von VertreterInnen aus Wirtschaft und Politik in einem gesonderten Workshop berücksichtigt und in den Prozess integriert. Die in den Workshops skizzierten Annahmen zu zukünftigen Entwicklungen einzelner Bereiche wurden durch eine softwaregestützte Konsistenzanalyse zu sechs internen Szenarien verdichtet. Die Zusammenführung von Umfeld-Szenarien und internen Entwicklungsannahmen erfolgte im Zuge der Konsistenzanalyse.

Sowohl die Nutzung der Szenario-Methode zur Umfeld-Betrachtung als auch die Einbindung umfangreicher partizipativer Elemente in einen Strategieprozess sind neu für die Fraunhofer-Gesellschaft. Ähnliche Vorgehensweisen konnten bereits zuvor in zahlreichen Unternehmen erfolgreich erprobt und genutzt werden. Die Szenario-Analyse unter Einbindung von partizipativen Elementen scheint für die interne Entwicklungsdiskussion der Fraunhofer-Gesellschaft besonders gut geeignet, denn diese ist durch eine dezentrale Struktur mit einer großen Anzahl weitgehend autark agierender Institute gekennzeichnet. Die Fraunhofer-Gesellschaft wird durch sehr stark intrinsisch motivierte und eigenverantwortlich handelnde wissenschaftliche MitarbeiterInnen getragen, für die eine Identifikation mit der Fraunhofer-Gesellschaft und ihrer Mission und Vision eine wichtige Grundvoraussetzung bildet.

Die enge Vernetzung der Fraunhofer-Gesellschaft mit anderen Forschungseinrichtungen in Europa und mit internationalen Unternehmen sowie die große Bedeutung der Forschungspolitik auf nationaler und europäischer Ebene erfordern eine intensive Berücksichtigung externer Entwicklungen. Diese Umfeld-Entwicklungen sind durch große Unsicherheiten gekennzeichnet, wie es sich gerade in der aktuellen Finanzkrise in Europa zeigt. Die Szenario-Methode ist eine speziell für diese Anforderungen entwickelte Methode der Zukunftsforschung und daher besonders gut geeignet, sehr heterogene, quantitativ und qualitativ beschreibbare Entwicklungen ganzheitlich bzw. systemisch zu berücksichtigen (Abb. 11).

Abbildung 11: Ganzheitliche und systemische Szenarien-Entwicklung.

4.5 Ausblick: Entwicklung und Kommunikation eines Orientierungs-Szenarios

Der Szenario-Prozess von der und für die Fraunhofer-Gesellschaft ist zur Zeit der Drucklegung 2012 noch nicht vollständig abgeschlossen, da die vorliegenden internen Szenarien nur die Grundlage für die Entwicklung eines Orientierungs-Szenarios bilden, dem normative Elemente hinzugefügt werden. Die internen Szenarien werden erst Teil des Strategieprozesses, wenn neben den Handlungsoptionen aufgezeigt wird, welche Annahmen erstrebenswert sind, und Schlussfolgerungen für das heutige und zukünftige Handeln abgeleitet werden (s. Abb. 12). Das Präsidium entwickelt, ausgehend von den vorliegenden Analysen zur europäischen Forschungslandschaft und den internen Handlungsoptionen, ein Szenario, das besonders wünschenswerte und wahrscheinliche Entwicklungen beinhaltet und damit eine Orientierung für die zahlreichen Institute der Gesellschaft darstellen wird.

Ein erster Entwurf des Orientierungs-Szenarios wurde bereits vom Präsidium diskutiert und wird nun in einem interaktiven Prozess mit den Institutsleitern weiterentwickelt. 2012 wird das Orientierungs-Szenario „Fraunhofer 2025" in der Fraunhofer-Gesellschaft kommuniziert werden. Die vorliegenden Szenarien zeigen nicht nur den Handlungsspielraum auf, sondern werden innerhalb dieses iterativen Prozesses auch genutzt, um die Robustheit des Orientierungs-Szenarios gegenüber alternativen Umfeld-Entwicklungen zu analysieren und zu diskutieren.

Abbildung 12: Schlussfolgerungen aus dem Orientierungs-Szenario.

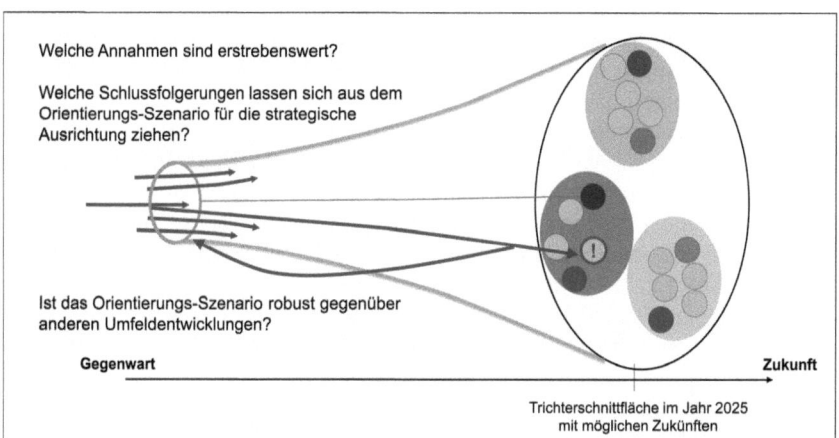

5 Schlussfolgerungen

Die Fraunhofer-Gesellschaft nutzt eine Vielzahl von Instrumenten, um sich auf die Zukunft vorzubereiten. Seit einigen Jahren zählt auch die Zukunftsforschung zum Repertoire sowohl einzelner Institute als auch der Zentrale in München. Besonders bei der Ergänzung des Fraunhofer-Portfolios und für die Identifikation von Themenfamilien, die in Kooperation erarbeitete, anwendungsorientierte Lösungen erfordern, hat es sich bewährt, auf Ansätze der Zukunftsforschung zurückzugreifen. Die Nutzung von Elementen der Zukunftsforschung bei der längerfristigen strategischen Ausrichtung der Fraunhofer-Gesellschaft ist dagegen ein neues Feld.

Bei der Beurteilung der Zukunftsforschungsansätze in der Fraunhofer-Gesellschaft sind die Besonderheiten der Forschungsorganisation zu berücksichtigen. Die Fraunhofer-Gesellschaft besteht aus 60 thematisch sehr unterschiedlich aufgestellten und auch von der Größenordnung her variierenden Instituten sowie weiteren etwa 20 Forschungseinrichtungen allein in Deutschland. Die Institute sind relativ unabhängig in der Wahl ihrer Forschungsthemen und agieren weitgehend autark am Forschungsmarkt. Deshalb ist es eine besondere Herausforderung, die unterschiedlichen Forschungsrichtungen zusammenzubringen, die Institute zu vernetzen und eine gemeinsame, längerfristige Ausrichtung in der Gesellschaft zu verankern. Abgesehen von den institutionalisierten, übergreifenden Forschungsverbünden und -allianzen hat es sich daher bewährt, einzelne strategische Forschungsprojekte (MAWO) und Zukunftsthemen (Fraunhofer Zukunftsperspektiven bzw. Zukunftsthemen) durch eine zeitlich begrenzte Förderung intern zu finanzieren (Anschubfinanzierung). Da bisher die Wahl der Themen stark technologiegetrieben war, stellte es eine Neuerung dar, von den Anforderungen der Zukunft aus zu denken und sogenannte „Global Challenges/Globale Herausforderungen" auszuwählen, die eine Fraunhofer-Gesellschaft mit ihren Forschungsansätzen adressieren kann, um zukunftsfähige Lösungen anzubieten.

Die Projekte, die im Rahmen des Konzepts der „Märkte von Übermorgen" angegangen wurden, sind alle bei Drucklegung des vorliegenden Sammelbandes noch nicht beendet. Alle Projekte zielen darauf ab, sehr konkrete Techniken oder Lösungen zu entwickeln. Diese werden nicht nur einen Beitrag zu den „globalen Herausforderungen" leisten, sondern es wird gleichzeitig am Ende des Projektes eine marktfähige Technik vorliegen. Zu überdenken ist noch einmal die Auswahl der globalen Herausforderungen, wie sie im aktuellen Prozess vorgenommen wurde. Die Auswahl basierte auf dem „State of the Future", und die Herausforderungen waren daher vielleicht nicht so spezifisch formuliert, wie es die Fraunhofer-Gesellschaft benötigt hätte.

Für die Institute war eine Ausschreibung, bei der nicht nur das technische Angebot, sondern auch die gesellschaftliche Einbettung der Lösungen von Belang war, ungewohnt. Es entstanden Lerneffekte, insbesondere im Hinblick auf die Kooperation zwischen den überwiegend technisch ausgerichteten Instituten und den etwas stärker wirtschaftswissenschaftlich oder sozialwissenschaftlich ausgerichteten Instituten. Hier findet langsam ein Umdenken statt.

Die Nutzung von Zukunftsforschung für die interne Organisationsentwicklung ist ein Novum in der Fraunhofer-Gesellschaft. Wagte man sich anfangs lediglich an Szenarien hinsichtlich des Umfeldes der Fraunhofer-Gesellschaft, so wurde doch deutlich, dass weitere Schritte folgen müssten, die auch interne Überlegungen einbeziehen. Dabei zeigte sich ein sehr breites Interesse, und es wurden intensive Diskussionsprozesse zwischen den zirka 90 Beteiligten aus der Gesellschaft angestoßen. Die Herausforderung bestand darin, den Umgang mit Unsicherheit bewusst und transparent zu machen und das „Denken in Alternativen" zu fördern. Ein häufiger Kritikpunkt an der Szenario-Methode betrifft den schwierigen Umgang mit der Vielfalt. Gleichzeitig ist jedoch die Darstellung der Vielfalt auch eine besondere Stärke der Szenario-Methode. Sie fordert einen aktiven Umgang mit Unsicherheit und eine bewusste Positionierung. Es ist daher immer eine besondere Herausforderung, diese Methode in einer Organisation zu etablieren. Als ZukunftsforscherInnen, die wir gleichzeitig Teil der Fraunhofer-Gesellschaft sind, haben wir diesen Prozess mit besonderem Interesse verfolgt und hoffen, dass Elemente der Zukunftsforschung sich längerfristig in der Organisationsentwicklung etablieren werden. Ein erster, erfolgreicher Schritt auf diesem Weg ist getan.

Der nächste herausfordernde Schritt ist die aktuelle Entwicklung eines Orientierungs-Szenarios als Hintergrundfolie für eine so heterogene Forschungsorganisation wie die Fraunhofer-Gesellschaft. Die Zukunftsforschung ist damit in der Praxis der Fraunhofer-Gesellschaft angekommen. Ihre Ausgestaltung bleibt weiterhin spannend.

Literatur

Behlau, L., Kulas, A., Dönitz, E., & Schirrmeister, E. (2010). *In welcher Zukunft forschen wir? Der Europäische Forschungs- und Innovationsraum 2025*. München: Fraunhofer-Gesellschaft.

Blind, K., et al. (1999). Current Foresight Activities in Central Europe. *Technological Forecasting and Social Change, Special Issue on National Foresight Projects*, Nr. 1, 60. Jg., New York: Elsevier Science, 15–37.

Coates, J. F. (1985). Foresight in Federal Government Policymaking. *Futures Research Quaterly,* Summer 1985, 29–53.

Coates, J. F., Mahaffie, J. B., & Hines, A. (1994). Technological Forecasting: 1970–1993. *Technological Forecasting and Social Change*, 47. Jg., 23–33.

Cuhls, K. (1998). *Technikvorausschau in Japan. Ein Rückblick auf 30 Jahre Delphi-Expertenbefragungen.* Heidelberg: Physica.

Cuhls, K. (2008). *Methoden der Technikvorausschau – eine internationale Übersicht.* Stuttgart: Fraunhofer IRB.

Cuhls, K., & Jaspers, M. (Eds.) (2004). *Participatory Priority Setting for Research and Innovation Policy.* Stuttgart: Fraunhofer IRB.

European Commission (2011). *Communication from the Commission to the European Parliament, the Council, the European Economic and Social Committee and the Committee for the Regions. Horizon 2020: The Framework Programme for Research and Innovation*, COM (2011) 808 final. Brussels: European Commission.

Gausemeier, J., Fink, A., & Schlake, O. (1996). *Szenario Management. Planen und Führen mit Szenarien.* München/Wien: Hanser.

Georghiou, L., et al. (2008). *The Handbook of Technology Foresight, Concepts and Practice, PRIME Series on Research and Innovation Policy.* Cheltenham: Edward Elgar Publishing.

Geschka, H., & Reibnitz, U. von (1981). Die Szenario-Technik als Grundlage von Planungen. Frankfurt a. M.: Battelle-Institut e. V.

Glenn, J. C., Gordon, T. J., & Florescu, E. (2009). *2009 State of the Future; The Millennium Project*. http://www.millennium-project.org/millennium/sof2009.html. Abgerufen am 20.7.2011.

Godet, M. (2000). The Art of Scenarios and Strategic Planning: Tools and Pitfalls. *Technological Forecasting and Social Change*, Vol. 65, 3–22.

Götze, U. (1993). *Szenario-Technik in der strategischen Unternehmensplanung.* 2., aktualisierte Auflage. Wiesbaden: Deutscher Universitäts-Verlag.

Harper, J. C., et al. (2008). Future-Oriented Technology Analysis as a Driver of Strategy and Policy. *Technology Analysis & Strategic Management*, Nr. 1, 20. Jg., 78–83.

Herzhof, M. (2005). *Szenario-Technik in der chemischen Industrie: Untersuchung von Software-Tools am Beispiel einer Studie zum Markt für Flammschutzmittel im Jahr 2010 und der praktischen Bedeutung der Szenario-Technik.* 1. Auflage. Berlin: Pro Business.
Klingner, R., Behlau, L., Spengel, M., & Vidal, A. (2008). *Fraunhofer Future Topics – FTA as Part of Strategic Planning of a Distributed Contract Research Organisation.* Contribution to the Third International Seville Seminar on Future-Oriented Technology Analysis: Impacts and implications for policy and decision-making. Seville 16–17 October 2008.
Kosow, H., & Gaßner, R. (2008). *Methoden der Zukunfts- und Szenarioanalyse. Überblick, Bewertung und Auswahlkriterien.* WerkstattBericht Nr. 103. Berlin: IZT.
Linstone, H. A. (1999). *Decision-Making for Technology Executives. Using Multiple Perspectives to Improve Performance.* Boston/London: Artech House.
Lund Declaration. (2009). www.se2009.eu/...fs/1.../lund_ declaration_final_version_9_ july.pdf. Abgerufen am 20.9.2011.
Martin, B. R. (1995a). Foresight in Science and Technology. *Technology Analysis & Strategic Management*, Nr. 2, 7. Jg., 139–168.
Martin, B. R. (1995b). *Technology Foresight 6: A Review of Recent Overseas Programmes.* London: HMSO.
Martin, B. R. (2010). The Origins of the Concept of „Foresight" in Science and Technology: an Insider's Perspective. *Technological Forecasting and Social Change*, 77. Jg., 1438–1447.
Mietzner, D. (2009). *Strategische Vorausschau und Szenarioanalysen. Methodenevaluation und neue Ansätze.* Wiesbaden: Gabler.
Popper, R. (2009). *Mapping Foresight: Revealing How Europe and Other World Regions Navigate Into the Future.* Brussels: European Commission.
Postma, T.J.B.M., & Liebl, F. (2005). How to Improve Scenario Analysis as a Strategic Management Tool. *Technological Forecasting and Social Change*, Vol. 72, 161–173.
Schoemaker, P.J.H. (1995). Scenario Planning: A Tool for Strategic Thinking. *Sloan Management Review*, Winter 1995, 25–40.
Seidl, D., & Werle, F. (2011). Strategisches Management und die Offenheit der Zukunft. In V. Tiberius (Hrsg.), *Zukunftsorientierung in der Betriebswirtschaftslehre.* Wiesbaden: Gabler, 287–299.
Technology Futures Analysis Methods Working Group (2004). Technology futures analysis: Toward Integration of the Field and New Methods. *Technological Forecasting & Social Change*, 71. Jg., 287–303.

Langfristige Trend- und Zukunftsforschung bei der Allianz

Jan Oliver Schwarz

Einleitung: Die Versicherung und die Zukunft

Die Zukunft ist ein elementarer Teil des Geschäfts einer Versicherung: *Zum einen* dient ein Versicherungsprodukt zur Absicherung gegen zukünftige Risiken, die Zukunft ist also Teil eines jeden Versicherungsprodukts. Ein Kunde oder eine Kundin schließt eine Versicherung ab, um sich gegen Schäden, die in der Zukunft auftreten könnten, abzusichern. Der Versicherer wiederum verkauft ein Produkt, dessen Leistung erst in der Zukunft abgerufen wird. Der Versicherer muss auf der Basis von vergangenheitsbezogenen Daten und Erwartungen für die Zukunft einen Preis für eine Police kalkulieren. „Das Versicherungsunternehmen setzt sich also mit dem Grundproblem auseinander, die ungewisse Gefahr der Zukunft auf einen gewissen Preis zurückzuführen" (Cevolini, 2011). *Zum anderen* benötigt ein Versicherungsunternehmen, wie viele andere Unternehmen auch, den Blick in die Zukunft, um beispielsweise auf neue Märkte oder Veränderungen im KonsumentInnenverhalten vorbereitet zu sein. Ein Versicherer sieht sich mit einem Unternehmensumfeld konfrontiert, das schon vor Jahrzehnten als zunehmend komplex, dynamisch und vor allem ungewiss im Hinblick auf die Zukunft beschrieben worden ist. Der Management-Vordenker Peter Drucker (1969) sprach bereits in der 1960er Jahren von einem „Age of Discontinuity". Es ist zu vermuten, dass dieses Zeitalter noch nicht zu Ende geht.

In diesem Artikel wird beschrieben, wie die Allianz SE mit Aspekten der Zukunft in ihrer Unternehmensumwelt umgeht und wie sich im Konkreten eine Trend- und Zukunftsforschung in dem Konzern gestalten lässt. Die Allianz, gegründet 1890, ist einer der weltweit führenden Finanzdienstleister. Hauptbereiche des Produktportfolios sind die Schadens- und Unfallversicherung, Lebens- und Krankenversicherung und Asset Management sowohl für Privat- als auch für GeschäftskundInnen. In 70 Ländern werden 75 Millionen Kundinnen und Kunden betreut. Die Allianz SE, in der die hier beschriebene Trend- und Zukunftsforschung verankert ist, ist die Holdinggesellschaft und globale Zentrale der Allianz Gruppe mit Sitz in München.

Trend- und Zukunftsforschung bei der Allianz: grundsätzliche Überlegungen

Zukunft ist immer schon ein natürlicher Teil des Allianz-Geschäftsmodells gewesen. Durch die Anschläge vom 11. September 2001 wurde deutlich, welche Auswirkungen unvorhergesehene Ereignisse haben können. Generell lässt sich feststellen, dass durch die Terroranschläge des 11. September die Diskussion, wie mit Überraschungen umgegangen und deren Vorläufer frühzeitig erkannt werden können, vor allem in den USA zusätzlich an Bedeutung gewonnen hat (Bazerman und Watkins 2004; Bracken 2008). Es gab vor dem 11. September eine Fülle von Signalen, die auf einen solchen Anschlag hinwiesen (Bazerman und Watkins 2004). In einem Roman des Bestsellerautors Tom Clancy, der in den 1990ern veröffentlicht wurde, findet sich ein ganz ähnliches Szenario (Schwarz 2011).

Die Trend- und Zukunftsforschung bei der Allianz verfolgt einen Ansatz, der von einem Paradigmenwechsel im Umgang mit der Unternehmensumwelt ausgeht. Während Unternehmen früher allgemein einem „Predict and prepare"-Ansatz gefolgt sind, scheint es in einer dynamischen und komplexen Unternehmensumwelt sinnvoller zu sein, sich durch Vorausschau auf verschiedene mögliche Zukünfte vorzubereiten (Liebl und Schwarz 2010). Wesentlich ist aber auch die Unterscheidung zwischen Trend- und Zukunftsforschung. Kreibich (1995, S. 2814) definiert: „Zukunftsforschung ist die wissenschaftliche Befassung mit möglichen, wünschbaren und wahrscheinlichen Zukunftsentwicklungen und Gestaltungsoptionen sowie deren Voraussetzungen in Vergangenheit und Gegenwart." Diese „Voraussetzungen in der Gegenwart" müssen uns beschäftigen.

Die Analyse der Gegenwart wird bei der Allianz als wesentliche Aufgabe der Trendforschung verstanden. Liebl (2005, S. 73) argumentiert in diesem Zusammenhang, es sei wichtig, „[...] im Zeitalter turbulenter Umwelten, die von Unvorhersagbarkeit gekennzeichnet sind, keine längerfristigen Prognosen abzugeben und stattdessen eine Ethnografie der Gegenwart zu versuchen, da dort der Keim zukünftiger Entwicklungen angelegt ist". Bolz (1997) spricht hier von dem Ideal der „Echtzeitanalyse".

Trends werden in der Trendforschung der Allianz im Sinne Ansoffs (1975) als „schwache Signale" konzeptionalisiert, die sich über die Zeit zu einem stärkeren Signal entwickeln können. Grundgedanke des Konzepts der schwachen Signale ist, dass im Prinzip kein Ereignis plötzlich eintritt, sondern dass jedes Ereignis eine Vorgeschichte hat, dass Diskontinuitäten Vorläufer haben, die es gilt, frühzeitig zu erfassen (Krystek und Müller-Stewens 1993). Diskontinuitäten sind bedeutsame Änderungen im Umfeld, die in ihrer Art und Wirkungsweise neuartig sind (Baisch 2000). Demnach ereignet sich gesellschaftlicher Wandel nicht über Nacht, und Gesetze und regulative Maßnahmen des Staates werden nicht plötzlich verabschiedet, vielmehr gehen einem solchen Wandel viele (schwache)

Signale voraus (Liebl 1991). Pierre Wack (1985a), der Vater des Scenario Planning bei Royal Dutch/Shell, formuliert: „As any adult knows, a magician cannot produce a rabbit unless it is already in (or very near) his hat. In the same way, surprises in the business environment almost never emerge without a warning."

Da das Geschäftsmodell der Allianz langfristig ist und Versicherungen keine „Fast Moving Consumer Goods" sind, kommen eher keine „Mode-Trends" als Untersuchungsgegenstand in Betracht, sondern langfristige Entwicklungen. Grundsätzlich wird ein langfristiger Trend- und Zukunftsforschungs-Ansatz verfolgt, der einen Zeithorizont von ein bis zwei Jahrzehnten hat. Ein weiteres Kriterium ist die Neuheit. Auf diesen Aspekt weisen auch Liebl und Schwarz (2010) hin. Ein Trend, bzw. Aspekte eines Trends, sollte(n) einen gewissen Neuheitswert besitzen. Darüber hinaus ist es das Ziel in der Trendforschung bei der Allianz zu reflektieren, dass Trends auch immer einen Gegentrend haben können (Waters 2006; Weiner und Brown 2006). Weiner und Brown (2006, S. 23) führen aus: „Countertrends don't happen despite trends; they happen because of them." Diese Erkenntnis führt auch dazu, dass die Trendforschung sich explizit mit dieser Unsicherheit auseinandersetzen muss. Die Trendforschung bildet dann bei der Allianz die wesentliche Grundlage für die Zukunftsforschung. Auf der Basis von identifizierten Trends kann überlegt werden, wie sich diese in der Zukunft entwickeln können.

Prozess der Trend- und Zukunftsforschung: Strategische Frühaufklärung

Die Verknüpfung von Trend- und Zukunftsforschung bei der Allianz kann auch als ein Prozess der Strategischen Frühaufklärung beschrieben werden. Wie in Abbildung 1 zu sehen ist, lässt sich dieser Prozess bei der Allianz in drei Phasen unterteilen:

1. Informationsbeschaffung und Trendforschung,
2. Diagnose und Zukunftsforschung,
3. Strategie.

Die Informationsbeschaffung geschieht durch Scanning und Monitoring. Unter Scanning wird ein Abtasten des Umfeldes verstanden, mit dem Ziel, neue Trends zu erkennen. Das Environmental Scanning (Aguilar, 1967) bildet die erste Stufe der Informationsgewinnung in der Strategischen Frühaufklärung. Es liefert die grundlegenden Informationen für EntscheiderInnen, um das Umfeld eines Unternehmens zu interpretieren und diese Erkenntnisse dann wiederum in eine Strategie einfließen zu lassen. Ergänzt wird das Scanning durch das Monitoring, das gezielt Trends beobachtet. Die Analyse von Trends ermöglicht ein tieferes Verständnis der identifizierten Trends, die aber wiederum quantifiziert werden müssen, um ihre spätere Kommunikation im Konzern zu erleichtern. In der dritten Phase kommt es dann zur Formulierung und Bewertung von Reaktionsstrategien.

Abbildung 1: Zukunftsforschung bei der Allianz.

Kombination aus Trend- und Zukunftsforschung: Prozess der Strategischen Frühaufklärung

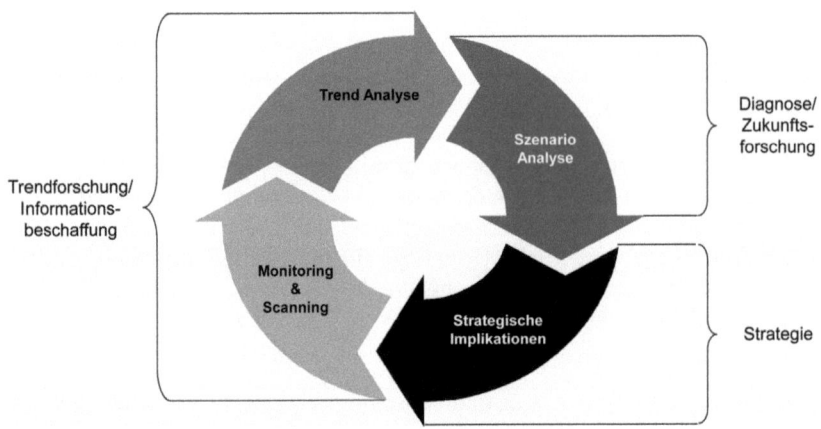

Informationsbeschaffung und Trendforschung

Bei der Analyse der Unternehmensumwelt wird ein holistischer Ansatz verfolgt, der die Besonderheiten des Versicherungsmarktes berücksichtigt. Bezogen auf die Beobachtungsfelder wird in der Regel auf Konzepte wie die PESTEL-Analyse (political, economic, sociocultural, technological, environmental, legal factors) bzw. auf deren Variationen hingewiesen (Johnson et al. 2006). Für die Trendarbeit bei der Allianz wird mit einem leicht abgewandelten PESTEL-Modell gearbeitet, das noch um die Themen Demographie und Regulierung ergänzt wurde.

Zur Informationsbeschaffung existiert eine Vielzahl von Ansätzen. Zum einen ist die „Media Content Analysis" zu nennen, also die Analyse auf der Basis von Zeitungen und Zeitschriften (Merriam und Makower 1988; Naisbitt 1982; Popcorn 1991), wozu sich heutzutage auch das Internet zählen lässt. Dieser Ansatz hat seinen Ursprung im Zweiten Weltkrieg: amerikanische Geheimdienste versuchten damals mithilfe der Media Content Analysis Informationen über feindliche Länder zu sammeln (Naisbitt, 1982).

Zum anderen werden aber auch Quellen verwendet, die im Kontext der Strategischen Frühaufklärung genannt werden (Greubel 2007; Krystek und Müller-Stewens 1993; Schönert 1997; Slaughter 1999; Steger 2004):

- Medien, Pressedienste, Nachrichtenagenturen,
- Verbraucherforschung und wissenschaftliche Veröffentlichungen,
- fachspezifische Datenbanken, z. B. zu naturwissenschaftlichen oder juristischen Themen,
- Internetrecherchen, z. B. Chats oder Newsgroups,
- unternehmensinterne Daten,
- Informationen von Vereinigungen und Verbänden,
- persönliche Informationsquellen,
- ExpertInnengespräche und Besuchsberichte.

Bei der Allianz wird zu spezifischen Themen auch auf Auftragsforschung durch renommierte Institute zurückgegriffen. Des Weiteren werden regelmäßig sogenannte Research-Fellows von wissenschaftlichen Institutionen eingeladen, die dann zu einem spezifischen Thema arbeiten.

In der Diskussion zur Strategischen Frühaufklärung wird immer wieder auf die Relevanz von Netzwerken hingewiesen (Rohrbeck und Schwarz 2009; Schoemaker und Day 2009). So wird auch versucht, mithilfe eines ausgedehnten Netzwerks verschiedene Sichtweisen in die Trend- und Zukunftsforschung bei der Allianz einfließen zu lassen. Teile dieses Netzwerkes sind nicht nur Unternehmen aus der Finanzindustrie oder anderen Industrien, sondern auch verschiedenste Organisationen. Als gute Beispiele können hier die Zusammenarbeit mit dem World Economic Forum (WEF) oder die Kooperation mit dem World Wide Fund For Nature (WWF) genannt werden. Letztere führte zu der Publikation „Major Tipping Points in the Earth's Climate System and Consequences for the Insurance Sector" (WWF und Allianz 2009), die auch die Auswirkungen des globalen Klimawandels für die Allianz unterstreicht.

Diagnose und Zukunftsforschung

Die Diagnose erfolgt in zwei Phasen:
1. Phase: Interne und externe Diskussion von Trends mit ExpertInnen,
2. Phase: Verknüpfung der Trends zu Szenarien.

In der Phase der Diagnose wird sehr intensiv das Vorhandensein einer Vielzahl von unterschiedlichen ExpertInnen in der Allianz Gruppe genutzt. Gleichzeitig wird aber stetig versucht, die entwickelten Perspektiven mit externen ExpertInnen zu diskutieren. Wesentlich sind regelmäßig stattfindende interne Konferenzen, die das Ziel haben, mit EntscheidungsträgerInnen der Allianz Trends zu diskutieren und vor allem die Frage danach zu stellen, was die Implikationen für das eigene Unternehmen sein könnten. Der zweite wesentliche Aspekt ist die Erstellung der Szenarien. Hier wird grundsätzlich dem Ansatz des Scenario Planning (van der Heijden et al. 2002; Wack 1985a, b) gefolgt.

Die Entwicklung der ersten Szenarien wird Herman Kahn von der RAND Corporation während der 1950er Jahre zugeschrieben (Pohl, 1996). Zusammen mit Anthony J. Wiener kreierte Kahn das „Scenario Writing". Der Zeitpunkt der Vorstellung des Szenarios „The Year 2000. A Framework for Speculation on the next Thirty-Three Years" im Jahr 1967 gilt als die Geburtsstunde der Szenario-Technik. Kahn und Wiener (1967) legten Wert darauf, dass neben einem Szenario auch noch Alternativen zu diesem Szenario aufgezeigt würden, die sogenannten „Alternative Futures". Die Szenario-Technik entwickele nicht nur *ein* Bild der Zukunft, sondern mehrere Bilder verschiedener Zukünfte.

In den 1970er Jahren wurde die Szenario-Technik von Royal Dutch/Shell weiterentwickelt. Ziel war es, diese Technik mit strategischer Planung zu dem sogenannten „Scenario-based Planning" zu verknüpfen (Fahey und Randall 1998). Außerdem wird Scenario Planning nicht als eine primär von Szenario-ExpertInnen durchgeführte Aktivität verstanden, sondern vielmehr als ein Prozess, an dem ManagerInnen des jeweiligen Unternehmens teilnehmen. Das Scenario Planning hat in den vergangenen Jahren nicht nur Einzug in Standardwerke des Strategischen Managements gehalten, es wird auch von einer Reihe von Unternehmen und Organisationen aktiv verwendet. Beispiele dafür sind etwa die vielfältigen Szenariostudien des World Economic Forum. Wichtig ist auch eine Studie der Managementberatungsgesellschaft Bain & Company, die regelmäßig die Verbreitung von Management-Methoden untersucht. Das Scenario Planning könnte sich als Management-Tool entwickeln, das zunehmend häufiger genutzt wird (Rigby und Bilodeau 2011).

Die Grundidee bei der Erstellung von Szenarien ist, nicht alle Eventualitäten aufzuzählen, sondern die existierenden Trends zu kombinieren und diese in Bilder der Zukunft umzusetzen. Die Szenarien sollen die Grenzen der möglichen Zukunft beschreiben und nicht nur Variationen eines Szenarios (Schoemaker 1995; Schoemaker & Heijden 1992). Das Scenario Planning hat sich bei der Allianz vor allem wegen seiner Handhabbarkeit in der Praxis und aufgrund der Tatsache, dass man relativ schnell zu interessanten Erkenntnissen kommt, etabliert. Darüber hinaus ist das Scenario Planning aufgrund seiner Fokussierung auf die sogenannten „Uncertainties" interessant. Unter Uncertainties werden Trends verstanden, die sehr starke Gegentrends haben und somit ein hohes Maß an Unsicherheit mit sich bringen. Zusätzlich bietet sich das Scenario Planning wegen seiner Verknüpfung mit der strategischen Planung an.

Im Idealfall führt der Prozess einer Szenarioentwicklung dazu, dass fundamentale Fragen gestellt und Vorstellungen und Annahmen über die Zukunft benannt werden. Szenarios sind keine Vorhersagen der Zukunft. Sie sollen vielmehr dazu anregen, darüber nachzudenken, wie man mit möglichen Veränderungen oder Ereignissen in der Zukunft umgehen könnte. Letztendlich soll es Ziel von Szenarien sein, durch die Beschreibung von verschiedenen Bildern der Zukunft in einem Unternehmen ein „Memory of the Future" anzulegen.

„In essence, the scenario process is about enabling managers to visit and experience the future ahead of time, thereby creating memories of the future. These visits to anticipated futures are remembered, creating a matrix in the mind of managers and serving as subconscious guides to make sense of incoming environmental signals and to act on them" (van der Heijden et al. 2002, S. 177).

Insbesondere dieses „Denken auf Vorrat" und somit die Vorbereitung auf verschiedene Zukünfte wird als zentrales Ziel der Trend- und Zukunftsforschung bei der Allianz verstanden. In diesen Zusammenhang passt auch, dass sogenannte „Wild Cards" in den Szenarien berücksichtigt werden und Teil der Analyse sind. Unter Wild Cards werden Ereignisse verstanden, deren Eintrittswahrscheinlichkeit zwar gering ist, die aber – sollten sie doch stattfinden – eine starke Wirkung haben könnten. In der letzten Zeit hat diese Diskussion eine Renaissance durch Nassim Nicholas Talebs (2008) Ausführungen zu den sogenannten „Black Swans" erfahren.

Strategie

Die Diskussionen über Trends und Szenarien führen im Laufe des Prozesses zu einer Bewertung und Gewichtung von Trends, aber auch von einzelnen Szenarien. Aus dieser Einschätzung werden strategische Handlungsempfehlungen formuliert, die dann EntscheidungsträgerInnen im Konzern in verschiedenen Formaten vorgelegt und dort diskutiert werden. Wesentlich ist hierbei, nicht nur die „So what?"-Frage (also die Frage, warum ist es überhaupt sinnvoll, sich mit diesem Trend oder Szenario zu beschäftigen) zu beantworten, sondern die Ergebnisse dieser Trend- und Zukunftsforschung in strategische Handlungsempfehlungen für die Allianz zu übersetzen. Das Augenmerk liegt dabei gleichermaßen auf Chancen wie auf Risiken.

Abschließende Bemerkungen

Wie wird die Trend- und Zukunftsforschung bei der Allianz organisiert? An verschiedenen Stellen (Müller und Müller-Stewens 2009; Rohrbeck 2010) ist beschrieben worden, wo Trend- und Zukunftsforschung in einem Konzern angesiedelt werden kann. Häufig wird sie im Innovationsmanagement, in Forschung und Entwicklung, im Marketing oder in der Unternehmensentwicklung verortet. Die Trend- und Zukunftsforschung ist bei der Allianz SE Teil der Abteilung *Economic Research and Corporate Development* und damit auf der einen Seite mit der Unternehmensentwicklung verknüpft, auf der anderen Seite mit der Volkswirtschaft und der Analyse der Finanzmärkte. Somit ist die strategische Anbindung gesichert, und durch die Nähe zu volkswirtschaftlicher Expertise wird gleichzeitig die stärkere Einbeziehung solider quantitativer Daten ermöglicht.

Auch wenn hier nicht versucht werden soll, ein Benchmarking vorzunehmen, so lohnt doch der Blick auf Studien, die sich mit Zukunftsforschung in Unternehmen beschäftigt haben. Eine 2005 durchgeführte Delphi-Studie (Schwarz 2006, 2008) ging der Frage nach, welche Möglichkeiten das deutsche Management der Zukunftsforschung zuschreibt. Diese Untersuchung sollte zum einen zeigen, welche Methoden der Zukunftsforschung in deutschen Unternehmen Anwendung finden, und zum anderen, wie sie zukünftig verfeinert werden könnten. Neben den Kreativitäts-Methoden und der Szenario-Technik wurde die Strategische Frühaufklärung am häufigsten angewandt. Damals nannten die ExpertInnen auf die Frage, welche Methoden in Unternehmen in der Zukunft an Bedeutung gewinnen würden, am häufigsten die Strategische Frühaufklärung (86 Prozent) und die Szenario-Technik (83 Prozent). Diese Prognose gilt auch für die Allianz. Die Studie kam damals zu dem Ergebnis, dass die Akzeptanz von Zukunftsforschung allgemein steigen werde.

Die Trend- und Zukunftsforschung bei der Allianz SE hat in den vergangenen Jahren eine zunehmende Erweiterung und Professionalisierung erfahren. Ereignisse der letzten Jahre, wie zum Beispiel die Energiewende, die Finanzkrise oder der 11. September 2001 haben gezeigt, welche Bedeutung der Auseinandersetzung mit der Zukunft, der Vorbereitung auf alternative Zukünfte und dem Denken auf Vorrat zukommt.

Literatur

Aguilar, F. J. (1967). *Scanning the business environment*. New York: Macmillan.
Ansoff, I. H. (1975). Managing Strategic Surprise by Response to Weak Signals. *California Management Review*, 18(2), 21–33.
Baisch, F. (2000). *Implementierung von Früherkennungssystemen in Unternehmen*. Köln: Josef Eul Verlag.

Bazerman, M. H., & Watkins, M. D. (2004). *Predictable Surprises.* Boston: Harvard Business School Press.

Bolz, N. (1997). Komplexität und Trendmagie. In H. W. Ahlemeyer, & Königswieser, R. (Eds.), *Komplexität managen: Strategie, Konzepte und Fallbeispiele.* Wiesbaden: Gabler, 381–400.

Bracken, P. (2008). How to Build a Warning System. In P. Bracken, Bremmer, I. & Gordon, D. (Eds.), *Managing Strategic Surprise: Lessons from Risk Management and Risk Assessment.* Cambridge: Cambridge University Press, 16–42.

Cevolini, A. (2011). *Finanz und Rückversicherung: Zu einer kybernetischen Theorie des Versicherungswesens.* Münchener Kolloquium, 30. November 2011.

Drucker, P. F. (1969). *The Age of Discontinuity: Guidelines to our Changing Society.* London: Heinemann.

Fahey, L., & Randall, R. M. (1998). What Is Scenario Learning? In L. Fahey, & Randall, R. M. (Eds.), *Learning from the Future: Competitive Foresight Scenarios.* San Francisco: John Wiley & Sons, 3–21.

Greubel, S. (2007). *Analyse der Unternehmensumwelt im Dienstleistungssektor: Empfehlungen zur Methodenselektion und -erweiterung am Beispiel großer Finanzdienstleistungsunternehmen auf Basis einer empirischen Untersuchung.* München: Rainer Hampe.

Heijden, K. van der, Bradfield, R., Burt, G., Crains, G., & Wright, G. (2002). *The Sixth Sense.* Chichester: John Wiley & Sons.

Johnson, G., Scholes, K., & Whittington, R. (2006). *Exploring Corporate Strategy.* Harlow: FT Prentice Hall.

Kahn, H., & Wiener, A. J. (1967). *The Year 2000: A Framework for Speculation on the Next Thirty-Three Years.* New York: Macmillan.

Kreibich, R. (1995). Zukunftsforschung. In B. Tietz, Köhler, R. & Zentes, J. (Eds.), *Handwörterbuch des Marketing.* Stuttgart: Schäffer-Poeschel, 2814–2834.

Krystek, U., & Müller-Stewens, G. (1993). *Frühaufklärung für Unternehmen: Identifikation und Handhabung zukünftiger Chancen und Bedrohungen.* Stuttgart: Schäffer-Poeschel.

Liebl, F. (1991). *Schwache Signale und Künstliche Intelligenz im strategischen Issue Management.* Frankfurt a. M.: Peter Lang.

Liebl, F. (2000). *Der Schock des Neuen: Entstehung und Management von Issues und Trends.* München: Gerling Akademie Verlag.

Liebl, F. (2005). Prognose oder Diagnose? Entscheidungsunterstützende Information unter Bedingungen der Unvorhersehbarkeit. In R. Hitzler, & Pfadenhauer, M. (Eds.), *Gegenwärtige Zukünfte.* Wiesbaden: Verlag für Sozialwissenschaften, 72–132.

Liebl, F., & Schwarz, J. O. (2010). Normality of the Future: Trend Diagnosis for Strategic Foresight. *Futures*, 42(4), 313–327.

Merriam, J. E., & Makower, J. (1988). *Trend Watching.* New York: Amacom.

Müller, A. W., & Müller-Stewens, G. (2009). *Strategic Foresight: Trend- und Zukunftsforschung in Unternehmen – Instrumente, Prozesse, Fallstudien.* Stuttgart: Schäffer-Poeschel.

Naisbitt, J. (1982). *Megatrends.* New York: Warner Books.

Pohl, F. (1996). Thinking about the future. *The Futurist*, 30(5), 8–13.

Popcorn, F. (1991). *The Popcorn Report*. London: Random House.
Rigby, D., & Bilodeau, B. (2011). *Management Tools & Trends 2011*. Bain & Company. http://www.bain.com/Images/BAIN_BRIEF_Management_Tools.pdf. Abgerufen am 2.6.2012.
Rohrbeck, R. (2010). *Corporate Foresight: Towards a Maturity Model for the Future Orientation of a Firm*. Heidelberg: Physica-Verlag.
Rohrbeck, R., & Schwarz, J. O. (2009). *The Value Contribution of Strategic Foresight: Insights From an Empirical Study Among Large European Companies*. Annual Conference of the European Academy of Management. Liverpool, UK.
Schoemaker, P.J.H. (1995). Scenario Planning: A Tool for Strategic Thinking. *MIT Sloan Management Review*, 36(2), 25–40.
Schoemaker, P.J.H., & Day, G. S. (2009). How to Make Sense of Weak Signals. *MIT Sloan Management Review*, 50(3), 81–89.
Schoemaker, P.J.H., & Heijden, C.A.J.M. van der (1992). Integrating Scenarios into Strategic Planning at Royal Dutch/Shell. Planning Review (May/June), 41–46.
Schönert, O. (1997). *Frühaufklärung im internationalen Strategiekontext: Betriebliche Einsatzpotentiale von Informations- und Kommunikationstechnologien*. Wiesbaden: Gabler.
Schwarz, J. O. (2006). *The Future of Futures Studies: a Delphi Study with a German Perspective*. Aachen: Shaker.
Schwarz, J. O. (2008). Assessing the Future of Futures Studies in Management. *Futures*, 40(3), 237–246.
Schwarz, J. O. (2011). *Quellcode der Zukunft: Literatur in der Strategischen Frühaufklärung*. Berlin: Logos.
Slaughter, R. A. (1999). A New Frame Work for Environmental Scanning. *Foresight*, 1(5), 441–451.
Steger, U. (2004). *Corporate Diplomacy*. München: Verlag Vahlen.
Taleb, N. N. (2008). *The Black Swan: The Impact of the Highly Improbable*. New York: Random House.
Wack, P. (1985a). Scenarios: Shooting the Rapids. *Harvard Business Review*, 63(6), 139–150.
Wack, P. (1985b). Scenarios: Uncharted Waters Ahead. *Harvard Business Review*, 63(5), 73–89.
Waters, R. (2006). *The Hummer and the Mini*. New York: Portfolio.
Weiner, E., & Brown, A. (2006). *Future Think*. Upper Saddle River: Prentice Hall.
WWF & Allianz. 2009. *Major Tipping Points in the Earth's Climate System and Consequences for the Insurance Sector*. WWF & Allianz. http://assets.panda.org/downloads/plugin_tp_final_report.pdf. Abgerufen am 2.6.2012.

Die BASF Future Business GmbH.
Vom Trendscouting zum Aufbau neuer Geschäftsfelder

Anja Song und Wolfgang Hormuth

Durch das schnelle Wachstum der Weltbevölkerung haben wir eine Reihe von komplexen Herausforderungen zu bewältigen: Wie werden wir zukünftig der Weltbevölkerung genügend Nahrung und sauberes Wasser zur Verfügung stellen können? Wie werden wir den zunehmenden globalen Energiebedarf decken können? Was sind die Mobilitätskonzepte der Zukunft? Die genannten Fragestellungen beschreiben nur eine kleine Auswahl der Probleme, die es zu lösen gilt. Dabei ist klar: Lösungen von gestern oder inkrementelle Verbesserungen von existierenden Technologien und Produktkonzepten bringen uns bei der Bewältigung dieser globalen Herausforderungen nicht entscheidend weiter.

Innovationen, getrieben durch Chemie, werden einen wichtigen Beitrag leisten müssen, um die Herausforderungen von morgen zu lösen. Die chemische Industrie als Lieferantin von neuen Produkten, Materialien, Systemen und Technologien ist ein wichtiger Motor für Innovationen in allen Industriesektoren – auch wenn der chemische Beitrag im ersten Augenblick nicht immer offensichtlich ist. Aus dieser Überzeugung heraus arbeitet die BASF-Gruppe (BASF)[1] an Konzepten und Lösungen für Zukunftstrends in den Industriesektoren Gesundheit & Ernährung, Landwirtschaft, Bau, Energie & Rohstoffe sowie Mobilität und Elektronik, um einen wertvollen Beitrag für eine lebenswerte Zukunft zu leisten.

---

1   BASF ist das weltweit führende Chemieunternehmen: The Chemical Company. Das Portfolio reicht von Chemikalien, Kunststoffen, Veredlungsprodukten und Pflanzenschutzmitteln bis hin zu Öl und Gas. Wir verbinden wirtschaftlichen Erfolg, gesellschaftliche Verantwortung und den Schutz der Umwelt. Mit Forschung und Innovation helfen wir unseren Kunden in nahezu allen Branchen heute und in Zukunft die Bedürfnisse der Gesellschaft zu erfüllen. Unsere Produkte und Systemlösungen tragen dazu bei, Ressourcen zu schonen, gesunde Ernährung und Nahrungsmittel zu sichern sowie die Lebensqualität zu verbessern. Den Beitrag der BASF haben wir in unserem Unternehmenszweck zusammengefasst: We create chemistry for a sustainable future. Die BASF erzielte 2011 einen Umsatz von rund 73,5 Milliarden Euro und beschäftigte am Jahresende mehr als 111.000 Mitarbeiterinnen und Mitarbeiter. Die BASF ist börsennotiert in Frankfurt (BAS), London (BFA) und Zürich (AN). Weitere Informationen zur BASF im Internet unter www.basf.com.

Innovationsprozesse bei der BASF

Eine Schlüsselrolle bei der Entwicklung von Innovationen spielt der globale Forschungsverbund der BASF, bestehend aus den vier Forschungs-Kompetenzzentren und den zahlreichen Entwicklungseinheiten in den operativen Bereichen, die in Kooperationen mit Wissenschaft und Wirtschaft an interdisziplinären Lösungen arbeiten (Abb. 1). Dieses breite, globale Netzwerk an Know-how-TrägerInnen unterschiedlicher Fachrichtungen und verschiedener Stufen der Wertschöpfungsketten ermöglicht es, auf ein breites Fachwissen zurückzugreifen, um komplexe Fragestellungen zu bearbeiten und zu lösen. Unterstützung in der Netzwerkpflege, bei öffentlichen geförderten Projekten, bei der Identifikation von neuen akademischen PartnerInnen sowie in der Projektorganisation wird von der übergeordneten Einheit „Hochschulbeziehungen und Innovationsmanagement" zur Verfügung gestellt.

Abbildung 1: Der Forschungsverbund der BASF: Eingebettet ist dieser Wissensverbund aus Forschungs-Kompetenzzentren, Entwicklungseinheiten der operativen Bereiche und Netzwerken mit externen Partnern in die Einheit „Hochschulbeziehungen und Innovationsmanagement" sowie in die „BASF Future Business GmbH".

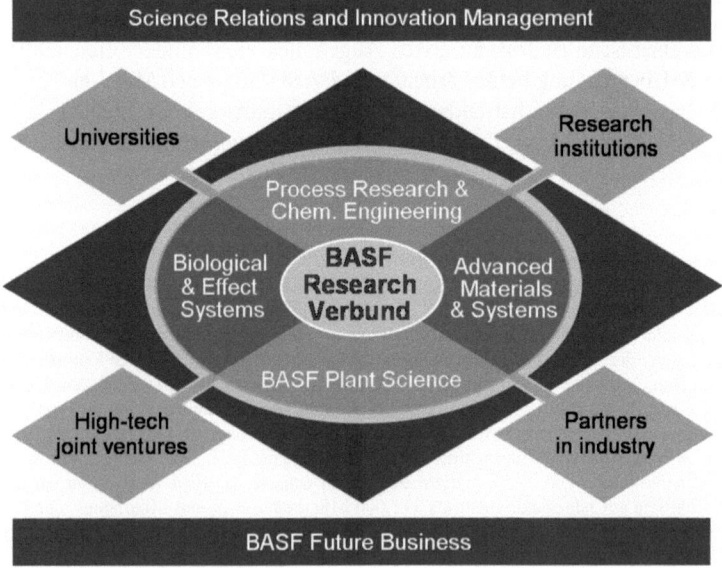

Wie in Abbildung 1 dargestellt, wird der Forschungsverbund durch eine weitere Innovationseinheit, die BASF Future Business GmbH, vervollständigt. Die BASF Future Business GmbH wurde vor zehn Jahren als Tochterunternehmen der BASF SE in Ludwigshafen gegründet. Das übergeordnete Ziel dieser Innovationseinheit ist der Aufbau neuer Geschäftsfelder durch die Erschließung neuer Märkte mit neuen, innovativen Technologien.

Die BASF Future Business GmbH als globale Innovationseinheit

Die BASF Future Business GmbH (BFB) wurde von Beginn an als globale Einheit, mit Standorten in den wichtigsten Wirtschaftsregionen, aufgestellt. Heute sind die MitarbeiterInnen an sieben Standorten in Nordamerika, Europa und Asien tätig und können somit globale und regionale Markt- und Technologie-Trends rechtzeitig erkennen und Kontakte zu den bedeutenden Innovationszentren der Regionen aufbauen und pflegen.

Es ist sehr wohl bekannt, dass die Erschließung neuer Geschäftsfelder in – vor allem – Zukunftsmärkten nicht über Nacht geschehen kann. Der Aufbau von neuen Märkten, die Entwicklung neuer Technologien und Lösungen sowie die Etablierung neuer Marktstrukturen kann viele Jahre dauern, weshalb die BFB nicht auf einen kurz- oder mittelfristigen Zeithorizont blickt, sondern Trends und Marktentwicklungen über die nächsten zwei bis drei Jahrzehnte in den Fokus nimmt. Dazu zählt auch, Innovationen und neue Technologien im Bereich der Start-up-Szene zu beobachten und mögliche Kooperationen mit der BASF zu prüfen. Diese Aufgabe wird von der BASF Venture Capital GmbH (BVC), einem 100-prozentigen Tochterunternehmen der BFB, wahrgenommen. Die BVC identifiziert attraktive Start-up-Firmen und realisiert entsprechende Venture-Capital-Investitionen. Dadurch fördert die BVC die Realisierung attraktiver Technologien, sichert der BASF einen Zugang zu Start-up-Firmen und initiiert in der Regel Kooperationen zwischen entsprechenden BASF-Einheiten und den Start-up-Unternehmen. Ebenso wie die BFB ist auch die BVC global aufgestellt.

Angestrebte Zielmärkte

Während die operativen Bereiche in Zusammenarbeit mit den Forschungs-Kompetenzzentren an einer Weiterentwicklung der bestehenden Technologien arbeiten und zudem für existierende Produkte und Lösungen neue Abnehmermärkte suchen, ist es die Aufgabe der BFB, neue Zukunftsmärkte mit neuen Technologien zu erschließen (siehe auch Abb. 2).

Abbildung 2: Markt- und Technologie-Positionierung der BASF Future Business GmbH innerhalb des Wissensverbundes.

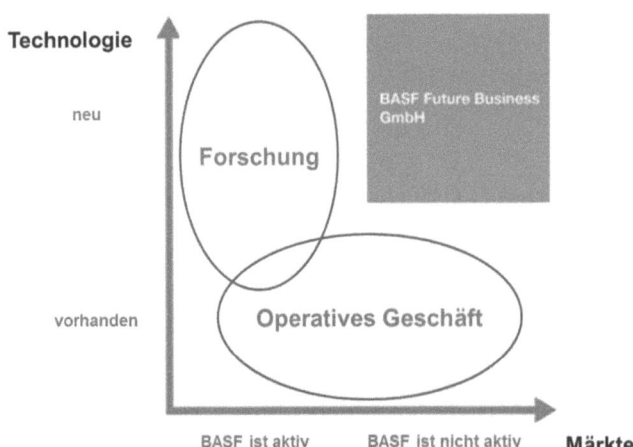

Somit konzentriert sich die Suche der BFB nach neuen Geschäftsfeldern auf Märkte, die außerhalb des Kerngeschäftes der BASF liegen und sich durch überdurchschnittliches Wachstum über einen langen Zeithorizont hinweg auszeichnen. Zudem spielt der Nachhaltigkeitsgedanke bei der Attraktivitätsbewertung neuer Märkte eine entscheidende Rolle. Ein weiteres Bewertungskriterium ist die chemische Wertschöpfung; in den anvisierten Zielmärkten muss die Chemie eine Schlüsselrolle spielen und somit als „Enabler" fungieren.

Hinsichtlich möglicher Zukunftstechnologien wurden ebenfalls Rahmenbedingungen definiert. Neue Technologien sollen das Potenzial haben, einen Quantensprung in der Verbesserung der Endeigenschaften von Produkten und Systemen zu ermöglichen. Nur so kann ein signifikanter Einfluss auf die entsprechenden Endmärkte erzielt werden. Ein weiteres Kriterium bezüglich neuer Technologien ist, dass die erforderlichen Kompetenzen gut zu den Stärken der BASF passen. Es ist klar, dass auch neue Aktivitäten in Zukunftsmärkten und -technologien der Strategie und den Leitlinien der BASF-Gruppe entsprechen müssen.

Der „Phase-Gate"-Prozess

Für die Erschließung von neuen Märkten und Technologien zum Aufbau neuer Geschäftsfelder muss entlang des kompletten Innovationsprozesses, von der Ideenfindung bis zur Produkteinführung, ein ganzheitlicher Ansatz verfolgt werden. Dazu wurden innerhalb der BFB *drei Aufgabenfelder* definiert.

Die BASF Future Business GmbH. Vom Trendscouting zum Aufbau neuer Geschäftsfelder 185

Beginnend beim Scouting, dem Aufspüren von Trends und Marktentwicklungen, über dezidierte Projektarbeit zur Entwicklung neuer Produkte und Systemlösungen bis hin zur Markteinführung durch Launch-Aktivitäten, verbunden mit dem Aufbau der erforderlichen Geschäftsmodelle, wird der komplette Innovationsprozess in der BFB „durchlebt".

Die Identifikation und Bewertung neuer Geschäftsfelder erfolgt in der Einheit „Scouting & Evaluation", während die Produktentwicklung und der Launch in den dezidierten Industrieschwerpunkten bzw. Wachstumsfeldern für BASF „Energy Management", „Organic Electronics" und „Medical Industry" wahrgenommen werden.

Die Organisation der BFB orientiert sich damit am „Phase-Gate"-Innovationsprozess, der auch den BFB-Aktivitäten eine klare Struktur in Bezug auf die Projektorganisation gibt (s. Abb. 3).

Abbildung 3: Die Organisation sowie die Aufgabenfelder der Funktionseinheiten innerhalb der BASF Future Business GmbH orientieren sich am „Phase-Gate"-Innovationsprozess.

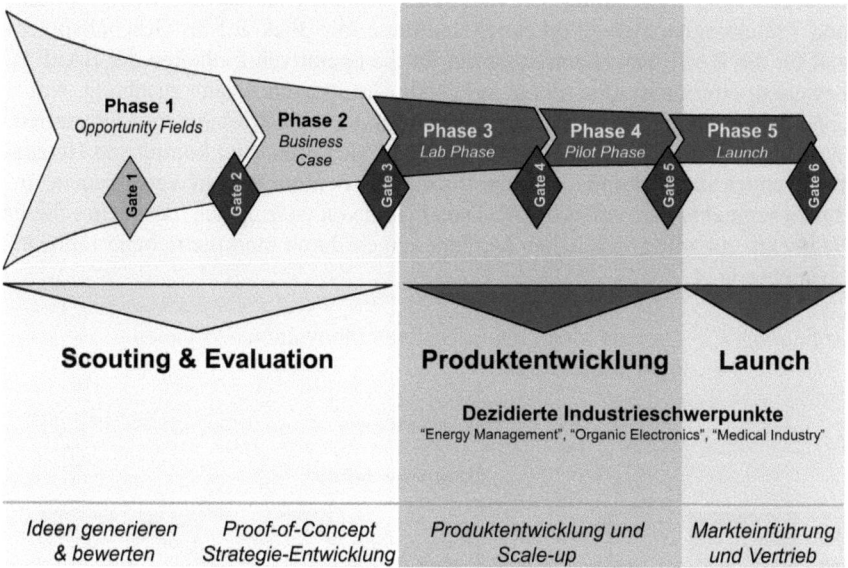

Der „Phase-Gate"-Innovationsprozess bei der BFB besteht aus fünf verschiedenen Projektphasen und wird durch sechs „Gates" gegliedert. Bis zu den „Gates" müssen bestimmte technische und kommerzielle Meilensteine erreicht werden.

An einem Gate werden durch den „Gatekeeper" Entscheidungen über den Umgang mit neuen Themen bzw. über die Fortführung von Arbeitsschwerpunkten getroffen. Dieser Prozess und die damit verbundenen Kriterien ermöglichen ein effizientes Steuern und Überwachen von Themen bzw. Projekten. Damit ist natürlich auch die Möglichkeit gegeben, frühzeitig wenig attraktive Themen bzw. Projekte zu beenden. Es handelt sich um einen „offenen" Prozess; das heißt, es ist möglich, Projekte frühzeitig in operative Einheiten der BASF-Gruppe zu transferieren, wenn sich Synergien bezüglich Kompetenzen in Chemie, Marktzugang bzw. Geschäftsmodellen zeigen, oder aber Projekte aus der Forschungs- oder den Unternehmensbereichen in die BFB aufzunehmen, wenn diese Zukunftsmärkte und -technologien betreffen, die erkennbar außerhalb des Fokus der Unternehmensbereiche liegen.

Die Funktionseinheit „Scouting & Evaluation"

Am Anfang der Innovationskette, der Phase eins und zwei, steht die globale Funktionseinheit „Scouting & Evaluation", die das Ziel hat, langfristige Markt- und Technologietrends zu erkennen und diese mit Blick auf ihr Geschäftspotenzial für die BASF bzw. Konsequenzen für die operativen Einheiten der BASF zu bewerten. Hierfür ist eine global agierende Gruppe von Scouts zuständig, wobei jeder Scout sich in der Regel auf ein bestimmtes Industriesegment konzentriert. Wie eingangs erwähnt, führen die bekannten Megatrends zu komplexen Herausforderungen der Zukunft, was signifikante Auswirkungen auf verschiedene Industriesegmente hat (vgl. Abb. 4). Daher ist davon auszugehen, dass jedes dieser Segmente zukünftig deutlichen Veränderungen durch marktgetriebene Innovationen unterliegt.

Abbildung 4: Globale Megatrends forcieren Innovationen in vielen Industriesektoren.

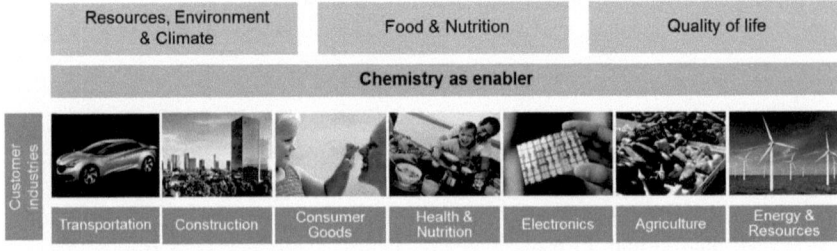

Der Scout entwickelt ein fundiertes Verständnis im Hinblick auf die derzeitigen Marktgegebenheiten, Produkte, Technologien und Services sowie auf die bestehenden Wertschöpfungsketten und die wichtigsten Spieler. Diese Wissensbasis ist Voraussetzung, um neue Markt- und Technologieentwicklungen vorherzusagen und zu erkennen. Sobald neue, vielversprechende Geschäftsmöglichkeiten in Form von neuen Märkten oder Technologien identifiziert und gemäß einer eigens entwickelten Bewertungsmatrix im Hinblick auf Marktattraktivität und „Fit" zur BASF in einem ersten Schritt bewertet und somit priorisiert wurden, kann eine detaillierte Analyse gestartet werden. Geschäftsopportunitäten mit einer hohen Marktattraktivität und gutem Fit zur BASF werden mit hoher Priorität weiterverfolgt. Im Gegensatz dazu werden Themen, die auf der Grundlage des Bewertungsschemas weniger gut bewertet wurden, nicht mehr weiter bearbeitet.

Die nun folgende detaillierte Analyse umfasst ein großes Spektrum an Kriterien; neben Marktanalyse und Technologie-Benchmark werden die zukünftig erwarteten Marktstrukturen und Veränderungen der Wertschöpfungsketten im Detail untersucht; der „Point of Innovation" und der „Point of Decision" innerhalb einer Wertschöpfungskette sind dabei ebenso wichtig wie die Beschreibung des Wertschöpfungs-Potenzials der jeweiligen Stufen. Hierfür werden Informationen aus Marktstudien und solche, die aus Konferenzbesuchen, Gesprächen an Universitäten und Instituten sowie persönlichen Gesprächen mit potenziellen EndnutzerInnen gewonnen wurden, gesammelt.

In der Regel wird in dieser Phase sehr deutlich, welche Kompetenzen und Fähigkeiten notwendig sind, um neue Lösungen für die globalen Herausforderungen zu entwickeln und im Markt zu etablieren, was einen Hinweis auf erforderliche und erstrebenswerte Kooperationen mit GeschäftspartnerInnen liefert. Damit wird auch klar, was es für die BASF mit ihrer Kompetenz in Chemie bedeutet, in einem Zukunftsmarkt tätig zu werden. Die Anforderungen an den Rohstoff, das Material und die Integration bzw. das notwendige System können ebenso beschrieben werden wie die jeweils notwendigen Geschäftsmodelle zur Markterschließung. Da die Komplexität neuer Problemlösungen immer weiter zunimmt und häufig die Chemie einen Teil einer Systemlösung darstellt, sind interdisziplinäre Kompetenzen zur erfolgreichen Entwicklung und Anpassung an KundInnenwünsche nötig. Aus diesem Grund sind Partnerschaften entlang der Wertschöpfungskette unerlässlich und werden daher auch aktiv angestrebt. Aus den gesammelten Erkenntnissen über den zu adressierenden Markt, die jeweiligen Unternehmen auf verschiedenen Marktstufen und die neuen Technologien können Marktszenarien mit zukünftigen Bedürfnissen, eine Referenztechnologieübersicht oder gegebenenfalls eine Technologie-Roadmap entwickelt werden.

Nach Erarbeiten einer solchen, umfassenden Analyse stellt der Scout seine Empfehlung über das weitere Vorgehen an „Gate zwei" zur Entscheidung. Es liegt auf der Hand, dass nur wenige Themen in die nächste Phase gelangen, da sich viele zunächst vielversprechende Geschäftsmöglichkeiten bei genauer Analyse als wenig attraktiv herausstellen und in der vorgestellten Analysephase bereits ausgeschlossen werden. Ist „Gate zwei" jedoch erfolgreich passiert, wird ein Businessplan erstellt, der eine klare Markteintritts-Strategie mit entsprechender Wirtschaftlichkeitsbewertung enthält.

Wurde auch der Businessplan mit den zugrunde gelegten Annahmen positiv bewertet, kann „Gate drei" passiert werden. Dies ist ein entscheidender Schritt, denn mit „Gate drei" wird der Einstieg der BASF in ein neues Geschäftsfeld entschieden, der in der Regel signifikante Investitionen in die Technologie-Entwicklung und Markterschließungen mit sich bringt. Konkret bedeutet dies, dass entsprechende Themen in die Produktentwicklung gehen, entsprechende personelle Ressourcen eingesetzt werden sowie Investitionen in den „Scale-up"-Prozess und in die Produktion stattfinden.

Rückblickend wird deutlich, dass die Anforderungen an die Arbeitsweisen der Scouts sehr unterschiedlich sind: Einerseits spielt eine visionäre, von Neugier und Phantasie beflügelte Suche nach neuen, vielversprechenden Themen eine große Rolle, und andererseits – nach erfolgreicher Suche – ist die Fähigkeit, eine fundierte und strukturierte Markt- und Technologieanalyse anzufertigen und Markteintrittsstrategien zu entwickeln, maßgeblich für eine Geschäftsfelderschließung. Diese Arbeit gleicht einer „Suche nach der Nadel im Heuhaufen".

Bei der BFB gelangen in der Regel weniger als 20 Prozent aller Ideen in die Business-Case-Phase, und wiederum weniger als 50 Prozent davon passieren „Gate drei". Sicher fühlt sich das Einstellen der Arbeiten zu ursprünglich erhofften, neuen Geschäftsmöglichkeiten für den Scout wie ein Rückschlag an und kann schnell zu Frust führen, jedoch ist der Wissensgewinn der Scouting-Arbeiten, zum Beispiel die Erkenntnis, dass durch die Chemie keine Wertschöpfung in einem Zukunftsmarkt zu erzielen ist, ein wertvoller Beitrag für die BASF. Hiermit wird verhindert, dass viel Geld in ein Thema investiert wird, bei dem durch genaue Analyse deutlich wird, dass damit nicht erfolgreich gewirtschaftet werden kann.

Passiert ein Thema „Gate drei", so folgt eine weitere Herausforderung für den Scout: Gemeinsam mit den EntscheidungsträgerInnen muss festgelegt werden, ob der Scout „sein" Thema an eine neue Einheit übergibt oder er mit „seinem" Thema in eine neue Einheit wechselt und es dort vorantreibt, womit er seine Scouting-Rolle aufgibt. Diese Komplexität in Bezug auf die Arbeitsweise kommt auch bei der Rekrutierung neuer Scouts zum Tragen: Ein Scout sollte Visionär, Analytiker und Stratege sein, mit hoher Frusttoleranz und Bereitschaft zu ständiger Veränderung. Die Erfahrung der letzten Jahre zeigt, dass viele Menschen gerade diese Herausforderungen suchen, sich mit Begeisterung in stets neue Themen einarbeiten und sehr schnell in die jeweiligen Aufgaben hineinwachsen. Die BFB legt dabei großen Wert auf eine ausgewogene Mischung an

Kompetenzen, Fähigkeiten und Erfahrungen. Die Rekrutierung erfolgt über BASF-interne Kanäle und über externe Zugänge, wobei operative Geschäftserfahrung von großer Bedeutung ist.

Innovationen in Wachstumsfeldern

Aktuell gibt es, wie oben erwähnt, drei Wachstumsfelder innerhalb der BFB, die alle operativen Aufgaben von der Produktentwicklung bis zum Launch wahrnehmen: „Energy Management", „Organic Electronics" und „ Medical Industry". In diesen Einheiten werden innovative Systemlösungen vorangetrieben und im Markt etabliert. In dieser Phase liegt die Hauptaufgabe der BFB-MitarbeiterInnen im Businessmanagement (Marketing & Sales), denn die BFB selbst besitzt keine eigenen Laboratorien für Forschung und Entwicklung. Die benötigte F&E-Leistung zur Produktentwicklung wird durch die Kompetenzzentren der BASF oder externe Forschungspartner erbracht. Über die hierfür notwendigen Ressourcen wird an „Gate drei" bzw. an nachfolgenden Gates entschieden. Im Folgenden sollen exemplarisch zwei Beispiele aus dem Wachstumsfeld „Energy Management" konkreter erläutert werden.

Magnetokalorik – innovative Technologie

Die Magnetokalorik basiert auf dem bereits seit langem bekannten magnetokalorischen Effekt. Dabei handelt es sich um das Phänomen, dass sich Materialien in einem starken Magnetfeld erwärmen und wieder abkühlen, wenn das Magnetfeld entfernt wird. Das Ziel der BFB ist die Entwicklung einer neuen, kostengünstigen Systemlösung auf Basis des magnetokalorischen Effekts zum Einsatz in Anwendungen wie Klimaanlagen, Kühlung von elektrischen Komponenten bis hin zu Kühlschränken. Um dies zu realisieren, zieht das BFB-Team an einem Strang mit dem Kompetenz-Zentrum „Process Research & Chemical Engineering" der BASF SE, akademischen Partnern wie der TU Delft sowie verschiedenen industriellen Partnern zur Systemintegration von effizienten Energietechnologien. Die Forschung in der BASF arbeitet hierbei an dem zentralen Baustein, nämlich an der Entwicklung eines neuen Materials, das im relevanten Bereich bei Raumtemperatur einen sehr starken magnetokalorischen Effekt zeigt. Die BASF arbeitet unter anderem an chemisch stabilen Mangan-Eisen-Phosphor-Silizium-Verbindungen, die sich durch eine geringe Volumenausdehnung trotz eines besonders stark ausgeprägten magnetokalorischen Effektes auszeichnen. Diese Einsatzstoffe sind in der Herstellung preisgünstiger als das bisher verwendete Metall Gadolinium und seine Salze. Die angestrebte kostengünstige Systemlösung auf Basis der Magnet-Technik ermöglicht es, den Energieverbrauch von energieintensiven Geräten wie Klimaanlagen oder Kühlschränken signifikant zu reduzieren. Im Fall von Kühlschränken erlaubt die Magnetokalorik den Ersatz von Kompressoren, vermeidet umweltschädliche Kühlmittel und vermindert den Stromverbrauch bei gleicher Leistung. Zudem sind Kühlschränke auf Basis der Magnet-Technik leiser und vibrationsärmer als die üblichen Kompressoren-Kühlschränke, um nur einige Vorteile zu nennen.

Schlüsselfaktoren, um diese Technologie in den nächsten Jahren zum Markterfolg zu bringen, sind die Entwicklung hochleistungsfähiger Materialien in gut funktionierenden Forschungsnetzwerken aus industriellen und akademischen WissenschaftlerInnen und die Integration der Materialien in marktgerechte Systeme.

Elektromobilität – ein neues Geschäftsfeld

Die Aktivitäten rund um das Thema Elektromobilität stellen ein weiteres Beispiel aus dem Wachstumsfeld „Energy Management" dar. Es ist davon auszugehen, dass sich die Anzahl der Fahrzeuge auf den Straßen bis 2020 global in etwa verdoppeln wird; daraus ergeben sich große Herausforderungen bei den Themen Ressourcenverbrauch und Umweltschutz. Demzufolge ist ein klar erkennbarer Trend in der Automobilindustrie die verbesserte Ressourcennutzung beim Fahrzeugbau und -betrieb. Neben Themen wie Leichtbau und verbesserte Abgaskatalysatoren, die durch existierende Geschäftseinheiten bei der BASF abgedeckt werden, spielt die Elektromobilität eine bedeutende Rolle in der Automobilindustrie. Dies wird zu neuen Märkten und Geschäftsopportunitäten für chemische Lösungen führen. Gerade die Chemie liefert einen entscheidenden Beitrag, um zukünftige Marktbedürfnisse bei der Elektromobilität, wie höhere Reichweite, geringes Gewicht und niedrigere Kosten von Batterien, zu ermöglichen.

Entsprechende Marktbewertungen, Analysen und Strategie-Entwicklungen innerhalb der BFB haben gezeigt, dass das Geschäftsfeld Batteriematerialien eine große Bedeutung für die BASF besitzt. In ersten Forschungsarbeiten konnten Kathodenmaterialien für Lithium-Batterien der zweiten und dritten Generation entwickelt werden sowie weitere exploratorische Konzepte für Materialien und Komponenten für neue Batterien der vierten Generation erstellt werden. Auch in der Entwicklung von Kathodenmaterialien spielt die gemeinsame Entwicklung mit vielen internen und externen ExpertInnen eine entscheidende Rolle. Schnell wurde klar, dass parallel zur Technologie-Entwicklung zukünftiger Technologie-Generationen der Markt- und Geschäftsaufbau für marktreife Systeme erfolgen muss. Letzteres erfordert den Bau von Produktionskapazitäten mit entsprechender Infrastruktur und den Aufbau von Vertriebsstrukturen. In Zusammenarbeit mit dem Unternehmensbereich „Catalysts" konnten Synergien im Bereich der

Produktionstechnologien genutzt und somit Investitionen in Kapazitäten von Kathodenmaterialien realisiert werden. Eine erste Anlage zur Produktion von Batteriematerialien in Elyria, Ohio/USA, geht 2012 in Betrieb. Auch die Geschäftsentwicklung und der Vertriebsaufbau für die verschiedenen Technologien führten die BFB und der Bereich „Catalysts" Hand in Hand durch.

Im Anbetracht der bedeutenden Wachstumsmöglichkeiten auf dem globalen Batteriemarkt entschied die BASF Ende 2011, einen ganzheitlichen und stark lösungsorientierten Ansatz für innovative Materialien und funktionale Komponenten, wie Kathoden- und Anoden-Materialien, Elektrolyte, Separatoren etc., zu verfolgen. Aus diesem Grund wurden alle Batteriematerial-Aktivitäten sowie die Erarbeitung von Materialien und Komponenten für neue Batteriekonzepte für Lithium-Batterien der Generation drei und vier in einer neuen, global agierenden Geschäftseinheit „Battery Materials" im Unternehmensbereich „Catalysts" zusammengeführt. Neben dem Ausbau des operativen Geschäftes wird diese neue Einheit in den kommenden fünf Jahren einen dreistelligen Millionen-Euro-Betrag in Forschung, Entwicklung und Produktionsaufbau von Batteriematerialien und Batteriekomponenten investieren, um das neue Geschäft weiter zu stärken. Das Ziel der Geschäftseinheit ist eine führende, globale Position als Zulieferer der Batteriehersteller.

Somit wurde binnen weniger Jahre aus der Bewertung eines Markttrends ein neues Geschäftsfeld für die BASF erschlossen. Schlüssel zum Erfolg hierbei waren und sind sicherlich die Synergien, die zwischen der neuen Einheit „Battery Materials" und dem Unternehmensbereich „Catalysts" entstehen. Dieses Beispiel unterstreicht die Notwendigkeit, dass selbst bei der Erschließung neuer Märkte mit neuen Technologien ein guter Fit zum Kerngeschäft der BASF zwingend erforderlich ist. Ohne das Potenzial Synergien zum existierenden Geschäft zu nutzen, ist der Einstieg in neue Geschäftsfelder weitaus schwieriger realisierbar. Nicht alle Themenfelder der BFB entwickeln sich so rasant wie die zuvor beschriebenen Batterieaktivitäten. Bildhaft gesprochen standen und stehen in diesem Fall alle Ampeln auf Grün: die Marktentwicklung ist deutlich, die Technologieentwicklung bei der BASF verläuft vielversprechend, Synergien zu bereits bestehenden Geschäften und Produktionsprozessen sind vorhanden, und die benötigten personellen Ressourcen zur Markt- und Geschäftsentwicklung stehen zur Verfügung.

Launch-Teams für innovative Technologien

Häufig scheitern jedoch innovative Ideen und Ansätze, weil der benötigte Ressourcenbedarf für eine Markt- und Geschäftsentwicklung gerade nicht vorhanden ist und Themen lediglich parallel zum Tagesgeschäft bearbeitet werden können.

Aus diesem Grund hat die BFB eine dritte Säule als festen Bestandteil des Innovationsprozesses eingeführt, den Launch. Gemäß dem eingangs erwähnten „Phase Gate"-Prozess übernehmen dabei die MitarbeiterInnen die Verantwortung, die innovativen Lösungen schnell und konsequent in den Markt zu bringen. Der Launch ist damit ein integraler Bestandteil der Wachstumsfelder „Energy Management", „Organic Electronics" und „Medical Industry". Diese Aufgabe schließt den Aufbau gegebenenfalls notwendiger, neuer Geschäftsmodelle mit ein. Des Weiteren beinhaltet der Launch die Verantwortung für den Produkt-Scale-up bis hin zur Produktion, verbunden mit der Beschaffung von Rohstoffen und Vorprodukten. Häufig handelt es sich bei den MitarbeiterInnen um ExpertInnen, die bereits an der Produktentwicklung beteiligt waren und daher bereits fundierte Produkt- und Marktkenntnisse besitzen bzw. über ein gutes Netzwerk zu Partnern oder EntscheiderInnen im Endmarkt verfügen. Ergänzt wird der Einsatz der Kolleginnen und Kollegen durch das Hinzuziehen von ExpertInnen aus dem Business Management und Vertrieb, um die geforderten Kompetenzen abzudecken.

Nach erfolgreicher Markteinführung durch die BFB wird das neue Geschäft, beispielsweise ein neues Produkt, in einen neuen „Hafen" transferiert, in der Regel in einen bestehenden Geschäftsbereich innerhalb der BASF. Vorab wurden gemeinsam mit dem Unternehmensbereich Übernahmeparameter wie Wirtschaftlichkeit oder Wettbewerbsfähigkeit der Technologiebasis des Produkts definiert. Dabei hat sich als wichtiger Erfolgsfaktor die volle Unterstützung des Top-Managements der BASF herausgestellt. Diese wird durch spezifische „Advisory Boards" mit Führungskräften aus dem operativen Geschäft, BFB und Forschung sichergestellt.

Vom Trendscouting zum Aufbau neuer Geschäftsfelder – wichtige Erfolgsfaktoren

In dem vorangestellten Bericht wurde beschrieben, wie die BFB sich der Aufgabe der Erschließung neuer Geschäftsfelder stellt. Zusammenfassend kann festgehalten werden, dass die nachfolgend aufgeführten Faktoren einen wesentlichen Beitrag zum Erfolg der BFB geleistet haben.

Scouting: Das Aufspüren von Markt- und Technologietrends ist Grundvoraussetzung für die Erschließung neuer Geschäftsfelder. Auf Basis der Konzernstrategie und des klaren Bekenntnisses zu Ziel-Industrie-Sektoren entwickeln die Scouts ein solides Verständnis für das heutige Markt- und Technologieumfeld. Auf dieser Basis können Trendanalysen erarbeitet werden, aus denen sich mögliche, zukünftige Geschäftsfelder ableiten lassen. Dabei sollte die Suche nach dem „Neuen" unabhängig von den Strukturen und Limitierungen der existierenden Unternehmensteile erfolgen.

Evaluierung: Eine ausführliche Bewertung neu identifizierter Geschäftsmöglichkeiten zeigt das volle Geschäftspotenzial für das eigene Unternehmen auf. Bevor Investitionen in ein neues Wachstumsfeld getätigt werden, ist es zwingend erforderlich, eine klare Markt-, Technologie- und Geschäftsmodellanalyse anzufertigen. Diese Arbeit schützt vor Fehlinvestitionen und zeigt das Potenzial der möglichen Wertschöpfung auf. Mit der Einbettung in eine klare Markteintrittsstrategie hat man die Voraussetzung für die Investition in ein neues Geschäftsfeld geschaffen.

Kernkompetenzen zusammenführen: Um Projekte schnell und effizient vorantreiben und damit die Innovationskraft des eigenen Unternehmens besser ausschöpfen zu können, müssen die entscheidenden Kernkompetenzen entlang der Wertschöpfungskette mit ins Boot geholt werden. Da die meisten Unternehmen nur Teilbereiche einer Wertschöpfungskette abdecken, ist es wichtig, entsprechende Partner zur Erschließung neuer Geschäftsfelder zu identifizieren und in geeigneten Partnerschafts-Modellen zu kooperieren. Entscheidend für den Erfolg ist dabei nicht die Größe; vielmehr sind das Können, die Bereitschaft zum offenen, partnerschaftlichen Umgang und das Bekenntnis zum gleichen Ziel die wesentlichen Faktoren.

Synergien nutzen: Die Erschließung neuer Geschäftsfelder darf keine vom Unternehmen isolierte Aktivität sein. Erst durch das Nutzen von Synergien mit den existierenden Einheiten eröffnet sich die entscheidende Wertschöpfung mit entsprechendem Wettbewerbsvorteil. Des Weiteren wird der Grundstein für eine Übertragung in eine zukunftsfähige, operative Organisation innerhalb des Unternehmens gelegt. Transparenz über die Aktivitäten der Geschäftsfelderschließung, regelmäßiger Informationsaustausch und gegebenenfalls gemeinsame Entscheidungen der EntscheidungsträgerInnen der BFB und der operativen Einheiten sind maßgeblich für das Aufspüren und das Nutzen von Synergien im Unternehmen.

Dezidierte Ressourcen: Die Tatsache, dass man sich auf dem Weg der Erschließung neuer Geschäftsfelder stets auf Neuland bezüglich Markt- und Technologie begibt, stellt eine weitere Herausforderung dar. Dies erfordert ganz entscheidend, dass ausreichend Ressourcen für jedes entsprechende Thema zur Verfügung stehen. Es wäre fatal zu glauben, dass ein neues Geschäftsfeld mit einigen Prozentpunkten der Arbeitszeit eines Mitarbeiters oder einer Mitarbeiterin erschlossen werden kann. Eine umfassende Bearbeitung erfordert, dass sich MitarbeiterInnen mit ganzer Kraft eines Themas annehmen können.

Engagierte MitarbeiterInnen, die unternehmerisch handeln: Für das Erkennen, Vorantreiben und Erschließen neuer Geschäftsfelder werden interessierte, gut ausgebildete und hoch motivierte MitarbeiterInnen benötigt. Sie brauchen Freiräume, um gemäß ihrer Aufgaben und Verantwortlichkeiten unternehmerisch handeln zu können, damit ihre Themen zeitnah und mit der entsprechenden Energie vorankommen. Es ist wichtig, eine gute Mischung von neuen und bereits erfahrenen MitarbeiterInnen mit unterschiedlichen Kenntnissen und Erfahrungen in die Organisation aufzunehmen, damit die Themen aus verschiedenen Blickwinkeln bewertet und vorangebracht werden können.

BASF Future Business GmbH als lernende Organisation

Die aufgeführten Erfolgsfaktoren haben sich in den vergangenen Jahren als entscheidend für den Erfolg der BFB herausgestellt. Dabei ist klar, dass die beschriebene Herangehensweise und die dargelegten Strukturen kein starres und endgültiges Modell für die Erschließung neuer Geschäftsfelder darstellen. Durch die gesammelten Erfahrungen im Umgang mit der Analyse von Zukunftstrends, die Bewertung von Geschäftsmöglichkeiten, den Aufbau von Partnerschaften, das Leiten von Projekten, die Markterschließung und den Produkt-Launch sowie die MitarbeiterInnenrekrutierung und -entwicklung werden wir unsere Strukturen und Prozesse stetig weiterentwickeln. Die BFB ist eine lernende Organisation mit dem Ziel, effektiv und erfolgreich neue Geschäftsfelder zu erschließen, um nachhaltig Werte für die Gesellschaft und für die BASF zu schaffen.

Technologiefrühaufklärung im Verteidigungsbereich

Matthias Grüne

Einleitung

Die moderne Zukunftsforschung entstand nach dem Zweiten Weltkrieg zunächst aus dem militärischen Sektor der USA heraus (Kreibich 2006).[1] Die grundsätzliche Fragestellung war, worauf man sich in der Zukunft einzustellen habe, um langfristige, strategische Orientierungen vornehmen und Planungsentscheidungen treffen zu können. Es war also von Anfang an eine auf praktische Konsequenzen ausgerichtete Forschungsrichtung. Eine nicht unwichtige Facette dieser Gesamtfragestellung war die erwartete zukünftige Technologieentwicklung. Die militärische Bedeutung des im Verlauf des Zweiten Weltkrieges rasant sich vollziehenden technischen Fortschritts war überdeutlich geworden. Da die Technik zunehmend komplex wurde und technische Systeme oft nicht mehr von einzelnen Ingenieuren oder Wissenschaftlern vollständig durchschaubar waren, wurde ein systematisches und breites Vorgehen zur Zukunftsabschätzung der fortschreitenden Hochtechnologie für Sicherheitspolitik und militärische Planung immer unverzichtbarer.[2]

Heutzutage ist wehrtechnische Zukunftsanalyse zum Zwecke der Planungsunterstützung wichtiger denn je. Der technische Fortschritt und die durch diesen ausgelösten Veränderungen menschlicher Handlungsmöglichkeiten und Verhaltensweisen haben sich besonders durch die IKT-Revolutionen[3] erheblich beschleunigt. Dabei befindet sich die Wehrtechnik seit mehreren Jahrzehnten, von ein paar Ausnahmen abgesehen, nicht mehr an der Spitze des technischen Fortschritts.

Dazu kommt der fortschreitende politische Wandel nach dem Ende des Kalten Krieges, dem 11. September 2001 und dem Arabischen Frühling. Zusammen haben diese Entwicklungen zu erheblichen und weiter im Fluss befindlichen Veränderungen des erwarteten Aufgabenspektrums für Streitkräfte geführt. Seitens der militärischen Planung wird darauf mit neuen Doktrinen wie „Transformation" (sich stetig reformierende Streitkräfte), „Vernetzte Sicherheit" (ressortübergrei-

---

1 Eine wichtige Rolle spielte hier die 1945 bzw. 1948 zum Nutzen der US Air Force gegründete RAND Corporation (Campbell 2004; Linstone und Turoff 2002).
2 Die so entstandene technologiebezogene Zukunftsforschung war zunächst stark darauf ausgerichtet, quantitative Modelle zu entwickeln und anzuwenden. Nach einem halben Jahrhundert (auch desillusionierender) Erfahrung sind aus einer Reihe von Gründen mittlerweile qualitative Ansätze in den Vordergrund getreten.
3 IKT = Informations- und Kommunikationstechnik.

fend), „Homeland Security" usw. reagiert, die einen höheren Beratungsbedarf auch bezüglich zukünftiger technologischer Rahmenbedingungen generieren. Schließlich zeigt nicht zuletzt die Erfahrung in der zweiten Hälfte des 20. Jahrhunderts mit militärischen Großprojekten – mit Planungs- und Entwicklungszeiten von mehreren Jahrzehnten –, dass die Planung dynamischer werden muss. Gleichzeitig erzwingt die Haushaltsmittelverknappung in allen westlichen Staaten die Priorisierung von Forschungs- und Rüstungsvorhaben (d. h. gleichzeitig das selektive Aufgeben solcher Vorhaben). Dies stellt die wichtigste Aufgabe der Rüstungsverantwortlichen dar und erfordert intensive Beratung bezüglich der zu erwartenden technologischen Entwicklung.

Die erforderliche Auseinandersetzung mit der technologischen Zukunft muss insbesondere eine Frühwarnfunktion im Hinblick auf sich abzeichnende Diskontinuitäten bzw. umwälzende Veränderungen erfüllen. Zum anderen sollten aber auch Chancen herausgearbeitet werden, die die eigene Forschungsplanung aufgreifen sollte. Notwendige Elemente des Vorgehens sind zunächst die Identifikation aufkommender zukunftsrelevanter Technologiethemen sowie deren Analyse und Bewertung in Bezug auf Anwendungspotenziale, technologisches und nichttechnologisches Umfeld sowie Entwicklungsdynamik. Hieraus sind die Prognose ihrer langfristigen Entwicklungen und die Analyse ihrer Relevanz bezüglich des Anwendungsbereiches (hier einschließlich eines etwaigen militärischen Bedrohungspotenzials) ableitbar. Um das so gewonnene Lagebild technologisch wahrscheinlicher Zukünfte aus dieser „Erkenntniswelt" in die „Handlungswelt" der EntscheidungsträgerInnen transferieren zu können, muss es mit Blick auf seine Implikationen für Zielfindung und Strategiegenerierung interpretiert werden (Wiemken 2009, 2010). Schließlich ist die Implementierung der Ergebnisse in die vorhandenen Strategie- und Planungsprozesse erforderlich. Ein solches Vorgehen wird heute (insbesondere im Bereich von Unternehmen) insgesamt als Technologiefrühaufklärung oder Technologiefrüherkennung bezeichnet (Achatz et al. 2012; Zweck 2009; Weimert 2009). Ein Beispiel für deren konkrete Umsetzung im Verteidigungsbereich ist die weiter unten beschriebene „Wehrtechnische Vorausschau".

(Militarily) Disruptive Technologies

Im Bereich der wehrtechnischen Zukunftsanalyse gibt es eine Reihe von internationalen Kooperationen im zwischenstaatlichen, europäischen und NATO-Kontext. Hier hat man sich in den letzten Jahren auf eine zentrale, gemeinsam zu untersuchende Fragestellung verständigt: die Suche nach *„Disruptive Technologies"*. Dieser Begriff wurde ursprünglich einer ökonomischen Betrachtung der Computerindustrie entlehnt, bei der Disruptive Technologies solche Technologien bezeichnen, deren Durchsetzung am Markt die Spielregeln eines Marktes massiv verändern bzw. mächtige MarktteilnehmerInnen bei ihrer Nichtbeachtung von diesem verdrängen können.[4] Ein weiteres Beispiel wäre die Digitalfotografie, die auf völlig anderen technologischen Grundlagen beruht (und damit andere Branchen ins Spiel bringt) als die klassische, chemische Fotografie, der sie anfangs hoffnungslos unterlegen war. Im Kontext der Rüstungsplanung wurde dieser Begriff inzwischen analog als „planungsbrechend" definiert: „Eine Disruptive Technology im Bereich Verteidigung und Sicherheit stellt eine technologische Entwicklung dar, die die militärische Operationsführung beträchtlich verändert [...] und eine Anpassung des Planungsprozesses und der langfristigen Zielfindung erzwingt."[5] Dieser „planungsbrechende" Charakter (die „Disruption") kann sich auf einen breiten Bereich von Operationen von Streitkräften oder Sicherheitskräften beziehen, aber auch auf eine begrenzte Schar von Operationstypen.

Die Ermittlung und Charakterisierung technologischer Themen, die als Kandidaten für derartige Disruptive Technologies angesehen werden, stellt letztlich den Versuch dar, zukünftige, technologisch getriebene Paradigmenwechsel, wie sie etwa die durch die IKT-Entwicklung angestoßene „Revolution in Military Affairs (RMA)" darstellt, vorauszuahnen. Diesem Vorgehen dienen eine Technologiebewertung anhand fester Vorgaben sowie der internationale Abgleich der Ergebnisse im Rahmen eines ständigen, institutionalisierten Diskurses. Dazu gehört auch das Planspiel „Disruptive Technology Assessment Game", auf das weiter unten eingegangen wird.

Technologiefrühaufklärung im Fraunhofer INT

Das Fraunhofer-Institut für Naturwissenschaftlich-Technische Trendanalysen INT in Euskirchen leistet seit fast 40 Jahren Technologiefrüherkennung bzw.

---

4 Genauer gesagt entwickelt sich eine ökonomisch verstandene *Disruptive Technology* abseits des Mainstream-Marktes in einem (evtl. neuen) Nischenmarkt, bis sie zu einem gewissen Zeitpunkt aufgrund einer erheblich verbesserten Performance bei gleichzeitig erheblich gestiegenen Marktbedürfnissen den Markt plötzlich übernimmt und Firmen fatal überraschen kann, die sich immer nur an den (kürzerfristigen) Kundenbedürfnissen orientiert haben (Bower und Christensen 1995; Christensen 1997). Ähnliche Schwelleneffekte können auch für *Disruptive Technologies* im Bereich Verteidigung und Sicherheit erwartet werden.

5 „A Disruptive Technology in the realm of defence and security represents a technological development which significantly ‚changes the rules or conduct of conflict‘ within one or two generations and forces the planning process to adapt to it and to change the long-term goals" (Ruhlig und Wiemken 2006, S. 7). „A Disruptive Technology stands for a technological development which changes the conduct of operations (including the rules of engagement) significantly within short time and thus alters the long-term goals for concepts, strategy and planning" (López-Vicente und Rademaker 2011, 6-2).

-aufklärung im Auftrag des deutschen Bundesministeriums der Verteidigung. Dabei hatte stets die praktische Nützlichkeit der Ergebnisse Vorrang vor wissenschaftstheoretischen und methodischen Grundsatzüberlegungen. Andererseits mussten sich die Analyseergebnisse in einem Umfeld bewähren, wo es zu jeder Fachfragestellung ExpertInnen mit tiefer gehender Fachkenntnis gibt, so zum Beispiel beim Bundesamt für Wehrtechnik und Beschaffung. Hieraus ergab sich ein pragmatischer Anspruch auf wissenschaftliche Belastbarkeit, sowohl bezüglich der Vorgehensweise als auch hinsichtlich der Inhalte.[6]

Technologie-Binnenperspektive

Die Fragestellung der Technologiefrühaufklärung kann unterschiedliche Perspektiven einnehmen. Die *naturwissenschaftlich-technologische Perspektive* ist geprägt von der Fragestellung, welche Technologien absehbar zukünftig zur Verfügung stehen werden und wie sich die technologischen Fähigkeiten/Möglichkeiten mit hoher Wahrscheinlichkeit entwickeln werden. Daneben beschäftigen sich die *soziologisch-politologische* und die *ökonomische Perspektive* mit Fragen wie den sozioökonomischen Bedingungen für Technologieentwicklung (Technology-Push vs. Market-Pull) einschließlich des Wissenschafts- und Innovationssystems, der Technikfolgenabschätzung, der Rezeption des technischen Fortschritts und der beobachteten und antizipierten Entwicklung der Märkte. Alle diese Perspektiven sind vielfach miteinander verwoben, nicht zuletzt hinsichtlich der Triebkräfte von Entwicklungen. Jedoch ist das Gesamtsystem Technik-Wirtschaft-Gesellschaft zu komplex, um vollständige Zukunftsbilder mit aussagekräftiger Detaillierung seriös vorhersagen zu können.

Daher verfolgt das Fraunhofer INT von Anfang an den Ansatz einer Beschränkung auf die Domäne von Wissenschaft und Technologie selbst, unter weitgehender Ausblendung von sozioökonomischen Einflüssen. Damit sollen die *genuinen* Beiträge dieses Bereichs beschrieben werden, die den härtesten Realisierungsbedingungen unterliegen, nämlich jenen der naturwissenschaftlichen prinzipiellen Möglichkeit und der technologischen praktischen Machbarkeit. Denn in der Naturwissenschaft (und somit auch in der Technik) sind nicht *alle denkbaren* Zukünfte auch *möglich (kontingent)*! Welche der möglichen Zukünfte wahrscheinlich sind, dafür ist wiederum der Zeithorizont ausschlaggebend.[7]

---

6   Ein solcher pragmatischer Ansatz spiegelt sich auch in der angelsächsischen Bezeichnung „Practitioners in Futures Research" wider, die die Zukunftsforschung als angewandte Disziplin sieht, mit der nutzbringenden Anwendung (und nicht dem „Elfenbeinturm") als relevanter Situation.
7   Ein Modell zur kombinatorischen Evolution von Technologie findet sich in Arthur (2009), zusammengefasst in Agar (2009).

In der INT-Analyse ist allerdings sehr wohl die Untersuchung möglicher Anwendungen, Produkte und technischer Fähigkeiten enthalten. Sozioökonomische Faktoren usw. werden gewissermaßen als „Außenwelt" betrachtet und finden Berücksichtigung durch die Wahrnehmung gesellschaftlicher Megatrends[8] (einschließlich Konstanten) sowie durch die Analyse von wahrscheinlichen Zukünften, wie sie zum Beispiel von Regierungsinstitutionen gesehen werden[9], von Fähigkeitsforderungen der politisch-militärischen Entscheidungsträger[10] und von öffentlichen Förderprogrammen und deren Zielsetzungen. Die Verknüpfung wird hier jedoch meist nur rückwirkend hergestellt, das heißt genuin naturwissenschaftlich-technische Trendaussagen werden auf zugeordnete Megatrends oder Zielvorgaben bezogen, die den jeweiligen Trend befördern. Es erscheint nicht möglich, aus übergreifenden sozioökonomischen Trends technische Innovationen abzuleiten, da erstere zwar Bedarf und Ressourcen für letztere schaffen, aber die Realisierung doch sehr harten, genuin naturwissenschaftlich-technologischen Bedingungen unterliegt.

Schließlich ist es für die Nützlichkeit der Technologiefrühaufklärung wichtig, dass eine so erhaltene Zukunftsvorstellung zu einem gemeinsamen Zukunfts-Lagebild (mit allen Bedingtheiten und Alternativen) für alle am Entscheidungsprozess Beteiligten wird, also für die Streitkräfte (oder ggf. auch Sicherheitskräfte) als „Endnutzer", für Rüster, Sicherheitspolitiker und Haushälter. Daher wird immer wieder angestrebt, auch partizipative Elemente in den Prozess einzubauen (meist in Form gemischt besetzter Workshops, siehe auch unten „Disruptive Technology Assessment Game").

Kompetenzen

Für die Durchführung von Technologiefrühaufklärung im beschriebenen Sinne hat sich der Ansatz bewährt, neben Methoden- und Prozesskompetenz auch eigene Sachkompetenz, das heißt fachlich-inhaltliche Kompetenz bezüglich des Untersuchungsgegenstandes, aufzubringen. Es geht hierbei darum, die naturwissenschaftlichen Konzepte und Theorien, die hinter den bei der Technikbeschrei-

---

8 Etwa aus einschlägigen Foresight-Studien.
9 Einschließlich dort verwendeter Szenarien und Schlüsselfaktoren. Im deutschen Verteidigungsbereich ist hier insbesondere das Dezernat Zukunftsanalyse im Zentrum für Transformation der Bundeswehr (zukünftig im Planungsamt der Bundeswehr) zu nennen.
10 Diese sind für Deutschland u. a. niedergelegt in den Verteidigungspolitischen Richtlinien VPR (BMVg 2011), im Weißbuch der Bundeswehr (BMVg 2006), in der Konzeption der Bundeswehr KdB (BMVg 2004), in offiziellen Szenaren (d. h. für die Fähigkeitenanalyse festgelegten, fiktiven, aber recht konkreten Einsatzumgebungen – nicht zu verwechseln mit Szenarien) sowie in weiteren innerministeriellen Dokumenten im Planungsprozess.

bung verwendeten Begriffen stehen, zu verstehen und somit ein eigenes Verständnis für die funktionellen Grundlagen der untersuchten Technologien zu entwickeln. So ist eine eigene Urteilsfähigkeit realisierbar, die zum Beispiel das substanziell Neue in neuen Entwicklungen herausdestillieren oder unterschiedliche Begriffsverwendung für gleiche Inhalte erkennen kann. Auch kann auf diese Weise sachgerechter eine hierarchische Struktur (bis hin zu eigenen Taxonomien) in den Objektraum hineingebracht werden, die unerlässlich ist, will man den gesamten weiten Bereich von Naturwissenschaft und Technologie einigermaßen überblicken. Es ist also eine *inner*disziplinäre Sachkompetenz in *allen* natur- und ingenieurwissenschaftlichen Schlüsseldisziplinen wünschenswert, die natürlich nur im *inter*disziplinären Team realisiert werden kann. Dadurch wird auch eine Gesprächsfähigkeit mit FachforscherInnen bis auf eine gewisse Detailebene ermöglicht.

Ein weiterer Vorteil eines durchweg naturwissenschaftlich-technisch geprägten Vorausschauteams ist die gemeinsame Sprache[11], die ja in der Wissenschaft generell eine Verständigung auf gemeinsame Modellvorstellungen und Deutungskonzepte beinhaltet. Dies erleichtert es, ein fachübergreifendes „Gesamtlagebild der wahrscheinlichen technologischen Zukunft" als integriertes Ergebnis des Vorausschauteams auf der begrifflichen Ebene zu gewinnen.

Neben diesem „*Know-what*", das die sachlich-inhaltliche Richtigkeit und Belastungsfähigkeit der Vorausschauergebnisse sicherstellen soll, ist jedoch auch eine Kompetenz zur Durchführung geeigneter und belastbare Ergebnisse versprechender Technologievorausschauprozesse, also ein „*Know-how*", erforderlich. Dieses kann als Methoden- und Prozesskompetenz beschrieben werden (Weimert 2009).

Methodenkompetenz umfasst zum einen die Kenntnis und die Fähigkeit zur Anwendung geeigneter kanonischer Methoden der Zukunftsforschung. Hier einen Überblick zu schaffen, erfordert wegen der dynamischen Begriffsverwendung und ständigen, kreativen Neukombination von Methodologien in der Community einen eigenen analytischen Aufwand[12]. Darüber hinaus ist aber auch die sichere Anwendung und gegebenenfalls auch Reflexion der basalen wissenschaftlichen Arbeitsweise hier von grundlegender Bedeutung. Insofern sorgt eine so verstandene Methodenkompetenz dafür, dass die Technologiefrühaufklärung als wissenschaftliche Metafragestellung den Kriterien der Wissenschaftlichkeit (und einer durch diese sichergestellten Belastbarkeit) genügt.

---

11 Dies gilt mit der leichten Einschränkung, dass eine gewisse „Sprachgrenze" zwischen den physikalisch-chemisch-ingenieurwissenschaftlich geprägten und den lebenswissenschaftlichen Bereichen der Naturwissenschaften beobachtet werden kann.
12 Ein Versuch der Klassifikation der großen Menge etablierter Zukunftsforschungsmethoden nach ihrer zentralen Funktion findet sich in Reschke und Weimert (2010).

Prozesskompetenz bezeichnet die Fähigkeit zum Maßschneidern des Prozessdesigns nach Kundenbedarf, möglichem Aufwand, Zeithorizont und verfügbaren Methoden sowie die kommunikative Kompetenz zur Durchführung des Prozesses. Darin ist sowohl die Klärung der zu untersuchenden Fragestellung enthalten als auch die Beantwortung der Frage, wie im Verlauf der Erkenntnisgewinnung die flexible Anpassung des Prozesses zum Nutzen des Kunden einerseits und die methodische Stringenz andererseits austariert werden können. In der Prozesskompetenz äußert sich die eigentliche „Fachkompetenz" als ZukunftsforscherIn bzw. „TechnologiefrühaufklärerIn", die ganz wesentlich von der Erfahrung in der Bearbeitung dieser Grundfragestellung getragen wird. Diese Erfahrung ist auch ein zentrales Instrument, um im bewussten Perspektivwechsel von der Beschreibung der Gegenwart zur Projektion der Zukunft die jeweilige Fortschrittsgeschwindigkeit der einzelnen beobachteten naturwissenschaftlichtechnologischen Entwicklungslinien einschätzen zu können. Daher stellt die Prozesskompetenz im Wesentlichen die Nützlichkeit und Anwendbarkeit der Ergebnisse sicher.

Abbildung 1: „Kompetenzdreieck" der Technologievorausschau. Alle drei Dimensionen von Kompetenz sollten nach der Erfahrung des Fraunhofer INT hinreichend ausgebildet sein, um mit vertretbarem Aufwand valide und verwendbare Zukunftsaussagen generieren zu können. Darstellung nach Weimert (2009).

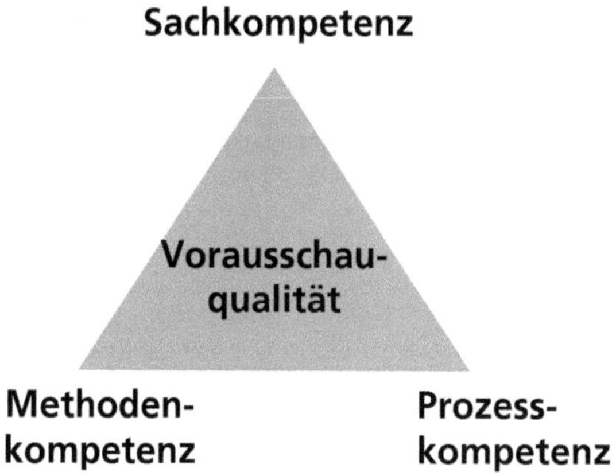

Sachkompetenz

Vorausschauqualität

Methodenkompetenz   **Prozesskompetenz**

Zentral für Aufbau und Erhalt des beschriebenen „Kompetenzdreiecks" (siehe Abbildung 1) ist eine langjährige personelle und auftragsbezogene Kontinuität, die einen Wissens- und Erfahrungspool für das gesamte Vorausschauteam erzeugen kann. Nur so lassen sich dauerhaft belastbar *Urteilsfähigkeit* (bezüglich Prognose und Relevanz), *Vertiefungsfähigkeit* (in Fachfragestellungen) und *Beratungsfähigkeit* (eines Auftraggebers/Kunden mit sehr spezifischen Rahmenbedingungen und eigenen Prozessen) realisieren.

Abstützung auf ExpertInnen

Ein anderer, häufig verwendeter Ansatz zum Hereinholen der erforderlichen Sachkenntnis in Technologiefrühaufklärungsprozesse besteht in der systematischen Einbindung von FachexpertInnen durch ein in erster Linie *methodisch* geschultes und erfahrenes Vorausschauteam. Die von den FachexpertInnen formulierten oder befruchteten Zukunftsaussagen werden durch das Vorausschauteam entweder aufgenommen oder selbst generiert und geeignet zu einem Gesamtbild zusammengesetzt. Selbstverständlich sind ExpertInnen, insbesondere als TeilnehmerInnen methodisch durchdachter Befragungs- oder Interaktionsprozesse, eine wertvolle Informationsquelle (auch für ein fachlich kompetentes Vorausschauteam). Sie können insbesondere zur Strukturierung des Suchraums sowie zur Ergänzung, Verfeinerung und Verfestigung gewonnener Aussagen beitragen. Wird jedoch die erforderliche Sachkenntnis überwiegend von externen FachexpertInnen getragen, so besteht zum einen stets die bereits beschriebene Gefahr eines fundamentalen Nichtverständnisses bzw. der Irrtumsmöglichkeit bezüglich der Inhalte und naturwissenschaftlichen Konzepte, falls dieser Prozess auf rein begrifflicher Ebene verweilt. Des Weiteren ist es in der Praxis häufig schwierig, FachexpertInnen zu einer engagierten Mitarbeit in solchen Prozessen zu motivieren. Gerade die wertvollsten ProtagonistInnen ihrer Disziplin (etwa im Sinne eines „Genius Forecasting") sind häufig überbeansprucht und sehen keinen Gewinn für ihre innerdisziplinäre Forschung durch eigene Beiträge zur Gewinnung allgemeiner Zukunftsaussagen.

Als noch schwieriger erweist es sich jedoch, den FachexpertInnen die erforderliche Denkweise, das heißt den Blick durch die – über einzelne Fachfragestellungen hinaussehende – „Vorausschaubrille" abzuverlangen. Schließlich sind sie ExpertInnen eben nicht für solche übergreifenden Fragestellungen, sondern für die konkrete Forschung innerhalb ihrer Subdisziplin, häufig sogar nur innerhalb von Einzelströmungen ihrer Subdisziplin. In der deutschen akademischen Szene gehört es eher zum Komment, sich nicht zu der Arbeit von KollegInnen zu äußern, die auf benachbarten Feldern forschen. Gerade die Herstellung von Zusammenhängen einzelner Forschungslinien ist aber eine wertvolle Quelle für die Gewinnung interessanter Zukunftsaussagen. Eine weitere Schwierigkeit in diesem Zusammenhang ist die für FachexpertInnen ungewohnte Fragestellung der zeitlichen Einordnung erwarteter Entwicklungen in ihrem Fachgebiet. Generell besteht hier die Neigung von ForscherInnen, bei Prognosen über ihr eigenes Fachgebiet kürzerfristige Entwicklungen zu überschätzen und längerfristige zu unterschätzen.

Ansatz und Vorgehensweise im Fraunhofer INT

Die rein technologiegetriebene Sichtweise des Fraunhofer INT stellt natürlich eine Vereinfachung dar, die aber den Vorteil hat, pragmatisch operationalisierbar zu sein. Dabei wird im Wesentlichen ein lineares Innovationsmodell zugrunde gelegt, bei dem die verschiedenen Grade der technischen Konzipierung und Konkretion von der naturwissenschaftlichen Entdeckung bis zum kommerziellen Produkt seriell durchlaufen werden.[13] Dementsprechend wird vorausgesetzt, dass wesentliche Teile der Technikentwicklung in Ablauf und Richtung prognostiziert werden können, wenn man das frühe Ende dieser Innovationskette, also die naturwissenschaftliche Grundlagenforschung, betrachtet. Über nicht voraussehbare zukünftige Ereignisse lassen sich ohnehin keine seriösen Aussagen machen, fundamentale Überraschungen sind aber seltener als gemeinhin angenommen. Technologieentwicklung vollzieht sich zumindest in großen Teilen in einer kombinatorischen Evolution (vgl. Agar 2009). Daher besteht Überraschung meist in überraschter Wahrnehmung von zuvor in diesem Kontext nicht Wahrgenommenem, aber Vorhandenem.

Auch das in der modernen Zukunftsforschung eigentlich gebotene Denken in Alternativen wird bei diesem Ansatz in gewisser Weise etwas vernachlässigt, da eine gewisse Fokussierung auf den als wahrscheinlichsten ermittelten Entwicklungspfad stattfindet. Dabei werden aber sehr wohl Bedingtheiten der technologischen Entwicklungsschritte explizit untersucht und berücksichtigt, was wiederum implizit den Aspekt alternativer Zukünfte in die Betrachtung einführt. Eine besonders geeignete Form zur Herausarbeitung und Darstellung solcher Bedingtheiten stellt die Erarbeitung von Technologie-Roadmaps dar (vgl. etwa Möhrle und Isenmann 2008).

Im Mittelpunkt des Vorgehens am Fraunhofer INT stehen die Identifikation sogenannter technologischer *Kernthemen* und die Prognose von deren erwarteter Zukunftsentwicklung. Damit sind Forschungs- bzw. Entwicklungsthemen ge-

---

13   Auch dies stellt wiederum eine Vereinfachung dar, die aber als Arbeitshypothese sehr brauchbar ist (Steinmüller 1997, S. 86-101). Eine differenziertere, *zwei*dimensionale Klassifizierung von Forschungsaktivitäten (Stokes 1997) wird seit kurzem im Fraunhofer INT zugrunde gelegt, um mithilfe bibliometrischer Analysen Forschungsthemen charakterisieren und evtl. prognostizieren zu können (Jovanović 2011).

meint, die eine große Dynamik und ein großes Anwendungspotenzial aufweisen und mit einem hinreichend großen (ggf. steigenden) Aufwand vorangetrieben werden (Highlights, thematische Hotspots). Zu diesen Kernthemen werden einzelne *Trendaussagen* generiert, das heißt Einzelaussagen zu dem für die Zukunft erwarteten Reifegrad, zu Bedingtheiten, Anwendungen und dem Verbreitungsgrad.[14] Weiterhin ist der technologische Kontext eines solchen Kernthemas wichtig (siehe unten), da sich hieraus die bei der Prognose zu berücksichtigenden Bedingtheiten ableiten lassen. Und schließlich ist eine Kenntnis der wesentlichen Forschungsakteure wertvoll, nicht zuletzt zum Nutzen der Quellenkritik.

Methodisch stehen Scanning und Monitoring, also die ungerichtete und die gerichtete Suche nach geeigneten Themen und Aussagen, im Vordergrund. Dabei sorgt eine themenfeldübergreifende wissenschaftliche Recherchekompetenz, die sich in Quellenkritik, begrifflicher Orientierungsfähigkeit sowie der Fähigkeit zur Nutzung großer Fachliteraturdatenbanken und -recherchetools äußert, für eine wissenschaftliche Fundierung der erhaltenen Ergebnisse. Durch Metascanning von Zukunftsstudien anderer Institutionen werden von Zeit zu Zeit sowohl das Technologiefeld-Raster, das *top-down* der Orientierung und Strukturierung des Monitoringprozesses dient, als auch die wichtigsten Trendaussagen und deren Gewichtung einer Überprüfung unterzogen.[15]

Das Scanning und Monitoring kann durch ein kontinuierliches, systematisches Screening von sogenannten *Schlüsselquellen* realisiert werden. Damit sind solche Quellen gemeint (im Allgemeinen Fachzeitschriften), bei deren Kenntnisnahme insgesamt erwartet werden kann, keine wesentliche Technologieentwicklung zu verpassen. Um die Annahme, eine Quelle sei eine Schlüsselquelle, zu evaluieren, können die subjektive Erfahrung von FachexpertInnen ausgewertet oder Stichprobenrecherchen, bibliometrische Analysen, Journal Impact Factors und dergleichen zu Rate gezogen werden. Die kontinuierliche Beobachtung eines Kanons von einmal festgelegten Schlüsselquellen war historisch für das Fraunhofer INT die einzige Möglichkeit, mit damals sehr bescheidenen Personalressourcen von einigen wenigen WissenschaftlerInnen und ohne die Recherchemöglichkeiten, die heutzutage über das Internet verfügbar sind, eine annähernd flächendeckende Technologiebeobachtung zu realisieren. Abhängig vom darstellbaren Aufwand kann man sich hierbei gegebenenfalls auf Quellen höherer Ordnung beschränken, also auf Sekundär- und Tertiärliteratur, die bereits höher aggregierte Informationen enthalten als die über einzelne Forschungsergebnisse berichtende Primärliteratur. Eine *Garantie* für lückenlose Technologiefrühaufklärung bietet das Schlüsselquellen-Screening natürlich nicht, weshalb es durch

---

14 Eine allgemeinverständliche Zusammenstellung solcher technologischer Kernthemen und dazugehöriger Trendaussagen aus eineinhalb Jahrzehnten enthält Kretschmer (2010).
15 Zu derartigen Metaanalysen vgl. Holtmannspötter et al. (2010), Kretschmer (1992, 2010).

weitere Vorgehensweisen ergänzt werden sollte. Dabei ist insbesondere die Nutzung wissenschaftlicher Konferenzen interessant, da sich hier relevante Informationen häufig erheblich früher (ein Jahr oder mehr) als mittels Fachliteratur gewinnen lassen.

Auf die hier insgesamt skizzierte, inhaltsbezogene Kernmethodik, die sich üblicherweise als *Desk Research* darstellt, kann nach der langjährigen Erfahrung im Fraunhofer INT nicht verzichtet werden.[16] Daneben empfiehlt es sich, weitere Methoden *unterstützend* einzusetzen, um zusätzliches Wissen zu generieren, vorhandene Abschätzungen zu erhärten, die Darstellbarkeit bzw. Vermittelbarkeit von Ergebnissen zu verbessern oder einer übereinstimmenden Lagebeurteilung wichtiger ProzessteilnehmerInnen durch Partizipation näherzukommen.

Die bereits erwähnten internetbasierten Fachliteraturdatenbanken mit ihren mächtigen, sich weiterentwickelnden Recherchetools[17] können für ein iteratives Austasten der Wissenslandschaft genutzt werden. Sie stellen durch boolesche Operatoren und Histogramme Funktionalitäten zur Verfügung, mit deren Hilfe die Metadaten wissenschaftlicher Publikationen, wie z. B. Titel, autorenvergebene Keywords, redaktionsvergebene Keywords, Abstracts, Subject Areas (denen die jeweilige Zeitschrift zugeordnet ist) sowie Referenzen (Zitationen), iterativ und kombiniert ausgewertet werden können. Zentrales Element ist dabei das Herausarbeiten, bzw. immer weitergehende Verfeinern, einer geeigneten Suchanfrage. Dazu dient eine Kombination von verschiedenen klassischen Recherchestrategien, Schritten „händischer", inhaltsbezogener Analyse und der Nutzung weiterer (Offline-)Softwaretools. So lassen sich zum Beispiel durch eine fachliche Bereinigung von Fundstellen-Listen und das Auswerten von Schlüsselbegriff-Kookkurrenzen Schlüsselveröffentlichungen herausdestillieren sowie gegebenenfalls Verschiebungen von Forschungsrichtungen (etwa von der Grundlagenforschung in die Angewandte Forschung) oder das Entstehen neuer interdisziplinärer Themenbereiche diagnostizieren. Es handelt sich hier gewissermaßen um eine Mischform von Bibliometrie (Achatz et al. 2012) und Vorstufen des Text Mining (Weimert 2011), die jedoch wegen der erforderlichen intensiven „händischen" Tätigkeit eines kompetenten Wissenschaftlers allenfalls als „halbautomatisch" bezeichnet werden kann.

Die seit den 1960er Jahren vor allem für Evaluationsfragestellungen eingesetzte Bibliometrie beschäftigt sich mit der statistischen Analyse (also dem „Vermessen") von Publikations- und Zitieraktivitäten. Erst seit einigen Jahren

---

16 Eine Untersuchung im Auftrag der EU-Kommission hat ergeben, dass die dort „Literature Review" genannte Vorgehensweise in den fast 800 untersuchten Foresight-Studien am häufigsten verwendet wurde (Popper et al. 2007).
17 Gemeint sind hier etwa das Web of Knowledge von Thomson Reuters (http://apps.webofknowledge.com), und hierin insbesondere das Web of Science, oder SciVerse SCOPUS von Elsevier (http://www.scopus.com).

wird sie in der Technologiefrühaufklärung als Unterstützungsmethode in der Praxis eingesetzt[18], wobei ihr Potenzial in diesem Bereich noch nicht vollständig ausgelotet ist. Aufgrund der Heterogenität der Daten bedarf es hier eines erheblichen Software- und Prozess-Aufwandes, um „aufgereinigte Datensätze" zu erzeugen, die sich sauber auswerten lassen.[19] Ferner ist Fachkompetenz bei der iterativen Erstellung geeigneter Suchanfragen erforderlich. Die interessanteste Frage scheint aber zu sein, ob diese dem Prinzip nach rückwärtsgewandte Methode geeignet ist, wirkliche Zukunftsprojektionen zu entwerfen. Dazu ist letztlich eine geeignete Modellbildung über die Entwicklung von Forschungsthemen erforderlich. Ein modellbildender Ansatz sowie ein entsprechendes Verfahren zu diesem Thema („Footprint-Analyse") wurde am Fraunhofer INT entworfen, muss aber noch weiterentwickelt und evaluiert werden (Jovanović 2011). Einen weiteren interessanten Ansatz stellen epidemische Modelle dar, die die Verbreitung von Wissen mathematisch analog der Ausbreitung von Krankheiten beschreiben (Goffman und Harmon 1971; Vitanov und Ausloos 2012). In jedem Falle ist die Bibliometrie hervorragend dafür geeignet, die Forschungslandschaft abhängig von Themen aufzuschlüsseln, also beispielsweise Exzellenzzentren zu identifizieren, die Publikationen mit Schlüsselcharakter sowie aussagekräftige ExpertInnenmeinungen stellen können.

Die Einbeziehung von ExpertInnenmeinungen kann bei der Technologiefrühaufklärung (bei allen, weiter oben beschriebenen, grundsätzlichen und praktischen Schwierigkeiten) wertvolle Dienste zur Ergänzung der und Vergewisserung über die Desk-Research-Ergebnisse leisten. Damit können sie auch eine qualitätssichernde Funktion erfüllen und nicht zuletzt die Glaubwürdigkeit der Ergebnisse für den Auftraggeber erhöhen. Hier kommen Fragebogen, leitfadengestützte Interviews, ausführlichere schriftliche Expertisen und Workshops zur Anwendung. Formalisiertere Verfahren der Abfrage von ExpertInnenmeinungen, die sich hier eignen, sind etwa die verschiedenen Varianten der Delphi-Methode (siehe z. B. Linstone und Turoff 2002) und des Technologie-Roadmappings (siehe z. B. Möhrle und Isenmann 2008). Dabei darf aber, neben der Berücksichtigung des erheblichen Aufwandes, den solche Methoden mit sich bringen, auch der Effekt nicht aus den Augen verloren werden, dass hier häufig eine Art „Mainstreaming", also die Verständigung auf eine Mehrheitsmeinung, befördert wird. Dies kann natürlich bei der Suche nach „Emerging Topics", das heißt nach neu aufscheinenden Forschungsthemen (und -disziplinen), nur bedingt weiterhelfen. Weiterhin ist eigene Sachkompetenz zum Beispiel auf Seiten von ModeratorInnen, ProtokollantInnen

---

18 So z. B. im EU-FP6-Projekt SMART (Schumacher 2007) und im 1. Zyklus des BMBF-Foresight-Prozesses (Cuhls et al. 2009).
19 Hierfür wird am Fraunhofer INT eine eigene bibliometrische Programmbibliothek entwickelt, die Werkzeuge zu Datenbeschaffung, -bereinigung, -analyse und -visualisierung enthält.

oder RapporteurInnen in Experten-Workshops unverzichtbar, um die wirklich relevanten Informationen korrekt aufnehmen und gegebenenfalls durch Nachfragen die Nutzung des Expertenwissens optimieren zu können.

Das „Prognoseproblem"

Die mithilfe all dieser methodischen Ansätze gewonnenen Informationen bestehen im Wesentlichen aus einer Lagebeschreibung des Standes und der Entwicklungslinien der Forschung. Dazu kommen einzelne Zukunftsaussagen von FachexpertInnen und anderen ZukunftsforscherInnen. All das muss nun in ein schlüssiges Lagebild der technologischen *Zukunft* überführt werden, das vorgefundene technologische Entwicklungsstränge sowie als solche identifizierte emergente Technologien extrapoliert und konsistente Aussagen zum für die Zukunft erwarteten Reifegrad, zu Anwendungen und zum Verbreitungsgrad der Technologien trifft.

Hierzu dient im beschriebenen Ansatz wesentlich die eigene, fachlich fundierte Erfahrung mit der Fortschrittsgeschwindigkeit im jeweiligen Technologiefeld (unter der erwähnten Annahme eines linearen und wesentlich von innertechnologischen Faktoren dominierten Innovationsprozesses). Entscheidend ist hier, das Bewusstsein der Ungewissheit, die eine solche Projektion bzw. Prognose beinhaltet, zu schärfen und insbesondere sprachlich zum Ausdruck zu bringen (entsprechend dem „Zukünfte"-Paradigma). Diese Ungewissheiten können durch die explizite Diskussion von Bedingtheiten und Verknüpfungen mit anderen Technologiefeldern sowie durch eine Ungenauigkeit von Zeitangaben („kurz- bis mittelfristig" statt „in fünf Jahren"), die dem Sachverhalt angemessen ist, deutlich gemacht und genauer eingekreist werden. Zur Vergewisserung und zur etwaigen Korrektur solcher Einschätzungen, meist bezüglich der Angabe von Zeithorizonten, dienen Zukunftsbilder der Tertiärliteratur, einzelne Prognosen von ExpertInnen (auch in der Literatur) sowie die Reflexion eigener (und fremder) Prognosen aus der Vergangenheit. Der subjektive Charakter solcher Einschätzungen wird nie ganz zu vermeiden sein und sollte daher auch in der Ergebniskommunikation deutlich werden. Gleichzeitig kann durch wissenschaftlich verantwortungsvolle Vorgehensweise das subjektive Moment letztlich weitgehend minimiert werden, so dass das Ergebnis bei gleichem Datenmaterial und gleicher Qualifikation und Erfahrung des Vorausschauteams auch mit anderen Personen im Wesentlichen unverändert wäre. Diese anzustrebende Qualität der Ergebnisse stellt in der Zukunftsforschung gewissermaßen das Analogon zur Reproduzierbarkeit in den Naturwissenschaften dar.

Um belastbare Zukunftsaussagen treffen zu können, ist ein möglichst ausführliches Lagebild der Gegenwart und der ihr innewohnenden Dynamik erforderlich. Auch das Bild von Gegenwart und Vergangenheit ist dabei kaum jemals frei von modellhaften Annahmen und Interpretationen. Zur Projektion in die Zukunft muss zusätzlich eine Prämisse über die Konstanz entweder der gegenwärtigen Situation oder beobachteter Trends oder gegebener Strukturen in die Zukunft hinein gesetzt werden (Neuhaus 2011). Dabei kann die menschliche Intuition insofern in die Irre führen, da Menschen im Allgemeinen lineare Trends sehr gut erfassen können, exponentielle (z. B. Kapitalwachstum durch Verzinsung) und beschränkte oder logistische (also einem Sättigungswert zustrebende, z. B. das Größenwachstum der meisten Organisationen) jedoch nicht (Steinmüller 2011). Und schließlich muss ein beobachteter Trend sich nicht notwendigerweise in die Zukunft fortsetzen (getreu dem Bonmot „A trend is a trend until it bends").

Dazu kommt eine Unsicherheit durch Überraschungen, die in der Grundlagenforschung häufig als die Widerlegung von bis dahin als sicher angenommenen „Dogmen" bzw. „Wahrheiten" erscheinen. Dann sind sie auch für Fachleute überraschend. So verstieß die Harnstoffsynthese aus anorganischen Substanzen durch Friedrich Wöhler 1828 (Wöhler 1828) gegen die Vorstellung, organische Substanzen wie Harnstoff könnten nur unter Mitwirkung einer „Vis vitalis" entstehen, über die nur Lebewesen verfügen. Die von Dan Shechtman 1982 entdeckten Quasikristalle (Shechtman et al. 1984; Nobelpreis für Chemie 2011) weisen wie Kristalle eine langreichweitige atomare Ordnung auf, aber mit einer Symmetrie, wie sie für Kristallgitter grundsätzlich nicht möglich ist.[20] Georg Bednorz und Alex Müller synthetisierten Hochtemperatur-Supraleiter aus keramischen Materialien (Bednorz und Müller 1986; Nobelpreis für Physik 1987), obwohl man allgemein dieses Phänomen allenfalls bei Metallen vermutet hatte. Andre Geim und Konstantin Novoselov gelang 2004 die Herstellung von Graphen (Novoselov und Geim et al. 2004; Nobelpreis für Physik 2010), obwohl seit vielen Jahrzehnten durch theoretische Rechnungen nachgewiesen worden war, dass diese Kohlenstoffmodifikation nicht existieren könne.[21]

Derartige Überraschungen können nicht vorausgeahnt, wohl aber (bei sorgfältiger Beobachtung der Grundlagenforschung) frühzeitiger erkannt werden, als dies durch die allgemeine Öffentlichkeit geschieht. Dann tritt aber das generelle Problem von „Weak Signals" auf, dass die Entdeckung in der Zukunft auch folgenlos wieder verschwinden kann.

Für die Abschätzung des zeitlichen Verlaufs der praktischen Durchsetzung einer Technologie müssen, wie erwähnt, vielfältige Wechselwirkungen auch mit

---

20 Solche Strukturen waren zehn Jahre zuvor (für die Ebene) mathematisch entdeckt worden, es war aber nicht vermutet worden, dass sie in der Natur vorkommen und dort den Raum ausfüllen. Mittlerweile hat die Internationale Kristallographische Union ihre Definition von Kristallen so angepasst, dass Quasikristalle darunterfallen (Kungl. Vetenskapsakademien 2011).

21 Graphen (mit Betonung auf der zweiten Silbe) besteht aus isolierten zweidimensionalen Kohlenstoffschichten. Tatsächlich könnte eine perfekt ebene Kohlenstoffschicht nicht isoliert existieren, Graphen ist aber in der Realität etwas gewellt.

anderen, zum Beispiel unterstützenden oder konkurrierenden, Technologien betrachtet werden, deren Entwicklungsgeschwindigkeit wesentlichen Einfluss darauf haben kann. Eine sehr instruktive schematische Darstellung dieser Abhängigkeiten ist der in Abbildung 2 dargestellte sogenannte Technologiekomplex, der auch Markteinflüsse enthält (Geschka et al. 2002).

Abbildung 2: Technologiekomplex. Technologischer Wirkungsverbund einer untersuchten Produkttechnologie, dessen Zusammenhänge bei einer Technologieprognose beachtet werden sollten, da sie Auswirkungen auf die grundsätzliche Weiterentwicklungsfähigkeit sowie die tatsächliche Durchsetzung einer Technologie und auf deren zeitlichen Verlauf haben (Quelle: Geschka et al. 2002, S. 107).

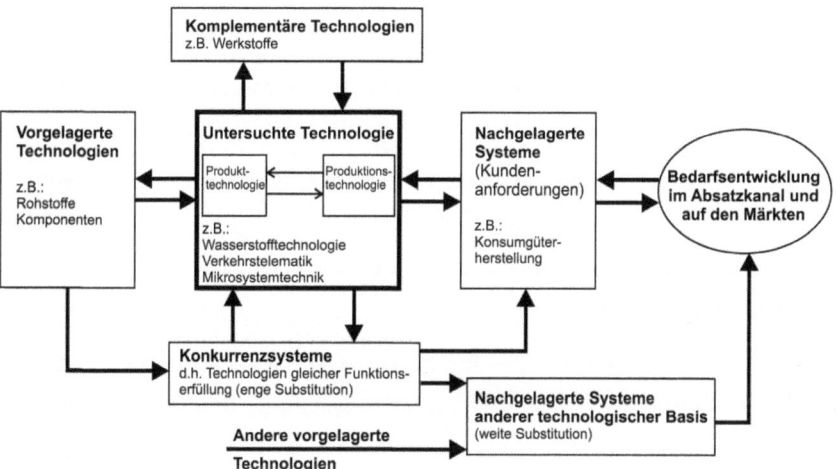

Die große Schwierigkeit von Voraussagen über die zeitliche Zukunftsentwicklung neuer Technologien lässt sich an einigen Beispielen erläutern. Ein Fall, bei dem der Übergang eines grundlegend neuen physikalischen Effektes in die Anwendung außerordentlich schnell verlief, ist die Nutzung des im Jahre 1988 entdeckten Riesenmagnetwiderstandseffekts (GMR). Der eine Entdecker, Albert Fert, hatte diesen schnellen Praxisbezug wohl nicht vorausgesehen, denn er publizierte die Entdeckung des neuen Effekts (Baibich et al. 1988). Der zeitgleiche Entdecker Peter Grünberg verfasste jedoch zunächst eine Patentanmeldung (Grünberg 1989). Es dauerte dann nur neun Jahre, bis der neue Effekt in Schreib-Lese-Köpfen von Festplatten zu einem weiteren Pfeiler der Hightech-Produktentwicklung geworden war.[22] Fert und Grünberg wurden 2007 mit dem Nobelpreis für Physik ausgezeichnet.

Ein Beispiel für viel größere Zeiträume in der Entwicklung einer Technologie ist das batteriebetriebene Automobil. Vor dem Ersten Weltkrieg gab es in den USA mehr Elektro- als Benzin-Kraftfahrzeuge, da sie als die ausgereiftere, benutzerfreundlichere und sauberere Alternative galten. 1899 wurde mit einem Elektroauto erstmals die Marke von 100 km/h überschritten (Heinen 2010). Heute hat aus einem Bündel an technologischen und nichttechnologischen Gründen erneut ein Entwicklungsboom zur Elektromobilität eingesetzt, bei dem die *vollelektrischen* Reichweiten von Pkws noch nicht signifikant gegenüber 1900 gestiegen sind. Für die nähere Zukunft können jetzt jedoch deutliche Fortschritte erwartet werden. Für welchen Zeitraum hätte wohl ein Zukunftsforscher im Jahre 1900 die großflächige Einführung von batteriebetriebenen Automobilen prognostiziert? Wohl kaum für die Zeit um 2020!

Ein weiteres Beispiel für die Schwierigkeit auch eher kurzfristiger Prognosen stellt der französische Aérotrain dar, ein spurgeführtes Hochgeschwindigkeitsfahrzeug auf Basis des Luftkisseneffekts (Guigueno 2008). Im Jahre 1974 stellte dieses Fahrzeug einen Geschwindigkeitsrekord von 430 km/h auf, und im selben Jahr wurde der Vertrag über den Bau einer Aérotrain-Strecke für den regulären Personenverkehr geschlossen. Der konventionell schienengeführte TGV war damals noch 100 km/h langsamer, und parallel hatte die Entwicklung der Magnetschwebebahn Transrapid begonnen. Dass der Aérotrain heute völlig und der Transrapid praktisch bedeutungslos ist, war aus damaliger Sicht nicht zwingend abzusehen.

Aus diesen Beispielen wird offensichtlich, dass auch unter Beachtung und Analyse des technologischen und nichttechnologischen Umfeldes die prinzipielle Unsicherheit von Technologieprognosen nur gemindert und nicht aufgehoben werden kann.

Technologiefrühaufklärung im Verteidigungsbereich

Wird Technologiefrühaufklärung im Auftrag eines Verteidigungsministeriums (oder von dessen nachgeordnetem Amtsbereich) durchgeführt, so müssen gewisse Besonderheiten dieses Auftraggebers beachtet werden. Zu den heutigen Rahmenbedingungen für Forschung, Entwicklung und Beschaffung von Wehrmaterial gehört, dass der technische Fortschritt spätestens seit den 1980er Jahren von *zivilen* Entwicklungen und Märkten getragen wird. Das bedeutet, Technologie-

---

22 Nur durch die Einführung dieser Technologie konnte der Trend des „Mooreschen Gesetzes" im Bereich der Speichermedien damals weitergeführt werden.

frühaufklärung im Auftrag des Verteidigungsministeriums muss zunächst die allgemeine Wissenschafts- und Technikentwicklung bearbeiten und dann, in einem zweiten Schritt, die Transition neuer technologischer Entwicklungen in Wehrtechnik analysieren, wofür eine eigenständige und spezifische Urteilsfähigkeit (getragen von entsprechender Sachkompetenz) erforderlich ist. Der technische Fortschritt vollzieht sich heute in einigen Gebieten (vor allem der Informations- und Kommunikationstechnik) rasant und sprunghaft, ist weltweit verteilt und bringt auch neue Akteure im Forschungsgeschehen hervor.

Trotzdem bestehen besondere Anforderungen für Wehrmaterial, die von den zivilen Märkten so nicht bedient werden, wie etwa Robustheit in feindseliger Umgebung oder Kompatibilität mit vorhandenen Systemen. Die entsprechende Anpassung ziviler Produkte an diese Anforderungen wird heute allgemein als „Customizing" bezeichnet. Dabei bestehen zunehmende Überlappungen zu zivilen, sich ebenfalls an der allgemeinen Hightech-Entwicklung orientierenden Sicherheitstechnologien, die mit dem Begriff „Dual Use" angesprochen werden. Diesen Effekt wenn möglich mittelsparend zu nutzen, ist ein Anliegen der militärischen Seite. Schließlich bleiben einige Bereiche der Wehrtechnik übrig, insbesondere bei Waffentechnik und Schutztechnologien, die nicht vom zivilen Sektor erhältlich sind. Hier spricht man von „Add-on", welches durch eigene Forschung und Entwicklung des Verteidigungsbereichs realisiert werden muss.

Eine weitere Rahmenbedingung bei der Betrachtung der Eigenschaften möglicher wehrtechnischer Systeme ist, dass heutige militärische Operationen fast nur noch teilstreitkräfteübergreifend („joint") und im internationalen Verbund („combined") durchgeführt werden. Damit wird die Kompatibilität wehrtechnischer Systeme zu einem zentralen Anliegen, wobei diese aber in Marktkonkurrenz und sehr ungleichzeitig beschafft werden können.

Für die Anforderungen, die an wehrtechnische Ausrüstung gestellt werden, ist weiterhin prägend, dass die Einsatzumstände für die Bundeswehr (also zukünftige „Kriegsbilder") immer unvorhersehbarer werden. Neu hinzugekommen sind insbesondere asymmetrische Konfliktbilder, bei denen der Gegner mit einfachsten Mitteln aufwendige militärische Maßnahmen konterkariert (z. B. Partisanentaktik).[23] Die Anpassung der Bundeswehr an erkannte Veränderungen soll dabei stetig durch den Prozess der „Transformation" stattfinden. Als ideale, aber schwierig zu realisierende Vision wird über eine „zukunftsrobuste Bundeswehr" nachgedacht, die im Prinzip auch denkbare Wild Cards bzw. Trendbruchereignisse[24] berücksichtigt.

---

23 In solchen Konflikten ist, trotz des geringen Aufwandes der Gegenseite, für moderne, wertegebundene Demokratien eine möglichst große technische Überlegenheit der eigenen Streitkräfte unverzichtbar. Die einzige Alternative wäre eine inakzeptable Form der Repression (vgl. z. B. Algerienkrieg 1954–1962).

24 Siehe dazu z. B. Steinmüller und Steinmüller (2004)

Dazu würde es auch gehören, zunehmend Szenarien (alternative Zukünfte) statt Szenare (genau festgelegte Kampfarenen) bei der Planung zugrunde zu legen. Dies ist aber im Planungsprozess nur schwer abzubilden.[25]

Das immer dynamischere sicherheitspolitische Umfeld führt dazu, dass Bedarfsänderungen in wesentlich kürzeren Zeitintervallen stattfinden, als traditionelle Beschaffungsvorgänge vor allem für Großsysteme abbilden können (Beispiel „Jäger 90"/Eurofighter). Für dieses grundsätzliche Phänomen gibt es noch keine, auch nur theoretische, zufriedenstellende Lösung. Einstweilen wird versucht, mit neuen Beschaffungswegen wie dem „einsatzbedingten Sofortbedarf (ESB)" und „Rapid Fielding" den drängendsten Bedarf der Streitkräfte vor Ort zu erfüllen.

Dies alles ist planerisch davon überformt, dass die für die wachsenden militärische Aufgaben (einschließlich Forschung) verfügbaren Haushaltsmittel immer knapper werden. Lag dies zunächst an der allgemeinen Abrüstung nach dem Ende des Kalten Krieges („Friedensdividende"), so begründet heute die explodierende Staatsverschuldung diesen Zwang.

Derzeit werden von Seiten der wehrtechnischen Planer folgende Konsequenzen aus dieser Situation gezogen: Wenn immer möglich, soll am Markt verfügbares Gerät („COTS = Commercial-off-the-Shelf") beschafft werden, statt Eigenentwicklungen zu betreiben. Ist das nicht möglich, so wird zunächst geprüft, ob COTS-Material unaufwendig einsatzfähig gemacht oder einsatzreifes Gerät bei NATO-Partnern erworben werden kann. Nur wenn das nicht geht, werden Eigenentwicklungen erwogen. Eine verstärkte europäische Zusammenarbeit in diesem Bereich (hierbei ist besonders die Gründung und Entwicklung der Europäischen Verteidigungsagentur EDA zu nennen) verspricht hier Synergiegewinne für die Zukunft. Dabei führt die geschilderte Gesamtsituation dazu, dass eine ständig neu begründete *„Priorisierung"*, eigentlich ein Ranking, sämtlicher Forschungs- und Rüstungsvorhaben im Mittelpunkt der Aufgaben der wehrtechnischen PlanerInnen steht. Dies verlangt umso dringender nach möglichst abgesicherten Erkenntnissen über die erwartbare technologische Zukunft. Und es erschwert allgemein, Forschungsvorhaben voranzutreiben, die keinen kurzfristigen Nutzen (im Sinne von Customizing oder Add-on) für die Streitkräfte garantieren können, also etwa die Beschäftigung mit potenziellen zukünftigen *Disruptive Technologies*.

Zu den Besonderheiten des Verteidigungsbereiches gehört des Weiteren vor allem, dass die Betrachtung und Planung wehrtechnischer „Forschung und Technologie"[26] in einem Zusammenspiel von „Bedarfsträger" (das sind die Streitkräfte, die technologische Produkte bzw. Systeme nutzen) und „Bedarfsdecker" (das

---

25 Studien hierzu wurden in den letzten Jahren vom Dezernat Zukunftsanalyse im Zentrum für Transformation der Bundeswehr (zukünftig im Planungsamt der Bundeswehr) durchgeführt.
26 Entspricht im zivilen Bereich in etwa Forschung und Vorentwicklung.

ist der Rüstungsbereich, der Ausrüstung aller Art verfügbar macht) geschieht. Dieser Dialog ist stark am Schlüsselbegriff der militärischen „Fähigkeiten" orientiert, die der „Bedarfsträger" letztlich realisieren soll.[27] Er ist zwar in institutionalisierten gemischten Arbeitsgruppen organisiert, trotzdem entwickeln beide Seiten häufig ein separates Verständnis zukünftiger Möglichkeiten, Bedrohungen und Notwendigkeiten. Hier ist also von Seiten der Beratung die Beachtung und Kenntnis einer doppelten Kundenperspektive erforderlich.

Schließlich muss das besondere Vokabular im deutschen Verteidigungsbereich beachtet werden, das Begriffen wie etwa „Basistechnologie", „Zukunftstechnologie", „Entwicklung", „Auftrag", „System", „Projekt" ganz spezifische und häufig vom allgemeinen Sprachverständnis abweichende Bedeutungen zuweist.[28]

Im Folgenden werden zwei Vorgehensweisen der wehrtechnischen Zukunftsanalyse beschrieben, wie sie in den letzten Jahren unter Mitwirkung bzw. als Eigenentwicklung des Fraunhofer INT entstanden sind. Beim „Disruptive Technology Assessment Game" der NATO steht die Technologiebewertung durch das Zusammenspiel von TechnologieexpertInnen und SoldatInnen im Zentrum. Die für das deutsche Verteidigungsministerium entwickelte Wehrtechnische Vorausschau untersucht die Bedeutung technologischer Zukunftsentwicklungen für die wehrtechnische und militärische Planung durch intensive mehrstufige Analyse aus verschiedenen Perspektiven.

Disruptive Technology Assessment Game der NATO

Im Rahmen der NATO wurde eine besondere Methode entwickelt, um in einer Formalisierung des Dialogs zwischen Technologen aus dem Bereich der Rüstungsplanungs-Unterstützung und militärischen Nutzern neuer Technologien zu einer gemeinsamen Bewertung neuer Technologien zu gelangen. Unter einigen NATO-Partnern war es als ein Defizit angesehen worden, dass im Rahmen der diversen nationalen Technologiefrühaufklärungsaktivitäten oftmals die Anwendungsrelevanz und die Auswirkungen neu aufscheinender Technologien im militärischen Bereich zu wenig analysiert wurden. Dies ist besonders dann von Bedeutung, wenn die neuen Technologien zu Entwicklungen führen, die nicht durch Extrapolation von zu beobachtenden Trends fassbar sind. Solche potenziellen „Disruptive Technologies" (siehe oben) können innerhalb einer kurzen Zeitspanne einschneidende Veränderungen für die PlanerInnen erzwingen, zum

---

27 Hierin kann man eine gewisse Analogie zu Geschäftsmodellen im Bereich des zivil-industriellen Innovationsmanagements sehen.
28 Ein zentrales Dokument, in dem eine Reihe dieser Begrifflichkeiten definiert wird, ist die Festlegung der Vorgehensweise bei der wehrtechnischen Planung, das sog. „Customer Product Management" (BMVg 2010).

Beispiel bei der Beurteilung von Bedrohungslagen, bei der Planung von Schutzmaßnahmen oder bei Fähigkeitsforderungen. Eine solche Analyse erfordert allerdings eine enge Kooperation von WissenschaftlerInnen und operationell erfahrenen militärischen AnwenderInnen, um ein gemeinsames Verständnis von technologischen Möglichkeiten und militärischen Anforderungen zu gewinnen.

Vorgehen / Methodologie

Zu diesem Zweck wurde im Rahmen des „Systems and Analysis Studies Panel (SAS)" der NATO Research & Technology Organisation (NATO RTO) im Jahr 2006 die Aktivität SAS-062 „Assessment of Possible Disruptive Technologies for Defence and Security" ins Leben gerufen, in der eine Methode zur Evaluation neuer Technologien erarbeitet wurde. Resultat dieser Arbeitsgruppe war das sogenannte „Disruptive Technology Assessment Game" (DTAG). Diese Methode wurde ab 2009 in der Nachfolgeaktivität SAS-082 „Disruptive Technology Assessment Game: Extension and Applications" zur Bewertung von Technologien im militärischen Kontext eingesetzt. In beide Aktivitäten war das Fraunhofer INT intensiv eingebunden (Neupert et al. 2009; NATO RTO 2010 und 2012).

Der gesamte Prozess der Evaluierung neuer Technologien verläuft in vier Phasen. Zu Beginn steht das Technologiemonitoring in den einzelnen Staaten. Hier werden Technologieentwicklungen identifiziert und intuitiv bezüglich ihrer wehrtechnischen Relevanz für einen Zeitraum ab ca. 2020 bewertet (*Bottom-up-Ansatz*). Eine Möglichkeit für den Austausch solcher Informationen in einem einheitlichen Format ist die Nutzung hierfür entwickelter, formalisierter Technologiesteckbriefe, sogenannter „Technology Cards" (T-Cards). Von deutscher Seite fließen in diesem Schritt auch die Ergebnisse der Wehrtechnischen Vorausschau (siehe unten) mit ein. Alternativ ist es auch möglich, disruptive (militärische) Fähigkeiten zu identifizieren, mit anschließender Rückwärtsanalyse bezüglich der hierfür benötigten Technologien (*Top-down-Ansatz*). Dieser Weg stellt umgekehrt eine wertvolle Themenquelle für die Wehrtechnische Vorausschau dar.

In einem zweiten, kreativen Schritt werden auf Basis der identifizierten Technologien sogenannte Systemideen für militärische Geräte generiert. Hintergrund ist dabei, dass es nicht möglich wäre, die Auswirkungen von Technologien auf militärische Operationen direkt zu bestimmen. So wäre es nicht zielführend, einen Soldaten zu fragen, welche Auswirkungen denn beispielsweise „Energy Harvesting"[29] auf den Konvoischutz habe. Es kann stattdessen nur der Einfluss

---

29   Das Nutzbarmachen von Umgebungsenergie (etwa aus Lichteinstrahlung, Wärme, mechanischer Bewegung, Strömung, elektromagnetischen Immissionen) durch Umwandlung in Elektrizität mithilfe unterschiedlicher technologischer Lösungen.

von durch solche Technologien in der Zukunft realisierbaren militärischen Systemen und Fähigkeiten analysiert werden. Diese Systemideen werden als sogenannte „Idea-of-System-Cards" (IoS-Cards) entwickelt. Diese IoS-Cards enthalten auf der ersten Seite eine kurze Beschreibung des Systems, wie sie für den nachfolgenden DTAG-Schritt benötigt wird, die zweite und dritte Seite enthalten weitergehende Informationen zu den dahinter stehenden Technologien (und damit einen Bezug etwa zu den T-Cards), zum operationellen Nutzen, zu Leistungsparametern usw. Ein Beispiel wäre ein Netzwerk aus wartungsfreien, weiträumig verteilten Bodensensoren, die durch Energy Harvesting mit Energie versorgt werden und damit eine zeitlich unbegrenzte, weiträumige Gebietsüberwachung ermöglichen.

Der dritte Schritt und Kern der Aktivität ist das sogenannte *„Disruptive Technology Assessment Game"*. Hier wird durch Interaktion von militärischem Personal mit praktischer Einsatzerfahrung und TechnologieexpertInnen anhand eines fiktiven Konfliktszenarios der potenzielle Nutzen der Systemideen in der Konfrontation getestet. Die militärischen Akteure bilden dabei ein „blaues Team", das die eigenen Streitkräfte darstellt, und ein „rotes Team" zur Repräsentation eines Gegners. Die DTAGs laufen jeweils über eine Woche, während der zumeist vier verschiedene militärische Einsätze durchgespielt werden. Hierbei stehen der Ablauf der Konfliktsimulation und die qualitative Bewertung der Systemideen im Vordergrund. Damit unterscheidet sich das als *Tabletop Game* konzipierte DTAG vom deutlich aufwendigeren Typ des *War Game*, bei dem die technischen Spezifikationen wesentlich schärfer gefasst sind und simulationsbasiert quantitative Aussagen gemacht werden. Die letztere Vorgehensweise ist jedoch für weiter in der Zukunft liegende Technologien und daraus abgeleitete Systeme, die sich weniger exakt in allen Facetten modellieren lassen, weniger geeignet. Es hat sich als sinnvoll erwiesen, jede der Konfliktsituationen zweimal durchzuspielen. In der ersten Runde steht den TeilnehmerInnen nur das aktuelle Spektrum militärischer Systeme zur Verfügung. Bei der zweiten Runde können sie die durch IoS-Cards repräsentierten Systemideen nutzen. Im Vergleich der beiden Durchläufe wird der Einfluss der neuen Systeme zum Beispiel auf das Einsatzkonzept gut sichtbar.

Im letzten Schritt werden die während der in mehreren DTAGs gesammelten und detailliert dokumentierten Informationen über die Nutzung der Systeme, über Auswirkungen auf den Ablauf der militärischen Operationen, mögliche Gegenmaßnahmen, Verbesserungsvorschläge etc. ausgewertet. Auf dieser Grundlage lassen sich nun fundiert Aussagen bezüglich des disruptiven Potenzials der den Systemideen zugrunde liegenden Technologien machen, auf deren Basis Empfehlungen für die Forschungs- und Technologieplanung ausgesprochen werden können.

Die verschiedenen Schritte dieses Ansatzes (Identifikation vielversprechender Technologien, Kreation von Systemideen, Assessment Game, Analyse mit Blick auf Planungsunterstützung) enthalten Charakteristika sehr unterschiedlicher Prognosemethoden, was vom methodischen Standpunkt aus günstig ist. Der Ansatz enthält kreative Elemente uneingeschränkten Denkens, und die DTAGs ermöglichen eine offene Kommunikationsplattform. Gleichzeitig kann es durch das Zusammenbringen technologischer und militärischer ExpertInnen vermieden werden, dass unrealistische technische oder taktische Schlussfolgerungen gezogen werden. Während einiger DTAGs waren zusätzlich noch NGOs wie das Rote Kreuz vertreten, um die Randbedingungen noch realistischer zu gestalten, sowie StudentInnen zur Erweiterung der Kreativität.

„Lessons learned"

Das „Disruptive Technology Assessment Game" hat sich als fruchtbares Diskussionsforum für TechnologInnen, AnalytikerInnen und militärische BefehlshaberInnen mit unterschiedlichem Hintergrund im Hinblick auf Ausbildung, Nationalität und Erfahrung erwiesen. Es wurde eine herausfordernde Atmosphäre geschaffen, die die TeilnehmerInnen dazu brachte, über ihren alltäglichen Horizont hinauszublicken. So wurden von den TeilnehmerInnen auch neue Ideen entwickelt, die nach Überarbeitung durch die TechnologInnen in neue IoS-Cards mündeten und in nachfolgenden DTAGs evaluiert wurden. Diese strukturierte Form der Technologiebewertung hat sich als ein kosteneffektiver Ansatz erwiesen, EntscheidungsträgerInnen bezüglich der Investition in militärische Systeme bzw. in zugrunde liegende Technologien zu beraten. Die bislang im Rahmen von NATO SAS durchgeführten DTAGs konzentrierten sich naturgemäß auf militärische Szenarien, generell aber sollte die Methode in modifizierter Form auch für zivile Sicherheitsszenarien anwendbar sein. Dies ist derzeit im Rahmen eines EU-Projekts geplant.[30]

Die Wehrtechnische Vorausschau

Seit 1971 war im Bundesministerium der Verteidigung (BMVg) eine „Wehrtechnische Vorausschau" (WTV) erstellt worden als „Grundlagendokument der Rüstungsabteilung für langfristige Zwecke", das heißt als normative Vorgabe für die Erarbeitung von Planungsdokumenten wie etwa der „Militärstrategischen

---

30 EU-FP7-Projekt ETCETERA (Evaluation of Critical and Emerging Technologies for the Elaboration of a Security Research Agenda), http://www.etcetera-project.eu.

Konzeption der Bundeswehr". Ab 1975 war das Fraunhofer INT unterstützend an dieser Aktivität beteiligt. Nach dem Ende des Kalten Krieges wandelte sich der Charakter dieses Dokumentes. Es stellte nicht mehr eine normative („grundlegende") Planungsvorgabe dar, sondern sollte nun den Auftrag einer „wertfreien, explorativen Darstellung der Lage und der absehbaren technologischen Trends"[31] erfüllen. Es war von einem Planungsdokument zu einem Dokument der Planungs*unterstützung* geworden und wird seit 2000 vom Fraunhofer INT eigenverantwortlich herausgegeben. Es richtet sich an rüstungstechnische, militärische und sicherheitspolitische PlanerInnen, also sowohl an die Bedarfsträger- als auch an die Bedarfsdeckerseite.

Die etwa alle fünf Jahre erstellte sogenannte WTV-Gesamtdarstellung wurde dabei von einer vertiefenden, für den BMVg-Amtsbereich herausgegebenen Schriftenreihe unterfüttert, die zunächst „WTV-Materialien", dann „WTV-Einzelbände" und schließlich „Analysen und Expertisen zur WTV" hieß.[32]

Der Auftrag verlangte eine interessenunabhängige, neutrale, rein *explorative* Herangehensweise und einen Gesamtüberblickscharakter. Hieraus ergab sich ein summarisch-lexikalischer Ansatz. Zu dessen Realisierung wurde zunächst mittels einer Synopse wichtiger Zukunftsstudien (Metascanning) und Schlüsselveröffentlichungen mit Überblickscharakter sowie wichtiger rüstungsbezogener Planungsstrukturen ein flächendeckendes Begriffssystem erarbeitet (Kretschmer 1992). Daraus ergab sich eine Gliederung, die auftragsgemäß sowohl die Gebiete der Wehrtechnik als auch alle Technologiebereiche mit potenzieller wehrtechnischer Relevanz umfasste.

Sämtliche sich so ergebenden Themen wurden dann einer literaturbasierten Analyse unterzogen und in Bezug auf wichtige Aspekte, technologischen Stand und technologische Zukunftserwartungen beschrieben, letztere mit einem möglichst langfristigen Zeithorizont. Als Grundlage dienten ein (schon damals) datenbankunterstütztes kontinuierliches Screening von Schüsselquellen sowie ergänzende Literaturrecherchen. Beides musste sich aus Aufwandsgründen meist auf Sekundärliteratur (z. B. Review-Artikel) und Tertiärliteratur (Studien) beschränken.

Der Gesamtüberblickscharakter führte dazu, dass in dem Dokument selbst nicht tiefer in die technische Materie eingedrungen werden sollte, sondern nur ein allgemeiner technologischer Rahmen aufgespannt werden konnte. Daher waren, trotz einer allgemein von den NutzerInnen als wertvoll erachteten Funktion als Nachschlagewerk, aus dieser Analyse nicht unmittelbar planerische Entscheidungen ableitbar. Eine vom Fraunhofer INT erarbeitete Empfehlung war ohnehin ausdrücklich ausgeschlossen. Auf dieser Vertiefungsebene war auch ein häufige-

---

31 Weisung des Hauptabteilungsleiters Rüstung, 1990.
32 Heute aufgegangen in den „Analysen und Expertisen zur Technologievorausschau".

res Erscheinen der WTV nicht sinnvoll darstellbar, so dass im zeitlichen Verlauf nur jeder zweite zuständige Referent im BMVg ein neues Lagebild in Form der WTV erhielt. Aufgrund des lexikalischen Charakters war die Prognosekomponente zudem nicht besonders stark ausgeprägt, häufig genügte eine Darstellung aller relevanten Aspekte der aktuellen Technologie sowie der zugeordneten Forschungsthemen den Ansprüchen.

Paradigmenwandel durch Neue Medien

Um die Jahrtausendwende wurden durch verschiedene neue Medien Paradigmenwandel in zahlreichen hier relevanten Bereichen spürbar. Bei der *Informationsbeschaffung* wurde zunächst die Recherche nach Quellen und später auch die Verfügbarkeit von Volltexten durch internetbasierte Datenbanken (z. B. INSPEC, Elsevier ScienceDirect, Google Scholar) erheblich erleichtert und beschleunigt. Später kamen immer größere, verlagsübergreifende Datenbanken mit mächtigen Recherchetools dazu (z. B. Web of Science, SCOPUS), durch die ausgefeiltere Recherchestrategien sowie Bibliometrie durch jeden Bearbeiter am Arbeitsplatz erst möglich wurden. Die Wikipedia wurde immer belastbarer und hat sich als „Universalglossar", das zum Einstieg eine begriffliche Orientierung erheblich beschleunigen kann, als äußerst nützlich erwiesen. Das Aufkommen der „Billigflieger" erleichterte zudem den europaweiten persönlichen wissenschaftlichen Austausch erheblich.

Auch im Bereich des *Wissensmanagements* hat die fortschreitende IT-Revolution durch Wikis, Ontologien, Literaturverwaltungssoftware bis hin zu neuen partizipativen Bewertungs- und Meinungsbildungsprozessen (Web 2.0) einen Paradigmenwandel bewirkt. Das Internet selbst übernimmt inzwischen in Teilen die Rolle eines Wissensmanagement-Systems (mit einer großen Zahl unbekannter TeilnehmerInnen).

Die erwähnten Literaturdatenbanken eröffnen darüber hinaus ganz neue Möglichkeiten der *Informationsanalyse*, wie etwa Bibliometrie oder Text Mining. Trotz der rasant gestiegenen Zahl an Publikationen ist daher heute auch für flächendeckende Technologiefrühaufklärung der Zugriff auf die Ebene der Primärliteratur (Einzelergebnisse in Peer-reviewed Journals) mit beherrschbarem Aufwand möglich, während man sich früher überwiegend auf Quellen höherer Aggregationsstufen abstützen musste. Mit Primärliteratur ist man aber zeitnäher an den neuen Entwicklungen, und die Chance erhöht sich, Neues zu finden, das eventuell noch nicht im Mainstream der Forschungsbeobachtung abgebildet ist.

WTV 2011+: Analyse einzelner technologischer Kernthemen

Durch diese Paradigmenwandel sind ganz neue Möglichkeiten für das methodische Vorgehen bei der Erarbeitung der WTV entstanden. Mittlerweile hat sich auch der Auftrag für die WTV gegenüber vergangenen Jahrzehnten geändert. Entsprechend der oben geschilderten Notwendigkeit zur Priorisierung (Ranking) aller Forschungs- und Rüstungsvorhaben ist ein Bedarf an schnellerer, direkterer und detaillierterer Planungsunterstützung entstanden, die sich näher am täglichen Bedarf der EntscheidungsträgerInnen bewegen muss. Daher wurde der Auftrag zur WTV Ende des vergangenen Jahrzehnts verändert. Zentrale Aufgabe ist nun nicht mehr ein lexikalischer Gesamtüberblick („Gesamtlagebild der wehrtechnischen Zukunft"), sondern die Identifikation, Analyse, Prognose und Bewertung einzelner hervorstechender Technologiethemen mit potenzieller zukünftiger Relevanz für den Verteidigungsbereich. Der Prognoseaspekt soll stärker hervortreten, die Vorausschau soll so weit in die Zukunft reichen wie bei dem jeweiligen Thema seriös machbar. Bewertet werden sollen die technologische Reife und Machbarkeit, die wehrtechnische Anwendbarkeit, das Bedrohungspotenzial und die planerische Situation des jeweiligen Technologiethemas.

Eine Handlungsempfehlung an die Adressen der Rüstungsforschungsplanung (Bedarfsdecker) und der Fähigkeitenanalyse (Bedarfsträger) ist nunmehr ausdrücklich gefordert. Diese Handlungsempfehlung wird nicht mit oder zwischen ministeriellen Stellen oder anderen Interessenträgern abgestimmt, sie soll vielmehr die unvoreingenommene Meinung des Beraters Fraunhofer INT widerspiegeln. Dabei soll jedoch die Sichtweise des Verteidigungsministeriums berücksichtigt werden, das heißt, bekannte Strukturen, Prozesse, Zielstellungen usw. des Ministeriums sollen mit bedacht werden. Daraus ergibt sich, dass eine Analyse der nationalen und internationalen wehrtechnischen Planungslandschaft nun unerlässlich ist.

Die neue „WTV 2011+" erscheint seit Anfang 2011 im Quartalsrhythmus, wodurch aktuelle Ergebnisse zeitnah verfügbar gemacht werden können. Durch eine breite Streuung der jeweils untersuchten Technologiethemen baut sich trotz Schwerpunktsetzung auf besonders dynamische Einzelthemen bereits nach wenigen Jahren ein (kumulatives) Gesamtlagebild auf. Abbildung 3 zeigt schematisch die Rahmenbedingungen, die für die WTV 2011+ gelten.

Abbildung 3: Spannungsfeld und Dimensionen der Analyse der Wehrtechnischen Vorausschau 2011+. Triebkräfte sind die Entwicklung der technologischen Möglichkeiten sowie jene der militärischen Fähigkeitsforderungen. In diesem Rahmen werden Zukunftstechnologien, deren wehrtechnisches Anwendungspotenzial und die zugeordnete wehrtechnische Forschungs- und Technologieplanung untersucht und bewertet. Aus der Zusammenschau dieser Aspekte werden Handlungsempfehlungen abgeleitet, die im Idealfall die Sichtweise von Bedarfsträger und Bedarfsdecker gleichermaßen berücksichtigen.

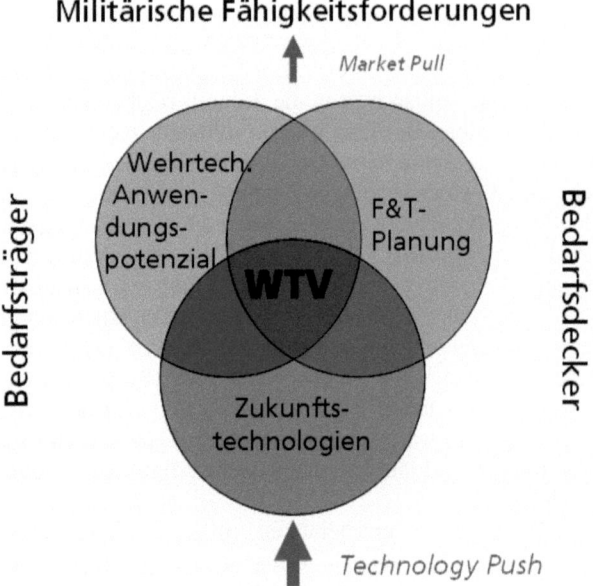

Erster Schritt der Erarbeitung der WTV ist die Themenfindung. Hierzu findet ein *Themenfindungs-Workshop* statt, in dem im Plenum des Vorausschauteams ein klassisches, moderiertes Brainstorming durchgeführt wird. In diesem Team sollte in der Summe eine möglichst breite fachliche Kompetenz sowohl im naturwissenschaftlich-technischen als auch im wehrtechnischen Bereich versammelt sein. Neben der genauen Fragestellung können beim Brainstorming bereits aus anderen Zusammenhängen vorgemerkte Themenkandidaten als Vorgabe dienen. Sie sollen durch weitere Themen aus allen Wehrtechnik- und Technologiebereichen ergänzt werden. Es kann sich dabei neben eigentlichen Technologiethemen (z. B. drahtlose UV-Kommunikation) auch um technologiegetriebene, anwendungsorientierte Themen (z. B. allelektrisches Schiff, neue Flugzeugkonzepte) handeln. Bei der anschließenden Bewertung und Auswahl der Themen in einer moderierten Diskussion kommen zwei Klassen von Kriterien zur Anwendung. Die Relevanz der Themen wird durch die inneren Kriterien Dynamik, allgemeines Anwendungspotenzial, wehrtechnisches Anwendungspotenzial und Zukunftspotenzial (technologisches Umfeld, absehbarer Bedarf) beschrieben. Für die Eignung der Themen kommen äußere (kundenorientierte) Kriterien zur Anwendung. Berücksichtigt werden hier die thematische Nähe zu bereits behandelten Themen, die Themenbandbreite eines Quartalsbandes sowie die Aufmerksamkeit beim Auftraggeber oder in der internationalen Wehrtechnik-Vorausschau-Community für einen Themenbereich.

Da die weitere Bearbeitung eines Themas arbeitsteilig und parallel durch ExpertInnen für Technologiefrühaufklärung und für Planung vorgenommen wird, werden eine klare, kurze Definition sowie eine Liste von ersten Recherche-Keywords als Ausgangspunkt erstellt. Davon ausgehend entsteht zunächst eine ausführlichere Technologiebeschreibung, die eine klare definitorische Ab- und Eingrenzung des Themas sowie eine Analyse des Standes der Technik enthält. Im Technologiefrühaufklärungs-Strang folgt nun die Prognose in Form einer Zukunftsprojektion der beobachteten technologischen Entwicklungstrends einschließlich zeitlicher Abschätzungen der technologischen Reife, soweit seriös möglich.

Wesentlicher Meilenstein in dieser Phase ist der sogenannte *Technologieabgleich-Workshop*, der der Vergewisserung bezüglich des erhaltenen Zukunftsbildes und der Vervollständigung erkannter technologischer Querbeziehungen (im Sinne des oben beschriebenen Technologiekomplexes sowie bezogen auf wehrtechnische Anwendungspotenziale) dient. Dabei konfrontiert der jeweilige Autor das Plenum der Technologiefeld-ExpertInnen des Technologiefrühaufklärungsteams mit seinen bisherigen Ergebnissen. Nach der Präsentation wird anhand von zwei Klassen von Leitfragen diskutiert, die sich einerseits auf allgemeine technologische Querbezüge und andererseits auf hier berührte militärische Einsatzformen und Fähigkeiten beziehen. Durch diesen Plenaransatz können das gesammelte Erfahrungswissen mobilisiert und insbesondere interdisziplinäre Zusammenhänge aufgezeigt werden.

Nach Einarbeitung der so erhaltenen Erkenntnisse folgen verschiedene Bewertungsschritte. Die *allgemeine Bewertung* berücksichtigt die Bedeutung und Dynamik der zivilen Entwicklung der Technologie sowohl unter der Technology-Push- als auch unter der Market-Pull-Perspektive. Dabei werden Entwicklungsstand und Prognose, mögliche Anwendungen und forscherische Herausforderungen, wichtige zivile Forschungsakteure und -projekte, komplementäre und konkurrierende Technologien, Besonderheiten und Nachteile sowie etwaige rechtliche Problematiken berücksichtigt und benannt.

Die anschließende *wehrtechnische Bewertung* entspricht gewissermaßen dem Schritt von der T-Card zur IoS-Card beim Disruptive Technology Assessment Game. Durch Projektion des technologischen Zukunftspotenzials auf das Wissen über wehrtechnische Systeme und Fähigkeitsforderungen wird die wehrtechnische Relevanz anhand möglicher militärischer Anwendungen, militärischer Vor- und Nachteile sowie eventuell unterstützter militärischer Fähigkeiten und Missionstypen erarbeitet und bewertet. Alle Bewertungen der WTV werden rein qualitativ formuliert und nicht in parametrisierter oder gar quantifizierter Form vorgenommen. Das würde eine Vergleichbarkeit vortäuschen, die bei grundsätzlich sehr unterschiedlichen Themen häufig nicht gegeben ist. Eine Form parametrisierter Bewertung sind die Technology Readiness Levels (TRL), wie sie von NASA und US-Verteidigungsministerium erarbeitet wurden (Department of Defense 2011). Diese werden vom Fraunhofer INT zum Beispiel im Auftrag des schwedischen Beschaffungsamtes (Försvarets Materielverk, FMV) angewendet, haben sich aber für die eigene Technologiefrühaufklärung als ungeeignet erwiesen.

Die durch die PlanungsexpertInnen parallel erarbeitete *planerische Bewertung* untersucht die gegenwärtige und zukünftige Bedeutung der betreffenden Technologie in den wehrtechnischen Planungsprozessen und Strategien Deutschlands, wichtiger europäischer Länder, der USA, anderer bedeutender Staaten, der Europäischen Union (Europäische Verteidigungsagentur EDA) und der NATO. Hier wird durch Abgleich mit den verfügbaren planerischen Schlussfolgerungen anderer Länder das eigene Urteil gestärkt, und es werden Kooperationsoptionen sowie Risiken bei Nichttätigkeit aufgezeigt.

Die Handlungsempfehlung wird auf Basis der vorgenommenen Bewertungen gemeinsam durch Technologiefrühaufklärungs- und PlanungsexpertInnen erarbeitet. Die dann folgende *Empfehlungskonferenz* unter Moderation der Gesamtprojektleitung dient der Abstimmung und Harmonisierung der Empfehlungen untereinander, mit dem erhaltenen Gesamtbild und mit der erwarteten Rezeption beim Auftraggeber. Es folgt ein tiefgehender Redaktionsprozess, bei dem innere Logik und Reihenfolge des Textes, Vertiefungsgrad der Aussagen und inhaltliche Dichte sowie die rezipienten- und sachgerechte Sprache auf den Prüfstand gestellt werden. Die stete Beteiligung von Mitgliedern eines Kernteams stellt dabei die Kontinuität in allen Qualitätskriterien und in der „Gesamtphilosophie" auch über längere Zeiträume hinweg sicher.

Ergebnis ist ein Dokument mit streng limitiertem Umfang. Dies ist nötig, da im NutzerInnenkreis die Kenntnisnahme ausführlicherer Dokumente einen erheblichen Mehraufwand bedeutet und daher häufig unterbleibt. Daraus ergibt sich eine hochverdichtete Darstellung, bei der im gegebenen Umfang maximaler „Tiefgang" angestrebt wird. Durch eine intensive und gleichbleibende Strukturierung des Textes (einschließlich Marginalien und hervorgehobener Schlüsselbegriffe) wird das Auffinden von Informationen eines bestimmten Charakters erleichtert, und es werden unterschiedliche, auch selektive, Leseweisen unterstützt. Dabei folgt die Einteilung der Kapitel der auch im militärischen Bereich verbreiteten Logik „A–B–S" („ansprechen–bewerten–schlussfolgern"). Ergänzt werden diese Verarbeitungshilfen durch eine schematisch-formalisierte Zuordnung des Themas zu im wehrtechnischen Bereich relevanten nationalen und internationalen Fähigkeits- und Technologietaxonomien. Auf diese Weise kann der Nutzer bzw. die Nutzerin schnell erfassen, inwiefern das bearbeitete Thema in seinen/ihren Aufgabenbereich fällt. Die Angabe ausgewählter *weiterführender* Quellen liefert weitere „Abholpunkte".

WTV 2011+: Analyse langfristiger Systemkonzepte

Das bisher beschriebene Vorgehen untersucht mögliche Auswirkungen auf die Bundeswehr und planerische Konsequenzen ausgehend von der erwarteten Entwicklung von Einzeltechnologien (technologischen Kernthemen). Abbildung 4 zeigt schematisch, wie diese Technologien als Bestandteile von zukünftigen Systemen den Streitkräften die Fähigkeiten ermöglichen, die für die verschiedenen im Rahmen zukünftiger Konfliktszenarien antizipierten militärischen Operationen erforderlich sind. Aus ihnen sind zukünftige wehrtechnische Anwendungen ableitbar, die als Komponenten oder Subsysteme eingesetzt werden. Das eigentlich vom Soldaten eingesetzte Gerät ist dann ein aus solchen Komponenten zusammengesetztes System (wie etwa ein Waffensystem, ein Flugzeug, ein Funkgerät, ein Leitstand). Mithilfe solcher Systeme (und mit geeignet ausgebildetem Personal) können die Streitkräfte militärische Fähigkeiten darstellen, die wiederum zur Ausführung von Aufträgen bei unterschiedlichen Operationstypen befähigen. Ganz generell ist das Handeln der Streitkräfte vom verfassungsmäßigen Auftrag und den erwarteten Kriegs- und Konfliktbildern geprägt.

Es hat sich als sinnvoll erwiesen, den im vorangegangenen Abschnitt beschriebenen Bottom-up-Ansatz (bezogen auf Abb. 4) der Wehrtechnischen Vorausschau einmal jährlich durch einen komplementären Top-down-Ansatz zu ergänzen, der von der Systemebene ausgeht. Dabei werden visionäre, langfristige Systemkonzepte auf ihre technische Realisierbarkeit in einem Zeithorizont von ca. 30 Jahren hin untersucht.

Es werden die folgenden Analyse- und Syntheseschritte durchlaufen, die jeweils durch ein Kapitel des WTV-Textes wiedererkennbar abgebildet werden. Zunächst werden zu einem Thema visionäre, langfristige Systemkonzepte (wie etwa „Kampfschiff der Zukunft") in der wehrtechnischen Literatur recherchiert, wie sie von (häufig amerikanischen) militärisch-akademischen Institutionen publiziert werden. Es folgt ein erster Analyseschritt, in dem die für die Realisierung der vorgefundenen Zukunftskonzepte relevanten Technologien identifiziert werden. In einem zweiten Analyseschritt werden diese Einzeltechnologien bezüglich ihrer Anwendbarkeit bzw. Reife zum angenommenen Zeitpunkt in der Zukunft (z. B. im Jahr 2040) analysiert. Es findet also, wie beim oben beschriebenen Bottom-up-Ansatz, eine Untersuchung des Standes der Technik und der beobachteten Entwicklungslinien mit anschließender Prognose statt.

Abbildung 4: Schematische Darstellung der Rahmenbedingungen für die Bewertung von Zukunftstechnologien bezüglich ihrer Bedeutung für die Erfüllung zukünftiger Aufgaben der Bundeswehr (s. Text). Die Abkürzungen bedeuten: MOUT = Military Operations in Urban Terrain (Streitkräfteoperationen in urbanem Umfeld), PSO = Peace-Support Operations (friedensunterstützende Einsätze), EVAC = Evakuierungseinsätze, FF = Führungsfähigkeit, NG&A = Nachrichtengewinnung und Aufklärung, WiE = Wirksamkeit im Einsatz, Mob = Mobilität, Ü&Sch = Überlebensfähigkeit und Schutz, Ustg&D = Unterstützung und Durchhaltefähigkeit, IoS = Idea of System.

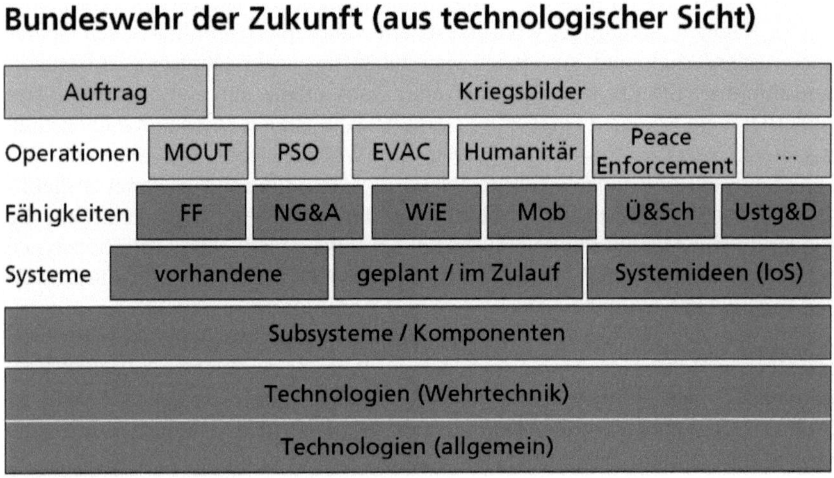

Bundeswehr der Zukunft (aus technologischer Sicht)

Auftrag		Kriegsbilder				
Operationen	MOUT	PSO	EVAC	Humanitär	Peace Enforcement	...
Fähigkeiten	FF	NG&A	WiE	Mob	Ü&Sch	Ustg&D
Systeme	vorhandene		geplant / im Zulauf		Systemideen (IoS)	
Subsysteme / Komponenten						
Technologien (Wehrtechnik)						
Technologien (allgemein)						

Es folgt eine Synthese dieser Einzelprognosen, indem aus ihrer Synopse die technologische Realisierbarkeit der untersuchten Systemkonzepte abgeleitet wird. Schließlich wird in Form eines Zukunftsbildes eine eigene Vorstellung entwickelt, was als wahrscheinlichste Ausprägung des untersuchten Systemtyps zum gegebenen Zeitpunkt erwartet werden kann. Zudem werden Auswirkungen auf die militärische Ausrüstung insgesamt, auf Nutzungsarten der Systeme, militärische Fähigkeiten und operationelle Möglichkeiten sowie etwaige neue Bedrohungen beschrieben.

Bei dem hier gewählten Zeithorizont und dem technologieübergreifenden Charakter der Analyse ist eine Handlungsempfehlung an die wehrtechnischen und militärischen PlanerInnen nicht sinnvoll möglich. Das beschriebene, auf Ebene der technologischen Realisierungsvoraussetzungen fundierte Zukunftsbild kann jedoch dort eine belastbare Diskussionsgrundlage für die langfristige Zielfindung bieten.

Qualitätssicherungsmaßnahmen

Die Erstellung der WTV 2011+ folgt einem ambitionierten, relativ inflexiblen und sich stetig wiederholenden Zeitplan mit hoher Arbeitsteilung. Um nicht zum Beispiel an den Schnittstellen zwischen Prozessschritten bzw. BearbeiterInnen zu viel Qualität einzubüßen, ist ein striktes Projektcontrolling unverzichtbar. Dieses verlangt eine ausreichende Dokumentation aller Prozesse und Prozessschritte. Dem Dokumenten- und Wissensmanagement dient ein Wiki.

Zur Qualitätssicherung werden aber noch weitere Maßnahmen ergriffen. Zum einen ist eine wiederholte Anwendung des Peer-Review-Prinzips vorgesehen, wozu vor allem die abschließende Redaktion (nach einem „Zehnaugenprinzip") dient. Themenkonferenz, Technologieabgleich-Workshop und Empfehlungskonferenz sind Instrumente der interaktiven Überprüfung von Zwischenergebnissen. Dabei wird auch die Konsistenz der getroffenen Aussagen in unterschiedlichen Projekten bzw. Fragestellungen geprüft. Hierbei werden auch die diversen Workshops und Studien im nationalen und internationalen Verteidigungsbereich, an denen das Fraunhofer INT beteiligt ist, in den Blick genommen.

Fazit

Technologiefrühaufklärung im Verteidigungsbereich, und hier insbesondere eine konsequente und kontinuierliche Herangehensweise, wie sie in der Wehrtechnischen Vorausschau verwirklicht ist, ist für eine zukunftsfähige und vorsorgende staatliche Planung dauerhaft erforderlich und erweist sich auch in der Praxis als nützlich. Dabei ist es von Vorteil, im Vorausschauteam eigene (möglichst breit gestreute) *Sachkompetenz* im naturwissenschaftlich-technischen Bereich mit erfahrungsgetragener *Prozesskompetenz* sowie entsprechender *Methodenkompetenz* zu vereinen. Eine Erschließung des Fachwissens ausschließlich über die Einbindung von FachexpertInnen erweist sich dagegen in diesem Kontext häufig als problematisch. Diese können aber zur Schärfung des Urteils und zur Ergänzung der gewonnenen Aussagen wertvolle Beiträge leisten.

Für ein Projekt wie die Wehrtechnische Vorausschau ist, aufbauend auf einer kontinuierlichen Technologiefrühaufklärungs-Tätigkeit, ein erheblicher zusätzlicher Aufwand erforderlich. Dabei ist die personelle und auftragsbezogene Konstanz für den Aufbau und Erhalt der genannten Kompetenzen bedeutsam. Nur so lassen sich dauerhaft und belastbar *Urteilsfähigkeit* (bezüglich Prognose und Relevanz), *Vertiefungsfähigkeit* (in Fachfragestellungen) und *Beratungsfähigkeit* (eines Auftraggebers/Kunden mit sehr spezifischen Rahmenbedingungen und eigenen Prozessen) realisieren.

Das Forschungs- bzw. Prozessdesign muss sich natürlich immer nach dem leistbaren Aufwand richten, dabei sollte jedoch ein gewisser Aufwand für Qualitätssicherungsmaßnahmen immer explizit vorgesehen werden. Zu diesen gehören ein konsistenter, nachvollziehbarer Prozess sowie besondere Schritte des Abgleichs und der Rückversicherung innerhalb dieses Prozesses. Dazu zählt aber auch ein nicht unerheblicher Aufwand der Projektleitung (auch bei sich mit hoher Frequenz wiederholenden Prozessabläufen), um das Bewusstsein der Grundphilosophie und der Details der zu durchlaufenden Schritte bei den Beteiligten lebendig zu halten.

Um eine Beratungskompetenz im Verteidigungsbereich realisieren zu können, ist die Kenntnis der „Handlungswelt des Auftraggebers" (einschließlich seiner Sprache!) wichtig. Insbesondere müssen hier *Bedarfsträger-* und *Bedarfsdeckerperspektive* gleichermaßen berücksichtigt werden. Dabei ist es eine allgemeingültige Beobachtung bei solch langfristigen Vorhaben, dass ein kontinuierlicher Dialog mit dem Auftraggeber diesen „mit ins Boot holt" und zu Solidarisierungseffekten bei Vorliegen des Produktes führt.

Die gegebene Verschränkung von Technology-Push und Capabilities-Demand-Pull (dem „Sog" der militärischen Fähigkeitsforderungen) in ihrer speziellen Ausprägung beim Thema Wehrtechnik kann durch die Methode des *Disruptive Technology Assessment Game* adressiert werden. Dieses Vorgehen entspricht der geltenden Doktrin der kontinuierlichen Transformation von Streitkräften und Ausrüstung und hat sich in der Praxis weiterentwickelt und als tauglich erwiesen. Auch hier ist ein nicht zu unterschätzender Aufwand vonnöten, und zwar insbesondere bei der Vor- und Nachbereitung der Planspiele.

Generell kann internationale Zusammenarbeit mit anderen Institutionen, die Technologiefrühaufklärungsaktivitäten für ihre Verteidigungsministerien bzw. analog auf der europäischen Ebene durchführen, ganz wesentlich zu einem Abgleich bzw. einer Rückversicherung des eigenen Zukunfts-„Gesamtlagebildes" beitragen. So können zum einen nationale „perspektivische Verzerrungen" vermieden und andererseits der hohen internationalen Verflechtung und fortschreitenden Europäisierung auf Auftraggeberseite Rechnung getragen werden.

Eine unmittelbare Einwirkung auf Entscheidungen des beratenen Auftraggebers ist sehr selten nachweisbar, kommt aber in Einzelfällen vor. Meist werden Planungsentscheidungen im Bereich der wehrtechnischen Forschung von vielen, nicht zuletzt politischen und haushalterischen Gesichtspunkten geprägt, wozu auch von außen nicht transparente Vorgänge im Wechselspiel unterschiedlicher Zuständigkeiten im ministeriellen Bereich gehören. Die bei der Technologiefrühaufklärung erarbeiteten Empfehlungen können und sollen den Kunden ohnehin nicht von den Aufgaben der Zielfindung und der Ableitung von Aktionen entlasten. Die wichtigste Funktion der Technologiefrühaufklärung ist die längerfristige Frühwarnung, also das Aufbringen neuer Forschungsrichtungen, -themen, -paradigmen und -möglichkeiten. In diesem Bereich hat die Arbeit der letzten Jahrzehnte ihre Nützlichkeit unter Beweis gestellt.

Danksagung

Ich danke den Herausgebern dieses Bandes für die Ermöglichung dieses Artikels. Ich danke besonders M. John, U. Neupert und S. Reschke für wertvolle Beiträge und Diskussionen.

Literatur

Achatz, R., Braun, M., & Sommerlatte, T. (Hrsg.) (2012). *Lexikon Technologie- und Innovationsmanagement*. Düsseldorf.
Agar, J. (2009). On the Origin of Technology. *Nature*, Vol. 461, Sep., 349.
Arthur, W. B. (2009). *The Nature of Technology: What It Is and How It Evolves*. New York.
Baibich, M. N., et al. (1988). Giant Magnetoresistance of (001)Fe/(001)Cr Magnetic Superlattices. *Physical Review Letters*, Vol. 61, Issue 21, 2472–2475.
Bednorz, J. G., & Müller, K. A. (1986). Possible High T_c Superconductivity in the Ba-La-Cu-O System. *Zeitschrift für Physik B: Condensed Matter*, 64 (2), 189–193.
BMVg (2004). *Grundzüge der Konzeption der Bundeswehr*. Berlin, Aug. http://www.asfrab.de/konzeption-der-bundeswehr.html. Abgerufen am 2.6.2012. (Die KdB selber ist Verschlusssache.)
BMVg (2006). *Weißbuch 2006 zur Sicherheitspolitik Deutschlands und zur Zukunft der Bundeswehr*. Berlin, Okt.
BMVg (2010). *Customer Product Management (CPM) 2010*. Verfahrensvorschrift für die Bedarfsermittlung und Bedarfsdeckung in der Bundeswehr. Bonn, 23.6.2010. http://www.bwb.org/portal/poc/bwb?uri=ci:bw.bwb.projekt.cpm. Abgerufen am 3.7.2012.

BMVg (2011). *Verteidigungspolitische Richtlinien 2011*. Nationale Interessen wahren – Internationale Verantwortung übernehmen – Sicherheit gemeinsam gestalten. Berlin, 27.5.2011. http://www.bmvg.de/portal/poc/bmvg?uri=ci:bw.bmvg.sicherheitspolitik. angebote.dokumente.verteidigungspolitische_richtlinien. Abgerufen am 3.7.2012.
Bower, J. L., & Christensen, C. M. (1995). Disruptive Technologies. Catching the Wave. *Harvard Business Review*, Jan.-Feb., 43–53.
Campbell, V. (2004). How RAND Invented the Postwar World. *Invention & Technology*, 20 (1), 50–59.
Christensen, C. M. (1997). *The Innovator's Dilemma. When New Technologies Cause Great Firms to Fail*. Boston MA.
Cuhls, K., Ganz, W., & Warnke, P. (2009). *Foresight-Prozess im Auftrag des BMBF. Etablierte Zukunftsfelder und ihre Zukunftsthemen*. Sowie: *Foresight-Prozess im Auftrag des BMBF. Zukunftsfelder neuen Zuschnitts*. Karlsruhe/Stuttgart. http://www.isi.fraunhofer.de/isi-de/v/projekte/bmbf-foresight.php. Abgerufen am 2.6.2012.
Department of Defense (2011). Technology Readiness Assessment (TRA) Guidance. http://www.acq.osd.mil/chieftechnologist/publications/docs/TRA2011.pdf. Abgerufen am 27.1.2012.
Geschka, H., Schauffele, J., & Zimmer, C. (2002). Explorative Technologie-Roadmaps. Eine Methodik zur Erkundung technologischer Entwicklungslinien und Potentiale. In M. G. Möhrle, & Isenmann, R. (Hrsg.), *Technologie-Roadmapping. Zukunftsstrategien für Technologieunternehmen*. Berlin/Heidelberg/New York, 105–128.
Goffman, W., & Harmon, G. (1971). Mathematical Approach to the Prediction of Scientific Discovery. *Nature*, 229 (5280), 103–104.
Grünberg, P. (1989). *Magnetic Field Sensor With a Thin Ferromagnetic Layer*. Europäisches Patentamt EP0346817 (A2) – 1989-12-20.
Guigueno, V. (2008). Building a High-Speed Society. France and the Aérotrain, 1962–1974. *Technology and Culture*, Bd. 49, 21–40.
Heinen, M. (2010). Im Rausch der Geschwindigkeit. *Der Spezialist*, Ausg. 15, Apr, 33–36.
Holtmannspötter, D., Rijkers-Dfrasne, S., Ploetz, C., Thaller-Honold, S., & Zweck, Axel (2010). *Technologieprognosen. Internationaler Vergleich 2010*. Zukünftige Technologien Nr. 88. Düsseldorf.
Jovanović, M. (2011). *Fußspuren in der Publikationslandschaft. Einordnung wissenschaftlicher Themen und Technologien in grundlagen- und anwendungsorientierte Forschung mithilfe bibliometrischer Methoden*. Stuttgart.
Kreibich, R. (2006). *Zukunftsforschung*. Institut für Zukunftsstudien und Technologiebewertung IZT. ArbeitsBericht Nr. 23/2006. Berlin.
Kretschmer, T. (1992). *Forschungs- und Technologiefelder der Zukunft. Analyse nationaler und internationaler Prognosen und Programme*. Neue Technologien, Fraunhofer INT, Euskirchen, April.
Kretschmer, T. (Hrsg.) (2010). *Neue Technologien. Kernthemen des Technologiemonitorings am INT zwischen 1996 und 2009*. Stuttgart.
Kungl. Vetenskapsakademien (2011). Scientific Background on the Nobel Prize in Chemistry 2011. The Discovery of Quasicrystals. http://www.nobelprize.org/nobel_prizes/chemistry/laureates/2011/advanced-chemistryprize2011.pdf. Abgerufen am 27.1.2012.

Linstone, H. A., & Turoff, M. (Eds.) (2002). *The Delphi Method. Techniques and Applications*. Newark, NJ. http://is.njit.edu/pubs/delphibook/delphibook.pdf. Abgerufen am 2.6.2012.
López-Vicente, P., & Rademaker, M. (2011). RTO-SAS-DTOG: Disruptive Technology Assessment Game. NATO RTO-MP-IST-099/RSY-024. http://ftp.rta.nato.int/public/ PubFullText/RTO/MP/RTO-MP-IST-099/MP-IST-099-06.doc. Abgerufen am 16.1.2012.
Möhrle, M., & Isenmann, R. (2008). *Technologie-Roadmapping: Zukunftsstrategien für Technologieunternehmen*. Berlin/Heidelberg.
NATO RTO (2010). *Assessment of Possible Disruptive Technologies for Defence and Security*. RTO Technical Report TR-SAS-062.
NATO RTO (2012). *Disruptive Technology Assessment Game – Evolution and Validation*. RTO Technical Report TR-SAS-082.
Neuhaus, C. (2011). *Kühne Würfe. Möglichkeiten und Grenzen (quantitativer) Prognose-Verfahren*. Vortrag beim 6. Treffen der AG „Methoden" des Netzwerks Zukunftsforschung e. V. Düsseldorf, 24.2.2011.
Neupert, U., Rademaker, J.G.M., Römer, S., & Wiemken, U. (2009). Assessment of Potentially Disruptive Technologies for Defence and Security. In P. Elsner (Hrsg.), *Fraunhofer Symposium Future Security*. Stuttgart, 310–315.
Novoselov, K. S., & Geim, A. K., et al. (2004). Electric Field in Atomically Thin Carbon Films. *Science*, 306 (5696), 666–669.
Popper, R., Keenan, M., Miles, I., Butter, M., & Sainz, G. (2007). *Global Foresight Outlook 2007: Mapping Foresight in Europe and the Rest of the World*. The EFMN Annual Mapping Report 2007, Report to the European Commission. Manchester.
Reschke, S., & Weimert, B. (2010). Futuring: Vorbereiten der Unternehmung auf das Unbekannte. In C. Gundlach, Glanz, A., & Gutsche, J. (Hrsg.), *Die frühe Innovationsphase – Methoden und Strategien für die Vorentwicklung*. Düsseldorf, 245–273.
Ruhlig, K. & Wiemken, U. (2006). *Disruptive Technologies – Widening the Scope*. Reihe: Diskurs Technik und gesellschaftlicher Wandel. Fraunhofer-Institut für Naturwissenschaftlich-Technische Trendanalysen INT, Euskirchen, April. Verfügbar unter http://publica.fraunhofer.de.
Schumacher, G., et al. (2007). *Future Perspectives of European Materials Research*. Schriften des Forschungszentrums Jülich, Reihe Materie und Material/Matter and Materials, Band 35. Jülich.
Shechtman, D., Blech, I., Gratias, D. & Cahn, J. W. (1984). Metallic Phase with Long-Range Orientational Order and No Translational Symmetry. *Physical Review Letters*, 53, 1951–1953.
Steinmüller, A., & Steinmüller, K. (2004). *Wild Cards. Wenn das Unwahrscheinliche eintritt*. Hamburg.
Steinmüller, K. (1997). *Grundlagen und Methoden der Zukunftsforschung. Szenarien, Delphi, Technikvorausschau*. Sekretariat für Zukunftsforschung, WerkstattBericht 21, Gelsenkirchen.
Steinmüller, K. (2011). Möglichkeiten und Grenzen quantitativer Prognostik. Vortrag beim 6. Treffen der AG „Methoden" des Netzwerks Zukunftsforschung e. V., Düsseldorf, 24.2.2011.

Stokes, D. E. (1997). *Pasteur's Quadrant: Basic Science and Technological Innovation.* Washington, D.C.
Vitanov, N. K., & Ausloos, M. R. (2012). Knowledge Epidemics and Population Dynamics Models for Describing Idea Diffusion. In A. Scharnhorst, Börner, K., & Besselaar, Peter van den (Hrsg.), *Models of Science Dynamics. Encounters Between Complexity Theory and Information Sciences.* Berlin, 69–126.
Weimert, B. (2009). *Methoden der Zukunftsforschung und Technologie-Frühaufklärung.* Fraunhofer-Institut für Naturwissenschaftlich-Technische Trendanalysen INT, Institutsseminar, Euskirchen, 25.2.2009.
Weimert, B. (2011). Text Mining. *Strategie und Technik,* 2/2011, 82.
Wiemken, U. (2009). *Prognosen und Planung. Technologievorausschau vor dem Hintergrund staatlicher Planung.* Reihe: Diskurs Technik und gesellschaftlicher Wandel. Fraunhofer-Institut für Naturwissenschaftlich-Technische Trendanalysen INT, Euskirchen, Mai. Verfügbar unter http://publica.fraunhofer.de.
Wiemken, U. (2010). Technologievorausschau vor dem Hintergrund staatlicher Vorsorge und Planung. In K. Hauss, Ulrich, S., & Hornbostel, S. (Hrsg.), *Foresight – Between Science and Fiction.* IFQ Working Paper 7. Bonn, 35–51.
Wöhler, F. (1828). Ueber künstliche Bildung des Harnstoffs. *Poggendorffs Annalen,* Band 12, 253–256.
Zweck, A. (2009). Foresight, Technologiefrüherkennung, und Technikfolgenabschätzung. Instrumente für ein zukunftsorientiertes Technologiemanagement. In R. Popp, & Schüll, E. (Hrsg.), *Zukunftsforschung und Zukunftsgestaltung. Beiträge aus Wissenschaft und Praxis.* Berlin/Heidelberg: Springer, 195–206.

Zukunftsforschung im Mittelstand. Erfahrungen der Zukunfts-Werkstatt 2020 der Stückgutkooperation System Alliance

Heiko von der Gracht, Bernhard Albert und Thomas Krupp

Einleitung

„Wer nicht an die Zukunft denkt, wird bald Sorgen haben", mahnte Konfuzius bereits vor rund 2.500 Jahren. Auch wenn die wissenschaftliche Disziplin der Zukunftsforschung noch relativ jung ist – der deutsche Akademiker Ossip Kurt Flechtheim führte sie unter dem Begriff „Futurologie" als wissenschaftliche Fachrichtung im Jahr 1943 aus dem amerikanischen Exil heraus ein –, sind professionelle Ausblicke in die Zukunft gefragter und wichtiger denn je.

Aktuelle Untersuchungen zeigen, dass der deutsche gehobene Mittelstand in den nächsten Jahren eine sehr deutliche Zunahme der Marktvolatilität und eine höhere Frequenz der Markt- und Konjunkturzyklen erwartet (von der Gracht et al. 2010, S. 8). Eine besonders hohe Veränderungsdynamik weisen dabei Lieferanten, Verfügbarkeit von Rohstoffen, Wettbewerbsintensität und Kunden auf. Das sind aus Supply-Chain-Management(SCM)-Perspektive potenzielle Krisenherde. Parallel rechnen Unternehmen mit einer deutlichen Zunahme der Auswirkungen exogener Schocks, verursacht insbesondere durch den globalen Aktionsradius und die hohe Integration der Wertschöpfungsketten. Angesichts dieser komplexen Managementanforderungen zeigen auch Unternehmen des Mittelstands ein wachsendes Interesse für Zukunftsforschung und innovative Planungstechniken, um sich adäquat auf ein komplexes und volatiles Marktumfeld vorbereiten zu können. Szenarien, Roadmapping oder Zukunfts-Werkstätten ergänzen zunehmend klassische Verfahren wie Prognosen und Trendfortschreibung (von der Gracht et al. 2010, S. 15). Die Anpassung interner Strukturen an globale Trends gewinnt im Hinblick auf die Flexibilität und Adaptivität ihrer Supply Chains enorm an Bedeutung.

Global agierende und kapitalmarktorientierte Unternehmen nutzen die Trendforschung sowie das Chancen- und Szenarien-Management bereits seit Jahrzehnten (Albert et al. 2002). Für die Logistik-Branche im Allgemeinen und mittelständische Transport- und Logistikunternehmen im Besonderen ist die Zukunftsforschung meist noch ein Buch mit sieben Siegeln (von der Gracht 2008). Gleichzeitig ist es aber gerade in der oftmals durch mittelständische Strukturen geprägten Logistikbranche (dies gilt jedoch selbst für „große" Unter-

nehmen jenseits der Milliarden-Euro-Umsatzschwelle) von essentieller Bedeutung, ein belastbares Fundament für eine systematisch und analytisch erarbeitete Strategie zu legen (Bohlmann und Krupp 2007, S. 21ff).
Die mittelständische Stückgutkooperation System Alliance nahm diese Herausforderung einer systematischen Zukunftsforschung an. Diese auf bilateralen Verträgen beruhende Kooperation von zehn Gesellschaftern und vier Systempartnern mit heute 42 Regionalbetrieben belegt im Marktsegment Stückgut[1] mit einem Umsatz von 480 Millionen Euro und knapp acht Prozent Marktanteil den zweiten Platz (die kumulierten individuellen Umsätze der Partner aus allen Logistiksegmenten liegt bei über 7 Mrd. Euro[2]). Die System Alliance ist damit die größte nationale Kooperation in diesem für ein modernes Industrieland unentbehrlichen Logistik-Segment (vgl. Klaus und Kille 2010). Aufbauend auf einer langjährigen Vorgeschichte diverser Kooperationen großer Mittelständler (aus der als bekanntestes Beispiel der Deutsche Paketdienst DPD hervorging) nahm die System Alliance zum Jahresbeginn 2001 ihre Geschäftstätigkeit in den Feldern Distributions- und Beschaffungslogistik im Stückgutbereich auf (vgl. System Alliance 2009). Ihre Geschäftstätigkeit besteht seitdem in der Entwicklung, dem Aufbau und der Organisation eines in der Bundesrepublik Deutschland flächendeckenden Netzes für speditionelle Dienstleistungen sowie in der Unterhaltung der notwendigen Systeme und Organisationen (vgl. Abb. 1).

Die zehn Gesellschafter und vier Systempartner der System Alliance haben sich in den zwölf Monaten des Jahres 2011 intensiv mit wichtigen Zukunftsfragen auseinandergesetzt – und werden das auch weiterhin tun. Die meisten Inhaber und Gesellschafter kennen sich seit Jahrzehnten – man schätzt sich und tauscht vertrauensvoll Erfahrungen aus. Diese Erfahrungen sind in den Prozess einer Zukunfts-Werkstatt eingeflossen, die an das Vorgänger-Projekt „Logistik in der Zeitmaschine" anknüpft (vgl. System Alliance 2009). Dabei wurde ein Zeithorizont bis zum Jahr 2020 betrachtet. Methodisch fundiert und wissenschaftlich begleitet wurde der Prozess durch ein Experten-Team (kurz: W-Team). Im W-Team der Zukunfts-Werkstatt waren Sozialwissenschaftler mit Spezialisierungen auf Methoden und Themengebiete der Zukunftsforschung, Wirtschaftswissenschaftler mit Schwerpunkt auf Logistik bzw. Logistikdienstleistungen und Experten für Kommunikati-

---

1   Dabei handelt es sich um den Transport individuell etikettierter Paletten, Kisten, Kartons und unverpackter Gegenstände zwischen ca. 30 und 2.500 kg. Diese werden in sog. „Pick-up"-Verkehren beim Versender abgeholt, im Ausgangsdepot nach Ziel sortiert und, gebündelt in einem direkten oder gebrochenen Fernverkehrslauf, in die Empfangsdepots sortiert sowie schließlich wiederum im Nahverkehr an den Empfänger geliefert.
2   Der korrespondierende gesamte Logistikmarkt in Deutschland, d. h. inkl. aller Transporte, Lagerdienstleistungen und sonstiger logistischer und logistiknaher Tätigkeiten, repräsentiert 2011 ein Umsatzvolumen von ca. 210 Mrd. Euro und ist damit nach Handel und Automobil die drittgrößte Branche (vgl. Klaus und Kille 2010).

on, Journalismus und Öffentlichkeitsarbeit. Das W-Team war verantwortlich für die Konzeption des Untersuchungsdesigns, die Realisierung der Zukunfts-Werkstatt, die erforderlichen Analysen und Auswertungen und die Präsentation der Ergebnisse gegenüber den Auftraggebern und der Öffentlichkeit.

Abbildung 1: Zahlen und Fakten der System Alliance 2010 (Quelle: System Alliance 2011).

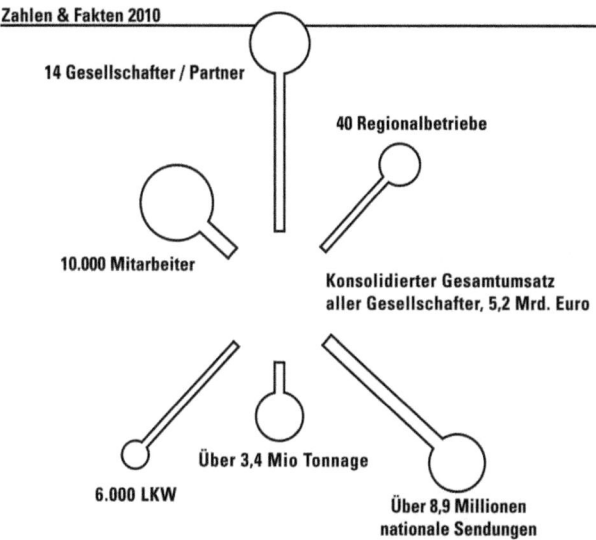

Anspruch des Projektes war neben der hohen Ergebnisverwertbarkeit für Strategie, Innovations- und Risiko-Management eine solide wissenschaftliche Fundierung. Nur wenn Zukunftsannahmen sauber formuliert, Experten professionell befragt und Daten wissenschaftlich korrekt ausgewertet werden, kann von einer gültigen und fundierten Zukunftsbasis gesprochen werden. Hier setzt die Zukunfts-Werkstatt Maßstäbe: acht Foresight-Workshops mit insgesamt 77 Logistikkennern aller Hierarchiestufen, eine Online-Befragung von weiteren 256 Logistikern, 19 Top-Executive-Interviews und Analysen von 22 Zukunftsstudien zeichnen erstmals ein ganzheitliches und wissenschaftlich fundiertes Bild der Zukunft für den Logistik-Mittelstand.

Herangehensweise und Methodik

Der Begriff und das dahinterliegende Konzept der Zukunfts-Werkstatt wurde ursprünglich von Robert Jungk, Rüdiger Lutz und Norbert R. Müllert in der 1970er Jahren entwickelt (Jungk und Müllert 1993). Diese Zukunftstechnik ist lösungsorientiert und beinhaltet die vier Phasen: (1) Vorbereitung, (2) Identifikation von Herausforderungen, (3) Einsatz von Phantasie und Kreativitätstechniken zur Entwicklung von Lösungsansätzen und (4) Kommunikation der Ergebnisse und Implementierung. Der Begriff „Werkstatt" weist auf das Ziel des gewählten Vorausschau-Instruments hin, konkrete Handlungsempfehlungen für die Zukunft der System Alliance und logistische Aufgabenstellungen zu erarbeiten.

Im Rahmen der Zukunfts-Werkstatt wurden Trends und Entwicklungen entsprechend ihrer Nähe zum Geschäft und zum Unternehmen systematisch erfasst. Untersucht wurden (vgl. Abb. 2)

- die äußeren Umfelder, auf die Unternehmen nur reagieren können – entweder proaktiv oder reaktiv –, die sie aber nicht oder nur sehr bedingt beeinflussen können,
- die Transaktionsumfelder, die sie durch gezieltes Handeln gemeinsam mit anderen Akteuren gestalten können,
- die System Alliance selbst, vor allem mit Blick auf konkrete Innovations-, Veränderungs- und Gestaltungsoptionen.

Abbildung 2: Übersicht über die untersuchten Umfelder.

Um bei der Betrachtung der äußeren Umfelder keine für die System Alliance wesentlichen Themen zu übersehen, wurde die Analyse entlang der bewährten STEEP-Faktoren durchgeführt und um das Themenfeld Logistik erweitert, das sonst nur Unterpunkt der Hauptrubriken ist. So konnte ein besonderes Augenmerk auf die Grundvoraussetzungen der zukünftigen Entwicklung der Logistikbranche gelegt werden. Für dieses Vorgehen steht die Abkürzung STEEP + L^3.

In der Analyse wurde das Transaktionsumfeld separat betrachtet, da es vom Unternehmen aktiv mitgestaltet werden kann. In diesem befinden sich alle gesellschaftlichen Akteure, die in Aushandlungsprozessen mit Unternehmen stehen und mit diesen schriftliche oder nicht schriftliche Verträge schließen. Dazu gehören Kunden, Lieferanten, Partner, die lokale Politik, die BürgerInnen, der Wettbewerb und alle übrigen Stakeholder. Im Zentrum steht die Kooperation selbst mit ihren Prozessen, Produkten, Kompetenzen, Werthaltungen und Überzeugungen – Faktoren also, die für die weitere Entwicklung ebenso wichtig sind wie äußere Umfelder. Sie sind maßgeblich für Innovations-, Veränderungs- und Gestaltungspotenziale und entscheiden mit darüber, ob und wie Veränderungen in Angriff genommen werden sollen und können.

Untersuchungsdesign der Zukunfts-Werkstatt

Das methodische Konzept der Zukunfts-Werkstatt basierte auf der Kombination unterschiedlicher methodischer Ansätze. Auf diese Weise wurde ein solides theoretisches Fundament für die Erkenntnisse gelegt, die am Ende des Prozesses in einem Zukunftsreport abgebildet wurden:

- *Externe Wahrnehmungen* aus den Wissenschaften und aus der Logistikbranche wurden durch eine systematische Erfassung, Auswahl und Analyse vorhandener Zukunftsstudien mit dem Schwerpunkt auf Logistik und ihre Umfelder einbezogen.
- *Die interne Perspektive* wurde durch eine empirische Untersuchung in Form von semi-strukturierten Experteninterviews, der Durchführung und Auswertung von Workshops und einer Online-Befragung der Mitarbeiter erfasst.

Das wissenschaftliche Fundament der Primärdatenanalyse bot die qualitative Inhaltsanalyse. Damit konnten detaillierte Beschreibungen von vorherrschenden Trends aus allgemeiner (externer) Sicht ebenso fundiert werden wie die logistik-

---

3   STEEP + L: S = Gesellschaft und Individuum, T = Technologie und Innovation, E = Wirtschaft und Unternehmen, E = Ressourcen und Umwelt, P = Politik und Recht, L = Logistik und ihre Umfelder.

bezogene (interne) Trendwahrnehmung. Gleichzeitig wurde es so möglich, die konkreten Implikationen für die System Alliance und die in den Interviews und Workshops zusätzlich erarbeiteten Handlungsoptionen auf eine solide theoretische Basis zu stellen und sinnvoll zu interpretieren.

Analyse vorhandener Zukunftsstudien

Im Rahmen der externen Literaturanalyse wurden Szenario- und Zukunftsstudien zu Transport und Logistik im Rahmen eines umfassenden Desk Research identifiziert, zusammengetragen und inhaltlich ausgewertet. Insgesamt 22 aus anfänglich 31 Studien wurden aufgrund ihrer Qualität und Relevanz für die weitere Analyse selektiert. Ziel der Zukunftsstudienanalyse war die Identifikation der Top-Trends für die Logistik nach Bedeutung und Häufigkeit der Nennung sowie die Identifikation möglicher „schwacher Signale", das heißt aufkommender (Rand-)Themen. Die Ergebnisse der Zukunftsstudienanalyse wurden aufbereitet, um einen Abgleich („Match") mit den Ergebnissen der internen Analysen der Kooperation vornehmen zu können. Die Zukunftsstudienanalyse konzentrierte sich auf verfügbare Publikationen der letzten zehn Jahre. Besonderes Augenmerk wurde auf die Datengüte und die Methodologie aus wissenschaftlicher Sicht (Validität und Reliabilität) gelegt. Tabelle 1 gibt einen Überblick über diese Studien.

Tabelle 1: Übersicht über die analysierten Zukunftsstudien

Nr.	Verfasser (Jahr)	Studientitel	Planungs-horizont	Wissenschaftl. Szenarioansatz
1	Shell Deutschland Oil GmbH (2010)	Lkw-Studie: Fakten, Trends und Perspektiven im Straßengüterverkehr	2030	nein
2	Miebach Consulting (2009)	Global Logistics Trends 02/09	-----	nein
3	Office of Science and Technology, UK (2006)	Intelligent Infrastructure Futures The Scenarios Towards 2055	2025, 2040, 2055	ja
4	Öko-Institut (2009)	Renewability – Stoffstromanalyse nachhaltige Mobilität im Kontext erneuerbarer Energien	2030	nein
5	Bundesamt für Raumentwicklung (2004)	Perspektiven des schweizerischen Güterverkehrs	2015, 2030	ja
6	Deutsche Post DHL (2009)	Delivering Tomorrow	2020	ja
7	Tetraplan A/S (2009)	TRANSvisions	2030–2050	ja

8	OECD Volume 1 (2007)	Infrastructure to 2030: Telecom, Land Transport, Water and Electricity	2030	ja
9	OECD Volume 2 (2007)	Infrastructure to 2030: Mapping Policy for Electricity, Water and Transport	2030	ja
10	Logistikum (2010)	Logistik 2030 – Zukunftsszenarien für nachhaltige Standortentwicklung in Österreich	2030	ja
11	EC (2009)	A sustainable future for transport	2020	nein
12	IFMO (2002)	Zukunft der Mobilität: Szenarien für das Jahr 2020	2020	ja
13	IFMO (2005)	Zukunft der Mobilität – Szenarien für das Jahr 2025	2025	ja
14	IFMO (2008)	Ost-West-Güterverkehre 2030	2030	nein
15	Detecon (2007)	Logistik 2010+ Trend Radar	2030	nein
16	BMVBS (2006)	Szenarien der Mobilitätsentwicklung unter Berücksichtigung von Siedlungsstrukturen bis 2050	2050	ja
17	WBCSD (2004)	Mobility 2030 – meeting the challenges to sustainability	2030	ja
18	Deutsche Bahn/Heinz Nixdorf Institut (2001)	Zukünftige Transportkonzepte im KEP-Markt	2015	ja
19	SMI / FMG (2008)	Zukunft der Logistik-Dienstleistungsbranche in Deutschland 2025	2025	ja
20	SMI (2008)	Future of Logistics 2025 – Global Scenarios	2025	ja
21	SMI (2009)	Transportation & Logistics 2030 – Volume 1: How will supply chains evolve in an energy-constrained, low-carbon world?	2030	ja
22	SMI (2010)	Transportation & Logistics 2030 – Volume 2: Transport infrastructure: Engine or hand brake for global supply chains?	2030	ja

Semi-strukturierte Experteninterviews

Auf Basis der ausgewerteten Zukunftsstudien wurde ein Interviewleitfaden entwickelt, der relevante Themengebiete „vom Allgemeinen zum Speziellen" behandelt. Ausgehend von einer Gliederung der äußeren Umfelder der Branche nach den STEEP + L-Faktoren fokussierte die Untersuchung auf die direkt beeinflussbaren Transaktionsumfelder der System Alliance, um mit einer internen Betrachtung der Kooperation selbst abzuschließen.

Es wurden insgesamt 19 semi-strukturierte Experteninterviews mit Geschäftsführern, leitenden Managern und Inhabern der in der System Alliance zusammengeschlossenen Unternehmen, der Systempartner sowie der Systemzentrale durchgeführt. In den semi-strukturierten Interviews wurden die Einschätzung zur Ist-Situation bzw. Ist-Position 2010 und die Erwartungen im Hinblick auf die Situation bzw. Position 2020 abgefragt. Die Interviews waren auf eine Dauer von 1,5 bis zwei Stunden ausgelegt. Gemäß dem Aufbau der Untersuchung als semi-strukturierte Experteninterviews wurden die Gespräche frei geführt, ohne strikt einem Fragebogen zu folgen und so implizit das Spektrum der Antworten einzugrenzen. Die Interviews wurden von den Mitgliedern des W-Teams selbst durchgeführt. Durch die enge Abstimmung der Interviewer untereinander wurde eine vergleichbare Durchführung der Interviews sichergestellt.

Nachfolgend wurden die Interviews in Form einer qualitativen Inhaltsanalyse ausgewertet. Dafür wurden die einzelnen Aussagen aus den Interviewprotokollen als In-Vivo-Codes[4] kategorisiert und anschließend verdichtet. Die Verdichtung wird durch eine Paraphrasierung auf übergreifende Schlüsselbegriffe erreicht, die schlussendlich die Kategorien bilden. Ergebnis sind einerseits die Trendlandkarten als Teil des Kategoriensystems und andererseits die in die Beschreibung der Zukunftstrends eingeflossene interne Wahrnehmung.

Workshops

In acht moderierten Workshops wurde entlang von STEEP + L erfasst, welche Zukunftstrends von Mitarbeitern der System Alliance wahrgenommen werden und wie sie diese auch im Hinblick auf ihre Relevanz für die System Alliance und die Zukunft der Logistik einschätzen. Abschließend wurden mithilfe der „Methode 6-3-5", einer Kreativmethode zur strukturierten Erfassung und „Kanalisierung" implizit vorhandenen (verborgenen) Wissens, konkrete Handlungsoptionen und Lösungsansätze zu den Zukunftstrends zusammengetragen, die die Teilnehmer besonders hoch bewertet hatten. An den Workshops haben 77 Mitarbeiter überwiegend aus dem mittleren und dem Top-Management teilgenommen.

Online-Befragung der Mitarbeiter der System Alliance

Die in den Interviews und Workshops ermittelten Zukunftstrends wurden in einer breit angelegten Online-Umfrage innerhalb der System Alliance hinsichtlich ihrer Einflussstärke und ihrer Relevanz für die Kooperation untersucht. Neben Bausteinen zur quantifizierbaren Bewertung gab es zu jedem Trend eine offene Frage zu möglichen Reaktionsweisen der Kooperation. Weitere offene Fragen zielten auf bisher nicht erfasste Zukunftstrends und die Zukunftsvisionen der

---

4 D. h. Aussagen in der Sprache der Interview-Partner.

Mitarbeiter in Bezug auf die System Alliance. In einem statistischen Teil wurden Angaben zur Berufserfahrung, zu Unternehmensbereichen, zum Tätigkeitsfeld und zur Funktion im Unternehmen erfasst.

Die Auswahl der Teilnehmer in den Unternehmen war sehr unterschiedlich gestaltet. Während in einzelnen Unternehmen nur Führungskräfte einbezogen wurden, nahmen in anderen auch Mitarbeiter aus operativen Bereichen teil. Vor seinem Einsatz wurde der Fragebogen durch die beteiligten Wissenschaftler und zwei Mitarbeiter der Systemzentrale im Hinblick auf die Verständlichkeit und den erforderlichen Zeitaufwand geprüft. An der Befragung nahmen insgesamt 256 Mitarbeiter teil. Die Abweichungen in der Bewertung der Relevanz einzelner Trends in Abhängigkeit von den Hierarchieebenen sind nicht signifikant, ebenso wenig sind es die Abweichungen in Abhängigkeit vom Tätigkeitsbereich. Dafür, dass eine passende Vorauswahl auf Basis der Studienauswertung, der Interviews und der Workshops getroffen wurde, spricht die Tatsache, dass kein Trend von einer größeren Gruppe von Befragten als irrelevant eingestuft wird. Die meisten Trends werden als relevant oder sehr relevant eingeschätzt. Die sehr ausführlichen und durchdachten Antworten auch auf die offenen Fragen zu möglichen Reaktionsweisen legen den Schluss nahe, dass eine intensive Einbindung von Mitarbeitern in Forschungs- und Gestaltungsprozesse den Erfolg von Zukunftsstudien für und mit Unternehmen deutlich steigern könnte.

Ergebnisse der Zukunfts-Werkstatt der System Alliance

Die Inhalte und Trends der 22 identifizierten Studien (vgl. Tabelle 1) wurden nach der STEEP + L-Struktur aufbereitet. Auch wurde nach Trends und alternativen Projektionen differenziert. Jede der 22 Studien wurde nach Studienfokus, Untersuchungsobjekt, Planungshorizont, Anzahl der Szenarien, Szenario-Scope, Szenario-Art und Datengrundlage klassifiziert sowie kurz beurteilt. Des Weiteren wurde zwecks Systematisierung der Daten und ihrer weiteren Aggregation eine Trendbibliothek angelegt. Anfänglich konnten insgesamt 900 Einzeltrends durch die Zukunftsstudienanalyse zusammengetragen werden. Eine Filterung ergab 600 Trendaussagen, die in einem weiteren intensiven Analyseschritt auf zehn Top-Trendbereiche verdichtet wurden (vgl. Tabelle 2). Im finalen Schritt wurde eine Einfluss-/Chancenanalyse der 10 Top-Trendbereiche für die Logistik vorgenommen.

Die Analyse lieferte die folgenden Kernergebnisse:

- Zukunftsstudien für Transport und Logistik sind vielfältig verfügbar, kommen jedoch teils zu sehr widersprüchlichen Aussagen und besitzen einen sehr unterschiedlichen Detaillierungsgrad.
- Die Mehrzahl der Studien ist quantitativ und prognoseorientiert, aktuellere Studien sind qualitativer ausgerichtet und erfassen häufiger Kausalzusammenhänge und die Komplexität der Themenbereiche.
- Szenarios können in Workshop-basierten kleineren Expertengruppen sowie mittels großzahliger Befragungen entwickelt werden.
- Überraschungsanalysen (Wild Cards) werden seltener durchgeführt, hier werden meist Potenziale verschenkt.
- Die Analysehorizonte tendieren gegen das Jahr 2030.
- Die Szenariozwecke sind sehr unterschiedlich: von Innovationsmanagement über Strategieentwicklung bis zu Kommunikation und Marketing.

Tabelle 2: Top-10-Trendbereiche der Studienanalyse (ohne Priorisierung)

Top-10-Trendbereiche	Bedeutung für Logistik-Mittelstand
Neue Technologien: Verkürzte Innovationszyklen erhöhen Innovations- und Wettbewerbsdruck.	Real-time tracking und Datenspeicherung am Objekt durch z. B. RFID als entscheidender Wettbewerbsvorteil. Telematik als Lösung von Kapazitätsengpässen.
Nachhaltigkeit: Nachhaltigkeit wird vom Differenzierungsmerkmal zum Musskriterium.	Verursachungsgerechte Bepreisung des Carbon Footprint. Vollständige Aufschlüsselung, Berücksichtigung und Einberechnung von Umweltkosten.
Mehrwertdienstleistungen: Zusätzliche Dienstleistungen werden die Wertschöpfung der Logistik erweitern.	Vertiefung der Wertschöpfungskette durch z. B. Verpackungsleistungen, B2C-Services, Kontraktlogistik. Zusätzliche beratende Services – Logistiker als kreativer Partner.
Demografischer Wandel: Anzahl verfügbarer Fachkräfte wird sinken, während Anforderungen steigen.	„War for Talents" erhöht auch den Automatisierungsdruck. Logistik-Akademien als kontinuierliche Weiterbildungschance. Altersgerechte Trainings und Weiterbildung.
Internationalisierung: Globalisierung schreitet fort, während lokal hergestellte Güter an Bedeutung gewinnen.	Der Boom internationaler Warenströme erhöht die Transportnachfrage. Wachstum im Ausland.
Volatilität: Marktschwankungen werden zunehmen, mit höherer Frequenz von Konjunkturzyklen.	Diversifikation zur Minimierung des Risikos durch Rezessionen. Flexibilisierung von Fixkosten (Arbeit, Assets). Szenario-Management und Ausrichtung an (stabilen) Megatrends.
Infrastruktur: Infrastrukturauslastung wird sich verschärfen; abnehmende staatliche Finanzierung.	Steigende nutzungsabhängige Bepreisung. Kapazitätsmanagement und Intermodalität. Zunehmende Privatisierung (PPP).
Kooperation: Anzahl strategischer Allianzen und direkter digitaler Vernetzung wird steigen.	Vermeidung von Leerfahrten. Distribution freier Kapazitäten (an Wettbewerber). Professionalisierung von temporären Netzwerken.
Sicherheit: Der Einfluss von sicherheitsrelevanten Fragen wird stark zunehmen.	Informations- und Kommunikationssysteme zur Komplexitätsreduktion der steigenden Sicherheitsnachfrage. Zertifizierungen, Audits, Benchmarks stärker umsetzen / PR.
Individualisierung: Die Nachfrage nach kundenspezifischen Logistiklösungen wird steigen.	Fokussierung auf lokaler Lieferbeziehungen. Kundenspezifisches Wissen als entscheidender Wettbewerbsfaktor. Ausbau von Forschungskooperationen.

Entwicklung von Trendlandkarten

Im Rahmen der Zukunfts-Werkstatt wurden Trendlandkarten entwickelt, die das gesammelte Zukunftswissen für die Vorausschau und Strategie gebündelt darstellen. Die Trendlandkarten sind das Ergebnis der 19 Interviews und acht Workshops mit 77 Teilnehmern aus der System Alliance, angereichert mit Ergänzungen aus der Zukunftsstudienanalyse. Abbildung 3 zeigt exemplarisch die Trends, die die äußeren Umfelder der Logistikbranche betreffen – gegliedert nach den STEEP-Faktoren. Beschrieben sind demgemäß Gesellschaft (Werte, Lebensstile, Demografie etc.), Technologie (Forschung, neue Produkte und Prozesse etc.), Ökonomie (Konjunktur, Inflation etc.), Umwelt (Klimawandel, Ressourcen etc.) und Politik (Wettbewerbsaufsicht, Gesetzgebung etc.). Auf diese Entwicklungen kann allenfalls indirekt Einfluss genommen werden.

Abbildung 3:   Trendlandkarte für äußeres Umfeld der Branche.

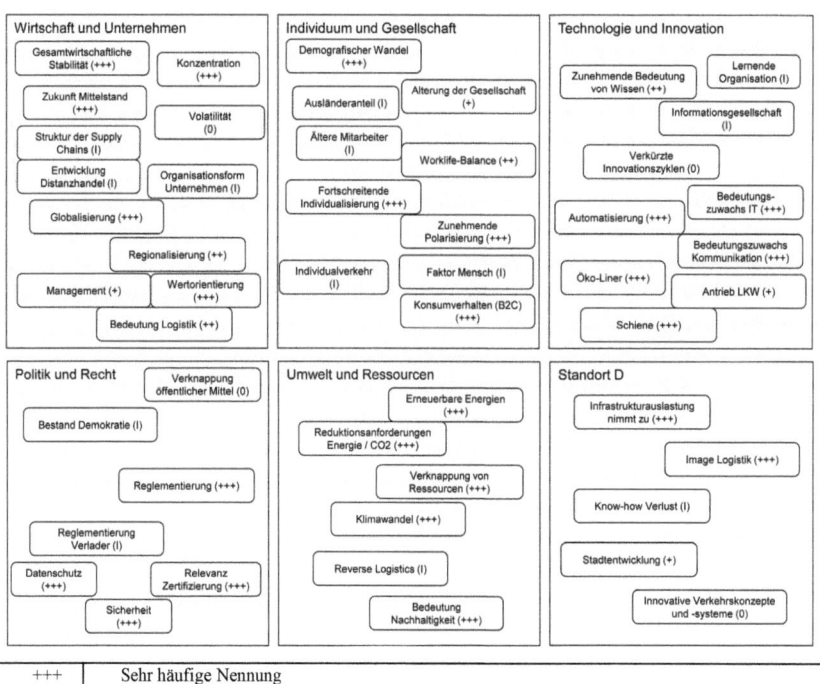

+++	Sehr häufige Nennung
++	Häufige Nennung
+	Mehrfache Nennung
I	Einfache Nennung
0	Ergänzung aus ausgewerteten Zukunftsstudien

Analog wurden auf Basis der Daten Trendlandkarten für das Transaktionsumfeld und für die Kooperation selbst erstellt. Im Transaktionsumfeld wurden vor allem Kunden, Wettbewerber, Gesellschafter/Systempartner, Mitarbeiter, speditionelle Dienstleister/Transportunternehmer und Lieferanten der System Alliance betrachtet. Mit hinzu zählen weitere Stakeholder, wie etwa die Öffentlichkeit oder die regionale Politik. In der Trendlandkarte für die Kooperation selbst, die am stärksten von den beteiligten Unternehmen beeinflusst werden kann, wurden vor allem die Bereiche Wachstum/Marktentwicklung/Finanzen, Geschäftsfelder/Produktportfolio, Prozesse/ Leistungserstellung, Potenziale/Ressourcen/Kompetenzen und Marketing/Öffentlichkeitsarbeit berücksichtigt.

Die identifizierten Trends wurden in der jeweiligen Trendlandkarte nach der Häufigkeit ihrer Nennung klassifiziert. Unterschieden wurde zwischen besonders häufig genannten Trends (in mehr als drei Interviews und/oder Workshop-Gruppen), häufiger Nennung (in mehr als zwei Interviews und/oder Workshop-Gruppen), mehrfacher Nennung (zweimal in den Interviews und/oder den Workshop-Gruppen), einfacher Nennung (nur einmal) und Ergänzung aus Zukunftsstudienanalyse.

Ausarbeitung des finalen Trendkatalogs

Auf Basis der Zukunftsdaten der internen und externen Analyse wurde der finale Trendkatalog der Zukunfts-Werkstatt mit insgesamt 38 Trends aufgestellt, die in Trendsteckbriefen zusätzlich detailliert wurden. Neben einem klassifizierenden Bild, dem Trendtitel und der Kategorie wurden in jedem Trendsteckbrief folgende Inhalte dargestellt:

- Trendbeschreibung (Zahlen, Daten, Fakten aus der Sekundärdatenanalyse),
- Trendwahrnehmung intern (Interviews, Workshops, Online-Befragung),
- Implikationen für die System Alliance/für die Logistik (aus der Sekundärdatenanalyse),
- Schnittstelle zu anderen Trends,
- (weiterführende) Quellen/Zitate.

Je Trend wurde zudem eine Klassifizierung nach Einflussstärke, Relevanz für die System Alliance, Trenddauer und Innovativität mittels einer 3-Punkte-Skala vorgenommen. Die Abbildung 4 zeigt den finalen Trendkatalog mit den dazugehörigen Bewertungen.

Zukunftsforschung im Mittelstand 243

Abbildung 4: Übersicht über die analysierten Trends.

Trends	Einflussstärke	Relevanz SyA	Trenddauer	Innovativität
Gesellschaft und Individuum				
Demografischer Wandel				
Fortschreitende Individualisierung				
Zunehmende Werteorientierung				
Wachsende Relevanz von Wissen				
Fortschreitende gesellschaftliche Polarisierung				
Technologie und Innovation				
Verkürzte Innovationszyklen erhöhen den Innovations- und Wettbewerbsdruck				
Fortschreitende Automatisierung				
Wachsende Relevanz der IT				
Wachsende Relevanz von Kommunikationssystemen				
Zunehmende Relevanz erneuerbarer Energien für Standorte und Fahrzeuge				
Wachsende Relevanz innovativer Verkehrskonzepte und Verkehrssysteme				
Wirtschaft und Unternehmen				
Fortschreitende Globalisierung				
Volatilität der Wirtschaft nimmt zu				
Die Zukunft des Mittelstands: Chancenreich bei wachsenden Herausforderungen				
Arbeitsplatz der Zukunft				
Fachkräftemangel nimmt zu				
Politik und Recht				
Zunahme gesetzlicher Reglementierungen und Normen				
Zunehmende Relevanz von Zertifizierung				
Wachsende Anforderungen an den Datenschutz				
Sicherheit wird wichtiger				
Verknappung öffentlicher Mittel				
Umwelt und Ressourcen				
Fortschreitende Verknappung von Ressourcen				
Infrastrukturauslastung nimmt zu				
Zunehmende Bedeutung von Nachhaltigkeit				
Fortschreitende Reduktionsanforderungen beim CO_2				
Fortschreitender Klimawandel				
Branchentrends Logistik				
Kapazitätsplanung wird wichtiger und schwieriger				
Image der Logistik im Wandel				
Höhere Anforderungen an die Stabilität				
Neue Kunden- und Marktbeziehungen entwickeln sich				
Zunehmende Konzentration der Logistikanbieter				
Fortschreitende Relevanz von Finanzierung				
Fortschreitende Anonymisierung				
Mehrwertdienstleistungen erweitern die Wertschöpfung der Logistik				
Zunehmender Einfluss des Privatkundengeschäfts (B2C)				
Speditionelle Dienstleister zunehmend unter Druck				
Wachsende Anforderungen an Prozesskompetenz				
Zunehmende Dienstleistungsinnovationen				

Maßnahmen

Als Ausgangsbasis für die nachfolgend angeführten Vorschläge für zu ergreifende Maßnahmen dienten die Interviews mit den Gesellschaftern der System Alliance, die sehr engagiert geführten Diskussionen während der Workshops sowie die vielfältigen Anregungen aus der übergreifenden Online-Befragung der Mitarbeiter aus den Unternehmen der Gesellschafter und Systempartner der System Alliance. Die inhaltliche Verdichtung und die Ausformulierung konkreter Verfahrensvorschläge wurden vom W-Team der Zukunfts-Werkstatt vorgenommen. Eingeflossen sind zudem die Eindrücke und Rückmeldungen aus den bisherigen Gremiensitzungen.

Während der Durchführung der Zukunfts-Werkstatt wurden viele Dutzend Ideen und Vorschläge für konkrete Maßnahmen entwickelt. Diese wurden vom W-Team zusammengeführt und präzisiert. Auch aufgrund ihrer dezentralen Struktur kann die System Alliance nur einen Teil der durchaus anspruchsvollen Maßnahmen parallel in Angriff nehmen. Aus diesem Grund hat die Gesellschafterversammlung im ersten Schritt fünf Maßnahmen ausgewählt, mit deren Umsetzung teilweise schon im Jahr 2011 begonnen wurde. Dazu wurden Projektskizzen erarbeitet. Die geplanten Maßnahmen werden in Tabelle 3 kurz vorgestellt.

Tabelle 3: Maßnahmen aus der Zukunfts-Werkstatt (ohne Priorisierung)

Maßnahme	Inhalt
Verstetigung der Zukunfts-Werkstatt der System Alliance	Fortführung des Prozesses der Zukunfts-Werkstatt, d. h. künftige Erweiterung durch interne und externe Analysen. Ziel ist es, Raum für die kontinuierliche Arbeit an Zukunftsthemen zu schaffen und den Zukunftsreport fortzuschreiben.
Plattform für Know-how-Transfer etablieren	Damit das vielfältige interne Wissen gesichert und die damit verbundenen Potenziale gehoben werden können, sollen Plattformen für einen nachhaltigen Wissenstransfer entstehen.
Fachkonferenz „Gute Personalarbeit"	Die Fachkonferenz „Gute Personalarbeit" dient der Identifikation von Erfolgsprinzipien gelungener Personalentwicklungskonzepte. Durch den internen, kollegialen, fachlichen Austausch aller Personalverantwortlichen sollen vorbildliche Konzepte und deren Wirkmechanismen identifiziert werden.
Azubi-/Praktikanten-„Börse" und Hospitation bei Kunden	Der Austausch von Auszubildenden und Praktikanten soll dafür sorgen, dass sich der Logistiknachwuchs mit unterschiedlichen Organisationskulturen auseinandersetzen kann. Der „Blick über den Tellerrand" schafft neue Erkenntnishorizonte und stärkt das ohnehin schon starke Gemeinschaftsgefühl.
Konkrete gemeinsame Weiterbildungsangebote	Der zielgerichtete interne Know-how-Transfer ist ein zentraler Erfolgsfaktor für das Bewahren und Stärken einer gemeinsamen, mittelständisch geprägten Identität. Gleichzeitig lassen sich Wissensressourcen gezielt aktivieren und in Form von Seminaren und Workshops aufbereiten und vermitteln. Deshalb werden künftig gezielte Weiterbildungsangebote geschaffen.
Innovations-Camp einrichten	Einmal jährlich trifft sich eine größere Gruppe von Entscheidern und Mitarbeitern zu einem moderierten, zweitägigen „Future Camp". Ziel ist es, Innovationsfelder zu bestimmen, die Innovationskultur auszubauen und zu vertiefen, Ideen und Maßnahmenvorschläge zu entwickeln und zu sammeln sowie die Mitarbeiterinnen und Mitarbeiter aktivierend zu beteiligen.
Anwendungskonzepte „grüner Logistik" etablieren	Die Identifikation und Potenzialanalyse geeigneter Umweltschutzmaßnahmen steht künftig noch intensiver auf der Agenda. Dabei werden alle Schnittstellen entlang der Transportkette beleuchtet. Ziel ist es, konkrete Maßnahmen zu entwickeln, die sich pragmatisch und zielorientiert implementieren lassen. Richtschnur dafür bildet eine gemeinsam zu erstellende ökologische Roadmap, auf deren Basis anspruchsvolle Projekte gemeinsam realisiert werden können.
Nachhaltige Zusammenarbeit im Netzwerk	Eine gemeinsame Strategieentwicklung sorgt dafür, dass die System Alliance auch künftig erfolgreich bleibt. Das Erarbeiten gemeinsamer Ziele auf Basis einer Vision steht ebenso auf der Agenda wie das Schaffen von Instrumenten zur Planung und Steuerung relevanter Geschäftsprozesse.

Verstetigung der Zukunfts-Werkstatt

Die Zukunfts-Werkstatt der System Alliance war ein voller Erfolg. In einem zukunftsweisenden Projekt ist es gelungen, die Spannbreite relevanter Entwicklungen für die Logistik und die Kooperation zu erfassen und abzubilden. Risiken und Chancen konnten sichtbar gemacht und konkrete Maßnahmen abgeleitet werden, um diesen Entwicklungen Rechnung zu tragen. Ermöglicht wurde der Erfolg durch:

- die engagierte Beteiligung der Mitarbeiter der in der Kooperation tätigen Unternehmen und der Systemzentrale, die in den Workshops und der Online-Befragung die wichtigsten Zukunftsthemen adressiert und Handlungsoptionen aufgezeigt haben,
- das motivierte Team der Wissenschaftler, die die vielschichtigen Prozesse gestaltet und ihr Zukunftswissen aktiv eingebracht und mit internem Wissen verschmolzen haben,
- die Offenheit der Gesellschafter, die ihre Zukunftsvorstellungen und Zukunftserwartungen in Interviews und Gesprächen klar zum Ausdruck brachten.

Mit der Zukunfts-Werkstatt hat sich aus Sicht der Gesellschafter einmal mehr gezeigt,

- dass man sich den Blick auf die Zukunft und mittel- bis langfristige Entwicklungen nicht durch die unverzichtbaren und oft unaufschiebbaren Aufgaben des Tagesgeschäfts verstellen lassen darf, und
- dass bei allen Mühen der Ebene der Blick auf die Berge lohnt, der es ermöglicht, Risiken wahrzunehmen, Standpunkte und Entscheidungen zu überdenken, neue Möglichkeiten zu entdecken und sich schon heute gezielt und systematisch auf die Erstürmung neuer Gipfel vorzubereiten.

Die interne und die externe Analyse werden kontinuierlich fortgesetzt, um auch weiterhin neue Entwicklungen und Veränderungen in die Vorausschau mit einzubeziehen.

Fazit und Reflektion der bisherigen Ergebnisse

Die Zukunft der Logistik muss aktiv gestaltet werden

Die Logistik- und Mobilitätsbranche verschläft ihre Potenziale schon viel zu lange. Viele Unternehmen laufen den Trends und Entwicklungen weiterhin nur hinterher und verschenken dadurch wichtige Innovations- und Zukunftspotenziale. Unsere Gesellschaft und Wirtschaft erfährt jedoch eine Phase des Umbruchs vom reaktiven hin zum proaktiven Umgang mit der Zukunft. Die Logistik muss sich in ihrer Rolle als Motor der Globalisierung langfristiger ausrichten und mittels Trend- und Szenarien-Management Chancen und Potenziale identifizieren, um Zukunft aktiv zu gestalten. Die Zukunfts-Werkstatt der System Alliance hat die Möglichkeiten gezeigt.

Die Zukunft der Logistik muss fundiert diskutiert werden

„Garbage in, garbage out" heißt ein mahnender Leitsatz der Informationstechnologie, der auch für die Zukunftsforschung gilt. Wo Müll hineingekippt wird, kommt auch nichts Brauchbares mehr heraus. Nur wenn Zukunftsannahmen sauber formuliert, Experten richtig befragt und Daten wissenschaftlich korrekt ausgewertet werden, kann von einer gültigen und fundierten Zukunftsbasis gesprochen werden. Hier setzt die Zukunfts-Werkstatt der System Alliance Maßstäbe für den Mittelstand: acht Foresight-Workshops mit insgesamt 77 Logistikkennern aller Hierarchiestufen, eine Online-Befragung von weiteren 256 Logistikern, 19 Top-Executive-Interviews und Analysen von 22 Zukunftsstudien zeichnen ein ganzheitliches und wissenschaftlich fundiertes Bild der Zukunft.

Die Zukunft der Logistik bedeutet Innovation

Der Logistik-Mittelstand steht erst am Anfang einer Innovationsbewegung. Die vielfältigen Analysen der Zukunfts-Werkstatt decken 38 bedeutende Trends der kommenden Jahre auf, aus deren Reihe sechs Trends als Top-Innovationsfelder der Zukunft der Logistik gesehen werden können. Diese sind: (1) Werteorientierung, (2) Technologiemanagement, (3) Kommunikation, (4) Arbeitsplatzgestaltung, (5) Sicherheit, (6) Kapazitätsmanagement. Die Kooperation wird diese Felder auch zukünftig in der Zukunfts-Werkstatt weiterentwickeln.

Die Zukunft der Logistik bedeutet langfristigen Wandel

Die Logistik wird durch neun zentrale Trends insbesondere auch langfristig geprägt werden, die da lauten: demografischer Wandel, fortschreitende Individualisierung, Erneuerbare Energien, innovative Verkehrskonzepte, eine neue bedeutende Rolle des Mittelstands, steigende Bedeutung von Sicherheit, Ressourcenverknappung, Nachhaltigkeit und Klimawandel. Diese Trends mit besonders langer Trenddauer erfordern langfristige Transformationsprozesse für alle Unternehmen und werden die Produkte und Dienstleistungen der Zukunft verändern.

In der Zukunft der Logistik gilt für die System Alliance:

„Gemeinsam mit ihren Kunden gestaltet die System Alliance erfolgreich die Logistik-Märkte und ist eine der führenden mittelständischen Kooperationen." Dazu wurden und werden konkrete Maßnahmen aus der Arbeit der Zukunfts-Werkstatt abgeleitet, mittels derer die Zukunft aktiv und kundenorientiert gestaltet wird. Potenziale werden identifiziert, erfolgreiche Prozesse etabliert, Kunden und Märkte verstanden und bedient sowie der Kooperationserfolg langfristig gesichert. Die Zukunfts-Werkstatt der System Alliance ist ein kontinuierlicher Prozess, in dem Mitarbeiter, Kunden, Partner, Gesellschafter, Logistikexperten und Zukunftsforscher gemeinsam innovieren und den Weg in die Zukunft ebnen.

Beteiligung führt die Logistik zu zukunftsweisender Zukunftsgestaltung

Die Zukunfts-Werkstatt der System Alliance zeigt: Die konsequente Einbindung von Mitarbeitern sorgt für einen fundierten Überblick über das im Unternehmen vorhandene Zukunftswissen, deckt Innovations- und Veränderungserfordernisse auf und erweitert den Horizont im Hinblick auf Handlungsoptionen, Chancen, Innovationen und Ideen. Zugleich sorgt sie für eine tiefe Verankerung des Denkens über Zukunft in der Organisation und bereitet so den Boden für eine gemeinsam getragene, proaktive Zukunftsgestaltung.

Danksagung

Großer Dank gilt an dieser Stelle allen Beteiligten und Teilnehmern der Befragungen, insbesondere den Gesellschaftern und Mitarbeitern der System Alliance, ohne die ein solch umfassender Überblick über die Trends der Logistik nicht möglich gewesen wäre. Auch möchten wir an dieser Stelle Dr. Marco Linz für seine tatkräftige Unterstützung bei den Foresight-Workshops sowie den Interviews und Jenny Seltz für ihre engagierte Mitarbeit bei der Auswertung der Online-Befragung danken. Nicht zuletzt ist dem Kommunikations- und Marketingexperten Uwe Berndt als Geschäftsführer der Frankfurter PR-Agentur „Mainblick" und Mitglied des W-Teams für seine beratende, konzeptionelle und operative Mitwirkung bei der Realisierung der Zukunfts-Werkstatt der System Alliance zu danken.

Literatur

Albert, B., Burmeister, K., Glockner, H., & Neef, A. (2002). *Zukunftsforschung und Unternehmen. Praxis, Methoden, Perspektiven*. Essen.
Bohlmann, B., & Krupp, T. (2007). Bedeutung des Strategischen Managements für Logistikdienstleister. In B. Bohlmann, & Krupp, T. (Hrsg.), *Strategisches Management für Logistikdienstleister: Grundlagen und Praxisberichte*. Hamburg: Deutscher Verkehrs-Verlag, 21–34.
Gracht, H. A. von der (2008). *The Future of Logistics – Scenarios for 2025*. Wiesbaden.
Gracht, H. A. von der, Darkow, I.-L., Hossenfelder, J., & Zillmann, M. (2010). *Atmende Supply Chains. Wie gut ist Deutschlands gehobener Mittelstand auf volatile Märkte vorbereitet?* St. Gallen.
Jungk, R., & Müllert, N. R. (1993). *Zukunftswerkstätten – Mit Phantasie gegen Routine und Resignation*. 3. Auflage. München: Heyne.
Klaus, P., & Kille, C. (2010). *Die Top 100 der Logistik – Marktgrößen, Marktsegmente und Marktführer in der Logistikdienstleistungswirtschaft*. 6. Auflage. Hamburg: Deutscher Verkehrs-Verlag.
System Alliance (Hrsg.) (2009). *Logistik in der Zeitmaschine*. München: Vogel.
System Alliance (2011). Internetauftritt der System Alliance. http://www.systemalliance. de/content/in_zahlen_fakten.htm. Abgerufen am 28.12.2011.

Teil III
Zukunftsforschung und Mobilität

Wie aus einer Zukunftsstudie ein einzigartiges Kompetenzzentrum in der Automobilzulieferindustrie wurde

Volker Grienitz, André-Marcel Schmidt und Sebastian Ley

„Die turbulenten Umfelder, in denen sich Unternehmen im Augenblick befinden, sorgen dafür, dass herkömmliche Geschäftsmodelle ihre Überzeugungskraft verlieren. Es kommt darauf an, diese Phase als Chance und kreativen Neuanfang zu verstehen. Die Automobilindustrie spielt als einer der größten Arbeitgeber in Deutschland eine wesentliche Rolle in der gesamtwirtschaftlichen Entwicklung. Die nachgelagerte Automobilzulieferindustrie hat einen ihrer Schwerpunkte in Nordrhein-Westfalen, insbesondere in Südwestfalen."

(Prof. Dr. Ralf Schnell, Rektor der Universität Siegen, und Frank Beckehoff, Landrat des Kreises Olpe, 2008)

1 Einleitung

Dieser Beitrag beschreibt den Weg, wie aus einer Idee eine einzigartige Kooperation zwischen Hochschulen, Unternehmen und Politik in der Automobilzulieferbranche geworden ist. Die Basis für diese sogenannte Public Private Partnership (PPP) legte die nachfolgend in ihren wesentlichen Zügen beschriebene Zukunftsstudie.

1.1 Motivation

Die Region Südwestfalen liegt im Herzen von Nordrhein-Westfalen. Hier wurden im Jahr 2007 über sechs Milliarden Euro in der Fahrzeugindustrie umgesetzt. Dieser Umsatzschwerpunkt ist geprägt durch sehr viele kleine und mittlere, aber auch wenige große Unternehmen. Hierbei handelt es sich ausschließlich um Automobilzulieferer. Die MitarbeiterInnen der Unternehmen werden in großem Maße aus der Region rekrutiert, was wiederum die enge Bindung an die heimischen Hochschulen verdeutlicht.

Die Universität Siegen plante zum damaligen Zeitpunkt, dieser Tatsache gerecht zu werden und das bestehende Studienangebot um den Studiengang Fahrzeugbau zu ergänzen. Zudem wurde eine zunehmende Verlagerung von Kompetenzen der Automobilhersteller hin zu ihren Zulieferern erkannt. Die sich daraus ergebende Kompetenzlücke war zwar unscharf wahrnehmbar, aber nicht konkret beschreibbar. Aus diesen Gründen haben die Universität Siegen und Vertreter der Region im Jahre 2008 die Erstellung einer Zukunftsstudie für die Automobilzulieferindustrie in Auftrag gegeben, um eine verlässliche Argumentationsbasis zu erlangen. Die erarbeitete Studie ist in diesem Kontext sowohl ein Statusbericht als auch ein Zukunftsausblick ins Jahr 2015.

Die Autoren haben die Studie in Zusammenarbeit mit ExpertInnen und UnternehmerInnen der Region durchgeführt. Der vorliegende Beitrag beschreibt im Folgenden den Prozess der Erstellung dieser Zukunftsstudie anhand von Beispielen und stellt die notwendigen Rahmenbedingungen, die Organisation und die Durchführung im Detail dar. Obwohl die Durchführung der Studie bereits ein paar Jahre zurückliegt, gewinnt sie derzeit enorm an Aktualität. Wie später dargestellt wird, wurde in der Studie das Konzept eines automobilen Kompetenzzentrums entworfen. Dieses Zentrum ist seit dem Jahr 2012 etabliert.

1.2 Vorbereitung

Wesentliche Voraussetzung für die Erstellung einer Zukunftsstudie ist die exakte Definition der Aufgabenstellung. Werden die Grenzen zu ungenau gezogen, kann die Qualität der Ergebnisse mangelhaft sein. Das bedeutet, dass drei wichtige Punkte zu klären sind: der thematische Fokus, der geografische Fokus und der Zeithorizont.

Worum handelt es sich? – Thematischer Fokus

Zunächst muss der Untersuchungsgegenstand der Studie geklärt werden. Das heißt, es muss festgelegt werden, was genau betrachtet werden soll. Hierbei kann von einer Definition von Systemgrenzen gesprochen werden. Werden diese zu eng gezogen, werden die Szenarien zwar sehr detailliert und bilden spezifische Entwicklungen ab. Die Inhalte sind dann aber für Branchenaussagen nicht übergreifend genug. Werden die Grenzen dagegen zu weit gewählt, so werden die Szenarien ungenau und enthalten wenige Detailinformationen, wie sie für die Ableitung von Handlungsoptionen, Chancen oder Gefahren für die betrachtete Branche benötigt werden.

Für die Studie bedeutete das: Die stetige Verringerung der Fertigungs- und Produktionstiefe bei den OEM (Original Equipment Manufacturers) der Automobilindustrie bedingte schon in der Vergangenheit eine Wertschöpfungsverschiebung in Richtung der nachgelagerten Stufen. Das traditionelle Rollenverständnis wird damit zunehmend aufgeweicht. In der Zukunft werden die Zulieferer nahezu 80 Prozent der Entwicklung und Produktion von den OEM übernehmen können (vgl. Abb. 1), während die OEM ihre Anstrengungen in die Bereiche der markenbezogenen Wertschöpfung und des Downstream-Geschäfts (Vertrieb, Services und KundInnenbetreuung) verlagern werden. Von der heutigen Eigenleistung eines OEM von bis zu 35 Prozent an einem Durchschnittsauto werden in Zukunft weitere zwölf Prozent an die Zulieferer übertragen. Hiervon sind unter anderem besonders die Bereiche Karosserie und Fahrwerk betroffen (Mercer Management Consulting 2004).

Abbildung 1: Steigende Wertschöpfungs- und Entwicklungsanteile bei den Zulieferern (Quellen: Roland Berger und Partner 1999; Mercer Management Consulting 2004).

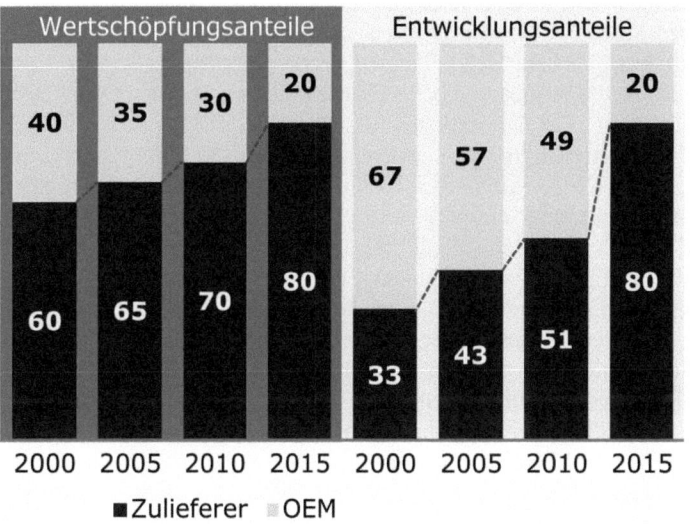

Diese Vorwärtsintegration der Zulieferer wird sich auch in der Zukunft fortsetzen. Es werden somit gänzlich neue Formen der Zusammenarbeit entstehen (müssen). Die Zulieferer werden damit die treibende Wachstumskraft der Branche (Mercer Management Consulting 2004). Sie übernehmen die Aufgaben der OEM in den Bereichen Endmontage, Forschung & Entwicklung sowie Koordination der Supply Chain. Diese Tatsache untermauert die Bedeutung des thematischen Fokus der Studie, der Automobilzulieferindustrie.

Welche Region wird betrachtet? – Geografischer Fokus

Aufgrund spezifischer Rahmenbedingungen der Politik, Umwelt, Gesellschaft oder Geografie sind regionale Unterschiede zwangsläufig präsent. Somit ist die geografische Fokussierung sehr wichtig. Wie regionale Unterschiede zum Ausdruck kommen können, zeigt sich an folgendem Beispiel aus dem Bereich Arbeit und Freizeit: Haben sich in Nordamerika bereits sehr viele ArbeitnehmerInnen mit mehr als einem oder mehr als zwei Arbeitsverhältnissen ihren Unterhalt verdienen müssen (d. h. geringer Anteil an frei verfügbarer Zeit), gab es in Deutschland einen eher gegenläufigen Trend. Bei vielen Arbeitsverhältnissen wurde die Wochenarbeitszeit eher verkürzt. Bei einer Wochenarbeitszeit von 28 bis 35 Stunden ist der Anteil an frei verfügbarer Zeit demnach wesentlich höher. Diese Entwicklung hat sich in Deutschland im Zuge allgemeiner gesellschaftlicher Veränderungen sowie Veränderungen auf dem Arbeitsmarkt eher dem angelsächsischen Modell angepasst. Dennoch zeigt der Vergleich, dass nicht alle Regionen mit dem gleichem Maß gemessen werden können.

Für die Studie bedeutete das: In Deutschland ist die Automobilindustrie mit ihren Zulieferern eine der stärksten Branchen, welche im Jahr 2007 744.000 Arbeitskräfte beschäftigte. Das entsprach 2,7 Prozent der Beschäftigten in Deutschland. Der VDA ging sogar davon aus, dass jeder siebte Arbeitsplatz in Deutschland direkt oder indirekt von der Automobilindustrie abhängen würde (Verband der Automobilindustrie 2008). Im Jahr 2007 wurden im Automobilbau 203 Milliarden Euro Umsatz bei einem Wachstum von sieben Prozent im Vergleich zum Vorjahr generiert. Das entspricht einer Anzahl von 5,7 Millionen Fahrzeugen. Unter Einbezug aller Unternehmen, die in und mit der Automobil- und Zulieferindustrie in Nordrhein-Westfalen verflochten sind, umfasste die Branche in 2006 zirka 800 Unternehmen mit mehr als 200.000 MitarbeiterInnen (Iking et al. 2007). Davon setzten die in der Region Südwestfalen ansässigen Unternehmen 7,1 Milliarden Euro mit 31.250 MitarbeiterInnen im Bereich Automotive im Jahre 2005 um, 6,1 Milliarden Euro entfielen dabei auf den Automobilbau (Industrie- und Handelskammern Arnsberg, Hagen, Siegen 2005). Die geografische Fokussierung lag auf Südwestfalen, unter Einbeziehung von angrenzenden Landkreisen.

Welchen Zeithorizont berücksichtigen wir?

Je nachdem, wie visionär die Aussagen einer Studie sein sollen, wird der Zeithorizont in näherer oder fernerer Zukunft gewählt. Dabei gilt es zu berücksichtigen, dass Branchen unterschiedliche Entwicklungszyklen haben. So unterliegen Unternehmen der Telekommunikationsbranche wesentlich schnelleren Wechseln der Rahmenbedingungen als beispielsweise Kraftwerksbauer. Darüber hinaus spielt die visionäre Kraft eine große Rolle. Wird ein naher Zeitpunkt gewählt, so können die Zukunftsaussagen der Studie wenig bahnbrechend sein, da Veränderungen nicht sprunghaft vollzogen werden. Im Gegensatz dazu sollte der gewählte Zeithorizont auch nicht zu fern liegen, da sonst eher nicht mehr greifbare Veränderungen beschrieben werden. Abbildung 2 zeigt die Idee des französischen Autoherstellers Simca, welcher 1958 mit dem Fulgur seine Vision für die automobile Zukunft beschrieb, die aber aus heutiger Sicht zu visionär war.

Abbildung 2: Idee des „Fulgur" des französischen Autoherstellers Simca im Jahr 1958 für die automobile Zukunft (Quelle: Kremers 2011).

In der Regel zeigen retrospektive Betrachtungen von Projekten aber, dass die meisten AutorInnen trotz eines weiten Zeithorizonts oft nicht kreativ und visionär genug waren, um mögliche Entwicklungen im gewählten Zeitraum abzudecken.

Für die Studie bedeutete das: Die zu erwartenden Handlungsempfehlungen sollten auf Veränderungen in der Gesellschaft bzw. der Branche reagieren. Insofern wurde ein nicht allzu ferner Horizont, das Jahr 2015, gewählt.

1.3 Generisches Vorgehen

Das Vorgehen bei der Erstellung einer Zukunftsstudie für Branchen kann durch ein generisches Modell beschrieben werden (siehe Abb. 3).

Abbildung 3: Das generelle Vorgehensmodell zur Erstellung einer Branchenstudie.

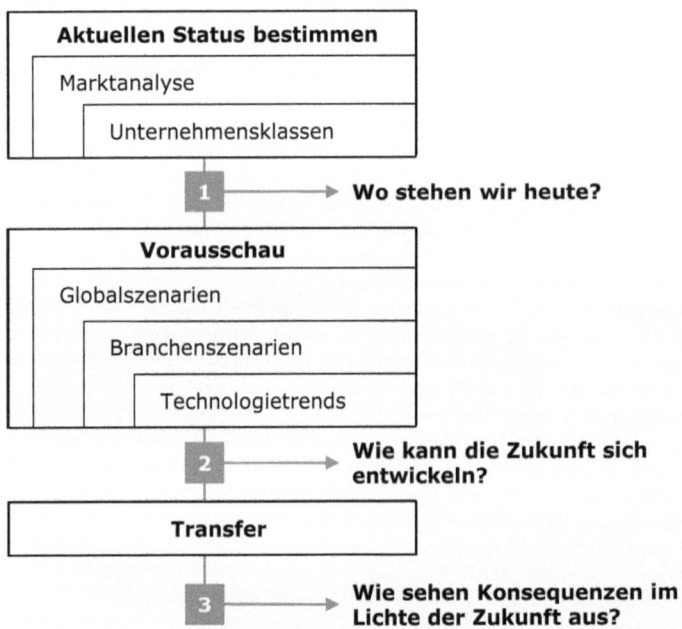

In einem *ersten Schritt* sollte zunächst die aktuelle Situation der betrachteten Branche beschrieben werden. Dabei ergibt sich in der Regel ein heterogenes Betrachtungsfeld. Das heißt, es müssen Unternehmensklassen gebildet werden, die spezifische Aussagen aus heutiger Sicht und später aus zukünftiger Sicht erlauben. Für die Beurteilung von Stärken und Schwächen der den jeweiligen Unternehmensklassen zugehörigen Unternehmen eignen sich Erfolgsfaktoren sehr gut. Erfolgsfaktoren sind Faktoren, die wesentlichen Einfluss auf den Erfolg eines Unternehmens haben. Sie ermöglichen es, zum einen den heutigen Sachstand zu reflektieren und zum anderen zukünftige Veränderungen der wesentlichen Merkmale einer Branche abzubilden, beispielsweise durch Betrachtung der Erfolgsfaktorenveränderungen im Lichte von Zukunftsszenarien. Zudem lassen sich mit Erfolgsfaktoren die klassenspezifischen Besonderheiten hervorragend herausarbeiten.

Im *zweiten Schritt* sollten zukünftige Entwicklungen und Techniktrends vorausgedacht werden. Für die Betrachtung von zukünftigen Entwicklungen sollten Szenarien verwendet werden, da sie komplexe Situationen in der Zukunft plausibel abbilden können. In der Regel empfiehlt es sich, zwei Sätze von Szenarien zu entwickeln. In einem ersten Durchgang werden zunächst Umfeldszenarien mit einem eher globalen Charakter erstellt, die gesellschaftlich übergeordnete Entwicklungen abbilden können. Die zweite Szenariogruppe sollte sogenannte Branchenszenarien beinhalten, die wiederum die spezifischen Entwicklungen des betrachteten Marktes aufzeigen können. Diese Zweiteilung erlaubt die Berücksichtigung von Entwicklungsdimensionen, welche aufgrund der entstehenden Komplexität sonst nicht in den Prozess einbezogen werden könnten. Je nach Technologieabhängigkeit bzw. Technologieorientierung einer Branche müssen ebenso Techniktrends identifiziert und beobachtet werden.

Im *dritten Schritt* werden die heutigen Stärken, Schwächen und Herausforderungen im Lichte der Zukunftsentwicklungen interpretiert, so dass je nach Zielgruppe spezifische Handlungsoptionen abgeleitet werden können.

Für die Studie bedeutete das, dass aus dem generellen Vorgehensmodell ein Vorgehen (vgl. Abb. 4) mit den folgenden Fragestellungen abgeleitet wurde:

- Wo stehen wir heute? – Was sind die heutigen Stärken und Schwächen der Automobilzulieferer in Südwestfalen?
- Welche Unterteilung in Unternehmensklassen lässt sich für die Branche vornehmen? – Beschreibung unternehmensgruppenspezifischer Besonderheiten.
- Welche gesellschaftlichen/globalen Szenarien sind denkbar? – Skizzierung und Antizipation der globalen Umfelder.
- Welche Szenarien im Herstellermarkt sind denkbar? – Marktszenarien für die Branche aus Sicht der Automobilhersteller.
- Was sind absehbare technologische Veränderungen, die die Branche grundlegend verändern werden? – Worauf sollten die Unternehmen vorbereitet sein?
- Wie sehen die Geschäftsmodelle von morgen aus? – Aufzeigen von grundlegenden Geschäftsmodellen (Szenarien).
- Wie sehen die Konsequenzen und Handlungsoptionen für die Automobilzulieferer in Südwestfalen aus? – Ableitung von wegweisenden Entscheidungen, die getroffen werden müssen, damit der skizzierten Zukunft begegnet werden kann.

Abbildung 4: Das Vorgehensmodell der Branchenstudie „Zukunftsstudie zur Wettbewerbsfähigkeit der Automobilzulieferindustrie in Südwestfalen 2015".

2 Vorgehen im Detail

Die Ergebnisse der Studie beruhen zu einem großen Teil auf einer Unternehmensbefragung. Diese wurde mithilfe von Interviews und einem Fragebogen (vgl. Abb. 5) durchgeführt. Für die Erstellung der Fragebögen wurden zunächst ExpertInnen und KollegInnen der Universität Siegen sowie enge KooperationspartnerInnen in einem mehrstufigen Prozess interviewt. Sie lieferten wertvolle Hinweise für konkrete Fragestellungen und halfen dabei, den Fragebogen in mehreren Review-Schleifen zu optimieren. In einem nächsten Schritt wurden Interviews in ausgewählten Unternehmen durchgeführt, wodurch die Fragebögen in ihrem Aufbau evaluiert und hinsichtlich der Verständlichkeit verbessert wurden.

Abbildung 5: Ausschnitte aus dem für die Unternehmensbefragung verwendeten Fragebogen.

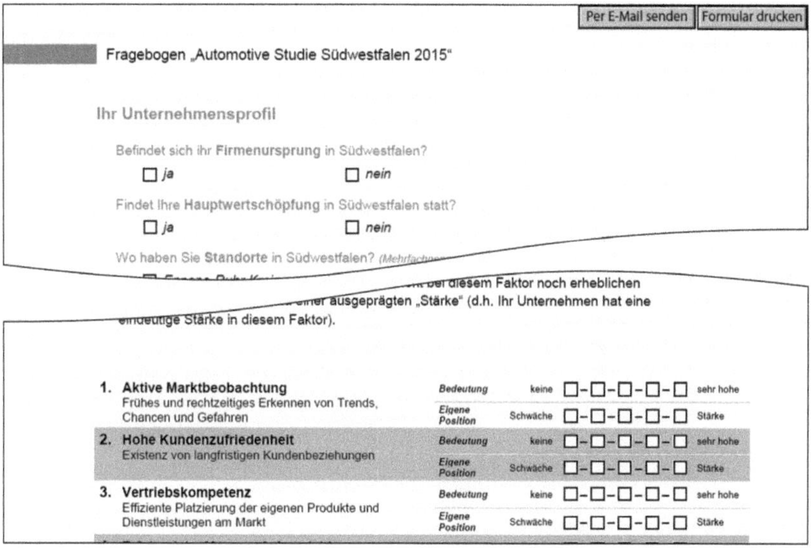

Per E-Mail senden | Formular drucken

Fragebogen „Automotive Studie Südwestfalen 2015“

Ihr Unternehmensprofil

Befindet sich ihr **Firmenursprung** in Südwestfalen?

☐ *ja* ☐ *nein*

Findet Ihre **Hauptwertschöpfung** in Südwestfalen statt?

☐ *ja* ☐ *nein*

Wo haben Sie **Standorte** in Südwestfalen?

... diesem Faktor noch erheblichen ... ausgeprägten „Stärke“ (d.h. Ihr Unternehmen hat eine ... Stärke in diesem Faktor).

1. Aktive Marktbeobachtung Frühes und rechtzeitiges Erkennen von Trends, Chancen und Gefahren	*Bedeutung*	keine	☐-☐-☐-☐-☐	sehr hohe
	Eigene Position	Schwäche	☐-☐-☐-☐-☐	Stärke
2. Hohe Kundenzufriedenheit Existenz von langfristigen Kundenbeziehungen	*Bedeutung*	keine	☐-☐-☐-☐-☐	sehr hohe
	Eigene Position	Schwäche	☐-☐-☐-☐-☐	Stärke
3. Vertriebskompetenz Effiziente Platzierung der eigenen Produkte und Dienstleistungen am Markt	*Bedeutung*	keine	☐-☐-☐-☐-☐	sehr hohe
	Eigene Position	Schwäche	☐-☐-☐-☐-☐	Stärke

Der Fragebogen beinhaltete dabei eine Vielzahl an Fragekategorien:

- Standort (Anzahl, Ort der Hauptwertschöpfung, Fragen zur Region etc.),
- Umsatz (Höhe, Verteilung, Entwicklung Vergangenheit/Zukunft, Rendite etc.),
- MitarbeiterInnen (Anzahl, Qualifikationen etc.),
- Schwerpunkt in der Supply Chain,
- Technologien/Werkstoffe,
- langfristige Ziele/strategische Ausrichtung,
- Geschäftssegmentierung (Geschäftsfelder, belieferte KundInnen, Umsatzanteile je Geschäftsfeld/Wertschöpfungsstufe, Regionen etc.),
- Markt (Marktentwicklung Vergangenheit/Zukunft, Wettbewerbsintensität Vergangenheit/Zukunft, Marktanteile etc.),
- Interesse und Erfahrungen an/mit Kooperationen (vorwettbewerbliche Kooperationen, Hochschulkooperationen, Transfereinrichtungen etc.),
- Erfolgsfaktoren (Bedeutung und eigene Position).

Zunächst wurden die Unternehmen der Branche per Briefpost gebeten, den Fragebogen auszufüllen. In einem zweiten Durchgang wurden diejenigen Unternehmen, die noch nicht geantwortet hatten, elektronisch über ein intelligentes PDF-Formular befragt. Die Kombination aus beiden Wegen hat zu einer guten Rücklaufquote geführt. Die Auswahl der Unternehmen für die Befragung erfolgte durch intensiven Austausch mit den regionalen Automotive-Netzwerken, durch Sichtung von Branchenverzeichnissen sowie anhand eigener Recherchen. Die auf diese Weise gewonnenen Ergebnisse wurden im Detail mithilfe von Pivot-Tabellen, Standardsoftware der Statistik sowie weiteren speziellen Auswertungsmethoden erarbeitet und werden nachfolgend kurz dargestellt.

2.1 Ausgangssituation

Im Rahmen der Befragung konnte mit 71 in Südwestfalen und den angrenzenden Landkreisen ansässigen Unternehmen ein breites Spektrum an Unternehmensgrößen und Betätigungsfeldern abgedeckt werden. Die befragten Unternehmen erwirtschafteten 67 Prozent des Umsatzes der Wirtschaftskraft in der Region. Somit baut die erarbeitete Studie auf einer belastbaren Basis auf. Die Hauptgeschäftsbereiche der befragten Unternehmen sind Fahrwerk und Karosserie mit 78 und 68 Prozent (Abb. 6, Mehrfachnennungen waren dabei möglich).

Abbildung 6: Die wesentlichen Geschäftsbereiche der befragten Unternehmen (Mehrfachnennungen waren möglich).

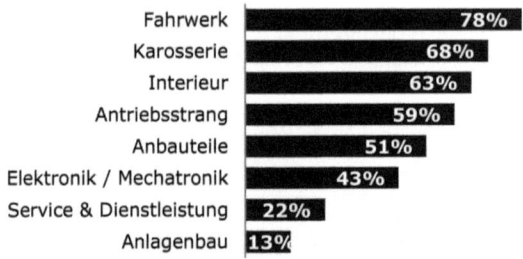

Struktur und Ertragslage der Zulieferindustrie in Südwestfalen

Ein Großteil der befragten Unternehmen in Südwestfalen ist den „Third Tiers" zuzuordnen. Sie liefern Teile an vorgelagerte Stufen. Ihr Anteil beträgt 60 Prozent. An zweiter Stelle befinden sich die „Second Tiers" mit 30 Prozent. Sie liefern Komponenten. Sieben Prozent sind „First Tiers" und beliefern die OEM mit Modulen und Systemen. Drei Prozent konnten nicht zugeordnet werden bzw. machten keine Angaben. Die dabei am häufigsten verarbeiteten Werkstoffe sind Stähle mit 72 Prozent, Leichtmetalle mit 45 Prozent und Polymere mit 26 Prozent (Mehrfachnennungen waren möglich).

Technik

Die Unternehmen widmen den über ihr Geschäft hinausgehenden technischen Veränderungen erschreckend wenig Zeit. Sogenannte disruptive technische Entwicklungen, wie etwa der Radnabenantrieb, und deren Auswirkungen werden in der Hoffnung, dass es nicht so kommen wird, komplett ignoriert oder belächelt.

Absatz und Beschaffung

Die für die Zukunft (Jahr 2015) interessantesten Regionen der Welt sind aus Sicht der befragten Unternehmen eindeutig die Asia-Pacific-Region und Osteuropa. Die dabei am stärksten prosperierenden Unternehmensbereiche sind Absatz und Beschaffung mit Wachstumsraten bis zu 42 Prozent.

Vorwettbewerbliche Kooperationen

„Vorwettbewerbliche Kooperation" ist für die meisten der betrachteten Unternehmen kein fremder Begriff. Lediglich sechs Prozent gaben an, an unternehmensübergreifender Kooperation kein Interesse zu haben. Allerdings streben nur acht Prozent intensive, regelmäßige und gemeinsame Projektarbeiten an. Somit arbeitet der Großteil der befragten Unternehmen zwar zusammen, dies aber bislang weder konsequent noch organisiert.

Hochschulkooperationen

Die Nähe zu Hochschulen ist ein von den südwestfälischen Unternehmen sehr gut wahrgenommener Punkt. Der Anteil an Firmen mit generellem bis hohem Interesse an Hochschulkooperationen liegt bei über 93 Prozent. Allerdings gibt es noch einige Unternehmen, die keine Erfahrungen im Bereich der Hochschulkooperationen aufweisen können (22 %).

Erfolgsfaktoren

Erfolgsfaktoren sind Faktoren, die den Erfolg eines Unternehmens beschreiben und im Sinne eines Benchmarks einen Vergleich mit den Wettbewerbern ermöglichen. Bei der Bewertung von Erfolgsfaktoren geht es zum einen darum, wie bedeutend ein Faktor für das Geschäft eines Unternehmens in dem betrachteten Markt ist. Die Frage lautet hier: Ist dieser Faktor kaufentscheidend, also sehr bedeutend, oder eher vernachlässigbar? Zum anderen geht es parallel darum, eine Einschätzung (Position) abzugeben, ob ein Unternehmen diesen Faktor im betrachteten Markt bereits sehr gut beherrscht oder dort eher eine Schwäche besitzt. Die Ergebnisse der Bewertung lassen sich in einem Erfolgsfaktorenportfolio zusammenfassend darstellen (siehe Abb. 7).

Mithilfe des Erfolgsfaktorenportfolios lassen sich in einem weiteren Schritt Handlungsempfehlungen generieren. Idealerweise würden alle Faktoren im ausgeglichenen Bereich liegen, das heißt, die im Unternehmen investierten Ressourcen (eigene Position) entsprechen den marktseitigen Anforderungen (Bedeutung). Dementsprechend sind je nach Lage eines Erfolgsfaktors im Portfolio generische Handlungsempfehlungen möglich. Befindet er sich beispielsweise im kritischen Bereich, so sollte das Unternehmen Ressourcen investieren, um die eigene Position zu verbessern (horizontale Rechtsbewegung im Portfolio). Liegt er hingegen im überbetonten Bereich, so sollten Ressourcen desinvestiert werden (horizontale Linksbewegung im Portfolio).

Grundsätzlich sollten Erfolgsfaktoren nicht nur intern bewertet werden. Über den Einbezug von Externen (zum Beispiel KundInnen, PartnerInnen) kann die Bewertung durch eine Fremdsicht ergänzt werden. Diese Fremdsicht sollte anschließend mit der Eigensicht abgeglichen werden.

Aufgrund begrenzter Ressourcen sollte nur auf ausgewählte Erfolgsfaktoren fokussiert werden. Das heißt, es gibt konsistente bzw. in sich stimmige Kombinationen von Erfolgsfaktoren, die sich zur Strategie- bzw. Geschäftsmodelldefinition eignen. Hierzu werden die Erfolgsfaktoren als Strategiemerkmale interpretiert, aus denen die Grundstruktur von Geschäftsmodellszenarien entwickelt werden kann. Je nach Beurteilung von Stärken und Schwächen können Unternehmen auf die Besetzung von erfolgversprechenden Positionen im Markt schließen.

Für die Studie bedeutete das: 23 Erfolgsfaktoren stellen das Kerngerüst der Studie dar. Zum einen wurden auf Basis der „strategischen" Erfolgsfaktoren in den Unternehmensklassen die erfolgreichen Unternehmen identifiziert. Zum anderen stellen die Erfolgsfaktoren die Grundlage für die in der Studie erarbeiteten, zukünftigen Geschäftsmodelle dar. Die betrachteten Erfolgsfaktoren wurden also als Strategiemerkmale verwendet.

Abbildung 7: Erfolgsfaktorenportfolio mit charakteristischen Bereichen (Quelle: Gausemeier et al. 2001).

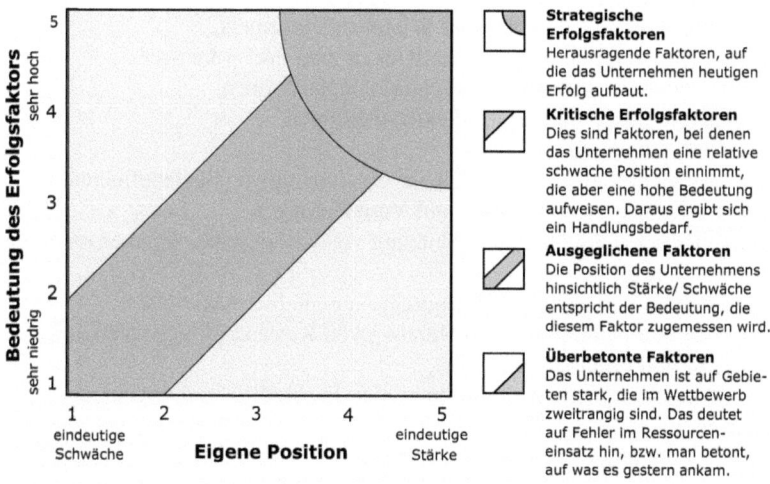

Die erfolgreichen Unternehmen sehen zusätzlich die aktive Marktbeobachtung, ein effizientes Prozess-, Projekt- und Wissensmanagement sowie den Zugang zu qualifiziertem Personal als strategische Erfolgsfaktoren an. Zudem besitzen sie eine noch höhere Flexibilität in Bezug auf Veränderungen als der Rest der Branche. Weiterhin sind diese Unternehmen durch eine hohe Entwicklungstiefe, Kompetenzen im immer wichtiger werdenden Elektronikbereich (Mercer Management Consulting 2004) und durch konsequentes Outsourcing nicht wertschöpfender Aktivitäten überdurchschnittlich gut aufgestellt.

Die Erfolgsfaktoren der Automotive-Unternehmen in Südwestfalen im Überblick:

1. Aktive Marktbeobachtung,
2. hohe Kundenzufriedenheit,
3. Vertriebskompetenz,
4. erfolgreiche Mergers & Acquisitions,
5. Fokussierung auf wenige Geschäftsfelder,
6. breite Geschäftsausrichtung,
7. ausgeprägte Innovationsfähigkeit und Technologieorientierung,
8. ausgeprägte Kompetenz bezüglich elektronischer Marktplätze,

9. hybride Leistungsangebote,
10. hohe Entwicklungstiefe,
11. virtuelle Produktentwicklung,
12. effizientes Prozess-, Projekt- und Wissensmanagement,
13. erfolgreiche Veränderung vom Entwickler zum F&E-Manager,
14. Existenz eigener strategischer Technologieplattformen,
15. ausgeprägte Kompetenzen im Elektronikbereich,
16. hohe Fertigungstiefe,
17. hohe Anlageneffizienz und effiziente Ausnutzung von Skaleneffekten,
18. hohe Reaktionsgeschwindigkeit auf Veränderungen,
19. konsequente Erschließung und Nutzung von Kostensenkungspotenzialen bei Sublieferanten,
20. konsequentes und gezieltes Outsourcing unrentabler Aktivitäten,
21. konsequente Erschließung und Nutzung von Kostensenkungspotenzialen im Anlagen- und Produktionsbereich,
22. exzellente Aus- und Weiterbildung der Fachkräfte und Ingenieure/Ingenieurinnen,
23. Zugang zu qualifizierten MitarbeiterInnen.

2.2 Wirksam die Zukunft vorausdenken

Nachdem die Stärken und Schwächen von heute herausgearbeitet wurden, galt es, den Blick in die Zukunft zu richten. Hierzu wurde die Methode der Szenariotechnik verwendet. Diese stellt eine etablierte Werkzeugsammlung für die Vorausschau dar (Geschka 2006, S. 368ff).

Szenariotechnik

Die Szenariotechnik kann mit einem Fotoapparat verglichen werden. Sie schießt mit einem starken Blitzlicht ein Foto des unbekannten Raumes „Zukunft". Die Mitte des Bildes ist klar und präzise erkennbar. An den Rändern nimmt die Unschärfe jedoch stetig zu. Es ist verständlich, dass nur ein Teil des Raumes ausgeleuchtet werden kann. Die Szenariotechnik kann somit nicht die gesamte Zukunft vorausdenken, sondern nur sehr fokussiert agieren. Auch handelt es sich bei den hier erstellten Zukunftsszenarien um eine Momentaufnahme des Jahres 2015 ohne zugeordnete Wahrscheinlichkeiten.

Für die Studie wurde aufgrund der hohen Anzahl an Faktoren, die das Umfeld der Automotive-Branche beeinflussen, eine Aufteilung in zwei Sets von

Szenarien vorgenommen. Dies diente im Wesentlichen einer differenzierten Betrachtung der zukünftigen Einflüsse. Der erste Satz von Szenarien befasst sich mit den globalen Entwicklungen in der Gesellschaft und somit mit dem weiter gefassten Umfeld der Automobilmärkte. Der zweite Satz von Szenarien befasst sich mit den Automobilherstellern, da die Automobilzulieferer von diesen nicht losgelöst agieren können. Diese sogenannten OEM-Szenarien beschreiben mögliche zukünftige Einflüsse auf die Zulieferindustrie, da die Hersteller als Taktgeber der Branche der Automobilzulieferer bezeichnet werden können.

Die nachfolgend dargestellten Global- und OEM-Szenarien wurden im Detail anhand der angelsächsischen Variante der Szenarioerstellung entwickelt. Mithilfe des Szenario-Writings wurden in mehreren Szenario-Workshops mit Branchen-ExpertInnen sowie engen KooperationspartnerInnen die „Zukünfte" antizipiert. Die ersten Workshops dienten dazu, zunächst die für alle Szenarien geltenden, wesentlichen Strukturelemente zu identifizieren. Für die entwickelten Globalszenarien wurden beispielsweise folgende Strukturelemente erarbeitet (Auszug):

- Wirtschaftsentwicklung,
- Entwicklung der Gesellschaftsform,
- Konsumverhalten im engeren und weiteren Sinne,
- Wissensgesellschaft – Wissenserwerb etc.

Verschiedene Recherchen (Journalartikel, Internetseiten, Zukunftsstudien) und ExpertInnengespräche lieferten in einem weiteren Schritt mögliche Entwicklungsrichtungen für diese Strukturelemente, so dass die Szenarien auf dieser Basis ausformuliert werden konnten.

Globale Entwicklungen – Globalszenarien

Die globalen Entwicklungen in den Bereichen Politik, Gesellschaft, Wirtschaft, Ökologie und Technik haben maßgeblichen Einfluss auf die Entwicklungen in der Branche der Automobilhersteller und Zulieferunternehmen. Dabei bilden drei globale Szenarien den Rahmen der denkbaren globalen Entwicklungen. Globalszenario III, genannt „Crossroad", wurde beispielsweise wie folgt beschrieben:

Die im Vergleich zu Europa hohen Wachstumsraten von Schwellenländern, gerade im asiatischen und lateinamerikanischen Raum, setzen sich fort. Obwohl das Wachstum im „alten" Europa weit hinter den Raten der Schwellenländer zurückbleibt, hat sich Deutschland, wie die konjunkturelle Entwicklung zeigt, nachhaltig von der Finanz- und Wirtschaftskrise erholt. Gerade die geografische Nähe zu und wirtschaftliche Verzahnung mit osteuropäischen Staaten ist ein entscheidender wirtschaftlicher Erfolgsfaktor für Deutschland. Die Innovationskraft einiger Schlüsselindustrien setzt internationale Maßstäbe und sichert Arbeitsplätze.

Subventionen und Steuervergünstigungen wurden radikal gestrichen: Lediglich die regionale Förderung in den Bereichen Innovation und Technologie wird gezielt wahrgenommen. Entscheidungswege sind transparent, da Bürokratie abgebaut wurde. Der Staat sorgt für eine Basisausbildung. Darüber hinaus gibt es eine regelrechte Bildungsindustrie. Es sind wenige, exzellent ausgestattete Forschungseinrichtungen entstanden. Um deutsche Bildungsdefizite auszugleichen, wird ein Großteil der wissensorientierten Arbeitskräfte aus dem außereuropäischen Ausland kommen. Medien- und Pressefreiheit ist gegeben, allerdings muss sich der Einzelne selbst darum kümmern, wenn er gut informiert sein will.

Die Einkommensschere öffnet sich weiter – die Entwicklung hin zu einer Zweiklassengesellschaft ist spürbar und führt vermehrt zu sozialen Spannungen. Ethische und religiöse Werte spielen äußerlich eine wichtige Rolle, jedoch ist der Ausdruck von Individualität besonders durch das Konsumverhalten ausschlaggebend für die gesellschaftliche Stellung. Die Familie hat eine hohe Bedeutung, aber es gibt zunehmend Single- und Zwei-Personen-Haushalte. Die Menschen leben hauptsächlich in Ballungsgebieten mit sehr guter Infrastruktur.

Der Zugang zu neuen Technologien bleibt den gut Gebildeten und gut Verdienenden vorbehalten. Die Menschen sind sowohl im Arbeits- als auch im Berufs-leben weniger mobil. Das Gesundheitsbewusstsein ist stark abhängig von der sozialen Herkunft.

Ein niedriger Unternehmenssteuersatz bringt Deutschlands Unternehmen einen entscheidenden Wettbewerbsvorteil gegenüber ihren internationalen Rivalen. Für Unternehmen hat Liquidität meist einen höheren Stellenwert als Profitabilität. Die Macht der individuellen Auswahl ist größer denn je, kann aber meist nur vom wohlhabenden Teil der Gesellschaft in Anspruch genommen werden. Die Kommunikation von Unternehmen mit MikrokonsumentInnengruppen spielt eine zentrale Rolle in den Bereichen Vertrieb und Marketing. Neue Vertriebskanäle ermöglichen eine profitable, aber gleichzeitig erheblich breitere Streuung von stark individualisierten Produkten sowie auch Massenprodukten.

Neben dieser ausführlichen Beschreibung in Prosa erfolgte auch eine steckbriefartige Aufbereitung der Szenarien (siehe Tabelle 1).

Tabelle 1: Globalszenarien im steckbriefartigen Vergleich

Globalszenario I „High Road" – Das „Land des Wissens" wird Realität	Globalszenario II „Low Road" – Materielle Werte prägen die Zweiklassengesellschaft	Globalszenario III „Crossroad" – Liberalisierung aller wirtschaftlichen und gesellschaftspolitischen Strukturen
Konvergenz der Märkte im Euro-Raum führt zu einem starken Wirtschaftswachstum	Internationaler Terrorismus und Ressourcenverknappung führen zu neuen Spannungsverhältnissen zwischen den Staatengemeinschaften	Die wirtschaftliche Lage ist stabil – deutsche Schlüsselindustrien bleiben wettbewerbsfähig
Mediendemokratie bestärkt die unabhängige Meinungsbildung	Schwaches Wirtschaftswachstum und Handelsbarrieren schwächen ausländische Investitionen	Die soziale Marktwirtschaft hat ausgedient – eine Amerikanisierung ist allgegenwärtig
Gesellschaftliche Pluralität und Umweltbewusstsein haben einen hohen Stellenwert	Es herrschen eine hohe Regulierungsdichte und eine polarisierte Parteienlandschaft	Traditionelle gesellschaftliche Werte gehen einher mit statusorientiertem Individualismus und einem fragmentierten Konsumverhalten
Effiziente Forschungseinrichtungen helfen, neue Nischenmärkte zu erschließen	Das Label „Made in Germany" hat ausgedient	Egozentrismus fördert die politische Apathie

Diese Globalszenarien sind polarisierte Zukunftsdarstellungen. Um realistische Aussagen treffen zu können, auf welches Szenario aktuell fokussiert werden sollte, bedarf es einer regelmäßigen Überwachung aller relevanten Trends und Entwicklungen sowie aller getroffenen Prämissen. Dies kann durch Betrachtung (volkswirtschaftlicher) Indikatoren oder durch regelmäßiges und umfassendes Scanning und Monitoring von zahlreichen Quellen, wie etwa Literatur und Internet, erfolgen.

Betrachtet man die aktuellen Randbedingungen, so erscheinen die wahrnehmbaren Entwicklungen im Schwerpunkt dem Globalszenario III „Crossroad" am nächsten zu liegen. Im Rahmen der erarbeiteten Zukunftsstudie werden aber auch Handlungswege aufgezeigt, um die Chancen des Szenarios II zu nutzen bzw. sich auf die möglichen Gefahren des Szenarios I vorzubereiten.

Automobilwirtschaftliche Entwicklungen – OEM-Szenarien

Das Automobil ist und bleibt ein emotionales Produkt. Jedoch wird sich der Fokus verlagern, indem der Besitz und der Individualanspruch, etwa in Bezug auf die Ausstattung, nicht mehr die heutige Bedeutung haben werden. Es wird eine Verschiebung geben hin zum eigentlichen Wert der Mobilität, zu ihrer Verfügbarkeit und dem Preis dafür. Vergleichbar mit der Entwicklung auf dem Telefonmarkt wird das Produkt in den Hintergrund gedrängt. Es wird aber auch immer wieder Produktinnovationen geben, welche wiederum neue Geschäftsmodelle nach sich ziehen können. Tabelle 2 zeigt die vier erarbeiteten, denkbaren Umfeldentwicklungen für die Automobilhersteller. Es ist klar, dass die pointierten Darstellungen nicht singulär und nicht in solcher Trennschärfe auftreten werden. Dennoch sollten diese Aussagen als grundlegende Rahmenbedingungen für die Zulieferindustrie berücksichtigt werden.

Tabelle 2: OEM-Szenarien im steckbriefartigen Vergleich

OEM-Szenario I „Billiger als 4 Reifen, besser als 2 Füße"	OEM-Szenario II „Die ökologische Renaissance und nachhaltige Mobilität"	OEM-Szenario III „Das digitale Mobilitäts- und Informationskonzept"	OEM-Szenario IV „Darwinismus im OEM-Markt"
Teilung des Marktes in Billigprodukte und individualisierte Premiumprodukte	Ökologisch anspruchsvolle Mobilität statt Besitz eines Autos	Funktionale und intelligente Mobilität statt Besitz eines Autos	Umweltverträgliche Hightech- und Billigprodukte
Automobilmarkt im Schwerpunkt geprägt durch Minimalkonzepte	Massenprodukt Fahrzeug mit intelligenten Betreibermodellen und dem Anspruch des nachhaltigen Umgangs mit Ressourcen	Massenprodukt Fahrzeug mit intelligenten Betreibermodellen	Unternehmen aus den Schwellenländern übernehmen traditionelle Marken
Starke aufkommende Konkurrenz aus den Schwellenländern	Zulieferer durch klassischen Maschinenbau gefährdet	Zulieferer durch klassischen Maschinenbau gefährdet	Unternehmenskonzentration auf allen Wertschöpfungsstufen
Unveränderte Zuliefererstruktur	Neue Zulieferer mit intelligenten Diensten	Neue Zulieferer mit intelligenten Diensten	Zulieferer sind einem hohen Innovationsdruck ausgesetzt

Die Automobilherstellerszenarien wurden daraufhin im Lichte der Globalszenarien bewertet (siehe Tabelle 3), das heißt, es wurde untersucht, welche Kombinationen besonders plausibel und daher zu beachten sind.

Tabelle 3: Kompatibilität der OEM- und Globalszenarien

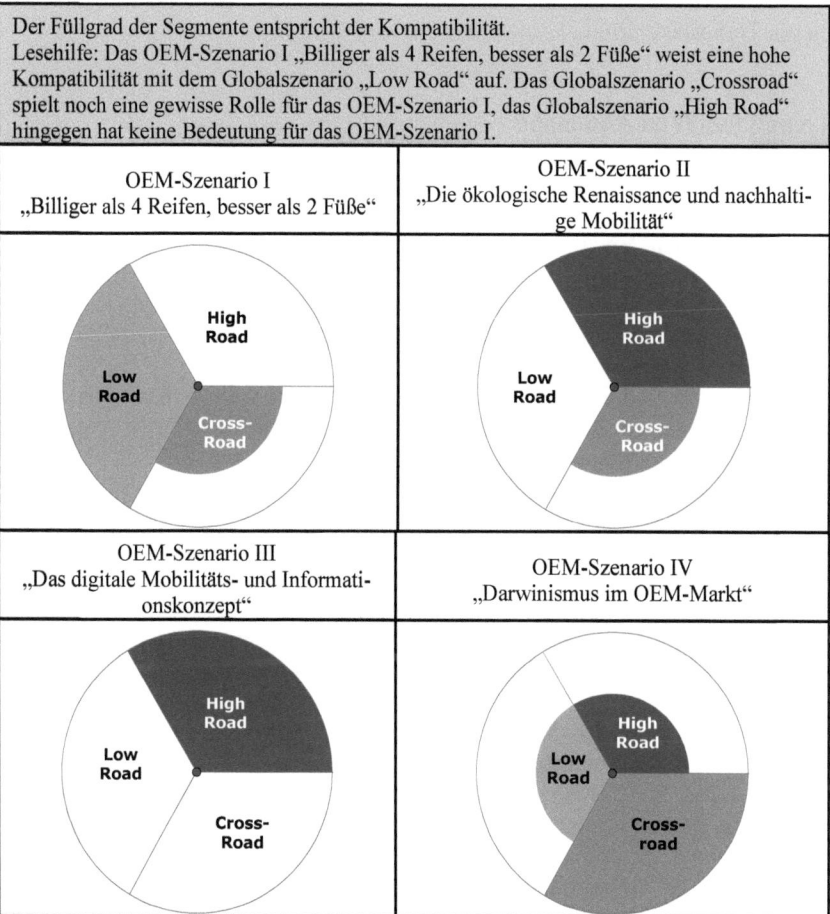

Wie oben erwähnt, zeigen aktuell alle Hinweise und Entwicklungen in Richtung des Globalszenarios „Crossroad"; nach der Bewertung ist das Szenario „Darwinismus im OEM-Markt" das Branchen-Szenario mit der größten Kompatibilität zum „Crossroad"-Szenario, gefolgt von den beiden Szenarien „Billiger als 4

Reifen, besser als 2 Füße" und „Die ökologische Renaissance und nachhaltige Mobilität".
Die Umfeldszenarien beinhalten nur wenige Aussagen zu technologischen Entwicklungen. Dennoch sollten Techniktrends ins Kalkül strategischer Überlegungen einbezogen werden. Diese Tatsache wird auch durch die – aus der Analyse der aktuellen Situation erkennbare – vernachlässigte Beschäftigung mit diesen Trends bekräftigt.

Techniktrends im Automobil

Gesellschaftliche Anforderungen, wie etwa ein nachhaltiger Einsatz von Werkstoffen sowie die Reduktion des Verbrauchs und der Emissionen, führen zu schwerwiegenden Veränderungen in Bezug auf das Automobil. Hierfür sind nicht zuletzt die enorm zahlreichen, rasanten technologischen Entwicklungen in diesem Bereich verantwortlich, getrieben durch die stetig steigenden Kundenanforderungen. Diese technologischen Entwicklungen können dabei in zwei charakteristische Typen unterteilt werden.

Zum einen sind es die disruptiven Entwicklungen, welche durch ihren absoluten „Neucharakter" in nahezu allen Bereichen durchgehende, meist dauerhafte und gravierende Veränderungen hervorbringen. Sie haben die Fähigkeit, alte Technologien ins Abseits zu stellen und so ganze Geschäftsbereiche von heute auf morgen in ihrer Existenz zu bedrohen. Ein sehr gutes Beispiel bildet die Fotografie – zwar branchenfremd, aber paradigmatisch für eine revolutionäre Veränderung ist die Einführung der Digitalfotografie. Für jedes Unternehmen wird es von existenzieller Bedeutung sein, solche Entwicklungen auf dem Radar zu haben. Nur so wird es in Zukunft möglich sein, potenziellen Gefahren durch rechtzeitiges Antizipieren in erfolgversprechender Weise zu begegnen.

Zum anderen hat es schon immer Entwicklungen gegeben, die bereits Existierendes verbesserten oder dieselbe Funktion unter Zugrundelegen eines komplett neuen Ansatzes bereitstellten. Diese evolutionären Entwicklungen wird es auch in Zukunft geben. Sie werden zudem den weitaus größeren Teil der Entwicklungen ausmachen. So gilt es, stets Verbesserungspotenziale im Hinblick auf die eigenen Produkte zu nutzen. Zudem bieten evolutionäre Entwicklungen in Form von Innovationen und Technologieplattformen die Möglichkeit, zusätzliche Wertschöpfung zu generieren und sich mit diesen von den Wettbewerbern zu unterscheiden.

Nicht jede Entwicklung wird auf jedes einzelne Unternehmen die gleichen Auswirkungen haben. Daher sollte jedes Unternehmen zusätzlich im Kontext des eigenen Geschäftes die Gefährdungspotenziale oder Chancen möglicher Trends abschätzen.

Wie aus einer Zukunftsstudie ein Kompetenzzentrum in der Automobilzulieferindustrie wurde 271

Abbildung 8: Ausblick auf zukünftige Techniktrends.

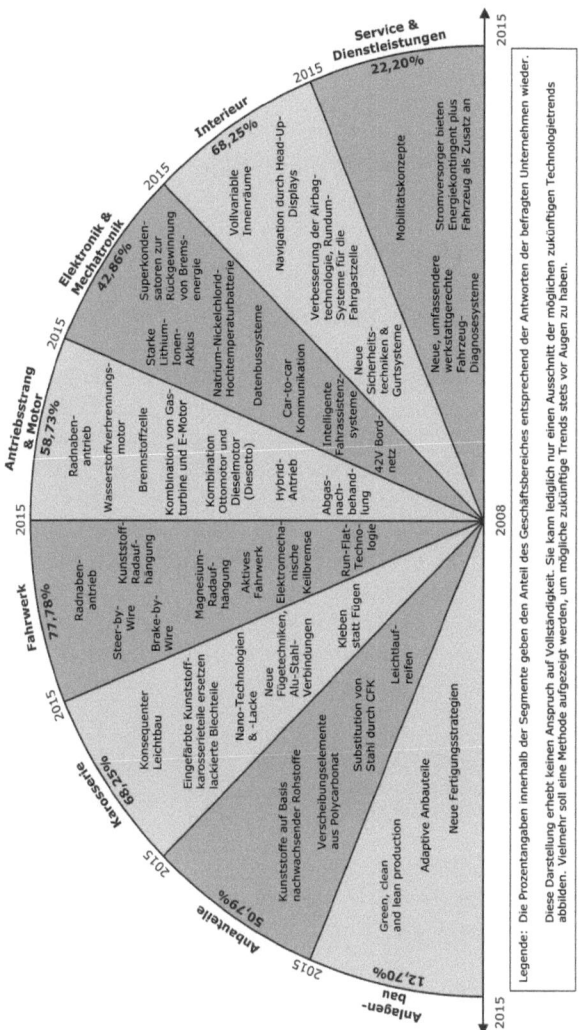

In der Studie wurden zukünftig mögliche technologische Entwicklungen im Bereich der Automobilwirtschaft mithilfe eines Technologieradars aufgezeigt (vgl. Abb. 8). Es wurde zudem darauf hingewiesen, dass nicht jedes Unternehmen die Technologiebeobachtung, meist halbherzig, durchführen sollte – externe PartnerInnen können diese Aufgaben besser erfüllen. Auch die Entwicklungsbemühungen sollten aufgrund ihrer Vernetzungskomplexität nicht alleine erfolgen. Sinnvollerweise sollten Entwicklungspartnerschaften geschlossen werden, um diese sowohl frühzeitig als auch rechtzeitig koordinieren zu können. PartnerInnen sollten dabei sowohl weitere, kooperationsbereite Unternehmen als auch die Hochschulen sein. Lücken können auf diese Weise schnell geschlossen, Knowhow kann transferiert und zusätzliche Wertschöpfung ermöglicht werden.

Bildung von homogenen Unternehmensklassen

Die meisten Branchen sind heterogen und facettenreich. Daher muss eine differenzierte Betrachtung der Unternehmen erfolgen. Eine Möglichkeit zur Differenzierung stellt die Bildung von Unternehmensklassen mittels einer Clusteranalyse dar. Die Clusteranalyse ist ein statistisches Verfahren, bei dem einzelne Objekte entsprechend ihrer Ähnlichkeit bzw. Unähnlichkeit in Bezug auf charakteristische Merkmale zu Clustern (zu Deutsch: Klumpen, Anhäufung oder Klassen) zusammengefasst werden (Gausemeier et al. 2002, S. 336ff).

Im Rahmen der erarbeiteten Studie wurden auf der Basis von Merkmalen, wie beispielsweise Umsatz Automotive oder belieferte Wertschöpfungsstufen (Umfrageergebnisse), Klassen von Unternehmen gebildet, die, mit leichten Abstrichen, gemeinsam betrachtet werden können. Als Merkmale für die Clusterung wurden im Detail folgende Strukturmerkmale und ausgewählte Erfolgsfaktoren der Unternehmen verwendet:

- Höhe Umsatz Automotive,
- Umsatzanteil Automotive,
- Anzahl der belieferten Wertschöpfungsstufen,
- Position in der Supply Chain,
- Anzahl der bearbeiteten Geschäftsfelder,
- Breite der Geschäftsausrichtung,
- Innovationsfähigkeit und Technologieorientierung,
- Entwicklungstiefe,
- Anzahl MitarbeiterInnen Automotive,
- Aus- und Weiterbildung der Fachkräfte und Ingenieure,
- Zugang zu qualifizierten MitarbeiterInnen.

Die Antworten der befragten Unternehmen im Hinblick auf diese Merkmale weisen eine hohe Spannbreite auf. Jedes befragte Unternehmen konnte somit durch den Grad der Ausprägung der elf oben genannten Merkmale charakterisiert

Wie aus einer Zukunftsstudie ein Kompetenzzentrum in der Automobilzulieferindustrie wurde   273

werden. Mithilfe eines Algorithmus wurde zwischen den Unternehmen – unter Berücksichtigung der zehn Dimensionen – ein Ähnlichkeitsmaß berechnet, und die Unternehmen mit der größten Ähnlichkeit wurden jeweils zu Clustern zusammengefasst. Als Ergebnis der Clusteranalyse wurden fünf Unternehmensklassen gebildet: „Der diversifizierte Mittelstand Südwestfalens", „High Performer im Massenmarkt", „Cash-Cow-Boys – Trittbrettfahrer im Strom des Massenmarktes", „Die innovativen Großen" und „Der innovative Automotive-Mittelstand Südwestfalens".

In einem nächsten Schritt wurde für alle Unternehmensklassen Merkmalsprofile erstellt. Abbildung 9 zeigt exemplarisch das Merkmalsprofil der Klasse „Die innovativen Großen".

Abbildung 9:   Merkmalsprofil der Unternehmensklasse III: „Die innovativen Großen".

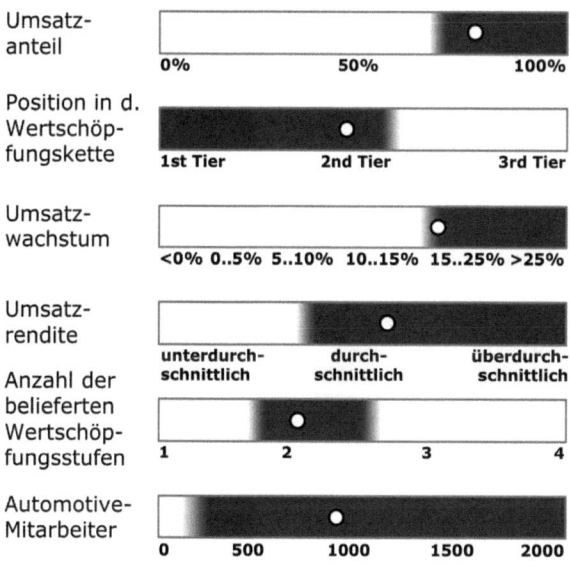

Die Merkmalsprofile bildeten die Basis für die detaillierte Beschreibung der Unternehmensklassen. Die Klassen wurden durch Interpretationen der spezifischen Ausprägungen der Erfolgsfaktoren ergänzt. Diese detaillierten Beschreibungen bildeten die Basis für die ausführlichen, steckbriefartigen Beschreibungen der Klassen (vgl. Tabelle 4).

Tabelle 4: Steckbriefartige Darstellung der im Rahmen der Studie identifizierten Unternehmensklassen der Automotive-Zulieferbranche in Südwestfalen

Unternehmensklasse I	Unternehmensklasse IIa	Unternehmensklasse IIb	Unternehmensklasse III	Unternehmensklasse IV
„Der diversifizierte Mittelstand Südwestfalens"	„High Performer im Massenmarkt"	„Cash-Cow-Boys – Trittbrettfahrer im Strom des Massenmarktes"	„Die innovativen Großen"	„Der innovative Automotive-Mittelstand Südwestfalens"
Durchschnittlicher Umsatzanteil des Automotive-Bereichs				
26 %	62 %	88 %	81 %	65 %
Position in der Wertschöpfungskette				
7 % 2nd Tiers 93 % 3rd Tiers	9 % 1st Tiers 36 % 2nd Tiers 55 % 3nd Tiers	25 % 2nd Tiers 75 % 3rd Tiers	27 % 1st Tiers 53 % 2nd Tiers 20 % 3rd Tiers	35 % 2nd Tiers 65 % 3rd Tiers
Durchschnittliches Umsatzwachstum im Automotive-Bereich				
5–10 %	10–15 %	5–10 %	10–15 %	10–15 %
Zufriedenheit mit der eigenen Umsatzrendite im Vergleich zum Branchenschnitt von 4,7 % (2007)				
Überwiegend durchschnittlich	Überwiegend durchschnittlich bis überdurchschnittlich	Unterdurchschnittlich	Überwiegend durchschnittlich	Überwiegend durchschnittlich
Anzahl der belieferten Wertschöpfungsstufen				
Überwiegend nur eine Wertschöpfungsstufe	Überwiegend nur eine Wertschöpfungsstufe	Überwiegend drei oder vier Wertschöpfungsstufen	Nahezu ausschließlich zwei Wertschöpfungsstufen	Überwiegend zwei Wertschöpfungsstufen
Anzahl an Automotive-MitarbeiterInnen				
∅ 32 MitarbeiterInnen	∅ 86 MitarbeiterInnen	∅ 197 MitarbeiterInnen	∅ 994 MitarbeiterInnen	∅ 79 MitarbeiterInnen
Welche Erfolgsfaktoren werden zusätzlich v. den Erfolgreichen d. Unternehmensklasse als strategisch wichtig erachtet?				
Hohe Entwicklungstiefe / effizientes Prozess-, Projekt- und Wissensmanagement / strategische Technologieplattformen / Elektronikkompetenz / hohe Anlageneffizienz und Ausnutzung von Skaleneffekten / exzellente Aus- und Weiterbildung der Fachkräfte und Ingenieure/Ingenieurinnen	Aktive Marktbeobachtung / Fokussierung auf wenige Geschäftsfelder / hohe Reaktionsgeschwindigkeit auf Veränderungen	Keine zusätzlichen Erfolgsfaktoren	Strategische Technologieplattformen / hohe Fertigungstiefe / konsequente Erschließung und Nutzung von Kostensenkungspotenzialen bei Sublieferanten sowie im Anlagen und Produktionsbereich / konsequentes und gezieltes Outsourcing / Zugang zu qualifizierten MitarbeiterInnen	Hohe Entwicklungstiefe / effizientes Prozess-, Projekt- und Wissensmanagement / Zugang zu qualifizierten MitarbeiterInnen

2.3 Branchenszenarien – Zukünftige Geschäftsmodelle

Die oben dargestellten Zukunftsszenarien in Form von Global- und OEM-Szenarien wurden nach der angelsächsischen Methode der Szenariotechnik, dem Szenario-Writing im Rahmen von Workshops, entwickelt. Diese Vorgehensweise wurde aufgrund begrenzter Ressourcen und des eng gesteckten Zeitplans gewählt. Wegen der höheren Komplexität sind die im Rahmen der Studie erarbeiteten zukünftigen Geschäftsmodelle mithilfe eines anderen Ansatzes der Szenariotechnik entwickelt worden, des *Siegener Ansatzes*. Dieser wird in den nachfolgenden Abschnitten kurz dargestellt. Die Geschäftsmodelle wurden ebenfalls im Zuge mehrerer Workshops unter Beteiligung von mehreren Branchen-ExpertInnen und engen Kooperationspartnern erarbeitet.

Der Prozess der Szenarioerstellung nach dem Siegener Modell wird in vier Phasen unterteilt (siehe Abb. 10). In der ersten Phase, der *Systemanalyse*, erfolgen die Identifikation und Beschreibung der wesentlichen Merkmale sowie deren Vernetzung. Das *Systemdesign* beinhaltet als zweite Phase die Konsistenzanalyse (intelligente Morphologie) und die Erstellung der Rohszenarien. In der dritten Phase wird im Rahmen des *Transfers* eine Clusterung der Rohszenarien zu Szenarien vorgenommen, und es erfolgt eine Darstellung der Szenarioinhalte in der sogenannten Ausprägungsliste. Anschließend werden die Szenarien zur Ableitung von Handlungsempfehlungen sowie zur allgemeinen *Kommunikation* in Form einer Multidimensionalen Skalierung (MDS), der sogenannten Landkarte der Szenarien (vgl. auch Abb. 11), visualisiert. Das *System-Controlling* stellt die vierte Phase dar und dient der stetigen Überwachung und Überprüfung aller Annahmen und Bewertungen des Szenarioerstellungsprozesses durch ein Frühaufklärungssystem.

Nachfolgend werden die Phasen anhand der Studienergebnisse im Detail beschrieben.

Mit ihren zahlreichen Anwendungsfällen, wie Zukunfts-, Geschäftsmodell-, Produkt- oder Risikoszenarien, stellt die Szenariotechnik nach dem Siegener Ansatz einen universellen Methodenbaukasten mit den zwei wesentlichen Bausteinen „Systemanalyse" und „Systemdesign" zur Verfügung. Das heißt, es können zum Beispiel neben Zukunftsszenarien auch alternative Geschäftsmodelle entworfen werden, die in sich schlüssige und widerspruchsfreie strategische Handlungsmuster darstellen. Da die Erstellung von Geschäftsmodellen ein branchenbezogener Prozess ist, sind hinreichendes Markt- und Branchen-Know-how sowie detaillierte Kenntnisse über die in diesem Markt agierenden Unternehmen unabdingbar.

Abbildung 10: Das generische Phasenmodell des Siegener Ansatzes der Szenariotechnik.

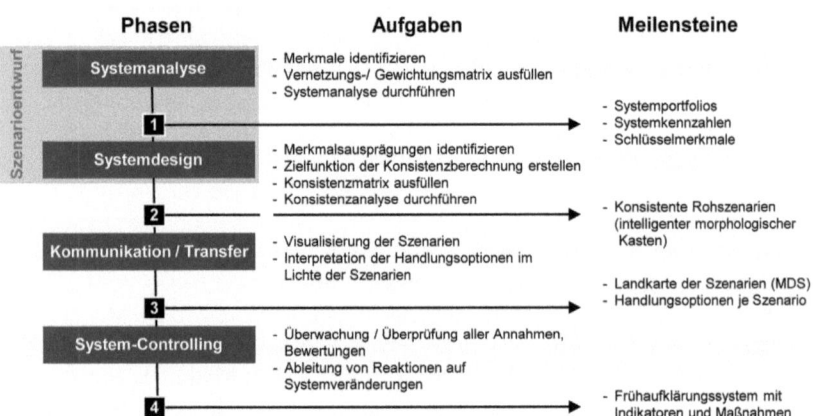

Der Prozess der Szenarioerstellung nach dem Siegener Ansatz

Phase 1 – Systemanalyse

In der ersten Phase, der Systemanalyse, werden zunächst alle relevanten Strategiemerkmale (Schlüsselmerkmale) identifiziert. Ein Strategiemerkmal ist in diesem Kontext ein Baustein der Geschäftsmodelle und fokussiert einen Bereich der dazugehörigen Strategie, etwa den Vertrieb oder die Produktion. Nach der Identifikation aller relevanten Strategiemerkmale werden diese beschrieben und zunächst untereinander vernetzt. Dabei wird die Frage nach der gegenseitigen Beeinflussung beantwortet. Die Einflussmatrix liefert hierbei die Basis für diese Vernetzungsanalyse. Eine weitere Matrix, die Gewichtungsmatrix, priorisiert die Merkmale in ihrer Rangfolge, bezogen auf ihre Bedeutung für die Beantwortung der konkreten Fragestellung des Szenarioprozesses. Beide Matrizen bilden zusammen die Basis für eine tiefgreifende Untersuchung des Gesamtsystems (Systemanalyse) anhand von Kennzahlen. Eine wesentliche Kennzahl ist beispielsweise die Aktivität eines Merkmals (Wie stark beeinflusst ein Merkmal ein anderes Merkmal?). Weiterhin können aber auch die Eingebundenheit der einzelnen Merkmale in das Gesamtsystem, die Nähe der Merkmale untereinander sowie Aussagen zum Gesamtsystem im Allgemeinen anhand von Kennzahlen abgeleitet werden. Für diese Detailanalyse verwenden wir Bausteine der Soziometrie.

Im Kern ermöglicht die Systemanalyse die Identifikation der wesentlichen Merkmale des Gesamtsystems. Dies ist zum einen zur Reduktion der Komplexität nötig. Zum anderen werden damit unwichtige Faktoren aus den weiteren Betrachtungen ausgeblendet, was die Kommunikation der Szenarien zu einem späteren Zeitpunkt wesentlich erleichtert.

Für die Studie bedeutete das: Für den vorliegenden Fall der Geschäftsmodellentwicklung liefert die Systemanalyse somit die wesentlichen bzw. prägnanten Strategiemerkmale. Als Ergebnis des ersten Workshops wurden folgende Strategiemerkmale identifiziert:

1. Branchenstruktur,
2. Struktur des Geschäfts,
3. Beschaffungsstrategie,
4. Vernetzung von Wissenschaft und Industrie,
5. Investitionsbereitschaft und Kapitalverfügbarkeit,
6. Prozess-, Projekt- und Wissensmanagement,
7. Wettbewerb,
8. Qualifikation von MitarbeiterInnen,
9. Variantenvielfalt der Produkte,
10. Schutz des technologischen Vorsprungs,
11. Rolle von Forschung & Entwicklung,
12. Strategische Technologieplattformen,
13. Innovationsfähigkeit und Technologieorientierung,
14. Bedeutung von Elektronik und intelligenten Systemen.

Einige der Schlüsselmerkmale sind identisch mit den Erfolgsfaktoren. Diese Deckungsgleichheit gestattete zu einem späteren Zeitpunkt die Zusammenführung der Aussagen aus der Beschreibung der Ausgangssituation mit den zukünftigen Überlegungen. Das heißt, es konnten Hinweise gegeben werden, inwiefern konsistente bzw. in sich stimmige Geschäftsmodelle von den befragten Unternehmen besetzt bzw. nicht besetzt wurden. Dies ermöglichte die Ableitung von detaillierten Handlungsempfehlungen aus heutiger Sicht.

Phase 2 – Systemdesign

In der Phase des Systemdesigns entstehen die Geschäftsmodellszenarien. Dazu werden je Schlüsselmerkmal alternative Ausprägungen herausgearbeitet. Dieser sehr kreative Schritt bestimmt die Spannbreite der Szenarien. Werden an dieser Stelle zahlreiche gegensätzliche oder kontroverse Möglichkeiten berücksichtigt, so werden auch die daraus abgeleiteten Strategieszenarien einen großen Raum von denkbaren Handlungsoptionen abbilden.

Die Basis für die Berechnung der Szenarien stellt die Konsistenzmatrix dar. Aus dieser werden im Sinne einer Kombinatorik in sich stimmige Kombinationen von Merkmalsausprägungen berechnet. Die Berechnung der in sich stimmigen Kombinationen erfolgt mithilfe eines naturanalogen Optimierungsalgorithmus, welcher zahlreiche Vorteile gegenüber anderen Algorithmen besitzt (Grienitz und Schmidt 2009, S. 409ff). Ein wesentlicher Vorteil besteht darin, dass das Optimierungsziel (optimale und widerspruchsfreie Kombinationen) über eine Zielfunktion frei definiert werden kann. Die Zielfunktion wird schließlich zur Berechnung der Lösungsgüte für jedes Rohszenario angewendet. Im einfachsten Falle summiert die Zielfunktion die Konsistenzwerte der Rohszenarien. Zusätzlich wird gefordert, dass die Zielfunktion maximiert werden soll. Das heißt, es werden so lange Lösungen gesucht, bis nach einer bestimmten Zeit keine signifikant besseren Lösungen mehr gefunden werden. Zudem ermöglicht die Erweiterung der Zielfunktion durch Berücksichtigung von Nebenbedingungen zusätzliche Freiheitsgrade. Die auf diese Weise berechneten Rohszenarien (zumeist einige hundert) sind in ihrer Anzahl jedoch noch zu umfangreich. Mithilfe einer Clusteranalyse werden daher einander ähnliche Rohszenarien zu Szenarien zusammengefasst. Dieser Schritt endet bei einer ausreichenden Anzahl von Szenarien, so dass die Vielfalt genau so groß ist, dass hinreichend interessante Strategieszenarien differenziert werden können und der Informationsverlust durch die Zusammenfassung der Lösungen nicht zu groß ausfällt. In der Regel verbleiben nach der Zusammenfassung noch drei bis sieben Szenarien (Gausemeier et al. 2009, S. 82ff).

Die Szenarien wurden im Hinblick darauf beschrieben, welche Strategiemerkmalsausprägungen wie stark vertreten sind. Diese Beschreibung stellt die spezifischen Szenario-DNA dar (die sogenannte Ausprägungsliste). Konkret wurden im Rahmen der Studie innerhalb eines Workshops zunächst mögliche alternative Ausprägungen für die identifizierten Schlüsselmerkmale abgeleitet. Nachfolgende Aufzählung gibt einen kurzen Überblick über Ausprägungen zu ausgewählten Schlüsselmerkmalen der Studie:

Schlüsselmerkmal 2: Struktur des Geschäfts
- Verlängerte Werkbank,
- Emanzipation nach vorne,
- Fragmentierung,
- branchenübergreifende Orientierung.
- Schlüsselmerkmal 7: Wettbewerb
- Differenzierungsstrategie,

- Hybridstrategie,
- Kostenführer.

Schlüsselmerkmal 13: Innovationsfähigkeit und Technologieorientierung
- Geschäftsinnovator,
- Pionierstrategie,
- begrenzte Ressourcen,
- Fast Follower.

In einem weiteren Schritt erfolgte eine Bewertung dieser Ausprägungen in der oben genannten Konsistenzmatrix. Diese beantwortet die Fragestellung, inwiefern die identifizierten Ausprägungen konsistent zueinander sind. Nach der Bewertung der Ausprägungen in der Konsistenzmatrix durch die an den Workshops beteiligten ExpertInnen wurden schließlich die Szenarien errechnet. Die Anzahl von vier Szenarien lieferte dabei das Optimum zwischen Informationsverlust und Differenzierung. Im Detail konnten folgende konsistente Geschäftsmodelle bzw. Szenarien identifiziert werden: „Mantra der Kostenführerschaft", „Zulieferer wird zum 0,5-Tier", „Nischenanbieter und Differenzierer" und „Den Anschluss verpasst".

Phase 3 – Kommunikation/Transfer

In Phase 3 werden die zuvor berechneten Szenarien interpretiert und visualisiert. Tabellen eignen sich dazu allerdings kaum. Aus diesem Grund werden zumeist entweder Grafiken erstellt oder Texte über die Geschäftsmodelle (vgl. Tabelle 5) verfasst. Die Texte entstehen auf Basis der Ausprägungsliste und der Prosabeschreibungen der Strategiemerkmalsausprägungen. Die grafische Darstellung kann zum Beispiel mithilfe der statistischen Methode der multidimensionalen Skalierung (MDS) vorgenommen werden. Diese Grafik wird auch „Landkarte der Geschäftsmodelle" oder „Landkarte des Wettbewerbs" genannt. Je mehr sich zwei Objekte inhaltlich ähneln, desto näher beieinander werden sie auch in der Grafik positioniert. Die grafische Nähe entspricht somit auch der inhaltlichen Nähe. Damit liegt die Kernaussage dieser Grafik in der Interpretation der grafischen Nähe einzelner Szenarien bzw. der dazugehörigen Unternehmen (vgl. Abb. 12).

Die im Rahmen der Studie erarbeiteten Szenarien wurden zunächst steckbriefartig dargestellt (Tabelle 5).

Tabelle 5: Steckbriefartige Darstellung der im Rahmen der Studie identifizierten konsistenten Geschäftsmodelle

Geschäftsmodell I „Mantra der Kostenführerschaft"	Geschäftsmodell II „Zulieferer wird zum 0,5-Tier"	Geschäftsmodell III „Nischenanbieter und Differenzierer"	Geschäftsmodell IV „Den Anschluss verpasst"
Hoher Wettbewerb prägt die Zuliefererbranche. Nur als „Kostenführer" können die Zulieferer-unternehmen ihre Verhandlungsmacht gegenüber den OEMs behaupten.	Aufgrund der stetigen Verlagerung der Produktion und Entwicklung in den Zulieferermarkt sollten OEM-nahe Zulieferer die Chance nutzen und sich zum 0,5-Tier emanzipieren.	Der starke Wettbewerb hat die ursprüngliche Tier-Struktur aufgebrochen. Gerade für mittelständisch geführte Unternehmen ergibt sich bei der Vielfalt im Zuliefermarkt die Chance, eine dominante Rolle einzunehmen.	Die Zulieferer-branche wird nach wie vor durch die Tier-Stufen definiert. Die Konsolidierungswelle hat die Zulieferer erreicht. Nur die großen Unternehmen können ihre Verhandlungsmacht gegenüber den OEMs behaupten.
Die Fähigkeit, mit ausgeprägten Prozessen die nötige Effizienzsteigerung als „verlängerte Werkbank" der OEM zu erfüllen, wird eine gewichtige Rolle spielen. Die Strategie des „Fast Followers" ist dabei ein Schlüsselfaktor, da diese ressourcenschonend umgesetzt und verfolgt werden kann. Ein einfaches und einheitliches Projekt-, Prozess- und Wissensmanagement ist Grundvoraussetzung, um der Aufgabenkomplexität, der sich ein Kostenführer gegenübersieht, zu begegnen.	In diesem Zusammenhang gilt es, den Bereichen Energieeffizienz, Hochtechnologien, Elektronik und adaptive Systeme einen hohen Stellenwert beizumessen. Es sollte die Chance genutzt werden, sich durch „hoch qualitative und spezialisierte Produkte" vom Wettbewerb zu unterscheiden. Zulieferer werden die Innovationstreiber der Automobilbranche. Dabei ermöglichen Innovationsfähigkeit und Technologieorientierung immer mehr Handlungsspielraum.	Durch erhöhte Komplexität und immer kürzer werdende Produktlebenszyklen wird es zwingend notwendig sein, sich als „Lösungsanbieter" zu etablieren. Strategische Aufträge für hoch individualisierte Produkte spielen dabei eine entscheidende Rolle. Aufgrund einer hohen Durchdringung von technologischen Innovationen sollten sich die meisten Automobilzulieferer als „Spezialisten am Markt" behaupten. Innovationen sind daher das „Differenzierungsmerkmal".	Die Kernkompetenzen der meisten kleinen und mittelständischen Unternehmen liegen im Bereich von einfachen, funktionalen Systemen. Durch die steigenden Anforderungen im Spannungsfeld „hoher Innovationsdruck – begrenzte Ressourcen – hohe Variantenvielfalt" sind diese Unternehmen zumeist nicht wettbewerbsfähig. Viele abteilungs- und spartenübergreifende Prozesse sind nicht aufeinander abgestimmt.

Die Dimensionen „Struktur des Geschäfts", „Wettbewerb" sowie „Innovationsfähigkeit und Technologieorientierung" stellen Schlüsselmerkmale für die entwickelten Geschäftsmodelle dar. Aufgrund dieser Eigenschaft lassen sich diese Merkmale zu einer schlüssigen Abgrenzung nutzen. So veranschaulicht Abbildung 11 auf einfache und nachvollziehbare Weise diese Abgrenzung der Szenarien anhand der eingangs erwähnten Schlüsselfaktoren.

Abbildung 11: Abgrenzung der Branchenszenarien anhand ausgewählter Schlüsselmerkmale.

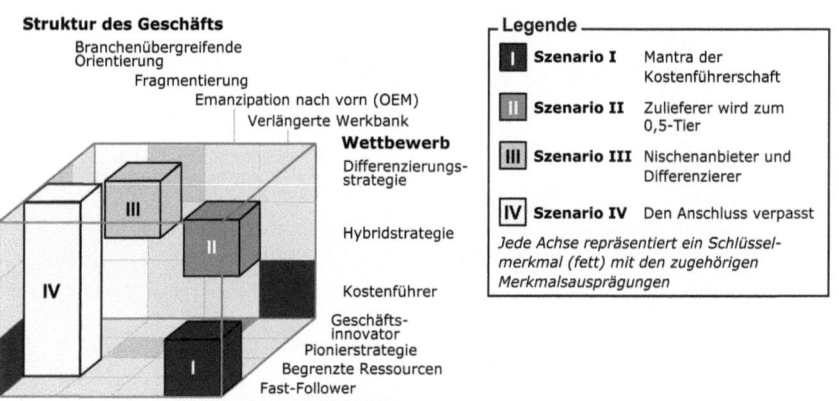

Eine weitere Möglichkeit der Darstellung von Szenarien bietet, wie bereits oben erwähnt, die multidimensionale Skalierung. Abbildung 12 gibt einen Überblick über die vier identifizierten Szenarien. Da die Geschäftsmodelle und die Unternehmen nach der gleichen Struktur errechnet bzw. bewertet wurden, konnten die Unternehmen ebenfalls den Szenarien zugeordnet werden.

Ein Wechsel des Geschäftsmodelles beansprucht generell viele Ressourcen. Je mehr sich das neue Geschäftsmodell vom derzeitigen unterscheidet, desto mehr Ressourcen müssen investiert werden. Da nun nicht jedes Unternehmen gleich nah an jedem Szenario liegt, ist auch die inhaltliche Nähe nicht identisch. Somit sind auch unterschiedliche Ressourceneinsätze nötig, um die erarbeiteten Geschäftsmodelle zu besetzen. Das heißt, letztlich ist nicht jedes Geschäftsmodell für jede Unternehmensklasse relevant und vice versa. Daher wurde im Rahmen der Studie für jede Unternehmensklasse untersucht, inwiefern diese schon heute ein konsistentes Geschäftsmodell besetzt (Tabelle 6).

Abbildung 12: Landkarte der Geschäftsmodelle/Landkarte des Wettbewerbs.

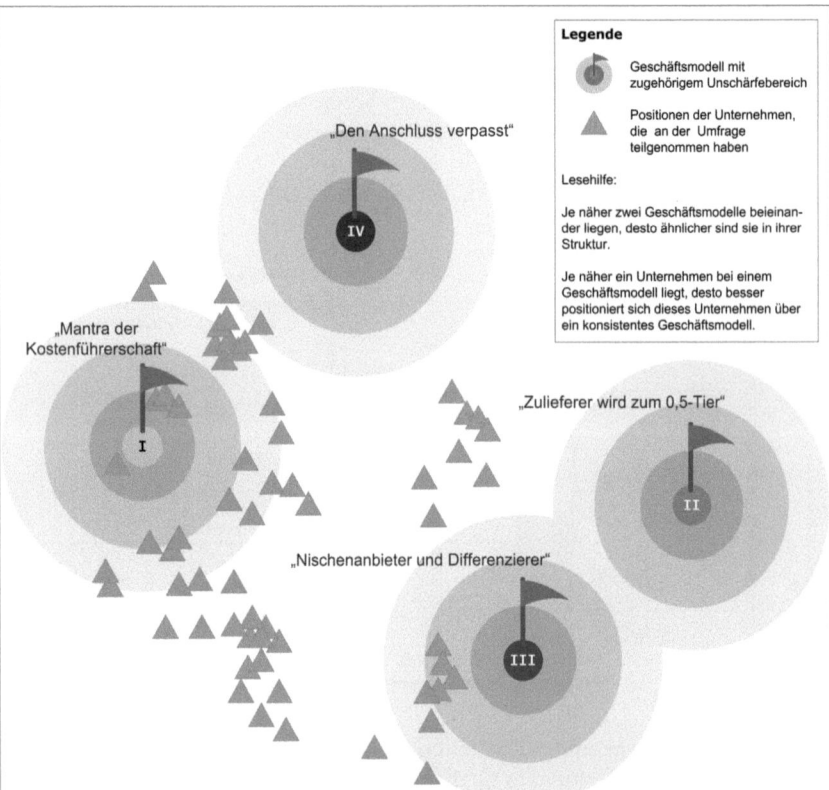

Tabelle 6: Welche Unternehmensklasse liegt welchem Geschäftsmodell heute schon am nächsten?

Geschäftsmodell I „Mantra der Kostenführerschaft"	Geschäftsmodell II „Zulieferer wird zum 0,5-Tier"	Geschäftsmodell III „Nischenanbieter und Differenzierer"	Geschäftsmodell IV „Den Anschluss verpasst"
„Spezialisten im Bereich der Fertigung von Automotive-Massenteilen"	„Die innovativen Großen"	„Der innovative Automotive-Mittelstand Südwestfalens"	Jedes Unternehmen kann eine wirtschaftliche Schieflage treffen, unabhängig von der Unternehmensklasse

Phase 4 – System-Controlling

Das System-Controlling dient als abschließende Phase der stetigen Überwachung und Überprüfung aller Annahmen und Bewertungen im Rahmen eines Frühaufklärungssystems. Alle Annahmen, die Strategiemerkmale, deren Ausprägungen, die Einfluss-, Gewichtungs- und Konsistenzbewertungen unterliegen einem stetem Wandel. Sollten sich Änderungen ergeben oder sich neue Merkmale bzw. Ausprägungen abzeichnen, so sind individuell einzelne Phasen der Szenarioerstellung erneut durchzuführen.

2.4 Szenariokompatibilität

Ergänzend zur Beschreibung und Abgrenzung der Geschäftsmodelle untereinander erfolgte innerhalb der Studie zudem eine Bewertung hinsichtlich der Szenariokompatibilität. Das heißt, über die Beschreibung der Szenariokompatibilität erfolgte unter anderem eine Bewertung der Geschäftsmodelle im Hinblick auf ihre Relevanz im Lichte der Globalszenarien, der OEM-Szenarien und der Unternehmensklassen. Es soll also, mit anderen Worten, die Frage beantwortet werden: „Wie relevant sind die verschiedenen Umfelder für dieses spezifische Geschäftsmodell?" Ergänzend zur Betrachtung der Kompatibilität zwischen „OEM-Szenario" und „Geschäftsmodell" wurden sämtliche Kombinationen an Szenarien hinsichtlich ihrer Kompatibilität im Rahmen eines Workshops bewertet. Tabelle 7 zeigt die Ergebnisse.

Tabelle 7: Betrachtung der Szenariokompatibilitäten – Nicht jede Szenariokombination ist wichtig

Relevanz der OEM- und Globalszenarien für die Geschäftsmodelle	Geschäftsmodell I „Mantra der Kostenführerschaft"	Geschäftsmodell II „Zulieferer wird zum 0,5-Tier"	Geschäftsmodell III „Nischenanbieter und Differenzierer"	Geschäftsmodell IV „Den Anschluss verpasst"
Globalszenario „High Road"	Keine Relevanz	Hohe Relevanz	Hohe Relevanz	Denkbar in allen Global- und OEM-Szenarien
Globalszenario „Low Road"	Hohe Relevanz	Keine Relevanz	Mögliche Relevanz	
Globalszenario „Crossroad"	Mögliche Relevanz	Mögliche Relevanz	Mögliche Relevanz	

OEM-Szenario I „Billiger als 4 Reifen, besser als 2 Füße"	Hohe Relevanz	Keine Relevanz	Keine Relevanz	
OEM-Szenario II „Die ökologische Renaissance und nachhaltige Mobilität"	Keine Relevanz	Mögliche Relevanz	Hohe Relevanz	
OEM-Szenario III „Das digitale Mobilitäts- und Informationskonzept"	Keine Relevanz	Mögliche Relevanz	Hohe Relevanz	
OEM-Szenario IV „Darwinismus im OEM-Markt"	Mögliche Relevanz	Hohe Relevanz	Mögliche Relevanz	

Die betrachteten Geschäftsmodelle weisen demnach eine differenzierte Relevanz zu den Global- und OEM-Szenarien sowie den betrachteten Unternehmensklassen auf.

2.5 Handlungsempfehlungen

In einem letzten Schritt wurden alle vorherigen Gedankenstränge zusammengeführt. Somit flossen die Globalszenarien, die Entwicklungen der OEM, die technologischen Trends sowie die spezifischen Aussagen zu den Unternehmensklassen in die Handlungsempfehlungen ein. Da die Struktur der erarbeiteten Szenarien bzw. der Geschäftsmodelle im Wesentlichen auf Erfolgsfaktoren basiert, wurden diese ebenfalls zur Ableitung der Handlungsempfehlungen genutzt. In mehreren ExpertInnenrunden wurde im Rahmen eines Workshops zunächst die zukünftige Bedeutung der einzelnen Erfolgsfaktoren mithilfe der entwickelten Zukunftsszenarien bestimmt. Tabelle 8 gibt geschäftsmodellspezifisch einerseits einen Überblick über Bereiche, in denen auf Basis der vorherigen Überlegungen Ressourcen investiert werden sollten, benennt andererseits aber auch Bereiche, in denen aus heutiger Sicht zu viele Ressourcen verwendet werden.

Tabelle 8: Aus allen vorherigen Gedankensträngen abgeleitete
Handlungsempfehlungen der Studie je Geschäftsmodell

Geschäftsmodell I „Mantra der Kostenführerschaft"	Geschäftsmodell II „Zulieferer wird zum 0,5-Tier"	Geschäftsmodell III „Nischenanbieter und Differenzierer"	Geschäftsmodell IV „Den Anschluss verpasst"
In welchen Bereichen müssen die betreffenden Unternehmen Stärke aufbauen? Lesehilfe: Die Zahlen in Klammern geben die Nummer des Erfolgsfaktors wieder			
Z. B.: Vertriebskompetenz (Erfolgsfaktor 3), effizientes Prozess-, Projekt- und Wissensmanagement (12), hohe Anlageneffizienz und effiziente Ausnutzung von Skaleneffekten (17), konsequente Erschließung und Nutzung von Kostensenkungspotenzialen im Anlagen- und Produktionsbereich (21), konsequentes Outsourcing (20)	Z. B.: Mergers & Acquisitions (Erfolgsfaktor 4), ausgeprägte Kompetenz bezüglich elektronischer Marktplätze (8), hybride Leistungsangebote (9), erfolgreiche Veränderung vom Entwickler zum F&E-Manager (13), ausgeprägte Kompetenzen im Elektronikbereich (15), konsequente Erschließung und Nutzung von Kostensenkungspotenzialen bei Sub-lieferanten (19)	Z. B.: Fokussierung auf wenige Geschäftsfelder (Erfolgsfaktor 5), hybride Leistungsangebote (9), hohe Entwicklungstiefe (10), effizientes Prozess-, Projekt- und Wissensmanagement (12), Existenz eigener strategischer Technologieplattformen (14), ausgeprägte exzellente Aus- und Weiterbildung der Fachkräfte und Ingenieure/Ingenieurinnen (22), Zugang zu qualifiziertem Personal (23)	Es wird darauf ankommen, sich auf einige wenige Kernkompetenzen zu konzentrieren. Eine absolute Effizienzsteigerung der eigenen Unternehmensleistung wird unumgänglich sein. Synergieeffekte mit anderen Geschäftsbereichen sollten dabei konsequent genutzt werden.
In welchen Bereichen können betreffende Unternehmen den bisherigen Ressourceneinsatz reduzieren?			
Breite der Geschäftsausrichtung (6), hybride Leistungsangebote (9)	Hohe Fertigungstiefe (16)	Breite der Geschäftsausrichtung (6)	–

2.6 Erfolgspositionen der Branche

Aus den Szenarien und den sich daraus ergebenden Geschäftsmodellen konnten nicht nur spezifische Handlungsoptionen abgeleitet werden. Es konnten ebenfalls übergreifende Hinweise, welche Positionen die Gesamtbranche besetzen sollte, um zukünftig erfolgreich zu sein, identifiziert werden. Die erfolgreiche Besetzung und Umsetzung der sogenannten strategischen Erfolgspositionen (SEP) sind der Garant dafür, im globalen Wettbewerb bestehen zu können. SEP stellen somit die Leitplanken dar, an denen sich das tägliche Handeln orientieren soll und muss!

Das Management der strategischen Erfolgspositionen erfordert also die Konzentration aller Aktivitäten auf wesentliche, zukünftig erfolgversprechende Fähigkeiten. Im Sinne der Konzentration der Kräfte spielen SEP eine herausragende Rolle für die Stakeholder der Automobilzulieferindustrie in Südwestfalen. Dazu zählen vor allem die Unternehmen selbst, die OEM, die regionale Politik, die Verbände, aber auch die Hochschulen. Eher branchenübergreifende Handlungsoptionen für diese Stakeholder sind:

- Innovationsfähigkeit,
- Markt- und Technologiekompetenz,
- Kooperationsfähigkeit,
- Managementkompetenz.

3 Automotive Center Südwestfalen – ACS

Eine wesentliche, unternehmensklassenübergreifende Handlungsempfehlung, die im Rahmen der Studie gegeben wurde, war die Etablierung eines Kompetenzzentrums Automotive mit Fokus auf die Region Südwestfalen. In zahlreichen Abstimmungsgesprächen mit UnternehmerInnen und ExpertInnen der Branche in Südwestfalen, NRW, Deutschland und Österreich wurde die Konzeption immer konkreter ausgearbeitet. Parallel wurden ausgewählte Entrepreneure (GeschäftsführerInnen und LeiterInnen Forschung und Entwicklung) der Region (Gedia, Kirchhoff Automotive, Kostal, Linde + Wiemann, Mubea, Otto Fuchs, Weber Kunststofftechnik Dillenburg, VIA-Verbund) zu mehreren Treffen eingeladen, um einerseits den Bedarf darzustellen, andererseits aber auch Kompetenzen und Ausstattungsumfang des Kompetenzzentrums ACS zu diskutieren.

In einem dreistufigen Förderantragsverfahren wurden die Ideen zu konkreten Businessplänen ausgearbeitet. Zu Beginn des Jahres 2012 übergab Wirtschaftsminister Harry K. Voigtsberger letztlich einen Bewilligungsbescheid in Höhe von 14,6 Millionen Euro für das Automotive Center Südwestfalen ACS. Damit fiel der offizielle Startschuss für das Vorhaben. Wirtschaftsminister Voigtsberger betonte: „Wir haben ein herausragendes Interesse daran, NRW als modernes Automobilland zu stärken und die hervorragende Position des nordrhein-westfälischen Fahrzeugbaus zu festigen. Deshalb unterstützt das Land das Automotive Kompetenzzentrum Südwestfalen mit erheblichen finanziellen Mitteln" (Kietzmann 2012).

Das ACS stellt eine Plattform für Forschung und Entwicklung im Bereich des automobilen Leichtbaus dar, mit dem Motto „wirtschaftlicher, innovativer Leichtbau". Hierbei werden die westlichen Stakeholder Südwestfalens in vorwettbewerblicher Kooperation zusammenarbeiten, um den komplexer werdenden Anforderungen gerecht zu werden. Die Besonderheit dieses Zentrums besteht auch in der engen Vernetzung zwischen Industrie und Hochschulen. Damit sollen anwendungsnahe Produkte für heutige und zukünftige Fahrzeuggenerationen entwickelt und Arbeitsplätze in der Region auch in Zukunft gesichert werden.

Die in der Studie aufgezeigten zukünftigen Entwicklungen erfordern einen wegweisenden automobilen Strategiegeber und Entwickler in Bezug auf Konzepte, Entwicklung und wirtschaftliche Fertigung im Kontext des automobilen Leichtbaus. Diese Position soll das ACS besetzen. An der Innovationsplattform sind die Universität Siegen, die FH Südwestfalen, der Kreis Olpe, die Stadt Attendorn, VIA Consult, Kirchhoff Automotive, LEWA Attendorn, GEDIA, EJOT, C. D. Wälzholz, die FARA Verwaltungs-GmbH und weitere 75 in einem Trägerverein vereinte Unternehmen beteiligt.

Die Universität Siegen stellt gemeinsam mit der FH Südwestfalen das wissenschaftliche Know-how zur Verfügung (vgl. Abb. 13).

Abbildung 13: Funktionale Struktur des ACS nach Aufgabenfeldern und Ressorts.

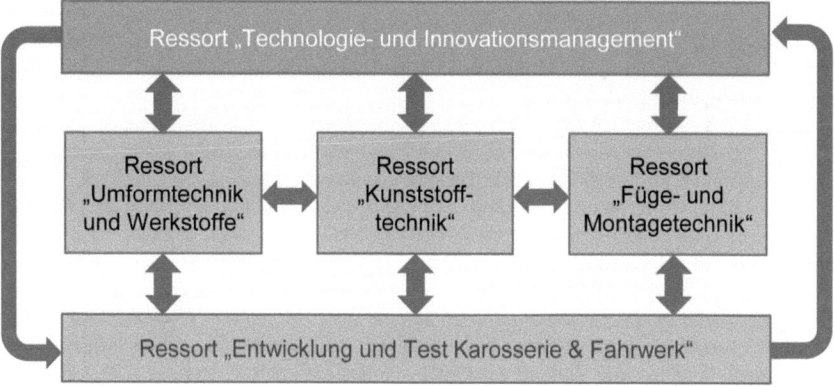

Das ACS soll Entwicklungsarbeiten zur Gewichtsreduzierung im Automobilbau ermöglichen. Dies gilt sowohl für neue Fahrzeugkonzepte als auch für den Einsatz neuer Werkstoffe und Werkstoffkombinationen. Hierzu stellt das Automotive Center Südwestfalen für die Unternehmen Infrastruktur, wie Geräte und Software, sowie Personal für ihre Forschungen bereit. Die Tätigkeiten des Automotive Centers Südwestfalen sollen im Schwerpunkt die Felder Karosserie und

Fahrwerk sowie rationelle Fertigungsverfahren für Metall, Kunststoff und Hybride abdecken. Im Verbund mit der Universität Siegen und der Fachhochschule Südwestfalen können die Unternehmen im ACS Gemeinschaftsprojekte durchführen, um einerseits Entwicklungszyklen zu verkürzen sowie andererseits den Anforderungen der Elektromobilität und anderen Problemstellungen des Leichtbaus gerecht zu werden. Das Wirtschaftsministerium des Landes Nordrhein-Westfalen unterstützt den Aufbau des Zentrums über die Jahre 2012 bis 2015 mit Mitteln der EU sowie des Landes – wie bereits erwähnt – in Höhe von 14,6 Millionen Euro. Das ACS ist Teil des Vorhabens „Automotive Kompetenzzentrum Südwestfalen", welches in das Strukturförderprogramm des Landes Nordrhein-Westfalen „REGIONALE 2013" aufgenommen wurde (Kietzmann 2012, S. 1f).

Literatur

Gausemeier, J., Ebbesmeyer, P., & Kallmeyer, F. (2001). *Produktinnovation: Strategische Planung und Entwicklung der Produkte von morgen*. München: Hanser.

Gausemeier, J., Bätzel, D., & Grienitz, V. (2002). Die Zukunft der deutschen Gießereiindustrie – Szenariobasierte Entwicklung einer Branchenstrategie. *ZWF – Zeitschrift für wirtschaftlichen Fabrikbetrieb*, 06/2002.

Gausemeier, J., Plass, C., & Wenzelmann, C. (2009). *Zukunftsorientierte Unternehmensgestaltung – Strategien, Geschäftsprozesse und IT-Systeme für die Produktion von morgen*. München: Hanser.

Geschka, H. (2006). Szenariotechnik als Instrument der Frühaufklärung. In O. Gassman, & Kobe, C. (Hrsg.), *Management von Innovation und Risiko*. 2. Aufl. Berlin/Heidelberg et al.: Springer.

Grienitz, V., & Schmidt, A.-M. (2009). *Weiterentwicklung der Konsistenzanalyse auf Basis evolutionärer Strategien für die Entwicklung von Markt- und Umfeldszenarien*. 5. Symposium für Vorausschau und Technologieplanung. Berlin, 19./20.11.2009.

Iking, B., Rath, H., & Noetzel, R. (2007). *Struktur und regionale Verteilung der Branche Kraftwagen und Kraftwagenteile in NRW*. ZENIT GmbH, Mühlheim an der Ruhr.

Industrie- und Handelskammern Arnsberg/Hagen/Siegen (2005). *Die Automotive-Industrie in Südwestfalen*. Siegen.

Kietzmann, M. (2012). *Pressemitteilung: Aufbau des „Automotive Center Südwestfalen ACS" wird mit 14,6 Millionen Euro gefördert*. Ministerium für Wirtschaft, Energie, Bauen, Wohnen und Verkehr des Landes Nordrhein-Westfalen (Hrsg.), 28.1.2012.

Kremers, P. (2011). Mit dem Atom-Auto über den Highway. Zeit Online. http://www.zeit.de/auto/2011-02/autokonzepte. Abgerufen am 3.2.2012.

Mercer Management Consulting (Hrsg.) (2004). *Fast 2015 – Future Automotive Industry Structure*. Frankfurt a. M.: VDA Verlag.

Roland Berger und Partner (Hrsg.) (1999). *Eight Megatrends Re-Shaping the Automotive Supplier Industry*. München.

Verband der Automobilindustrie (Hrsg.) (2008). *Auto Jahresbericht 2008*. Frankfurt a. M.

Empirisches Customer Foresight als Spezialdisziplin der Zukunftsforschung. Plädoyer und Praxis am Beispiel der BMW Group

Josef Köster und Christina Hohlweg

Zukunftsforschung braucht Spezialisierung

Warum gibt es keine Disziplin namens Gegenwartsforschung? Die Antwort liegt auf der Hand – fast jede aktuelle Forschung ist Gegenwartsforschung bzw. zielt auf keine spezifische Zeitperiode ab, inkludiert in ihren Aussagen also die Gegenwart. Ein Sammelbegriff dieses Inhalts macht vor dem Hintergrund der Ausdifferenzierung von ganz unterschiedlichen Disziplinen und Subdisziplinen keinen Sinn. Zu komplex werden die Gegenstände der Mikrobiologie, der Astrophysik, der Neurologie, der Psychologie oder der Wirtschaftswissenschaften, als dass es realistisch ist, dass ein vollständiges Bild auch nur einer dieser Disziplinen im Kopf eines Menschen vorhanden sein kann, geschweige denn gleich mehrerer. Gemeinhin wird man deshalb einen Molekularbiologen nicht per se als Experten für Fragen der ökonomischen Globalisierung betrachten.

Vor diesem Hintergrund ist es bemerkenswert, dass häufig Zukunfts- oder TrendforscherInnen die Expertise in ganz unterschiedlichen Disziplinen zugetraut wird – lediglich vorausgesetzt, dass sich die offenen Fragen auf die Zukunft beziehen. Dabei ist die Zukunftsforschung eine Disziplin (sofern dieses Etikett angesichts der fraglichen Wissenschaftlichkeit überhaupt für angemessen gehalten wird), die sich als solche lediglich dadurch abgrenzen lässt, dass sie sich mit einem bestimmten (nur sehr vage definierten) Zeitabschnitt beschäftigt und eine Reihe spezifischer Methoden nutzt. Rechtfertigt dies ein Vertrauen in die Expertise eines Zukunftsforschers, der letztlich qua seiner Ausbildung und Spezialisierung immer noch Molekularbiologe ist oder der sich in Nachfolge eines Renaissancemagisters als eine Art Universalgelehrter versteht (was angesichts der schieren Masse des heute existierenden Fachwissens bestenfalls bedeutet, dass er universell halbgebildet ist) und sich zu den zukünftigen Problemen der ökonomischen Globalisierung äußern soll? Wohl kaum!

Die Verlagerung des Fokus von der Gegenwart in die Zukunft simplifiziert nicht die Problematik komplexer Zusammenhänge, im Gegenteil. Daraus leitet sich aber zwingend ab, dass die fachlichen Anforderungen an einen Zukunftsforscher mindestens ebenso hoch sind wie die an den „Gegenwartsforscher" seiner Disziplin. Wer sich nicht mit der Gegenwart beschäftigt hat, wer nicht den aktuellen Forschungsstand in seiner Komplexität, Multidimensionalität und Widersprüchlichkeit analysiert und durchdrungen hat, wird sich nicht qualifiziert zu zukünftigen Entwicklungen äußern können. Für eine erhellende Analyse der Zukunft (was nicht verwechselt werden darf mit einer zutreffenden Prognose) der ökonomischen Globalisierung braucht es daher hochqualifizierte WirtschaftswissenschaftlerInnen, keine MolekularbiologInnen, keine KommunikationsdesignerInnen und keine universell belesenen JournalistInnen. Es mag eingewandt werden, dass sich mit der umgekehrten Richtung in der Zeit schließlich auch eine spezifische Disziplin beschäftigt, nämlich die Geschichtswissenschaften. Allerdings – ohne Historikern zu nahe treten zu wollen: Das, was aus der Vergangenheit für die heutige Wissenschaft und Praxis von bleibendem Wert ist, wird von den einschlägigen „GegenwartsexpertInnen" selbst gepflegt und gewahrt. Sie nutzen nach wie vor die Riesen der Vergangenheit, um sich auf deren Schultern zu stellen, die Geschichte ihrer Disziplin lebt in ihren Theorien und Anwendungen weiter. Es scheint, dass HistorikerInnen sich vornehmlich um die Dinge kümmern, die bei diesem Vorgang keine Rolle spielen, aus Sicht der Spezialdisziplinen für vernachlässigbar gehalten werden. Eine in die Zukunft gerichtete Parallele dieser inhaltlichen Orientierung ist kaum denkbar und erscheint für eine letztlich praxisorientierte Zukunftsforschung auch nicht als geeignetes Modell.

Was folgt aus dem Gesagten? Zukunftsforschung braucht Spezialisierung. Jede einschlägige, praxisorientierte und strategieorientierte „Gegenwartsdisziplin", für die die zeitliche Perspektive eine Rolle spielt (die Naturwissenschaften sind damit weitestgehend außen vor), benötigt jeweils eine eigene Foresight-Subdisziplin. Damit dürfte der Begriff Zukunftsforschung eher zu einem vagen, vielleicht noch organisatorisch nützlichen Sammelbegriff werden. Customer Foresight sehen wir als eine dieser Subdisziplinen. Sie beschäftigt sich mit den schwierigen Prozessen rund um menschliches Entscheiden, Handeln, Verhalten und den zugrunde liegenden Einstellungsmustern an den Berührungspunkten von Psychologie, Soziologie, Ethologie, Neurologie und Wirtschaftswissenschaften und hat als Entsprechung in der „Gegenwartsforschung" die Marktforschung, oder besser: Kundenforschung.

Customer Foresight braucht Kundenforschung

In der Auseinandersetzung um die Methoden des Foresight wird aus Richtung der TrendforscherInnen gelegentlich der Einwand erhoben, dass sich Kundenforschung lediglich mit der Gegenwart beschäftige und folglich keine Aussagen über die Zukunft treffen könne. Das ist sicherlich zunächst zutreffend – allerdings impliziert dieser Vorwurf die Behauptung der Existenz einer Alternative.

Es gibt aber keine Zukunftsdaten, nirgends. Die Zukunft ist offen. Gleichgültig, ob ein komplexes Modell gerechnet oder lediglich einer individuellen Phantasie über die Zukunft freier Lauf gelassen wird – alles fußt auf der Gegenwart, seien es Gegenwartsdaten oder subjektive, gegenwärtige Sichtweisen der Welt. Vielleicht am deutlichsten wird das bei der Betrachtung von Science-Fiction-Literatur, die bei aller Phantasie über nicht existente Zukünfte doch jeweils eng verwurzelt mit dem zum Zeitpunkt ihres Entstehens gültigen Zeitgeist und den dazugehörigen Problemen bleibt. Auch das Vorgehen der TrendforscherInnen fußt ja auf Gegenwartsbeobachtungen, angereichert um Gedanken und Annahmen hinsichtlich der zukünftigen Entwicklungen.

Wenn aber kein anderer Ausgangspunkt für das Foresight besteht als die Gegenwart, dann muss als unvermeidbare Folge die Forderung nach einer ausreichend validen und reliablen Informationslage über die Gegenwart formuliert werden. Es ist unmöglich, etwa die künftige Bedeutung von ökologischer Verantwortung bei Kaufentscheidungen begründbar, nachvollziehbar und plausibel einzuschätzen, ohne dass die heutige Bedeutung vor dem Hintergrund aktueller Umfeldereignisse erfasst, interpretiert und verstanden wurde. Ohne ausreichende Kenntnis von Vergangenheit und Gegenwart sind Zukunftsaussagen reine Phantasiegebilde – Science Fiction. Aus diesem Grunde muss auch Customer Foresight letztlich auf gegenwärtiger Kundenforschung beruhen.

Eine Ursache für ein gewisses Unbehagen, das damit verbunden ist, dass Foresight sich auf Gegenwartsdaten stützt, liegt möglicherweise in dem Mythos einer beschleunigten „Generalvolatilität" begründet. Es ist sicherlich angebracht, angesichts der atemberaubenden Entwicklungsgeschwindigkeit von Wissenschaft und Technik sowie der ungeheuren Kommunikationsbeschleunigung und Virtualisierung der Welt beeindruckt zu sein. Allerdings scheint es so, dass diese Entwicklungen und der Hunger nach Neuem seitens der Medien in wirksamer Kooperation den Blick für stabile Größen verstellen. Die Öffentlichkeit wird nicht nur angeregt, Froschaugen zu entwickeln, also die sich rasch bewegende Mücke eher wahrzunehmen als den ruhenden Elefanten; obendrein wird vielfach dem Elefanten selbst unterstellt, er flöge. Auf diese Weise werden dann gelegentlich anthropologische Konstanten[1], die sich evolutionär entwickelt haben, scheinbar volatil: Werte können sich demnach kollektiv innerhalb kürzester Zeit wandeln. Egoistisches Verhalten wird mithin, weil unvernünftig, kollektiv abgestellt und durch Altruismus abgelöst. Statuswettbewerb ist dementsprechend out

---

1   Angesichts der Eigenschaften des menschlichen Gehirns als offenes, autopoietisches System ist eine „anthropologische Konstante" nicht als Determinismus zu verstehen. Individuen können von jeder Regel abweichen, aber es gibt anthropologisch konstante relative Unwahrscheinlichkeiten dieser Abweichung; nur in dieser Hinsicht wird der Begriff der Konstante hier verwendet!

und findet nicht mehr statt. Demnach ist das Phänomen der Selbstpräsentation etwas revolutionär Neues, weil es sich auf Facebook manifestiert.[2]

Auf diese Weise erscheint es manchen offensichtlich unplausibel, mit Gegenwartsdaten etwas über die Zukunft lernen zu können. Tatsächlich aber steht der Mythos der Generalvolatilität im Widerspruch zu empirischen Daten: Zeitreihen stehen zwar als Foresight-Instrument deutlich in der Kritik – und, werden sie zur unkritischen Extrapolation genutzt, völlig zu Recht –, aber immerhin zeigen sie ex post recht unbarmherzig, wie wenig Substanz in mancher Trendstory der Vergangenheit zu finden war. Kollektive Werte verändern sich in der Regel im Tempo des Generationenwechsels. Bedürfnisse (nicht zu verwechseln mit Bedarfen nach unterschiedlichen Mitteln zu ihrer Befriedigung) sind universell und konstant.

Das Gesagte sollte nun keinesfalls so interpretiert werden, dass kundenseitig ohnehin alles bleibt, wie es ist. Aber jenseits von kurzfristigen Hypes und Moden ist Augenmaß bei der Annahme angebracht, Mindsets würden sich kollektiv verändern; große Hebel sind dafür vonnöten. Nicht jede Veränderung im Kundenverhalten, nicht jeder Markterfolg eines neuen Produkts ist auf einen Wertewandel oder neue Bedürfnisse zurückzuführen. Vielmehr sind es die Anpassungsleistungen der Menschen an neue Umfeldbedingungen, Restriktionen und Möglichkeiten, die in erster Linie für kurz- bis mittelfristige Veränderungen von Marktgegebenheiten verantwortlich sind.

Was kann nun unternommen werden, um so seriös und solide wie möglich Aussagen über zukünftige KundInnen zu treffen? Was ist Customer Foresight? Kurz ausgedrückt: Es ist das Entdecken von Zusammenhängen im „Ist" und die (apriorische oder experimentelle) Wirkungsprüfung der veränderten Bedingungen möglicher Zukünfte.

Methoden des Customer Foresight

Wie im vorangegangenen Abschnitt erläutert, sind für Customer Foresight zwei Bausteine von essentieller Bedeutung, nämlich das Entdecken von Zusammenhängen im Ist und die Wirkungsprüfung von veränderten Bedingungen, für die jeweils zwei mögliche methodische Ansätze vorgeschlagen werden sollen (Abb. 1).

---

2   In diesem Zusammenhang ist auch bemerkenswert, dass sich als Sammelbegriff für Internetformate mit dem Schwerpunkt auf dem Austausch von Usern untereinander (wie eben Facebook, YouTube, Foren usw.) in den letzten Jahren der Begriff „Social Networks" ohne weitere Spezifizierung eingebürgert hat – als gäbe es offline keine sozialen Netzwerke!

Abbildung 1: Methodenbaukasten Customer Foresight.

Entdecken von Zusammenhängen im Ist	
Zeitreihenanalysen Basis: Studien mit quantitativer Datenbasis, die mit inhaltlicher Kontinuität (identische Itemsets) jährlich durchgeführt werden.	**Vertiefungsanalysen** Basis: eigenständige Studie mit qualitativem und quantitativem Teil zu z.B. einem Thema, das in der Zeitreihenanalyse identifiziert wurde.

Wirkungsprüfung von veränderten Bedingungen (apriorisch oder experimentell)	
Trendscouting Basis: qualitatives, gerichtetes Scouting zu neuen Produkt- und Servicetrends, dessen Ergebnisse dann quantitativ validiert werden.	**Virtuelle Methoden** Basis: mittels Simulationen mögliche Zukünfte lebensnah virtuell aufbereiten und Kunden zu ihrem Verhalten in dieser Zukunft befragen

Die beiden im Folgenden beschriebenen Methoden konzentrieren sich zunächst auf das Aufdecken von Zusammenhängen im Ist:

Zeitreihenanalysen

Zeitreihen resultieren aus der Messung von Variablen zu mehreren, aufeinander folgenden Zeitpunkten. Durch Zeitreihenanalysen, die auf Marktforschungsstudien, zum Beispiel zur Kundenzufriedenheit oder zu Einstellungsmerkmalen der Gesellschaft, basieren, können Strömungen ermittelt und Hypothesen zu möglichen Weiterentwicklungen abgeleitet werden. Wie oben bereits skizziert, ist eine unkritische Extrapolation von Zeitreihen nicht hilfreich. Dies beweist, mit einem gewissen Augenzwinkern, das „Elvis-Beispiel" der Universität Michigan. Es besagt, dass es, als Elvis Presley 1977 im Alter von 42 Jahren starb, weltweit bereits 48 Elvis-Imitatoren gab. 1995 waren es schon 7.328. Wenn man diese Zahlen also extrapolierte, wäre heute, im Jahr 2012, jeder vierte Erdenbewohner ein Elvis-Imitator.

Jedoch kann man auf Basis von Vergangenheitsanalysen auffällige Verhaltenstrends, die sich über einen bestimmten Zeitraum hinweg entwickelt haben, ermitteln und somit potenzielle Tendenzen für die Zukunft aufzeigen. Je mehr

Datenpunkte aus der Vergangenheit verfügbar sind, desto eindeutiger wird die Tendenz (oder die Hinweise auf Volatilität verstärken sich). Setzt man diese Tendenzen mit parallel stattfindenden Veränderungen von Umfeldfaktoren in Zusammenhang, entsteht ein Eindruck von Interdependenzen, und es lassen sich Hypothesen für die Zukunft aufstellen. Problematisch bleibt, dass Diskontinuitäten der erkannten Entwicklungen nicht prognostizierbar sind.

Das skizzierte Vorgehen ermöglicht es darüber hinaus, die „richtigen" Fragen für weiterführende Studien zu formulieren. Wie in der Kurzbeschreibung des Ansatzes dargestellt, bilden die Ausgangsbasis für dieses Vorgehen breit angelegte quantitative Studien, die über einen langen Zeithorizont verfügbar sind und sich durch Kontinuität im Ansatz, die in der Stichprobendefinition sowie durch die abgefragten Items auszeichnen. Durch die Nutzung dieser Quellen entstehen quantitativ basierte (Zukunfts-)Bilder, die de facto solider sind als subjektive (Zukunfts-)Annahmen, da sie auf empirischen Erhebungen fußen.

Vertiefungsanalysen

Lässt sich in den soeben erläuterten Zeitreihenanalysen oder in anderen klassischen Markt- und Kundenforschungsquellen ein komplexes Thema identifizieren, das nicht vollständig durch weitere Quellen erklärt oder verstanden werden konnte, bietet es sich an, eine „Tiefenbohrung" durchzuführen. Ziel ist eine Unterfütterung von Hypothesengerüsten oder bereits bekannten Ergebnissen aus vorgelagerten Quellen mittels einer zusätzlichen, quantitativen Detaillierung sowie qualitativer Forschung, um die dem festgestellten Verhalten zugrunde liegenden Motive zu erfahren. In Bezug auf Kundenpräferenzen kann dies bedeuten, dass in der Zeitreihenanalyse der Eindruck entstanden ist, eine bestimmte Entwicklungstendenz treffe nicht oder aber besonders stark auf eine bestimmte Zielgruppe zu. Im Rahmen der Vertiefungsanalyse wird diese Hypothese im Abgleich zu anderen Referenzpunkten (z. B. Tendenz gesamtgesellschaftlich oder Tendenz in anderen Zielgruppen) beleuchtet.

Die Vertiefungsanalyse bedient sich eines Mixes unterschiedlicher Marktforschungsmethoden, um den Befragungsgegenstand möglichst umfassend aus verschiedenen Perspektiven zu beleuchten. Zu Beginn wird mit ExpertInnenbefragungen gearbeitet, in deren Rahmen forschungsdisziplin-spezifische Erkenntnisse und Ansichten zum Befragungsgegenstand eruiert werden. Auf Basis dieser qualitativen Vorarbeit sowie im Abgleich mit den bereits vorliegenden Hypothesen aus den Zeitreihenanalysen wird ein Fragengerüst für eine qualitative und quantitative KundInnenbefragung ausgearbeitet. Als flankierender Baustein bietet sich die Analyse sozialer Diffusionsprozesse an. Kenntnisse hinsichtlich der

Frage, welche gesellschaftlichen Teilgruppen Vorreiter oder Träger eines Trends sind, können hilfreich für die Abschätzung der zukünftigen Entwicklung sein; zum Beispiel hat ein Verhaltensmuster, das sich zuerst oder verstärkt in einer jungen, hochgebildeten Gruppe zeigt, in der Regel ein größeres Zukunftspotenzial als ein Muster, das vornehmlich alte und niedrig gebildete Menschen bewegt. Erstere sind nicht nur deutlich sichtbarer und in den Medien präsenter, sondern haben in der Regel auch stärkeren Vorbildcharakter für andere Gruppierungen. Die Limitierung dieses Ansatzes liegt jedoch in der Herausforderung, die „wirklich relevanten" Gruppen und Prozesse in Bezug auf den Befragungsgegenstand zu identifizieren.

Mittels Zeitreihenanalysen und darauf aufbauender Vertiefungsforschung lässt sich somit ein solides Bild hinsichtlich bestimmter Tendenzen und Entwicklungen zeichnen. Während für diese beiden Methoden die Vergangenheitsanalyse eine große Rolle spielt, steht bei den beiden im Folgenden beschriebenen Methoden eine Wirkungsprüfung der veränderten Rahmenbedingungen im Vordergrund.

Validiertes Trendscouting

Da Befragte nicht aktiv über die gewünschte Art und Weise der Erfüllung ihrer Bedürfnisse in einem zukünftigen, noch nicht vollumfänglich bekannten Kontext Auskunft geben können, kann ein validiertes Trendscouting den „Umweg" über das Aufspüren neuer Produkt- und Service-Ideen liefern. Die Vorgehensweise der Trendscouts kann explorativ, ungerichtet (Scanning) oder mit einer gerichteten Suche in vorgegebenen Themenbereichen (Screening) erfolgen.

Mittels eines qualitativen, gerichteten Trendscoutings mit dem Fokus auf „schwachen Signalen" kann zum Beispiel in regelmäßigen Abständen beobachtet werden, welche neuen Produkt- und Service-Ideen entstehen und Zukunftspotenzial entwickeln. Zusätzlich zum konventionellen Vorgehen ermöglicht eine nachgelagerte, quantitative, bevölkerungsrepräsentative Bewertung dieser neuen Produkt- und Service-Ideen im Hinblick auf Faktoren wie Bekanntheit, Faszinationsgrad und assoziierter Mehrwert mehr als nur die bloße Entdeckung neuer Themen, sondern richtet den Fokus auf zukünftige KundInnenbedarfe bzw. -präferenzen. Dieses Vorgehen liefert ferner Aufschluss über den gesellschaftlichen Durchdringungsgrad eines Themas sowie über das Begeisterungs- und Nutzenpotenzial eines neuen Produkts oder Services. Aus der Tatsache, dass bestimmte Produkt- und Service-Gruppen in der Befragung besonders stark abschneiden, lässt sich ableiten, dass diese ein Bedürfnis ansprechen, für das es bislang keine ausreichenden Satisfaktoren gab. Diese Art der Erhebung setzt somit bereits an, bevor sich eine schwache Strömung zu einem konkreten Verhaltenstrend entwickeln kann. Sie dient hauptsächlich der Früherkennung – also dem Ziel, zukünftige Kundenbedarfe bzw. gewünschte Satisfaktoren für ein Bedürfnis zu antizipieren. Ein Tracking von Trends, die sich in der Validierung als besonders relevant erwiesen haben, ermöglicht es zusätzlich, den Trendverlauf über die Zeit nachzuverfolgen: manifestiert sich der Trend, bleibt er auf geringem Niveau oder entwickelt er sich zurück? Mittels dieser Informationen können Ideen frühzeitig bewertet und kurzfristige Trendblüten „entlarvt" werden.

Simulation von möglichen Zukünften zur Analyse von potenziellen Veränderungen in den Einstellungen und dem Verhalten von Kundinnen und Kunden

Unternehmen verfügen häufig über Wissen oder Annahmen bezüglich anstehender Umfeldveränderungen (Änderungen in Regularien, infrastrukturelle Anpassungen, Einführung neuer Technologien etc.), die für KundInnen noch nicht erlebbar sind. Dies macht es nahezu unmöglich, die KundInnen zu ihrem zukünftigen Verhalten mittels klassischer Kundenforschungsmethoden zu befragen. Die Zukunftssimulation, eine experimentelle Methode, kann helfen, diese Lücke zu überbrücken. Ziel der experimentellen Methoden ist es, grundlegende Wirkungszusammenhänge zu verstehen und so spezifische Aussagen zu KundInnenerleben und -verhalten in möglichen „Zukünften" zu erzeugen. In den Studien zum KonsumentInnenverhalten sind Kausalzusammenhänge schwieriger zu erkennen und zu verstehen als in anderen Wirkungsanalysen. Dies macht die Nutzung von experimentellen Methoden erforderlich, welche klassische Fragestellungen beantworten, wie etwa: „Wie würden KundInnen reagieren, wenn ...?".

Für diesen Prozess spielt die „Information Acceleration" eine bedeutende Rolle. Sie ist ein Hilfsmittel, um Befragte möglichst anschaulich in einen Zukunftskontext zu versetzen. Hierfür werden unterschiedliche Arten multimedialer Anwendungen und Simulationen genutzt, so dass der/die Befragte „virtuell" Erfahrungen mit den verfügbaren Informationen sammeln kann. Konkret bedeutet dies, dass heutige KundInnen einen Stimulus gezeigt bekommen, der eine (oder mehrere) zukünftige Situation(en) lebensecht simuliert und sie so in die Lage versetzt, sich „virtuell real" unter zukünftigen Bedingungen zu bewegen und Entscheidungen zu treffen. Durch das Beobachten des KundInnenverhaltens – zum Beispiel: welche Entscheidungen trifft er im veränderten Kontext oder lässt er gar von bestimmten Gewohnheiten ab? – können im nächsten Schritt Rückschlüsse auf Wirkungszusammenhänge im KonsumentInnenverhalten gezogen werden.

Bedeutung von Customer Foresight in der Praxis

Bei der BMW Group dienen die Kombination der genannten Methoden sowie die Entwicklung neuer Customer-Foresight-Methoden vorrangig der Vertiefung des Verständnisses zukünftiger Kundenpräferenzen. Das angewandte Customer Foresight zielt auf eine Verbesserung der Prognosequalität mittels „Projizieren von möglichen Zukünften" und bedient sich vorrangig der im vorangegangenen Abschnitt beschriebenen Methoden. Sowohl die Entdeckung von Zusammenhängen im Ist als auch die Prüfung der Wirkungen, die veränderte Bedingungen haben, liefern wertvolle Hinweise auf Veränderungen in den Kundenanforderungen.

Essentieller Bestandteil der Unternehmensstrategie der BMW Group ist es, die KundInnen als Stakeholder, bzw. ihre Bedarfe, so früh wie möglich in den Produktentstehungsprozess mit einzubinden. Customer Foresight liefert mit Aussagen zu möglichen, zukünftigen Präferenzentwicklungen und Anforderungen der KundInnen die Grundlagen für eine strategische Planung. Innerhalb des Unternehmens werden Informationen aus dem Customer Foresight vorrangig an Abteilungen, wie z. B. die Markt-, Marken-, Produkt- und Designstrategie, abgegeben. Diese Funktionen definieren während der Strategiephase die Anforderungen und notwendigen Eigenschaften neuer Produkt- und Marktentwicklungsprojekte und fungieren somit als „Sprachrohr von Markt und Kunde". Als ein Beispiel sei die Vorgabe von Rahmenbedingungen für ein Fahrzeugprojekt durch diese Stellen genannt, die dann in der Konzept- und Vorbereitungsphase von EntwicklerInnen und DesignerInnen in konkrete Produktmaßnahmen und -designs übersetzt werden.

In der Automobilbranche ist der Produktentstehungsprozess bei Neuprojekten auf eine Dauer von insgesamt zirka 72 Monate ausgelegt. Danach erst folgt der eigentliche Lebenszyklus des Produktes im Markt, der weitere 72 bis 84 Monate dauern kann. Aus Sicht der Produktstrategie lautet die Herausforderung daher, bereits sechs Jahre vor Markteintritt eines neuen Produktes zu wissen, was KundInnen von einem Fahrzeug erwarten werden.

Doch welche Kundeninformationen sind für die genannten, sehr frühen Prozessschritte überhaupt relevant und darüber hinaus in einer Qualität vorhanden, die eine Planung mit Zeithorizonten von bis zu 72 Monaten ermöglichen?

Zeitreihen- und darauf aufbauende Vertiefungsanalysen liefern den Markt-, Marken-, Produkt- und Designstrategen zum Beispiel Informationen zu Einstellungs- und Bedarfstrends auf Kundenseite, inklusive daraus abgeleiteter Hypothesen im Hinblick auf sich wandelnde Kundenpräferenzen. Diese Daten helfen zum Beispiel, sich auf veränderte Kundeneinstellungen zum Automobil, begründet durch ökologische, soziale oder finanziell bedingte Motive, mit geeigneten „Produktantworten" vorzubereiten.

Ergebnisse aus dem Trendscouting dienen den genannten StrategInnen hingegen vorrangig als Inspirationsquelle, welche der jenseits des automobilen Kontextes gescouteten und validierten Produkt- und Servicetrends Einfluss auf zukünftige Kundenerwartungen nehmen könnten und daher in einem neuen Fahrzeugkonzept ihre Entsprechung finden sollten. So ist zum Beispiel die Übertragung der „Augmented Reality" aus dem Kontext der Mobiltelefonie in das Fahrzeug ein aktueller Branchentrend geworden.

Virtuelle Methoden beantworten für die StrategInnen die Frage: „Wie würden sich unsere KundInnen in einer Situation x verhalten?" Diese Information ist in erster Linie für die Abschätzung von Auswirkungen bestimmter Umfeldveränderungen (zum Beispiel neue Regularien wie CO_2-basierte Besteuerungen oder City-Maut u. Ä.) auf das automobile Wahlverhalten der KundInnen relevant und findet hierdurch zum Beispiel Eingang in die Diskussion über Portfolio-Anpassungen oder -erweiterungen.

In ihrer Summe unterstützen die Customer-Foresight-Methoden die Strukturierung der eingangs genannten Strategien, die die Basis für jegliche neuen Produkt- und Portfolio-Projekte der BMW Group bilden. Jedoch bleibt abschließend festzuhalten, dass generell keine konkreten Zukunftsdaten (unabhängig vom Kontext) zum Kunden verfügbar sind. Customer Foresight kann daher in erster Linie als ein Ansatz verstanden werden, der in der Praxis die Beschreibung zukünftiger KundInnenanforderungen und -präferenzen mittels Ableitungen auf Basis aktueller Kundenquellen sowie durch den Einsatz von vorausschauenden, virtuellen Methoden unterstützt.

Die Zukunft bleibt offen, sie kann nicht gewusst werden. Customer Foresight hat nichts von Wahrsagerei und wenig von Forecasts, aber es erscheint als die solideste Möglichkeit, Zukunftsperspektiven für die Nachfrageseite des Marktes zu beschreiben. Eine Verknüpfung mit Quellen, die Auskunft über die Größen geben, welche die Rahmenbedingungen des Kundenverhaltens darstellen (insbesondere technologische, ökonomische, ökologische und regulatorische Faktoren), ist dabei eine Notwendigkeit, die Verwertung des Customer Foresight in unternehmerischen Szenarioprozessen eine ausgezeichnete Chance.

Eisenbahn in Deutschland 2025 –
Zukunftsperspektiven für Mobilität und Logistik

Tom Reinhold und Georg Kasperkovitz

Einleitung

Als am 7. Dezember 1835 der legendäre „Adler" erstmals die Strecke von Nürnberg nach Fürth fuhr, war dies der Startschuss für das Eisenbahnzeitalter in Deutschland. Im Jahr 2010, 175 Jahre später, nimmt die Deutsche Bahn dieses Jubiläum zum Anlass, nicht nur auf die lange und erfolgreiche Geschichte der Eisenbahn in Deutschland zurückzublicken, sondern auch einen Blick auf die zukünftige Entwicklung des Schienenverkehrs zu werfen. Zusammen mit McKinsey & Company hat die Deutsche Bahn daher eine Studie mit dem Titel „Zukunftsperspektiven für Mobilität und Transport" zu den Perspektiven der Eisenbahn in Deutschland bis 2025 erstellt. Dazu wurden Entwicklungskorridore für den Schienenpersonen- und den Schienengüterverkehr im Rahmen der Betrachtungen verschiedener Szenarios, unter Einbezug gesamtwirtschaftlicher Entwicklungen, gesellschaftlicher Veränderungen sowie staatlicher Rahmenbedingungen, aufgezeigt. Im Folgenden werden die Vorgehensweise sowie die wesentlichen Ergebnisse dieser Studie dargestellt.[1]

Wesentliche Rahmenbedingungen für den Schienenverkehr

In welchem Maße sich der Schienenverkehr in Deutschland bis zum Jahr 2025 entwickeln wird, hängt im Wesentlichen von drei Rahmenbedingungen ab: von der gesamtwirtschaftlichen Entwicklung, den gesellschaftlichen Veränderungen und dem Handeln des Staates.

Die wirtschaftliche Entwicklung – in Deutschland wie weltweit – ist insbesondere davon bestimmt, in welchem Maß die Finanz- und Wirtschaftskrise der Jahre 2008 und 2009 bewältigt wird. Ob eine Erholung der Wirtschaft und eine Rückkehr zu den hohen Wachstumsraten der Vorkrisenzeit eintreten, hängt dabei vor allem vom Erfüllungsgrad fünf zentraler Voraussetzungen ab.

---

1 Die gesamte Studie kann unter http://www.deutschebahn.com/site/bahn/de/presse/publikationen/sonderpublikation/db__zukunftsstudie__2025.html heruntergeladen werden; eine Kurzfassung ist darüber hinaus in der Zeitschrift Internationales Verkehrswesen, Heft 4/2010, S. 72 bis 75, erschienen.

Diese sind:
- eine Überwindung der Finanzmarktkrise durch Erholung des Bankensektors,
- eine Stabilisierung der Konsumnachfrage in den USA und in Europa,
- das Anziehen der Investitionstätigkeit auf Vorkrisenniveau,
- eine schnelle Überwindung der Krise in den BRIC-Staaten (Brasilien, Russland, Indien und China) sowie
- die Konsolidierung der öffentlichen Haushalte in Deutschland.

Dennoch ist selbst im optimalen Fall – also wenn es zum Beispiel zu keinen weiteren massiven Abschreibungen im Bankensektor kommt, die Konsumnachfrage und die Investitionstätigkeit in den USA und in Europa nicht weiter sinken und der Welthandel mittelfristig wieder ein durchschnittliches reales Wachstum von rund 4,5 Prozent erreicht – mit einer zukünftig deutlich volatileren gesamtwirtschaftlichen Entwicklung zu rechnen.

Abbildung 1: Entwicklungskorridor deutsche Wirtschaft bis 2025.

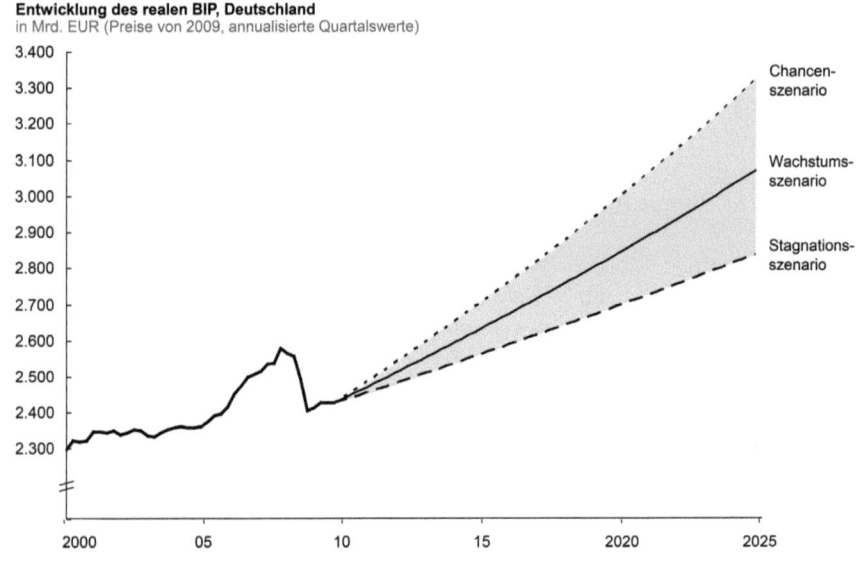

Aus diesem Grund verzichtet die Studie auf einen genauen Prognosezielwert für das Jahr 2025. Stattdessen wird ein Erwartungskorridor für die Wachstumsraten des Bruttoinlandsproduktes (BIP) aufgezeigt. Die Entwicklung des BIP beeinflusst in starkem Maße die Entwicklung der Industrieproduktion sowie das Einkommen der Bevölkerung – und damit die Entwicklung der Transportleistung im Schienengüterverkehr und der Nutzung des Schienenpersonenverkehrs. Es werden dazu drei alternative Szenarien und damit verbundene Entwicklungskorridore dargestellt. Im pessimistischsten Fall, dem Stagnationsszenario, wird ein BIP-Wachstum von einem Prozent unterstellt. Das optimistische Chancenszenario geht von zwei Prozent aus, während das mittlere Wachstumsszenario mit BIP-Wachstumsraten von durchschnittlich eineinhalb Prozent hinterlegt ist. Unter diesen Szenarien ist es das Wachstumsszenario, das dem Konsens verschiedener Prognoseinstitute entspricht. Daher steht es innerhalb der Studie, wie auch in vorliegendem Artikel, im Zentrum der Betrachtungen. Insgesamt übersteigt das für 2025 prognostizierte Bruttoinlandsprodukt in allen drei Szenarien (Stagnationsszenario: ca. 1.900 Mrd. Euro; Wachstumsszenario: ca. 2.100 Mrd. Euro; Chancenszenario: ca. 2.250 Mrd. Euro) den Wert des Jahres 2008 (1.615 Mrd. Euro) (siehe Abb. 1).

Außer durch die gesamtwirtschaftlichen Rahmenbedingungen wird die Entwicklung des Schienenverkehrs bis 2025 auch in starkem Maße dadurch beeinflusst, dass sich das Mobilitätsverhalten der Deutschen aufgrund gesellschaftlicher Veränderungen wandelt. Dabei sind vier Parameter von besonderer Wichtigkeit:

- Erstens wird im Zuge der *demografischen Entwicklung* der Anteil der über 60-Jährigen weiter wachsen, während der Anteil der unter 60-Jährigen prozentual zweistellig abnehmen wird. Dies führt insgesamt zu einer Reduzierung der potenziellen SchienenverkehrsnutzerInnen um zirka drei Prozent (siehe Abb. 2).
- Zweitens wird sich das inflationsbereinigte verfügbare *Pro-Kopf-Nettoeinkommen* im Wachstumsszenario auf durchschnittlich 25.000 Euro im Jahr 2025 erhöhen (2008: 19.350 Euro). Dies führt bei einem gleichbleibenden Budgetanteil für Reisen zu mehr privaten Reisen der Bevölkerung.
- Drittens wird bezüglich der *Arbeitslosenquote* im mittleren Wachstumsszenario ein Zielwert von rund sieben bis acht Prozent erwartet. Dieses Ergebnis kommt zum einen durch Arbeitsplatzgewinne aufgrund des Wirtschaftswachstums zustande, andererseits werden durch Effizienzsteigerungen in der Produktion auch Arbeitsplätze abgebaut. Allerdings wird eine Zunahme des Anteils der Erwerbstätigen an der Gesamtbevölkerung prognostiziert, die durch die bessere Integration von Langzeitarbeitslosen in den Arbeitsmarkt, eine steigende Zahl von Frauen im Beruf sowie die Verschiebung des Renteneintrittsalters begründet ist.

- Der vierte gesellschaftliche Einflussfaktor ist der sich verstärkende Trend der *Urbanisierung* bzw. Suburbanisierung in Deutschland. Während die Bevölkerungsdichte in einigen Regionen Deutschlands weiter abnehmen wird, etwa in Mecklenburg-Vorpommern oder in ländlichen Regionen Niedersachsens, steigt die Bevölkerungszahl in einer Reihe von Ballungszentren, wie etwa im Großraum München oder im Rhein-Main-Gebiet, um zehn Prozent oder mehr an. Gleichzeitig verschieben sich Wohnraum und Arbeitsplätze stärker aus den Kernstädten ins städtische Umland.

Insgesamt zeigt sich, dass die wirtschaftliche Entwicklung einen deutlich stärkeren Einfluss auf den Schienengüterverkehr haben wird, während die gesellschaftlichen Einflussfaktoren hauptsächlich den Schienenpersonenverkehr beeinflussen.

Abbildung 2: Alterung deutsche Gesellschaft bis 2025.

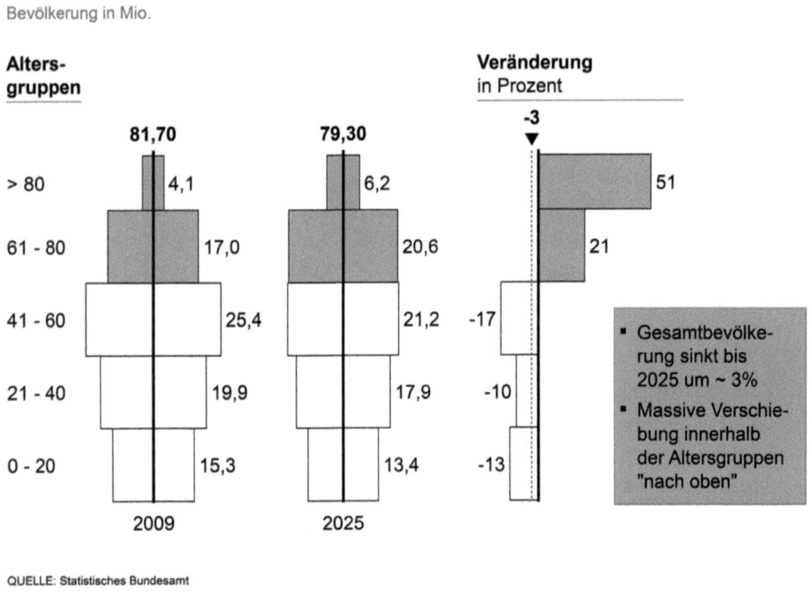

Bevölkerung in Mio.

Altersgruppen	2009	2025	Veränderung in Prozent	
> 80	4,1	6,2	51	
61 - 80	17,0	20,6	21	
41 - 60	25,4	21,2	-17	• Gesamtbevölkerung sinkt bis 2025 um ~ 3%
21 - 40	19,9	17,9	-10	• Massive Verschiebung innerhalb der Altersgruppen "nach oben"
0 - 20	15,3	13,4	-13	
Summe	**81,70**	**79,30**	**-3**	

QUELLE: Statistisches Bundesamt

Von großer Relevanz sowohl für den Güter- als auch für den Personenverkehr sind die staatlichen Rahmenbedingungen. So ist es etwa unabdingbar, dass von Seiten des Staates bedarfsorientiert in Infrastruktur investiert wird, damit die im Wachstums- und Chancenszenario erwarteten höheren Transportaufkommen bewältigt werden können. Ebenso müssen Bund, Länder und Kommunen weiterhin wesentliche Besteller von öffentlichen Nahverkehrsleistungen sein. Die

Wahrnehmung dieser Aufgaben wird von den staatlichen Stellen aber nur dann zu erwarten sein, wenn durch Konsolidierung der öffentlichen Haushalte entsprechende Handlungsspielräume entstehen. Des Weiteren werden regulatorische Maßnahmen und Gesetze zur Umsetzung des im Jahr 2009 von der Europäischen Union (EU) verabschiedeten Klimaziels 20-20-20 von Bedeutung für den Schienenverkehr sein. Sollten Maßnahmen zur Senkung der CO_2-Emissionen ergriffen werden, kann dies eine positive Wirkung auf die Entwicklung des Marktanteils der Schiene im Personenverkehr, aber auch im Güterverkehr haben.

Entwicklung der Schienenverkehrsmärkte bis 2025

Bis 2025 wird sich der Schienenverkehr in Deutschland gegenüber heute deutlich verändern. Dies liegt sowohl an wachsenden Märkten als auch an Innovationen innerhalb des Systems Schiene, die zu größeren Modalanteilen führen. Im Hinblick auf den Personenverkehrsmarkt wird bis zum Jahr 2025 in allen drei Szenarien von einem, wenn auch moderaten, Wachstum im Vergleich zu den Krisenjahren 2008 und 2009 ausgegangen (vgl. Abb. 3).

Abbildung 3: Deutscher Personenverkehrsmarkt, 2025.

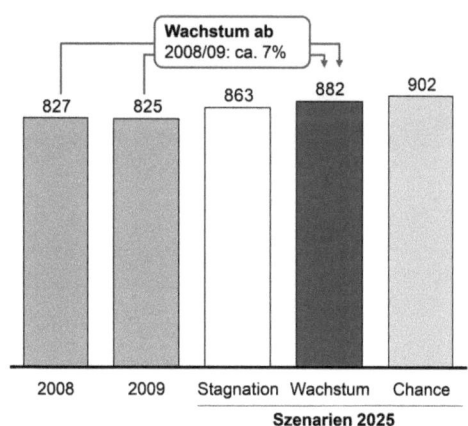

QUELLE: DB AG; InnoZ (Datenstand Sept. 2010)

Diese eher zurückhaltende Prognose bestätigt aber einen Trend, der bereits seit einigen Jahren zu beobachten ist: Die Verkehrsleistung im Personenverkehr wächst unterproportional zum BIP. Zwischen 2001 und 2008 betrug die „Wachstumsstärke", das heißt das Verhältnis von Wachstumsrate Personenkilometer (Pkm) zu Wachstumsrate BIP, nur 0,28 – und war damit deutlich niedriger als in den Jahrzehnten zuvor. Vor dem Hintergrund der bereits angeführten Annahmen über künftige gesellschaftliche Veränderungen, darunter besonders jene der abnehmenden Bevölkerungszahl in Deutschland, erscheint eine solche Schätzung als angemessen.

Ebenfalls von Bedeutung sind die zu erwartenden strukturellen Veränderungen. Die infolge der Urbanisierung stattfindende Ausdünnung ländlicher Regionen impliziert einen Rückgang der Nachfrage nach öffentlichen Nahverkehrsleistungen, so dass für manche Regionen ein Umstieg bei der flächendeckenden ÖPNV-Versorgung zugunsten von Bus und Sammeltaxi zu erwarten ist. Gleichzeitig führt dieser Trend zu einer stärkeren Nachfrage nach Transportleistungen zwischen Ballungszentren bzw. Agglomerationsräumen und dort zu einer Stärkung des klassischen öffentlichen Verkehrs (vgl. Abb. 4).

Abbildung 4: Entwicklung der Regionstypen in Deutschland.

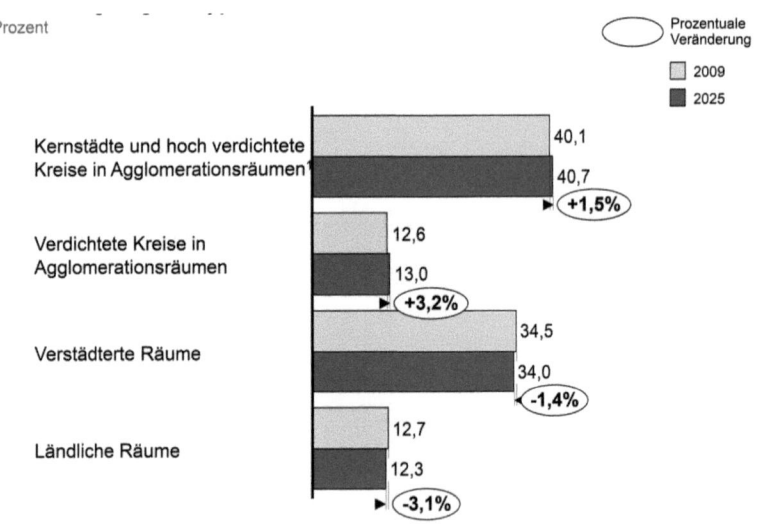

1 Agglomerationsräume definiert als Oberzentren mit > 300.000 Einwohnern bzw. einer Dichte von > 300 Einwohnern/km²

QUELLE: Bundesamt für Bauwesen und Raumordnung (Raumordnungsprognose, Stand 2009)

Weiterhin werden Veränderungen in den Reisegewohnheiten der Menschen zu beobachten sein. Zukünftige Senioren werden ein stärkeres Mobilitätsverhalten an den Tag legen, was zu einer deutlich höheren Verkehrsleistung als bei der heutigen Seniorengeneration führt. Gleichzeitig ist eine Erhöhung der Nachfrage nach Transportlösungen im Personenverkehr auch die Folge der steigenden Anzahl von Einzelhaushalten, mit einer dadurch bedingten Zunahme räumlicher Interaktion, immer vielfältigeren Freizeitaktivitäten der Menschen und einer breiteren Streuung sozialer Kontakte – auch über Landesgrenzen hinweg.

Der Transportbedarf bzw. die Verkehrsleistung im Güterverkehrsmarkt wird sehr viel stärker steigen als im Personenverkehr und im Jahr 2025 in allen drei Szenarien auf einem deutlich höheren Niveau als in den Krisenjahren 2008 und 2009 liegen (vgl. Abb. 5).

Abbildung 5: Deutscher Güterverkehrsmarkt, 2025.

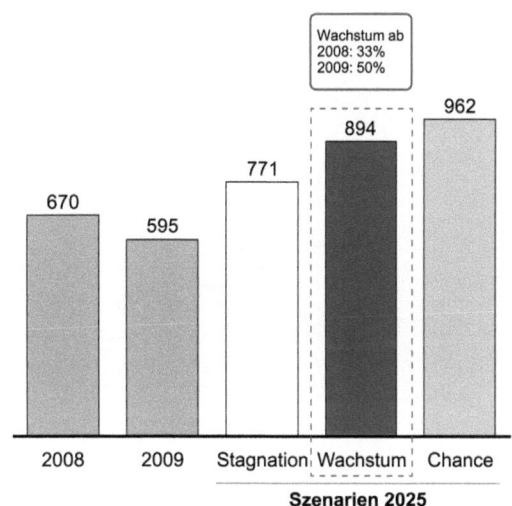

Dieses Wachstum wird besonders durch strukturelle Veränderungen im Güterverkehrsmarkt hervorgerufen. Durch die fortschreitende Globalisierung und eine engere Zusammenarbeit innerhalb der EU ist vor allem mit einer Zunahme grenzüberschreitender Transporte und damit mit einer noch stärkeren internationalen, vor allem europäischen, Ausrichtung seitens der Transporteure zu rechnen. Zwar steigt bis 2025 auch die Transportleistung im Binnenverkehr deutlich an – im Wachstumsszenario von 317 Milliarden Tonnenkilometer (tkm) im Jahr 2009 um ca. 22 Prozent auf ca. 388 Milliarden tkm. Dennoch verzeichnet der Anteil grenzüberschreitender Verkehre ein ungleich stärkeres Wachstum – im Wachstumsszenario von 278 Milliarden tkm in 2009 um ca. 82 Prozent auf ca. 506 Milliarden tkm (vgl. Abb. 6).

Abbildung 6: Entwicklung Güterverkehre in Deutschland, 2025

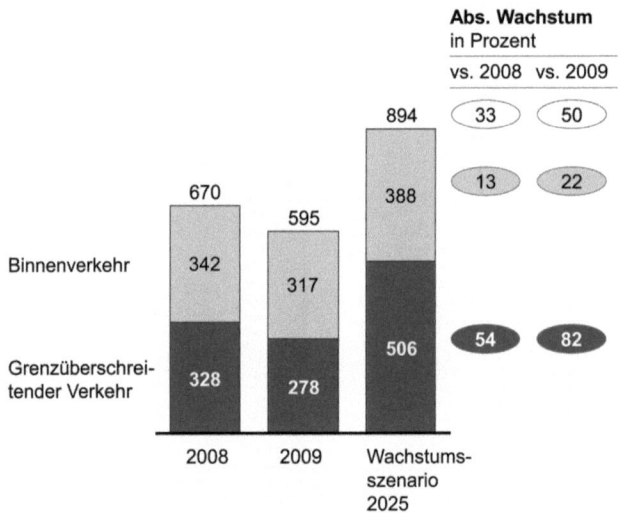

Daneben wird auch die zukünftige Güterstruktur, die sich im Zuge fortschreitender Globalisierung und Arbeitsteilung verändert, einen Einfluss auf den Markt haben. So ist zu etwa zu erwarten, dass die Branchen Automotive, Maschinen und sonstige Halb- und Fertigwaren, die hauptsächlich im kombinierten Verkehr transportiert werden, mit einer Wachstumsrate von knapp vier Prozent p. a. im Vergleich zu knapp zwei Prozent p. a. Gesamtmarktwachstum überdurchschnittlich stark ansteigen. Umgekehrt ist bei schienenaffinen Branchen, wie der metallverarbeitenden Industrie oder der Grundstoffindustrie, mit leichten Anteilsrückgängen zu rechnen. Insgesamt werden die traditionell profitablen Verkehre für Kohle, Chemie, Stahl etc. an Bedeutung verlieren, während die Containerverkehre zunehmen (vgl. Abb. 7).

Abbildung 7: Entwicklung Güterstruktur deutscher Güterverkehr, 2025.

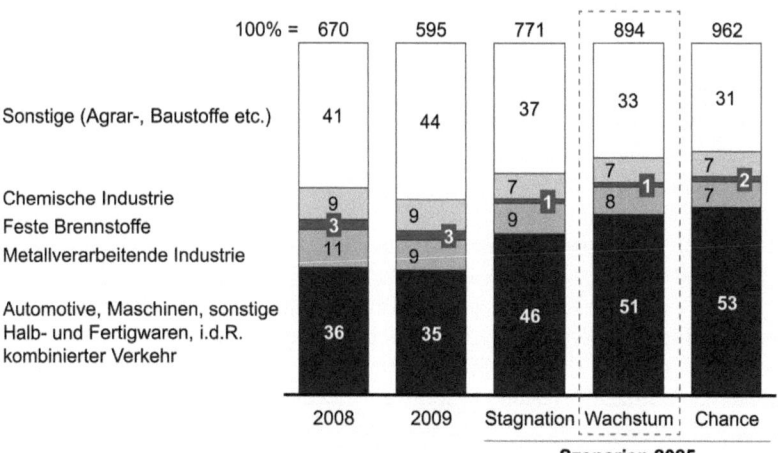

Wachstum durch Innovationen

Damit die Schiene von den Marktchancen, die sich durch die wirtschaftlichen und gesellschaftlichen Entwicklungen ergeben, profitieren kann, sind insbesondere Innovationen innerhalb der Eisenbahnverkehrsunternehmen (EVU) unabdingbar. Im Schienenpersonenverkehr sind bei der physischen Infrastruktur – z. B. Schienen und Fahrzeuge – nur eher graduelle Neuerungen zu erwarten. Der Ausbau des Streckennetzes, insbesondere der Hochgeschwindigkeitsverbindungen, ist bereits heute im Bundesverkehrswegeplan abgebildet und wird voraussichtlich bis 2025 umgesetzt sein. Als Folge dessen werden sich die Reisezeiten zwischen verschiedenen deutschen Großstädten erheblich verkürzen – auf der Strecke zwischen Berlin und München im Jahr 2025 etwa von sechs auf vier Stunden.

Grundlegende Innovationen werden hingegen vor allem beim Kundenangebot zu finden sein. Sie tragen dem gestiegenen Umweltbewusstsein der Kunden Rechnung und orientieren sich an ihrem Wunsch nach einem einfachen Zugang zum System Schiene und nach einer intelligenten Verknüpfung verschiedener Verkehrsmodi. Diese Innovationen liegen vor allem in Fortschritten bei den Informations- und Kommunikationstechnologien begründet und haben eine deutliche Steigerung von Kundenerlebnis und Kundenzufriedenheit zum Ziel. Dazu gehören etwa die engere Verzahnung und Verbindung verschiedener Verkehrsträger in integrierten Mobilitätsketten, ein einfacherer Zugang zum System Bahn, beispielsweise durch die Möglichkeit, verschiedene Verkehrsmittel über eine einheitliche Kundenschnittstelle unter Nutzung eines einzigen Mediums (z. B. Smartphone) zu buchen, sowie dynamische Informationen für Reisende, Tarifsysteme mit nachfrageorientierten Preisstrukturen und Verbesserungen beim grenzüberschreitenden Verkehr.

Auch im Schienengüterverkehr ist bis 2025 mit kundenbezogenen Innovationen, aber ebenso mit Neuerungen in der Produktion zu rechnen. Zu ersteren zählen beispielsweise webbasierte Fahrpläne zur sendungsspezifischen Planbarkeit sowie die unmittelbare Angebotserstellung durch Teilautomatisierung und standardisierte Mechanismen für Transferpreise zwischen kooperierenden Bahnen. Damit werden technische Neuerungen, die teilweise schon heute in Ansätzen vorhanden sind, konsequent zum Nutzen der Kunden weiterentwickelt. Zudem werden Kundeninformationen in Echtzeit, eine Erhöhung der Transportgeschwindigkeiten, garantierte Pünktlichkeiten durch grenzüberschreitende Produktionsoptimierungen und bessere Zugangsmöglichkeiten zum System Bahn durch neue Gleisanschlüsse, Railports und weitere innovative (intermodale) Lösungen die Position der Schiene im Wettbewerb mit straßengebundenen Transportmitteln verbessern. Zu den Innovationen im Schienengüterverkehr zählen etwa auch Einzelwagenverkehre mit Kapazitätsbuchungssystem, durch die die Auslastung bei der Produktionsplanung erhöht werden kann, sowie neue Kooperationsmodelle bei der Produktion von Verkehren (z. B. XRail) und korridorweit koordinierte Investitionen in Infrastruktur, die wiederum größere Zuglängen und den Einsatz von Schwerlastgüterzügen ermöglichen.

Die Schiene im intermodalen Wettbewerb

Die Frage der Wettbewerbsfähigkeit der Schiene wird nicht nur durch die genannten Innovationen, sondern auch durch eine Reihe von externen Faktoren beeinflusst werden – durch positive und negative Trends mit höherer Eintrittswahrscheinlichkeit sowie durch positive und negative Diskontinuitäten, deren Eintrittswahrscheinlichkeit eher gering ist. Im Folgenden werden zunächst die relevanten Einflussfaktoren für den Schienenpersonenverkehr beschrieben (vgl. Abb. 8).

Abbildung 8: Externe Einflussfaktoren – Schienenpersonenverkehr.

Externe Einflussfaktoren auf Modalanteil Schiene – Trends und mögliche Diskontinuitäten Schienenpersonenverkehr

	Einflussfaktoren mit positiver Auswirkung	Einflussfaktoren mit negativer Auswirkung
Trends (wahrscheinlich)	• Verteuerung anderer Verkehrsmodi durch Ölpreissteigerungen und umweltorientierte Regulierung • Weitere Einkommensspreizung • Veränderung der Einstellung zum Automobil	• Rückgang öffentlicher Mittel zur Finanzierung des Nahverkehrs • Starker Kostenfokus bzw. zu starre Vorgaben bei Ausschreibungen im SPNV • Erfolgreiche Etablierung des Fernbusmarkts
Diskontinuitäten (eher unwahrscheinlich)	• Verschärfung der Umweltregulierung	• E-Presence: Einsatz neuer Technologien mit starker Auswirkung auf Arbeitsverhalten • Drastisches Anwachsen von Kriminalität (80er-Jahre-New-York-Effekt), Terror oder Epidemien (Schweinegrippe)

QUELLE: DB AG; McKinsey

Positiv werden sich Kostensteigerungen für Öl und Energie auswirken. Nur etwa zehn Prozent der Gesamtkosten entfallen bei der Bahn auf Energie. Dieser Anteil liegt beim Auto mit zirka einem Drittel und beim Flugzeug mit 20 bis 30 Prozent deutlich höher. Somit ist davon auszugehen, dass sich bei dem zu erwartenden Anstieg der Energiepreise die relative Kostenposition der Schiene verbessern wird. Ein Anstieg des Modalanteils der Schiene um zwei bis drei Prozent ist auf diesem Wege möglich.

Einen weiteren positiven Effekt wird es haben, dass sich in der Bevölkerung auf breiter Basis eine veränderte Einstellung zum Automobil durchsetzen wird. Besonders bei den bis 30-Jährigen scheint sich bereits heute abzuzeichnen, dass das Auto als Statussymbol an Bedeutung verliert und stattdessen neue Besitzmodelle, wie beispielsweise innovative „Sharing-Modelle", an Attraktivität gewinnen. Für die Schiene ist das vorteilhaft, weil sich die relative Kostenposition für die Durchführung einer einzelnen Fahrt gegenüber dem motorisierten Individualverkehr durch dessen steigende Grenzkosten verbessert.

Schließlich könnten eine Verschärfung der Umweltregulierung von politischer Seite und die damit verbundene Förderung umweltfreundlicher Verkehrsmittel dazu führen, dass sich der Marktanteil der Schiene im Personenverkehr vergrößert. Dazu gehören würden zum Beispiel eine Einbeziehung des Luft- und Straßenverkehrs in den CO_2-Zertifikatehandel, die Einführung einer Pkw-Maut auf Autobahnen oder Zufahrtsverbote für alle Fahrzeuge mit Verbrennungsmotoren in Zentrumsbereichen. Allerdings wird ein solches Szenario als eher unwahrscheinlich angesehen.

Neben diesen Chancen ist umgekehrt auch mit externen Einflussfaktoren zu rechnen, die sich nachteilig auf die Zukunft des Schienenpersonenverkehrs auswirken könnten. Einer dieser Faktoren wäre eine anhaltende Reduktion der vom Staat für den Schienenverkehr bereitgestellten öffentlichen Mittel. Durch die weiter steigende Staatsverschuldung und die dadurch bedingte Verknappung öffentlicher Mittel für die Bestellung von Nahverkehrsleistungen kann es insbesondere in strukturschwachen Gebieten zu einer Substitution der Schiene durch straßengebundene Verkehre, wie Bus oder Sammeltaxi, kommen.

Auch ein weiter verstärkter Kostenfokus bei Ausschreibungen im Schienenpersonennahverkehr, wo Ausschreibungen häufig im Rahmen von langfristigen „Bruttoverträgen" verfasst werden, mit denen festgelegte Umsatzerlöse verbunden sind, kann die Position der Schiene langfristig schwächen. Wenn sich durch eine derartige Ausgestaltung von Ausschreibungen der Anreiz für die EVU reduziert, Innovationen bei der Angebotsgestaltung – etwa in Form von Qualitätssteigerungen – voranzutreiben, besteht die Gefahr eines ausschließlich auf Preisgestaltung basierenden Verdrängungswettbewerbs zwischen den EVU. Letztlich könnte auch die erfolgreiche Etablierung des Fernbusmarktes die Schiene Modalanteile kosten. Der Umfang dieser Verluste wird sich jedoch in Grenzen halten, da davon auszugehen ist, dass das betreffende Marktsegment weniger aus Bahnreisenden als vielmehr aus Individual- und Erstreisenden bestehen wird.

Zu den eher unwahrscheinlicheren Trends (Diskontinuitäten) mit negativen Auswirkungen auf den Modalanteil Schiene gehört hingegen die sogenannte E-Presence, also die durch Informations- und Kommunikationstechnologien gestützte Virtualisierung von privaten und geschäftlichen Begegnungen, aufgrund derer die Notwendigkeit geschäftlicher und privater Reisen sinken würde. Ob es zu einer gravierenden Substitution persönlicher durch elektronische Kontakte kommt, hängt nicht zuletzt von der Akzeptanz virtueller Interaktion durch kommende Berufseinsteiger und Berufseinsteigerinnen ab.

Daneben wären etwa auch ein plötzliches Ansteigen der Kriminalität, wie etwa in New York in den 1980er Jahren, und der Ausbruch einer Pandemie oder auch ein Terroranschlag Gründe, die zu einer Verschlechterung des Sicherheitsempfindens in öffentlichen Räumen, wie Bahnhöfen oder Zügen, führen würden.

Die Kundenanzahl würde infolgedessen zurückgehen, und für die Verkehrsunternehmen könnten hohe Kosten für zusätzliche Sicherheitsmaßnahmen entstehen. Insgesamt kann sich der Modalteil der Schiene, sofern in einem sehr günstigen Umfeld ausschließlich positiv wirkende Einflussfaktoren bestimmend sind, auf 13 Prozent erhöhen. Umgekehrt kann der Modalanteil bei Eintreten überwiegend negativ wirkender Einflussfaktoren auch auf neun Prozent absinken. Bei Annahme des heutigen Modalanteils (2009: 9,8 Prozent) steigt die Verkehrsleistung im Schienenpersonenverkehr im Wachstumsszenario auf 87 Milliarden Pkm. Erhöht sich der Modalanteil unter positiven Rahmenbedingungen auf 13 Prozent, so ergibt sich eine Verkehrsleistung von 115 Milliarden Pkm, während sich die Verkehrsleistung bei einem Modalanteil von neun Prozent auf 79 Milliarden Pkm verringert (vgl. Abb. 9).

Abbildung 9: Verkehrsleistung Schiene im deutschen Personenverkehrsmarkt, 2025.

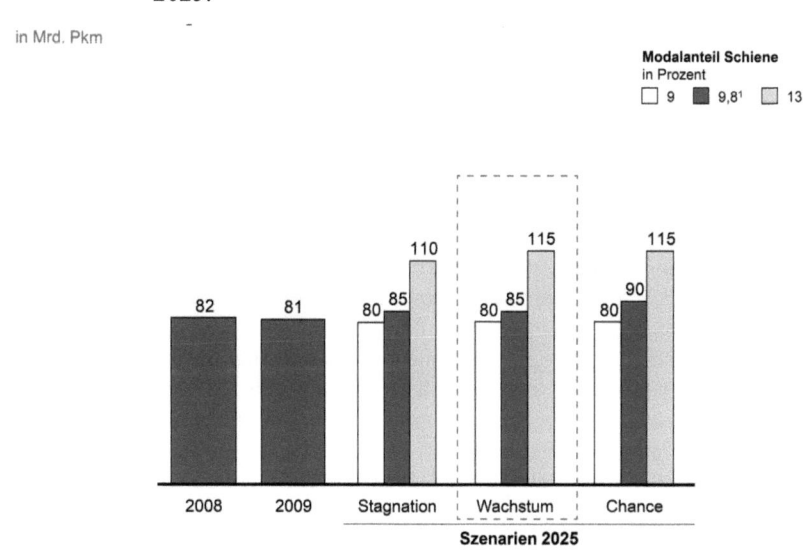

Ähnlich wie im Schienenpersonenverkehr gibt es auch im Schienengüterverkehr eine Reihe von positiven und negativen Einflussfaktoren, die sich auf die zukünftigen Modalanteile auswirken werden (vgl. Abb. 10).

Abbildung 10: Externe Einflussfaktoren – Schienengüterverkehr.

Externe Einflussfaktoren auf Modalanteil Schiene – Trends und mögliche Diskontinuitäten Schienengüterverkehr

	Einflussfaktoren mit positiver Auswirkung	Einflussfaktoren mit negativer Auswirkung
Trends (wahrscheinlich)	• Verbesserung Interoperabilität und Zusammenarbeit bei grenzüberschreitenden Verkehren • Einhaltung von Sozialstandards auf der Straße/Lkw-Transport • Stetiger Anstieg der Energiepreise • Verstärkung Umweltbewusstsein, Einführung europaweite Lkw-Maut	• Zulassung von so genannten EuroCombi-Lkw in Europa
Diskontinuitäten (eher unwahrscheinlich)	• Einführung Alpen-Transit-Börse zur Limitierung Lkw-Verkehre	• Beschleunigte Abwanderung des Großteils der Schwer- und Chemieindustrie in Mitteleuropa • Einstellung Einzelwagenverkehr in weiteren europäischen Ländern • Einführung tief greifender Lärmschutzmaßnahmen

QUELLE: DB AG; McKinsey

Zu den mit positiven Auswirkungen verbundenen Trends gehören etwa die verbesserte Interoperabilität und Zusammenarbeit bei grenzüberschreitenden Verkehren. Der Modalanteil Schiene bei internationalen Verkehren übersteigt jenen bei nationalen Verkehren heute leicht (16,5 % im Vergleich zu 15,9 % in 2009). Da die Attraktivität der Schiene wegen abnehmender Grenzkosten mit zunehmender Distanz wächst, müsste diese Differenz aufgrund der längeren Wegstrecken bei internationalen Verkehren eigentlich weit größer sein. Ein entscheidendes Hindernis dabei ist die – gerade im Vergleich zum Lkw – teilweise unzureichende Interoperabilität des europäischen Schienenverkehrs. Hierdurch und durch die nicht immer optimale Zusammenarbeit der europäischen Bahngesellschaften untereinander kommt es im grenzüberschreitenden Verkehr oft zu erheblichen Zusatzkosten und Zeitverlusten. Durch technische Innovationen (z. B. Multisystemloks), die gegenseitige Anerkennung technischer Standards in den Mitgliedstaaten sowie die stärkere Umsetzung der europäischen Richtlinien für Interoperabilität im Schienengüterverkehr werden die bestehenden Nachteile im Jahr 2025 jedoch deutlich weniger stark ausgeprägt sein als noch heute. In der Konsequenz dürfte dies Modalanteilsgewinne von circa einem Prozentpunkt bedeuten.

Auch die Einhaltung von Sozialstandards im Lkw-Verkehr würde sich positiv auf die Wettbewerbsfähigkeit der Schiene im Güterverkehr auswirken, da ein wesentlicher Kostenvorteil des Straßengüterverkehrs darauf zurückzuführen ist, dass Sozialstandards nicht immer befolgt werden. Die Einhaltung von Lenk- und Ruhezeiten dürfte aber bis 2025 sichergestellt sein, da dann einerseits standardmäßig digitale Fahrtenschreiber zur automatischen Fahreridentifizierung in den Lkws zu finden sein werden und andererseits Systeme zur Sicherstellung der Lenk- und Ruhezeiten implementiert sind. Vor diesem Hintergrund ist von einem Modalzuwachs der Schiene von etwa einem Prozentpunkt auszugehen.

Ähnlich wie im Personenverkehr wird auch im Güterverkehr die Höhe der Energiepreise einen wesentlichen Einfluss auf die Transportkosten haben. Etwa 30 Prozent der Gesamtkosten sind bei Transporten auf der Straße Treibstoffkosten, während dieser Anteil bei der Schiene nur etwa zehn Prozent ausmacht. Ausgehend von einem, im Vergleich zur Teuerungsrate, stärkeren Anstieg der Energiekosten wird sich ceteris paribus die Kostenposition der Schiene relativ verbessern. Spiegelt sich dies in den Transportpreisen wider, so ist langfristig von einer Erhöhung des Modal Splits der Schiene um einen Prozentpunkt zu rechnen.

Des Weiteren könnte ein stärkeres Umweltbewusstsein der Konsumenten und Konsumentinnen und der Industrie dafür sorgen, dass sich diese Gruppen nicht nur verstärkt um die weitere Entwicklung des Klimas Gedanken machen – Untersuchungen zufolge tun dies bereits 87 Prozent der Bevölkerung –, sondern auch bereit sind, etwa für umweltfreundlichere Produkte einen Aufpreis zu zahlen. Bis 2025 dürfte dementsprechend eine Mehrheit diese Bereitschaft aufbringen. Im Ergebnis ist mit einem Modalanstieg von einem Prozentpunkt zu rechnen.

Besonders hoch wären die Gewinne für die Schiene, wenn es in Europa zur Einführung einer einheitlichen Lkw-Maut käme. Vor dem Hintergrund, dass das Klimaschutzziel 20-20-20 offensichtlich verfehlt wird, wenn das Vertrauen allein in freiwillige Verpflichtungen gesetzt wird, ist mit einer stärkeren Regulierung zu rechnen. Gerade der Transportsektor wird auf der Grundlage des prognostizierten weiteren Wachstums einer maßgeblichen Emittenten von Treibhausgasen sein. Daher ist zu erwarten, dass staatliche Eingriffe auf eine Verschiebung von Straßengütertransporten auf die Schiene abzielen werden, denn die Schiene emittiert je tkm etwa 70 Prozent weniger Treibhausgase. Hierdurch wäre eine weitere Verschiebung des Modalanteils zugunsten der Schiene um ein bis zwei Prozentpunkte denkbar.

Eher unwahrscheinlich scheint hingegen die Einführung einer Alpen-Transit-Börse zur Begrenzung der Lkw-Verkehre, wie sie derzeit in der Schweiz diskutiert wird. Durch die Begrenzung des Straßenverkehrs auf dem viel befahrenen Nord-Süd-Korridor würde sich die Attraktivität der Schiene als Ausweichmöglichkeit erhöhen.

Daneben ist jedoch auch im Schienengüterverkehr mit externen Einflussfaktoren zu rechnen, deren Auftreten sich nachteilig auf die Zukunft des Schienengüterverkehrs auswirken würde. Hierzu gehört unter anderem die europaweite Zulassung von EuroCombis mit 25,25 m Länge und bis zu 60 t Gesamtgewicht. Die dadurch ausgelösten Produktivitätsverbesserungen im Straßengüterverkehr würden zu Modalanteilsverlusten von bis zu zwei Prozent bei der Schiene führen.

Weniger wahrscheinlich, deshalb als Diskontinuität bewertet, ist die beschleunigte Abwanderung des Großteils der metallverarbeitenden und chemischen Industrie. Aufgrund ihres hohen Modalanteils in diesem Segment wäre die Schiene stärker betroffen als die Straße und die Binnenschifffahrt. Eine Modalanteilsschrumpfung um etwa einen halben Prozentpunkt wäre anzunehmen.

Eine weitere negativ wirkende Diskontinuität betrifft die Einstellung der Einzelwagenverkehre. Bereits heute haben einige Länder wie etwa Italien und Frankreich diese abgeschafft. Sollten weitere Staaten in Europa diesem Beispiel folgen, würde sich die Gesamteffizienz des Systems, dessen Erfolg darauf basiert, dass sich möglichst viele Länder daran beteiligen, verringern. Mit 45 Prozent internationalem Bezug des Einzelwagenverkehrs wäre besonders Deutschland von dieser Entwicklung betroffen. Die Folge wäre ein Modalanteilsrückgang von etwa zwei Prozentpunkten.

Schließlich kann auch eine einseitige Verschärfung des Lärmschutzes kritisch für die Schiene sein. Da zurzeit 39 Prozent des Schienengüterverkehrs zu Nachtzeiten abgewickelt wird und die in Nachtzeiten hervorgerufenen Lärmimmissionen teilweise beträchtlich sind, wird zunehmend diskutiert, nicht nur bei Neu- und Ausbau, sondern auch im Bestandsnetz Lärmschutzmaßnahmen vorzunehmen. Neben infrastrukturellen Anstrengungen kämen hierfür auch fahrzeugbezogene Maßnahmen wie zum Beispiel Lärmschutzbremssohlen in Frage. Müssten die Bahnunternehmen die Kosten für entsprechende Umrüstungen alleine tragen, so ergäbe sich eine signifikante Verschlechterung der Kostenposition gegenüber der Straße.

Insgesamt kann im optimalen Fall, wenn ausschließlich positiv wirkende Einflussfaktoren greifen, der Modalanteil der Schiene auf 21 Prozent steigen. Dies bedeutet im Wachstumsszenario eine Verkehrsleistung von 188 Milliarden tkm. Umgekehrt kann der Modalanteil bei Eintreten überwiegend negativer Einflussfaktoren auch auf 13 Prozent absinken, was einer Verkehrsleistung von 116 Milliarden tkm entspräche. Bei heutigem Modalanteil steigt die Verkehrsleistung der Güterbahnen im Wachstumsszenario auf 144 Milliarden tkm, was dem Wert von 2008 entspricht (vgl. Abb. 11).

Abbildung 11: Verkehrsleistung Schiene im deutschen Güterverkehr.

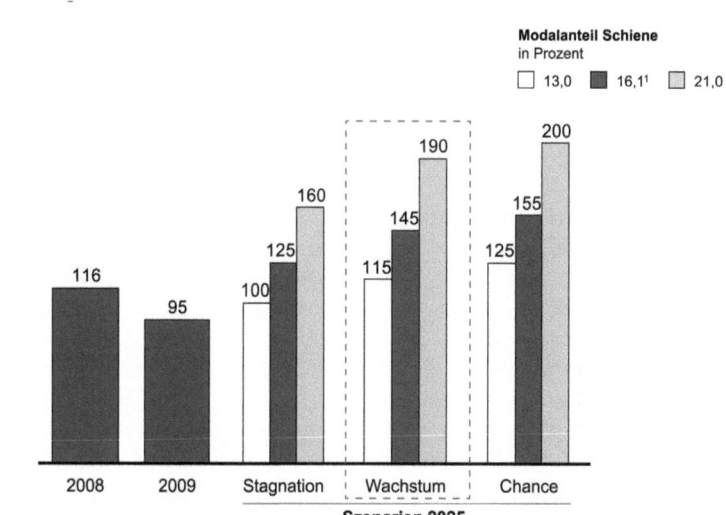

Zunehmender intramodaler Wettbewerb

Der intramodale Wettbewerb im Schienenpersonennahverkehr wird in Zukunft vor allem durch den ansteigenden Kostendruck aufgrund geringerer öffentlicher Mittel geprägt sein. Dabei werden die Rahmenbedingungen der öffentlichen Ausschreibungen ausschlaggebend dafür sein, ob der Wettbewerb stärker über den Preis oder über die Angebotsqualität bestimmt sein wird. Im Schienenpersonenfernverkehr wird es, infolge der Liberalisierung in Europa, zu einem stärkeren Wettbewerb gerade auf viel befahrenen und profitablen Strecken, weniger jedoch in der Fläche kommen. Damit verbunden sind Differenzierungen in den Angeboten – beispielsweise in Form von hochpreisigen Premiumangeboten und einfachen Standardangeboten zu niedrigen Preisen.

Im Schienengüterverkehr wird der intramodale Wettbewerb durch einen weiteren Rückgang des prozentualen Marktanteils der Deutschen Bahn als Folge der vom Staat gewünschten Marktliberalisierung gekennzeichnet sein. Insgesamt ist davon auszugehen, dass 2025 nach erfolgter Marktkonsolidierung mehrere große Staatsbahnen in West- und Mitteleuropa mit internationaler Ausrichtung und eigenen Ressourcen in Deutschland miteinander konkurrieren werden. Dabei dürfte DB Schenker Rail weiterhin der Marktführer in Deutschland sein. Kleine Privatbahnen werden auch 2025 im Schienengüterverkehr nur vernachlässigbare Positionen einnehmen.

Anforderungen an die Eisenbahninfrastruktur

Wie bereits beschrieben wurde, ist bis 2025 mit einem wachsenden Verkehrsaufkommen sowohl im Schienenpersonen- als auch im Schienengüterverkehr zu rechnen. Damit dieses Aufkommen von den EVUs bewältigt werden kann, ist es dringend notwendig, dass bis dahin durch intelligente Neu- und Umbaumaßnahmen ausreichend Schienenverkehrskapazitäten zur Verfügung stehen, zu denen alle Verkehrsunternehmen diskriminierungsfrei Zugang haben – auch international. Bei den Ausbaumaßnahmen ist zu berücksichtigen, dass auch in 15 Jahren das Verkehrsaufkommen nicht deutschlandweit gleich verteilt sein wird, sondern vor allem wegen des Verkehrs zwischen den Seehäfen und den großen Industriestandorten auf den bereits heute hoch belasteten Korridoren (hier insbesondere der Nord-Süd-Korridor) stark zunehmen wird. Da es bereits heute im Schienengüterverkehr einige Strecken gibt, die überlastet sind, würden sich ohne bedarfsgerechte Aus- und Neubaumaßnahmen bei der deutschen Schieneninfrastruktur die prognostizierten Kapazitätsengpässe, insbesondere auf den hoch belasteten Strecken und in den wichtigen Knotenpunkten, weiter verschärfen.

Insgesamt ist bis 2025 selbst bei konstantem modalem Anteil der Schiene (Personenverkehr: 9,8 %; Güterverkehr: 16,1 %) von einer deutlich höheren Nachfrage nach Schienenverkehrsleistungen auszugehen. Im Wachstumsszenario stiege der Bedarf etwa auf 1.075 Millionen Trassenkilometer (Trkm), im Vergleich zu 998 Millionen Trkm im Jahr 2009. Bei einer noch günstigeren Entwicklung der externen Faktoren und einer daraus folgenden Steigerung des Modalanteils könnte sich der Bedarf sogar bis auf 1.175 Millionen Trkm erhöhen. Schließlich sind selbst bei geringem wirtschaftlichem Wachstum, wie es im Stagnationsszenario vorausgesagt wird, oder bei einem rückläufigen modalen Anteil der Schiene Maßnahmen zur Beseitigung von Engpässen notwendig, um die Betriebsqualität langfristig sicherzustellen (vgl. Abb. 12).

Um gegen die prognostizierten Engpässe vorzugehen, hat der Infrastrukturbereich der Deutschen Bahn bereits reagiert und ein Wachstumsprogramm konzipiert, das die Lücke für die Jahre 2013 bis 2017 schließen soll. Das Programm umfasst aufwärtskompatibel Maßnahmen, die durch den Ausbau von Alternativrouten (Ost- sowie West-Korridor) und einiger großer Güterverkehrsknoten den Nord-Süd-Korridor wirksam entlasten. Diese Maßnahmen ermöglichen einen jährlichen Kapazitätsgewinn (bis 2017) von zirka 20 Millionen Trkm. Aber auch das begonnene Sofortprogramm Seehafen-Hinterland-Verkehr und die Beschleunigung von Bedarfsplanmaßnahmen im Rahmen der Konjunkturprogramme des Bundes setzen an dieser Stelle zur Vermeidung von Engpässen an.

Abbildung 12: Bedarf Schieneninfrastrukturkapazität, 2025.

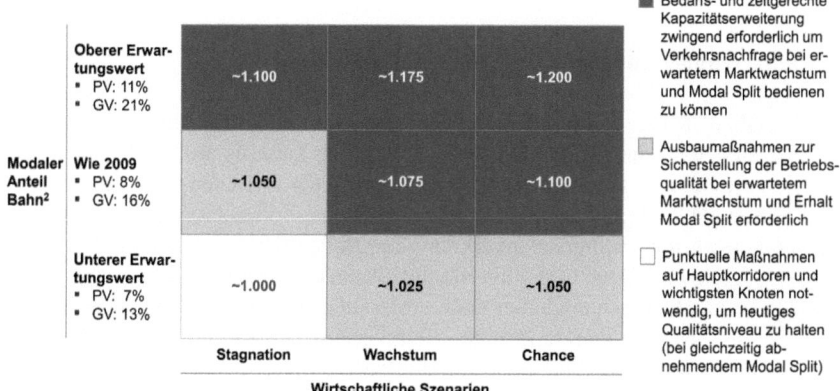

Ein weiterer wesentlicher Faktor zur Umsetzung der erforderlichen Ausbaumaßnahmen bis 2025 ist die Finanzierung der umfangreichen Investitionen. Derzeit besteht allerdings eine Finanzierungslücke von rund 700 Millionen Euro jährlich, ohne die sich die Umsetzung wesentlicher Infrastrukturmaßnahmen um bis zu sieben Jahre verzögern kann. Im Rahmen der Leistungs- und Finanzierungsvereinbarung investiert der Bund derzeit jährlich 2,5 Milliarden Euro in den Ersatz bestehender Schieneninfrastruktur. Dazu kommen Eigenmittel der DB Netz AG (2009: 583 Mio. Euro) für die Erhaltung und Modernisierung des Bestandsnetzes. Die Kosten für den Betrieb und die Instandhaltung der Eisenbahninfrastruktur beliefen sich bei der DB Netz AG, inklusive der DB RegioNetz Infrastruktur GmbH, im Jahr 2009 auf 1,38 Milliarden Euro.

Daneben wurden in den letzten drei Jahren (2008–2010) für Aus- und Neubaumaßnahmen seitens des Bundes rund 1,1 Milliarden Euro p. a. sowie für Einzelmaßnahmen bedarfsbezogene Mittel der EU und Baukostenzuschüsse bereitgestellt. Um jedoch den vordringlichsten Bedarf an Infrastrukturmaßnahmen bis 2025 zu realisieren, liegt der Bedarf bei ca. 29 Milliarden Euro, bzw. bei ca. 1,8 Milliarden Euro p. a., und damit deutlich oberhalb der aktuellen Bundeshaushaltslinie von 1,1 bis 1,2 Milliarden Euro p. a. Nur über eine zeitnahe und verbindliche Regelung, die beispielsweise die Finanzierung der Maßnahmen des Wachstumsprogramms in Höhe von 2,2 Milliarden Euro, ausreichende Regionalisierungsmittel sowie Zuschüsse zum Erhalt der Eisenbahninfrastruktur sicherstellt, ist der Ausbau der Schieneninfrastruktur abgesichert.

Voraussetzungen für einen starken Schienenverkehr

Da bei allen in der Studie betrachteten Szenarien zukünftig mit einem weiter wachsenden Verkehrsaufkommen gerechnet wird, kann es auf hoch belasteten Korridoren zu einer größeren Anzahl von Konflikten zwischen Personenverkehr und Güterverkehr kommen, insbesondere auf Gütervorrangkorridoren. Infolgedessen können für den Personenverkehr Kapazitäten fehlen, und daraufhin kann dessen Geschwindigkeit und Zuverlässigkeit sinken. Neben intelligenten Neu- und Umbaumaßnahmen sind aber auch verlässliche politische Rahmenbedingungen, die mittels einer marktadäquaten Regulierung zu schaffen sind, notwendig, um Sicherheit für NutzerInnen und für langfristige Investitionsentscheidungen zu erreichen.

Damit zumindest der derzeitige Modalanteil der Schiene abgesichert werden kann, müssen demnach ausreichende finanzielle Mittel zur Verfügung gestellt werden. Dies umfasst neben notwendigen Zuschüssen für erforderliche Infrastrukturmaßnahmen auch die Bereitstellung ausreichender Regionalisierungsmittel. Anschlussregelungen für auslaufende Programme nach dem Gemeindefinanzierungsgesetz (GVFG) und dem Entflechtungsgesetz würden zudem zu einer Erhöhung von Kapazität und Leistungsfähigkeit der Infrastruktur im Schienenpersonennahverkehr beitragen. Neben einem daraus resultierenden staatlichen Handlungsbedarf sind jedoch auch EVUs und Zulieferindustrie gefragt, ihren Beitrag zu einer Stärkung der Schiene zu leisten. Bei den EVUs stehen dabei die notwendigen Innovationen im Kundenangebot, und im Güterverkehr auch bei der Produktionslogik, sowie die Entwicklung integrierter Mobilitätslösungen im Vordergrund, während bei der Zulieferindustrie im Wesentlichen die Qualitätssicherung bei der Entwicklung von Rollmaterial sowie die Reduzierung der Herstellkosten für Rollmaterial im Fokus stehen.

Zusammenfassung

Die Haupterkenntnisse der Studie zur Entwicklung des Schienenverkehrs sind: Sowohl der Personenverkehr als auch der Güterverkehr können bis 2025 mit Wachstum rechnen. Im Personenverkehr wird dieses moderat ausfallen. Vor dem Hintergrund eines durchschnittlichen Wachstumsszenarios ist beispielsweise mit einem Wachstum von rund sieben Prozent auf insgesamt 882 Milliarden Pkm zu rechnen (2009: 825 Mrd. Pkm). Im Güterverkehr wird das Wachstum mit rund 50 Prozent deutlich höher ausfallen (2009: 595 Mrd. tkm; 2025: 894 Mrd. tkm).

Eine Steigerung des Marktanteils der Schiene ist wahrscheinlich: Der Modalanteil Schiene im Personenverkehr kann bei günstiger Entwicklung auf 13 Prozent (2009: 9,8 %) zulegen, während der Marktanteil im Güterverkehr im besten Fall sogar auf 21 Prozent (2009: 16,1 %) ansteigen kann.

Innovationen bilden die Grundlage für den Erfolg der Schiene. Im Personen- und Güterverkehr sind diese vor allem an der Schnittstelle zum jeweiligen Kunden zu erwarten. Für Reisende werden etwa der Zugang zum System Bahn, die Buchungsmöglichkeiten sowie die Vernetzung verschiedener Verkehrsmodi verbessert, was zu einer größeren Kundenzufriedenheit führt. Transporteure werden etwa von webbasierten Fahrplänen für die sendungsspezifische Planbarkeit aller Gütertransporte oder von Kapazitätsbuchungssystemen für Einzelwagenverkehre profitieren.

Die Entwicklung der Schiene hängt also einerseits von der Erreichung der Innovationspotenziale innerhalb des Systems Schiene ab, andererseits spielen aber wirtschaftliche, gesellschaftliche und staatliche sowie externe Einflussfaktoren und die getätigten Investitionen in die Schieneninfrastruktur eine große Rolle. Um das prognostizierte Wachstum auf der Schiene zu erreichen, ist eine Beseitigung der infrastrukturellen Engpässe unumgänglich.

„Das Rad neu erfinden". Forschung zu zukunftsfähiger Mobilität am Institut für Transportation Design Braunschweig

Wolfgang Jonas und Stephan Rammler

> „So, Planer, Architekten, Designer und Ingenieure, ergreift die Initiative. Geht ans Werk, und vor allen Dingen, arbeitet zusammen und haltet nicht voreinander hinterm Berge, und versucht nicht, auf Kosten der anderen zu gewinnen. Jeder Erfolg dieser Art wird zunehmend von kurzer Dauer sein. Das sind die synergetischen Gesetze, nach denen die Evolution verfährt. Das sind keine vom Menschen gemachten Gesetze. Das sind die unendlich großzügigen Gesetze der intellektuellen Integrität, die das Universum regiert."
> (Richard Buckminster Fuller)

1 Einleitung

Das Institut für Transportation Design (ITD) an der Hochschule für Bildende Künste Braunschweig (HBK) betreibt in langfristig angelegten, öffentlich geförderten Projekten einerseits sowie in vielfältigen Projekten für unterschiedlichste Industriepartner andererseits sowohl ganz praktische Gestaltungsarbeit als auch ein forschungsbasiertes, konzeptionelles und zukunftsorientiertes Systemdesign zur Entwicklung und Vermittlung einer nachhaltigen, das heißt vor allem „postfossilen" Mobilitätskultur.

Das ITD vereint in seiner multidisziplinären Grundstruktur die Disziplinen Design und Designwissenschaft, sozialwissenschaftliche Technik- und Zukunftsforschung sowie Ingenieur- und Materialwissenschaften. Es finanziert sich fast vollständig, und damit auch für die Hochschule weitestgehend kostenneutral, aus Drittmitteln. Die Gratwanderung zwischen industrieller Auftragsforschung, öffentlicher Grundlagenforschung und „gesellschaftskritischer" normativ-visionärer Grundausrichtung des ITD versetzt das Institut in einen dauerhaft hochsensiblen und oft prekären Aushandlungszustand zwischen Arbeitsplatzsicherung für die MitarbeiterInnen einerseits und Mittelverwendung für zukunftsweisende Projekte – für die keine anderweitige Förderung erreichbar ist – andererseits. Die inter- und transdisziplinäre Arbeitsweise erfordert darüber hinaus stetige und oft sehr aufwendige interne Vermittlungs- und Verständigungsleistungen sowie Kommunikations- und Legitimationsarbeit gegenüber den anderen Fachgebieten der Hochschule.

Der nachfolgende Text beschreibt die Entwicklung, die Programmatik, die Visionen sowie die Projekte und die besonderen Prozesse und Methoden des

Instituts für Transportation Design in Braunschweig. Die Kommunikationskultur und die permanenten Überlegungen zur Wertbasis sowie die Aktivitäten zur Zukunftssicherung werden ebenfalls thematisiert.

2 Gründungsidee und Entwicklung des ITD

Die Einrichtung des Studien- und Forschungsschwerpunktes Transportation Design an der HBK Braunschweig im Jahr 2002 und die Institutsgründung im Jahr 2007 stützen sich auf eine Bedarfsanalyse des Lehr- und Forschungsstandortes Braunschweig gegen Ende der 1990er Jahre. Damals wurde deutlich, dass die Region Braunschweig, die als wissenschaftlicher wie unternehmerischer Innovationskern der sogenannten „Verkehrskompetenzregion Südostniedersachsen" (Lompe 1994; Blöcker und Lompe 2000) gelten kann, einen „blinden Fleck" im Bereich mobilitätsbezogener Designangebote aufwies. Sowohl in der Forschung als auch in der Lehre gab es regional wie niedersachsenweit an keinem der Ausbildungsstandorte einen konzeptionell in sich geschlossenen und regional vernetzten Kompetenzschwerpunkt Design & Mobilität. Gleichzeitig wurde deutlich, dass regelmäßig über die Hälfte aller studentischen Entwurfsprojekte des Industriedesigns an der HBK Braunschweig sich mit Themen aus dem weiteren Bereich der Mobilität beschäftigten und eine große studentische Nachfrage nach Ausbildungskompetenz im speziellen Bereich des Automobildesigns bestand. Im Rahmen einer bundesweiten sowie international ausgreifenden Wettbewerberanalyse wurde zudem klar, dass die Einrichtung eines Studien- und Forschungsschwerpunktes Transportation Design gute Chancen für eine auch überregionale Profilierung des Gestaltungsbereichs bieten würde. Alle Argumente zusammengenommen mündeten in der Einschätzung, dass für die HBK eine hervorragende Möglichkeit bestünde, in einem zukunftsträchtigen Gebiet Profil zu gewinnen und zugleich der Region neue Impulse zu geben, indem der vorhandenen Infrastruktur im Bereich der Mobilitätsforschung im Allgemeinen wie der Verkehrs- und Fahrzeugtechnik im Besonderen eine neue Facette hinzugefügt würde.

Die Entwicklung des Transportation Design an der HBK Braunschweig sollte sich von der an anderen Hochschulen vorherrschenden – oft am meist kurzfristigen AbsolventInnenbedarf der Automobilindustrie ausgerichteten – Orientierung am „Automotive Design" gezielt abgrenzen und einen sehr viel breiteren Zugang zur Mobilität, verstanden als kulturelles, gesellschaftliches und technologisches Basisphänomen, anstreben. Im Einzelnen bedeutete das

- konzeptionelle Orientierung an den wissenschaftlichen wie verkehrspolitischen Leitbildern der „Vernetzung der Verkehrsträger" und der „zukunftsfähigen Mobilität", oder, zugespitzt: der „postfossilen Mobilität";
- wissenschaftliche Orientierung am Paradigma der verkehrs- und sozialwissenschaftlichen Zukunfts- und Mobilitätsforschung einerseits und der Designwissenschaften (Herbert Simons „Sciences of the Artificial", 1969) andererseits und die Einbettung der Entwurfsprozesse und der Lehre in den Methoden- und Wissenskanon dieser Disziplinen;
- Aufbau und Pflege einer inter- und transdisziplinären Arbeitsweise mit den Kerndisziplinen Soziologie, Ingenieurwissenschaften, Designwissenschaften und Design;
- Finanzierung von Forschung und Lehre (studentische Entwurfsprojekte) möglichst überwiegend durch privatwirtschaftliche und staatliche Drittmittel;
- starke regionale Vernetzung mit Unternehmen sowie mit wissenschaftlichen Einrichtungen in Lehre und Forschung;
- Aufbau und Weiterentwicklung eines attraktiven Lehrprofils für die BA-, MA- und PhD-Ausbildung sowie die Integration der studentischen Ausbildung in die angewandte Forschungs- und Entwicklungsarbeit des Instituts.

Ende 2011 hat das Institut zirka 15 fest angestellte Mitarbeiterinnen und Mitarbeiter. Struktur und Programmatik lassen sich in etwa wie in Abbildung 1 gezeigt zusammenfassen.

Abbildung 1: Multidisziplinäre Basis.

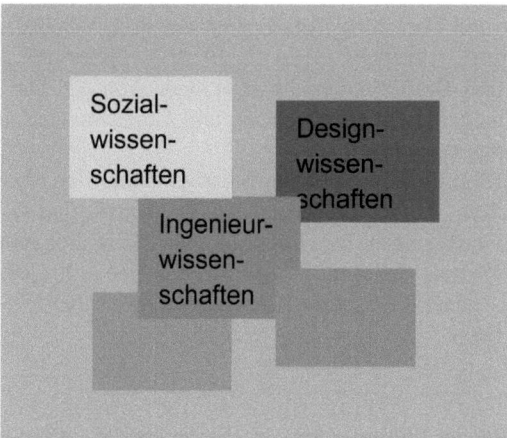

Die Mitarbeiterinnen und Mitarbeiter des ITD sind hoch qualifiziert in ihren jeweiligen disziplinären Schwerpunkten in den Sozialwissenschaften, den Ingenieurwissenschaften und den Designwissenschaften. Sie kooperieren intern und extern in inter- und transdisziplinär angelegten gestalterischen Forschungsprojekten.

Abbildung 2: Transdisziplinärer Ansatz.

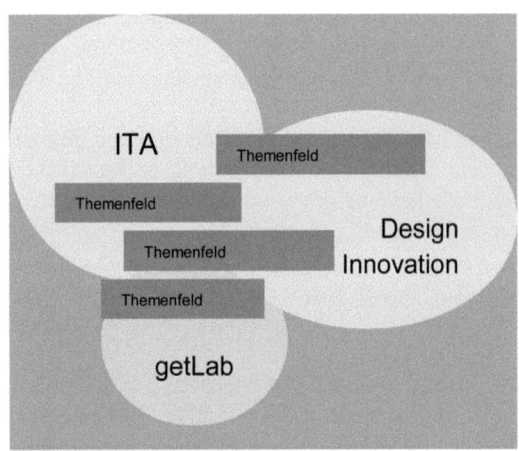

Die Themen- und Kompetenzfelder des ITD (E-Mobilität, regionale Transformation, Fahrradkultur, Maritime Mobilität etc.) bewegen sich im Spannungsfeld der Wissenskulturen und Forschungsparadigmen der drei Arbeitsgruppen Innovation, Transformation, Akzeptanz (ITA), getLab – Labor für gesellschaftliche Transformation und DesignInnovation (DI) (vgl. Abb. 2). Die Projekte setzen sich in unterschiedlichen Konfigurationen und Gewichtungen aus Anteilen der drei Arbeitsgruppen zusammen.

Das ITD verfügt über ein umfassendes und ständig sich erweiterndes Repertoire von Methoden, welches passgenau zu Forschungs- und Dienstleistungspaketen geschnürt werden kann. Das Repertoire deckt die drei generischen Phasen eines transdisziplinären Arbeitsprozesses ab: Analyse – Projektion – Synthese (vgl. Abb. 3). Es generiert System Knowledge, Target Knowledge und Transformation Knowledge.

Abbildung 3: Maßgeschneiderte Methoden.

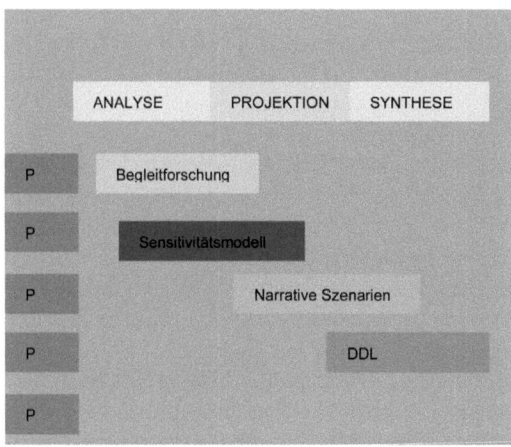

3 Leitbild und Programmatik des ITD

Wir benutzen ab nun den programmatischen Begriff des *Transformationsdesigns* und werden das Konzept im Folgenden erläutern.

Philosophisch-programmatische Essentials: Design als Weltdesign

Design ist nach Herbert Simon (1969) der Transfer eines gegebenen Zustands in einen gewünschten Zustand. In diesem Sinne geht es beim Transformationsdesign um das Design einer neuen Kultur der Zukunftsfähigkeit, also um Weltdesign als Überlebensdesign hin zu einer nachmodernen, wie auch immer dann zu benennenden Epoche: um eine neue Erzählung für die Zeit nach der Moderne.

Dabei lassen sich verschiedene Handlungsebenen und Eigenschaften des Transformationsdesigns als Weltdesign identifizieren:

Transformationsdesign ist normativ
Es orientiert sich am Zukunftsfähigkeits-Apriori. Es stellt die Frage nicht mehr nur nach der „guten Form", sondern nach der „guten Gesellschaft": Wie wollen wir leben? Transformationsdesign ist Dekonstruktion und Neukonstruktion gesellschaftlicher Verhältnisse und damit dezidiert politisch anzulegen.

Transformationsdesign ist holistisch
Es betrachtet den Menschen in seiner sozialen, kulturellen und materiellen Eingebundenheit, und es stellt die traditionelle Innovationspyramide vom Kopf auf die Füße: Das heißt, es denkt von der gesellschaftlichen Systeminnovation herkommend über die Ableitung von Nutzungsinnovationen und neuen Organisationskonzepten und erst am Ende über die dann möglicherweise noch notwendigen Produktinnovationen nach. Transformationsdesign kann in diesem Sinne auch „Nicht-Design", gewissermaßen „Produktvermeidungsgestaltung", sein.

Transformationsdesign ist analytisch
Um holistisch arbeiten zu können, muss Transformationsdesign analytisch sein, das heißt, es muss dort, wo es nötig ist, wissenschaftsbasiert arbeiten können. Es braucht analytische Zukunftskompetenz, es braucht ebenso die Fähigkeit, aus der Geschichte und Tradition zu lernen, und es braucht vor allem eine Verknüpfungskompetenz insbesondere mit Blick auf die massiven Entwicklungsschübe auf den Gebieten etwa der Physik, der Biologie, der Informatik und der Hirnforschung. Es ist in diesem Sinne auch eine Innovationsmethode, bei der reduktionistisches durch integrales, universalistisches Denken und Handeln abgelöst wird.

Transformationsdesign ist transdisziplinär
Der Transformationsdesigner wird in diesem Sinne zum Verknüpfungsspezialisten, zum Knotenpunkt in multidisziplinären Innovationsprozessen, und das Transformationsdesign wird zu einer integrierenden und moderierenden, in Welten, Systemen, Handlungsabläufen und Produkten denkenden Plattformkompetenz, zu einer Art Übersetzungswissenschaft zwischen Grundlagendisziplinen und menschen- und umweltgerechter Anwendung.

Transformationsdesign ist akademisch
Als Teil einer transdisziplinären Innovationskultur in den Kunsthochschulen, den Universitäten, und in Innovationsnetzen mit technischen Hochschulen, Fachhochschulen und Großforschungseinrichtungen ist es auch akademisch. Es sucht und findet schließlich seine Mittel auch auf dem klassischen Drittmittelmarkt öffentlicher Forschungsförderung durch DFG und Bundesministerien und wendet diese Mittel – wo es geht – in die positive „Subversion".

Transformationsdesign ist subversiv
Es arbeitet und kommuniziert in dezentralen und peripheren Netzwerken und Innovationsnischen, es nutzt Wissensbestände außerhalb des Mainstreams, es wirkt inkubatorisch und ist zuweilen dort „subversiv", wo es Bestandteil der kapitalistischen Warenwirtschaft sein muss.

Transformationsdesign ist narrativ und produziert Sinn
Es beteiligt sich mit dem Entwurf und der Erzählung von positiven Leitbildern und Geschichten über eine funktionierende neue Kultur – mittels Sprachbildern, Visualisierungen, Konzepten und eines Produktmarketings, welches den klassischen Warenfetischismus überwindet – an einer neuen Form der gesellschaftlichen Zukunftskommunikation. Es schafft damit neue Möglichkeiten zur emotionalen Identifikation, macht Zukunft fühlbar und wirkt als Sinnproduzent.

Transformationsdesign verführt
Es schafft kein angstvolles Getriebensein, sondern es produziert den emotionalen Sog der lebenswerten Zukunftsvision einer Gesellschaft, die Technologien im Kontext ganzheitlicher neuer Lebensstile entwickelt, die neue Formen des Wirtschaftens im stabilen Gleichgewicht jenseits der Wachstumsökonomie findet, die neue regionalisierte und dezentrale Formen des Wohnens, der Mobilität, der Energieversorgung, der landwirtschaftlichen Produktion und Ernährung entwickelt, die es schaffen wird, Lebensqualität und Lebenszufriedenheit anders als über materiellen Wohlstand zu definieren, und die es schließlich schaffen wird, die Maßstäbe der fossilen Epoche wieder auf ein menschliches Maß zu verkleinern, sinnvoll und friedlich zu schrumpfen und letztlich in einer Kultur der Dauerhaftigkeit, der Solidarität und Achtsamkeit zu münden.

Wissenschaftlich-gestalterische Essentials

Kritischer Diskurs
Das ITD ist ein Forum sowohl für einen politischen und wirtschaftlichen als auch für einen wissenschaftlichen und gestalterischen Diskurs über alle Aspekte einer postfossilen Mobilität. Aus der kritischen Beobachtung und Begleitung der aktuellen gesellschaftlichen und ökonomischen Gegebenheiten und Trendentwicklungen sowie aus der systematischen Erkundung der Zukunft leiten wir Entwicklungspotenziale ab, die wir mit unserer praktischen Arbeit verfolgen und entfalten.

Produktive Kreativität
Kreativität – ohne hier dem genialisch konnotierten Mythos des Begriffs unkritisch zu verfallen – ist ein entscheidendes Merkmal unserer Arbeit. Abduktives Arbeiten (Davis 1972; Dewey 1986), als Komplement zum induktiven und deduktiven Vorgehen der Wissenschaften, durchdringt sämtliche Arbeitsbereiche des ITD und fußt auf der gestalterischen Kompetenz aller MitarbeiterInnen des Instituts. Perspektivwechsel und gewollte Brüche in arbeitsorganisatorischen Routinen fördern die Arbeit der interdisziplinären Teams. Kreativitätsmethoden werden systematisch angewendet, stetig weiterentwickelt und verfeinert.

Umfassende Gestaltungsphilosophie
Über die klassische Produktgestaltung hinaus erweitern wir in Forschung, Lehre und Entwurfspraxis den Designbegriff auf die Formung von Dienstleistungen, Systemen und Nutzeroberflächen. Wir verstehen uns als GestalterInnen für alle Artefakte, Systeme und Dienstleistungen, welche die menschliche Mobilität im weitesten Sinne betreffen. Nicht die Funktion allein steht im Zentrum unserer designerischen Betrachtungen, sondern ebenso die Benutzung beziehungsweise die Benutzbarkeit. Wir gestalten nicht in erster Linie Produkte, sondern Handlungsabläufe und Systeme. Der Mensch als Individuum und soziales Wesen steht im Mittelpunkt.

Form Follows Future Use
In unserer Gestaltung sind wir bestrebt, nicht einem dominanten Zeitgeist oder kurzfristigen Modetrends zu folgen, sondern die zukünftigen Entwicklungen aktiv mitzugestalten und mitzuprägen. Unsere gestalterischen Aktivitäten zielen stets auf einen Nutzer in seinem in der Zukunft verorteten Handlungsumfeld. Die Gestalt eines Produkts, eines Systems oder einer Dienstleistung muss in erster Linie die Benutzbarkeit optimal fördern und ausdrücken. Ebenso muss sie den potenziellen Nutzer bzw. die potenzielle Nutzerin emotional berühren.

Zukunftsforschung und Trendtransfer
Zukunft kann nicht „gewusst" werden. Mögliche „Zukünfte" können aber in Szenarien vorausgedacht werden, dabei können Einflussfaktoren und Treiber benannt und Entwicklungskorridore und -brüche identifiziert werden. Wir können auf mögliche Zukünfte vorbereitet sein. Um dieses „Denken auf Vorrat"[1] geht es uns. Zukunftsforschung heißt für uns Systemsicht, Interaktion, Methodenpluralismus, Interdisziplinarität und Entscheidungsorientierung. Wir kombinieren hierfür kreative Methoden der Designwissenschaften mit etablierten Methoden der Zukunftsforschung. Szenariomethodik, Kreativitätstechniken, Zukunftswerkstätten und Open-Space-Veranstaltungen, Trendscouting, Akzeptanzstudien und Begleitforschung sowie systematisches Monitoring gesellschaftlicher und politischer Rahmenbedingungen sind Teil unseres methodischen Portfolios, das wir ständig verfeinern und erweitern.

Anwendungsnahe Forschung
In unserer Arbeit verbinden wir interdisziplinäre Grundlagenforschung, anwendungs- und umsetzungsorientierte Forschung sowie konkrete, designerische Produktentwicklung miteinander. Wir erforschen Zusammenhänge, Prozesse, Dynamiken von Mobilität sowohl auf individueller als auch auf gesellschaftlicher

---

1   In Anlehnung an Prof. Dr. Eckhard Minx.

Ebene. Des Weiteren gilt unser besonderes Interesse der Zukunft der Mobilität. Mit unterschiedlichen Methoden der Zukunfts- und Trendforschung wollen wir zukünftige Entwicklungen antizipieren, positive Szenarien einer postfossilen Mobilitäts- und Energiekultur entwickeln und Wege dahin beschreiben. Schließlich betreiben wir anwendungsnahe Forschung, die es uns sowie unseren Partnern/Partnerinnen und Kunden/Kundinnen ermöglicht, nachhaltige Entwicklungen – sowohl Mobilitätskonzepte als auch einzelne Produkte – anzustoßen, voranzubringen und zu evaluieren.

Praxisnahe Ausbildung
Die aus der Forschung gewonnenen Erkenntnisse fließen unmittelbar in die Master- und PhD-Studiengänge „Transportation Design" ein. Darüber hinaus erhalten die Studierenden die Möglichkeit, gemeinsam mit den MitarbeiterInnen des ITD in Drittmittelprojekten praktische, wirtschaftsnahe Erfahrungen zu sammeln. Das Ziel des Studiums ist die Ausbildung von DesignerInnen, die eine zukunftsorientierte Sichtweise, wissenschaftliches Verständnis sowie ausgezeichnete Praxiskenntnisse haben.

Persönliche & institutionelle Weiterentwicklung
Das ITD eröffnet seinen MitarbeiterInnen den Spielraum, um ihre Persönlichkeit sowie theoretische und praktische Kenntnisse weiterzuentwickeln und auszubauen. Die Arbeit am ITD ist geprägt durch gegenseitige Wertschätzung und Anerkennung der Tätigkeiten und Fähigkeiten jedes einzelnen Mitarbeiters und jeder einzelnen Mitarbeiterin. Durch die persönliche Weiterentwicklung jedes/jeder Einzelnen entwickelt sich ein umfassendes und ständig wachsendes Kompetenzportfolio, das in unsere Arbeit mit Studierenden und ProjektpartnerInnen einfließt.

Gestaltungsfelder

Dabei konzentrieren wir uns auf die gestalterischen Arbeitsgebiete Produktinnovation, Nutzungsinnovation und Systeminnovation. Gerade auch im Hinblick auf die Ausbildung im Masterprogramm ist dieses Konzept sinnvoll.

Produktinnovation
Das erste Arbeitsgebiet bezieht sich auf das klassische Produktdesign von Verkehrsmitteln, also die äußere und innere Gestaltung von Fortbewegungsmitteln. Wir beschäftigen uns hier einerseits schwerpunktmäßig mit innovativen Fahrzeug- und Fahrzeugaufbaukonzepten bzw. Antriebssystemen, insbesondere mit Blick auf den Einstieg in eine postfossile Mobilitätskultur, andererseits mit der Entwicklung und Gestaltung innovativer Fahrzeug-Interior-Konzepte, hier insbe-

sondere mit Fragen der nutzergerechten Cockpitgestaltung auf der Basis der HMI-Forschung.

Nutzungsinnovation
Die Gestaltung von Mobilitätsdienstleistungen bildet das zweite Arbeitsgebiet. Die zentrale Frage lautet hier, wie bereits vorhandene bzw. auch neue Verkehrsmittel sinnvoll, das heißt nutzerfreundlich und kosteneffizient miteinander verknüpft werden können. Die Gestaltung bezieht sich hierbei nicht nur auf technischen Funktionalitäten und Formgebungen, sondern auch auf die (Nutzer-)Oberfläche solcher Dienstleistungen (Interface-Gestaltung/HMI-Forschung).

Systeminnovation
Das dritte Arbeitsgebiet bildet das Thema der Gestaltung von ganzen Systemen der Mobilität, hier insbesondere in Metropolen, welches die besonderen systemischen Probleme einer zukunftsfähigen Mobilitätsentwicklung im urbanen Rahmen aufgreift.

Alle drei Gestaltungsfelder sind eng miteinander verknüpft. So können innovative Produkte, beispielsweise Fahrzeug- und Antriebskonzepte, eine zentrale Rolle bei der Entwicklung von spezifischen Dienstleistungen und Mobilitätssystemen spielen. Innovative Produkte, Dienstleistungen und Systeme bilden wiederum die Grundlage für die Mobilität in Metropolen, während umgekehrt das städtische Umfeld den strukturellen und sozialen Rahmen für die Anwendung dieser Produkte und Dienstleistungen vorgibt. Sozialwissenschaftliche und ökonomische Grundlagen- und Zukunftsforschung sowie ingenieurwissenschaftliche Kompetenz stellen deswegen die wissenschaftliche Ergänzung für alle drei Gestaltungsfelder dar und sind Voraussetzung für diese. So erörtern wir etwa die Frage der individuellen und sozialen Akzeptanz von Fahrzeugen, Antriebsformen, Systemen und Oberflächen durch zukünftige NutzerInnen und AnbieterInnen im interkulturellen Kontext. Besondere Bedeutung erhalten dabei die europäischen Ballungsräume und die Märkte Chinas und Indiens. Ein weiteres Beispiel ist die wissenschaftliche Grundlagenarbeit zu „Human-Machine Interaction/Interfaces", die in die Arbeit im Gestaltungsfeld der Dienstleistungen/Systeme einfließt, beispielsweise hinsichtlich der Frage der optimal benutzerfreundlichen Gestaltung von Fahrer-Fahrzeug-Schnittstellen im Fahrzeugcockpit, der Gestaltung von Fahrerassistenzsystemen oder von verkehrsträgerübergreifenden Informations-, Buchungs- und Abrechnungsassistenten (z. B. PTAs).

Organisation und Kultur

Konzeptionell unterscheiden wir gegenwärtig neben den drei oben beschriebenen Gestaltungsfeldern (Produkte, Dienstleistungen, Systeme) drei wissenschaftliche Arbeitsgruppen (ITA, getLab und DesignInnovation, siehe Kap. 2) sowie mehrere Arbeitsschwerpunkte bzw. Themenfelder (E-Mobilität, regionale Transformation, Fahrradkultur, Maritime Mobilität etc.), in denen die unterschiedlichen Forschungs- und Entwurfsprojekte, Auftragsarbeiten und Beratungsaufträge gebündelt werden. Gestaltungsfelder, Themenfelder und Arbeitsgruppen überlagern sich gewissermaßen im Sinne einer mehrdimensionalen, flexiblen Matrixstruktur. Jeder der Arbeitsschwerpunkte ist in sich zwar grundsätzlich interdisziplinär strukturiert und offen gegenüber den anderen Schwerpunkten, orientiert sich aber methodologisch zunächst an jeweils einer Kerndisziplin respektive Kernfragestellung. Personell wird jeder der Bereiche gegenwärtig durch mindestens einen wissenschaftlichen Mitarbeiter bzw. eine wissenschaftliche Mitarbeiterin mit besonderer Leitungsfunktion betreut. Aufgabe dieser „AbteilungsleiterInnen" ist es, neben der momentanen Projektarbeit die konzeptionelle Profilierung und Erweiterung der Bereiche in eigener Verantwortung, gleichwohl in enger Abstimmung mit der Institutsleitung, voranzutreiben.

Diese Struktur einer mittleren Führungsebene erlaubt weiteres Wachstum und ist bereits jetzt im Hinblick auf die Vernetzung mit der Lehre im Masterstudium in dem Sinne konzipiert, dass die einzelnen Arbeitsschwerpunkte einzelnen curricularen Schwerpunkten zugeordnet werden können, dabei Teilverantwortung für die Durchführung der jeweiligen Module tragen und die stete Durchlässigkeit aktueller Forschungsergebnisse in die Lehre hinein gewährleisten können. Diese stete Erneuerung der Lehre durch die Forschung kann als ein besonderes Gütekriterium eines spezifisch universitären Masterprogramms gegenüber den Wettbewerbern (z. B. FH Pforzheim, Art Center Pasadena) hervorgehoben werden.

4 Designprozesse und Methoden des ITD

Design hat das Potenzial, diese oben beschriebenen Aufgaben zu bewältigen und als Visionsgeber, als Innovationsmethode, als Plattformdisziplin und als Vermittler zwischen abstrakter Technik und menschlichen Alltagsbedürfnissen zu einer der wichtigen Überlebensdisziplinen des 21. Jahrhunderts zu werden. Eine unerlässliche Voraussetzung besteht darin, das massenmedial immer wieder reproduzierte Image des selbstverliebten Verschönerers von Oberflächen zu korrigieren. Design ist mehr als die funktionale und ästhetische Gestaltung von Produkten zur Befriedigung von NutzerInnenbedürfnissen oder zur Verkaufsförderung. Design im hier vertretenen Sinne, als Transfer eines gegebenen Zustands in einen gewünschten Zustand – kurz: Transformationsdesign –, erfordert eine tragfähige theoretische Fundierung.

Transformationsdesign als Forschung durch Design

Das Konzept „Forschung *durch* Design" ist ein integrativer Ansatz, der die Spezifik des Entwerfens in einen neuen Forschungsbegriff fasst. Es versteht den Entwurfsprozess als einen Prozess der Erkenntnisproduktion, komplementär zur klassischen Vorgehensweise der Natur- und Humanwissenschaften. In Anlehnung an Fraylings klassischen Text (1993) wird zwischen Forschung *for*, *about* und *through* Design unterschieden.

Basierend auf dem Denken der Second-Order Cybernetics bzw. auf dem Konzept der Beobachterpositionen wird Designforschung nach der Qualität der Intentionalität und dem Grad der Involviertheit des Forschers/Designers im Prozess verortet:

- Research *for* Design agiert von außen, den Prozess punktuell unterstützend. ForscherInnen fungieren als „WissenslieferantInnen" für DesignerInnen. Das bereitgestellte Wissen hat aber durchaus begrenzte Haltbarkeitsdauer, weil es sich auf eine durch Design zu verändernde Wirklichkeit bezieht. Beispiele: Marktforschung, Materialforschung, Nutzerforschung, Produktsemantik.
- Research *about* Design agiert ebenfalls von außen, den Gegenstand auf Distanz haltend. Es geht um das Verstehen des Phänomens Design in allen seinen Facetten. ForscherInnen sind wissenschaftlich arbeitende BeobachterInnen, die den Gegenstand möglichst nicht verändern. Beispiele: Designphilosophie, Designgeschichte, Designkritik.
- Research *through* Design bezeichnet das designeigene forschende und entwerfende Vorgehen. DesignerInnen/ForscherInnen sind unmittelbar in den Prozess involviert, Verbindungen herstellend, den Forschungsgegenstand gestaltend. Beispiele: potenziell jedes „wicked problem" im Rittel'schen (1972) Sinne.

Designforschung insgesamt wird zum reflektierten Spiel mit den genannten Beobachterpositionen. Charakteristisch sind breite, offene, die klassischen Disziplingrenzen transzendierende Gegenstandsbereiche sowie die normative Orientierung des Unternehmens. Vermutlich herrscht Konsens, wenn behauptet wird, dass Design sich mit *Products – Process – People* befasst (Archer 1979; Cross 2001). Findelis (2008) platonischer Entwicklungsdreischritt von Ästhetik →

Logik → Ethik ist diesem Ansatz vergleichbar. Sogar die Definitionen Archers und Findelis von Designforschung sind sehr ähnlich und zeigen ein breites, fast unbeschränktes Feld von Gegenständen der Forschung.

Archer (1979, S. 18): „Design Research [...] is systematic enquiry whose goal is knowledge of, or in, the embodiment of configuration, composition, structure, purpose, value and meaning in man-made things and systems."

Findeli (2010, S. 294): „Design research is a systematic search for and acquisition of knowledge related to general human ecology considered from a ‚designerly way of thinking' (i. e. project-oriented) perspective."

Tabelle 1: Triaden von Gegenstandsbereichen des Entwerfens

Autoren	Gegenstandsbereiche von Design		
Platon	Das Schöne (τὸ καλόν)	Das Wahre (τὸ ἀληθές)	Das Gute (τὸ ἀγαθόν)
Vitruvius	Schönheit (Venustas)	Stabilität (Firmitas)	Nützlichkeit (Utilitas)
Kant	Urteilskraft	Reine Vernunft	Praktische Vernunft
Pye (1978)	The beautiful	The efficient	The useful
Archer (1979)	products	process	people
Cross (2001)	Phenomenology: study of the form and configuration of artefacts, the 1920s	Praxiology: study of the practices and processes of design, the 1960s	Epistemology: study of designerly ways of knowing, the 2000s
Findeli (2008)	aesthetics	logic	ethics
Jonas	Formgestaltung	Designprozesse	Wissensbestände

Tabelle 1 zeigt auffallende Analogien zwischen triadischen Modellen der Gegenstandsbereiche von Erkenntnis, Design und Designforschung. Wir fassen diese zusammen zu *Formgestaltung* (products, aesthetics ...) – *Designprozesse* (process, logic ...) – *Wissensbestände* (people, ethics ...) und werden darauf im Folgenden weiter eingehen. Die designspezifische Erweiterung und Präzisierung dieser Konzepte liefert einen großen Beitrag zur Fundierung von Design als transdisziplinäre Kompetenz: Design ist ein Prozess, der Wissen benutzt, um neue Formen und neues (neue Formen von) Wissen zu generieren.

Die Konzepte „Formgestaltung", „Designprozesse", „Wissensbestände"
entwickeln

Formgestaltung: Das enge Konzept der autonomen Formgestaltung (reduziert auf Geometrisch-Visuelles) im Design überwinden. Auch Dienstleistungen, Organisationen und soziale Systeme sind ästhetisch erfahrbare Formen. Form wird zumeist mittels der Unterscheidung von einem Gegenkonzept definiert. Wir kennen das platonische Konzept von Form als Idee (Urbild) im Gegensatz zum Abbild, oder das greifbarere aristotelische Konzept von Form und Materie. Sehr gebräuchlich ist die Unterscheidung von Form und Inhalt. Aber Inhalt ist nicht nur Materie, sondern immer schon geformt (Hegel); Form kann Inhalt werden und umgekehrt.

Eine der von PraktikerInnen und TheoretikerInnen geteilten Traditionen ist das Verständnis von Design als Formgestaltung. Dieses kann man als Ausgangspunkt nehmen und fragen: Welches Gegenkonzept wird implizit transportiert, wenn wir von Formgenerierung sprechen? Meinen wir die Form im Gegensatz zum Inhalt? Hier repräsentiert die Form den Inhalt und trägt zur Sinnkonstruktion bei. Oder Form und Inhalt sind untrennbar (angewandte Kunst), oder sie versteckt den Inhalt unter einer Verpackung (Styling). Meinen wir die *Form im Gegensatz zur Funktion*? Die optimale Verbindung von Ästhetik und Technik. Möglicherweise mit der Priorität der Funktion über die Form (Form Follows Function)? Form/Funktion impliziert die rationale Lösung. Menschen müssen sich anpassen, das modernistische Paradigma. *Form im Gegensatz zum Kontext* geht darüber hinaus. Dies ist explizit das Konzept von Design als Interface oder Passung zwischen Form und Kontext (Alexander 1964; Simon 1969) und befreit das Design von der engen Koppelung an die Formgebung im geometrischen und ästhetischen Sinn. Implizit ist die Anpassung an Menschen. Das Paradigma des „User-centered Design". *Form im Gegensatz zum Medium* ist eine der aktuellen Unterscheidungen in der Medientheorie, basierend auf Heider (1926), und wird relevant, wenn es um die Gestaltung von Diensten, Organisationen, Diskursen, Leitbildern zur gesellschaftlichen Transformation geht. Ursprünglich lose gekoppelte Elemente schließen sich zu Formen zusammen, die sich weitgehend selbst organisieren. Die Interfaces bzw. Übergangszonen von Form und Medium sind unscharf, vergänglich und nur begrenzt kontrollierbar. Diese letztere Bedeutung von Form wird für Probleme, die unter dem Label „Design Thinking" angegangen werden, immer wichtiger. Dies bedeutet eine enorme Herausforderung für das Selbstverständnis von Design. Ehrwürdige Konzepte wie „Autor" oder „Werk" verlieren an Bedeutung.

Designprozesse: Die Mythen von unerklärbarer Kreation und kausaler Kontrolle loswerden. Den flüchtigen und evolutionären Charakter von Design anerkennen und in Prozessmodellen abbilden.

Die soziokulturelle Entwicklung ist ein permanenter, evolutionär beschreibbarer Redesign-Prozess (Michl 2002) mit eingestreuten Episoden bewussten, kontrollierbaren Designs. Das Machen und Erfahren von Design kann als Ko-Evolution von auto- und allopoietischen Systemen betrachtet werden. Designforschung (ebenso wie Design) versucht, die Wahrscheinlichkeit von Passungen zwischen den ko-evolvierenden Systemen zu verbessern. Weitgehend vergleichbare triadische Konzepte von Phasen bzw. Wissensdomänen im Designprozess und im Designforschungsprozess (vgl. Tab. 2) stützen die Annahme, dass dieses generische Modell das angemessene epistemologische und methodologische Konzept des Prozesses darstellt. Wir fokussieren auf das APS-Modell (*Analyse, Projektion, Synthese*) (Jonas 2007a, 2007b) bzw., weiterführend, auf das im Folgenden beschriebene Modell der Transdisciplinarity Studies[2].

Tabelle 2: Triadische Konzepte von Prozessen bzw. Wissensdomänen in der Designforschung

Autoren	Prozessphasen bzw. Wissensdomänen in der Designforschung		
Jones (1970)	divergence	transformation	convergence
Archer (1981)	science	design	arts
Simon (1969) und Weick (1969)	intelligence	design	choice
Nelson und Stolterman (2003)	the true	the ideal	the real
Jonas (2007a, 2007b)	*Analyse*	*Projektion*	*Synthese*
Fallman (2008)	Design Studies	Design Exploration	Design Practice
Brown (2009)	Inspiration	Ideation	Implementation
Transdisciplinarity studies	System knowledge	Target knowledge	Transformation knowledge

Wissensbestände: Die einseitige Bevorzugung wissenschaftlicher Bestände und Normen in Frage stellen. Das Konzept von Wissen radikal öffnen. Auch individuelles Wissen, indigenes Wissen, spirituelles Wissen etc. sind designrelevant. Die verbissen geführte Debatte über Ansätze in der Designforschung – „scientific" vs. „designerly"– erscheint als ein ziemlich müßiges Unterfangen. Wir schlagen die Erweiterung des Wissenskonzepts in Richtung Transdisziplinarität vor, letztere besitzt starke Parallelen zum Konzept der „Mode 2"-Wissenschaft. Eine Abgrenzung der Konzepte Multi-, Inter- und Transdisziplinarität findet sich bei Nicolescu (2008):

---

2 Vgl. auch: http://en.wikipedia.org/wiki/Transdisciplinarity, abgerufen am 29.12.2011.

- *Multidisziplinarität:* Zusammenschluss, um an einem gemeinsamen wissenschaftlichen Problem zu arbeiten. Danach Trennung und unveränderte Weiterarbeit.
- *Interdisziplinarität:* Zusammenschluss, um an einer gemeinsamen Fragestellung zu arbeiten. Die Interaktion kann zur Formierung eines neuen Forschungsfeldes bzw. einer neuen Disziplin führen.
- *Transdisziplinarität:* Zusammenschluss, um ein Problem in einem konkreten Anwendungskontext zu definieren. Situiert, dynamisch, flüchtig, generativ und selbstreflexiv. Charakteristisch ist das Merkmal der sozialen Relevanz.

Transdisziplinarität geht von einer Einheit des Wissens aus und ist mit dem Wissen befasst, das die Disziplinen teilen, das zwischen den Disziplinen liegt und das jenseits des disziplinären Bereichs liegt. Wenn die Natur einer Problemsituation strittig ist, kann Transdisziplinarität dazu beitragen, die relevanten Probleme und Forschungsfragen zu identifizieren. Ein erster Fragetyp betrifft die Ursachen des Problems und die weitere Entwicklung (System Knowledge – Analyse). Ein weiterer betrifft die Werte und Normen, um Ziele für den Problemlösungsprozess zu gestalten (Target Knowledge – Projektion). Ein dritter bezieht sich auf die Transformation und Verbesserung der Problemsituation (Transformation Knowledge – Synthese).

Nicolescu (2008) postuliert drei Axiome der Transdisziplinarität:

- *Das ontologische Axiom:* In Natur und Gesellschaft und in unserem Wissen darüber gibt es unterschiedliche Wirklichkeitsebenen des Subjekts und dementsprechend unterschiedliche Ebenen des Objekts.
- *Das logische Axiom:* Der Übergang von einer Wirklichkeitsebene zu einer anderen wird durch die Logik des eingeschlossenen Dritten sichergestellt.
- *Das epistemologische Axiom:* Die Struktur der Gesamtheit der Wirklichkeitsebenen ist komplex; jede Ebene wird durch die gleichzeitige Existenz aller anderen Ebenen bestimmt.

Offene Transdisziplinarität in der von Brown et al. (2010) vorgeschlagenen Form impliziert insbesondere die Integration nicht wissenschaftlichen Wissens. Disziplinäre ExpertInnen werden damit zu nicht privilegierten Ko-ProduzentInnen in einer erweiterten Kultur der Wissensproduktion.

Methodologie der Forschung durch Design

Der Ansatz der Transdisciplinarity Studies sowie die generischen Prozessmodelle von Simon (1969) und Weick (1969), Nelson und Stolterman (2003) und Jonas (2007a, 2007b) bilden die Grundlage für die weitere Entwicklung der Methodologie. Sie sind unterschiedlich, aber durchaus miteinander kompatibel und können in produktiver Weise synthetisiert werden. Jonas' Makrophasen (Analyse, Projektion, Synthese) beziehen sich auf Nelsons und Stoltermans „domains of knowing" (the True, the Ideal, the Real). Simons und Weicks generische Schritte des Managementprozesses (Intelligence, Design, Choice) werden integriert, weil Boland (2004) demonstriert hat, dass es sinnvoll ist und weiteren Erkenntnisgewinn bringt, die drei generischen Schritte (die wir von nun an als A, P, S bezeichnen) als zirkulär und nicht linear verbunden zu denken, was jede beliebige Reihung erlaubt. Boland untersucht alle sechs Möglichkeiten und kommt zu dem Schluss, dass Choice (Synthese) auf jeden Fall als letzter Schritt erfolgen sollte. Das heißt, von den sechs möglichen Reihungen sind lediglich 1 – APS und 5 – PAS sinnvoll (siehe auch Tabelle 3).

1. Intelligence – Design – Choice (APS): Herbert Simon's rational man economic theory,
2. Design – Choice – Intelligence (PSA): the „what have I done?" manager,
3. Choice – Intelligence – Design (SAP): the existential introvert,
4. Intelligence – Choice – Design (ASP): the chronically disappointed manager – „if I had only ...",
5. Design – Intelligence – Choice (PAS): Karl Weick's sensemaking manager,
6. Choice – Design – Intelligence (SPA): the existential hero.

Die Unterscheidung der beiden Vorgehensweisen APS vs. PAS korrespondiert mit Lawsons (1980) Hypothese von den mehr „problemorientierten" Wissenschaftlern (die ein Problem vollständig analysieren, um daraus die Lösung abzuleiten) und den mehr „lösungsorientierten" Designern (die so lange versuchsweise Lösungen generieren, bis die passende erscheint). Das APS-Modell sieht Analyse und zielgerichtete Problemlösung als die Treiber: Designforschung geht von einem bekannten Kontext aus, für den Lösungen zu generieren sind. Das PAS-Modell dagegen sieht Design als Treiber des Prozesses: Designforschung in einem unklaren Kontext generiert hypothetische Innovationen und kann erst auf dieser Grundlage Passungen mit möglichen Kontexten analysieren und bewerten. Die Überlegungen erlauben die Ableitung von neun archetypischen Designprozessen (vgl. Tabelle 3).

Tabelle 3: Neun archetypische Design- und Designforschungsprozesse

	A	P	S		
1	A	P	S	APS: a „complete" design research process	Intelligence and goal driven problem-solving as the driving and leading activities in the design research process with/without Synthesis
2	A	P		AP: a concept/futures studies process (without synthesis/realization)	
3	A		S	AS: a „normal" design process (without proper projection)	
4	P	A	S	PAS: a „complete" design innovation process	Design projection as the driving and leading activity in the innovation/exploration/research process with/without Synthesis
5	P	A		PA: an exploration process (without synthesis/realization)	
6	P		S	PS: a „risky", „speculative" trial & error process (without analytical grounding)	
7	A			A: an analytic research process (inquiry into „the true")	disciplinary, domain-specific research or practice
8		P		P: a projective futures studies process (inquiry into „the ideal")	
9			S	S: a synthetic realization process (inquiry into „the real")	

Im Anschluss an diese Überlegungen erscheint es möglich, das Modell der Forschung *durch* Design auch in Anlehnung an das Konzept der Mode-2-Wissenschaft zu beschreiben. Nowotny et al. (2001, 2006) charakterisieren letztere durch das Primat des Anwendungskontexts, transdisziplinäre Arbeitssituationen, institutionelle Heterogenität (Projektorientierung), soziale Rechenschaftspflicht sowie neue Praktiken und Kriterien der Qualitätskontrolle. In einer Mode-2-Perspektive konvergieren der Design- und der Forschungsprozess; Verstehen und Verändern sind gleichermaßen Ziele. Unsere Hypothese lautet, dass der abduktive Schritt der *Projektion* Wissenschaft und Design integriert und damit das Modell der Mode-2-Wissenschaft herstellt (vgl. Tabelle 4). Dies muss an anderer Stelle detaillierter ausgeführt werden.

Tabelle 4: Projektion verbindet Design und Wissenschaft und etabliert das Modell der Mode-2-Wissenschaft

	A	P	S
„Normales Design"			
Designforschung (Forschung *durch* Design, Transformationsdesign, Mode-2-Wissenschaft ...)			
Wissenschaftliche Forschung (Mode-1-Wissenschaft)			

Operationalisierung der Forschung durch Design

Das ITD besitzt ein umfangreiches und ständig erweitertes Repertoire an wissenschaftlichen und designerischen Methoden zur passgenauen Konfiguration seiner Designforschungsprojekte. Das webbasierte Softwaretool MAPS[3] (Chow und Jonas 2008, 2010; vgl. Abb. 4) stellt die bisher am weitesten gehende Unterstützung der Prozessplanung dar. Es besteht aus drei Komponenten:

- *Wizard* führt den Anwender Schritt für Schritt durch die Projektplanung. Eine Fragesequenz unterstützt den ungeübten Anwender bei der Charakterisierung seines Projektes und empfiehlt dann einen Prozess und geeignete Methoden.
- *Planner* unterstützt den Anwender beim Erstellen, Dokumentieren und Kommunizieren von Projekten.
- *Reference* schließlich stellt eine Datenbank mit mehr als 200 Methoden zur Verfügung. Formulare ermöglichen die Modifikation vorhandener und die Eingabe eigener Methoden.

Abbildung 4: MAPS – Webtool zur Konfiguration von Designforschungsprozessen.

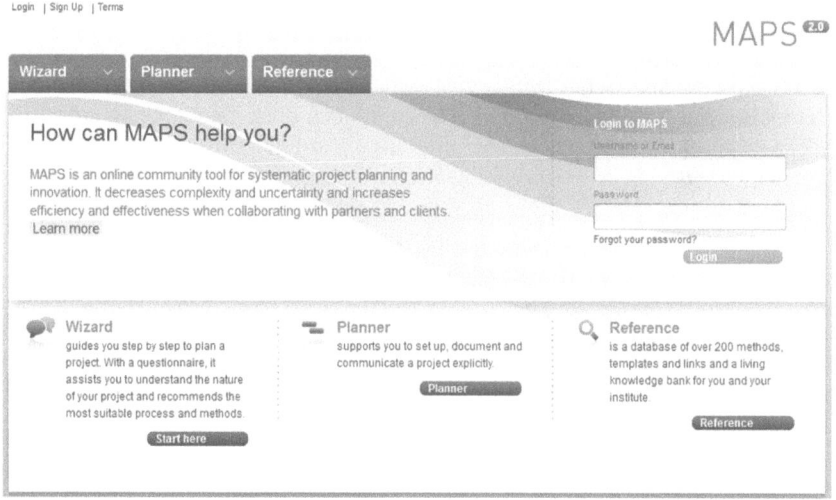

---

3   MAPS = Matching Analysis – Projection – Synthesis, siehe http://www.designprocess.de, abgerufen am 23.6.2012.

Von besonderem Interesse für die weitere Entwicklung sind die visuellen Unterstützungstools oder auch die narrativen Ansätze der Prozessmodellierung. Zu beiden Fragestellungen laufen derzeit Promotionsvorhaben am ITD.

5 Ein exemplarisches Projekt des ITD

Die Projekte des ITD sind derart unterschiedlich, dass es kaum möglich ist, ein repräsentatives Beispiel vorzustellen. Das im Folgenden kurz dargestellte Projekt „Cruise Futures 2051" kann jedoch im Hinblick auf die in den Kapiteln 3 und 4 vorgestellten Programmatiken als exemplarisch angesehen werden: es kombiniert eine starke normative Vision mit einem sehr strukturierten methodischen Vorgehen. Beides sind Alleinstellungsmerkmale des ITD-Ansatzes. Es handelt sich um ein studentisches Masterprojekt im Gestaltungsfeld Systeminnovation aus dem Sommersemester 2011.

Ausgangspunkte sind (1) die Kritik an den gegenwärtigen Konzepten des Kreuzfahrtgeschäfts, welche gekennzeichnet sind durch Masse, Entertainment, Konsum und Pseudo-Luxus, sowie (2) die Notwendigkeit weiter vorausschauender Planung in Schiffbau und Seeverkehr angesichts absehbarer dramatischer Veränderungen in den Bereichen Ressourcen, Klima, Werte und Lebensweisen. Die Konzepte des Kreuzfahrtgeschäfts folgen einer recht kurzfristigen Perspektive, sind markt- und marketinggetrieben, wenig innovativ, der Maxime „more of the same" folgend. Die Aspekte „Schiff als ästhetischer Archetyp" oder „Seereise als Mythos und Sehnsuchtsmotiv" geraten völlig aus dem Blick. Werften, BetreiberInnen und ReiseveranstalterInnen können diese Entwicklung noch eine Weile mitmachen, müssen sich aber mittelfristig auf neu entstehende Märkte und Kundenwünsche einstellen. Die strategische Vorausschau muss heute beginnen.

Das Projekt umfasst die drei oben beschriebenen generischen Schritte des Designprozesses: Analyse (Wie ist die Situation?), Projektion (Wie wollen wir leben?) und Synthese (Wie kann das konkret aussehen?).

Analyse: Ausgehend von vorliegenden Megatrends, Trendanalysen und Zukunftsprognosen aus diversen Studien sowie eigenen Untersuchungen, unter anderem mithilfe der Sensitivitätsanalyse (Vester 2002) und des Szenarioansatzes nach Schwartz (1991) entwickeln wir einen Szenariorahmen mit drei zentralen Dimensionen bzw. kritischen Ungewissheiten (Critical Uncertainties) der weiteren Entwicklung. Dabei bewegen sich

- die Weltordnung zwischen den extremen Polen „fragmentiert" – „kohärent",
- die Gesellschaftsform zwischen den Polen „ich" – „wir" und
- der Klimawandel zwischen den Polen „moderat" – „extrem".

Die Kombination von jeweils drei Extremausprägungen ergibt acht grobe Rahmenszenarien, von denen wir vier weiter ausarbeiten.

Projektion: Das Rahmenszenario „Postfossile Solidarität" (angelehnt an das IPCC-Szenario A1FI) wird nach intensiver Diskussion schließlich als normative Zielvorgabe angenommen (vgl. auch Abb. 5). Es geht aus von einem extremen Klimawandel, einer kohärenten Weltordnung sowie einer „Wir-Gesellschaft" in Deutschland. In diesem Rahmen sind die anzustrebenden Veränderungen des Kreuzfahrtgeschäfts zu denken.

Abbildung 5: „Postfossile Solidarität": Richard Buckminster Fullers „Dymaxion Map" als Symbol einer neuen Weltsicht (siehe http://en.wikipedia.org/wiki/Dymaxion_map, abgerufen am 23.6.2012).

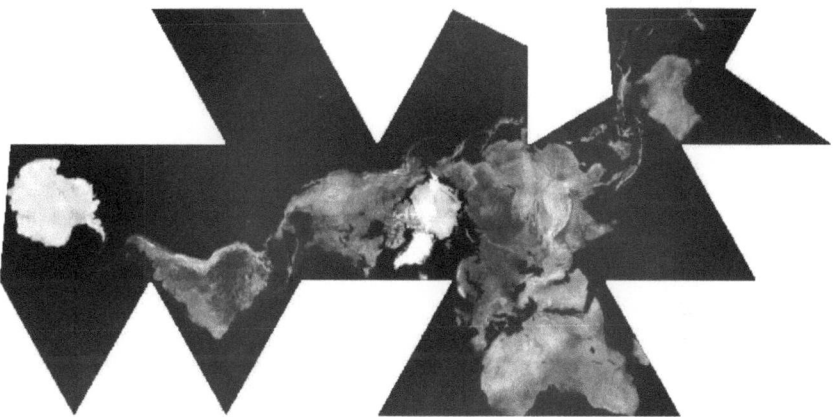

Die Weltgesellschaft hat die Veränderung des Klimas lange akzeptiert und den anthropogenen Handlungsspielraum entsprechend vernachlässigt. Der achtsamere Umgang mit Ressourcen und die damit verbundene Reduktion der Emissionen wurden erst aus der Not heraus, dafür gemeinsam, beschlossen. Das führt zu einem solidarischen Umgang mit den Folgen.

Extremer Klimawandel: Das globale Klima entwickelt sich stetig weiter in die Richtung von zwei Extremen: trocken und heiß (aride und semiaride Gebiete) bzw. feucht und warm (nördliche Breiten und Südostasien). Es gibt ausgeprägte regionale Unterschiede in den Auswirkungen des Klimawandels in Deutschland in Bezug auf Temperaturanstieg, Niederschlagsmenge und Winde. Der Meeresspiegel der Nordsee steigt weiter an.

Kohärente Welt: Die Welt rückt notgedrungen näher zusammen, um die Herausforderungen meistern zu können. Neue Empathien und damit Handlungskompetenzen werden entwickelt. Es etabliert sich ein globales, ungewichtetes Weltmodell.

Wir-Gesellschaft: Die soziale Interaktion nimmt zu und wird reicher, die regionalen Einkommensunterschiede verringern sich. Der Staat und die Bürger wachsen zusammen, da Deutschland ansonsten zerbrochen wäre in West-Ost und Süd-Nord, in Gewinner und Verlierer.

Für die Überlegungen zu neuen Kreuzfahrtstrategien wird ein Roadmapping-Prozess konzipiert, der die Zeitspanne von heute bis 2051 in drei Abschnitte aufteilt. Die sogenannte „Glückskurve" (vgl. Abb. 6) illustriert diesen Verlauf.

Abbildung 6: Die „Glückskurve" als zeitlicher Rahmen für den Roadmapping-Prozess.

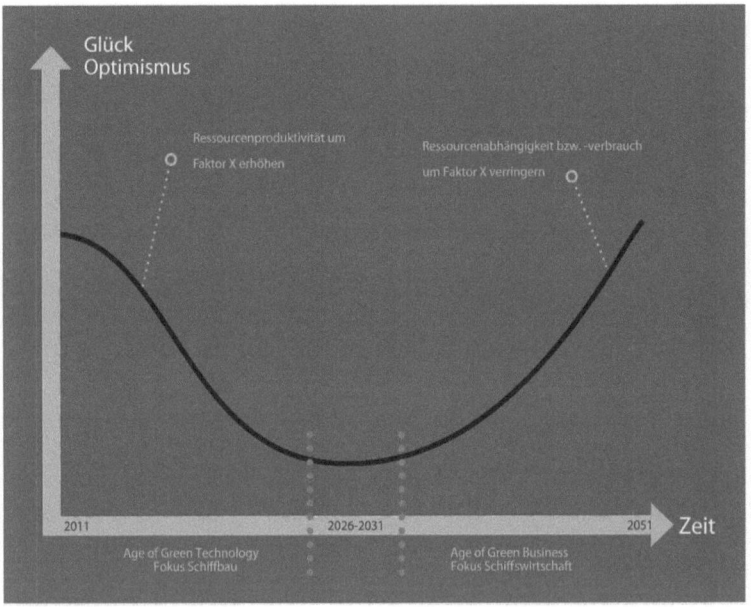

Der Zeitraum bis zum Jahr 2026 ist geprägt vom Festhalten am Paradigma des technologischen Fortschrittes und des quantitativen Wachstums. Da sich diese Wohlstandsversprechen nur zum Teil erfüllen, leidet das Vertrauen in Politik und

Wirtschaft, die Gesellschaft wird heterogener, und der Einzelne, konfrontiert mit Verlustängsten, schaut mit gemischten Gefühlen in die Zukunft. Der positive Effekt dieser einseitigen Bemühungen während des „Age of Green Technology" genannten Zeitabschnittes sind die enormen Fortschritte in der Forschung und Entwicklung von Green Technology.

Die folgende Umbruchphase von 2026 bis 2031 ist geprägt von einer intensiven Auseinandersetzung mit der Vergangenheit. Der einsetzende gesellschaftliche Wandel und das Bedürfnis, aufbauend auf den gegenwärtigen Verhältnissen eine wünschenswerte Zukunft zu gestalten, werfen die Frage auf, wer welchen Beitrag leisten kann oder muss. Daraus resultieren ein neues Verantwortungsgefühl und neue Handlungsoptionen.

Das 2031 einsetzende „Age of Green Business" ist geprägt vom Wissen, dass jeder Einzelne mit seinem Handeln zu einem ressourcenunabhängigen, qualitativen Wachstum beiträgt. In Verbindung mit den technologischen Möglichkeiten entsteht daraus eine Stimmung des Aufbruchs, getragen von dem Optimismus, die anstehenden Herausforderungen meistern zu können.

In diesem zeitlichen Rahmen werden nun die Entwicklungslinien für die vier neu definierten Haupt-Akteursgruppen gezeichnet. Diese sind

- die Meyer-Werft (exemplarisch für die Schiffbauwirtschaft),
- Interessensnetzwerke (neuer Name für Reedereien und maritime Wirtschaft),
- Ethik-Banken (als neue Finanzierer für Schiffbau und maritime Wirtschaft),
- Earthbook (ein soziales Netzwerk der globalen Bürgerverantwortung).

Abbildung 7 deutet die neue Vernetzung dieser Akteure an. Die wesentliche Neuerung bei diesem fiktiven Geschäftsmodell besteht in der Stärkung der Rolle der Werften, das heißt in der Lockerung der einseitigen Abhängigkeit der Werften von den kurzfristigen und schnell wechselnden Anforderungen der Kreuzfahrtreedereien.

Exemplarisch erläutert der folgende Text die Entwicklung der Interessen-Netzwerke (ehemals Reedereien und Maritime Wirtschaft) ab 2031: Deutschland erkennt die Notwendigkeit, dass die Schifffahrt als wichtiger Wirtschaftszweig nur eine Zukunft hat, wenn sie sich dem Preiskampf entzieht und auf Qualität setzt. Als weltweit erstes Registrierungsland wertet Deutschland ökonomische, ökologische und soziale Interessen gleich hoch. Unter deutscher Flagge fahrende Schiffe erfüllen fortan CSR-Konventionen, die in der internationalen Klimafolgenvereinbarung ihren Ursprung haben. Dieser Schritt hat weltweit Signalwirkung. Aufmerksam verfolgt das Earthbook-Netzwerk die Umsetzung. Nach diesem Vorstoß beschließt der Zentrale Verband Deutscher Seehäfen zusammen mit der europäischen Schiffswirtschaft, dass EMCTI[4]-klassifizierten Green-Ships in

---

4 EMCTI = European Maritime Clean Tech Initiative, vorgeschlagen in Bannasch et al. (2011).

Abbildung 7: Die neuen Netzwerke und Beziehungen der Stakeholder im ehemaligen Kreuzfahrtgeschäft.

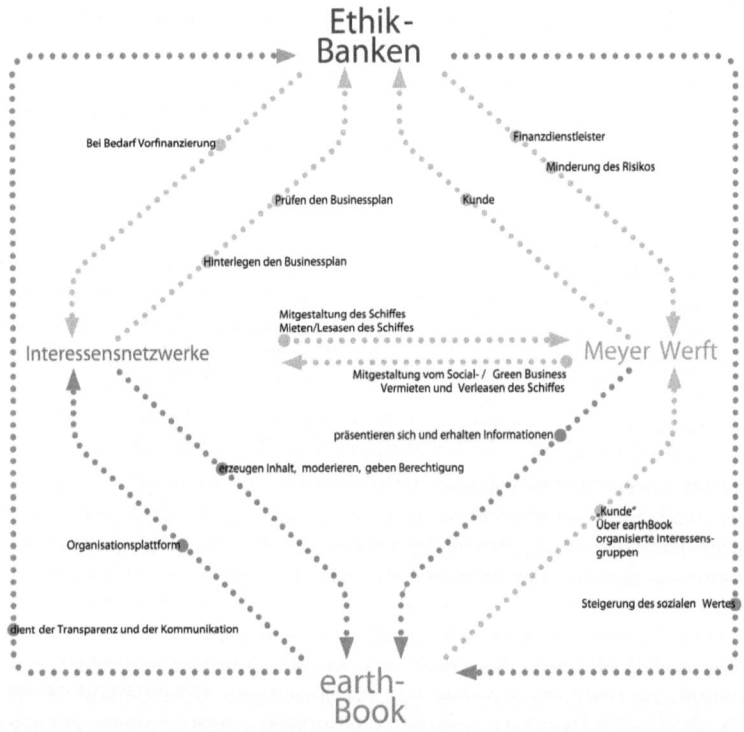

deutschen Häfen die hohen Umweltgebühren erlassen werden und dass sie bevorzugt abgefertigt werden. Unter Billigflagge fahrenden Schiffen fällt es zunehmend schwer, ihre Fracht zu löschen, erst nur in Deutschland, bald auch in ganz Europa und dann in den wichtigen Häfen weltweit. Durch diesen Beschluss findet wieder ein größerer Teil der Wertschöpfung in Deutschland, respektive den teilnehmenden Ländern, statt, so die Registrierung, Finanzierung und der Schiffbau inklusive Zulieferer und Ausrüster. Diese Relokalisierung zeigt sich ebenso in der Wirtschaft. Seit der Einführung der Vollkostenrechnung suchen und finden kleinere Unternehmen, Unternehmensvereinigungen oder Interessensnetzwerke, die sich temporär zusammenschließen, Zugang zu Märkten, die ihnen bisher verschlossen oder die nicht vorhanden waren. So gewinnt auch die Binnenschifffahrt wieder an Bedeutung, und durch die niedrigschwelligen Leasing- und Mietangebote für Schiffe ist der Transport von Gütern, Dienstleistungen und Menschen bedarfsgerecht möglich. Die Finanzierung wird in der Regel über Ethik-Banken abgewickelt, da sie sich als verlässliche Partner erweisen, indem sie nur Businesspläne akzeptieren, die nicht auf Spekulation setzen und damit ein hohes Risiko darstellen würden. Rund um diese direkte Kundenbeziehung zwischen Werften, Ethik-Banken und Interessensnetzwerken bzw. Unternehmen und die Verknüpfung mit Earthbook als Plattform des Handels entsteht eine lebendige und wertvolle Green-Business-Landschaft. Die Seewirtschaft wird damit wieder ein integraler Bestandteil der deutschen Binnen- und Hochseeschifffahrt und kann an die alte Schifffahrtstradition der Hanse anknüpfen.

Abbildung 8: Kulturerhaltungsschiff als „Teaser".

Synthese: Schließlich illustrieren sogenannte „Teaser" mögliche – bewusst am Rande des Vorstellbaren positionierte – Umsetzungen der Strategien. Die Teaser sollen irritieren und Debatten initiieren. Einer ist das Kulturerhaltungsschiff (vgl. Abb. 8), ein radikaler Kontrapunkt zu den heutigen, Kultur(en) konsumierenden, ausbeutenden und bedrohenden Konzepten des Kreuzfahrt-Massentourismus. Die Initiatoren sind Ausgründungen aus dem Klimafolgen-Entwicklungsplan. In diesem Konzept verpflichten sich die weniger betroffenen Länder, schwankende

Staaten und Regionen zu unterstützen, damit diese Kulturen nicht aussterben und die Menschen vor Ort weiter leben können. Sie erhalten deren Kultur, indem sie sie mit Pflanzen, Energieinfrastruktur, Medizin etc. versorgen und gegebenenfalls mit den notwendigen Strukturen unterstützen. Das Schiff besteht aus drei Einheiten: aus zwei Motoren links und rechts und dem Fracht- und Wohnteil. Dieser ist ein Gewächshaus, das an der Küste gebaut wird. In ihm wird alles für die Kulturerhaltung vorbereitet. Es werden Pflanzen gezogen und medizinische Einrichtungen gebaut. Die beiden Motoren sind Niederenergie-Elektromotoren, die von dem aus photovoltaischen Zellen bestehenden Dach gespeist werden. Meist wird das Kulturerhaltungsschiff jedoch durch Wind angetrieben.

6 Die Zukunft des ITD

Wir haben das ITD an der HBK Braunschweig als kleinen, originellen, dynamischen Think Tank vorgestellt, der sich seit 2007 mit Mobilitätskonzepten und, genereller, mit der Funktion von neuer Mobilität als Treiber gesellschaftlicher Transformation befasst.

Das ITD ist natürlich auch eine Organisation, die sich über ihre eigene Zukunft Gedanken macht. Organisationales und individuelles Lernen, nicht nur im Hinblick auf methodische oder operationale Skills, ist ein zentraler Bestandteil der Institutsarbeit. Die Notwendigkeit hierzu folgt nicht zuletzt aus dem dauernden, nicht immer einfachen Spagat zwischen der Arbeit an der Gestaltung zukunftsfähiger Mobilität, der Drittmittelforschung und einer radikal-visionären Gesellschaftskritik.

Organisationales Lernen durch Rahmenszenarien und Leitbilder

Soweit es die Kapazitäten zulassen, versuchen wir, das ITD selbstreflektiv in größere Projekte zur Szenarioentwicklung einzubinden. Als Beispiel dient hier ein kleineres Projekt im Themenfeld der Maritimen Mobilität[5], bei dem wir das ITD explizit als Teilsystem neben der „Welt", der Region Norddeutschland sowie einem fiktiven Unternehmen der maritimen Branche einbeziehen. Wir fragen: Wie könnte die Entwicklung des ITD im Arbeitsgebiet der Maritimen Mobilität aussehen? Ein Lerntool für die Planung von der Zukunft her, welches permanent anzupassen und fortzuschreiben ist, liefert den Rahmen für die strategische Weiterentwicklung der Organisation in ihren relevanten Umfeldern: Wer

---

5 Maritime Mobilität ist seit Ende 2011 ein neues Arbeitsgebiet des ITD.

möchten wir gewesen sein? Was sind unsere Leitbilder? Welche Geschichten sollen von uns erzählt werden? Ein Beispiel aus der Dekade 2021–2030:

Das Institut für Transportation Design erlebt einige Krisen aufgrund von schnellem Wachstum, daraus entstehenden Organisationsproblemen, Reibungsverlusten und Zielkonflikten. Die Probleme können infolge der vorbildlichen Kommunikationskultur durch Selbstorganisation, Dezentralisierung der Arbeits- und Entscheidungsstrukturen und weitere Maßnahmen schließlich gemeistert werden. Man etabliert am Institut den Ansatz der „Key Interpreter": Avantgardisten, Querdenker etc. aus Kunst, Wissenschaft, Wirtschaft, außerdem Kinder und Jugendliche, werden zu wichtigen Ideenlieferanten für die ExpertInnen des ITD (Verganti 2009).

Individuelle Reflektion der eigenen Position

Als DesignerInnen und WissenschaftlerInnen müssen wir uns immer wieder neu im Spannungsfeld von divergierenden Werten, Ansprüchen und Rahmenbedingungen verorten. Eine aktive Auseinandersetzung mit anderen, auch historischen bzw. klassischen Positionen ist dabei äußerst hilfreich. Die folgenden vier Systemdenker und Designer können exemplarisch als Referenzrahmen oder auch als Orientierungspunkte oder „Sparringspartner" für die individuelle und organisationale Reflektion verwendet werden (vgl. Abb. 9): C. West Churchman (1913–2004) vertritt die „melancholische Position", Herbert Simon (1916–2001) die „positive Position", Frederic Vester (1925–2003) die „missionarische Position" und Horst Rittel (1930–1990) die „ironische Position". In welcher intellektuellen und normativen Positionierung möchte ich/wollen wir agieren bzw. wahrgenommen werden?

Der folgende Text (Rittel 1987, S. 119) ist durchaus charakteristisch für die Probleme persönlicher und sozialer Art, mit denen wir als DesignerInnen und ForscherInnen am ITD konfrontiert sind. In einer Reflektion über die HfG Ulm als ein „Lehrstück für das Kernproblem von Umweltgestaltung als zielstrebige Bemühung um die Verbesserung der condition humaine" berichtet er über die Auseinandersetzung zwischen zwei Auffassungen, die mit den Begriffen „Gestalter" und „Theoretiker" nur schlecht umschrieben seien:

Abbildung 9: Intellektuelle und normative Positionen im Transformationsdesign.

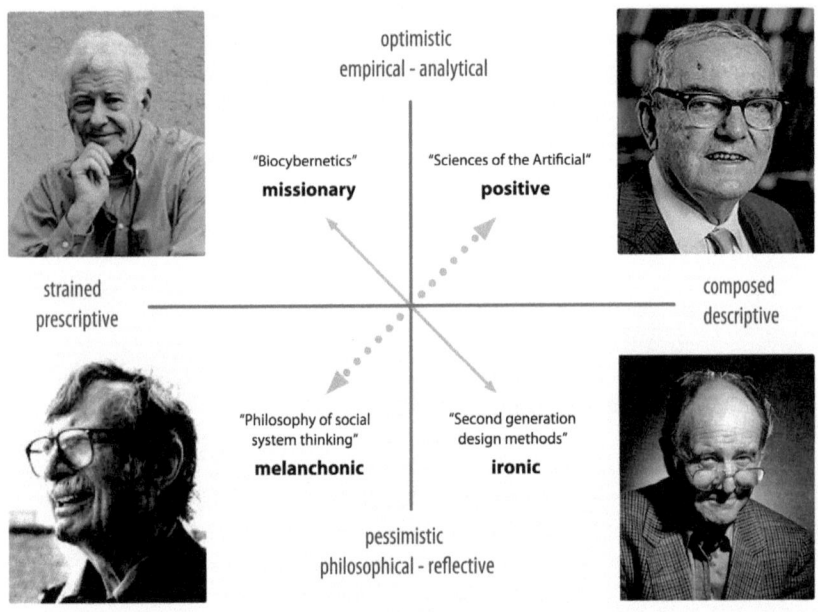

„Typ X fühlt den sittlichen Auftrag, die Welt zügig und gründlich verbessern zu sollen. Er hat eine klare Vision von jener Sollwelt. Es ist eine klare, ordentliche, durchgestaltete Welt, bevölkert von positiven Menschen, die untereinander und mit ihrer Umwelt nach Lebensstil und Gesinnung in freudiger Harmonie leben. Garant ihrer Utopie ist ihnen der gesunde Menschenverstand und das Sendungsbewußtsein. Typ X kennt keine Zweifel daran, was eine ‚gesunde Welt' ausmacht; er weiß, was für uns alle das Beste ist, und wie es herbeizuführen ist.

Typ Y sind Leute, denen eine solche beneidenswerte Selbstsicherheit und die Gewißheit endgültiger Wahrheit nicht vergönnt sind. Auch sie finden es um die Welt nicht zum besten bestellt. Sie möchten gern herausfinden, was gesollt werden sollte. Je mehr sie darüber nachdenken, desto schwieriger das Problem, desto größer die Skepsis gegenüber Behauptungen zeitlos gültiger Lösungen und ewiger Wahrheiten, desto stärker die Neigung zu pluralistischer Toleranz."

Die Zukunft ist offen. Wir nehmen die Herausforderung an.

Literatur

Alexander, C. (1964). *Notes on the Synthesis of Form*. Cambridge, MA: Harvard University Press.
Archer, B. (1979). Design as a Disciplin. *Design Studies*, Vol. 1, No. 1, 17–20.
Archer, B. (1981). A View of the Nature of Design Research. In R. Jacques, & Powell, J. (Eds.), *Design:Science:Method*. Guildford: Westbury House.
Bannasch, H.-G., Hartmann, W. D., & Kny, R. (2011). *Maritimes Clean Tech Kompendium. Wie nachhaltiges Wachstum international erfolgreich macht*. Neuenhagen/Berlin: ifi – Institut für Innovationsmanagement.
Blöcker, A., & Lompe, K. (2000). *Mobilität und neue Beschäftigungsfelder*. Marburg: Schüren.
Boland, R. J., & Collopy, F. (Eds.) (2004). *Managing as Designing*. Stanford, CA: Stanford University Press.
Brown, T. (2009). *Change by Design: How Design Thinking Transforms Organizations and Inspires Innovation*. New York: Harper Business.
Brown, V. A., Harris, J. A., & Russell, J. Y. (2010). *Tackling Wicked Problems Through the Transdisciplinary Imagination*. London/Washington, DC: Earthscan.
Chow, R., & Jonas, W. (2008). *Beyond Dualisms in Methodology – an Integrative Design Research Medium („MAPS") and some reflections*. DRS conference Undisciplined!, Sheffield, 7/2008.
Chow, R., & Jonas, W. (2010). *Far Beyond Dualisms in Methodology – an Integrative Design Research Medium „MAPS"*. DRS conference Design & Complexity, Montréal, 7/2010.
Cross, N. (2001). Designerly Ways of Knowing: Design Discipline Versus Design Science. *Design Issues*, Vol. 17, No. 3, Summer 2001, 49–55.
Davis, W. H. (1972). *Peirce's Epistemology*. The Hague: Martinus Nijhoff.
Dewey, J. (1986). *Logic: The Theory of Inquiry*. Carbondale, IL: Southern Illinois University Press
Fallman, D. (2008). The Interaction Design Research Triangle of Design Practice, Design Studies, and Design Exploration. *Design Issues*, 24(3), 4–18.
Findeli, A. (2008). *Searching for Design Research Questions*. Keynote at Questions & Hypotheses Conference, Berlin, 24.-26.10.2008.
Findeli, A. (2010). Searching for Design Research Questions: Some Conceptual Clarifications. In R. Chow, W. Jonas and G. Joost (Eds.), *Questions, Hypotheses & Conjectures*. Xlibris Corp., 286-299.
Frayling, C. (1993). Research in Art and Design. *Royal College of Art Research Papers*, Vol. 1, No. 1, 1–5.
Fuller, R. B. (1998). *Betriebsanleitung für das Raumschiff Erde und andere Schriften*. Dresden, 54 (Original: Operating Manual for Spaceship Earth, 1969).
Grand, S., & Jonas, W. (2012). *Mapping Design Research*. Basel: Birkhäuser.
Heider, F. (1926). *Ding und Medium*. Nachdruck Berlin: Kulturverlag Kadmos, 2005.
Ison, R. (2010). *Systems Practice: How to Act in a Climate-Change World*. London/Dordrecht/Heidelberg/New York: Springer.

Jonas, W. (2007a). Design Research and its Meaning to the Methodological Development of the Discipline. In R. Michel (Hrsg.), *Design Research Now – Essays and Selected Projects*. Basel: Birkhäuser.
Jonas, W. (2007b). Research Through DESIGN Through Research – a Cybernetic Model of Designing Design Foundations. *Kybernetes*, Vol. 36, No. 9/10, Special Issue on Cybernetics and Design.
Jonas, W., & Meyer-Veden, J. (2004). *Mind the gap! On Knowing and Not-Knowing in Design*. Bremen: Hauschildt.
Jonas, W., Chow, R., & Verhaag, N. (2005). *Design – System – Evolution*. Proceedings of the 6th conference of the European Academy of Design, University of the Arts Bremen, 29.-31.3.2005. http://ead.verhaag.net/conference/. Abgerufen am 2.6.2012.
Jones, J. C. (1970). *Design Methods: Seeds of Human Futures*. New York and Chichester: John Wiley & Sons.
Lawson, B. (1980). *How Designers Think. The Design Process Demystified*. Oxford: Architectural Press, Third Edition 1997.
Lompe, K. (1994). *Verkehrspolitik als Gesellschaftspolitik*. Düsseldorf: Hans-Böckler-Stiftung.
Michl, J. (2002). *On Seeing Design as Redesign. An Exploration of a Neglected Problem in Design Education*. Dept. of Industrial Design, Oslo School of Architecture, Norway.
Nelson, H. G., & Stolterman, E. (2003). *The Design Way. Intentional Change in an Unpredictable World*. Englewood Cliffs, NJ: Educational Technology Publications.
Nicolescu, B. (2002). *Manifesto of Transdisciplinarity*. Albany, NY: State University of New York Press.
Nicolescu, B. (2008). *Transdisciplinarity: Theory and Practice*. New York: Hampton Press.
Nowotny, H., Scott, P., & Gibbons, M. (2001). *Re-Thinking Science. Knowledge and the Public in the Age of Uncertainty*. Cambridge, UK: Polity Press.
Nowotny, H. (2006). The Potential of Transdisciplinarity. *Interdisciplines*, May 2006.
Pye, D. (1978). *The Nature and Aesthetics of Design*. Bethel, CT: Cambium Press.
Rittel, H.W.J. (1972). Second-generation Design Methods. In N. Cross (Ed.) (1984), *Developments in Design Methodology*. Chichester: John Wiley, 317–327 (Original 1972).
Rittel, H.W.J. (1987). Das Erbe der HfG? In H. Lindinger (Hrsg.), *Hochschule für Gestaltung Ulm. Die Moral der Gegenstände*. Berlin: Ernst & Sohn, 118–119.
Schwartz, P. (1991). *The Art of the Long View*. New York: Currency Doubleday.
Simon, H. A. (1969). *The Sciences of the Artificial*. Third Ed. 1996. Cambridge, MA: MIT Press.
Verganti, R. (2009). *Design-Driven Innovation: Changing the Rules of Competition by Radically Innovating What Things Mean*. Boston, MA: Harvard Business Press.
Vester, F. (2002). *Die Kunst, vernetzt zu denken. Ideen und Werkzeuge für einen neuen Umgang mit Komplexität. Der neue Bericht an den Club of Rome*. München: dtv.
Weick, K. (1969). *Social Psychology of Organizing*. Reading, MA: Addison Wesley.

> # Teil IV
> ## Zukunftsforschung und Nachhaltigkeit

Zukunftsforschung für Gesellschaft und Wirtschaft

Rolf Kreibich

1 Wissenschaft in der Verantwortung

In meiner Arbeit „Die Wissenschaftsgesellschaft – Von Galileo zur High-Tech-Revolution" (Kreibich 1986) habe ich dargelegt, dass „Wissenschaft und Technologie" die zentrale Produktiv- und Innovationskraft der Industriegesellschaft ist. Mit der Entwicklung der modernen experimentell-analytischen und mathematisch-formalisierten Wissenschaft hat sich der Mensch eine höchst effiziente Methode geschaffen, den Prozess des Innovierens gezielt und planmäßig zu betreiben. Es war die Erfindung der Methode des Erfindens. Zunächst war die Methode nur auf die äußere Natur gerichtet. Die großen Erfolge im Sinne von Erkenntnis, Wahrheitsfindung und Nutzen haben dazu geführt, dass diese Methode fortan auf alle Bereiche der Natur und des sozialen Lebens angewandt wurde. Heute reicht sie hinein bis in das ungeborene Leben, die Fortpflanzung des Menschen, in Bewusstseinsvorgänge und in die Sphäre von Intelligenzprozessen. Diese Wissenschaft, oder genauer die moderne naturwissenschaftliche Wissenschaft, ist jene Denk- und Handlungsmethode, die das industriegesellschaftliche Paradigma „Erzielung von politisch-ökonomischer Macht und Überlegenheit" geradezu idealtypisch erfüllt. Auf diese Weise avancierte der ehemals wissenschaftlich-technische Fortschritt zum gesellschaftlichen Fortschritt schlechthin, weil die Erfolge im Sinne des ökonomisch-militärischen Nutzungspostulats die ursprünglichen Intentionen der Wissenschaft immer mehr in den Hintergrund drängten. Es war und ist der positiv rückgekoppelte Prozess zwischen der Zielorientierung der Industriegesellschaft und der wissenschaftlich-technischen Innovationsproduktion, der sich immer weiter aufschaukelt und heute Grundlage für ökonomische und politische Macht ist.

Die Produktion wissenschaftlicher und technischer Informationen ist per se Produktion von Innovationen. Nicht allein die bis heute ungebremst exponentiell wachsende Menge wissenschaftlicher und technischer Informationen ist entscheidend, sondern vor allem auch ihr Neuerungswert. Dieser induziert unablässig ökonomische, soziale und ökologische Veränderungen, die es so noch nicht gab. Viele davon sind irreversibel. Der Innovationscharakter von Wissenschaft und Technik hat die besondere Eigenschaft, dass kleine wissenschaftliche Entdeckungen und technische Entwicklungen tiefgreifende und sogar globale Wirkungen haben können. Somit zeichnet sich die Methode besonders dadurch aus, dass mit relativ kleinen Inputs große Wirkungen erzielt werden können: Man denke hier nur an die Kernspaltung und die Entdeckung der Kettenreaktion im Labor und die Möglichkeit, auf diesen Grundlagen Kernkraftwerke und Atombomben zu bauen. Ein anderes Beispiel ist die Entschlüsselung des menschlichen Genoms mit der prinzipiellen Möglichkeit, Organe von Menschen nach vorgegebenen Bauplänen zu konstruieren, als Fortsetzung der heute heiß diskutierten Präimplantationsdiagnostik.

Wissenschaft und Technologie sind in alle Lebensbereiche eingedrungen und haben diese nachhaltig verändert. Mehr noch, die durch die Wissenschaft erzeugte künstliche Evolution überwuchert systematisch die natürliche und lässt ihr durch die unvergleichlich viel höhere Beschleunigung kaum noch einen Raum. Es gibt keinen Zweifel, dass das auf den Denk- und Handlungsprinzipien der modernen Naturwissenschaft aufbauende Industriesystem und seine Weiterentwicklung im Rahmen der Informationsgesellschaft einen singulären Tatbestand in der Kulturgeschichte der Menschheit darstellt. Alle die Industriekultur bestimmenden Größen – betrachtet man diese auf einer Zeitachse von zehntausend Jahren Zivilisationsgeschichte der Menschheit – zeigen seit etwa dreihundert Jahren einen steilen, sprunghaften Anstieg. In keiner anderen Hochkultur haben sich auch nur annäherungsweise solche Veränderungen vollzogen, die ja nicht nur die natürliche Umwelt betreffen, sondern den Menschen selbst, seine prinzipiell mögliche Selbstvernichtung eingeschlossen.

Vor diesem Hintergrund stehen alle Wissenschaften, in besonderer Weise die Zukunftswissenschaft, vor der großen Herausforderung, die Folgen, die mit diesen mächtigen Triebkräften verbunden sind, in verantwortbare Bahnen zu lenken und zukunftsfähige Gestaltungsperspektiven zu eröffnen. Denn es darf nicht nur darum gehen, die Wirkungen erster Ordnung, also die schnell verwertbaren Chancen und Produkte von Wissenschaft zu nutzen, sondern es muss auch darum gehen, die Folgen zweiter und höherer Ordnung und die langfristigen Zukunftsentwicklungen vorausschauend zu bedenken und zu gestalten. Wie schwierig das ist, erleben wir hinsichtlich der ökonomischen Verwertung naturwissenschaftlicher Innovationen beinahe täglich: Während Ethikkommissionen tagen, werden längst Patente erteilt und neue Produkte hergestellt und verwendet, die durch die normative Kraft des Faktischen vollendete Tatsachen schaffen. Die Entwicklung der Bio- und Gentechnologie und ihre unmittelbare industrielle Verwertung sind angefüllt mit markanten Beispielen dafür, dass Folgen höherer Ordnung nicht berücksichtigt werden. Gleiches gilt für die Atom- und Fusionsenergie, die Nanotechnologie (Grunwald 2006) oder die CCS-Technologie (= Carbon Capture Storage-Technik: Verbringung von großen Mengen des Klimagases CO_2 in tiefe geologische Schichten; vgl. Kreibich 2009). Auf der anderen Seite sind die Fachwissenschaften noch weitgehend so ausgerichtet, dass allein die unmittelbaren Erkenntnisse und Chancen von Forschungsergebnissen zählen, während die Wirkungen höherer Ordnung und die langfristigen Folgen ausge-

blendet bleiben. Hier hat die Zukunftsforschung und wissenschaftliche Zukunftsgestaltung eine besondere Verantwortung zu übernehmen.
Die Verantwortung der wissenschaftlich basierten Zukunftsgestaltung ist auf vier Ebenen zu bewältigen:

- auf der Ebene der Wissenschaft und Technikentwicklung, ihrer Förderungsprogramme sowie der Förder- und Transferinstitutionen,
- auf der Ebene der Wirtschaft, insbesondere im Hinblick auf ökonomische, ökologische und soziale Wissenschafts- und Technikverwertung,
- auf der politischen Ebene mit der Orientierung auf langfristige, zukunftsfähige Rahmenbedingungen für alle Bereiche der Gesellschaft,
- in der Öffentlichkeit und im Rahmen der Zivilgesellschaft mit den Zielen langfristig stabiler Lebensverhältnisse und Generationengerechtigkeit.

2 Das Themenspektrum der Zukunftsforschung

Die Zukunftsforschung ist nicht auf bestimmte Themen festgelegt. Gleichwohl lassen sich eine Reihe von Themenfeldern ausmachen, die schon immer im Zentrum ihres Interesses lagen. Veränderungen ihrer Themenschwerpunkte sind eng mit dem gesellschaftlichen, wirtschaftlichen und ökologischen Wandel verbunden.

Die großen Herausforderungen der wissenschaftlich-technisch-industriellen Dynamik (WTI-Paradigma, siehe Kreibich 1986) in Form von globalen ökonomischen, ökologischen und sozialen Disparitäten, Machtungleichgewichte, Bevölkerungsexplosionen in der Dritten Welt, religiöse und ethnische Spannungen und die gravierenden Umweltzerstörungen und Ungleichverteilungen bei der Nutzung des Naturvermögens ergeben ein Themenspektrum der internationalen Zukunftsforschung, das einerseits eng mit den globalen und regionalen Risikopotenzialen, andererseits mit den Chancen sozialer, technischer und kultureller Innovationen gekoppelt ist. Der nachfolgende Katalog gibt einige dieser Themen wieder. Die Reihenfolge gibt in etwa die Häufigkeit an, in der sie in der Fachliteratur und von ZukunftsforscherInnen genannt werden:

- Technikentwicklung, Technikfolgenabschätzung, Technikbewertung, Technikgestaltung,
- Probleme der Bevölkerungsentwicklung, Beseitigung von Hunger und Erfüllung von Basisbedürfnissen,
- Steuerungsfähigkeit demokratischer Gesellschaften im Hinblick auf Langzeitentwicklungen und Langzeitfolgen,
- Bürokratisierung und Entbürokratisierung,

- Konfliktforschung, Hochrüstungswettlauf, Friedens- und Abrüstungsstrategien, Internationale Beziehungen und Institutionen,
- neue Bildungs- und Erziehungssysteme,
- Wirtschaftswachstum und ökologische Folgen,
- Zukunft der Arbeit und der Arbeitsorganisation (Arbeit, Beruf, Freizeit),
- Ressourcenverbrauch und globale Umweltbelastungen,
- Entwicklung von städtischen Ballungsräumen und Mobilität,
- Instrumente für ein langfristig tragfähiges, internationales Krisenmanagement,
- Zukunftsstrategien und Zukunftsmanagement in Unternehmen,
- neue Lebensformen und Lebensstile,
- Zukunft der Familie, Chancen und Risiken der Individualisierung,
- neue Wohlstands- und Lebensqualitätsmodelle,
- Zukunft der Kultur und der Mediennutzung,
- Zukunft der Informations- und Kommunikationsgesellschaft,
- Zukunftsmodelle für ökologische und sozialverträgliche Energie-, Wasser- und Bodennutzungen,
- Modelle einer Sustainable Society, Sustainable Economy, Sustainable Community,
- Zukunft der Wissenschafts- und Hochtechnologiegesellschaft
- neue Fortschritts- und Wettbewerbsmuster,
- Strategien für ein nachhaltiges Stoffstrommanagement,
- Ressourceneffizienz und Kreislaufwirtschaft.

Der Katalog verdeutlicht, dass die Zukunftsforschung mit einem breiten Spektrum komplexer Themen befasst ist. Hier liegt ihre Stärke und Schwäche zugleich. Zielsetzendes, Orientierung vermittelndes und sinnstiftendes Zukunftswissen lässt sich nur durch die Betrachtung komplexer Problemzusammenhänge gewinnen. Die Zukunftsforschung muss demzufolge hohe Leistungen hinsichtlich der Komplexitätsreduktion und der Operationalisierung von Zukunftsbildern und Handlungsstrategien erbringen. Es ist evident, dass Misserfolge nicht fern sind, wenn eine dieser Leistungen nicht erbracht wird. In der modernen Zukunftsforschung ist deshalb nicht mehr umstritten, dass die Bearbeitung komplexer Zukunftsstudien und ihre Nutzung in der Praxis nur durch einen ständigen Perspektivwechsel zwischen Erkenntnisgewinn und Erfahrungs- bzw. Gestaltungswelt möglich ist. Sowohl das Zielsystem und die Strategien als auch die Wege und Maßnahmen befinden sich in der modernen Zukunftsforschung in einem permanent rückgekoppelten, dynamisch-evolutionären Entwicklungsprozess.

3   Zu den Grundlagen der modernen Zukunftswissenschaft

„Zukunftsforschung ist die wissenschaftliche Befassung mit möglichen, wünschbaren und wahrscheinlichen Zukunftsentwicklungen und Gestaltungsoptionen (Zukünfte) sowie deren Voraussetzungen in Vergangenheit und Gegenwart" (Kreibich 1995). Diese 1995 vorgenommene Definition ist in der europäischen Zukunftsforschung weitgehend anerkannt. Eine besondere Beachtung sollte dabei die durchgängige Verwendung des Plurals erhalten.

Die moderne Zukunftsforschung geht davon aus, dass die Zukunft prinzipiell nicht vollständig bestimmbar ist und dass verschiedene Zukunftsentwicklungen (Zukünfte) möglich und gestaltbar sind. Sie basiert auf der Erkenntnis, dass es zwar eine große Zahl möglicher Zukünfte gibt, nicht jedoch beliebige Zukünfte. Diese Voraussetzungen sind keineswegs trivial, sondern beruhen auf Erkenntnissen zahlreicher Wissenschaftsgebiete wie der Quantenphysik, der Evolutionstheorie, der Selbstorganisationstheorie und der Chaostheorie. Zukunftsforschung enthält neben analytischen und deskriptiven Komponenten immer auch normative, prospektive, kommunikative und gestalterische Elemente.

Zukünfte entwickeln sich im Allgemeinen nicht entlang einzelner Disziplinen und sind deshalb auch nicht von einzelnen Disziplinen in ihrer Komplexität und vernetzten Funktionalität zu erfassen. Somit liegt auch die wissenschaftliche Befassung mit Zukünften hauptsächlich auch quer zu den Disziplinen. Die Zukunftsforschung arbeitet grundsätzlich interdisziplinär, multidisziplinär und transformativ in Richtung Gesellschaft, Praxis und Gegenstandsbereiche. Zukunftsstudien und Zukunftsprojekte sind die hauptsächlichen Arbeitsformen. Die Zukunftsforschung nutzt die Erkenntnisleistungen aller Fachdisziplinen und deren methodisches Instrumentarium und erbringt vor allem durch neue Kombinationen und komplexe funktionale Verknüpfungen von Fachwissen unterschiedlicher Disziplinen und Praxisbereiche sowie durch das Erstellen von Zukunftsbildern wichtige Eigenleistungen in Form von Orientierungs- und Handlungswissen.

Die Zukunftsforschung unterliegt in Abgrenzung zu zahlreichen pseudowissenschaftlichen Tätigkeiten wie „Trendforschung" oder „Prophetie" grundsätzlich allen Qualitätskriterien, die in der Wissenschaft an gute Erkenntnisstrategien und leistungsfähige Modelle gestellt werden, als da sind: Relevanz, logische Konsistenz, Einfachheit, Überprüfbarkeit, terminologische Klarheit, Angabe der Reichweite, Explikation der Prämissen und der Randbedingungen, Transparenz, praktische Handhabbarkeit und andere. Auch die Arbeit im Rahmen der Forschungspraxis folgt in den seriösen Forschungsinstituten den „Regeln zur Sicherung guter wissenschaftlicher Praxis", wie sie auch an den Max-Planck-Instituten, den Helmholtz-Instituten und den Universitäten in Deutschland gelten (IZT 2003).

Das Profil erfolgreicher Zukunftsforschung weist allerdings auch eine Reihe von Besonderheiten auf, die über den traditionellen Wissenschaftskanon hinausgreifen: Die Zukunftsforschung arbeitet mit kreativen, phantasievollen Zukunftsbildern und Zukunftsentwürfen, für die visionäre, normative und prospektive Elemente eine große Bedeutung haben. Ihr Vorgehen ist holistisch und innovativ in dem Sinne, dass alte Leitbilder, Theorien und Konzepte häufig schneller als in anderen Wissenschaften erneuert oder aufgegeben werden, denn die Dynamik der gesellschaftlichen Prozesse und Entwicklungen verlangt diese hohe Flexibilität und Kreativität. Die Zukunftsforschung hat sich als besonders fruchtbar erwiesen, wenn Zukunftsbilder und Zukunftsstrategien unkonventionell und radikal auf spezifische Chancen und Gefahren zukünftiger Entwicklungen zugespitzt werden und als Frühwarnsysteme und Folgen-Abschätzungsinstanz fungieren.

In der neueren Zukunftsforschung spielen deshalb vor allem kommunikative, partizipative und gestaltende Elemente im Wissenschaftsprozess und im Prozess des Transfers in die Praxisbereiche eine immer größere und fruchtbare Rolle. Die direkte und indirekte Einbeziehung von Betroffenen und Beteiligten sowie von EntscheiderInnen und AkteurInnen verschiedener Praxis- und Implementationsbereiche, hauptsächlich aus Politik, Wirtschaft, Zivilgesellschaft und Bürgerschaft, in die wissenschaftliche Erarbeitung von Zukunftsstudien und Zukunftsprojekten wurde in den letzten drei Jahrzehnten immer mehr zu einem besonderen Kennzeichen der Zukunftsforschung (z. B. im Rahmen von Zukunftswerkstätten, Roadmaps, Fokusgruppen, Visionswerkstätten oder Zukunftskonferenzen).

4 Zukunftsforschung und gesellschaftliche Praxis

Zukunftsfragen im gesellschaftlichen Bereich beziehen sich in der Regel nicht auf eng begrenzte Probleme. Sie sind zudem vernetzt mit sozialen, ökonomischen, ökologischen und kulturellen Umfeldbedingungen. In den letzten Jahrzehnten wurde immer deutlicher, dass nur eine großräumige, in der Regel globale Betrachtung der Zusammenhänge, Wirkungen und Folgen von Ereignissen und Trends gute, das heißt wissenschaftlich stringente und praktisch fruchtbare Erkenntnisse über Zukünfte erbringt. In Zeiten der Globalisierung sollte das eine Selbstverständlichkeit sein, die Praxis in Wissenschaft, Politik, Wirtschaft und im Bildungssystem ist jedoch eine andere.

Ebenso verhält es sich mit den Zeitperspektiven, auf die Zukunftsfragen gerichtet sind und für die fruchtbares Zukunftswissen erarbeitet werden soll und dringend gebraucht wird. Auf der einen Seite werden durch menschliches Handeln täglich Zukünfte über mehr als 50, 100 oder sogar mehr als 1.000 Jahre geschaffen: Das gilt etwa für den Bau von Wohn- oder Bürogebäuden, Brücken,

Straßen, Flugplätzen, Ver- und Entsorgungseinrichtungen, Eisenbahnnetzen, Pipelines oder Kraftwerken ebenso wie für die den Ausstoß von toxischen Stoffen, die Produktion von radioaktivem Müll und die Verursachung des Ozonlochs oder des immer dichter werdenden CO_2-Mantels um die Erde als Hauptfaktor der Klimaveränderungen. Noch bedeutsamer sind die Zukunftsfolgen durch irreversibles menschliches Handeln, etwa durch den Ressourcenverbrauch an fossilen und metallischen Rohstoffen, die Vernichtung von Tier- und Pflanzenarten, das Herbeiführen der Verödung und Versteppung von ursprünglich landwirtschaftlich genutzten Flächen.

Es kann keinen Zweifel daran geben, dass eine intensive wissenschaftliche Befassung mit mittel- und langfristigen Zeiträumen und Handlungsorientierungen für das Leben der Menschen, insbesondere auch der nachfolgenden Generationen, unabdingbar ist.

Politische Programme, und mehr noch Regierungsprogramme und die alltäglichen Entscheidungen in Politik und Wirtschaft, sind demgegenüber in der Regel auf eine Legislaturperiode oder wenige Monate und Jahre angelegt. Selbst wirtschaftliche Strategien der Unternehmen und, als besonders krasse Beispiele, höchstgefährliche Finanztransaktionen sind auf sehr kurzfristige Gewinnperspektiven, Shareholder-Value und immer kürzer werdende Innovationszyklen der Produkte und Dienstleistungen (maximal zwei bis fünf Jahre) ausgerichtet. Letzteres konnte in einer empirischen Studie repräsentativ für die kleinen, mittleren und großen Unternehmen in Deutschland festgestellt werden (Kreibich et al. 2002). Es gibt nur wenige Ausnahmen bei den deutschen Unternehmen. Diese sind allerdings durchweg erfolgreicher, und ihre längerfristige Zukunftsfähigkeit ist weitaus besser gesichert.

Wir stehen somit vor dem grundlegenden Paradoxon, dass die meisten StrategieplanerInnen, KonzeptentwicklerInnen und EntscheiderInnen in Politik, Wirtschaft und Gesellschaft zwar davon reden, dass unsere Welt von Globalisierung und Langfristtrends entscheidend geprägt wird, dass sie aber in ihren realen Strategien und Handlungen auf die damit verbundenen Herausforderungen keine Antworten geben. So sind heute zwar Begriffe wie „Nachhaltige Entwicklung" oder „Wissenschafts- und Wissensgesellschaft" in aller Munde, die konkreten Umsetzungskonzepte sind jedoch weit vom wissenschaftlichen Erkenntnisstand der modernen Zukunftsforschung entfernt. Schon das üppig vorhandene wissenschaftliche Wissen über die Vergangenheit und die Gegenwart wird ja nur bruchstückhaft ausgeschöpft und vielfach auch sehr einseitig und vorurteilsbelastet in den verschiedenen Praxisbereichen verwendet. Noch krasser sieht es bei der Nutzung des wissenschaftlichen Zukunftswissens aus. Auch wenn sich die Zukunftsforschung der prinzipiellen Unsicherheit von Zukunftswissen bewusst ist, so verfügen wir heute gleichwohl über solide und belastbare Wissensbestände sowohl hinsichtlich möglicher als auch wahrscheinlicher und wünschbarer Zukünfte. Die Negierung dieses wissenschaftlichen Wissens bei der praktischen Zukunftsgestaltung wird jedenfalls mit hoher Wahrscheinlichkeit fatale Folgen haben, die Selbstzerstörung der Menschheit eingeschlossen (Kreibich 2006).

In einer ersten allgemeinen Näherung lassen sich die Forschungsziele einer modernen Zukunftsforschung und wissenschaftsbasierten Zukunftsgestaltung wie folgt benennen. Zukunftsforschung soll für zentrale Herausforderungen und Probleme:

- Lösungsperspektiven ermitteln,
- als Frühwarnsystem fungieren,
- (sinnstiftendes) Zukunftswissen erarbeiten,
- zentrale Funktionsbeziehungen aufzeigen,
- Zukunftsbilder erstellen,
- Zukunftsbilder für die Praxis operationalisieren,
- Zukunftsoptionen und Alternativen für die Zukunftsgestaltung herausarbeiten und bewerten,
- Entscheidungs- und Handlungsstrategien für praktisches Zukunftshandeln aufzeigen,
- Maßnahmen bzw. Maßnahmenbündel zur praktischen Umsetzung von Zukunftswissen erarbeiten.

5 Megatrends des globalen Wandels

Vor dem Hintergrund einer notwendigen globalen Betrachtung und langfristigen Orientierung zur Lösung aktueller und zukünftiger Herausforderungen ist die Herausarbeitung von grundlegenden Zukunftstrends und die Bewertung ihrer Relevanz für zukünftige Entwicklungen eine unabdingbare Voraussetzung. Aus einer Gesamtzahl von 50 Basistrends, die durch Auswertung nationaler und internationaler Zukunftsstudien selektiert wurden, haben wir am IZT in Zukunftswerkstätten die wichtigsten ermittelt (Megatrends). Die Zukunftswerkstätten waren jeweils mit VertreterInnen aus Politik, Wirtschaft, Wissenschaft, Kultur und Zivilgesellschaft sowie gesellschaftlich relevanten Organisationen und Institutionen besetzt. Auch die Hauptbetroffenen – BürgerInnen, Jugendliche und Kinder – wurden einbezogen. Nur ein solches Partizipationsverfahren ermöglicht bei komplexen Bewertungsfragen seriöse und fruchtbare Ergebnisse.

Megatrends bezeichnen Entwicklungen, wenn mindestens drei Kriterien erfüllt sind: Der Trend muss fundamental in dem Sinne sein, dass er starke bis grundlegende Veränderungen im Bereich der menschlichen Sozialentwicklung und/oder des natürlichen Umfelds bewirkt. Der Trend muss langfristig (über 20 Jahre) starke Wirkungen und Folgen auslösen. Mit dem Trend müssen starke globale Wirkungen und Folgen für Gesellschaft und Natur (Biosphäre) verbunden sein. Hieraus ergab sich die nachfolgende Rangfolge der zehn wichtigsten Megatrends (Kreibich 2006):

- Wissenschaftliche und technologische Innovationen,
- Belastungen von Umwelt und Biosphäre/Raubbau an den Naturressourcen,
- Bevölkerungsentwicklung und demografischer Wandel,
- Wandel der Industriegesellschaft zur Dienstleistungs-, Informations- bzw. Wissenschaftsgesellschaft (Tertiarisierung und Quartarisierung der Wirtschaftsstrukturen),
- Globalisierung von Wirtschaft, Beschäftigung, Finanzsystem und Mobilität,
- technologische, ökonomische und soziale Disparitäten zwischen Erster und Dritter Welt sowie Extremismus und Terrorismus,
- Individualisierung der Lebens- und Arbeitswelt,
- Erhöhung der Mobilität bzw. der Personen- und Güterströme sowie der Nachrichtenströme weltweit,
- Verringerung der Lebensqualität (nach UN- und Weltbank-Indizes),
- Spaltung der Gesellschaften durch ungleiche Bildung und Qualifikation und durch Massenarbeitslosigkeit.

Schon lange kann sich eine gesellschaftsbezogene Zukunftsforschung nicht mehr nur mit der Sonnenseite des Megatrends „Wissenschaftliche und technologische Innovationen" befassen und diesen Trend mehr oder weniger linear in die Zukunft fortschreiben. Auch wenn in den letzten 100 Jahren Produktivitätssteigerungen in der Landwirtschaft und im industriellen Sektor von etwa 4.500 Prozent sowie eine materielle Wohlstandsmehrung von etwa 3.500 Prozent erreicht wurden, die Lebenszeit in Deutschland um zirka 38 Jahre angestiegen ist und sich somit fast verdoppelt hat und die Mobilität, gemessen in Geschwindigkeitssteigerung und Distanzüberwindung, sogar um den Faktor 100 zunahm, sind Zukunftsszenarien, die auch weiterhin allein diese Zukunftsoptionen im Blickfeld haben, bestenfalls noch als Anschauungsmaterial für technisch-ökonomische Gigantomanie nützlich.

Denn die auf der Schattenseite des technisch-industriellen Wachstums messbaren Belastungspotenziale für Umwelt und Gesellschaft lassen keinen anderen Schluss zu als jenen, dass wir bei einem Fortschreiten auf dem Pfad der horrenden Energie-, Rohstoff- und vor allem Schadstoffströme in weniger als 80 Jahren unsere natürlichen Lebens- und Produktionsgrundlagen zerstört haben werden (Kreibich 2008). Die heutigen politischen, wirtschaftlichen, ökologischen, sozialen und kulturellen Herausforderungen resultieren ja hauptsächlich aus den Wirkungen und Folgen des globalen technisch-industriellen Wandels in der Biosphäre und im sozialen Zusammenleben auf dem begrenzten Globus.

Täglich wird die Atmosphäre mit 83 Millionen Tonnen Kohlendioxyd aus Kraftwerken, Heizungen und Kraftfahrzeugen belastet, die rasanten Klimaveränderungen sind die deutlichsten Auswirkungen. Täglich wird die Fläche von 63.000 Fußballfeldern Regenwald vernichtet. Das hat zur Folge, dass unsere wichtigste Kohlendioxid-Reduktions- und Sauerstoff-Produktionsmaschine systematisch zerstört, der Wasserhaushalt der Erde massiv gestört und die Biodiversität ihres wichtigsten Rückzugraums beraubt wird. Wir vernichten durch anthropogene Eingriffe täglich 100 bis 200 Tierarten und 20.000 Hektar Ackerland. Die Weltbevölkerung wächst jeden Tag um 250.000 Menschen. Auch die sozialen Folgen sind höchst beunruhigend: Bei globaler Betrachtung lässt sich feststellen, dass der Gewinn aus dem Naturvermögen zwischen den 20 Prozent Reichsten und den 20 Prozent Ärmsten 60:1 beträgt (Atlas der Weltentwicklung 2001). Die Klimaberichte der Vereinten Nationen aus dem Jahr 2007 (United Nations 2007) haben die Dramatik des Klimawandels und möglicher Folgen nicht nur bestätigt; vielmehr sind die Werte noch drastischer als früher angenommen.

Diese Bilanzen betreffen alle industrialisierten Länder und immer mehr auch die Schwellenländer, insbesondere die BRICS-Staaten (Brasilien, Russland, Indien, China, Südafrika). Somit ist festzuhalten, dass sich in diesen Zahlen einerseits zwar die Erfüllung langgehegter Zukunftsvisionen und Menschheitsträume von einem besseren materiellen Leben widerspiegelt. Denn wir haben im Vergleich zu früheren Gesellschaften eine enorme Wohlstandsmehrung zu verzeichnen. Hier liegt der Schlüssel dafür, dass wir auch heute noch primär in den Perspektiven von Wirtschaftswachstum und materieller Wohlstandsmehrung die zentralen Leitziele für Zukunft und Fortschritt sehen. Andererseits hat uns diese Entwicklung real auf den Pfad einer apokalyptischen Zukunftserwartung geführt.

In keiner anderen Hochkultur haben sich auch nur annäherungsweise solche Veränderungen vollzogen wie in der durch Wissenschaft und Technik geprägten Industriezivilisation. Der Millenniumsbericht der Vereinten Nationen (United Nations 2000) hat neben einer neuen globalen Energiestrategie, die primär auf Energieeffizienztechniken, regenerativen Energien sowie neuen Energiespeichertechnologien für Wärme und Strom beruht, das Trinkwasserproblem zu Recht als eine weitere zentrale Herausforderung des 21. Jahrhunderts hervorgehoben: Heute haben 1,8 Milliarden Menschen kein sauberes Trinkwasser – vor allem in Asien, Afrika und Lateinamerika. Die Folgen für Ernährung und Gesundheit, Konflikte und Verteilungskämpfe sind vorprogrammiert, wenn nicht alsbald einschneidende Maßnahmen in Richtung einer globalen Neuordnung der Wirtschafts- und Finanzstruktur und wissenschaftlich-technologische Unterstützungen sowie soziale Kooperationen greifen.

Die hier aufgezeigten Megatrends des globalen Wandels spannen das weite Feld einer auf die Leitperspektiven der Nachhaltigen Entwicklung und die Zukunftsfähigkeit von Gesellschaften ausgerichteten Zukunftsforschung und praktischen Zukunftsgestaltung im 21. Jahrhundert auf. Selbstverständlich wurden schon beachtliche Forschungsleistungen erbracht, und natürlich sind viele Wissenschaftsdisziplinen daran beteiligt. Aber gerade mit Blick auf eine nachhaltige Entwicklung sind noch weite Forschungs- und Praxisfelder unbearbeitet, insbesondere wenn in einem komplexen Umfeld von Macht und Interessen die Chancen und Wege für echte Problemlösungen und eine zukunftsfähige Zukunftsgestaltung aufgezeigt und umgesetzt werden sollen.

Es verlangt vorrangig die Erarbeitung konkreter und praxisrelevanter Strategien und Maßnahmen, wenn die riesige Lücke zwischen dem heute bereits vorhandenen Zukunftswissen und den realen Entscheidungen und Handlungen verringert bzw. geschlossen werden soll. Solche wissenschaftsbasierten Zukunftsperspektiven werden für alle Entscheidungsebenen dringend gebraucht: lokal, national, regional und global. Tatsächlich sind die meisten Entscheidungen und Maßnahmen sowohl auf kommunaler als auch nationaler Ebene, ebenso das Handeln in den meisten Unternehmen und Wirtschaftsverbänden oder in den Bildungs-, Ausbildungs- und Weiterqualifizierungseinrichtungen, noch keineswegs auf die zentralen Zukunftsfragen und praxistauglichen Bewältigungsstrategien und Maßnahmen ausgerichtet.

6 Zukunftsleitbilder: Science Society und Sustainable Society

Nach heutigen Erkenntnissen werden sowohl entwickelte als auch in Entwicklung befindliche Gesellschaften gegenwärtig und in der Zukunft von zwei Leitbildern geprägt: von der „Wissenschaftsgesellschaft" (Science Society) und der „Nachhaltigen Gesellschaft" (Sustainable Society). Diese Einsicht gehört zu den zentralen Ergebnissen der Zukunftsforschung am IZT.

Die „Science Society" wird in erster Linie durch den Megatrend „Wissenschaftliche und technologische Innovationen, Bildung, Wissensvermittlung und Qualifizierung" bestimmt. Sie erhält ihre stärksten Impulse aus der wissenschaftlichen Wissensproduktion, der Hochtechnologieentwicklung und der wissenschaftsbezogenen Bildung und Qualifizierung. Den deutlichsten ökonomisch relevanten Ausdruck finden die wissenschaftsbasierten Grundlagen in den hocheffizienten neuen Technologien, insbesondere in den Informations- und Kommunikationstechniken: Intelligente Maschinen, Mikroprozessoren sowie Netz- und Funktechniken dringen mehr und mehr in alle Lebensbereiche vor – von der Produktion bis zu den Dienstleistungen, von den Infrastrukturen bis zur Logistik und Organisation, vom Gesundheitssystem bis zur Kultur und zur Freizeitgestaltung. Keine Produktionsstraße, kein Büro, keine Küche, kein Wohnzimmer kommt künftig mehr ohne sie aus, und keine Freizeitgestaltung findet in Zukunft ohne die Anwendung wissensbasierter IuK-Techniken statt: Computer, Internet, Multifunktions-Geräte, Funk, GPS-Chips, RFID-Sensoren, Hightech-Bild- und Touch-Systeme sowie Roboter und Pervasive-Computing-Systeme werden sowohl in den Unternehmen als auch im Verkehr, in der Medizin, in Kindergärten, Schulen und Hochschulen und im Alltag immer omnipräsenter. Das liegt vor allem an ihrer ökonomischen und sozialen Mächtigkeit, menschliche Fähigkeiten und technische Leistungen zu erweitern, zu effektivieren und zu ersetzen.

Diese Techniken ermöglichen eine ungeahnte Innovationsoffensive und Effizienzsteigerung und führen zu weltweit vernetzten Produktionsprozessen und Dienstleistungen, neuen Organisationsformen von Unternehmen und Infrastrukturen bis hin zu hochleistungsfähigen Logistiksystemen und virtuellen Unternehmen (Heinze et al. 2007). Diese Entwicklungen spiegeln sich auch in neuen Formen der weltweiten Arbeitsteilung sowie globalen Finanztransaktionen wider. Die meisten Strukturveränderungen haben mittlerweile alle Industrie- und Schwellenländer und in den letzten Jahren auch zahlreiche Entwicklungsländer erfasst – der Trend heißt *wissenschaftsbasierter digitaler Kapitalismus global*. Eine Abschätzung hat ergeben, dass zirka 70 Prozent des Preises von Schlüsseltechnologien, so etwa von Mikrochips und modernen Solarzellen, zirka 80 Prozent der Preise von Pharmaprodukten und zirka 70 bis 80 Prozent der gesamten Wirtschaftsleistung auf wissenschaftlichem Wissen beruht. Man kann diesen internationalen wissenschaftlich-technisch-industriellen Strukturwandel als neues WTI-Paradigma bezeichnen und als Fortsetzung der Industriegesellschaft mit anderen Mitteln.

Das zweite Leitbild ist die Nachhaltige Gesellschaft („Sustainable Society"). Es ist empirisch belegt, dass die alle Lebensbereiche dominierende Technisierung, Ökonomisierung und Globalisierung bei vielen Menschen Angst, Ohnmacht und Unverständnis über den Fortgang und die Lösung der damit einhergehenden ökologischen, sozialen und kulturellen Verwerfungen ausgelöst haben (Allensbacher Archiv 2006). Auch die positiven Wirkungen der Globalisierung und Ökonomisierung, wie die weltweite Öffnung des Arbeitsmarktes, die internationale Arbeitsteilung, die Erhöhung der Export- und Importchancen, die Verringerung der Preise für Produkte und Dienstleistungen durch die Integration der Weltmärkte oder die Verbesserung der Zugriffsmöglichkeiten auf globales Wissen und Informationen, bleiben den meisten Menschen im Alltagsleben eher verschlossen. So dominieren die Ängste, hauptsächlich vor dem Verlust des Arbeitsplatzes und dem Absturz in Armut und Isolation sowie in Bezug auf die Intransparenz von Politik und Finanzwirtschaft und massive Umweltzerstörungen.

Die Vernichtung natürlicher Lebensgrundlagen und die Folgen für das soziale Zusammenleben, die negativen Wirkungen hinsichtlich Ernährung, Gesundheit und Lebensgestaltung sind täglich global und vielfach auch lokal greifbar und wissenschaftlich untermauert. Deshalb müssen sich die Zukunftsforschung und wissenschaftliche Zukunftsgestaltung vorrangig auf Lösungsperspektiven und Handlungsstrategien zur Bewältigung der Kernprobleme des globalen Wandels konzentrieren.

7 Leitperspektive „Nachhaltige Entwicklung"

Spätestens 1992 hat die internationale Staatengemeinschaft anerkannt, dass das Leitbild der Nachhaltigen Entwicklung (Sustainable Development) die plausibelste Zukunftsvision ist. Denn sie gibt sowohl auf die großen ökologischen als auch auf die sozialen und ökonomischen Herausforderungen zukunftsfähige Antworten: Die Rio-Deklaration (UN 1992a) und die Agenda 21 (UN 1992b) – wichtigste Ergebnisse der Konferenz der Vereinten Nationen 1992 in Rio de Janeiro – haben die wesentlichen Grundlagen für ein weltweites Zukunfts- und Aktionsprogramm vorgezeichnet. Immer deutlicher haben sich in den folgenden Jahren in der Zukunftswissenschaft und in der Praxis in zahlreichen Staaten, Kommunen und Unternehmen umsetzbare Strategien und Maßnahmen zur Nachhaltigen Entwicklung herauskristallisiert. Besonders wichtig ist, dass die Kernbestandteile des Leitbildes, die Forderungen nach inter- und intragenerativer Gerechtigkeit weltweit, durch einen breiten Konsens der weltlichen, aber auch der religiösen Wertesysteme getragen werden. Auch die Indikatorenbildung und die Operationalisierungen sind in fast allen gesellschaftlichen Handlungsfeldern weit fortgeschritten. Allerdings haben sich die meisten Universitäten und tradierten außeruniversitären Wissenschaftseinrichtungen erst in den letzten Jahren verstärkt einer gesellschaftsbezogenen Nachhaltigkeitsforschung zugewandt (vgl. Kreibich 1996 und 2008).

Das auf der Agenda 21 aufbauende Konzept einer „Sustainable Society" ist auch deshalb zukunftsweisend, weil es viele Gewinner und nur wenige Verlierer hat. Das gilt für die Zusammenarbeit der Staaten ebenso wie für die gesellschaftlichen Akteure. Das Konzept der Nachhaltigen Entwicklung ist zudem mit guten Realisierungschancen verbunden, weil es gleichzeitig sowohl ökonomische als auch ökologische, soziale und kulturelle Gewinne ermöglicht (vgl. Kapitel 11).

Die nachfolgenden Leitperspektiven der Nachhaltigkeit umreißen den Zielhorizont einer Sustainable Society:

- Erhaltung der natürlichen Lebensgrundlagen und Schonung der Naturressourcen,
- Verbesserung der Lebensqualität und Sicherung von wirtschaftlicher Entwicklung und Beschäftigung,
- Sicherung von sozialer Gerechtigkeit und Chancengleichheit,
- Wahrung und Förderung der kulturellen Eigenentwicklung und Vielfalt von Gruppen und Lebensgemeinschaften,
- Förderung menschendienlicher Technologien und Verhinderung superriskanter Techniken und irreversibler Umfeldzerstörungen.

Heute sind fast alle ökonomischen, ökologischen und sozialen Handlungsbereiche für Politik, Wirtschaft und Zivilgesellschaft bereits so weit in Richtung einer umsetzbaren Nachhaltigkeitsstrategie konkretisiert, dass der Weg in eine Sustainable Society nicht nur konzeptionell, sondern auch ganz praktisch als möglich und gangbar erscheint. In den letzten Jahren wurden vor allem auf lokaler Ebene und in Unternehmen zahlreiche Projekte, Initiativen, Unternehmensstrategien, Prozesse und Produkte entwickelt, die die Realisierung einer Sustainability-Strategie beweisen. Vor allem die vielen Lokale-Agenda-21-Prozesse in den Kommunen und Regionen legen hierfür ein beredtes Zeugnis ab. Vielfach konnte vom IZT Berlin der Nachweis erbracht werden, dass durch innovative Konzepte die Nachhaltigkeits-Leitziele gleichzeitig im Sinne von Win-Win-Win-Strategien erreicht werden können.

Die größte Herausforderung im 21. Jahrhundert besteht aus Sicht der Zukunftswissenschaft am IZT darin, die beiden Welt-Leitkonzepte der „Wissenschaftsgesellschaft" und der „Nachhaltigen Entwicklung" so zusammenzuführen, dass die Menschheit langfristig zukunftsfähig bleibt. Das verlangt nach heutigen Erkenntnissen, dass in allen gesellschaftlichen und wirtschaftlichen Handlungsbereichen die Leitziele der Nachhaltigkeit unter Nutzung der wissensbasierten technologischen, ökonomischen, sozialen und kulturellen Innovationen in einem Optimierungsprozess zusammengeführt werden. Das wiederum kann nur gelingen, wenn sich die relevanten gesellschaftlichen Kräfte – Wissenschaft, Wissenschaftsförderung, Politik, Wirtschaft und Zivilgesellschaft – in einem partizipativ-demokratischen Prozess auf diese Leitziele zubewegen und ihre grundlegenden Strategien, Entscheidungen und Maßnahmen daran ausrichten. Eine zentrale Aufgabe fällt dabei der Wissenschafts-, Bildungs- und Forschungspolitik zu. Die Zukunftsforschung muss hierbei eine Pilot- und Lead-Funktion übernehmen.

8 Handlungsfelder zur Nachhaltigkeit

Das Prinzip der Nachhaltigkeit ist heute – 20 Jahre nach Rio – keinesfalls mehr nur eine „konsensstiftende Leerformel", als die es noch vielfach in den Anfangsjahren des Nach-Rio-Prozesses polemisch abgewertet wurde. Vielmehr hat es im Rahmen der Wissenschaft und Forschung, der Bildung und Weiterbildung und vor allem durch die vielfältigen Agenda-21-Prozesse weltweit, in den Kommunen, auf Regionen- und Länderebene, sowie durch zahlreiche Pionierunternehmen mit Nachhaltigkeits-Programmen und erfolgreichen Handlungsstrategien, Instrumenten, Projekten und Maßnahmen eine operationsfähige Struktur erlangt. Die nachfolgenden Stichworte sollen das für einige Handlungsfelder andeuten.

Nachhaltige Entwicklung – Handlungsfelder:

Produktions-/Dienstleistungsbereich: Ökologische Produkte und Verfahren, Kreislaufwirtschaft, ökologische Dienstleistungen, Entmaterialisierung, Ressourcen-Effizienzsteigerung, Einsatz regenerativer Energien und nachwachsender Rohstoffe.
Konsumtions-Nutzungsbereich: Kauf ökologischer Produkte und Bioprodukte, Sparsamkeit und rationelle Nutzung von Energie und Rohstoffen, gemeinsame Nutzung von Produkten und Dienstleistungen (z. B. Carsharing), Leasing statt Eigentum, Wiederverwendung, Weiterverwendung, Langlebigkeit von stofflichen Produkten.
Stadtentwicklung: Funktionsmischungen (Wohnen, Arbeiten, Versorgung, Freizeit), ökologische und sozial verträgliche Stadterneuerung, energieeffiziente Städte, energieautarke Kommunen und Regionen, Flächenrecycling, Städte der kurzen Wege, Brundtland-Städte, Agenda-21-Städte, fahrradfreundliche Städte.
Bauen und Wohnen: Ökologisches und solares Bauen, Verwendung biologischer und wiederverwendbarer Baustoffe, recyclingfähige Gebäude, dezentrale Energiesysteme, regenerative Energietechnik, ökologische Gestaltung des Wohnumfeldes.
Öffentliche und private Strukturen: Energieeffizienzdienstleistungen, Mobilitätsdienstleistungen, öffentlicher Schienenverkehr statt Straßenbau, Flächenrecycling, Nahwärmenetze, dezentrale Stromversorgung, virtuelle Kraftwerke.
Mobilität/Verkehr: Stärkung des Fuß- und Radfahrverkehrs, Förderung des Öffentlichen Personennahverkehrs statt des motorisierten Individualverkehrs, Schienengüterverkehr, Entmaterialisierung des Verkehrs, neues Mobilitätsverhalten (Freizeitverkehr einschränken), Sharing- und Leasing-Konzepte, Telearbeits-Modelle, Telefon- und Videokonferenzen.

Land- und Forstwirtschaft: Biologische Landwirtschaft statt Chemisierung, naturnahe Forstwirtschaft statt Monokulturen, kleinräumige Tierhaltung und Pflanzenzucht, artgerechte Tierhaltung, Verbote und Einschränkungen von Massentierhaltungen.

Entwicklungsländer: Gerechte Preise für Drittwelt-Produkte, Hilfe zur Selbsthilfe, Armutsbekämpfung durch Hilfe zur Selbstorganisation, regenerative Energien und Energieeffizienzverbesserung, Schutz von Biomasse, insbesondere des tropischen Regenwaldes.

9 Handlungsstrategien der Nachhaltigkeit

Ein wirksames Prinzip zur Vermeidung von Risiken als Konzept für Wissenschaft, Politik und Wirtschaft kann praktisch nur greifen, wenn es als langfristige Erhaltungs-, Vorsorge- und Sicherungsstrategie für Mensch und Biosphäre angelegt ist. Als besonders wichtig haben sich *vier Strategieansätze* herausgebildet, die jeweils einzeln, aber auch und vor allem in einer integrativen Gesamtstrategie für die erfolgreiche Gestaltung des Sustainability-Prozesses von grundlegender Bedeutung sind. Es handelt sich um

- eine wissenschaftlich-technische Effizienzrevolution,
- eine Konsistenzrevolution von Produktion, Distribution und Konsumtion,
- ein verändertes Suffizienzverhalten der Menschen und
- einen radikalen Wandel in Richtung Selbstverantwortung und Selbstorganisation zur Umsetzung dieser Strategien in allen Handlungsbereichen.

Alle vier Strategieansätze, und mehr noch ihre Integration, sind komplexe Zukunftsaufgaben. Sie fordern die Forschung in allen Einzeldisziplinen der Natur- und Ingenieurwissenschaften, der Sozial-, Geistes- und Kulturwissenschaften ebenso heraus wie die Zukunftsforschung und Zukunftsgestaltung als integrative und handlungsorientierende Wissenschaft und für eine wissenschaftlich basierte Praxisorientierung.

Mit den nachfolgenden Darlegungen zur Nachhaltigkeit soll angedeutet werden, welche Herausforderungen mit den genannten vier Strategieansätzen verbunden sind.

Effizienzrevolution

Hierunter sind alle wissenschaftlich-technologischen und sozio-kulturellen Innovationen zu subsumieren, die im Hinblick auf neue Produkte, Dienstleistungen,

Mobilität und Informationsflüsse konsequent auf die Einsparung von stofflichen und energetischen Ressourcen sowie auf die Vermeidung von Abfall und Schadstoffemissionen abzielen (Entmaterialisierung, Energieeffizienz, Kreislaufwirtschaft durch Wiederverwendung und Wiederverwertung etc.). Das heißt, es geht um eine Zukunftsstrategie, bei der mit wesentlich weniger Ressourceneinsatz der gleiche oder mehr Nutzen erzielt wird.

Die Reduzierung des Verbrauchs an natürlichen Ressourcen etwa um den Faktor 10 ist eine gewaltige, aber machbare Herausforderung. Die Effizienzrevolution hat den Vorteil, dass sie im Grundsatz wenig umstritten ist und in mehrfacher Hinsicht Win-Win-Strategien ermöglicht. So gehen in den meisten Fällen die ökologischen Gewinne der Ressourceneinsparung (Reduktion der Energie- und Stoffströme, Schadstoffminimierung) mit ökonomischen Gewinnen (Kosteneinsparung, Reduktion von Transportgut, Schaffung von Wettbewerbsvorteilen) und sozialen Gewinnen (Schaffung qualifizierter Arbeit, Erhöhung der Arbeitsmotivation, Verbesserung der Gesundheit) konform. Die Effizienzstrategie ermöglicht auf Dauer eine unerschöpfliche Freisetzung und Umsetzung von innovativen Ideen und Konzepten, wofür ein riesiges Potenzial an kreativen WissenschaftlerInnen, InnovatorInnen, TüftlerInnen, TechnikerInnen, IngenieurInnen, PlanerInnen, ManagerInnen sowie Unternehmer-Persönlichkeiten gebraucht wird – ein große Chance gerade auch für die junge Generation.

Konsistenzrevolution

Menschliches Handeln, insbesondere in den Bereichen Produktion, Konsumtion und Distribution, muss wieder in die natürlichen biogeochemischen Kreisläufe der Natur eingepasst werden. Die Nutzung nachwachsender Rohstoffe und der Einsatz regenerativer Energien bilden hierfür eine wesentliche Grundlage. Die ressourcenproduktive Anpassung an die Absorptions- und Aufnahmefähigkeit von Ökosystemen bei der Herstellung, Nutzung und Verbringung von Produkten und Infrastrukturen einschließlich der dazugehörigen Dienstleistungen (z. B. Transport, Vertrieb, Verkehr, Kommunikation) bildet eine zweite Grundlage für konsistente Entwicklungen. Die Konsistenzstrategie zielt auf grundlegend neue Technik- und Produktinnovationen, die sich von vornherein in den Naturstoffwechsel einfügen. So ist die Entwicklung und Konstruktion von ökologischen Produkten, die sich wiederverwenden lassen oder deren Materialeinsatz sich auf der ursprünglichen Qualitätsstufe vollständig recyceln lässt, ein gangbarer Weg einer konsistenten Ressourcennutzung. Auch eine solare Wasserstofftechnik wäre als Substitut von fossilen und atomaren Brennstoffen eine Konsistenztechnologie. Die Nutzung der Sonnenenergie als Energiequelle und des Wasserstoffs als Energiespeicher beziehungsweise „Brennstoff" (etwa in Brennstoffzellen) würden selbst bei der Produktion großer Energiekapazitäten keine relevanten Belastungen der biogeochemischen Kreisläufe der Natur zur Folge haben. Bisher lässt sich allerdings vor allem aus Kostengründen und wegen der großen Energieverluste bei der Wasserstoffherstellung nur in Nischenbereichen eine solare Wasserstofftechnologie realisieren.

Die Umstellung der bisher weitgehend fossilen und atomaren Energieversorgung auf effiziente und konsistente Energiestrategien ist angesichts der globalen Ressourcenverknappung sowie der Umwelt- und Klimarisiken eine der größten Aufgaben des 21. Jahrhunderts – sowohl für die Forschung, Entwicklung und Forschungsförderung als auch für Politik, Wirtschaft und Zivilgesellschaft. Die Zukunftswissenschaft kann für sich in Anspruch nehmen, schon vor Jahrzehnten den Weg in eine konsistente Energiezukunft vorgezeichnet und dafür praktisch gestaltbare Maßnahmen entwickelt zu haben.

Suffizienzverhalten

Die Menschheit wird sicher nicht ohne ressourcenproduktives Verhalten, das heißt nicht ohne neue Lebensstile, Lebensweisen und neue Wohlstands- und Lebensqualitätsorientierungen dauerhaft zukunftsfähig bleiben. Es bieten sich auch mannigfaltige Möglichkeiten an, im Sinne sparsamer Ressourcennutzung individuell Beiträge zu leisten: das reicht von grundlegenden Einstellungsänderungen über einen Wandel der Normensysteme und Bedürfnisse bei Kauf und Nutzung von Produkten und Dienstleistungen bis hin zu bewusster Askese; Letzteres ist sicher nicht für alle eine Option, aber die Geschichte ist reich an erfüllten, sparsamen Lebensweisen. Die Suffizienzstrategie zielt nicht auf die Abkehr von der Vision eines guten Lebens, sondern auf neue Wohlstandsmodelle, die eine Balance zwischen materiellen und immateriellen Gütern herstellen, den Ressourcenverbrauch auf ein sozial und ökologisch verträgliches Maß reduzieren und neben Güterwohlstand vor allem Sozial- und Zeitwohlstand ermöglichen. Sie fragt danach, was wir für ein gutes Leben wirklich brauchen, und stellt für Gebrauchsprodukte Kategorien wie Qualität, Einfachheit, Langlebigkeit, Bedienungsfreundlichkeit, Wiederverwendungsfähigkeit und Schönheit in den Vordergrund. Für den immateriellen Bereich geht es um ein kooperatives, sozial verträgliches Zusammenleben, um persönliche Kommunikationsfähigkeit, Entschleunigung, Solidarität und Selbstbestimmung.

Hier sind vor allem auch die Sozial- und Wirtschaftswissenschaften, die Bildungs-, Kommunikations- und Informationswissenschaften, die Psychologie und die Public Health/Gesundheitswissenschaften herausgefordert, an der Erarbeitung zukunftsträchtiger Lebensstile kooperativ mitzuwirken. Das IZT kann hier zahlreiche gestaltende Projekte und Zukunftsstudien vorweisen, in denen durch interdisziplinäre Zusammenarbeit seiner Mitarbeiter und Mitarbeiterinnen sowie mit externen WissenschaftlerInnen und PraktikerInnen neue Ansätze für nachhaltiges Suffizienzverhalten erarbeitet wurden.

Selbstverantwortung und Selbstorganisation

Effizienz-, Konsistenz- und Suffizienzinnovationen wird es in einer freien, demokratischen Gesellschaft nur dann geben, wenn mehr Eigenverantwortung und Selbstorganisation praktiziert werden. Nur dann werden soziale Phantasie, Kreativität und proaktives Handeln freigesetzt. Für selbstorganisierte Prozesse und Projekte lassen sich vor allem im Rahmen zivilgesellschaftlicher Engagements viele gute Beispiele aufzeigen. Besonders kreative und innovative Projekte werden in zahlreichen Kommunen etwa in Lokale-Agenda-21-Prozessen erarbeitet (Göll und Nolting 2004). Hier gilt im Allgemeinen der Grundsatz: Nicht abwarten, bis „von oben" oder „von außen" etwas herangetragen wird, sondern Eigeninitiative entwickeln, die Dinge selbst in die Hand nehmen. So haben beispielsweise im Berliner Agenda-Prozess über 400 Initiativen, Organisationen, Vereine, Netzwerke sowie kleine und mittlere Unternehmen – meistens unterstützt durch außeruniversitäre Forschungsinstitute – innovative Projekte entwickelt, die die Stadt Berlin auf dem Weg zur Nachhaltigkeit vorangebracht haben. Das IZT hat sie durch seine Projektagentur „Zukunftsfähigkeit" wissenschaftlich-konzeptionell und durch Vergabe von Anschubfinanzierungen gefördert.

10 Sustainability-Forschung

Neben den bereits beschriebenen Herausforderungen für eine zukünftige Sustainability-Zukunftsforschung sollen noch einige wichtige Forschungsfelder benannt werden, die für die Zukunftsvorsorge- und Sicherungsforschung von besonderer Bedeutung sind. Sie korrespondieren naturgemäß mit Gestaltungsbereichen, die für langfristig zukunftsfähige Politik- und Wirtschaftsstrategien relevant sind. Diese Forschungsfelder sind:

- Nachhaltige Produktions- und Dienstleistungsentwicklung,
- Energieeffizienz und regenerative Energien,
- nachhaltige Mobilität und Verkehr,
- innovatives, ökologisches und solares Bauen und Wohnen,
- Stoffstrommanagement und Produktions-, Material- und Hilfsstoffkreisläufe, Wasserkreisläufe,
- neue, flexible Arbeits- und Unternehmensstrukturen,

- Prävention und Vorsorge in der Medizin durch Medizintechnik und neue Dienstleistungen (demografischer Wandel),
- nachhaltige Ernährung und Konsum; nachhaltige Nahrungsmittelproduktion,
- Informations- und Kommunikationstechnologien/Telematik/Pervasive Computing,
- Innovationsforschung/innovative Technikfolgen- und Technikbewertungsforschung,
- Schlüsseltechnologien zur nachhaltigen Entwicklung,
- Miniaturisierung und Digitalisierung in Produktion und Alltag,
- nachhaltige Stadt- und Regionalentwicklung (auch Schrumpfungsprozesse),
- nachhaltige Entwicklungspolitik/Entwicklungszusammenarbeit,
- Bildung, Ausbildung, Weiterbildung,
- Kultur-, Freizeit- und Tourismusdienstleistungen,
- Unternehmensleitbilder/Unternehmenskooperationen,
- nachhaltige Flächennutzung und Landschaftsentwicklung,
- nachhaltige Infrastrukturentwicklungen/Ver- und Entsorgung,
- nachhaltige Haushalts-, Wohn- und personenbezogene Dienstleistungen,
- nachhaltige Marketing- und Vertriebsdienstleistungen, nachhaltige Logistikkonzepte.

Vor diesem Hintergrund haben wir am IZT – Institut für Zukunftsstudien und Technologiebewertung die wichtigsten nationalen und internationalen Studien über Zukunftstechnologien und ökonomische Innovationen ausgewertet, die in besonderer Weise geeignet sind, Gestaltungsansätze einer Nachhaltigen Entwicklung zu fördern. Auf der Grundlage eines einfachen Bewertungssystems, in das vor allem die qualitative und quantitative Bedeutung, die kurz-, mittel- und langfristigen Wirkungen und der mögliche Verbreitungsgrad von Zukunftstechnologien und ökonomischen Innovationen eingehen, ergab sich die folgende Liste. Die Reihenfolge gibt ihre abgeschätzte Relevanz im Sinne der Nachhaltigkeit wieder. Zukunftstechnologien und ökonomische Innovationen, die eine Nachhaltige Entwicklung besonders zu fördern vermögen, sind demnach:

- Ökologisches und solares Bauen (Baukonstruktion, Baustoffe, Infrastruktur, passive und aktive Solarenergie, Energieeffizienz),
- Nutzung regenerativer Energien (primär: Solarenergietechniken für Wärme und Strom, Biomasse, Windenergie),
- energieeffiziente, dezentrale Energieumwandlungstechniken,
- Energiespeichertechniken (Langzeitwärmespeicherung, Hochleistungs-Stromspeicher),

- Kreislaufwirtschaft (Langlebigkeit, Wertstoffkreisläufe, Wieder- und Weiterverwendung, Wieder- und Weiterverwertung, Hilfsstoffkreisläufe, neue Logistiksysteme),
- ökologische Produkte und Produktionsverfahren (Wiederverwendung, Wertstofferhaltung, Schadstoffarmut, Recycling)
- Mobilitäts- und Verkehrsdienstleistungen (Systemlösungen für nachhaltigen Verkehr, Schnittstellentechnik zwischen den Verkehrssystemen, Substitution von physischem Verkehr),
- Telekommunikation in Breitbandnetzen (hochleistungsfähige Multimedia-Systeme, UMTS, Internet),
- neue Logistik-Systeme (Produktions-, Organisations- und Distributionslogistik),
- RFID (Radio Frequency Identification) – Pervasive Computing für nachhaltige Entwicklungen,
- Bio- und Gentechnologie im Pharmabereich,
- neue, ökologisch verträgliche Hochleistungswerkstoffe (recycelbar, biologisch abbaubar, kompatibel),
- Mikroelektronik und Nanotechnik (stoff- und energieeffizient, schadstoffarm),
- Bionik (Übertragung stoff- und energieeffizienter sowie schadstoffarmer Organisationsmuster und Prozesse aus der Natur auf technische Systemlösungen).

Im Rahmen des Nach-Rio-Prozesses wurden in Deutschland erst sehr spät Sustainability-Studien gefördert. Sie bezogen sich einerseits auf lokale und kommunale Agenda-21-Prozesse, andererseits aber auch auf Nachhaltigkeitsstrategien in Unternehmen sowie auf Länder- und Bundesebene. Sie zeigen, dass das Leitbild der Nachhaltigen Entwicklung und seine Weiterentwicklung und Operationalisierung in fast allen Wissenschafts- und Forschungsbereichen angekommen ist. Vor diesem Hintergrund ist hervorzuheben, dass es allerdings viel zu lange gedauert hat, bis die großen Wissenschaftseinrichtungen, wie die Helmholtz-Gemeinschaft Deutscher Forschungszentren e. V., die Wissenschaftsgemeinschaft Gottfried Wilhelm Leibniz e. V. oder die meisten Universitäten und Fachhochschulen, damit begonnen haben, das nachzuholen, was seit über zwei Jahrzehnten durch kleine, kreative und innovative Forschungsinstitute im Bereich der außeruniversitären Forschung und im Zusammenwirken mit Politik, Wirtschaft und Zivilgesellschaft eingeleitet und bereits erarbeitet wurde.

Positiv ist auch, dass zahlreiche Pionierunternehmen seit Jahren in zukunftsorientierte Nachhaltigkeitsstrategien investieren. Das hat dazu geführt, dass auf vielen Feldern Innovationen, neue Produktentwicklungen, Veränderungen von Prozessabläufen, die Erneuerung von Infrastrukturen für den Transport von Personen und Gütern in Gang gesetzt wurden und durch Umweltschutz und Ressourceneffizienzsteigerung im Sinne der Nachhaltigen Entwicklung erhebliche Erfolge erzielt werden konnten. Wichtig ist auch, dass aufgrund der intensivierten Klimadebatte zur Bewältigung negativer Folgen des Klimawandels verschiedene Unternehmens- und Wirtschaftsverbände sowie die AiF-Arbeitsgemeinschaft industrieller Forschungsvereinigungen „Otto von Guericke" e.V. die Förderung von Nachhaltigkeitsstrategien, -maßnahmen und -produkten sowie von Prozessen und Dienstleistungen in Richtung Zukunftsfähigkeit verstärkt haben (Behrendt und Erdmann 2006, ZVEI/IZT 2007).

11 Neue Methoden für zukunftswissenschaftliche Strategien in der Praxis

Angesichts immer kürzer werdender Produkt-, Prozess- und Innovationszyklen entziehen sich Innovationen in den Unternehmen immer deutlicher einer allein auf Technologieentwicklung verkürzten Sichtweise und einem eng verstandenen Marktkontext. Das Ergebnis von Innovationsprozessen ist ja prinzipiell nicht vollständig bestimmbar und der Innovationserfolg letztlich nur begrenzt planbar. Gerade deshalb erfordern nachhaltige Produkt- und Produktionsperspektiven in den Unternehmen eine funktionsübergreifende, vernetzte Sicht und Verantwortungswahrnehmung. Nur so gelingen neue Verteilungen von Ressourcen/Ressourceneffizienzsteigerungen und die Neuausrichtung der Innovationsabläufe.

Unter den Bedingungen globaler und langfristiger Entwicklungsperspektiven, zunehmender Arbeitsdifferenzierung sowie sich verkürzender Innovationszyklen bei gleichzeitig steigender Komplexität der Umfeldprozesse ist Innovationsfähigkeit vor allem dadurch zu erzielen, dass die Unternehmen in die Lage versetzt werden, selbst langfristige Ziele zu formulieren und über längere Zeiträume hinweg durchzusetzen. Die Einbeziehung sozialer und ökologischer Kontexte findet aber in der Regel erst langsam Einzug in die Zukunftsstrategien von Unternehmen. Noch zu selten wird die Frage aufgeworfen, für welche gesellschaftlichen Aufgaben und sozioökonomischen Herausforderungen die zur Verfügung stehenden Technologie- und Produktionsoptionen einen Beitrag leisten können und sollen.

Vor diesem Hintergrund stellt sich für Unternehmen, aber auch für Kommunen, Bildungs- und Wissenschaftseinrichtungen, die entscheidende Frage nach geeigneten Instrumenten, Methoden und Akteurskooperationen zur Integration von Nachhaltigkeitsaspekten in die zukunftsbezogenen Innovationsprozesse. Bei der Früherkennung von Chancen und Risiken sowie bei der Identifikation, Bewertung und Selektion von neuen Technologien, Prozessen, Organisationen, Produktionen und Sozialinnovationen bedienen sich die Unternehmen bisher eines höchst eingeschränkten Spektrums an Instrumenten. Kurzfristige Markt-

und Trendanalysen sind noch immer Hauptbestandteile der Unternehmensstrategien. Beliebte Methoden und Instrumente sind Gesprächszirkel, Brainstorming, ExpertInnenbefragungen und Portfolioanalysen. Zukunftswissenschaftliche Methoden, wie beispielsweise die Szenariotechnik oder Zukunftswerkstätten, gewinnen zwar zunehmend an Bedeutung, werden aber noch lange nicht optimal für die erforderlichen Kommunikations- und Partizipationsprozesse genutzt.

Weitere Instrumente, die eingesetzt werden, sind beispielsweise Mind-Mapping, Kosten-Nutzen-Analyse, Nutzwertanalyse, Risikoanalyse und Risk Assessment. Im Bereich der Marktbeobachtung reicht das Spektrum von gängigen Kundenbefragungen über Produkttests bis hin zu Formen der Kundenintegration, etwa auf der Basis von Lead-User-Workshops. Die Integration von KundInnen steht jedoch noch am Anfang. Es dominieren klassische Marktforschungsinstrumente (Marktbefragungen, Online-Befragungen, Fragebogentechniken etc.). Zugleich wird aber verstärkt nach neuen Möglichkeiten der aktiven Kundenintegration gesucht, denn in der Regel ist klar, dass das Kundeninteresse zu den wichtigsten Gestaltungsinformationen für Unternehmenserfolge gehört.

Speziell zur Klärung ökologischer Fragen kommen vielfach Ökobilanzen oder verwandte Methoden (z. B. Ermittlung des kumulierten Primärenergieaufwands – KEA) zum Einsatz. Diese werden vorwiegend ex ante eingesetzt, das heißt, wenn das Produkt oder die Dienstleistung bereits entwickelt und/oder am Markt ist. Mit Blick auf ein Nachhaltigkeitsmanagement in der Praxis, das auf Unternehmenserfolg, umfassenden Umwelt- und Ressourcenschutz, Motivation der MitarbeiterInnen und soziale Verantwortung als integrale Bestandteile der wirtschaftlichen Tätigkeiten (Triple Sustainability) abzielt, mussten jedoch neue Instrumente und Vorgehensweisen entwickelt werden. Dazu gehören die vom IZT hierfür entwickelten Methoden des Integrierten Roadmapping (vgl. z. B. Behrendt und Erdmann 2006) und der Sustainable-Value-Ansatz (vgl. z. B. Liesen 2008).

Integriertes Roadmapping

Mit einem Ansatz, der Technologie-Roadmaps um Nachhaltigkeitsorientierungen erweitert, werden gesellschaftliche Bedarfe und Kundenbedürfnisse frühzeitig einbezogen. Die Erstellung der Roadmap besteht aus einem mehrstufigen Prozess, der mit der Bestimmung des Suchfeldes beginnt, sodann die Identifikation von Wertschöpfungsketten und Herausforderungen in der Entwicklung und Produktion beinhaltet und in die Herausarbeitung von Meilensteinen, Empfehlungen und Aktivitäten mündet.

Die Integrated Roadmap wurde bereits in mehreren Praxisversuchen erfolgreich eingesetzt, getestet und weiterentwickelt. Der Zentralverband Elektrotechnik- und Elektronikindustrie (ZVEI) hatte das IZT – Institut für Zukunftsstudien und Technologiebewertung schon 2005 mit der Erarbeitung einer integrierten Roadmap „Automation 2015+" beauftragt. Ausgangspunkt und Hintergrund sind die sich maßgeblich verändernden (globalen) Umfeldbedingungen. Für die Unternehmen der Automation gehen die Veränderungen mit erheblichen Unsicherheiten einher, haben zugleich aber auch neue Chancen eröffnet. Mithilfe des Integrierten Roadmapping konnten langfristige Entwicklungsperspektiven der Produktion und Automation im Kontext künftiger Kundenanforderungen aufgezeigt, Antworten auf sozio-ökonomische Trends und gesellschaftliche Zukunftsherausforderungen identifiziert und sozial-ökologisches Orientierungswissen für die strategische Gestaltung von Innovationsfeldern bereitgestellt werden.

Speziell für Unternehmenskooperationen und Verbände wurde ein Leitfaden zur Erstellung einer „Integrated Roadmap" verfasst. Darin werden die Roadmapping-Schritte im Einzelnen erläutert. Der Leitfaden macht außerdem auf Hürden aufmerksam, die bei einer „Integrated Roadmap" auftreten, zeigt Möglichkeiten zu ihrer Überwindung auf und gibt zahlreiche praktische Ratschläge (Integriertes Technologie-Roadmapping – Ein Leitfaden zur Suche nach technologischen Antworten auf gesellschaftliche Herausforderungen und Trends, ZVEI/IZT 2007). Unter der Webadresse www.sustainable-izt.info wurde eine Informationsplattform eingerichtet. Sie bietet zusätzliche und aktuelle Informationen zur nachhaltigen Produktion und Gesellschaftsentwicklung, die für die Erstellung einer „Integrated Roadmap" nützlich sind.

Die Bedeutung des Roadmapping besteht in der Bündelung vieler Einzelthemen, dem Identifizieren von Handlungsoptionen und dem Setzen von längerfristig gültigen Prioritäten. Der Hauptnutzen liegt in der Bereitstellung von mittel- bzw. langfristigem Orientierungs- und Handlungswissen für Unternehmensstrategien und Produktionsentwicklungen. Mit der Weiterführung des ursprünglichen politischen Konzeptes findet das Roadmapping nunmehr immer stärkere Anwendung auch bei Unternehmen und Branchenverbänden, wo es darum geht, gemeinsame, unternehmensübergreifende, langfristige Ziele der Unternehmensentwicklung, der Produktions- und Dienstleistungsinnovationen bis hin zur Forschungs- und Entwicklungspolitik zu erarbeiten.

Zur Präzisierung und Abgrenzung lassen sich einige besondere Merkmale identifizieren, die für das Roadmapping charakteristisch sind und die es von anderen Instrumenten und Methoden unterscheiden:

- Roadmaps bieten eine systematische Erfassung, Bündelung und Bewertung von Entwicklungspfaden durch Abstimmung divergierender Meinungen und Erwartungen in gruppendynamischen Prozessen.

- Roadmaps liefern Darstellungen über den Stand der Produkte, der Technik in einem Innovationskontext zu einem bestimmten Zeitpunkt und über die Art, Geschwindigkeit und Richtung möglicher Forschungs- und Technologieentwicklungen.
- Das Roadmapping soll die Identifikation konkreter Handlungsoptionen in einem spezifischen Handlungskontext ermöglichen. Als solches ist eine Roadmap ein Planungswerkzeug zum Beispiel für die Gestaltung von Innovations- und Produktionsprozessen.
- Roadmaps sind durch einen Instrumentenmix charakterisiert. Um zukünftige Entwicklungen beschreiben und bewerten zu können, wird auf verschiedene andere bewährte Instrumente zurückgegriffen, darunter die Szenario-Technik und die Delphi-Methode. Dies erlaubt die Bündelung verschiedener Zugänge zu komplexen Handlungsfeldern.
- Im Regelfall ist die Erstellung von Roadmaps durch besondere Formen der Visualisierung gekennzeichnet.

Roadmapping bezeichnet somit einen Suchprozess, der Darstellungen über den Stand der Produkte, der Produktion, der Dienstleistungen und der Technologien in einem Innovationskontext bündelt und in Aktivitäten, Anforderungen und Meilensteine für die zukünftige, langfristge Praxis überführt (für weitere Spezifizierungen siehe Behrendt und Erdmann 2006).

Sustainable-Value-Methode

Die Herausforderungen für die Unternehmen liegen bekanntlich einerseits darin, ihre wirtschaftlichen Interessen so durchzusetzen, dass sie kurz-, mittel- und langfristig die Nachfrage bedienen und auf dem Markt bestehen können, und andererseits darin, dass sie mit den vorhandenen Ressourcen nachhaltig im Sinne generationsübergreifender Gerechtigkeit umzugehen lernen (Hahn, Figge et al. 2007). Die zu berücksichtigenden Ressourcen umfassen unter anderem Rohstoffe, Energie, Fläche, Wasser, Transportleistungen und Luft (im Hinblick auf Emissionen).

Die Aufgabe nachhaltigen Wirtschaftens soll im Sinne zukunftsfähiger Perspektiven sowohl im gesamtgesellschaftlichen und volkswirtschaftlichen als auch im unternehmenseigenen Interesse jene sein, die Umwelt- und Sozialleistungen zu optimieren und mit ökonomischem Erfolg zu verbinden. Diese Aufgabe erfordert eine konsequente Integration der Umwelt- und Sozialziele in alle bestehenden Unternehmensprozesse. Aus einer Managementperspektive steht hier, neben der Erhöhung der Produktivität von Humanressourcen, vor allem die Optimierung der Ressourceneffizienz und die Erhöhung der Effizienz der Produktions- und Dienstleistungsprozesse durch Verringerung von Stoff-, Energie- und Materialflüssen im Vordergrund.

Der Sustainable-Value-Ansatz ist der erste wertbasierte Ansatz zur Messung und Steuerung unternehmerischer Nachhaltigkeitsleistungen (Figge und Hahn 2004, 2005 und 2006). Er misst den Einsatz von Ressourcen genau so, wie Unternehmen heute den Kapitaleinsatz bewerten. Zur Berechnung des Sustainable Value eines Unternehmens wird die Ressourcen- oder Materialproduktivität des Unternehmens mit der Ressourcen- bzw. Materialproduktivität eines Benchmarks (= Vergleichsgruppe) verglichen. Sustainable Value entsteht immer dann, wenn das Unternehmen seine Ressourcen effizienter einsetzt als der Benchmark.

Die in der Praxis des Finanzmarkts und der Unternehmensbewertung etablierte Logik wendet der Sustainable-Value-Ansatz auch auf den Einsatz von ökologischen und sozialen Ressourcen in Unternehmen an. Die Berechnung des Sustainable Value erfolgt dabei in fünf Schritten:

1. Wie effizient setzt das Unternehmen seine Ressourcen ein?
2. Wie effizient setzt der Benchmark die Ressourcen ein?
3. Setzt das Unternehmen seine Ressourcen effizienter ein als der Benchmark?
4. Welche Ressourcen setzt das Unternehmen wertschaffend ein und welche nicht?
5. Wie viel Sustainable Value schafft ein Unternehmen?

Als konkretes Beispiel sei auf die Studie zur Nachhaltigkeitsperformance der BMW Group hingewiesen: Sie wird eingehend dargestellt und erläutert in Hahn, Figge, Barkemeyer (2008): „Sustainable Value in der Automobilindustrie – Eine Analyse der nachhaltigen Performance der Automobilhersteller weltweit". Die Studie wurde von Forschern des IZT und der Queen's University Belfast erstellt.

Im letzten Schritt wird somit berechnet, wie viel Wert durch den Einsatz des gesamten Bündels an berücksichtigten Ressourcen oder Materialien entstanden ist (Sustainable Value). Würde man die Wertbeiträge der verschiedenen Ressourcen nur aufsummieren, käme es zu einer unzulässigen Mehrfachzählung des Gewinns (Figge und Hahn 2004). Daher wird zur Berechnung des Sustainable Value die Summe der Wertbeiträge durch die Anzahl der betrachteten Ressourcen dividiert. Im Ergebnis der Studie zeigt sich unter anderem, dass die BMW Group im Jahr 2004 einen Sustainable Value von rund 2,69 Milliarden Euro geschaffen hat. Dieser Nachhaltigkeitswert bedeutet, dass die Ressourcen in der BMW Group im Vergleich zur gesamten Branche effizienter eingesetzt wurden und damit 2,69 Milliarden Euro mehr operativer Gewinn erwirtschaftet werden konnte.

Der große Vorteil im Hinblick auf eine nachhaltige Entwicklung und Produktion in den Unternehmen besteht bei Nutzung des Sustainable-Value-Ansatzes vor allem darin, dass alle Bereiche des Unternehmens (wie bei der Entwicklung von Integrierten Roadmaps) – vom Einkauf über die Forschung und Entwicklung, das Strategie- und Finanz-Management, das Marketing bis hin zur Kundenbetreuung usw. – in den Prozess der Nachhaltigkeit einbezogen werden. Nicht mehr nur die Umwelt- und Sozialbeauftragten des Unternehmens – häufig ohnehin nur ökologische und soziale Feigenblätter – sind an der Zukunftsstrategie beteiligt, sondern alle relevanten Unternehmensbereiche und EntscheiderInnen. Es soll nun eine Weiterentwicklung erfolgen, die Sustainable-Value-Methode auch auf Kommunen und andere Institutionen anzuwenden.

12 Bildung und Nachhaltigkeit

Die Tertiarisierung und Quartarisierung der Wirtschaft, also die Entwicklung zur Dienstleistungs- und zur Wissenschaftsgesellschaft, wird fortschreiten. Schon heute arbeiten im Dienstleistungssektor etwa zwei Drittel in den Bereichen Informations- und Kommunikationsdienstleistungen, Forschung, Know-how-Entwicklung, Bildung, Ausbildung und Weiterbildung. Die Entwicklung zur Informations- und Wissenschaftsgesellschaft mit ihren weltweit flexiblen Wirtschafts- und Beschäftigungsstrukturen ist unaufhaltsam. Ob es sich dabei auch um die Entfaltung zur Bildungsgesellschaft handeln wird, hängt allerdings sehr von unseren Zukunftsvisionen und den politischen Rahmenbedingungen ab, die es im Sinne der Nachhaltigkeit und der Verbesserung der Lebensqualität noch zu gestalten gilt.

Ich betrachte es als große Herausforderung, die Leitbilder der „Wissenschaftsgesellschaft" und der „Nachhaltigen Gesellschaft" auf ihre Vereinbarkeit und mögliche Koppelung abzuprüfen und für alle Handlungsbereiche reale Zukunftsstrategien zu entwickeln und zukunftsfähige Gestaltungsansätze herauszuarbeiten. Dass die beiden Leitbilder nicht in einem grundsätzlichen Widerspruch zueinander stehen, geht bereits daraus hervor, dass der Einsatz der Ressource „Information und Wissen" nicht notwendigerweise an hohe Stoff- und Energieumsätze und soziale Disparitäten gekoppelt ist – auch wenn der stoffliche, energetische und soziale Ressourcenverbrauch mit dem Einsatz der IuK-Technologien bisher eher noch gestiegen ist. Es lassen sich aber genügend Beispiele dafür aufzeigen, dass bei richtigen gesellschaftlichen, wirtschaftlichen und bildungspolitischen Rahmenbedingungen für viele Produkte, Prozesse und Dienstleistungen bessere Nachhaltigkeitsbilanzen zu erzielen sind.

Zur Bewältigung der in den vorangegangenen Kapiteln skizzierten Zukunftsherausforderungen bedarf es in allen Lebensbereichen des Umdenkens und Umsteuerns: Notwendig ist ein grundlegender Paradigmenwechsel von einer extensiven, ressourcenverschwendenden Produktions- und Konsumtionskultur hin zu einer ressourceneffizienten, ökologisch konsistenten und sozial verträglichen Wirtschafts- und Lebensweise. Es kann keinen Zweifel daran geben, dass es für diesen Perspektivenwechsel grundlegender sozialer, kultureller und institutioneller Innovationen bedarf. Besonders herausgefordert sind naturgemäß die Bereiche Bildung, Ausbildung und Weiterqualifizierung und speziell die berufliche Bildung.

In Anbetracht einer neuen Bildungsoffensive darf in der Wissenschaftsgesellschaft nicht Informationsvermittlung allein das Ziel sein, sondern Wissen und Bildung in Hinblick auf Zukunftsgestaltung müssen einen vorrangigen Stellenwert einnehmen. Die Bewältigung der komplexen Anforderungen und Umfeldbedingungen verlangt in der sich zunehmend globalisierenden Welt zur langfristigen Sicherung von Zukunftsfähigkeit neue Bildungs-, Aus- und Weiterbildungsschwerpunkte. Relevantes Wissen und relevante Bildung erfordern angesichts der enormen Informationsmengen und des wachsenden Informationsmüllberges Kompetenzen, die weit über das fachliche Wissen hinausreichen. Die folgende Auflistung enthält aus der Sicht der Zukunftsforschung und Zukunftsgestaltung und mit Blick auf die aktive Teilhabe der zu Bildenden und zu Qualifizierenden die wichtigsten Parameter für anzustrebende Wissens- und Bildungskompetenzen.

Relevantes Wissen:

- fachliches Wissen,
- Orientierungswissen,
- selektives Wissen,
- vernetztes Wissen,
- Praxis- und Handlungswissen,
- Schlüsselqualifikationen,
- soziale Kompetenz,
- kulturelles Wissen,
- Fremdsprachenkompetenz,
- Entscheidungskompetenz.

Vor diesem Hintergrund sind auch die Leitperspektiven für die Zukunft der Bildung für die Praxis, insbesondere für die berufliche Bildung, von besonderer Bedeutung:

- hohe Bildungsmobilität,
- institutionell: durchlässige Grenze zwischen den Bildungsbereichen,
- individuell: Kompetenzen für eine selbstständige und flexible Bildungsbiografie,
- lebenslanges Lernen und Qualifizieren (in Betrieben und überbetrieblich),

- Orientierung auf Zukunftsherausforderungen und Nachhaltige Entwicklung,
- Europäisierung und Globalisierung,
- starker Praxis- u. Handlungsbezug,
- drastische Erhöhung der Ausbildungs- und Weiterbildungsquoten (insbesondere auch bei ausländischen Jugendlichen),
- langfristige Sicherung einer hohen Aus- und Weiterbildungsqualität.

Die Annäherung an diese Ziele wird ein langer und schwieriger Prozess sein, der aber umgehend eingeleitet werden muss. Denn nur auf dieser Grundlage kann die Bildung einen herausgehobenen Beitrag zur Zukunftsfähigkeit von Gesellschaft und Wirtschaft und zur Stärkung der Motivation und Mitwirkungsbereitschaft von Jugendlichen und Weiterzuqualifizierenden leisten. Die UN-Dekade „Bildung für nachhaltige Entwicklung" (2005–2014) ist ein ganz wichtiger Beitrag, Grundlagen für zukunftsfähiges Denken und Handeln zu schaffen. Das IZT Berlin hat sich mit mehreren Projekten hieran beteiligt und kann mit Genugtuung konstatieren, mehrere Auszeichnungen erhalten zu haben.

13 Fazit

Man kann die Zukunft nicht vorhersagen. Das wissen wir aufgrund der Erkenntnisse in der Quantenphysik, der Selbstorganisationstheorie, der Evolutions- und Chaostheorie. Man kann allerdings solides wissenschaftliches Zukunftswissen erarbeiten und nutzen, um Zukünfte besser zu erfassen (wahrscheinliche, mögliche, wünschbare), und in einem partizipativ-demokratischen Prozess darauf hinarbeiten, dass Katastrophen und die Selbstzerstörung des Menschen vermieden und die besten zukunftsfähigen Zukünfte realisiert werden. Gemäß dieser Erkenntnis muss das 21. Jahrhundert das Jahrhundert der Nachhaltigen Entwicklung werden. Nur durch konsequente Verfolgung der Leitziele, Strategien und Maßnahmen der Nachhaltigkeit werden wir bei der bis zum Jahr 2050 auf neun bis zehn Milliarden Menschen wachsenden Weltbevölkerung zukunftsfähig bleiben.

Literatur

Allensbacher Archiv (2006). Institut für Demoskopie Allensbach, Allensbach.
Atlas der Weltentwicklung (2001). Wuppertal: Welthaus Bielefeld.
Barkemeyer, R., Figge, F., Hahn, T., Liesen, A., Schuler, V., & Wald, E. (2009). Zielorientiertes Nachhaltigkeitsmanagement mit dem Sustainable-Value-Ansatz am Beispiel der Automobilindustrie und der BMW Group. In F. Wall, & Schröder, R. W. (Hrsg.), *Controlling zwischen Shareholder Value und Stakeholder Value – Neue Anforderungen, Konzepte und Instrumente*. München: Oldenbourg Wissenschaftsverlag.

Behrendt, S., & Erdmann, L. (2006). Integriertes Roadmapping – Roadmapping als Instrument zur Nachhaltigkeitsorientierung. In R. Pfriem, et al. (Hrsg.), *Innovationen für eine nachhaltige Entwicklung*. Wiesbaden: Deutscher Universitäts-Verlag.

Enquete-Kommission des 13. DBT II „Schutz des Menschen und der Umwelt" (1998). *„Konzept Nachhaltigkeit – Vom Leitbild zur Umsetzung".*

Enquete-Kommission des 13. DBT II „Schutz des Menschen und der Umwelt" (Hrsg. 1998). *„Innovationen zur Nachhaltigkeit"*. Forschungsverbund von IZT Berlin und DIW Berlin.

Figge, F., & Hahn, T. (2004). Sustainable Value Added – Ein neues Maß des Nachhaltigkeitsbeitrags von Unternehmen am Beispiel der Henkel KgaA. *Vierteljahreshefte zur Wirtschaftsforschung* 73(1), 126–141.

Figge, F., & Hahn, T. (2005). The Cost of Sustainability Capital and the Creation of Sustainable Value by Companies. *Journal of Industrial Ecology* 9(4), 47–58.

Figge, F., & Hahn, T. (2006). Looking for Sustainable Value. *Environmental Finance*, 7(8), 34–35. The Advanced-Project.

Flechtheim, O. K. (1972). *Futurologie*. Hamburg.

Göll, E., Nolting, K. & Rist, C. (2004). *Projekte für ein zukunftsfähiges Berlin. Lokale Agenda 21 in der Praxis*. ZukunftsStudien Bd. 30. Baden-Baden.

Grunwald, A. (2006). Nanotechnologie als Chiffre der Zukunft. In A. Nordmann, & Schummer, J. & Schwarz, A. (Hrsg.), *Nanotechnologie im Kontext*. Berlin, 49-80.

Hahn, T., Figge, F., Liesen, A. & Barkenmeyer, R. (2007). *Nachhaltig erfolgreich Wirtschaften. Eine Untersuchung der Nachhaltigkeitsleistung deutscher Unternehmen mit dem Sustainable-Value-Ansatz*. Berlin.

Hahn, T., Figge, F., Barkemeyer, R., & Liesen, A. (2008). *Sustainable Value in der Automobilindustrie. Eine Analyse der nachhaltigen Performance der Automobilhersteller weltweit*.
http://www.sustainablevalue.com/downloads/sustainablevalueinderautomobilproduktion.pdf. 2. Aufl. Abgerufen am 31.5.2012.

Heinze, M., et al. (2007). *Virtuelle Unternehmen – Trendentwicklungen, Unternehmensfallstudien, Erfolgsfaktoren, Zukunftsszenarien*. IZT-ZukunftsStudien, Bd. 31. Frankfurt a. M.

Institut für Zukunftsstudien und Technologiebewertung IZT (2003). *Regeln zur Sicherung guter wissenschaftlicher Praxis*, beschlossen von der Wissenschaftlichen Leitung des IZT am 23. September 2003. Berlin.

Kreibich, R. (1986). *Die Wissenschaftsgesellschaft – Von Galilei zur High-Tech-Revolution*. Frankfurt a. M.

Kreibich, R. (1995). Zukunftsforschung. In B. Tietz, et al. (Hrsg.), *Handwörterbuch des Marketing*, Stuttgart, 2814–2834.

Kreibich, R. (1996). *Nachhaltige Entwicklung. Leitbild für die Zukunft von Wirtschaft und Gesellschaft*. ZukunftsStudien Bd. 17. Weinheim.

Kreibich, R. (2006). Denn sie tun nicht, was sie wissen. *Internationale Politik*, Berlin, 12/2006.

Kreibich, R. (2008). *Weltmacht China – Szenarien 2030. Eine Zukunftsstudie*. Berlin.

Kreibich, R. (2009). *Gemeinsame Erklärung des IZT – Institut für Zukunftsstudien und Technologiebewertung Berlin und des Wasserverbandes Norderdithmarschen: CO_2-*

Speicherung – Wasserversorgung im Raum Flensburg in Gefahr. Berlin/Flensburg, 23.10.2009.
Kreibich, R. (2010). Deutschlands Beitrag zur Zukunftsfähigkeit im 21. Jahrhundert. In F. Keuper, & Puchta, D. (Hrsg.), *Deutschland 20 Jahre nach dem Mauerfall.* Wiesbaden.
Kreibich, R., Schlaffer, A., & Trapp, C., unter Mitarbeit von Burmeister, K. (2002). *Zukunftsforschung in Unternehmen. Eine Studie zur Organisation von Zukunftswissen und Zukunftsgestaltung in deutschen Unternehmen.* IZT-WerkstattBericht Nr. 33. Berlin.
Liesen, A. (2008). *Nachhaltigkeit im Unternehmen messen – Der Sustainable-Value-Ansatz, factorY 04/2008.* Marburg.
Meadows, D., & Meadows, D. (1972). *Die Grenzen des Wachstums,* Stuttgart.
UN (1992a). *Rio-Deklaration* (Rio Declaration on Environment and Development, Rio-Konferenz UNCED), Rio de Janeiro, June.
UN (1992b). *Agenda 21.* UNCED – United Nation Conference on Environment and Development, Rio de Janeiro, June.
United Nations (2000). *Millenniums-Erklärung der Vereinten Nationen.* Verabschiedet von der Generalversammlung der UN zum Abschluss des vom 6. bis zum 8. September 2000 abgehaltenen Millenniumsgipfels in New York.
United Nations (2007): *UN-Klimareport.* 5 Teile 2004 bis 2011.
ZVEI/IZT (2007). *Integrated Technology Roadmapping – A Practical Guide to the Search for Technological Answers to Social Challenges and Trends.* Frankfurt a. M.

Nachhaltige Innovationen gestalten

K. Christoph Keller

Einleitung

Dieser Beitrag fasst Erfahrungen aus über zehn Jahren Zukunftsforschung für Innovationen in einem international tätigen Maschinenbauunternehmen zusammen. Dabei gilt die Aufmerksamkeit insbesondere den im Nachhaltigkeitskontext wesentlichen Teilaspekten der Innovations- und Produktentstehungsprozesse in Unternehmen. Er zielt aber auch darauf, eine Lücke zu füllen. Es ist dies die Lücke zwischen dem Leitbild „Nachhaltigkeit" und dem konkreten Handeln des in einem Unternehmen für die Produktentwicklung gesamtheitlich oder in Teilaspekten verantwortlichen Produktmanagers, Konstrukteurs, Designers, Innovationsmanagers usw. Um diese Lücke zu schließen, werden insbesondere die in Unternehmen etablierten Vorgehensmodelle (sogenannte „Prozesse") zur Produktentwicklung wie auch eine Reihe der in der wissenschaftlichen Literatur gemachten Vorschläge zur Integration von Nachhaltigkeitsaspekten in die Produktentstehung in Unternehmen betrachtet und der Lösungsbeitrag der Zukunftsforschung zu dieser Problemlage umrissen. Abschließend wird ein in der Praxis bewährtes Vorgehensmodell für die Frühphase des Innovationsprozesses im Unternehmen präsentiert, das durch Beachtung der Lean-Grundsätze insbesondere für mittelständische Unternehmen mit ihrer besonderen Ressourcensituation attraktiv ist. Dieses Modell hilft außerdem, den drei Hauptanforderungen an Nachhaltigkeit – mit einer eingängigen englischsprachigen Alliteration bezeichnet als „People, Profit, and Planet" – in Produktentstehungsprozessen in Unternehmen gerecht zu werden und kann diese wieder unter einem gemeinsamen Dach zusammenführen.

Nachhaltigkeit

Der Gebrauch des Begriffs Nachhaltigkeit lässt, ebenso wie dies beim Begriff „Zukunft" der Fall ist, gewisse inflationäre Tendenzen erkennen. Oft wird „Nachhaltigkeit" dabei zur sinnentleerten Phrase. Von den 27 Emder Studenten in der 2011 gehaltenen Vorlesung des Autors konnte keine bzw. keiner den Begriff „Nachhaltigkeit" definieren, obwohl er allen bekannt war. In der Sprache des Managers kann das Adjektiv „nachhaltig" sowohl ein Geschäftsmodell kennzeichnen, das auf Dauer Geld abwirft, als auch ein Geschäftsmodell mit einem positiven sozialen oder ökologischen Beitrag (im Sinne des „Triple-BottomLine"-Ansatzes) kennzeichnen. In der Fachsprache des Innovationsmanagements dagegen bezeichnet eine nachhaltige Innovation (aus dem englischen „sustaining innovation") eine Innovation, die aus dem Bestehenden – aus einer Weiterentwicklung des Bekannten heraus – erfolgt und daher einen Erwerb neuer Kompetenzen oder eine Änderung des bestehenden Geschäftsmodells nicht erfordert (Christensen 2009). Deutlich gemacht werden diese verschiedenen Ansätze, die sich hinter dem Wort „Nachhaltigkeit" verbergen, in der heutigen Publikations- und Debattenpraxis nur höchst selten. Die Akteure missverstehen sich durch die Verwendung einer gemeinsamen Sprache, in der dasselbe Wort aber sehr verschiedene Konzepte bezeichnet. Daher muss hier zunächst ein kurzer Abriss des Nachhaltigkeitsbegriffs vorangestellt werden.

Wünschenswerte Zukünfte werden zunehmend als nachhaltige Zukünfte angesehen (McGrail 2011). Das sind Zukünfte, in denen das Ideal der Nachhaltigkeit eine wesentliche Rolle für die Organisation aller Gesellschaftsbereiche spielt. Dabei dürfen die dystopischen Ursprünge des Nachhaltigkeitskonzepts nicht aus den Augen verloren werden – angefangen bei Rahel Carsons Buch „Silent Spring" im Jahre 1962, das einen erwähnenswerten Beitrag zum Entstehen der weltweiten Umweltbewegung geleistet hat und mit dem der Begriff der Nachhaltigkeit nach wie vor eng verknüpft ist. Auch der Bericht an den Club of Rome „On the Limits to Growth" von Meadows et al. aus dem Jahre 1972 ist ein wichtiger Teil dieser dystopischen Ahnengalerie. Eine erste positive Formulierung des Nachhaltigkeitsgedankens, die über die engere Fachwelt hinaus bekannt werden konnte, wurde erst 1987 von der sogenannten Brundtland-Kommission geschaffen. Im Abschlussbericht wird „Nachhaltige Entwicklung" (Sustainable Development) als „[...] development that meets the needs of the present without compromising the ability of future generations to meet their own needs" (World Commission on Environment and Development 1987) definiert.

Aus Sicht der Technologie- und Innovationsforschung muss allerdings festgehalten werden, dass die Absicht, ein „nachhaltiges Produkt" zu entwickeln, in der Praxis auf erhebliche, teilweise sogar auf prinzipielle Schwierigkeiten trifft. Denn die Nutzung eines technischen Artefakts ist durch dieses selbst, seine Gestaltung, Funktion und Funktionsweise keineswegs so strikt vorgegeben, dass von einer wirksamen Lenkung des Nutzerverhaltens durch die Produktgestaltung ausgegangen werden kann. Menschliche Absicht und gesellschaftlicher Kontext spielen bei der Nutzung technischer Artefakte stets eine mit-bestimmende Rolle: Sie bestimmen die Art und den Umfang dieser Nutzung zu wesentlichen Teilen (de Vries 2005, S. 14-25). Ein mit den besten Intentionen nachhaltig gestaltetes Produkt kann daher auf nicht nachhaltige Weise genutzt werden und vice versa. Für den seiner Aufgabe und seiner Verantwortung gegenüber Gesellschaft und

Umwelt bewussten Produktentwickler stellt diese soziale Komponente der Technikverwendung, sowohl was die praktizierte Nachhaltigkeit als auch was die im Produkt intendierte Nachhaltigkeit angeht, eine erhebliche Herausforderung dar. Es genügt nicht, im Sinne einer Technikfolgenabschätzung ex post die intendierten Effekte des Produktes zu betrachten und die nicht intendierten Nebeneffekte zu vermeiden. Hier muss, wie gezeigt werden wird, ein Ex-ante-Ansatz Anwendung finden. Außerdem darf der Fokus des gewählten Ansatzes, wie aus dem oben Gesagten hervorgeht, nicht zu stark verengt sein.

Aus der Perspektive der Zukunftsforschung hat Hayward (2005, S. 282f) eine Verbindung zwischen Nachhaltigkeit und der individuellen Fähigkeit zur „post-conventional Foresight" hergestellt. Er konstatiert:

> „Environmentalism itself may be the expression of a nascent social form of postconventional foresight. [...] Environmentalism's catch cry, „sustainability", is strikingly abstract and rarely is it made explicit exactly 'what' is to be sustained. [...] Social foresight would to chart pathways of action through multiple assessments of consequence as it is unlikely that a consequence ‚free' pathway of action can be found."

Die bisher zum Konzept „Nachhaltigkeit" vorgelegten Umsetzungsvorschläge lassen sich (durch sinnvolle Vereinfachung) zum Zweck des raschen Überblicks in drei große, sich teilweise überlappende, Gruppen einteilen. An erster Stelle stehen Ansätze zur Öko-Effizienz, darauf folgen Ansätze zur Öko-Effektivität und an dritter Stelle folgen Ansätze zur Suffizienz.

Erstens: *Öko-Effizienz* bedeutet vereinfacht, alles wie bisher zu tun und zu lassen – aber auf eine effizientere Art und Weise. Effizienz bezieht sich dabei in der aktuellen öffentlichen Diskussion auf den Energie- und Wassereinsatz, zunehmend und durch die Knappheitsdiskussion in den Medien forciert auch auf weitere (Material-)Ressourcen. Dieser Effizienzansatz ist im politischen und unternehmerischen Mainstream angekommen, wie zahlreiche Effizienzkampagnen, das Gedeihen von Effizienzagenturen und Berichte in den Massenmedien belegen, in denen der Effizienzansatz als Wachstumsrezept für die (meist nationale) Wirtschaft geschildert wird.

Zweitens: *Öko-Effektivität* zielt auf die Schaffung geschlossener Kreisläufe nach dem Vorbild der Natur und auf die Schaffung technischer Ökosysteme, in denen Abfall als solcher nicht mehr entsteht. Bekannte Repräsentanten dieses Ansatzes sind zum Beispiel McDonough und Braungart (2002) mit ihrem „Cradle to Cradle"-Ansatz oder Pauli (2011) mit dem Konzept einer „Blue Economy".

Drittens kann eine Gruppe von Ansätzen unter der Überschrift *„Suffizienz"* zusammengefasst werden. Suffizienz ist keine technische oder ökonomische Lösungsstrategie wie die beiden zuvor genannten Gruppen von Ansätzen, sondern eine individuell-gesellschaftliche. Der Grundgedanke ist der, dass sich die

Einzelnen mit weniger, insbesondere materiellem, Wohlstand bescheiden, den Nutzen von Technologien hinterfragen, diese bewusst einsetzen oder bewusst darauf verzichten, verbunden mit einer Hinwendung zu nicht materiellen Bedürfnissen.

Die Gestaltung nachhaltiger Innovationen wird voraussichtlich, wie schon die heutige Innovationspraxis zeigt, überwiegend im Kontext von (zumeist produzierenden) Unternehmen stattfinden. Daher wird im folgenden Abschnitt eine Übersicht über die Rahmenbedingungen und Organisation der Entwicklung technischer Artefakte (sofern es sich dabei um Produkte im industriellen und nicht beispielsweise im handwerklichen Sinne handelt, eine Eingrenzung, die aber ohne Verlust der allgemeinen Gültigkeit möglich ist) gegeben.

Produktentstehungsprozesse, insbesondere Konstruktionsprozesse

Das im deutschsprachigen Raum bekannteste Vorgehensmodell für die Konstruktion technischer Artefakte (und damit der Produktentwicklung) ist die VDI-Richtlinie 2222 Blatt 1 „Konzipieren technischer Produkte". Sie behandelt, so ihr Untertitel, das „[g]enerelle[ ] Vorgehen beim Planen, Konzipieren, Entwerfen und Ausarbeiten technischer Produkte". In diesen vier aufeinanderfolgenden Phasen wird das Produkt, ausgehend von einer Produktidee, zunehmend detaillierter festgelegt. Aus dem angelsächsischen Raum stammt der Ansatz der sogenannten Meilensteinprozesse (Stage-Gate™ Process; vgl. Cooper 2003). In diesem Vorgehensmodell werden die sogenannten „Gates" besonders betont. Es handelt sich dabei um (Gremien-)Entscheidungen über die Fortführung oder Einstellung eines Innovationsprojekts, die nach Abschluss festgelegter Arbeitsabschnitte anstehen. Für eine Übersicht über weitere Vorgehensmodelle sei auf Andreassen (2005) verwiesen.

Alle vorgenannten Ansätze haben den tayloristischen Ansatz der Trennung von Ausführung und Planung gemeinsam. Die Produktplanung geht der Konstruktion voraus, die Konstruktion der Fertigungsplanung und die Fertigungsplanung der (zumeist vielfachen) Ausführung. Dies wird verständlich, wenn man die hohen Kosten, die mit der Errichtung oder Modifikation industrieller Produktionsanlagen verbunden sind, in Betracht zieht. Die Trennung von Planung und Ausführung ist in einem solchen Fall wirtschaftlich durchaus sinnvoll. Sie spiegelt sich deshalb keineswegs nur in der Ablauf-, sondern auch in der Aufbauorganisation von Unternehmen, also in den betrieblichen Abläufen und im Organigramm wider. Beispiele sind die Trennung von Entwicklung und Produktion oder von Produktmanagement und Verkauf. Oft stammen die MitarbeiterInnen dieser verschiedenen Abteilungen auch aus verschiedenen akademischen Disziplinen und wurden in verschiedenen Subkulturen des Unternehmens sozialisiert. Die Trennung von Ausführung und Planung bewirkt insbesondere, dass eine Abteilung (oft das sogenannte Produktmanagement) ein zukünftiges Produkt federführend spezifiziert und eine andere (typischerweise die sogenannte Entwicklungs- oder Konstruktionsabteilung) das Produkt gemäß den gemachten Vorgaben in der ihr zugemessenen Zeit zu den zugestandenen Kosten entwickelt.

Die wichtigsten Dokumente in allen Produktentstehungsprozessen sind die Spezifikationsdokumente für das zu realisierende Produkt: das Lastenheft und das Pflichtenheft.[1] In der Planungsphase beschreibt das *Lastenheft* die erwartete Reaktion des Absatzmarktes auf das neue Produkt (Stückzahlen, Preise, Varianten) und die Anforderungen, denen das Produkt genügen muss, um diese Erwartungen zu erzielen (Kosten, Funktion, Randbedingungen). Zu diesem Zeitpunkt stellt das Lastenheft eine – im Idealfall von der später zu wählenden Umsetzung unabhängige – Beschreibung der technischen (!) Funktion und der Leistungsparameter des zu gestaltenden Artefakts dar. Das Lastenheft beantwortet verallgemeinert die Frage nach dem „Was". In der darauf folgenden Konzeptionsphase liegt der Tätigkeitsschwerpunkt auf der Erzeugung von Realisierungsalternativen für die geforderte Funktion unter den gegebenen Rahmenbedingungen. Die Gesamtfunktion wird hierzu in Teilfunktionen aufgespalten, Lösungsalternativen für die Teilfunktionen werden gesucht, nach überwiegend ökonomischen Kriterien bewertet, und die ausgewählten Teilfunktionen werden zur Gesamtfunktion integriert. Anschließend wird aus den ausgewählten Teillösungen eine Gesamtlösung entworfen, die den Anforderungen des Lastenhefts Genüge tut. Das so gefundene Gesamtsystem wird in seinen technischen Aspekten im *Pflichtenheft* beschrieben. Das Pflichtenheft beantwortet damit die Frage nach dem „Wie" der Funktionserfüllung.

Mit dem Ende der Konzeptionsphase ist das Produktkonzept festgelegt. Von nun an werden fast ausschließlich Details auf der Baugruppen- und Teileebene hinzugefügt. Eine wesentliche Änderung an einem Produkt in einer der späteren Phasen der Produktentwicklung hat üblicherweise zur Folge, dass die gemachte Änderung durch alle betroffenen Baugruppen und Teile über alle bisher gemachten Entwicklungsschritte fortzupflanzen ist. Änderungen an Architektur, Funktionsprinzip oder wesentlichen Produkteigenschaften werden daher, wegen der damit verbundenen hohen Kosten und anderer Aufwendungen, nach Möglichkeit vermieden.

Ex-post-Ansätze, die nach der Einführung eines Produkts in den Markt ansetzen, zum Beispiel Teile der Umweltgesetzgebung oder auch die ursprüngliche

---

1   Es handelt sich dabei übrigens keineswegs um Textdokumente, sondern um eine umfassende Darstellung vor allem mit technischen Zeichnungen, aber auch mit Programmablaufplänen, Handmustern, Modellen, Tabellen usw.

Technikfolgenabschätzung, bewirken in der Konsequenz jedoch eben gerade diese Art von Änderungen am fertigen Produkt, einschließlich der damit verbundenen Veränderungen der Produktionsanlagen. Sie verursachen in Unternehmen also hohe Aufwendungen und provozieren daher verständlicherweise Widerstand. Sie mögen aus gesellschaftlicher Sicht manchmal unvermeidlich sein, wenn Technikfolgen erst mit großer Verzögerung auftreten; aus Sicht eines produzierenden Unternehmens sind sie wegen dieser Sachverhalte für eine Integration in Produktentstehungsprozesse jedoch nicht attraktiv.

Darüber hinaus sind Ex-post-Ansätze in ihrer Wirksamkeit aus mehreren Gründen prinzipiell stark beschnitten. Je radikaler und umfassender eine Innovation ist, umso eher unterliegt sie, soll sie doch einen Wettbewerbsvorteil bewirken, der Geheimhaltung. Viele Unternehmen verstehen sich heute als in einem Innovationsrennen mit ihren Wettbewerbern befindlich. Daher ist Geheimhaltung sehr wahrscheinlich, außerdem ist eine Tendenz hin zu größerer Innovationshöhe gegeben. Je größer die Innovationshöhe aber ist, umso weniger kann eine Innovation von Personen außerhalb des Unternehmens oder den jeweils beteiligten Wissenschaftsdisziplinen antizipiert werden und umso später wird sie Ex-post-Ansätzen erst zugänglich. Die Innovationstätigkeit internationaler Unternehmen ist außerdem nicht mehr an Staatengrenzen gebunden, während viele gesellschaftliche und politische Ansätze der Auseinandersetzung mit Innovationen nach wie vor innerhalb der Grenzen von Nationalstaaten oder von Zusammenschlüssen von Staaten definiert sind, was deren Wirkungsmöglichkeiten weiter schmälert.

Damit wird deutlich, dass unter pragmatischen und ökonomischen Kriterien ein Ex-ante-Ansatz erforderlich ist, um dem Ziel der Schaffung „nachhaltiger Produkte" nahezukommen. Alle relevanten Aspekte müssen, soweit das möglich gemacht werden kann, im Vorhinein betrachtet werden. Anderenfalls unterbleibt eine Integration in das Produkt oder wird – wie im Falle von Vorgaben der Umweltgesetzgebung – nur unter Zwang und zu hohen Kosten für die betroffenen Unternehmen erfolgen. Ein Ex-ante-Ansatz (ob freiwillig oder verpflichtend, sei hier einmal dahingestellt) hat also nicht nur einen erheblichen einzelwirtschaftlichen Wert, er ist auch volkswirtschaftlich zu bevorzugen.

Alle vorgenannten Fakten legen den Schluss nahe, dass eine Zusammenführung der drei Hauptaspekte von Nachhaltigkeit: Ökonomie, Mensch, Natur, unter den heutigen global-gesellschaftlichen Rahmenbedingungen in den Unternehmen, genauer in der Produktplanung und Innovationstätigkeit in Unternehmen, erfolgen muss, um überhaupt erfolgreich sein zu können.

Vorschläge für nachhaltigkeitsbewusste Innovationsprozesse

Die überwiegende Zahl der bisher zum Zweck der Integration von Nachhaltigkeitsaspekten in Innovationsprozesse (einschließlich Produktentwicklung) gemachten Vorschläge (Krämer 2011; Fichter et al. 2005; Pfriem et al. 2006) erfolgen im Sinne einer strukturellen Ausdifferenzierung (vgl. das Konzept des „Structural Deepening" bei Arthur 2009, S. 131-144) der „Innovationsmaschine" des Unternehmens. Die bekannten Innovationsprozesse werden um Aspekte der Auswahl und Bewertung ergänzt, die Nachhaltigkeit sicherstellen sollen. Verbesserte bzw. veränderte Bewertungskriterien und neu zu den einzelnen Phasen hinzugefügte Methoden sollen die gewünschte Funktion der „Innovationsmaschine" auf Basis des bestehenden Funktionsumfangs und zusätzlich dazu herstellen. Übereinstimmend mit Paech (2005, S. 259ff) schätzt der Autor das Potenzial einer solchen Vorgehensweise als gering ein. Modifikationen an Details eines etablierten Innovationsprozesses können nur geringe Veränderungen bewirken, wenn nicht das Wertesystem des Unternehmens und die Unternehmenskultur sich ändern. Dieser Gedanke soll im Folgenden noch kurz ausgeführt werden.

Ökonomische Entitäten, wie Unternehmen, erfüllen einen ökonomischen Zweck und handeln aufgrund ökonomischer Logiken. Die ökonomische Frage in Bezug auf Nachhaltigkeit lautet: Kann man damit Geld verdienen? Die genannten Lösungsansätze für die Integration von Nachhaltigkeitsaspekten in die Produktentwicklung setzen jedoch in Teilen voraus, dass nicht ökonomische Auswahlkriterien ein deutlich höheres Gewicht erhalten als heute, dass mehr als nur die Frage nach der Marktakzeptanz durch den Kunden gestellt wird, wenn Nachhaltigkeit auch das Wohlergehen des Planeten Erde betrifft – denn dieser ist nicht Kunde. Seine Rechnungsadresse ist sozusagen unbekannt. Kann also erwartet werden, dass nicht ökonomische Kriterien sich in der Praxis der Entscheidungsfindung in Unternehmen durchsetzen? Werden beispielsweise die „EntscheiderInnen" in einem Gate-Meeting infolge einer multi-dimensionalen Bewertung einer potenziellen Innovation eine ökonomisch für das Unternehmen nachteilige Entscheidung treffen? Die Chancen dafür sind gering, denn spätestens die Frage nach der Meinung der Aktionäre und Aktionärinnen dazu bringt die ökonomische Logik wieder auf den ersten Rang unter allen Kriterien. Ein vor allem an Quartalszahlen (und Wachstum) gemessener Vorstand einer Aktiengesellschaft wird einer gesellschaftlich und ökologisch vorteilhaften Lösung nur zögerlich zustimmen können – wenn überhaupt –, sollte diese am Ende den Profit des Unternehmens schmälern.

An der Versöhnung der drei Nachhaltigkeitsperspektiven in Unternehmen führt kein Weg vorbei. Es bedarf einer Prozessinnovation! Die Fragen des Innovators lauten also: Können wir das Wohlergehen des Planeten und zukünftiger

Generationen in profitable Produkte hineinkonstruieren? Ist es möglich, in jeder Hinsicht nachhaltige Innovationen zu gestalten? Wie kommt Nachhaltigkeit ins Lastenheft? Und wie geschieht das für ein Unternehmen möglichst aufwandsneutral?

Können wir im Sinne des Ingenieurs Nachhaltigkeit konstruieren?

Im Hinblick auf die verfügbaren Beschreibungen von im weiteren Sinne „nachhaltigen" oder „angemessenen" Technologien (vgl. z. B. Vergragt 2006; Schumacher 2010; Raskin et al. 2002) muss festgehalten werden, dass diese vorwiegend normativ und, vom Standpunkt des Ingenieurs oder Betriebswirts[2] aus gesehen, bei weitem zu abstrakt sind. Sie enthalten nur ungenügende handlungsleitende Elemente, die für diese Akteure unmittelbar verständlich wären und in der täglichen Arbeit wirksam werden könnten.

Für die erste Gruppe der Nachhaltigkeitsansätze (Öko-Effizienz) lautet die Antwort auf die eingangs gestellte Frage dennoch: ja. Das mag auch deren Popularität in Politik und Wirtschaft teilweise erklären. Für die Einhaltung ökologischer und regulatorischer Rahmenbedingungen sind die heute etablierten Ansätze zur restriktionsgerechten Produktgestaltung schon seit längerem vorhanden (vgl. Pahl und Beitz 1993) und ausreichend.

Für die zweite Gruppe der Nachhaltigkeitsansätze (Öko-Effektivität) lautet die Antwort: teilweise. Die fünf von McDonough und Braungart (2002, S. 165-186) in gerade einmal zehn Prozent des Buches vorgestellten „Guiding Principles" sind vergleichsweise abstrakt. Die Brücke zum täglichen Tun des Ingenieurs, des Produktmanagers, wird nicht ausreichend geschlagen. Der Produktentwickler weiß heute nur einen geringen Teil dessen, was für die Umsetzung dieses Ansatzes erforderlich ist, und die Verantwortung für einen solchen Ansatz ist über die gesamte Organisation eines heutigen, globalen Unternehmens verteilt.

Für die dritte Gruppe der Nachhaltigkeitsansätze (Suffizienz) lautet die Antwort: nein. Suffizienz kann nur sehr eingeschränkt technisch gestaltet werden. Zwar existieren die Konzepte intermediärer und angepasster Technologie schon seit einiger Zeit, aber wie deren Umsetzung innerhalb der etablierten Vorgehensweisen und Strukturen gestaltet werden könnte, ist offen. Überdies: aus Sicht des Innovationsmanagements handelt es sich bei den hierfür erforderlichen Innovationen um radikale Innovationen, nicht um nachhaltige, mit allen damit verbundenen Herausforderungen.

---

2   Dies ist ein besonders relevanter Standpunkt, da die Hauptakteure bei der Produktentstehung in Unternehmen überwiegend aus diesen Disziplinen stammen.

Der Unternehmenskontext

KSB ist Hersteller von Pumpen, Armaturen und der dazugehörigen Automatisierungs- und Antriebstechnik mit einem bedeutenden Servicegeschäft. Es handelt sich um ein mittleres, multinationales Unternehmen mit zirka 14.500 MitarbeiterInnen und einem Jahresumsatz jenseits der Zwei-Milliarden-Euro-Schwelle (KSB 2010). Die Produkte von KSB finden vielseitig Verwendung in der Wasser- und Energiewirtschaft, allen Sparten der Industrie, in der Gebäudetechnik und im Bergbau.

Die Forschung und Entwicklung des Unternehmens ist, nach Technologien aufgeschlüsselt, in einem Satellitenmodell organisiert – die meisten Zentralstellen befinden sich in Deutschland, wenige im Ausland. Die Unternehmensmission enthält die ökonomische Nachhaltigkeitsdefinition („ [...] to achieve sustainable, profitable growth", KSB 2011). Das Unternehmen unterstützt außerdem die Prinzipien des UN Global Compact.

Die Stellung von KSB in der Wertkette ist überwiegend die eines Herstellers standardisierter Komponenten, die von anderen Unternehmen in Anlagen oder Maschinen – meist im Kundenauftrag oder zum Weiterverkauf – integriert werden. Diese Produkte sind kritisch für die Funktion und Zuverlässigkeit zum Beispiel von Kraftwerken, Gebäuden, Industrieanlagen oder Zügen. Dieser Stellung in der Wertkette entspricht abnehmerseitig ein sozial komplexes Geschäftssystem. Für die Innovationstätigkeit des Unternehmens bedeutet das, dass ein einzelner Abnehmer oder Kunde nicht existiert. An seine Stelle tritt ein komplexes Geflecht aus Intermediären in verschiedenen Rollen wie BeraterInnen, PlanerInnen, IngenieurInnen, Handelsunternehmen, Anlagenbau- und Wartungsfirmen. Zusätzlich wird dieses in vielen Fällen noch durch eine große Anzahl an beeinflussenden Rollen (z. B. Genehmigungsbehörden) verkompliziert. In diesem Geschäftssystem kann die Akzeptabilität von Innovationen nur noch eingeschränkt mit den etablierten Vorgehensweisen des Marketings überprüft werden. Das erzeugte einen seit der letzten Jahrtausendwende zunehmenden Druck zur Einbeziehung des Geschäftssystems in die Gestaltung von Innovationen, der ein wichtiger Faktor bei der Etablierung des nachfolgend geschilderten Vorgehensrahmens war. In einem Teil der Märkte des Unternehmens treten Produkt- und Technologielebenszyklen von bis zu 60 Jahren Dauer auf, was eine Langfristperspektive unvermeidlich macht.

„Lean Foresight" – Corporate Foresight unter Berücksichtigung der Lean-Prinzipien

Als mittelständisches Unternehmen hatte KSB zu Beginn der Beschäftigung mit Corporate Foresight das Problem zu lösen, dass die „Standardvorgehensweise" dafür (vgl. z. B. Pillkahn 2007; und jeweils mehrere Beispiele in Müller und Müller Stewens 2009 und Burmeister et al. 2004) mit ihrer langwierigen und mehrstufigen Ableitung von Innovations- und Strategieelementen aus sogenannten Megatrends oder aus Szenarien nicht akzeptabel war – einerseits wegen des damit verbundenen hohen Ressourcenaufwandes, andererseits wegen der in diesen Prozessen durch ihre Breite fast zwangsläufig auftretenden Relevanz- und damit Legitimationsdefizite. Ein „Denken auf Vorrat" läuft dem Gedanken an ein schlankes Unternehmen mit minimalen Beständen durchaus zuwider. Die Forderung nach einem schlanken Prozess für die Zukunftsarbeit im Innovationsbereich wurde innovativ durch die Verschiebung der Trend- und Szenarienarbeit vom Anfang in die Mitte der Frühphase des Innovationsprozesses eingelöst (vgl. Abb. 1). Die Zukunftsarbeit bezieht sich daher zunächst immer auf eine konkrete Idee, Erfindung, Geschäftsmöglichkeit (allgemein: Business Opportunity), bleibt konkret und fokussiert. Damit setzt ein so gestalteter Prozess die wichtigen Lean-Prinzipien der Vermeidung von Verschwendung (Überproduktion von [irrelevanten] Ideen) und der Fokussierung auf den Wert aus Sicht der KundInnen um und realisiert durch konsequente Nachfrageorientierung das Pull-Prinzip.

Abbildung 1: Grundgedanke schlanker Corporate-Foresight-Prozesse (Quelle: Keller 2007).

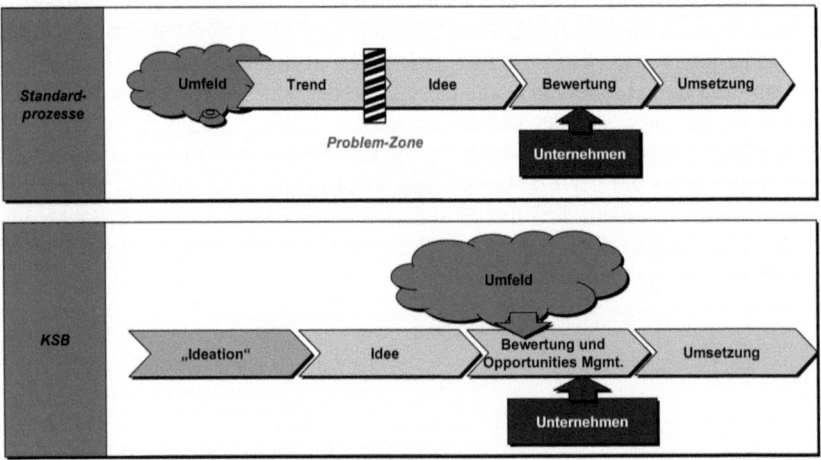

KSB wurde bereits 2008 in einer Studie von Z_punkt für das Bundesministerium für Forschung und Bildung als Best-Practice-Beispiel für Corporate Foresight im Mittelstand ausgewählt.

Innovationen gestalten

Als ein erster Ansatz einer Methodologie für nachhaltige Innovationen wird im Folgenden der vom Autor maßgeblich entwickelte *Vorgehensrahmen* für das „Business Opportunity Scanning" (BOS) bei KSB vorgestellt. „Scanning" bedeutet das Abrastern einer Idee auf der Suche nach ihrem wahren, gegebenenfalls verborgenen Potenzial, ähnlich wie das in modernen bildgebenden Diagnoseverfahren in der Medizin, etwa in der Computertomographie, geschieht. Es darf nicht mit der Suche (die ebenfalls oft als Scanning bezeichnet wird) nach (Anregungen für) Ideen im Unternehmensumfeld bei der oben erwähnten trendbasierten Vorgehensweise zur Ableitung von Innovationsprojekten verwechselt werden. Der Begriff Vorgehensrahmen wurde bewusst gewählt, einerseits, um zu zeigen, dass einzelne Methoden innerhalb der Vorgehensweise durch andere mit ähnlicher Zielrichtung ersetzt werden können, andererseits, um die Positionierung „eine Ebene oberhalb" der vielfach dokumentierten Methoden (Szenarien, Marktforschung, Trendanalyse usw.) aus Zukunftsforschung, Betriebswirtschaft oder Produktentwicklung zu verdeutlichen. Das Ziel ist es, Innovationen zu gestalten. Ein Ziel, das weit über die Gestaltung eines einzelnen (technischen) Artefakts hinausgeht.

BOS ist in der hier vorgestellten Form eine Umsetzung des vom Autor zunächst nur für pädagogische Zwecke entwickelten Frameworks für Zukunftsforschungsprojekte (vgl. Abb. 2). Im Folgenden sollen die wesentlichen Elemente des Vorgehensrahmens entlang dieses Frameworks vorgestellt werden.

Notwendigerweise ist BOS pragmatisch. Dennoch ist jeder Teil des Vorgehensrahmens solide auf etablierte Methodologien und Wissenschaftlichkeit gegründet. Die Hauptbestandteile entstammen der Zukunftsforschung. Zunächst sind hier die Multiperspektivmethoden (z. B. von Linstone 2002), technische, organisationale und persönliche (TOP) Perspektiven ebenso wie das Systemdenken (Gharajedaghi 2004) zu nennen. Das tiefste Fundament ist ein Verständnis von Zukunftsforschung als eine sich mit individuellen und kollektiven Zukunftsbildern auseinandersetzende Handlungswissenschaft (Voros 2007), in der das Gestalten dem Erkennen gleichrangig ist, ähnlich wie dies auch in den Sozial-, Medizin- und Technikwissenschaften (vgl. hierzu König 2006, S. 85) der Fall ist. Das zugrunde liegende Vorgehensmodell entstammt ebenfalls der Zukunftsforschung. Es handelt sich um das „Generic Foresight Process Framework" von Voros (2003) mit seiner Betonung der Interpretation (vgl. Tabelle 1).

Abbildung 2: Dimensionen von Zukunftsforschungsprojekten (Quelle: Eigene Darstellung).

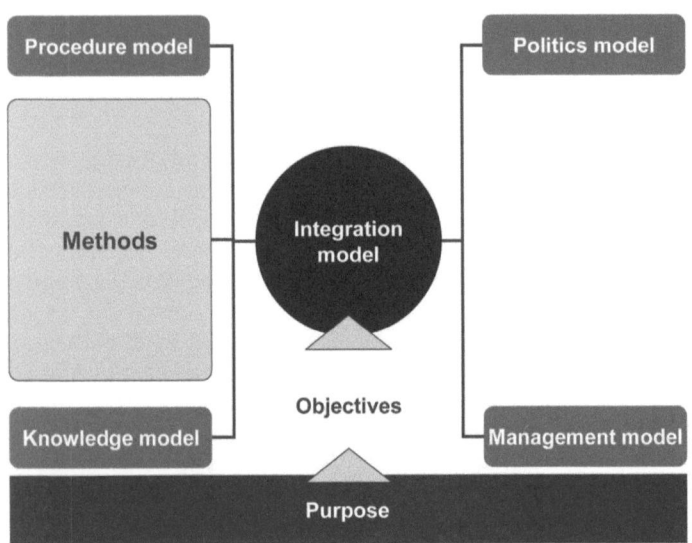

Für die Akzeptanz in Unternehmen ist es von Bedeutung, dass der hier vorgestellte Vorgehensrahmen das in Produktentstehungskontexten etablierte Politikmodell (Stage-Gate, Entscheidungsgremien usw.) ebenso wenig verändert wie das Managementmodell (hier Projektmanagement). Es ist in der vorgestellten Form mit den in Unternehmen typischerweise etablierten Organisationsformen vollständig kompatibel.

Das übergreifende Modell für die Wissensorganisation ist das „Cascade Model of Technology" (vgl. Abb. 3) von Rias van Wyk (2004, S. 39-41). Es stellt einen integrierenden Rahmen über das gesamte sozio-technische System, von technischen Details wie den verwendeten Materialien und angewendeten Funktionsprinzipien bis zur Diffusion und gesellschaftlichen Akzeptanz einer Innovation oder Technologie zur Verfügung. Für die Verwendung im Vorgehensrahmen „BOS" wird dieser Betrachtungsumfang in die zwei sogenannten *Systemperspektiven* Technologie- und Geschäftssystem aufgespalten. An der Nahtstelle dieser Perspektiven entsteht die zu gestaltende Innovation. Die Systemperspektiven wiederum werden durch die beiden *Segmentierungsperspektiven* Anwendung und Region beeinflusst (vgl. Abb. 4). In Europa werden Geschäfte anders abgeschlossen als beispielsweise in Japan (oder in der arabischen Welt usw.). Damit ist, sollte die beabsichtigte unternehmerische Tätigkeit mehrere kulturell verschiedene Regionen umspannen, das Modell des Geschäftssystems zumindest in einzelnen Aspekten an diese anzupassen. Auch das Technologiesystem unterliegt starken regionalen Einflüssen, etwa was die einzuhaltenden Richtlinien und Normen anbelangt. Dasselbe gilt für die Anwendung, in der das Produkt später eingesetzt werden soll. Überdies haben verschiedene Branchen historisch unterschiedliche Vorgehensweisen und Arbeitsteiligkeiten herausgebildet. Die Analyse dieser vier Kernperspektiven ist in die Analyse der mittel- und langfristigen gesellschaftlichen, wirtschaftlichen, technischen und politischen Kontexte und der Umweltkontexte eingebettet.

Tabelle 1: „Framework" für Zukunftsforschungsprojekte. Quelle: Eigene Darstellung

Element	Beschreibung
Zweck	Warum wird die Studie angefertigt? Welchen Beitrag soll sie leisten? Was sind die Erwartungen der Stakeholder (insbes. des Auftraggebers).
Ziele	Was sind die erwarteten Ergebnisse der Studie?
Integrationsmodell	Der Modus Operandi ist eine Ebene oberhalb aller anderen Elemente angesiedelt.
	In der Zukunftsforschung sind insbesondere Systemdenken und Aktionsforschung als Integrationsmodelle angemessen.
Vorgehensmodell	Gängigerweise als „Prozess" bezeichnet: eine Abfolge von Tätigkeiten in der Zeit.
Wissensmodell	Ordnet und strukturiert das Wissen in der Studie. Schemata und ontologische Ansätze.
Methoden	Methoden speisen das Wissensmodell und werden durch das Vorgehensmodell in eine Reihenfolge gebracht. Sie bilden die Brücke zwischen Tun und Wissen.
Managementmodell	Wie das Projekt selbst gesteuert und der Fortgang der Arbeit gemessen wird. Beispiele sind das „klassische" Projektmanagement oder moderne Methoden wie SCRUM.
Politikmodell	Wie der Machtaspekt im Projekt gehandhabt wird. Besonders wichtig ist, ob das Projekt mit bestehenden Strukturen kompatibel sein oder diese in Frage stellen soll.

Bis ein gewisses Grundverständnis der für die angestrebte Innovation relevanten Aspekte in den vier Perspektiven erreicht wurde, wird die Analyse als „Desk Research" durchgeführt. Anschließend wird in semistrukturierten Interviews mit VertreterInnen relevanter Rollen aus dem Geschäftssystem ein tieferes Verständnis der Materie erworben.

Abbildung 3: Cascade Model of Technology (Quelle: van Wyk 2004; Ergänzungen vom Verfasser).

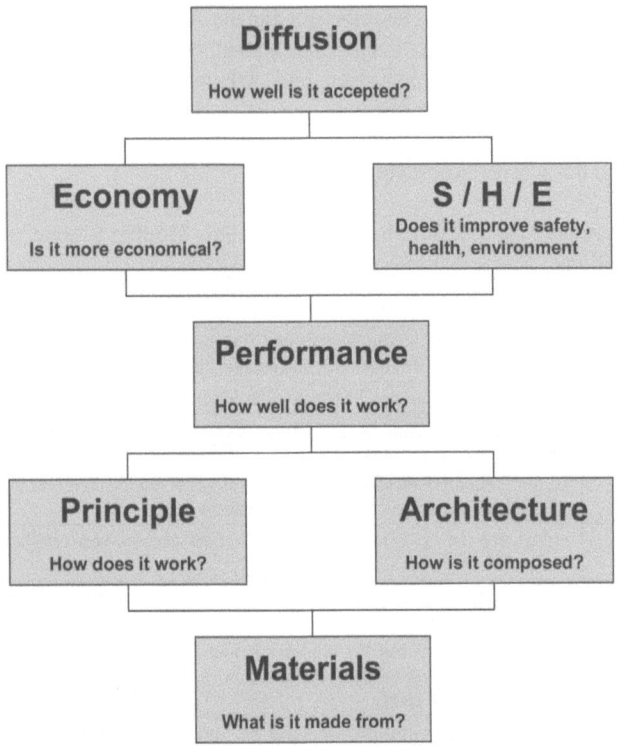

Für das Geschäftssystem werden während der Analyse zweierlei Modelle herangezogen: ein Ablauf- und ein Strukturmodell. Das Ablaufmodell stellt Organisation und Ablauf eines typischen Projekts im Ziel-Geschäftssystem dar. Ein Projekt wird hier verstanden als der Ablauf der Schritte von der Idee bis zum Bau, Betrieb und Service des technischen Systems, in dem die Innovation ein Teil sein wird. Die Betrachtung ist mindestens eine Ebene oberhalb der Innovation selbst angesiedelt – im Umsystem also. Dabei wird die heutige Funktion des Geschäftssystems mit allen am Aufbau des technischen Umsystems beteiligten Rollen (z. B. Berater, Eigentümer, Finanzier, Planer, Hersteller verschiedener Komponenten, usw.) dargestellt. Das Augenmerk gilt der Form und Organisation der Zusammenarbeit, dem Eintritt in und dem Austritt von Rollen aus dem Projekt, dem Projektbeitrag und den Entscheidungskriterien, die VertreterInnen dieser Rollen anwenden. Die Entscheidungskriterien besagen, welche Innovationen für die jeweilige Rolle eine „gute" Innovation sind. Aufbauend auf dem Ablaufmodell wird in einem Strukturmodell nach der MACTOR-Methode (Godet 2006, S. 245-279) ein detailliertes Stakeholdermodell erstellt.

Abbildung 4: Skizze der vier Perspektiven der Analyse (Quelle: Eigene Darstellung).

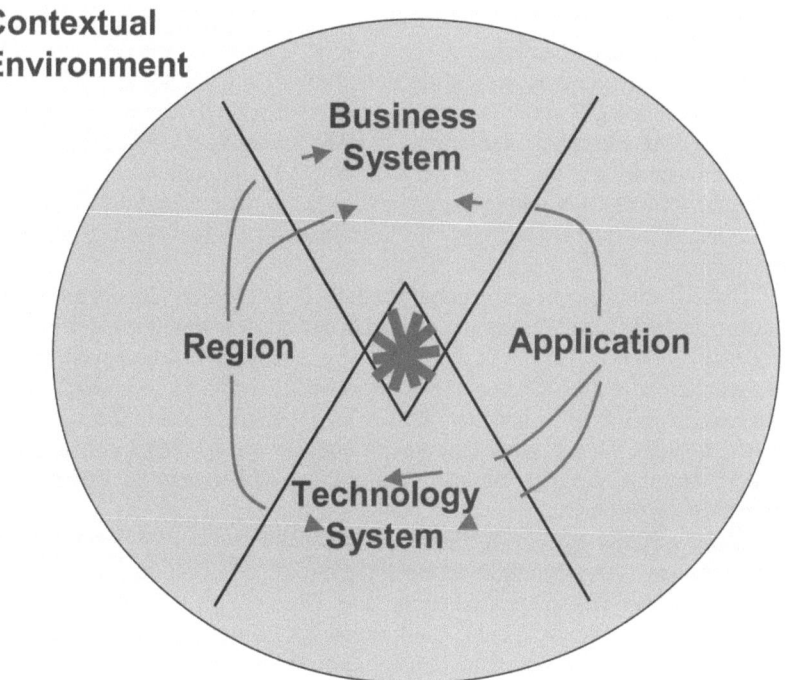

Die Ergebnisse der MACTOR-Analyse lassen detaillierte Schlussfolgerungen über die Struktur des Geschäftssystems zu: welche möglichen Wege zum Eintritt in das Geschäftssystem existieren, welche Rollen die Einführung der Innovation befördern oder behindern werden und welche Voraussetzungen für eine Diffusion der Innovation wahrscheinlich geschaffen werden müssen.

Technologie wird als System aufgefasst, das sich unter dem Einfluss kombinatorischer Evolution und struktureller Ausdifferenzierung (Arthur 2009) entwickelt. Relevanzbäume (The Futures Group 2003) werden eingesetzt, um die

Technologieanalyse zu strukturieren. Die potenzielle Innovation wird stets als in Supersysteme – weitere „Schalen" von Technologien mit den entsprechenden Kompatibilitätsanforderungen – eingehüllt konzeptionalisiert. Die Technologieanalyse betrachtet heutige und zukünftige Technologien (einschließlich der noch im Forschungsstadium befindlichen) im Detail. Oft schließt sie Technologieprognosen und eine umfassende Patentanalyse ein. In der Technologieanalyse wird auch untersucht, ob sich aus den Super- oder Subsystemen zukünftig (funktionale) Substitute für die potenzielle Innovation ergeben können. Die Reife, Machbarkeit und voraussichtliche Akzeptanz im Geschäftssystem wird für jede relevante Technologie betrachtet.

Am Schluss aller Analyseschritte steht die Verdichtung des aus der Betrachtung des Technologie- und Geschäftssystems in ihren Variationen gewonnenen Wissens in Szenarien. Der Zeithorizont der Analyse berücksichtigt die relevanten Substitutionsprozesse, die Länge der relevanten Technologielebenszyklen, laufende und antizipierte Veränderungen des Geschäftssystems und die Zeit, die das Unternehmen selbst benötigt, um die Innovation zu entwickeln und am Markt einzuführen.

Die Ergebnisse der Diffusionsforschung (vgl. Rogers 2003) bilden eine Brücke zwischen dem Wissen aus der Analyse und der Gestaltung der Innovation. Rogers (2003, S. 15f) stellt eine Liste von Attributen erfolgreicher Innovationen vor, die zur Prüfung von Ideen zu Business Opportunities bezüglich der Präferenzen und Ziele relevanter Rollen im Geschäftssystem operationalisiert werden können. Damit wird eine multidimensionale Multiakteursanalyse der Erfolgspotenziale und Akzeptanzkriterien im Geschäftssystem für jede mögliche Innovation durchführbar.

Daran schließt sich in der hier vorgestellten Form des BOS ein iterativer Lernzyklus (vgl. Abb. 5) an. Er ist ein Integrationsmodell für den auf die Analyse folgenden Teil der Innovationsgestaltung. Durch diese Vorgehensweise wird die Gestaltung von Innovationen, die mit den Bedürfnissen im Geschäftssystem, den antizipierten technologischen Entwicklungen und dem Unternehmen selbst vereinbar sind, möglich. Das mehrfache Durchlaufen dieses Lernzyklus ermöglicht es erst, verbunden mit der vorausgehenden reichhaltigen Analyse der sozialen Gegebenheiten, die drei Nachhaltigkeitsperspektiven „People, Profit, and Planet" auf neue und sinnvolle Weise durch die Gestaltung zweckmäßiger und akzeptabler Innovationen zusammenzuführen.

Abbildung 5: Verknüpfung von Analyse und Gestaltung im BOS-Vorgehensrahmen (Quelle: Eigene Darstellung).

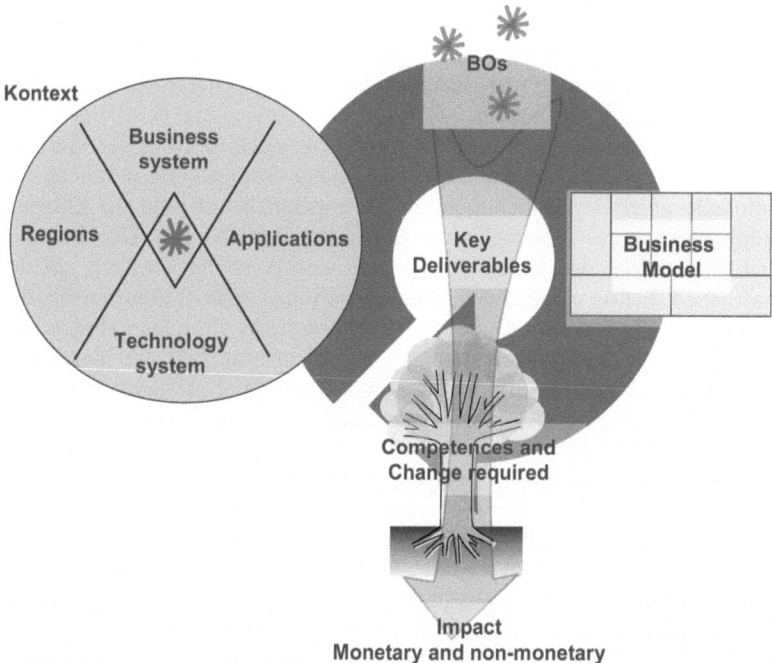

Der Kompetenzbaum (Godet 2006, S. 118ff) dient der Visualisierung der heutigen Kompetenzen, Fähigkeiten und Wertbeiträge des Unternehmens. Anhand dieser internen Analyse kann der durch die Innovation bzw. die jeweils betrachtete Business Opportunity notwendig werdende Grad der Veränderung abgeschätzt werden.

Das Geschäftsmodell (siehe Osterwalder und Pigneur 2010; Osterwalder 2004 und Stähler 2002 für eine ausführliche Diskussion dieses Konzepts) beschreibt die Verbindung zwischen Unternehmen und Geschäftssystem. Es stellt dar, wie das Unternehmen aktiv am Geschäftssystem partizipiert. An dieser Stelle ändert sich der Ansatz vom passiven (wissenschaftlich motivierten) Analysieren, dem Zusammentragen von Wissen über das Geschäfts- und Technologiesystem hin zur Gestaltung einer aktiven Rolle für das Unternehmen. Das Geschäftsmodell selbst ist also ebenfalls etwas zu Gestaltendes. Es soll die Frage beantworten: Wie etablieren wir als Unternehmen unseren Beitrag im Geschäftssystem, wo und in welcher Rolle und wie wird das Unternehmen in die Lage versetzt, das neue Geschäft auch ökonomisch nachhaltig zu betreiben?

Im Verlauf des BOS wandeln sich Ideen und Business Opportunities oft erheblich, denn neues Wissen wird erzeugt, und mehr und mehr Erfolgsfaktoren werden aufgedeckt. Die Idee reift zum Konzept heran, mit einer Anzahl weiterer Business Opportunities, stößt neue Ideen an und vereinigt sich mit anderen Ideen zu einer neu gestalteten Innovation.

Potenzielle Business Opportunities werden aus der Analyse der vier Perspektiven – insbesondere der des Geschäftssystems – abgeleitet, mögliche Geschäftsmodelle unter Berücksichtigung des Kompetenzbaums und der Entwicklungsmöglichkeiten des Unternehmens gedanklich erprobt, die Auswirkungen auf die Kompetenzen des Unternehmens und selbstverständlich auch auf den wirtschaftlichen Erfolg abgeschätzt. Die Bewertung verläuft transversal zum Lernzyklus über die Business Opportunity, erforderliche Projektergebnisse und die antizipierten Auswirkungen (monetäre und nicht monetäre) auf das Unternehmen. Typische Fragen in dieser Phase sind: Kann das Unternehmen mit dieser Business Opportunity (BO) auf Dauer Geld verdienen? Wie viel Wandel macht die Umsetzung dieser BO erforderlich? Ist das erforderliche Ausmaß des Wandels durch die Größe der BO gerechtfertigt? Wie gut passt die BO zu den antizipierten Veränderungen im Technologie- und Geschäftssystem, im Unternehmensumfeld und Unternehmenskontext, wie gut zur Unternehmensstrategie?

Das wichtigste Ergebnis eines BOS sind die sogenannten „Key-Deliverables" für das folgende Entwicklungs- oder Start-up-Projekt. Diese lassen sich üblicherweise in drei Gruppen einteilen: in technische Key-Deliverables (der technische Anteil an der Innovation – das „Produkt"), unternehmensinterne Key-Deliverables (z. B. Veränderungen an Geschäftsprozessen oder ERP-Systemen) und diffusionsrelevante, nicht technische Key-Deliverables. In einem Projekt beispielsweise war ein Key-Deliverable der letzten Kategorie die Erstellung einer Blaupause für die Verwendung der Innovation durch Systemintegratoren. In einem anderen Projekt wurde ein Projektbeirat, bestehend aus den in der MACTOR-Analyse identifizierten Schlüsselakteuren, ins Leben gerufen, der als Resonanzboden den Fortschritt des Innovationsprojektes begleitet und sicherstellt, dass die relevanten Erwartungen der Schlüsselakteure erfüllt werden.

Passfähigkeit mit Unternehmensprozessen

Um die Passfähigkeit mit den durchweg linear beschriebenen Unternehmensprozessen herzustellen, wurde eine lineare Perspektive des Vorgehensmodells (Abb. 6) entwickelt und zum Bestandteil der entsprechenden Werksnorm für den Produktlebenszyklus gemacht.

Abbildung 6: Integration des BOS in den „Product Lifecycle Process" (Quelle: Eigene Darstellung).

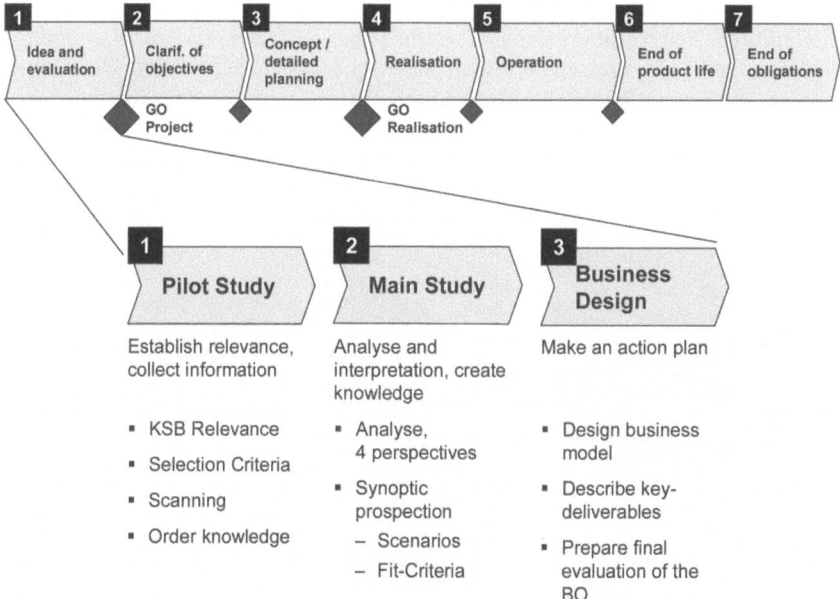

Fallstudie

Die KSB-Flussturbine (KSB 2010) ist eine Innovation, die eine neue Kategorie der Wasserkraftnutzung repräsentiert: Wasserkraft ohne Querverbauung. Die Querverbauungen (Wehre, Dämme usw.) der klassischen Wasserkraftnutzung, die die Wanderwege der Wasserlebewesen blockieren, entfallen. Außerdem kann diese Art der Wasserkraftnutzung die Fließgeschwindigkeit in begradigten Flussläufen wieder absenken. Abbildung 7 zeigt einen Prototyp kurz vor dem Einbringen in den Rhein.

Es handelt sich um eine Art der Wasserkraftnutzung, die die Umweltbedingungen um das Kraftwerk herum positiv beeinflusst und damit die Vorgaben der EU-Wasserrahmenrichtlinie voll erfüllt. Der Prototyp konnte nahe St. Goar im Weltkulturerbegebiet Mittleres Rheintal aufgestellt werden – eine Region, die darüber hinaus als FFH-Schutzgebiet den höchstmöglichen Naturschutzanforderungen unterliegt und in der daher zunächst jede Art von Wasserkraftnutzung undenkbar erscheinen könnte. Die Flussturbine koexistiert mit allen anderen

Nutzungsarten des Rheins an dieser Stelle, auch mit der Schifffahrt, und ist oberhalb der Wasserlinie nahezu unsichtbar. Sie ist erwachsen aus den Kernkompetenzen von KSB als Pumpen- und Armaturenhersteller, insbesondere aus der Hydraulik und Strukturmechanik, ebenso aber auch aus der Antriebs- und E-Motorentechnik. Andererseits erfordert diese Innovation die bewusste Gestaltung eines neuen Geschäftsmodells in einem sich erst entwickelnden Geschäftssystem. Sie stellt eine mögliche umweltverträgliche und kreative Lösung für weitere Märkte dar, auf denen ländliche Gebiete zuverlässig mit elektrischer Energie versorgt werden sollen.

Abbildung 7: Die KSB-Flussturbine während des Einbringens in das Gewässer (Quelle: KSB 2010. © KSB Aktiengesellschaft 2010).

Schlussbetrachtung

Der vorliegende Aufsatz zeigt, dass Unternehmen nicht warten müssen, bis nachhaltige Innovationen entstehen (und alle anderen Ideen auf dem Weg dahin verwerfen). Nachhaltige Innovationen können gestaltet werden. Die dem gezeigten Vorgehensrahmen zugrunde liegende Idee ist, dass, um dieses Ziel zu erreichen, ein Ansatz gewählt werden muss, der eine Ebene oberhalb der weit verbreiteten Entwicklungsmethodik angesiedelt ist. Das heißt, es ist ein Ansatz zu wählen, in dem nicht ein Produkt, sondern eine Innovation – unter Berücksichtigung einer gegenüber dem heute überwiegend verwendeten techno-ökonomischen Betrachtungs- und Kriterienrahmen erweiterten Perspektive – gestaltet wird. Ein solches Vorgehensmodell lässt sich, wie gezeigt, aus dem Wissens- und Methodenbestand der Zukunftsforschung in Verbindung mit den etablierten Vorgehensweisen im Innovationsmanagement ohne besondere Schwierigkeiten herleiten. Die Fallstudie zeigt eine in jeder Hinsicht nachhaltige Innovation, bei deren Definition der beschriebene Vorgehensrahmen für die frühen Phasen des Innovationsprozesses angewendet wurde. Praxistest bestanden.

Literatur

Andreassen (2005). Vorgehensmodelle und Prozesse für die Entwicklung von Produkten und Dienstleistungen. In Schäppi, et al. *Handbuch Produktentwicklung*. München/Wien: Hanser, 247–263.
Arthur (2009). *The Nature of Technology – What it is and how it evolves*. New York: Simon & Schuster.
Burmeister, Neef & Beyers (2004). *Corporate Foresight – Unternehmen gestalten Zukunft*. Hamburg: Murmann.
Carson (1962). *Silent Spring*. Boston: Houghton Mifflin.
Christensen (2009). How Can We Beat Our Most Powerful Competitors? In Burgelman, Christensen, & Wheelwright, *Strategic Management of Technology and Innovation*. Boston: McGraw Hill, 310–330.
Cooper (2003). *Winning at New Products – Accelerating the Process from Idea to Launch*. 3rd Ed. New York: Basic Books.
Fichter, Paech, & Pfriem (Hrsg.) (2005). *Nachhaltige Zukunftsmärkte – Orientierungen für unternehmerische Innovationsprozesse im 21. Jahrhundert*. Marburg: Metropolis.
Futures Group [The] (2003). Relevance Tree and Morphological Analysis. In Glenn & Gordon (Eds.), *Futures Research Methodology V2.0*. CD-ROM. Washington, DC: American Council for the UNU.
Gharajedaghi. (2004). *Systems Methodology – A Holistic Language of Interaction and Design*. http://www.acasa.upenn.edu/JGsystems.pdf. Abgerufen am 22.4.2011.
Godet (2006). *Creating Futures – Scenario Planning as a Strategic Management Tool*. 2nd Ed. London: Economia.
Hayward (2005). *From Individual to Social Foresight*. Doctoral Thesis: Swinburne University of Technology, Melbourne, Australia.
Keller (2007). *„Zukunftsforschung im Maschinenbau am Fallbeispiel der KSB AG"*. In: Workshop Technologie-Frühaufklärung, Frankfurt , VDMA, 19.10.2007.

Keller (2010). *Introductory Futures Studies for Engineers.* Lecture at FH-Emden-Leer. 9.4.2010.
König (2006). Ziele der Technikwissenschaften. In Banse, König, Grunwald, & Ropohl: *Erkennen und Gestalten.* Berlin: Edition Sigma.
Krämer. (2011). *Hintergrundpapier Innovation und Nachhaltigkeit.* Deutsches Global Compact Network.
KSB (2010). *River Turbines Online* (Press Release). 17.9.2010. http://www.ksb.com/ksb-en/Press/Press-Archive/press-archive-2010/9532/river-turbine.html. Abgerufen am 15.5.2011.
KSB (2011). *Foundations for a Successful Future: Strategy, Organisation and Values.* www.ksb.com/ksb-en/About-KSB/Profile/Strategy. Abgerufen am 15.5.2011.
Linstone. 2002. Corporate Planning, Forecasting, and the Long Wave. *Futures,* 34, 317–336.
McDonough & Braungart (2002). *Cradle to Cradle – Remaking the Way We Make Things.* New York: North Point Press.
McGrail, S. (2011) Editor's Introduction to This Special Issue on „Sustainable Futures". *Journal of Futures Studies,* 15(3), March, 1–12.
Meadows, D., Meadows, D. L., Randers, J., & Behrend, W. (1972). *The Limits of Growth.* New York: Universe Books.
Müller, & Müller-Stewens (2009). *Strategic Foresight. Trend- und Zukunftsforschung in Unternehmen – Instrumente, Prozesse, Fallstudien.* Stuttgart: Schäffer-Poeschel.
Nassehi (2009). *Das Klima der Gesellschaft.* Vortrag. Zukunftsforum „Energie und Klima", 16. März in Frankfurt am Main.
Osterwalder (2004). *The Business Model Ontology – Proposition in a Design Science Approach.* PhD Thesis. École des Hautes Études Commerciales, Université de Lausanne.
Osterwalder, & Pigneur (2010). *Business Model Generation.* Self-Published.
Paech (2005). *Nachhaltiges Wirtschaften.* Marburg: Metropolis.
Pahl, & Beitz (1993). *Konstruktionslehre – Methoden und Anwendung.* Berlin u. a.: Springer.
Pauli, G. (2011) *From Deep Ecology to The Blue Economy.* http://www.zeri.org/ZERI/Home_files/From Deep Ecology to the Blue Economy 2011.pdf. Abgerufen am 15.5.2011.
Pfriem, Antes, & Fichter, et al. (Hrsg.). (2006). *Innovationen für eine nachhaltige Entwicklung.* Wiesbaden: Deutscher Universitätsverlag.
Pillkahn (2007). *Trends und Szenarien als Werkzeuge zur Strategieentwicklung.* Erlangen: Publicis.
Raskin, Banuri, & Gallopin, et al. (2002). *Great Transition – The Promise and Lure of the Times Ahead.* Tellus Institute, Boston, MA. http://www.gtinitiative.org/documents/Great_Transitions.pdf. Abgerufen am 18.5.2011.
Rogers (2003). *Diffusion of Innovations.* 5th Ed. New York: The Free Press.
Schumacher, E. F. (2010). *Small is Beautiful – Economics as if People Mattered.* New York: Harper Perennial (Erstveröffentlichung 1973).
Stähler (2002). *Geschäftsmodelle in der Digitalen Ökonomie.* 2. Auflage. Lohmar/Köln: Eul.

VDI 2222 Blatt 1. 1977. *Konstruktionsmethodik: Konzipieren technischer Produkte.*
Vergragt (2006). *How Technology Could Contribute to a Sustainable World.* GTI Paper Series No. 8. Tellus Institute, Boston, MA. http://www.gtinitiative.org/resources/paperseries.html. Abgerufen am 18.5.2011.
Voros (2003). *A Generic Foresight Process Framework.* In: Foresight, 5,3, 10–21.
Voros (2007). On the philosophical foundations of futures research. In van der Duin (Ed.), *Knowing tomorrow? How science deals with the future.* Delft: Eburon Academic Publishers.
Vries, de (2005). *Teaching about Technology – An Introduction to the Philosophy of Technology for Non-Philosophers.* Springer.
World Commission on Environment and Development (1987). *Report of the World Commission on Environment and Development: Our Common Future.* http://www.un-documents.net/ocf-02.htm#I. Abgerufen am 18.5.11.
Wyk, van (2004). *Technology: A Unifying Code – A Simple and Coherent View of Technology.* Cape Town: Stage Media Group.

Zukunft als gesellschaftliche Gestaltungsaufgabe.
Die Arbeit mit normativen Szenarios

Robert Gaßner

Zukunft ist nur in sehr begrenztem Ausmaß vorhersehbar. Ein vielzitiertes Bonmot von Mark Twain besagt denn auch, dass Prognosen insbesondere dann schwierig sind, wenn sie sich auf die Zukunft beziehen. Und der französische Flieger und Schriftsteller Antoine de Saint-Exupéry ging noch einen Schritt weiter und forderte imperativ: „Die Zukunft soll man nicht voraussehen wollen, sondern möglich machen."

Die beste Möglichkeit, Zukunft vorherzuwissen, ist demnach, sie selbst (mit) zu gestalten. Und das ist bei näherer Betrachtung nicht etwa ein exklusives Privileg der Mächtigen und Superreichen. Nein, wir alle gestalten Zukunft bereits heute und in jeder Minute – egal, ob als WahlbürgerInnen, KonsumentInnen, VerkehrsteilnehmerInnen, Eltern, StudentInnen oder als ArbeitnehmerInnen, LehrerInnen, Beamte/Beamtinnen, PolitikerInnen. Viele von uns nehmen darüber hinaus auch noch – bewusst oder unbewusst – gestaltenden Einfluss als SparerInnen, GeldanlegerInnen oder AnteilseignerInnen.

Wenn wir nun aber alle unsere Zukunft selbst beeinflussen, professionell und privat, sollten wir wissen, wo wir eigentlich hinwollen. Das heißt, wir brauchen ein Bewusstsein für unsere privaten und beruflichen „Wirkfelder", und wir brauchen vor allem Ziele, die unser Handeln leiten können. Ohne Visionen – mehr oder weniger utopische, teils aber auch sehr konkrete – für ein sinnerfülltes Leben und eine lebenswerte Welt haben wir weder in unserem privaten Alltag noch in unserem professionellen Umfeld ausreichend Orientierung, um wichtige Handlungsalternativen zu erkennen, die jeweils zielführendsten Entscheidungen zu treffen sowie konkrete Pläne und Strategien zu entwickeln bzw. zu bewerten. Oder, wie es der römische Dramatiker und Philosoph Seneca sinngemäß formulierte: Für den, der nicht weiß, welchen Hafen er ansegeln will, weht nie der richtige Wind. Mit anderen Worten: Ohne Leitbild kann man günstige Entwicklungsoptionen nicht als solche erkennen und also auch keinerlei wie immer geartete Zukunftsentwicklungen wirklich für die eigenen Ziele nutzen oder nutzbar machen.

Auch der Sozialpsychologe Harald Welzer kommt in seiner eindrücklichen Analyse des dominanten Wachstumsparadigmas in unserer westlichen Kultur zu dem Schluss, dass die unumgängliche gesellschaftliche Transformation zu einer

Postwachstumsgesellschaft nur dann gelingen kann, wenn wir motivierende Leitvorstellungen entwickeln, die sich durch ihre sinn- und zielgebende Ausstrahlung „[...] in die Alltagsvollzüge und Lebensstile, in die Selbstkonzepte und Zukunftshorizonte einschreiben" (Welzer 2011, 42).

Die zentralen Fragen jedes konstruktiven Zukunftsdenkens sollten also weniger lauten: „Was wird uns die Zukunft bringen? Auf welche Trends müssen wir uns vorbereiten?" Vielmehr sollten wir uns zunächst eher fragen: „In welcher Zukunft wollen wir eigentlich leben? Was wäre denn aus unserer Sicht eine gute Entwicklung oder, allgemeiner, ein ‚gutes Leben'?" Erst dann sollte man darangehen, die nahezu unendliche Anzahl möglicher Zukunftsoptionen danach zu sortieren, auszuwählen und fortzuentwickeln, welche uns unseren daraus abgeleiteten Zielen mit ausreichender Wahrscheinlichkeit näherbringen und welche kritischen Pfade und potenziellen Fehlentwicklungen dabei möglichst vermieden werden sollten.

Wissenschaftliche Zukunftsforschung und Zukunftsgestaltung ist eine professionelle und systematische Form, sich mit diesen Herausforderungen zu befassen. Rolf Kreibich, der Nestor der deutschsprachigen Zukunftsforschung, hat deshalb immer wieder bewusst breit formuliert: „Zukunftsforschung ist die wissenschaftliche Befassung mit möglichen, wünschbaren und wahrscheinlichen Zukunftsentwicklungen und Gestaltungsoptionen sowie deren Voraussetzungen in Vergangenheit und Gegenwart" (Kreibich 1995, S. 2814). Grundlegende Bestandteile einer so verstandenen, gestaltungsorientierten Zukunftsforschung sind zum einen Instrumente, die zusätzliche Kriterien und Informationen für anstehende Handlungs- und Gestaltungsentscheidungen liefern. Das können eher konventionell erstellte Gutachten, Prognosen, Potenzialstudien, Machbarkeitsstudien, Meinungsumfragen etc. sein. Seit einigen Jahren fallen unter diese Rubrik zunehmend auch speziellere Verfahren, wie etwa Ökobilanzen, Lebenszyklusanalysen, Benchmark- und Best-Practice-Studien, SWOT-Analysen, Modellierungen und Ähnliches. Zum anderen spielen in einer gestaltungsorientierten Zukunftsforschung vor allem partizipative Instrumente zur aktiven Beteiligung Betroffener eine zentrale Rolle. Hierunter fallen etwa Szenario-Prozesse, Zukunftswerkstätten, Planungszellen, Bürger- und Konsensuskonferenzen, Zukunftskonferenzen, integrative Roadmapping-Prozesse, aber auch Mediationen, Runde Tische etc.

Am Beispiel des gemeinnützigen Berliner Instituts für Zukunftsstudien und Technologiebewertung, einer der ältesten Institutionen der wissenschaftlichen Zukunftsforschung im deutschsprachigen Raum, lässt sich gut zeigen, welch breites Themen-Portfolio dabei behandelt werden kann. Am IZT haben sich in drei Jahrzehnten anwendungsorientierter Zukunftsforschung die zehn folgenden Forschungslinien herausgebildet:

- Grundlagen und Methoden der Zukunftsforschung und Zukunftsgestaltung,
- Technikfolgenabschätzung und Technikbewertung,
- Nachhaltige Entwicklung und Agenda 21,
- Ökologisch Wirtschaften,
- Innovationsforschung,
- Anwendung und Folgen von Informations- und Kommunikationstechnologien,
- Informations- und Kommunikationstechnologien für die nachhaltige Entwicklung,
- Regionalentwicklung und neue Technologien,
- Energie und Emissionsmanagement,
- Stadt, Mobilität und Wohnen.

Typisch ist dabei ein sich immer wieder wandelnder und immer wieder neu zu kombinierender Methoden-Mix mit Ansätzen aus dem Kanon der Sozial- und Naturwissenschaften, gemischt mit Instrumenten einer wachsenden Gruppe originärer Zukunftsforschungsmethodik: ExpertInnenbefragungen, Trendanalysen, Szenario-Prozesse, Zukunftswerkstätten, Zukunftskonferenzen, Bürgerkonferenzen, Diskursverfahren und Prozessmoderationen, Roadmapping-Prozesse, Fokusgruppen, Delphi-Befragungen, Cross-Impact-Analysen, Simulationsmodelle, Machbarkeitsstudien, Evaluationsstudien, Ökobilanzen, Stoffstromanalysen und vieles mehr.

Im Folgenden soll exemplarisch auf unseren Ansatz der Arbeit mit normativen Szenarios, also mit „Wunschszenarios", eingegangen werden, da diese Methodik in nahezu idealtypischer Weise die eingangs geforderte Unterstützung von Zielbildungsprozessen für die Zukunftsgestaltung repräsentiert.

Die Arbeit mit normativen Szenarios[1]

Szenarios, die die kreative Auseinandersetzung mit den eigenen Zukunftsvorstellungen und -wünschen anregen sollen, müssen hinreichend positive und attraktive Zukunftsbilder darstellen. Wie andere Szenarios auch arbeiten diese mit möglichen und plausiblen Zukunftsalternativen, selektieren oder synthetisieren diese jedoch ausschließlich im Hinblick auf grundsätzlich erwünschte (und konsensfähige!) Entwicklungen.

Insbesondere narrative normative Szenarios – also „erzählte" Bilder von wünschbaren Zukünften – veranschaulichen mögliche Ausformungen zukünftiger

---

1 Ausführlicher in Gaßner und Kosow (2010) sowie in Gaßner und Steinmüller (2009).

Innovationen in ihren lebensweltlichen Anwendungskontexten. Sie sollen damit das Nachdenken und die Kommunikation über Gestaltungsspielräume anregen, über Wünschenswertes, aber auch über individuell wahrgenommene Fehlentwicklungsmöglichkeiten und implizite Risiken. Und die systematische Auswertung solcher Zukunftsbilder kann direkt die gemeinschaftliche Entwicklung konkreter Umsetzungsmaßnahmen und Strategieelemente unterstützen. In generellerem Sinne verkörpern diese Szenarios die praktische Überzeugung, dass Zukunft zwar nicht vorhersehbar, wohl aber zu wesentlichen Teilen gestaltbar ist.

Partizipative Generierung normativer Szenarios

Narrative normative Szenarios entstehen üblicherweise als Ergebnis intensiver kreativer und partizipativer Gruppenprozesse, in deren Verlauf jeweils rund 20 gezielt ausgewählte ExpertInnen zunächst die grundlegenden Prämissen und Inhalte „ihres" Szenarios erarbeiten und danach an der konkreten „quasi-literarischen" Ausgestaltung kommentierend mitwirken. Die einbezogenen ExpertInnen bringen dabei nicht nur ihr Fachwissen aus Forschungseinrichtungen, Hochschulen, Unternehmen, aus dem politisch-administrativen Bereich und aus Nichtregierungsorganisationen ein, sondern lassen zugleich auch ihre subjektive Perspektive als NutzerInnen und KonsumentInnen, BürgerInnen und Betroffene einfließen.

Zusätzlich unterstützt werden kann die Entwicklung normativer Szenarios durch vorausgehende Zukunftswerkstätten, die die Thematik vorab aus quasi kritisch-utopischer Perspektive spiegeln, sowie durch parallele ExpertInneninterviews, Fachgespräche oder Fokusgruppen. Prinzipiell gliedert sich der Prozess der Gestaltung narrativ-normativer Szenarios in die folgenden Arbeitsschritte:

- Definitionsphase,
- Szenarioworkshop(s),
- Erarbeitung eines Szenario-Exposés,
- Erstellung eines Storyboards,
- Scenario-Writing,
- Optimierung des Szenarios.

Idealtypisch können narrative normative Szenarios aus folgenden Elementen bestehen: Zumeist wird es sinnvoll sein, dem eigentlichen Szenariotext eine kurze Einleitung voranzustellen. Diese kann unter anderem eine Erläuterung des Entstehungs- und Verwendungskontextes, eine Auflistung der Prämissen – beispielsweise Trendannahmen über das Umfeld oder die adressierten Herausforderungen – enthalten. Auch eine „Leseanleitung" kann Missverständnissen vorbeugen und eine konstruktive Rezeption unterstützen. Den Kernteil wird immer eine narrative Schilderung des projizierten Zukunftszustandes bilden, die aus Handlungsabläufen mit einer oder mehreren fiktiven Personen oder Organisationen besteht und zusätzlich „Rückblicke" und „Ausblicke" enthalten kann. Eine nützliche Lesehilfe, insbesondere für eilige oder skeptische LeserInnen, können sogenannte Marginalien am rechten oder linken Textrand sein, die in pointierter Weise jeweils zugrunde liegende Thematiken hervorheben oder zusätzliche Erläuterungen spezifischer Momente liefern.

Zu bemerken ist noch, dass normative Szenarios prinzipiell diskussionswürdig sind: Sie können weder vollständig sein, noch allen individuellen Wertungen und Perspektiven, zumal in recht heterogen zusammengesetzten Gruppen, entsprechen. Es kann geradezu als ein Erfolgskriterium für Szenarios gelten, dass sie viele Diskussionen hervorrufen. Der gegenteilige Fall einer allseitigen gefälligen „Zustimmung" hingegen bei zu „glatten" und schlüssigen Szenarios muss durchaus als Problem gesehen werden. Im Idealfall führt die Lektüre „guter" Szenarios dazu, dass sich spontan dezidierte Meinungen und Haltungen oder emotionale Reaktionen zur dargestellten Thematik einstellen, und zwar unabhängig davon, ob der Leser oder die Leserin vorher mit dem Thema vertraut war, ob er/sie alt oder jung ist, aus welcher sozialen Schicht er/sie stammt etc.

Handlungsorientierte, gemeinschaftliche Auswertung normativer Szenarios

Normative narrative Szenarios können auf vielfältige Weise ausgewertet und im sogenannten „Szenario-Transfer" eingesetzt werden: im Rahmen von öffentlichen oder internen Diskursen über Fragen der Technikgestaltung, im Zusammenhang mit Innovationsprozessen oder auch zu didaktischen Zwecken. Bei einer individuellen Rezeption regen Szenarios zum Nachdenken über eigene Zukunftsperspektiven und -visionen an, über das, was man sich wünscht und was man befürchtet, und gegebenenfalls vermitteln sie vertiefte Einsichten in Zusammenhänge, Kontexte und Gestaltungsoptionen. Ähnliches gilt auch für die Nutzung von Szenarios in spezifischen Workshop-Formaten – die Szenarios werden hierbei in einem mehrstufig strukturierten Gruppenprozess systematisch ausgewertet, und es werden gezielt normative Aspekte sowie Handlungsfelder und konkrete Handlungsoptionen herausgearbeitet.

Grundsätzlich liegt bei einer systematischen, Workshop-basierten Szenario-Auswertung der Schwerpunkt nicht primär bei den technischen Details der konkreten Zukunftsentwicklungen, sondern bei den lebensweltlichen Aspekten: Welche Innovation würden wir (und andere) in welchen Lebenssituationen, in welchen alltäglichen oder biografischen Kontexten gerne nutzen? Welche Vorteile, welches Mehr an Lebensqualität und welche materiellen Gewinne würden wir von der genutzten Technik erwarten? Auf welche Probleme, Hindernisse, Risiken könnten wir möglicherweise stoßen? Wie steht es um die Wünschbarkeit der Szenarios in sozialer, ökologischer, ökonomischer, demokratiepolitischer Hinsicht? Gibt es „blinde Flecken", vernachlässigte Aspekte? Welche Handlungsimplikationen ergeben sich aus den Szenarios? Welche Schritte sind notwendig, um die Chancen zu realisieren und Risiken zu vermeiden?

Vorgelagerte normative Setzungen wie „eigenständiges Wohnen im Alter" oder Energie- und Ressourceneffizienz dienen als Orientierungsrahmen für diese Fragestellungen. Die TeilnehmerInnen, in der Regel ExpertInnen und/oder EntscheiderInnen, gegebenenfalls auch interessierte Laien, bringen neben ihrer Fachkompetenz gleichberechtigt auch ihre persönliche KonsumentInnen- und BürgerInnenperspektive ein. Eine so verstandene, systematische Szenario-Auswertung kann typischerweise anhand der folgenden Schritte durchgeführt werden:

- Themeneinfindung,
- Szenario-Rezeption und subjektive Bewertungen,
- thematische Strukturierung und Gewichtung,
- Skizzierung von Idealbildern,
- Wunschdeutung und Ableitung von Anforderungen,
- Transformation in mögliche Handlungsansätze.

Am Ende eines solchen Auswertungs-Workshops können – müssen aber nicht! – Ansätze für mehr oder weniger detailliert entworfene Projekte oder Elemente für Handlungsstrategien stehen. Derartige Ansätze für Folgeschritte sind jedoch nicht der einzige – und oft nicht einmal der hauptsächliche – Gewinn eines Szenario-Auswertungs-Workshops.

Die zu erwartenden Ergebnisse eines Szenario-Auswertungs-Workshops liegen vielmehr auf unterschiedlichen Ebenen.

- Verbesserte Themendurchdringung: Die Workshop-TeilnehmerInnen eignen sich den inhaltlichen Gehalt der Szenarios an und erkennen dabei auch vorher nicht wahrgenommene Aspekte, Chancen und Risiken. Sie variieren oder ergänzen die Inhalte durch subjektive Perspektiven und emotionale Konnotationen.
- Orientierungs- und Zielbildungseffekte: Gestaltungsspielräume und praktische Handlungsoptionen zur konkreten Umsetzung werden herausgearbeitet, insbesondere zur Förderung von Chancen sowie zur Vermeidung von Risiken.

- Kooperationsanregung und persönliche Vernetzung: Die Workshop-TeilnehmerInnen tauschen sich themenbezogen und lösungsorientiert über disziplinäre und institutionelle Grenzen hinweg aus. Dabei entdecken sie aufgrund der normativen Herangehensweise oft ungeahnte Gemeinsamkeiten und interdisziplinäre Kooperationsmöglichkeiten.

Normative Szenario-Methodik in der Begleitung strategischer Prozesse

Die zentralen Funktionen und Wirkmechanismen normativ-narrativer Szenario-Prozesse in strategischen Gestaltungs- und Planungsprozessen liegen in ihrer Leistung, zukünftige Innovationen lebensweltlich zu verorten und damit beispielsweise zukünftig mögliche Technologieentwicklung an gesellschaftlich-normative Diskurse anzuschließen sowie das ExpertInnenwissen der Beteiligten mit ihrer Perspektive als „normale" BürgerInnen und potenziell Betroffene zu verkoppeln.

Eine Methodenevaluation im Rahmen mehrerer normativer Szenario-Prozesse des IZT für das deutsche Forschungsministerium konnte folgende „Gewinne" für die Beteiligten nachweisen:

- Normative Szenario-Prozesse sensibilisieren die TeilnehmerInnen für die lebensweltliche Verankerung von Technologien, für die Nutzerperspektive, die Bedarfe und die Wünschbarkeiten zukünftiger Innovationen.
- Alle Beteiligten profitieren von einem Zuwachs an Orientierungswissen und neuen Anregungen in Bezug auf zukünftige Gestaltungsfelder.
- Für Viele ungewohnt, aber hochgeschätzt, ist das bei normativer Szenario-Arbeit übliche kooperative, gleichberechtigte und interdisziplinäre Arbeiten zwischen heterogenen Stakeholdern.
- Der interdisziplinäre Austausch und der gebietsübergreifende Abgleich von fachspezifischen Gestaltungsprioritäten werden von den Prozessbeteiligten als unterstützend erlebt.
- Die dokumentierten Prozessergebnisse (Szenario und Auswertung) werden als hilfreich bewertet und innerhalb der Herkunftsorganisationen kommuniziert und weiterverbreitet.
- Insgesamt wird von einem starken Vernetzungseffekt berichtet, der sich insbesondere in der Förderung bereichsübergreifender Kooperationen und Initiativen ausdrückt.

Abschließend sei nochmals klargestellt, dass die Arbeit mit normativen Szenarios natürlich nicht der einzige vielversprechende Bereich methodischer Weiterentwicklung im IZT ist. Dieser methodische Exkurs sollte, wie gesagt, vor allem die eingangs aufgestellte These illustrieren, dass eine der vornehmsten Aufgaben der Zukunftsforschung die Unterstützung von gesellschaftlichen Zielbildungsprozessen ist. Ganz aktuell sind wir dabei, die Methodik in unterschiedlichen Ministerien und Organisationen weiter auszuformen und auch um zusätzliche Prozessschritte in Richtung konkrete Umsetzungsplanung zu „verlängern".

Literatur

Gaßner, R., & Kosow, H. (2010). *Szenario-Methodik zur Begleitung strategischer F+E-Prozesse am Beispiel der Hightech-Strategie der Bundesregierung*. Berlin.
Gaßner, R., & Steinmüller, K. (2009). *Welche Zukunft wollen wir haben? Visionen, wie Forschung und Technik unser Leben verändern sollen. Zwölf Szenarios und ein Methodenexkurs*. Berlin.
Kreibich, R. (1995). Zukunftsforschung. In B. Tietz, et al. (Hrsg.), *Handwörterbuch des Marketing*. Stuttgart, 2814–2834.
Welzer, H. (2011). *Mentale Infrastrukturen. Wie das Wachstum in die Welt und in die Seelen kam*. Berlin.

Zukunftsinstitute als Moderatoren des gesellschaftlichen Wandels

Bjørn Ludwig

Einleitung

Die heutige Welt ist gekennzeichnet von immer komplexeren Wirkungszusammenhängen; die Ursachen werden für EntscheiderInnen in Wirtschaft und Politik immer unüberschaubarer. Die rasante Steigerung der Komplexität, Vielfalt und Schnelligkeit von globalen Entwicklungen beeinträchtigt auch die Gestaltungsspielräume von UnternehmenslenkerInnen und politischen VertreterInnen mit Regierungsverantwortung. Wie aber kann Zukunftsgestaltung systematisch in den Blick genommen werden? Wie können mögliche Zukünfte entworfen und umgesetzt werden?

Die zur Annäherung an diese Fragen notwendige Arbeit überschreitet in der Regel Wahlperioden und kann auch keine Erfolge garantieren. Gleichwohl bereiten Ergebnisse dieser Arbeit auf den Wandel vor. Diese Aufgaben, so die These diese Beitrags, werden vermehrt von Einrichtungen zur Zukunftsgestaltung bearbeitet werden: Zukunftszentren, die sich mit einem Zeithorizont von 100 Jahren an die säkulare politische Zeitspanne anpassen und die von Politik, Wirtschaft und Zivilgesellschaft bewusst getragen werden. Als politisch-strategische Ausgleichsgewichte zur Tagespolitik zielen diese Zukunftsinstitute auf die Stabilität einer Region ab, tragen zur Handlungssicherheit bei Wandlungsprozessen bei und bieten zentralen AkteurInnen die Grundlagen für eine kritische Reflexion ihrer Entscheidungen.

Politische Entscheidungen haben zumeist langfristige Auswirkungen. Daher ist es notwendig, potenzielle Maßnahmen, aber auch Handlungsnotwendigkeiten und Entscheidungen „abzusichern", indem sie auf eine möglichst breite Erkenntnisbasis gestellt und hinsichtlich ihrer Auswirkungen auf die Gesellschaft, Umwelt und Wirtschaft untersucht werden. Hier setzt die Aufgabe von Institutionen an, die die Gestaltung der Zukunft mit regionalem und überregionalem Fokus zum Ziel haben. Der Bedarf nach Zukunftsinstituten wird voraussichtlich in den kommenden Jahren bis 2020 stark zunehmen; der Trend, dass solche Institutionen Bestandteil der politischen Normalität werden, ist bereits erkennbar. Sie werden die Pionierinstitutionen des gesellschaftlichen Wandels sein.

Zeitgemäße Lösungsansätze dürfen vor Komplexität nicht zurückschrecken, sondern müssen sie bearbeitbar machen. Einzelbehandlungen von Krisen würden Wechselwirkungen ausblenden und ungewollte Folgen hervorbringen. Daher muss gerade die Kopplung von Handlungs- und Wandlungsfeldern im Zentrum der Arbeit stehen.

Zentren für Zukunftsforschung, Zukunftsgestaltung und Zukunftsmanagement

Bezeichnungen für Institutionen, die sich um die Gestaltung der Zukunft einer Region kümmern, reichen vom „Zukunftszentrum" bis hin zum „gesellschaftlichen Think-and-do-Tank". Sie analysieren einerseits die aktuelle Situation und hinterfragen sie kritisch, während sie andererseits konstruktiv Wege der Verbesserung suchen. Ziel ist es, die Region als handlungsfähige räumliche Einheit zukunftsfähig zu machen oder zu erhalten. Diese konstruktiv-kritische Arbeit am System ist dabei als strategischer Vorteil für die EntscheiderInnen anzusehen. Diese werden durch die Arbeit von Zukunftszentren in die Lage versetzt, durch die Konfrontation mit möglichen Szenarien auf mögliche langfristige Entwicklungen mit einem Vorlauf reagieren zu können und auf spontan eintretende Ereignisse vorbereitet zu sein.

Institutionen solcher Art sind nicht neu; sie sind in Zeiten des Kalten Krieges zum Beispiel aus strategisch-militärischen Gründen eingerichtet worden, wie etwa das International Institute for Applied Systems Analysis (IIASA) in Laxenburg oder die RAND Corporation.[1] Andere beschränken sich inhaltlich auf bestimmte Handlungsfelder wie etwa Umwelt oder Energie, beispielsweise Sachverständigenräte, die Regierungen beraten, oder das Öko-Institut e. V. oder das Wuppertal Institut für Klima, Umwelt, Energie GmbH.

Zunehmend werden jedoch Institutionen gegründet, die aus der Überzeugung entstehen, dass sie für die Zukunftsfähigkeit einer Region gesellschaftlich notwendig sind. Gebraucht werden solche Einrichtungen, die verschiedene Bedürfnislagen und Interessen innerhalb der Gesellschaft identifizieren und Entscheidungshilfen für die Politik – unter Berücksichtigung der großen Entwicklungslinien – mit Blick auf die spezielle Situation der Region erarbeiten. Beispielhafte Einrichtungen solcher Art in Österreich sind:

- Zukunftszentrum Tirol, Innsbruck,
- Büro für Zukunftsfragen, Vorarlberg,
- Zentrum für Zukunftsstudien, Salzburg[2],
- Zukunftsakademie Oberösterreich, Linz.

---

1 RAND steht für Research and Development.
2 Das Zentrum für Zukunftsstudien der Fachhochschule Salzburg GmbH ist das derzeit einzige in eine Hochschule integrierte Institut für Zukunftsforschung in Österreich.

Im Folgenden werden aus der Sicht des Zukunftszentrums Tirol mögliche Erfolgsfaktoren für Zukunftsinstitute beschrieben.

Ziele

Das übergeordnete Ziel für derartige Institutionen lautet: die Gesellschaft erhalten, für die Zukunft vorbereiten und zukunftsfähig machen. Der Zeitrahmen wird auf die bereits erwähnten 100 Jahre ausgedehnt. Für ressourcenarme Regionen bedeutet Zukunftsfähigkeit, „Wissen" und „Können" als Ressourcen zu verstehen und weiterzuentwickeln. In Analogie zur individuellen Gesundheitsvorsorge, die zukunftsgerichtet dem Erhalt der individuellen Lebensqualität dient, muss Bildung als Vorsorge für die Zukunftsfähigkeit von Regionen vorangetrieben werden. Bildung wird dadurch zur Ressource für den Erhalt und Ausbau der regionalen Lebensqualität sowie für die Innovationsfähigkeit von Gesellschaft und Unternehmen. Ein weiteres gesellschaftliches Ziel bezieht sich auf die Befähigung einer Region, in der Zukunft verantwortlich zu handeln.

Das Zukunftszentrum Tirol befasst sich mit Themen, die aufgrund ihrer Wirkmächtigkeit und Dynamik mittel- und langfristig gesellschaftlich relevant sind. Projekte des Zukunftszentrums Tirol stehen daher grundsätzlich im Interesse des Landes Tirol; sie haben das Ziel der vorausschauenden Analyse und der Sicherstellung der Zukunftsfähigkeit des Landes.

Einrichtungen für Zukunftsgestaltung unterstützen auch die repräsentative Demokratie, die vor der Aufgabe steht, schneller und effektiver aus Erfolgen und Fehlern zu lernen. Hierzu bedarf es einer neuen Arbeitsteilung zwischen Wissenschaft, Gesellschaft und Politik. „Eine Gesellschaft, die die Krise verstehen und meistern will [...], muss selbst eine politische werden: Eine Bürgergesellschaft im emphatischen Sinn, deren Mitglieder sich als verantwortliche Teile eines Gemeinwesens verstehen, das ohne ihren aktiven Beitrag nicht überleben kann" (Leggewie und Welzer 2009, S. 13). Dies ruft nach Möglichkeiten zur politischen Teilhabe, auch für jüngere Gesellschaftsmitglieder. Ziel ist es, deren Partizipationsmöglichkeiten zu erweitern und ihnen eine Perspektive zu eröffnen, um innerhalb der bestehenden Gesellschaftsform befriedigende Zukunftschancen zu realisieren.

Umfeld

Zukunftsinstitute sind idealerweise dadurch gekennzeichnet, dass sie

- gesellschaftlich erwünscht,
- politisch gewollt und

- von der Allgemeinheit getragen sind sowie
- mit einem langfristigen Zeithorizont arbeiten können.

Sie arbeiten idealerweise kooperativ-integrativ mit allen anderen vorhandenen Einrichtungen in der Region, da sie nicht als Konkurrenz für die etablierten Institutionen auftreten. Sie wirken als Moderatoren, indem sie Wissen, das in der Region vorhanden ist, zielführend vernetzen. Ihr Wirken soll nicht als Kritik an aktuell gewählten PolitikerInnen verstanden werden; gegenwärtige globale und regionale Zustände und Entwicklungen werden jedoch als per se veränderungsmöglich und verbesserungswürdig betrachtet. Solche Institute bauen auf das Verantwortungsbewusstsein von amtierenden EntscheidungsträgerInnen als strategisch weitsichtige und glaubwürdige AkteurInnen, die ihrerseits das Wirken dieser Institutionen unterstützen und wertschätzen. Was Zukunftszentren brauchen, ist eine klare Positionierung, verbunden mit einem Bekenntnis der Träger, dass es solcher Institutionen bedarf.

Haltung und Selbstverständnis

Institutionen der Zukunftsgestaltung denken in die Zukunft anstatt in die Vergangenheit. Gleichwohl wissen sie um bisherige Entwicklungen, aus denen aktuelle Problemlagen entstanden sind. Mögliche, aber nicht ausschließliche Profile für Zukunftsinstitute sind:

- Sie sind eine vorgelagerte Stelle für die nachgelagerte Wert- und Wohlstandsschöpfungskette der Gesellschaft.
- Sie sind selbst nicht operativ tätig, sondern Ideenlieferanten und Impulsgeber für andere, umsetzungsorientierte, operativ tätige Institutionen.
- Sie sind eine Anlaufstelle für gesellschaftlich orientierte, gemeinwohlorientierte Ideen aus der Zivilgesellschaft.
- Sie sind politisch übergeordnet und unabhängig, weil sie von allen getragen und gewollt sind; ein ständiger Rechtfertigungsdruck ist nicht gegeben.
- Sie haben eine „Hofnarr-Funktion" in dem Sinne, dass sie alles denken dürfen. Sie sind willens und fähig, „anders" zu denken und andere Pfade einzuschlagen. Sie sind Denkwerkstätten im besten Sinne des Wortes.
- Sie gehen sparsam und verantwortungsvoll mit den ihnen zugewendeten öffentlichen und privaten Geldern und Ressourcen um, haben jedoch keine Existenzsorgen.

Gesellschaftliches Lernen und eine kontinuierliche Reflexion über Mittel und Ziele stehen im Vordergrund. Idealerweise setzen politische Gremien (Exekutive und Legislative) Zukunftsinstitute als ständige Beratungsgremien ein, zum Beispiel als Räte für nachhaltige Energie- und Klimapolitik. Aufgabe dieser Zentren wäre dann das Aufzeigen von Alternativen, inklusive Kosten und Risiken, die von den VolksvertreterInnen entscheidungsvorbereitend und -unterstützend diskutiert werden können. Berichte über die Zielerreichung politischer Maßnahmen würden EntscheidungsträgerInnen mit den Wirkungen ihrer Entscheidungen zusammenführen. Dadurch würden PolitikerInnen in die Lage versetzt, ihre Entscheidungen auf der Basis überzeugender Gründe, unabhängig von Meinungsumfragen, zu überdenken und zu korrigieren. Daraus erwüchse neues Vertrauen in die repräsentative Demokratie.

Aufgaben

Die Aufgaben solcher Institutionen können vielfältig sein und liegen hauptsächlich in der Koppelung von Handlungsfeldern, wie etwa Energie und Ressourcen, Bildung, Innovation, Mobilität etc.

Mögliche Aufgabenbereiche sind:
Potenziale schaffen und nutzen
- für unternehmerisch Tätige,
- für Familien,
- für gestern und früher Erwerbstätige (Pensionierte),
- für aktuell Erwerbstätige,
- für morgen Erwerbstätige (Lehrlinge),
- für übermorgen Erwerbstätige (SchülerInnen).

Kritische Fragen stellen und Themen zusammenführen: Wie ist es? Ist es gut so, wie es ist? Soll und muss es so sein, wie es ist? Geht es besser? Es gilt, Erkenntnisse und Personen zusammenzuführen, unangenehme kritische Themen anzusprechen und die Gegenwart kritisch zu reflektieren.
Übersetzen: Viele Entwicklungen sind heute wegen ihrer Wirkungszusammenhänge nicht leicht verständlich; zusätzlich unterliegen sie einer hohen Dynamik. Entscheidungsanforderungen unterliegen einem enormen Zeitdruck. Gefragt sind also schnelle Entscheidungen unter Ungewissheit. Dynamische Entwicklungen müssen daher für die unter Zeitdruck stehenden, politisch legitimierten EntscheiderInnen „übersetzt" werden.
Sensibilisieren: Die Dynamik einzelner Entwicklungen ist häufig schleichend, bevor diese sichtbar werden. Es gilt, diese zu identifizieren und ein Bewusstsein für die individuellen Einflüsse und Einflussmöglichkeiten zu schaffen.

Vorbereiten: Ziel ist es, Überraschungsfreiheit bezüglich zukünftiger Entwicklungen zu gewährleisten. Auch wenn eine exakte Vorhersage nicht möglich ist, lassen Einschätzungen von inkrementellen, möglichen und wahrscheinlichen Entwicklungen eine Vorbereitung auf Veränderungen zu. Es gilt, Handlungsnotwendigkeiten früher und Handlungsmöglichkeiten überhaupt zu erkennen.

Themen vorausschauend aufgreifen: Aktuelle Vorhaben der EU können zu wichtigen Themen und Aufgaben für regionale Zentren werden. Dies sollte vorausschauend auf regionaler Ebene zu den folgenden Fragestellungen führen: Welcher Beitrag kann und soll seitens der Region geleistet werden? Wie kann eine Region auf politischer Ebene solche Ziele zur Kenntnis nehmen, sich vorbereiten und entsprechend reagieren?

Vernetzung, Austausch, Kooperation: Überregionale Themen können in Kooperationen mit Nachbareinrichtungen effizient gemeinsam bearbeitet werden. Lösungen können gemeinsam mit PartnerInnen umgesetzt werden.

Rollen

Institutionen der Zukunftsgestaltung können im Rahmen ihrer Aufgaben- und Ablaufstruktur – zum Beispiel bei der Identifizierung von Handlungsfeldern, der Durchführung von Pilotprojekten, der Abgabe übergabefähiger, getesteter und durchführbarer Projekte an andere operative Einrichtungen – und in Abhängigkeit von ihrer finanziellen Ausstattung folgende Rollen übernehmen:

- als Projektpartner,
- als Projektförderer, Projektkoordinator, Projektträger oder Fundraiser für an sie herangetragene Projekte von Einzelpersonen oder Institutionen,
- als Vordenker und Multiplikatoren.

Metaphorisch gesprochen können folgende Rollen eingenommen werden:

- als Moderator oder Anwalt der Bevölkerung,
- als Seismograph für die Politik, der allfällige Erschütterungen (schleichende Entwicklungen) misst und feststellt, ob sie zu Trends werden,
- als Trendscout, der frühzeitig Entwicklungen wahrnehmen kann.

In einigen Rollen wird ein geschützter Rahmen erzeugt, um verschiedenen AkteurInnen eine gemeinsame, auf Inhalte fokussierte Plattform für den Austausch bereitzustellen.

Trägerschaft, Finanzierung, Organisation

In Bezug auf eine Trägerschaft für derartige Einrichtungen ist zwischen ideeller und finanzieller Trägerschaft zu unterscheiden. Die ideelle Trägerschaft aller gesellschaftlichen Gruppen sollte angestrebt werden. Diese darf jedoch nicht durch ein übersteigertes Marketing erkauft werden, sondern muss durch eine entsprechende Rückendeckung der politisch Verantwortlichen erzeugt werden.

Die Gesellschafterstruktur sollte der finanziellen Trägerschaft entsprechen; sie kann beispielsweise von den Sozialpartnern übernommen werden. Falls die finanzielle Trägerschaft nur von wenigen oder nur von einer Institution übernommen wird, ist das Engagement als Gesellschafter zu überprüfen und bestenfalls hinsichtlich der zahlenden Gesellschafter zu korrigieren. Einem dadurch möglicherweise gleichzeitig entstehenden Defizit bei der ideellen Trägerschaft ist vorzubeugen. Die Trägerschaft kann unterschiedlich gestaltet werden, wovon die spätere Organisation jedoch abhängig ist. Sinnvolle Möglichkeiten sind:

- die direkte Anbindung an die politische Führung, das heißt Einrichtung als strategische Einheit der Regierung oder der Regierungsspitze;
- Gestaltung als Einrichtung des Parlaments bzw. der Volksvertretung;
- Gestaltung als eine von anderen öffentlichen Organisationen getragene Einrichtung, in Österreich beispielsweise durch die Sozialpartner oder
- Gestaltung als politisch unabhängige Einrichtung, deren Trägerschaft für alle offen ist, z. B. für Unternehmen, Stiftungen oder Einzelpersonen.

Die zur Finanzierung nötigen Mittel sind dann jeweils im entsprechenden Etat der politisch verantwortlichen Administration bzw. der öffentlichen Einrichtung einzustellen oder privatwirtschaftlich zu budgetieren. Für die Beteiligung an Projektausschreibungen mit Eigenanteil ist die Bereitschaft zur Ko-Finanzierung seitens der Träger erforderlich. Die Kosten für eine solche Einrichtung setzen sich zusammen aus Personalkosten sowie Kosten für Infrastruktur, das heißt Raumkosten sowie Kosten für Ausstattung und EDV-Technik. In Abhängigkeit von der Rolle der Organisation sind verschiedene zusätzliche Kosten möglich:

- Kosten für die Förderung von Projekten Dritter,
- Kosten für die Vergabe von Unteraufträgen zur Abarbeitung von zusammengesetzten Projektverbünden,
- Kosten für Ausschreibung und Controlling von Einzelprojekten sowie
- Aufwendungen für Personalkosten und Öffentlichkeitsarbeit, um ein gesellschaftlich-politisch gewünschtes Angebot zu transportieren.

Fazit

Zukunftsgestaltung und Zukunftsmanagement sind zentrale Aufgaben von Regionen. Dabei ist das In-den-Blick-Nehmen von bisherigen Entwicklungen ebenso wichtig wie das „Andersdenken", um disruptive Veränderungen vorbereitend aufspüren zu können. Dies macht Einrichtungen notwendig, die sich diesen Herausforderungen stellen. Sie können sich von Forschungsinstitutionen unterscheiden, da sie eher keine Grundlagen- oder anwendungsorientierte Forschung betreiben. Ebenso sind sie eher nicht operativ und marktorientiert tätig. Zukunftsgestaltende Einrichtungen können Wissen bündeln und WissensträgerInnen lösungsorientiert zusammenbringen und an neue Herangehensweisen für komplexe Problemstellungen heranführen. Ihre Kompetenz ist das Vernetzen von WissensträgerInnen sowie die systemische Berücksichtigung aller Handlungsfelder in der Gesellschaft.

Literatur

Leggewie, C., & Welzer, H. (2009). *Das Ende der Welt, wie wir sie kannten – Klima, Zukunft und die Chancen der Demokratie*. Frankfurt a. M.: S. Fischer.

AutorInnenporträts

Dr. Bernhard Albert unterstützt mit seinem Unternehmen „Foresight Solutions" seit 2008 Unternehmen und Organisationen in den Bereichen Innovation, Entwicklung und Strategie. Der Politikwissenschaftler lehrt im Masterstudiengang für Zukunftsforschung an der Freien Universität Berlin und ist Gründungsmitglied des Netzwerk Zukunftsforschung e. V. Begonnen hat er seine Tätigkeit im Feld Corporate Foresight und Zukunftsforschung im Jahr 2000 bei Z_punkt The Foresight Company. Ein weiterer Schwerpunkt seiner Arbeit ist die Gestaltung von partizipativen Forschungs- und Gestaltungsprozessen.

Dr. Lothar Behlau ist seit über 25 Jahren in der Zentrale der Fraunhofer-Gesellschaft tätig und leitet seit zehn Jahren die Abteilung „Strategie und Programme". Zu den Aufgaben der Abteilung gehört die Anwendung von Methoden der Zukunftsforschung und der Technologievorausschau, um einerseits Strategien auf dem Corporate Level zu entwickeln und andererseits das FuE-Portfolio von Fraunhofer hinsichtlich zukünftiger Herausforderungen anzupassen.

Dr. Kerstin Cuhls arbeitet seit 20 Jahren als Projektleiterin am Fraunhofer ISI an Konzepten und Methodenkombinationen in der Zukunftsforschung. Ausgehend von Delphi-Studien erweiterte sie das Repertoire mit diversen Arten der Befragungen, unterschiedlichen Workshop-Konzepten usw. 2011/2012 hat Kerstin Cuhls die Vertretungsprofessur Japanologie am Zentrum für Ostasienwissenschaften, Universität Heidelberg, inne, um Japanstudien mit Zukunftsthemen zu verbinden.

Cornelia Daheim M.A. ist geschäftsführende Gesellschafterin der Z_punkt GmbH und betreut Projekte für Schlüsselkunden aus verschiedenen Branchen, insbesondere im Rahmen der internationalen Beratungsaktivitäten und von Forschungsinitiativen. Zudem ist sie Chair des German Node des Millennium Project. Sie studierte Literaturwissenschaft, Anglistik und Psychologie in Essen und London.

Dr. Ewa Dönitz arbeitet als Projektleiterin am Fraunhofer ISI in Karlsruhe. Ihre Schwerpunkte liegen in der Anwendung von Methoden der Zukunftsforschung, speziell in der Entwicklung von Szenarien im Rahmen industrieller und öffentlicher Foresight-Projekte. Nach dem Studium der Wirtschaftswissenschaften an der Universität Bremen erforschte sie in ihrer Promotion Möglichkeiten einer effizienten Szenario-Entwicklung.

Dr. Robert Gaßner ist Diplom-Psychologe und promovierte an der TU Berlin im Bereich der Technikfolgenforschung. Seit 1989 forscht er als Fachbereichsleiter am Berliner Institut für Zukunftsstudien und Technologiebewertung (IZT) mit den Arbeitsschwerpunkten partizipative Technikforschung, normative und diskursive Zukunftsstudien sowie Querschnitts- und Methodenfragen der nachhaltigen Zukunftsgestaltung.

Dr. Heiko von der Gracht ist Gründer und Direktor des Instituts für Zukunftsforschung und Wissensmanagement (IFK) der EBS Business School, Wiesbaden. Als Zukunftsforscher hat er branchenübergreifend mehr als 40 Zukunftsstudien initiiert und erfolgreich begleitet. Er ist Alumnus der Universities of Oxford und Cambridge, wo er Executive-Education-Programme zu Strategie und Vorausschau erfolgreich absolvierte, sowie Mitglied im Planungskomitee der German Node des Millennium Project.

Prof. Dr.-Ing. Volker Grienitz ist seit 2007 Inhaber der Juniorprofessur Industrial Engineering an der Universität Siegen. Seine Forschungsschwerpunkte sind Szenariotechnik, Technologie- bzw. Innovationsmanagement sowie Gestaltung von Produktionssystemen. Volker Grienitz promovierte zu dem Thema Technologieszenarien und ist Autor zahlreicher Artikel zur Szenariotechnik.

Dr. Matthias Grüne studierte Chemie an der Rheinischen Friedrich-Wilhelms-Universität in Bonn und promovierte dort in Physikalischer Chemie. Seit 2000 ist er wissenschaftlicher Mitarbeiter des Fraunhofer-Instituts für Naturwissenschaftlich-Technische Trendanalysen (INT) mit den Schwerpunkten Methodik und Praxis technologiebezogener Zukunftsforschung, wehrtechnisches Potenzial neuer Technologien, Nanotechnologie, Werkstoffe, militärische Nutzung des Weltraums, Raketenabwehr und strategische Waffensysteme sowie übergreifende Sicherheitsfragestellungen. Seit 2009 leitet er dort die Abteilung Technologieanalysen und -vorausschau sowie das Geschäftsfeld „Trends und Entwicklungen in Forschung und Technologie".

Christina Hohlweg absolvierte die Ausbildung zur Industriekauffrau und das Studium der Internationalen Betriebswirtschaft in Nürnberg. Sie ist seit 2005 bei der BMW Group beschäftigt, wo sie zunächst im Bereich Produktstrategie für strategische Wettbewerbsanalyse verantwortlich zeichnete. Darauf folgte ein Wechsel in die Marktforschung zum Team Customer Foresight mit Fokus auf Trendscouting und Innovationsstudien.

Dipl.-Ing. (FH) Wolfgang Hormuth ist Director Scouting bei der BASF Future Business. Er studierte an der Fachhochschule Darmstadt Chemische Technologie und begann 1993 seine Tätigkeit bei der BASF. In verschiedenen Leitungspositionen in Ludwigshafen und Singapur, in Marketing und Vertrieb sowie im New Business Development konnte Hormuth Erfahrungen im Innovationsmanagement sammeln. Seit 2009 leitet Wolfgang Hormuth die globale Einheit Scouting bei der BASF Future Business GmbH in Ludwigshafen.

Prof. Dr. Wolfgang Jonas ist Ingenieurwissenschaftler (Schiffbau) und hat sich für das Lehrgebiet Designtheorie habilitiert. Nach Professuren in Halle, Bremen und Kassel vertritt er seit 2010 das Lehr- und Forschungsgebiet Designwissenschaft an der Hochschule für Bildende Künste in Braunschweig. Arbeitsschwerpunkte sind systemorientierte Designtheorie und Designmethodik, vernetztes Denken, Szenarioplanung, Forschung durch Design sowie Maritime Mobilität.

Dr. Georg Kasperkovitz promovierte an der Technischen Universität Wien in Maschinenbau und absolvierte einen MBA an der Harvard Business School. Er war zunächst fünf Jahre in Osteuropa tätig, wo er das Entsorgungsgeschäft der Électricité de France in der Slowakei (als Geschäftsführer) und in Ungarn (als Leiter der Projektentwicklung) aufbaute. Dr. Georg Kasperkovitz trat 1999 bei McKinsey & Company ein und ist seit 2006 Partner im Wiener Büro. Er leitet die weltweite Rail Practice von McKinsey & Company.

Dipl.-Ing. (FH) K. Christoph Keller, MPhil (Futures Studies, University of Stellenbosch), ist Gründer und Geschäftsführer der Aveniture GmbH. Er setzt in meist mittelständischen Unternehmen Strategic Foresight und Innovationsmanagement praktisch um. Er arbeitete für IBM Deutschland und am Fraunhofer IPA im Bereich neuer Technologien und leitete bis 2011 die Initiierung Zukunftsgeschäfte der KSB AG.

Dr. Josef Köster absolvierte nach einer Ausbildung zum Groß- und Außenhandelskaufmann und mehrjähriger Tätigkeit in Autohäusern das Studium der Soziologie, Psychologie und des Marketing in Duisburg; 1998 erfolgte die Promotion. Danach war er als Projektleiter in einem Marktforschungsinstitut tätig. Seit 2002 bei der BMW Group, dort unter wechselnden Bezeichnungen verantwortlich für das Thema Kundensegmentierung sowie Aufbau des Forschungsfeldes Customer Foresight.

Prof. Dr. Rolf Kreibich studierte Physik und Mathematik an der TH Dresden, der Humboldt-Universität Berlin und der Freien Universität Berlin sowie Soziologie und Politische Wissenschaft an der FU Berlin. Prof. Kreibich hat eine Professur für Soziologie der Technik, Technikfolgenabschätzung und Zukunftsforschung inne. Seit 1981 Wissenschaftlicher Direktor und Geschäftsführer des IZT (Institut für Zukunftsstudien und Technologiebewertung Berlin) und seit 1990 auch des SFZ (Sekretariat für Zukunftsforschung) in Gelsenkirchen/Dortmund. Er ist Mitglied des Rates für Nachhaltige Entwicklung des Landes Brandenburg, des World Future Council (WFC) und des World Green Forum (WGF).

Prof. Dr. Thomas Krupp ist seit 2011 Dekan des Fachbereichs Logistikmanagement an der Europäischen Fachhochschule (EUFH) Brühl, wo er zudem seit März 2009 Professor ist. Auf seinen beruflichen Stationen war er zuvor langjähriger Berater im Competence Center Transportation bei Horváth & Partners und wissenschaftlicher Mitarbeiter der Fraunhofer Arbeitsgruppe für Technologien der Dienstleistungswirtschaft. Seit 2001 ist er in Beratung und angewandter Forschung insbesondere zu strategischen Fragestellungen von Logistikdienstleistern tätig.

Sebastian Ley M.A. ist seit 2007 als Unternehmensberater bei der UNITY tätig. Dort verantwortet er als Teamleiter das Competence Center für strategische Unternehmensführung am Standort Hamburg. Er hat einen Masterabschluss mit dem Schwerpunkt „Internationale Strategie und Ökonomie" der Universität St. Andrews (Schottland) und einen B.A. in „Volkswirtschaftslehre und Soziologie" an der Universität von Wales.

Prof. Dr.-Ing. habil. Bjørn Ludwig war von 2008 bis 2012 Geschäftsführer des Zukunftszentrum Tirol in Innsbruck. Er studierte Verfahrenstechnik, promovierte am Institut für Technische Mechanik der TU Clausthal zum Thema Technikfolgenabschätzung und habilitierte sich im Fachgebiet Systemtechnik. Berufliche Stationen waren die IT-Branche sowie Forschungsinstitutionen wie die DLR, die TU Clausthal und die Universität Bremen. Er lehrt und arbeitet zu den Schnittstellen von Wissenschaft und Wirtschaft sowie Technik und Gesellschaft.

Andreas Neef M.A. ist geschäftsführender Gesellschafter der Z_punkt GmbH und verantwortet Innovations- und Foresightprozesse für namhafte Großunternehmen. Seit Anfang der 1990er Jahre ist er als professioneller Zukunftsforscher und Innovationsberater tätig. Zuvor studierte er Informationswissenschaft, Philosophie und BWL an der Freien Universität Berlin, wo er auch Lehrbeauftragter war.

Dr. Christian Neuhaus ist Zukunftsforscher und Strategieexperte und seit mehr als 20 Jahren beratend sowie in Forschung und Lehre tätig. Erfahren in einer

Vielzahl von Branchen und Zukunftsforschungs-Fragestellungen. Veröffentlichungen über strategische Umfeld- und Zukunftsforschung. Leiter „Automobiles Marktumfeld und Emerging Markets" bei der Society and Technology Research Group der Daimler AG in Berlin. Der Beitrag in diesem Sammelband entstammt seiner persönlichen wissenschaftlichen Tätigkeit.

Dr. Ulf Pillkahn ist Berater für Foresight, Innovation und Technologiestrategie bei der Siemens AG und leitet das Trend-Monitoring-Programm bei Corporate Technology. Er absolvierte das Studium der Elektrotechnik sowie einen MBA in London. Die Tätigkeit im Siemens Zentralbereich Corporate Technology begann er im Jahr 2000. Pillkahn war an der Entwicklung des Picture-of-the-Future-Konzepts maßgeblich beteiligt. Seit 2012 ist er Gastforscher an der Zeppelin University. Forschungsschwerpunkte: Weiterentwicklung des Foresight-Ansatzes, dessen wissenschaftliche Fundierung und Zusammenspiel zwischen Foresight und Innovation.

Prof. Dr. Reinhold Popp studierte Politikwissenschaft, Pädagogik und Psychologie in Salzburg und Innsbruck. Er ist Co-Leiter eines zukunftsorientierten Doktoratsstudiums an der Universität Innsbruck, Dozent und Beiratsmitglied des Master-Studiengangs für Zukunftsforschung am Institut Futur der Freien Universität Berlin, Mitherausgeber der wissenschaftlichen Fachzeitschrift „European Journal of Futures Research" und wissenschaftlicher Leiter des Zentrums für Zukunftsstudien Salzburg. Reinhold Popp lehrt an mehreren Universitäten und Hochschulen, ist Autor bzw. Herausgeber einer Vielzahl von Publikationen (ca. 230 Publikationstitel) sowie engagiert in der zukunftsbezogenen Politikberatung.

Prof. Dr. Stephan Rammler ist seit 2002 Professor an der Hochschule für Bildende Künste Braunschweig und seit 2007 Direktor des Instituts für Transportation Design. Arbeitsschwerpunkte sind die Mobilitäts- und Zukunftsforschung, Verkehrs-, Energie- und Innovationspolitik, Fragen kultureller Transformation und zukunftsfähiger Umwelt- und Gesellschaftspolitik. Seit 2009 leitet er den Forschungsschwerpunkt „Kulturelle Transformationsprozesse" an der HBK Braunschweig.

Dr.-Ing. Tom Reinhold studierte Verkehrswesen an der TU Berlin und der University of California in Berkeley. Er arbeitete bei BMW als Leiter der Abteilung „Verkehrskonzepte München", als Senior Project Manager bei Roland Berger, als Direktor des Zentralbereichs Marketing der Berliner Verkehrsbetriebe und als Mitglied der Geschäftsleitung von A.T. Kearney. Seit 2010 ist er bei der Deutschen Bahn AG, zunächst als Leiter Konzernstrategie/Verkehrsmarkt, aktuell als Leiter Sonderprojekte der DB Mobility Logistics AG.

Mag. Hans Scharfetter ist seit 2004 Abgeordneter des Salzburger Landtages und war bis 2009 Vizepräsident der Wirtschaftskammer Salzburg. Beruflich ist der Jurist Alleingeschäftsführer der Scharfetter Betriebe GmbH und geschäftsführender Obmann der Holzwärme Gastein GenmbH. Er fungiert als Aufsichtsratsvorsitzender der Fachhochschule Salzburg GmbH.

Dipl.-Wirt.-Ing. Elna Schirrmeister ist seit 1999 am Fraunhofer ISI als Projektleiterin tätig. Der Schwerpunkt ihrer Arbeit lag zunächst auf qualitativen und quantitativen Befragungen und der Anwendung von Methoden der Zukunftsforschung für den Maschinenbau. Sie entwickelt Szenario-, Visioning- und Roadmapping-Ansätze für Auftraggeber aus Industrie, Politik und Forschung weiter.

Dipl.-Wirt.-Ing. André-Marcel Schmidt ist seit 2009 wissenschaftlicher Mitarbeiter an der Juniorprofessur Industrial Engineering der Universität Siegen. Sein Promotionsthema befasst sich mit Innovationshürden in den frühen Phasen der Produktentwicklung mithilfe der Werkzeuge der Szenariotechnik. Er ist Co-Autor zahlreicher Artikel zur Szenariotechnik.

Mag. Gerhard Schmidt ist Direktor der Kammer für Arbeiter und Angestellte für Salzburg. Der studierte Betriebswirt war zuvor bei der Salzburger Gebietskrankenkasse und als Abteilungsleiter für Wirtschaftspolitik in der AK Salzburg tätig. Er ist Aufsichtsrat bei der Salzburg AG sowie der Fachhochschule Salzburg GmbH.

Beate Schulz-Montag M.A. ist Gesellschafterin und Prokuristin der Z_punkt GmbH. Als Director Foresight Research verantwortet sie Projekte für Unternehmen und öffentliche Auftraggeber. Zuvor war sie u. a. in der Medienpolitik, als Journalistin und als wissenschaftliche Mitarbeiterin am Institut für Zukunftsstudien und Technologiebewertung tätig. Sie studierte Publizistik, Politologie und Germanistik an der FU Berlin. Seit 2011 lehrt sie dort im Masterstudiengang Zukunftsforschung.

Dr. Jan Oliver Schwarz ist Strategy Consultant im Group Economic Research & Corporate Development der Allianz SE. Er studierte Wirtschaftswissenschaften an der Universität Witten/Herdecke sowie Zukunftsforschung an der University of Stellenbosch, Südafrika, und promovierte über Strategische Frühaufklärung an der Universität der Künste Berlin.

Dr. rer. nat. Anja Song ist Senior Manager Scouting & Strategy bei der BASF Future Business GmbH. Sie studierte an der Universität Bayreuth und der ETH Zürich Polymer- und Kolloidchemie und promovierte 2008 am Max-Planck-

Institut für Kolloid- und Grenzflächenforschung. Danach trat sie in die Polymerforschung der BASF ein und entwickelte neue Dispersionskonzepte für die Papierherstellung. Seit 2010 sucht sie als Innovationsscout in der BASF Future Business nach neuen Märkten und Technologien, die außerhalb des Kerngeschäfts der BASF SE liegen, und erarbeitet Markteintrittsstrategien.

Dr. phil. Karlheinz Steinmüller ist Gesellschafter und Wissenschaftlicher Direktor der Z_punkt GmbH. Seit 1991 befasst er sich mit Zukunftsstudien für Unternehmen und öffentliche Auftraggeber. Vorher war er freischaffender Schriftsteller und Wissenschaftler am Ostberliner Zentralinstitut für Kybernetik und Informationsprozesse. Er hat in Chemnitz und an der Humboldt-Universität Berlin Physik und Philosophie studiert.

Prof. Dr. Dr. Axel Zweck studierte Chemie, Sozialwissenschaften und Philosophie. Seit 1993 leitet er die Abteilung Zukünftige Technologien Consulting der VDI Technologiezentrum GmbH. Zukünftige Technologien Consulting bietet strategische Beratung in technologischen und gesellschaftlichen Zukunftsfragen für politische Administration, Verbände, Forschungseinrichtungen und Industrie. Seine gegenwärtigen Hauptarbeitsgebiete sind Technologiemanagement und Früherkennung, Innovations- und Zukunftsforschung sowie Forschungs- und Technologiepolitik. Seit 2002 kommt er Lehraufträgen an der Universität Düsseldorf und der RWTH Aachen nach, wo er seit 2011 Honorarprofessor für Innovations- und Zukunftsforschung ist.

MIX
Papier aus verantwortungsvollen Quellen
Paper from responsible sources
FSC® C105338

If you have any concerns about our products,
you can contact us on
ProductSafety@springernature.com

In case Publisher is established outside the EU,
the EU authorized representative is:
**Springer Nature Customer Service Center GmbH
Europaplatz 3, 69115 Heidelberg, Germany**

Printed by Libri Plureos GmbH
in Hamburg, Germany